Springer-Lehrbuch

T0253528

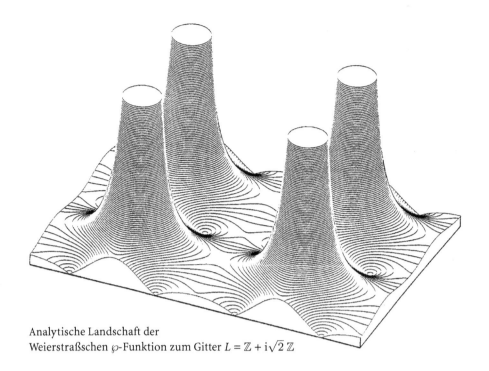

Analytische Landschaft der
Weierstraßschen $\wp$-Funktion zum Gitter $L = \mathbb{Z} + \mathrm{i}\sqrt{2}\,\mathbb{Z}$

Eberhard Freitag   Rolf Busam

Funktionen-theorie 1

Vierte, korrigierte und erweiterte Auflage

Mit 125 Abbildungen und Lösungshinweisen
zu 420 Übungsaufgaben

 Springer

Prof. Dr. Eberhard Freitag
Dr. Rolf Busam

Mathematisches Institut
Universität Heidelberg
Im Neuenheimer Feld 288
69120 Heidelberg, Deutschland

e-mail: freitag@mathi.uni-heidelberg.de
        busam@mathi.uni-heidelberg.de

Bibliografische Information der Deutschen Bibliothek

Die Deutsche Bibliothek verzeichnet diese Publikation in der Deutschen Nationalbibliografie; detaillierte bibliografische Daten sind im Internet über http://dnb.ddb.de abrufbar.

Mathematics Subject Classification (2000): 30-01, 11-01, 11F, 11M

ISBN-10 3-540-31764-3   Springer Berlin Heidelberg New York
ISBN-13 978-3-540-31764-7   Springer Berlin Heidelberg New York
ISBN 3-540-67641-4   3. Aufl. Springer-Verlag Berlin Heidelberg New York

Springer ist ein Unternehmen von Springer Science+Business Media

springer.de

© Springer-Verlag Berlin Heidelberg 1993, 1995, 2000, 2006
Printed in Germany

Satz: Datenerstellung durch die Autoren unter Verwendung eines Springer TEX-Makropakets
Herstellung: LE-TEX Jelonek, Schmidt & Vöckler GbR, Leipzig
Umschlaggestaltung: *design & production* GmbH, Heidelberg

Gedruckt auf säurefreiem Papier   44/3100YL - 5 4 3 2 1 0

Hans Maaß
zum Gedenken

Vorwort zur vierten Auflage

In der vorliegenden 4. Auflage wurden einige Korrekturen und kleinere Verbesserungen, auch der Bilder, vorgenommen. Einige neue Übungsaufgaben wurden hinzugefügt. Literaturverzeichnis und Index wurden erweitert. Die neuen Rechtschreibregeln wurden weitgehend umgesetzt.

Heidelberg, Februar 2006
Eberhard Freitag
Rolf Busam

Vorwort zur dritten Auflage

Bis man ein Lehrbuch zur „druckfehlerfreien Zone" erklären kann, dauert es wohl einige Auflagen. Wir danken unseren aufmerksamen Hörern und Lesern, die uns auch auf versteckte typographische Fehler hingewiesen haben. In der vorliegenden dritten Auflage wurde der Text an manchen Stellen geglättet, einzelne Übungsaufgaben wurden ausgetauscht, einige neue —auch auf Vorschlägen von Lesern— hinzugefügt. Außerdem wurde das Literaturverzeichnis aktualisiert. Auf vielfachen Wunsch wurde ein Symbolverzeichnis aufgenommen.

Inhaltlich haben wir beim Beweis des Hecke'schen Satzes (Kap. VII, Theorem 3.4) die Voraussetzungen so modifiziert, dass man ohne das Phragmen-Lindelöf-Prinzip auskommt.

Heidelberg, Juli 2000
Eberhard Freitag
Rolf Busam

Vorwort zur zweiten Auflage

Der Text der ersten Auflage wurde abgesehen von wohl unvermeidlichen typographischen Fehlern und einigen sachlichen Korrekturen unverändert übernommen. Auf vielseitigen Wunsch haben wir in die zweite Auflage Lösungshinweise zu den Übungsaufgaben aufgenommen. Diese finden sich im Anschluss an Kapitel VII vor dem Literaturverzeichnis. Wegen der großen Anzahl von Aufgaben mussten diese Hinweise häufig knapp gehalten werden. Jedoch haben wir insoweit Vollständigkeit angestrebt, dass der interessierte Leser genügend Information zur vollständigen Ausarbeitung aller, auch der schwierigen Aufgaben erhält.

Heidelberg, Januar 1995
Eberhard Freitag
Rolf Busam

Inhalt

Einleitung

Die komplexen Zahlen haben ihre historischen Wurzeln im 16. Jahrhundert, sie entstanden bei dem Versuch, *algebraische Gleichungen* zu lösen. So führte schon G. CARDANO (1545) formale Ausdrücke wie zum Beispiel $5 \pm \sqrt{-15}$ ein, um Lösungen quadratischer und kubischer Gleichungen angeben zu können. R. BOMBELLI rechnete um 1560 bereits systematisch mit diesen Ausdrücken und fand 4 als Lösung der Gleichung $x^3 = 15x + 4$ in der verschlüsselten Form

$$4 = \sqrt[3]{2 + \sqrt{-121}} + \sqrt[3]{2 - \sqrt{-121}}.$$

Auch bei G. W. LEIBNIZ (1675) findet man Gleichungen dieser Art, wie z. B.

$$\sqrt{1 + \sqrt{-3}} + \sqrt{1 - \sqrt{-3}} = \sqrt{6}.$$

Im Jahre 1777 führte L. EULER die Bezeichnung $i = \sqrt{-1}$ für die *imaginäre* Einheit ein.

Der Fachausdruck „komplexe Zahl" stammt von C. F. GAUSS (1831). Die strenge Einführung der komplexen Zahlen als Paare reeller Zahlen geht auf W. R. HAMILTON (1837) zurück.

Schon in der reellen Analysis ist es gelegentlich vorteilhaft, komplexe Zahlen einzuführen. Man denke beispielsweise an die Integration rationaler Funktionen, die auf der Partialbruchentwicklung und damit auf dem Fundamentalsatz der Algebra beruht:

Über dem Körper der komplexen Zahlen
zerfällt jedes Polynom in ein Produkt von Linearfaktoren.

Ein anderes Beispiel für den vorteilhaften Einsatz von komplexen Zahlen sind die FOURIERreihen. Man faßt die reellen Winkelfunktionen Sinus und Kosinus nach EULER (1748) zu der „Exponentialfunktion"

$$e^{ix} := \cos x + i \sin x$$

zusammen. Die Additionstheoreme der beiden Winkelfunktionen haben dann die einfache Gestalt

$$e^{i(x+y)} = e^{ix} e^{iy}.$$

Es gilt insbesondere

$$\left(e^{ix}\right)^n = e^{inx} \text{ für ganze Zahlen } n.$$

Die FOURIERreihe einer hinreichend glatten Funktion f auf der reellen Geraden mit der Periode 1 schreibt sich mit diesen Ausdrücken in der Form

$$f(x) = \sum_{n=-\infty}^{\infty} a_n e^{2\pi inx}.$$

Dabei ist es ohne Belang, ob man f als reellwertig voraussetzt oder auch komplexe Werte zulässt.

In diesen Beispielen dienen die komplexen Zahlen als nützliches, jedoch letztlich entbehrliches Hilfsmittel. Neue Gesichtspunkte treten auf, wenn man komplexwertige Funktionen betrachtet, welche von *komplexen Variablen* abhängen, wenn man also systematisch Funktionen $f : D \to \mathbb{C}$ studiert, deren Definitionsbereiche D zweidimensional sind. Die Zweidimensionalität wird dadurch gesichert, daß wir uns auf *offene Definitionsbereiche $D \subset \mathbb{C}$* beschränken. Man führt analog zur reellen Analysis den Begriff der komplexen Differenzierbarkeit ein, indem man die Existenz des Grenzwerts

$$f'(a) := \lim_{z \to a} \frac{f(z) - f(a)}{z - a}$$

für alle $a \in D$ postuliert. Es stellt sich heraus, daß dieser Begriff sehr viel einschneidender ist als der der reellen Differenzierbarkeit. Wir werden beispielsweise zeigen, daß eine einmal komplex differenzierbare Funktion automatisch unendlich oft differenziert werden darf. Wir werden mehr sehen, nämlich, daß sich komplex differenzierbare Funktionen stets lokal in Potenzreihen entwickeln lassen. Aus diesem Grund werden komplex differenzierbare Funktionen (auf offenen Definitionsbereichen) auch *analytische Funktionen* genannt.

„Funktionentheorie" ist die Theorie dieser analytischen Funktionen.

Viele klassische Funktionen der reellen Analysis lassen sich ins Komplexe analytisch fortsetzen. Es stellt sich heraus, daß diese Fortsetzungen auf höchstens eine Weise möglich sind, wie etwa bei

$$e^{x+iy} := e^x e^{iy}.$$

Aus der Relation

$$\boxed{e^{2\pi i} = 1}$$

folgt, daß die komplexe Exponentialfunktion periodisch ist mit der *rein imaginären* Periode $2\pi i$. Diese Beobachtung ist für die komplexe Analysis fundamental. Auf ihr fußen zwei weitere Phänomene:

1. Der komplexe Logarithmus kann nicht in natürlicher Weise als eindeutige Umkehrfunktion der Exponentialfunktion definiert werden. Er ist a priori nur bis auf ein ganzzahliges Vielfaches von $2\pi i$ bestimmt.

2. Die Funktion $1/z$ $(z \neq 0)$ besitzt in der punktierten Ebene keine eindeutige Stammfunktion. Hiermit hängt zusammen: Betrachtet man ihr Kurvenintegral längs einer gegen den Uhrzeigersinn durchlaufenen Kreislinie mit Mittelpunkt 0, so erhält man den von 0 verschiedenen Wert

$$\oint_{|z|=r} \frac{1}{z}\, dz = 2\pi i \quad (r > 0).$$

Zentrale Sätze der Funktionentheorie, wie zum Beispiel der *Residuensatz*, sind nichts anderes als eine sehr allgemeine Fassung dieser Tatsachen.

Reelle Funktionen zeigen häufig erst dann ihr wahres Gesicht, wenn man ihre analytischen Fortsetzungen mit in Betracht zieht. Beispielsweise lässt sich in der reellen Theorie nur schwer verstehen, warum die Potenzreihenentwicklung

$$\frac{1}{1 + x^2} = 1 - x^2 + x^4 - x^6 \pm \cdots$$

nur für $|x| < 1$ gilt. Im Komplexen wird das Phänomen verständlich: Die betrachtete Funktion hat Singularitäten bei $\pm i$. Ihre Potenzreihenentwicklung ist in dem größten Kreis um den Entwicklungspunkt gültig, in dem die Funktion keine Singularität hat: dem Einheitskreis.

Schwer verständlich aus der reellen Theorie ist auch, warum die TAY-LORreihe der $\mathcal{C}^\infty$-Funktion

$$f(x) = \begin{cases} e^{-1/x^2}, & x \neq 0, \\ 0, & x = 0, \end{cases}$$

zum Entwicklungspunkt 0 für alle $x \in \mathbb{R}$ konvergiert, aber die Funktion in keinem Punkt $x \neq 0$ darstellt. Im Komplexen wird dieses Phänomen verständlich, denn die Funktion e^{-1/z^2} hat im Nullpunkt eine *wesentliche Singularität*.

Viel schlagender sind weniger triviale Beispiele. Genannt sei in diesem Zusammenhang die RIEMANN'sche ζ-Funktion

$$\zeta(s) = \sum_{n=1}^{\infty} n^{-s},$$

die wir im letzten Kapitel dieses Bandes mit den erlernten funktionentheoretischen Methoden als Funktion der *komplexen Variablen s* eingehend studieren werden.   Aus ihren funktionentheoretischen Eigenschaften werden wir den *Primzahlsatz* ableiten.

RIEMANNs berühmte Arbeit über die ζ-Funktion [Ri2] ist ein glänzendes Beispiel für die in seiner Inauguraldissertation bereits acht Jahre zuvor ausgesprochene These [Ri1]:

> *„Die Einführung der complexen Grössen in die Mathematik hat ihren Ursprung und nächsten Zweck in der Theorie einfacher durch Grössenoperationen ausgedrückter Abhängigkeitsgesetze zwischen veränderlichen Grössen. Wendet man nämlich diese Abhängigkeitsgesetze in einem erweiterten Umfange an, indem man den veränderlichen Grössen, auf welche sie sich beziehen, complexe Werthe giebt, so tritt eine sonst versteckt bleibende Harmonie und Regelmäßigkeit hervor."*

Komplexe Zahlen spielen in verschiedenen Gebieten eine wichtige Rolle. So enthalten beispielsweise die Vertauschungsrelationen der Quantenmechanik $PQ - QP = \frac{h}{2\pi i} I$ oder die Schrödingergleichung $H\psi(x,t) = i\frac{h}{2\pi}\partial_t\Psi(x,t)$ die imaginäre Einheit i.

In den letzten Jahren ist eine Reihe guter Lehrbücher über Funktionentheorie erschienen, so dass ein erneuter Versuch in dieser Richtung einer besonderen Rechtfertigung bedarf. Die Idee dieses und eines weiteren Bandes ist es, eine umfassende Darstellung klassischer Funktionentheorie zu geben, wobei „klassisch" in etwa bedeuten möge, dass garbentheoretische und kohomologische Methoden ausgeklammert werden. Es versteht sich von selbst, dass nicht alles, was in diesem Sinne als klassische Funktionentheorie anzusehen ist, auch behandelt wird. Wer beispielsweise besonderes Interesse an der Werteverteilungstheorie analytischer Funktionen oder der Praxis der konformen Abbildungen hat, wird dieses Buch rasch enttäuscht aus der Hand legen. Die Linie, die wir verfolgen, kann schlagwortartig wie folgt beschrieben werden:

Die ersten vier Kapitel beinhalten eine Einführung in die Funktionentheorie, etwa im Umfang einer vierstündigen Vorlesung „Funktionentheorie I". Hier werden die grundlegenden Sätze der Funktionentheorie behandelt.

Nach der Einführung in die Theorie der analytischen Funktionen gelangt man von den *elliptischen Funktionen* zu den *elliptischen Modulfunktionen* und — nach einigen Ausflügen in die *analytische Zahlentheorie* — im zweiten Band zu den *Riemann'schen Flächen* und von dort aus weiter zu den *Abel'schen Funktionen* und schließlich zu den *Modulfunktionen mehrerer Veränderlicher*.

Es wird großer Wert auf Vollständigkeit gelegt in dem Sinne, dass alle benötigten Begriffe entwickelt werden. Außer den Grundbegriffen aus der reellen Analysis und linearen Algebra, wie sie heutzutage standardmäßig in den sogenannten Grundvorlesungen vermittelt werden, wollen wir im ersten Band nichts verwenden. Im zweiten Band werden einige einfache topologische Begriffsbildungen ohne Beweis zusammengestellt und benutzt.

Wir haben uns in der Regel bemüht, mit möglichst geringem Begriffsaufwand auszukommen und rasch zum Kern des jeweiligen Problems vorzustoßen. Eine Reihe von wichtigen Resultaten wird mehrfach bewiesen. Wenn ein Spezialfall eines allgemeinen Satzes in einem wichtigen Zusammenhang verwendet wird, haben wir uns nicht gescheut, einen einfacheren direkten Beweis für den Spezialfall zu geben. Dies entspricht unserer Meinung, dass man ein gründliches Verständnis nur dann erreichen kann, wenn man die Dinge dreht und wendet und von verschiedenen Standpunkten beleuchtet.

Wir hoffen durch diese umfassende Darstellung ein Gefühl dafür vermitteln zu können, wie die angesprochenen Gebiete zueinander in Beziehung stehen und wo sie ihre Wurzeln haben.

Versuche dieser Art sind nicht neu. Ein Vorbild für uns waren vor allem die Vorlesungen von H. MAASS, dem wir beide unsere Ausbildung in Funktionentheorie verdanken. Im gleichen Atemzug sind auch die Ausarbeitungen der Vorlesungen von C. L. SIEGEL zu nennen. Beides sind Versuche, eine große historische Epoche, die u. a. mit den Namen A.-L. CAUCHY, N. H. ABEL, C. G. J. JACOBI, B. RIEMANN und K. WEIERSTRASS untrennbar verbunden ist, nachzuzeichnen und an neuere Entwicklungen, die sie selbst mitgeprägt haben, heranzuführen.

Unsere Zielsetzung und die Inhalte sind den beiden genannten Vorbildern sehr ähnlich, methodisch gehen wir jedoch in vielem anders vor. Dies wird sich vor allem im zweiten Band zeigen, wo wir hierauf noch einmal genauer eingehen werden.

Der vorliegende Band stellt eine vergleichsweise einfach gehaltene Einführung in die Funktionentheorie einer komplexen Veränderlichen dar. Der Stoffumfang entspricht einem zweisemestrigen Kurs mit begleitenden Seminaren.

Die ersten drei Kapitel enthalten den Standardstoff bis hin zum Residuensatz, der in jeder Einführung behandelt werden muss. Im vierten Kapitel — wir rechnen es zum Einführungskurs dazu — werden einige Fragestellungen behandelt, die weniger zwingend erforderlich sind. Wir behandeln ausführlich die Gammafunktion, um die erlernten Methoden an einem schönen Beispiel zu verdeutlichen. Schwerpunkte bilden ferner die Sätze von WEIERSTRASS und MITTAG-LEFFLER über die Konstruktion analytischer Funktionen mit vorgegebenem Null- bzw. Polstellenverhalten. Schließlich beweisen wir als Höhepunkt den *kleinen Riemann'schen Abbildungssatz*, welcher besagt, dass jedes echte Teilgebiet der Ebene ohne Löcher zum Einheitskreis konform äquivalent ist.

Erst jetzt, in einem Anhang zum Kapitel IV, gehen wir auf die Frage des *einfachen Zusammenhangs* ein und geben verschiedene äquivalente Charak-

terisierungen für einfach zusammenhängende Gebiete, also für Gebiete ohne
Löcher. In diesem Kontext werden verschiedene Varianten des CAUCHY'schen
Integralsatzes — die Homotopie- und eine Homologieversion — abgeleitet.

So schön diese Resultate für die Erkenntnis und so wichtig sie auch für den
weiteren Fortgang sind, so wenig sind sie erforderlich, um das Standardreper-
toire der Funktionentheorie zu entwickeln. Hier kommt man mit weniger aus.
An einfach zusammenhängenden Gebieten werden nur *Sterngebiete* gebraucht
(und einige Gebiete, die sich aus Sterngebieten aufbauen lassen). Infolgedessen
benötigt man nur den Cauchy'schen Integralsatz für Sterngebiete, und der ist
nach einer Idee von A. DINGHAS ohne geringste topologische Schwierigkeit auf
den Fall von Dreieckswegen zurückzuführen.

Wir begnügen uns daher lange Zeit bewusst mit den Sterngebieten und vermeiden den Begriff des einfachen Zusammenhangs. Man hat hierfür einen Preis
zu zahlen, nämlich den Begriff des *Elementargebiets* einzuführen. Dies sind definitionsgemäß Gebiete, für die der CAUCHY'sche Integralsatz ausnahmslos gilt.
Wir begnügen uns also mit dem Wissen, dass Sterngebiete Elementargebiete
sind, und verschieben deren endgültige topologische Kennzeichnung auf den
Anhang zum vierten Kapitel, wo sie dann aber umfassend und schlagend, im
Grunde auch sehr einfach durchgeführt wird. Um der Klarheit der Methodik
willen haben wir dies jedoch weit nach hinten geschoben. Im Grunde könnte
man im ersten Band ganz darauf verzichten.

Gegenstand des fünften Kapitel ist die Theorie der *elliptischen Funktionen*,
also der meromorphen Funktionen mit zwei linear unabhängigen Perioden. Historisch sind diese Funktionen als Umkehrungen gewisser elliptischer Integrale
aufgetreten, wie etwa des Integrals

$$y = \int\limits_{*}^{x} \frac{1}{\sqrt{1 - t^4}}\, dt.$$

Leichter ist es, umgekehrt vorzugehen und die elliptischen Integrale als Nebenprodukt der bestechend schönen und einfachen Theorie der elliptischen Funktionen zu erhalten. Eine der großen Leistungen der komplexen Analysis ist es,
die Theorie elliptischer Integrale durchsichtig und einfach zu gestalten. Wie
es heutzutage üblich ist, wählen wir den WEIERSTRASS'schen Zugang über die
$\wp$-Funktion.

Im Zusammenhang mit dem ABEL'schen Theorem gehen wir auch kurz auf
den historisch älteren Zugang über die JACOBI'sche Thetafunktion ein. Wir
beschließen das fünfte Kapitel mit dem Beweis des Satzes, dass jede komplexe
Zahl die absolute Invariante eines Periodengitters ist. Dies benötigt man für
die Gewissheit, dass man wirklich jedes elliptische Integral erster Gattung als

Umkehrfunktion einer elliptischen Funktion erhält. An dieser Stelle tritt die elliptische Modulfunktion $j(\tau)$ auf.

So einfach diese Theorie auch sein mag, es bleibt höchst dunkel, wie aus einem elliptischen Integral ein Periodengitter und damit eine elliptische Funktion entspringt. Die viel kompliziertere Theorie der RIEMANN'schen Flächen wird — allerdings erst im zweiten Band — eine tiefere Einsicht ermöglichen.

Im sechsten Kapitel führen wir die am Ende des fünften Kapitels begonnene Theorie der Modulfunktionen und Modulformen systematisch weiter. Im Mittelpunkt werden *Struktursätze* stehen, die Bestimmung aller Modulformen zur vollen Modulgruppe und zu gewissen Untergruppen.

Wichtige Beispiele von Modulformen sind die auch arithmetisch bedeutsamen EISENSTEINreihen und Thetareihen.

Eine der schönsten Anwendungen der Funktionentheorie findet sich in der analytischen Zahlentheorie. Beispielsweise haben die FOURIERkoeffizienten von Modulformen arithmetische Bedeutung: Die FOURIERkoeffizienten der Thetareihen sind Darstellungsanzahlen quadratischer Formen, die der EISENSTEINreihen sind Teilerpotenzsummen. Auf funktionentheoretischem Wege gewonnene Identitäten zwischen Modulformen ergeben zahlentheoretische Anwendungen. Wir bestimmen nach dem Vorbild von JACOBI die *Anzahl der Darstellungen* einer natürlichen Zahl als Summe von vier und acht Quadraten ganzer Zahlen. Die benötigten funktionentheoretischen Identitäten werden dabei unabhängig von den Struktursätzen über Modulformen abgeleitet.

Einen eigenen Abschnitt haben wir HECKE's Theorie über den Zusammenhang zwischen FOURIERreihen mit Transformationsverhalten unter der Transformation $z \mapsto -1/z$ und DIRICHLETreihen mit Funktionalgleichung gewidmet. Diese Theorie schlägt eine Brücke zwischen Modulformen und DIRICHLETreihen. Die Theorie der HECKEoperatoren wird jedoch nicht behandelt, lediglich in den Übungsaufgaben gehen wir auf diese Theorie ein. Anschließend wenden wir uns ausführlich der berühmtesten DIRICHLETreihe, der RIEMANN'schen ζ-Funktion zu. Als klassische Anwendungen geben wir einen vollständigen Beweis des *Primzahlsatzes* mit einer schwachen Restgliedabschätzung.

In allen Kapiteln finden sich zahlreiche Übungsaufgaben, anfangs meist einfacherer Natur, mit wachsender Kapitelzahl auch schwierigere Aufgaben, die den Stoff ergänzen. Gelegentlich werden bei den Aufgaben Begriffe aus der Topologie oder Algebra verwendet, die im Text nicht entwickelt wurden.

Das vorliegende Material ist aus Vorlesungen für Mathematiker und Physiker entstanden, die in Heidelberg standardmäßig gehalten werden. Die TEX-Manuskripte für diese Vorlesungen sind im Lauf der Jahre gewachsen. Sie wurden unter Mitwirkung der Herren F. HOLZWARTH, R. VON SCHWERIN und A. LOBER geschrieben. Herr LOBER hat sich sowohl um die Erstellung der endgültigen Version des Textes als auch beim Lesen von Korrekturen große Verdienste erworben. Tatkräftig unterstützt hat uns auch Herr O. DELZEITH. Die Abbildungen wurden von Herrn D. SCHÄFER erstellt. Den genannten Mitarbeitern möchten wir an dieser Stelle herzlich danken.

Unser Dank gilt auch unseren Kollegen und Freunden W. END, O. HERRMANN und R. KIEHL. Von Herrn END stammen viele Verbesserungsvorschläge, Herr HERRMANN fertigte die Abbildungen über die analytischen Landschaften der $\wp$-Funktion und der ζ-Funktion an. Herr KIEHL hat uns ein Vorlesungsmanuskript über den Primzahlsatz zur Verfügung gestellt, aus dem wir wesentliche Ideen übernommen haben.

Dem Springer-Verlag und seinen Mitarbeitern danken wir für kooperative Zusammenarbeit, insbesondere Herrn K.-F. KOCH für die Betreuung während der Entstehungszeit der ersten Auflage dieses Buches. Seine Ratschläge zur Gestaltung haben das endgültige Layout stark beeinflusst.

In die neueren Auflagen sind Anregungen von Kollegen und Studenten eingeflossen, für die wir ans dieser Stelle bedanken.

Heidelberg, Februar 2006   *Eberhard Freitag*
                                                            Rolf Busam

Kapitel I. Differentialrechnung im Komplexen

In diesem Kapitel geben wir zunächst eine Einführung in die *komplexen Zahlen* und ihre *Topologie*. Dabei nehmen wir an, dass der Leser hier nicht zum ersten Male den komplexen Zahlen begegnet. Die gleiche Annahme gilt für die topologischen Begriffe in $\mathbb{C}$ (*Konvergenz, Stetigkeit* etc.). Wir fassen uns deshalb hier ebenfalls kurz. In §4 führen wir den Begriff der *Ableitung im Komplexen* ein. Mit diesem Paragraphen kann man die Lektüre beginnen, wenn man mit den komplexen Zahlen und ihrer Topologie bereits hinreichend vertraut ist. In §5 wird der *Zusammenhang* der *reellen Differenzierbarkeit* mit der *komplexen Differenzierbarkeit* behandelt *(Cauchy-Riemann'sche Differentialgleichungen)*.

Die Geschichte der komplexen Zahlen von den ersten Anfängen im 16. Jahrhundert bis zu ihrer endgültigen Einbürgerung in der Mathematik im Laufe des 19. Jahrhunderts — wohl letztlich dank der wissenschaftlichen Autorität von C. F. GAUSS — sowie die lange Unsicherheit und Unklarheit im Umgang mit ihnen, all das ist ein eindrucksvolles Beispiel zur Mathematikhistorie. Dem historisch interessierten Leser sei die Lektüre von [Re3] empfohlen. Für weitere historische Bemerkungen über die komplexen Zahlen vergleiche man auch [CE, Ge] oder [Pi].

1. Komplexe Zahlen

Bekanntlich besitzt nicht jedes Polynom mit reellen Koeffizienten auch eine reelle Nullstelle, z. B. das Polynom

$$P(x) = x^2 + 1.$$

Es gibt also keine reelle Zahl x mit $x^2 + 1 = 0$. Will man dennoch erreichen, dass diese Gleichung oder ähnliche Gleichungen Lösungen besitzen, so kann dies nur dadurch geschehen, dass man zu einem Oberbereich von $\mathbb{R}$ übergeht, in dem solche Lösungen existieren. Man erweitert den Körper $\mathbb{R}$ der reellen Zahlen zum Körper $\mathbb{C}$ der komplexen Zahlen. In diesem besitzt dann sogar *jede Polynomgleichung* (nicht nur die Gleichung $x^2 + 1 = 0$) Lösungen (im allgemeinen natürlich komplexe). Dies ist die Aussage des *„Fundamentalsatzes der Algebra"*.

1.1 Satz. *Es existiert ein Körper $\mathbb{C}$ mit folgenden Eigenschaften:*

1) *Der Körper $\mathbb{R}$ der reellen Zahlen ist ein Unterkörper von $\mathbb{C}$, d. h. $\mathbb{R}$ ist eine Teilmenge von $\mathbb{C}$, und Addition und Multiplikation in $\mathbb{R}$ entstehen durch Einschränkung der Addition und Multiplikation in $\mathbb{C}$.*

2) *Die Gleichung*
$$X^2 + 1 = 0$$
hat in $\mathbb{C}$ genau zwei Lösungen.

3) *Sei i eine der beiden Lösungen (dann ist $-\mathrm{i}$ die andere). Die Abbildung*
$$\mathbb{R} \times \mathbb{R} \longrightarrow \mathbb{C},$$
$$(x, y) \longmapsto x + \mathrm{i}y,$$

ist bijektiv.

*Wir nennen $\mathbb{C}$ Körper der **komplexen Zahlen**.*

Beweis. Der Existenzbeweis wird durch 3) nahegelegt. Man definiert auf der Menge $\mathbb{C} := \mathbb{R} \times \mathbb{R}$ die folgenden *Verknüpfungen*,

$$(x, y) + (u, v) := (x + u, y + v),$$
$$(x, y) \cdot (u, v) := (xu - yv, xv + yu)$$

und weist zunächst die Gültigkeit der *Körperaxiome* nach. Diese sind:

1) *Die Assoziativgesetze*
$$(z + z') + z'' = z + (z' + z''),$$
$$(zz')z'' = z(z'z'').$$

2) *Die Kommutativgesetze*
$$z + z' = z' + z,$$
$$zz' = z'z.$$

3) *Die Distributivgesetze*
$$z(z' + z'') = zz' + zz'',$$
$$(z' + z'')z = z'z + z''z.$$

4) *Die Existenz der neutralen Elemente*

   a) Es existiert ein (eindeutig bestimmtes) Element $\underline{0} \in \mathbb{C}$ mit der Eigenschaft
   $$z + \underline{0} = z \quad \text{für alle } z \in \mathbb{C}.$$

   b) Es existiert ein (eindeutig bestimmtes) Element $\underline{1} \in \mathbb{C}$ mit der Eigenschaft
   $$z \cdot \underline{1} = z \quad \text{für alle } z \in \mathbb{C} \text{ und } \underline{1} \neq \underline{0}.$$

5) *Die Existenz der inversen Elemente*

    a) Zu jedem $z \in \mathbb{C}$ existiert ein (eindeutig bestimmtes) Element $-z \in \mathbb{C}$ mit der Eigenschaft

$$z + (-z) = \underline{0}.$$

    b) Zu jedem $z \in \mathbb{C}$, $z \neq \underline{0}$, existiert ein (eindeutig bestimmtes) Element $z^{-1} \in \mathbb{C}$ mit der Eigenschaft

$$z \cdot z^{-1} = \underline{1}.$$

Verifikation der Körperaxiome

Die Axiome 1) – 3) verifiziert man durch direkte Rechnung.

4) a) $\underline{0} := (0,0)$.
    b) $\underline{1} := (1,0)$.

5) a) $-(x,y) := (-x,-y)$.
    b) Sei $z = (x,y) \neq (0,0)$. Dann ist $x^2 + y^2 \neq 0$. Eine direkte Rechnung zeigt, dass

$$z^{-1} := \left(\frac{x}{x^2 + y^2}, \; -\frac{y}{x^2 + y^2} \right)$$

    zu z invers ist.

Offensichtlich gilt

$$(a,0)(x,y) = (ax, ay),$$

insbesondere also

$$(a,0)(b,0) = (ab,0).$$

Außerdem gilt

$$(a,0) + (b,0) = (a+b,0).$$

Also ist

$$\mathbb{C}_\mathbb{R} := \big\{ (a,0); \quad a \in \mathbb{R} \big\}$$

ein Unterkörper von $\mathbb{C}$, in dem genau so gerechnet wird wie in $\mathbb{R}$ selbst. *Genauer:* Die Abbildung

$$\iota : \mathbb{R} \longrightarrow \mathbb{C}_\mathbb{R},$$
$$a \longmapsto (a,0),$$

ist ein Körperisomorphismus.

    Damit haben wir uns einen Körper $\mathbb{C}$ konstruiert, der zwar nicht $\mathbb{R}$, aber einen zu $\mathbb{R}$ isomorphen Körper $\mathbb{C}_\mathbb{R}$ enthält. Man könnte nun leicht durch mengentheoretische Manipulationen einen zu $\mathbb{C}$ isomorphen Körper $\widetilde{\mathbb{C}}$ konstruieren, welcher den vorgelegten Körper $\mathbb{R}$ als Unterkörper enthält. Wir verzichten auf diese Konstruktion und identifizieren einfach im Folgenden die reelle Zahl a mit der komplexen Zahl $(a, 0)$.

Zur weiteren Vereinfachung verwenden wir die

Bezeichnung i $:= (0, 1)$ und nennen i die *imaginäre Einheit* (L. EULER, 1777). Offensichtlich gilt dann

a) $i^2 = i \cdot i = (0, 1) \cdot (0, 1) = (0 \cdot 0 - 1 \cdot 1, 0 \cdot 1 + 1 \cdot 0) = (-1, 0) = -(1, 0)$,
b) $(x, y) = (x, 0) + (0, y) = (x, 0) \cdot (1, 0) + (y, 0) \cdot (0, 1)$

oder in vereinfachter Schreibweise

a) $i^2 = -1$,
b) $(x, y) = x + y\,i = x + iy$.

Jede komplexe Zahl lässt sich also *eindeutig* in der Form $z = x + iy$ mit reellen Zahlen x und y schreiben. Damit ist Satz 1.1 bewiesen.   □

Es lässt sich zeigen, dass ein Körper $\mathbb{C}$ durch die Eigenschaften 1)–3) aus Satz 1.1 „im wesentlichen" eindeutig bestimmt ist (s. Aufgabe 13 aus I.1).

In der eindeutigen Darstellung $z = x + iy$ heißt

  x der *Realteil* von z und
  y der *Imaginärteil* von z.

Bezeichnung. $x = \mathrm{Re}(z)$, $y = \mathrm{Im}(z)$.
Ist $\mathrm{Re}(z) = 0$, dann heißt z *rein imaginär*.

Anmerkung. Auf einen wesentlichen Unterschied gegenüber dem Körper $\mathbb{R}$ der reellen Zahlen sei hingewiesen: $\mathbb{R}$ ist ein *angeordneter Körper,* d. h. in $\mathbb{R}$ ist eine Teilmenge P der sogenannten „positiven Elemente" ausgezeichnet, so dass folgendes gilt:

1) Für jede reelle Zahl a trifft genau einer der folgenden Fälle zu:

$$a) \ a \in P \qquad b) \ a = 0 \quad \text{oder} \quad c) - a \in P.$$

2) Für beliebige $a, b \in P$ gilt

$$a + b \in P \quad \text{und} \quad ab \in P.$$

Es lässt sich jedoch leicht zeigen, dass sich $\mathbb{C}$ nicht anordnen lässt, d. h., dass es keine Teilmenge $P \subset \mathbb{C}$ gibt, für die die Axiome 1) und 2) für beliebige $a, b \in P$ gelten (wegen $i^2 = -1$).

Von einigem Nutzen für das Rechnen mit komplexen Zahlen ist der Übergang zum *Konjugiert-Komplexen:*

Sei $z = x + iy$, $x, y \in \mathbb{R}$. Wir setzen $\bar{z} = x - iy$ und nennen $\bar{z}$ die zu z *konjugiert komplexe Zahl.* Man bestätigt leicht die folgenden Rechenregeln für die Abbildung

$$^- : \mathbb{C} \longrightarrow \mathbb{C}, \quad z \longmapsto \bar{z}.$$

1.2 Bemerkung. *Für $z, w \in \mathbb{C}$ gilt:*

1) $$\overline{\overline{z}} = z,$$

2) $$\overline{z \pm w} = \overline{z} \pm \overline{w}, \quad \overline{zw} = \overline{z} \cdot \overline{w},$$

3) $$\operatorname{Re} z = (z + \overline{z})/2, \quad \operatorname{Im} z = (z - \overline{z})/2\mathrm{i},$$

4) $$z \in \mathbb{R} \iff z = \overline{z}, \quad z \in \mathrm{i}\mathbb{R} \iff z = -\overline{z}.$$

Die Abbildung $^{-} : \mathbb{C} \to \mathbb{C},\, z \mapsto \overline{z}$, ist also ein involutorischer Körperautomorphismus mit dem Fixkörper $\mathbb{R}$.

Offensichtlich ist

$$z\overline{z} = x^2 + y^2$$

eine nicht negative reelle Zahl.

1.3 Definition. *Der **Betrag** einer komplexen Zahl z wird definiert durch*

$$|z| := \sqrt{z\overline{z}}.$$

Offenbar ist $|z|$ der euklidische Abstand von z zum Nullpunkt. Es gilt

$$|z| \geq 0$$

und

$$|z| = 0 \iff z = 0.$$

1.4 Bemerkung. *Für $z, w \in \mathbb{C}$ gilt:*

1) $$|z \cdot w| = |z| \cdot |w|,$$

2) $$|\operatorname{Re} z| \leq |z|, \quad |\operatorname{Im} z| \leq |z|,$$

3) $$|z + w| \leq |z| + |w| \quad \textit{(Dreiecksungleichung)},$$

4) $$|z - w| \geq ||z| - |w||.$$

Aus der Formel $z\overline{z} = |z|^2$ erhält man übrigens einen einfachen Ausdruck für das Inverse einer komplexen Zahl $z \neq 0$:

$$z^{-1} = \frac{\overline{z}}{|z|^2}.$$

Beispiel.

$$(1 + \mathrm{i})^{-1} = \frac{1 - \mathrm{i}}{2}.$$

Geometrische Veranschaulichung in der Gauß'schen Zahlenebene

1) Die Addition von komplexen Zahlen ist einfach die vektorielle Addition von Paaren reeller Zahlen:

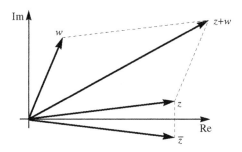

2) $\overline{z} = x - iy$ entsteht aus $z = x + iy$ durch Spiegelung an der reellen Achse.

3) Eine geometrische Deutung der *Multiplikation* komplexer Zahlen erhält man mit Hilfe von *Polarkoordinaten*. Aus der reellen Analysis ist bekannt, dass sich jeder Punkt $(x, y) \neq (0, 0)$ in der Form

$$(x, y) = r(\cos \varphi, \sin \varphi), \quad r > 0,$$

schreiben lässt. Dabei ist r eindeutig bestimmt,

$$r = \sqrt{x^2 + y^2},$$

der Winkel φ (gemessen im Bogenmaß) ist jedoch nur bis auf Addition eines ganzzahligen Vielfachen von 2π eindeutig.[*] Bezeichnet man mit

$$\mathbb{R}_+^{\bullet} := \{ x \in \mathbb{R}; \quad x > 0 \}$$

die Menge der positiven reellen Zahlen und mit

$$\mathbb{C}^{\bullet} := \mathbb{C} - \{0\}$$

die im Nullpunkt gelochte komplexe Ebene, so gilt also

1.5 Satz. *Die Abbildung*

$$\mathbb{R}_+^{\bullet} \times \mathbb{R} \longrightarrow \mathbb{C}^{\bullet},$$
$$(r, \varphi) \longmapsto r(\cos \varphi + i \sin \varphi),$$

ist surjektiv.

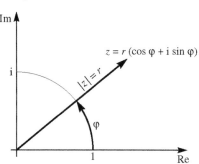

---

[*] Man sagt auch: modulo 2π.

Zusatz. *Aus*

$$r(\cos\varphi + i\sin\varphi) = r'(\cos\varphi' + i\sin\varphi'), \quad r, r' > 0,$$

folgt

$$r = r' \quad und \quad \varphi - \varphi' = 2\pi k, \quad k \in \mathbb{Z}.$$

Anmerkung. In der *Polarkoordinatendarstellung*

$$(*) \qquad\qquad z = r(\cos\varphi + i\sin\varphi)$$

von $z \in \mathbb{C}^\bullet$ ist also r durch z eindeutig bestimmt $(r = \sqrt{z\bar{z}})$, der Winkel φ jedoch nur bis auf ein additives ganzzahliges Vielfaches von 2π. Jedes $\varphi \in \mathbb{R}$, für das $(*)$ gilt, heißt *ein Argument* von z. Ist also φ_0 ein (festes) Argument von z, so hat jedes weitere Argument φ von z die Gestalt

$$\varphi = \varphi_0 + 2\pi k, \ k \in \mathbb{Z}.$$

Eindeutigkeit in der Polarkoordinatendarstellung erhält man, wenn man z. B. fordert, dass φ im Intervall $]-\pi, \pi]$ variiert, mit anderen Worten, die Abbildung

$$\mathbb{R}_+^\bullet \times]-\pi, \pi] \longrightarrow \mathbb{C}^\bullet, \qquad (r, \varphi) \longmapsto r(\cos\varphi + i\sin\varphi),$$

ist bijektiv. Man nennt $\varphi \in]-\pi, \pi]$ den *Hauptwert* des Arguments und bezeichnet ihn gelegentlich mit $\mathrm{Arg}(z)$, beispielsweise ist $\mathrm{Arg}(1) = \mathrm{Arg}(2006) = 0$, $\mathrm{Arg}(i) = \pi/2$, $\mathrm{Arg}(-i) = -\pi/2$, $\mathrm{Arg}(-1) = \pi$.

1.6 Satz. *Es gilt*

$$(\cos\varphi + i\sin\varphi)(\cos\varphi' + i\sin\varphi') = \cos(\varphi + \varphi') + i\sin(\varphi + \varphi')$$

oder

$$\boxed{\begin{array}{l} \cos(\varphi + \varphi') = \cos\varphi \cdot \cos\varphi' - \sin\varphi \cdot \sin\varphi' \\ \sin(\varphi + \varphi') = \sin\varphi \cdot \cos\varphi' + \cos\varphi \cdot \sin\varphi' \\ \textit{(Additionstheoreme der Winkelfunktionen).} \end{array}}$$

Die Sätze 1.5 und 1.6 beinhalten eine geometrische Deutung der Multiplikation komplexer Zahlen. Ist nämlich

$$z = r(\cos\varphi + i\sin\varphi), \quad z' = r'(\cos\varphi' + i\sin\varphi'),$$

dann ist

$$zz' = rr'\left(\cos(\varphi + \varphi') + i\sin(\varphi + \varphi')\right).$$

Also ist rr' der Betrag von zz' und $\varphi + \varphi'$ ein Argument von zz', was man kurz, aber nicht ganz präzise, so ausdrücken kann:

> Komplexe Zahlen werden multipliziert, indem man
> die Beträge multipliziert und die Argumente addiert.

Ist $z = r(\cos \varphi + \mathrm{i} \sin \varphi) \neq 0$, dann ist

$$\frac{1}{z} = \frac{\overline{z}}{z\overline{z}} = \frac{1}{r}(\cos \varphi - \mathrm{i} \sin \varphi),$$

woraus man ebenfalls eine elementare geometrische Konstruktion von $1/z$ ablesen kann.

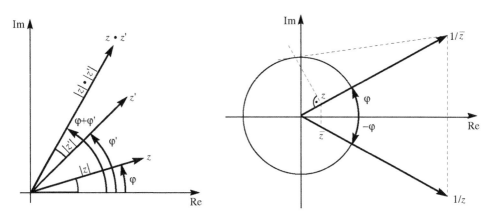

Sei $n \in \mathbb{Z}$ eine ganze Zahl. Wie üblich definiert man a^n für komplexe Zahlen a
durch

$$a^n = \overbrace{a \cdot \cdots \cdot a}^{n\text{-mal}}, \text{ falls } n > 0,$$

$$a^0 = 1,$$

$$a^n = (a^{-1})^{-n}, \text{ falls } n < 0, \ a \neq 0.$$

Es gelten die Rechenregeln

$$a^n \cdot a^m = a^{n+m},$$

$$(a^n)^m = a^{nm},$$

$$a^n \cdot b^n = (a \cdot b)^n.$$

Mit der üblichen Definition der Binomialkoeffizienten gilt

$$(a + b)^n = \sum_{\nu=0}^{n} \binom{n}{\nu} a^\nu b^{n-\nu} \qquad (\textit{binomische Formel})$$

für komplexe Zahlen $a, b \in \mathbb{C}$ und $n \in \mathbb{N}_0$.

Eine komplexe Zahl a heißt n-te **Einheitswurzel** ($n \in \mathbb{N}$), falls $a^n = 1$ gilt.

1.7 Satz. *Es gibt zu jedem $n \in \mathbb{N}$ genau n verschiedene n-te Einheitswurzeln, nämlich*

$$\zeta_\nu := \cos\frac{2\pi\nu}{n} + \mathrm{i}\sin\frac{2\pi\nu}{n}, \quad 0 \leq \nu < n.$$

Beweis. Man zeigt mit Hilfe von 1.6 leicht durch Induktion nach n, dass

$$(\cos\varphi + \mathrm{i}\sin\varphi)^n = \cos n\varphi + \mathrm{i}\sin n\varphi \qquad \text{(L. Euler, A. de Moivre)}$$

für beliebige natürliche Zahlen n gilt. Da Einheitswurzeln vom Betrag 1 sind, lassen sie sich in der Form

$$\cos\varphi + \mathrm{i}\sin\varphi$$

darstellen. Diese Zahl ist genau dann n-te Einheitswurzel, wenn $n\varphi$ ganzzahliges Vielfaches von 2π ist, d. h. $\varphi = 2\pi\nu/n$. Mit dem Zusatz von Satz 1.5 folgt, dass man für ν nur die Werte 0 bis $n-1$ zu nehmen braucht. Also liefern die n Zahlen

$$\zeta_\nu := \zeta_{\nu,n} := \cos\frac{2\pi\nu}{n} + \mathrm{i}\sin\frac{2\pi\nu}{n}, \quad \nu = 0,\ldots,n-1,$$

die n verschiedenen n-ten Einheitswurzeln. □

Anmerkung. Mit $\zeta_1 = \zeta_{1,n} = \cos\dfrac{2\pi}{n} + \mathrm{i}\sin\dfrac{2\pi}{n}$ gilt

$$\zeta_\nu = \zeta_1^\nu, \quad \nu = 0,1,\ldots,n-1.$$

Beispiele für n-te Einheitswurzeln:

$n=1$ $\{1\}$.

$n=2$ $\{1,-1\} = \left\{(-1)^\nu; \quad \nu = 0,1\right\}$.

$n=3$ $\left\{1, -\frac{1}{2}+\frac{1}{2}\sqrt{3}, -\frac{1}{2}-\frac{1}{2}\sqrt{3}\right\} = \left\{\left(-\frac{1}{2}+\frac{\mathrm{i}}{2}\sqrt{3}\right)^\nu; \quad 0 \leq \nu \leq 2\right\} = \left\{\zeta_{1,3}^\nu; \quad 0 \leq \nu \leq 2\right\}$.

$n=4$ $\{1,\mathrm{i},-1,-\mathrm{i}\} = \left\{\mathrm{i}^\nu; \quad 0 \leq \nu \leq 3\right\} = \left\{\zeta_{1,4}^\nu; \quad 0 \leq \nu \leq 3\right\}$.

$n=5$ $\left\{\zeta_{1,5}^\nu; \quad 0 \leq \nu \leq 4\right\}$, $\zeta_{1,5} = \frac{\sqrt{5}-1}{4} + \frac{\mathrm{i}}{4}\sqrt{2(5+\sqrt{5})}$.

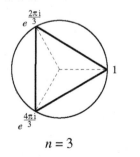

$n = 3$

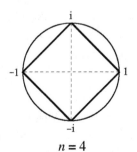

$n = 4$

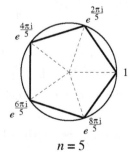

$n = 5$

Sämtliche n-ten Einheitswurzeln liegen auf dem Rand des Einheitskreises, der *Einheitskreislinie* $S^1 := \{\, z \in \mathbb{C}; \ |z| = 1\,\}$. Sie bilden die Eckpunkte eines gleichseitigen (= regulären) n-Ecks, das S^1 einbeschrieben ist (ein Eckpunkt ist stets $(1,0) = 1$). Aus diesem Grund nennt man die Gleichung

$$z^n = 1$$

auch *Kreisteilungsgleichung*. Es gilt, wie wir noch sehen werden,

$$z^n - 1 = (z - \zeta_0) \cdot (z - \zeta_1) \cdot \ldots \cdot (z - \zeta_{n-1})$$

mit

$$\zeta_\nu = \cos\frac{2\pi}{n}\nu + \mathrm{i}\sin\frac{2\pi}{n}\nu, \quad 0 \le \nu \le n - 1.$$

Die ζ_ν sind die Nullstellen des Polynoms

$$P(z) := z^n - 1.$$

Das Polynom P hat also n verschiedene Nullstellen. Dies ist ein Spezialfall des *Fundamentalsatzes der Algebra*. Er besagt:

> *Jedes nichtkonstante komplexe Polynom besitzt so viele Nullstellen, wie sein Grad angibt.*

Dabei müssen allerdings die Nullstellen mit Vielfachheiten gerechnet werden. Wir werden mehrere Beweise dieses wichtigen Satzes kennenlernen.

Anmerkung. Das regelmäßige n-Eck ist genau dann mit Zirkel und Lineal konstruierbar, falls die n-ten Einheitswurzeln durch iteriertes Quadratwurzelziehen und Körperoperationen aus rationalen Zahlen gewonnen werden können. Nach einem Satz von C. F. GAUSS ist dies genau dann der Fall, wenn n die Gestalt

$$n = 2^l F_{k_1} \ldots F_{k_r}$$

hat, wobei $l, k_j \in \mathbb{N}_0$ und die F_{k_j}, $j = 1, \ldots, r$, paarweise verschiedene sogenannte *Fermat'sche Primzahlen* sind. Letztere sind Primzahlen von der Form

$$F_k = 2^{2^k} + 1, \quad k \in \mathbb{N}_0.$$

Man kennt bis heute nur deren fünf, nämlich

$$F_0 = 3, \quad F_1 = 5, \quad F_2 = 17, \quad F_3 = 257, \quad \text{und} \quad F_4 = 65537.$$

Für die nächste dieser Zahlen zeigt sich

$$F_5 = 641 \cdot 6700417$$

das heißt, F_5 ist durch 641 teilbar — also keine Primzahl.

Übungsaufgaben zu I.1

1. Von den folgenden komplexen Zahlen bestimme man jeweils *Real-* und *Imaginärteil:*

$$\frac{i-1}{i+1}; \quad \frac{3+4i}{1-2i}; \quad i^n, \ n \in \mathbb{Z}; \quad \left(\frac{1+i}{\sqrt{2}}\right)^n, \ n \in \mathbb{Z};$$

$$\left(\frac{1+i\sqrt{3}}{2}\right)^n, \ n \in \mathbb{Z}; \quad \sum_{\nu=0}^{7}\left(\frac{1-i}{\sqrt{2}}\right)^\nu; \quad \frac{(1+i)^4}{(1-i)^3} + \frac{(1-i)^4}{(1+i)^3}.$$

2. Von den folgenden komplexen Zahlen berechne man jeweils *Betrag* und (ein) *Argument:*

$$-3+i; \quad -13; \quad (1+i)^{17}-(1-i)^{17}; \quad i^{4711}; \quad \frac{3+4i}{1-2i};$$

$$\frac{1+ia}{1-ia}, \ a \in \mathbb{R}; \quad \frac{1-i\sqrt{3}}{1+i\sqrt{3}}; \quad (1-i)^n, \ n \in \mathbb{Z}.$$

3. Man beweise die „*Dreiecksungleichung*"

$$|z+w| \leq |z|+|w|, \quad z,w \in \mathbb{C},$$

und diskutiere, wann das Gleichheitszeichen gilt; ferner beweise man die folgende Variante der Dreiecksungleichung:

$$||z|-|w|| \leq |z-w|, \quad z,w \in \mathbb{C}.$$

4. Für $z = x+iy$, $w = u+iv$, $x,y,u,v \in \mathbb{R}$, wird durch

$$\langle z,w \rangle := \mathrm{Re}(z\overline{w}) = xu+yv$$

das Standardskalarprodukt im $\mathbb{R}$-Vektorraum $\mathbb{C} = \mathbb{R} \times \mathbb{R}$ bezüglich der Basis $(1,i)$ definiert. Man verifiziere durch direktes Nachrechnen, dass für $z,w \in \mathbb{C}$

$$\langle z,w \rangle^2 + \langle iz,w \rangle^2 = |z|^2 |w|^2$$

gilt, und folgere hieraus die CAUCHY-SCHWARZ'sche Ungleichung im $\mathbb{R}^2$:

$$|\langle z,w \rangle|^2 = |xu+yv|^2 \leq |z|^2 |w|^2 = (x^2+y^2)(u^2+v^2).$$

Ferner zeige man jeweils durch direktes Nachrechnen, dass für $z,w \in \mathbb{C}$ die folgenden Identitäten gelten:

$$|z+w|^2 = |z|^2 + 2\langle z,w \rangle + |w|^2 \quad \text{(Kosinussatz)},$$
$$|z-w|^2 = |z|^2 - 2\langle z,w \rangle + |w|^2,$$
$$|z+w|^2 + |z-w|^2 = 2(|z|^2+|w|^2) \quad \text{(Parallelogrammidentität)}.$$

Man zeige weiter: Zu jedem Paar $(z,w) \in \mathbb{C}^\bullet \times \mathbb{C}^\bullet$ gibt es genau eine reelle Zahl $\omega := \omega(z,w) \in]-\pi,\pi]$ mit

$$\cos\omega = \cos\omega(z,w) = \frac{\langle z,w \rangle}{|z||w|}$$

und

$$\sin\omega = \sin\omega(z,w) = \frac{\langle iz,w \rangle}{|z||w|}.$$

$\omega = \omega(z,w)$ heißt der *orientierte Winkel* zwischen z und w und wird häufig mit $\sphericalangle(z,w)$ bezeichnet.

Man zeige: $\sphericalangle(1,\mathrm{i}) = \pi/2$, $\sphericalangle(\mathrm{i},1) = -\pi/2 = -\sphericalangle(1,\mathrm{i})$.

5. Seien $n \in \mathbb{N}$ und $z_\nu, w_\nu \in \mathbb{C}$ für $1 \leq \nu \leq n$. Man beweise

$$\left| \sum_{\nu=1}^{n} z_\nu w_\nu \right|^2 = \sum_{\nu=1}^{n} |z_\nu|^2 \cdot \sum_{\nu=1}^{n} |w_\nu|^2 - \sum_{1 \leq \nu < \mu \leq n} \left| z_\nu \overline{w}_\mu - z_\mu \overline{w}_\nu \right|^2$$

(die LAGRANGE'sche Identität) und folgere hieraus die CAUCHY-SCHWARZ'sche Ungleichung im $\mathbb{C}^n$:

$$\left| \sum_{\nu=1}^{n} z_\nu w_\nu \right|^2 \leq \sum_{\nu=1}^{n} |z_\nu|^2 \cdot \sum_{\nu=1}^{n} |w_\nu|^2 .$$

6. Die folgenden Teilmengen von $\mathbb{C}$ veranschauliche man sich in der komplexen Zahlenebene:

a) Seien $a, b \in \mathbb{C}$, $b \neq 0$, und

$$G_0 := \left\{ z \in \mathbb{C}; \quad \mathrm{Im}\left(\frac{z - a}{b} \right) = 0 \right\},$$

$$G_+ := \left\{ z \in \mathbb{C}; \quad \mathrm{Im}\left(\frac{z - a}{b} \right) > 0 \right\} \quad \text{und}$$

$$G_- := \left\{ z \in \mathbb{C}; \quad \mathrm{Im}\left(\frac{z - a}{b} \right) < 0 \right\}.$$

b) Seien $a, c \in \mathbb{R}$ und $b \in \mathbb{C}$ mit $b\overline{b} - ac > 0$,

$$K := \left\{ z \in \mathbb{C}; \quad az\overline{z} + \overline{b}z + b\overline{z} + c = 0 \right\}.$$

c) $L := \left\{ z \in \mathbb{C}; \quad \left| z - \dfrac{\sqrt{2}}{2} \right|^2 \cdot \left| z + \dfrac{\sqrt{2}}{2} \right|^2 = \dfrac{1}{4} \right\}.$

7. **Quadratwurzeln und Lösbarkeit quadratischer Gleichungen in $\mathbb{C}$**

Sei $c = a + \mathrm{i}b \neq 0$ eine vorgegebene komplexe Zahl. Durch Aufspaltung in Real- und Imaginärteil zeige man, dass es genau zwei verschiedene komplexe Zahlen z_1 und z_2 gibt mit

$$z_1^2 = z_2^2 = c. \quad \text{Es ist } z_2 = -z_1.$$

(z_1 und z_2 heißen die *Quadratwurzeln* aus c.) Als Beispiel bestimme man jeweils die Quadratwurzeln aus

$$5 + 7\mathrm{i} \quad \text{bzw.} \quad \sqrt{2} + \mathrm{i}\sqrt{2}.$$

Man löse diese Aufgabe auch mit Polarkoordinaten. Ferner zeige man, dass eine quadratische Gleichung

$$z^2 + \alpha z + \beta = 0, \quad \alpha, \beta \in \mathbb{C} \quad \text{beliebig},$$

stets (höchstens zwei) Lösungen $z_1, z_2 \in \mathbb{C}$ besitzt.

8. **Existenz von n-ten Wurzeln**

Sei $a \in \mathbb{C}$ und $n \in \mathbb{N}$. Eine komplexe Zahl z heißt (eine) n-te Wurzel aus a, wenn $z^n = a$ gilt.

Man zeige: Ist $a = r(\cos \varphi + \mathrm{i} \sin \varphi) \neq 0$, dann besitzt a genau n (verschiedene) n-te Wurzeln, nämlich die komplexen Zahlen

$$z_\nu = \sqrt[n]{r}\left(\cos\frac{\varphi + 2\pi\nu}{n} + \mathrm{i}\sin\frac{\varphi + 2\pi\nu}{n}\right), \quad 0 \le \nu \le n - 1.$$

Im Spezialfall $a = 1$ (also $r = 1$, $\varphi = 0$) erhält man Satz 1.7.

9. Man bestimme alle $z \in \mathbb{C}$ mit

$$z^3 - \mathrm{i} = 0.$$

10. Sei P ein Polynom mit komplexen Koeffizienten:

$P(z) := a_n z^n + a_{n-1} z^{n-1} + \cdots + a_0$ mit $n \in \mathbb{N}_0$, $a_\nu \in \mathbb{C}$, für $0 \le \nu \le n$.

Eine reelle oder komplexe Zahl ζ heißt *Nullstelle* von P, falls $P(\zeta) = 0$ gilt.

Man zeige: Wenn alle Koeffizienten a_ν reell sind, dann gilt

$$P(\zeta) = 0 \implies P(\overline{\zeta}) = 0.$$

Mit anderen Worten: Hat das Polynom P nur *reelle Koeffizienten,* dann treten die nicht reellen Nullstellen von P in Paaren konjugiert komplexer Nullstellen auf.

11. a) Sei $\mathbb{H} := \{ z \in \mathbb{C}; \quad \mathrm{Im}\, z > 0 \}$ die *obere Halbebene.*
    Man zeige: $z \in \mathbb{H} \iff -1/z \in \mathbb{H}$.

    b) Seien $z, a \in \mathbb{C}$.
    Man zeige: $\qquad |1 - z\bar{a}|^2 - |z - a|^2 = (1 - |z|^2)(1 - |a|^2)$.

    Man folgere: Ist $|a| < 1$, dann gilt

$$|z| < 1 \iff \left|\frac{z - a}{\bar{a}z - 1}\right| < 1 \text{ und } |z| = 1 \iff \left|\frac{z - a}{\bar{a}z - 1}\right| = 1.$$

12. Man verifiziere für $z = x + \mathrm{i}y \in \mathbb{C}$ die Ungleichungen

$$\frac{|x| + |y|}{\sqrt{2}} \le |z| = \sqrt{x^2 + y^2} \le |x| + |y|$$

und

$$\max\{\,|x|, |y|\,\} \le |z| \le \sqrt{2}\max\{\,|x|, |y|\,\}.$$

13. Sei $\widetilde{\mathbb{C}}$ ein weiterer Körper komplexer Zahlen. Man bestimme alle Abbildungen $\varphi : \mathbb{C} \to \widetilde{\mathbb{C}}$ mit folgenden Eigenschaften:

   a) $\varphi(z + w) = \varphi(z) + \varphi(w)$ $\Big\}$ für alle $z, w \in \mathbb{C}$,
   b) $\quad\varphi(zw) = \varphi(z)\varphi(w)$
   c) $\quad\varphi(x) = x$ für alle $x \in \mathbb{R}$.

Anmerkung. Es ergibt sich, dass solche Abbildungen existieren und *automatisch bijektiv* sind, sie stellen also Isomorphismen $\mathbb{C} \to \widetilde{\mathbb{C}}$ dar, die $\mathbb{R}$ elementweise festlassen. *Der Körper der komplexen Zahlen ist also im wesentlichen eindeutig bestimmt.* Im Spezialfall $\mathbb{C} = \widetilde{\mathbb{C}}$ erhält man die Automorphismen von $\mathbb{C}$ mit Fixkörper $\mathbb{R}$.

Übrigens: Welche Automorphismen (d. h. Isomorphismen auf sich selbst) besitzt der Körper $\mathbb{R}$ der reellen Zahlen?

Tipp. Ein solcher Automorphismus von $\mathbb{R}$ muss die Anordnung von $\mathbb{R}$ erhalten!

14. Jedes $z \in S^1 - \{-1\}$,

$$S^1 := \{ z \in \mathbb{C}; \quad |z| = 1 \},$$

lässt sich eindeutig in der Form

$$z = \frac{1 + i\lambda}{1 - i\lambda} = \frac{1 - \lambda^2}{1 + \lambda^2} + \frac{2\lambda}{1 + \lambda^2}\, i$$

mit $\lambda \in \mathbb{R}$ darstellen.

15. a) Man betrachte die Abbildung

$$f : \mathbb{C}^\bullet \longrightarrow \mathbb{C} \quad \text{mit} \quad f(z) = 1/\overline{z}.$$

Man gebe eine geometrische Konstruktion (Zirkel und Lineal) für den Bildpunkt $f(z)$ und begründe, warum diese Abbildung „*Transformation durch
reziproke Radien*" oder „*Spiegelung an der Einheitskreislinie*" genannt wird.
Man bestimme jeweils das Bild unter f von

$\alpha)$ $D_1 := \{ z \in \mathbb{C}; \quad 0 < |z| < 1 \}$,
$\beta)$ $D_2 := \{ z \in \mathbb{C}; \quad |z| > 1 \}$,
$\gamma)$ $D_3 := \{ z \in \mathbb{C}; \quad |z| = 1 \}$.

b) Jetzt betrachte man die Abbildung

$$g : \mathbb{C}^\bullet \longrightarrow \mathbb{C} \quad \text{mit} \quad g(z) = 1/z \ (= \overline{f(z)})$$

und gebe ebenfalls eine geometrische Konstruktion für den Bildpunkt $g(z)$
von z. Warum heißt diese Abbildung „*Inversion an der Einheitskreislinie*"?
Welche Fixpunkte hat g, d. h. für welche $z \in \mathbb{C}^\bullet$ gilt $g(z) = z$?

16. Sei $n \in \mathbb{N}$ und $W(n) = \{ z \in \mathbb{C}; \ z^n = 1 \}$ die Menge der n-ten Einheitswurzeln.

Man zeige:

a) $W(n)$ ist eine Untergruppe von $\mathbb{C}^\bullet$ (und damit selbst eine Gruppe).
b) $W(n)$ ist eine zyklische Gruppe der Ordnung n, d. h. es gibt ein $\zeta \in W(n)$ mit

$$W(n) = \{\zeta^\nu; \quad 0 \leq \nu < n\}.$$

Eine solche Einheitswurzel ζ heißt *primitiv*.

Man folgere: $W(n) \simeq \mathbb{Z}/n\mathbb{Z}$.

Für welche $d \in \mathbb{N}$ mit $1 \leq d \leq n$ ist die Potenz ζ^d wieder eine primitive n-te
Einheitswurzel? Wieviele primitive n-te Einheitswurzeln gibt es also?

Andere Einführungen der komplexen Zahlen

In §1 wurden die komplexen Zahlen als reelle Zahlenpaare eingeführt (nach GAUSS,
WESSEL, ARGAND, HAMILTON). Von der Geometrie des $\mathbb{R}^2$ (Drehstreckungen!)
wird folgende Einführung der komplexen Zahlen nahegelegt:

17. Sei

$$\mathcal{C} := \left\{ \begin{pmatrix} a & -b \\ b & a \end{pmatrix}; \quad a, b \in \mathbb{R} \right\} \subset M(2 \times 2; \mathbb{R})$$

mit der gewöhnlichen Addition und Multiplikation von (reellen) 2×2-Matrizen.

Man zeige: $\mathcal{C}$ ist ein Körper, der zum Körper $\mathbb{C}$ der komplexen Zahlen isomorph ist.

18. Wie bei der Einführung der komplexen Zahlen bemerkt, besitzt das Polynom $P = X^2 + 1 \in \mathbb{R}[X]$ in $\mathbb{R}$ keine Nullstelle, insbesondere zerfällt es nicht in Polynome kleineren Grades, P ist *irreduzibel* in $\mathbb{R}[X]$. In der Algebra (vergleiche etwa [Ku] oder [Lo2]) wird nun gezeigt, wie man zu einem beliebigen irreduziblen Polynom P aus dem Polynomring $K[X]$ (K Körper) einen (minimalen) Erweiterungskörper E konstruieren kann, in dem das vorgegebene Polynom eine Nullstelle hat. Auf den hier vorliegenden Spezialfall ($K = \mathbb{R}$, $P = X^2 + 1$) angewandt, bedeutet dies, dass man von $\mathbb{R}[X]$ den Restklassenring nach dem Ideal $(X^2 + 1)$ bildet. Dieser ist isomorph zu $\mathbb{C}$.

19. **Hamilton'sche Quaternionen** (W. R. HAMILTON, 1843)

Wir betrachten folgende Abbildung

$$H : \mathbb{C} \times \mathbb{C} \longrightarrow M(2 \times 2; \mathbb{C}),$$

$$(z, w) \longmapsto H(z, w) := \begin{pmatrix} z & -w \\ \overline{w} & \overline{z} \end{pmatrix}$$

und bezeichnen ihr Bild mit

$$\mathcal{H} := \big\{ H(z, w); \quad (z, w) \in \mathbb{C} \times \mathbb{C} \big\} \subset M(2 \times 2; \mathbb{C}).$$

Man zeige, dass $\mathcal{H}$ ein *Schiefkörper* ist, d. h. in $\mathcal{H}$ gelten alle Körperaxiome mit Ausnahme des Kommutativgesetzes der Multiplikation.

Anmerkung. Die Bezeichnung $\mathcal{H}$ soll an Sir William Rowan HAMILTON (1805-1865) erinnern. Man nennt $\mathcal{H}$ die HAMILTON'schen Quaternionen.

20. **Cayley-Zahlen** (A. CAYLEY, 1845)

Es sei

$$\mathcal{C} := \mathcal{H} \times \mathcal{H}.$$

Wir betrachten folgende Verknüpfung

$$\mathcal{C} \times \mathcal{C} \longrightarrow \mathcal{C},$$

$$((H_1, H_2), (K_1, K_2)) \longmapsto (H_1 K_1 - \bar{K}_2' H_2, H_2 \bar{K}_1' + K_2 H_1).$$

Dabei bedeute $\bar{H}'$ die konjugiert-transponierte Matrix zu $H \in \mathcal{H} \subset M(2 \times 2; \mathbb{C})$.

Man zeige, dass hierdurch auf $\mathcal{C}$ eine $\mathbb{R}$-bilineare Abbildung definiert wird, welche nullteilerfrei ist, d. h. das Produkt zweier Elemente aus $\mathcal{C}$ ist nur dann Null, wenn einer der beiden Faktoren verschwindet. Die „CAYLEY-Multiplikation" ist i. a. jedoch weder kommutativ noch assoziativ.

Ein tiefliegender Satz (M. A. KERVAIRE (1958), J. MILNOR (1958), J. BOTT (1958)) besagt, dass auf einem n-dimensionalen ($n < \infty$) reellen Vektorraum V nur dann eine nullteilerfreie Bilinearform existiert, wenn $n = 1, 2, 4$ oder 8 gilt. Beispiele für solche Stukturen sind die „reellen Zahlen", die „komplexen Zahlen", die „HAMILTON'schen Quaternionen" und die „CAYLEY-Zahlen". Man vergleiche hierzu etwa den Artikel von F. HIRZEBRUCH in [Eb].

2. Konvergente Folgen und Reihen

Wir nehmen an, dass aus der Analysis mehrerer reeller Veränderlicher die Topologie des $\mathbb{R}^p$ bekannt ist. Die grundlegenden Definitionen und Eigenschaften stellen wir in dem uns interessierenden Fall $\mathbb{C}$ kurz zusammen.[*)]

2.1 Definition. *Eine Folge* $(z_n)_{n>0}$ *komplexer Zahlen heißt* **Nullfolge**, *falls zu jedem* $\varepsilon > 0$ *eine natürliche Zahl* N *existiert, so dass*

$$|z_n| < \varepsilon \ \text{für alle} \ n \geq N$$

gilt.

2.2 Definition. *Eine Folge*

$$z_0, \ z_1, \ z_2, \ldots$$

komplexer Zahlen konvergiert gegen die komplexe Zahl z, *falls die Differenzenfolge* $z_0 - z, z_1 - z, \ldots$ *eine Nullfolge ist.*

Bekanntlich ist der Grenzwert z eindeutig bestimmt, und man schreibt

$$z = \lim_{n \to \infty} z_n \quad \text{oder} \quad z_n \to z \ \text{für} \ n \to \infty.$$

Aus der Äquivalenz der euklidischen Metrik und der Maximummetrik des $\mathbb{R}^p$ oder einfach aus

$$|\operatorname{Re} z|, |\operatorname{Im} z| \leq |z| \leq |\operatorname{Re} z| + |\operatorname{Im} z|$$

folgt dann

2.3 Bemerkung. *Sei* (z_n) *eine Folge komplexer Zahlen und* z *eine weitere komplexe Zahl. Folgende Aussagen sind äquivalent:*

1) $\qquad\qquad z_n \to z \ \text{für} \ n \to \infty.$

2) $\qquad\qquad \operatorname{Re} z_n \to \operatorname{Re} z \ \text{und} \ \operatorname{Im} z_n \to \operatorname{Im} z \ \text{für} \ n \to \infty.$

2.4 Bemerkung. *Aus* $z_n \to z$ *und* $w_n \to w$ *für* $n \to \infty$ *folgt:*

[*)] Im Zusammenhang mit topologischen Begriffen werde $\mathbb{C}$ immer mit $\mathbb{R}^2$ identifiziert:

$$\mathbb{C} \ni z \longleftrightarrow (\operatorname{Re} z, \ \operatorname{Im} z) \in \mathbb{R}^2.$$

1) $$z_n \pm w_n \to z \pm w,$$

2) $$z_n \cdot w_n \to z \cdot w,$$

3) $$|z_n| \to |z|,$$

4) $$\overline{z_n} \to \overline{z},$$

5) $$z_n^{-1} \to z^{-1} \ \textit{falls} \ z_n \neq 0 \ \textit{für alle } n \textit{ und } z \neq 0.$$

Man kann dies entweder durch Zerlegen in Real- und Imaginärteil beweisen oder die aus der reellen Analysis bekannten Beweise übertragen.

Beispiel.

$$\lim_{n \to \infty} z^n = 0 \quad \text{für} \quad |z| < 1.$$

Die Behauptung folgt aus dem entsprechenden Satz für reelle z mit Hilfe von

$$|z^n| = |z|^n.$$

Unendliche Reihen im Komplexen

Sei $z_0, z_1, z_2, \dots$ eine Folge komplexer Zahlen. Man kann ihr dann eine neue Folge, die *Folge der Partialsummen* $S_0, S_1, S_2, \dots$ mit

$$S_n := z_0 + z_1 + \cdots + z_n$$

zuordnen. Die Folge (S_n) heißt auch die der Folge (z_n) *zugeordnete Reihe*. Man bezeichnet sie symbolisch mit

$$\sum_{n=0}^{\infty} z_n = z_0 + z_1 + z_2 + \cdots.$$

Wenn die Folge (S_n) konvergiert, so nennt man

$$S := \lim_{n \to \infty} S_n$$

den *Wert* oder die *Summe* der Reihe. Man schreibt dann auch

$$S = \sum_{n=0}^{\infty} z_n = z_0 + z_1 + z_2 + \cdots.$$

Wir folgen hier einer weitverbreiteten aber nicht ganz präzisen Tradition in der Bezeichnungsweise: Das Symbol $\sum_{n=0}^{\infty} z_n$ wird in *zwei* Bedeutungen verwendet:

1. *Einmal* als Synonym für die Folge (S_n) der Partialsummen der Folge (z_n).
2. *Zum anderen* (im Fall der Konvergenz von (S_n)) für deren Summe, d. h. den Grenzwert $S = \lim_{n \to \infty} S_n$. Hier ist S also eine Zahl.

Welche der beiden Bedeutungen gemeint ist, ergibt sich meist aus dem Zusammenhang. Vergleiche auch Aufgabe 9 zu I.2.

Beispiel. Die *geometrische Reihe* konvergiert für alle $z \in \mathbb{C}$ mit $|z| < 1$:

$$\frac{1}{1-z} = 1 + z + z^2 + \cdots \quad \text{für } |z| < 1.$$

Der Beweis folgt aus der (z. B. durch Induktion nach n zu beweisenden) Formel

$$\frac{1 - z^{n+1}}{1 - z} = 1 + z + \cdots + z^n \quad \text{für } z \neq 1.$$

Eine Reihe

$$z_0 + z_1 + z_2 + \cdots$$

heißt *absolut konvergent,* falls die Reihe der Beträge

$$|z_0| + |z_1| + |z_2| + \cdots$$

konvergiert.

2.5 Satz. *Eine absolut konvergente Reihe konvergiert.*

Beweis. Wir setzen voraus, dass der entsprechende Satz im Reellen bekannt ist. Die Behauptung folgt dann aus 2.3.   □

Mit Hilfe von Satz 2.5 kann man viele elementare Funktionen ins Komplexe fortsetzen.

2.6 Bemerkung. *Die Reihen*

$$\sum_{n=0}^{\infty} \frac{z^n}{n!}, \quad \sum_{n=0}^{\infty} \frac{(-1)^n}{(2n+1)!} z^{2n+1} \quad \text{und} \quad \sum_{n=0}^{\infty} \frac{(-1)^n}{(2n)!} z^{2n}$$

konvergieren absolut für alle $z \in \mathbb{C}$.

Man definiert für beliebige komplexe Zahlen z

$$\exp(z) := \sum_{n=0}^{\infty} \frac{z^n}{n!} \qquad \text{(komplexe Exponentialfunktion)},$$

$$\sin(z) := \sum_{n=0}^{\infty} \frac{(-1)^n}{(2n+1)!} z^{2n+1} \qquad \text{(komplexer Sinus)},$$

$$\cos(z) := \sum_{n=0}^{\infty} \frac{(-1)^n}{(2n)!} z^{2n} \qquad \text{(komplexer Kosinus)}.$$

2.7 Hilfssatz (Cauchy'scher Multiplikationssatz). *Es seien*

$$\sum_{n=0}^{\infty} a_n \quad und \quad \sum_{n=0}^{\infty} b_n$$

absolut konvergente Reihen. Dann gilt

$$\sum_{n=0}^{\infty} \left(\sum_{\nu=0}^{n} a_\nu b_{n-\nu} \right) = \left(\sum_{n=0}^{\infty} a_n \right) \cdot \left(\sum_{n=0}^{\infty} b_n \right),$$

wobei die auf der linken Seite stehende Reihe ebenfalls absolut konvergiert.

Der Beweis erfolgt wörtlich wie im Reellen. Aus dem Multiplikationssatz 2.7 folgt

$$\exp(z)\exp(w) = \sum_{n=0}^{\infty} \sum_{\nu=0}^{n} \frac{z^\nu w^{n-\nu}}{\nu!(n-\nu)!} = \sum_{n=0}^{\infty} \frac{(z+w)^n}{n!} = \exp(z+w).$$

2.8 Satz. *Es gilt für beliebige komplexe Zahlen z und w*

$$\exp(z+w) = \exp(z) \cdot \exp(w)$$

(Additionstheorem oder Funktionalgleichung).

2.8₁ Folgerung. *Wegen* $\exp(z)\exp(-z) = 1$ *ist* $\exp(z) \neq 0$ *und es gilt*

$$\exp(z)^n = \exp(nz) \quad für \quad n \in \mathbb{Z}.$$

Die Funktion $\exp(z)$ stimmt für reelle z mit der reellen e-Funktion überein. Für komplexe z *definiert* man

$$e^z := \exp(z).$$

Damit wird die Funktionalgleichung in 2.8 zu einer *Potenzregel*:

$$e^{z+w} = e^z e^w.$$

Beachte jedoch hierzu die Anmerkung am Ende des Paragraphen. Wir verwenden im Folgenden beide Schreibweisen, e^z und $\exp(z)$.

2.9 Bemerkung. *Es gilt für* $z \in \mathbb{C}$

$$\exp(\mathrm{i}z) = \cos z + \mathrm{i}\sin z,$$

$$\cos(z) = \frac{\exp(\mathrm{i}z) + \exp(-\mathrm{i}z)}{2},$$

$$\sin(z) = \frac{\exp(\mathrm{i}z) - \exp(-\mathrm{i}z)}{2\mathrm{i}}.$$

2.9$_1$ Folgerung. *Sei $z = x + \mathrm{i}y$. Dann gilt*

$$e^z = e^x(\cos y + \mathrm{i}\sin y),$$

also

$$\mathrm{Re}\, e^z = e^x \cos y,$$
$$\mathrm{Im}\, e^z = e^x \sin y,$$
$$|e^z| = e^x.$$

2.9$_2$ Folgerung. *Für beliebige komplexe Zahlen $z, w \in \mathbb{C}$ gelten die*

Additionstheoreme
$$\cos(z + w) = \cos z \cos w - \sin z \sin w,$$
$$\sin(z + w) = \sin z \cos w + \cos z \sin w.$$

Die komplexe Exponentialfunktion ist *nicht injektiv*. Es gilt ja

$$e^{2\pi \mathrm{i}k} = 1 \quad \text{für alle} \quad k \in \mathbb{Z}.$$

Aus dem Zusatz zu Satz 1.5 folgt genauer

2.10 Bemerkung. *Es gilt für $z, w \in \mathbb{C}$*

$$\exp(z) = \exp(w) \iff z - w \in 2\pi \mathrm{i}\mathbb{Z},$$

insbesondere

$$\mathrm{Kern}\, \exp := \big\{\, z \in \mathbb{C}; \quad \exp(z) = 1 \,\big\} = 2\pi \mathrm{i}\mathbb{Z}.$$

Ist $w \in \mathbb{C}$, so gilt wegen der Funktionalgleichung

$$\exp(z + w) = \exp(z)\exp(w)$$

der Exponentialfunktion die Gleichung

$$\exp(z + w) = \exp(z) \quad \text{für alle } z \in \mathbb{C}$$

genau dann, wenn

$$\exp(w) = 1 \iff w \in \mathrm{Kern}\, \exp = 2\pi \mathrm{i}\mathbb{Z}.$$

Die Gleichung

$$\mathrm{Kern}\, \exp = 2\pi \mathrm{i}\mathbb{Z}$$

lässt sich daher als *Periodizitätseigenschaft* von exp interpretieren:

Die komplexe Exponentialfunktion ist periodisch und besitzt die Zahlen

$$2\pi i k, \quad k \in \mathbb{Z},$$

(und nur diese) als Perioden.

2.10₁ Folgerung. *Für $z \in \mathbb{C}$ und $k \in \mathbb{Z}$ gilt*

$$\sin z = 0 \iff z = k\pi,$$

$$\cos z = 0 \iff z = \left(k + \frac{1}{2}\right)\pi.$$

Denn beispielsweise bedeutet $\sin z = (\exp(\mathrm{i}z) - \exp(-\mathrm{i}z))/2\mathrm{i} = 0$ nichts anderes als $\exp(2\mathrm{i}z) = 1$, d. h. $z = k\pi$, $k \in \mathbb{Z}$. Der komplexe Sinus und Kosinus haben also nur die schon aus dem Reellen bekannten Nullstellen.

Wegen der Periodizität erhält man Schwierigkeiten, die komplexe Exponentialfunktion umzukehren, also einen komplexen Logarithmus zu definieren. Um diese Schwierigkeiten in den Griff zu bekommen, schränken wir den Definitionsbereich von exp geeignet ein.

Hauptzweig des Logarithmus

Wir bezeichnen mit S den Parallelstreifen

$$S = \left\{ w \in \mathbb{C}; \quad -\pi < \operatorname{Im} w \le \pi \right\}.$$

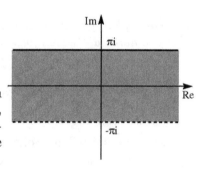

Die Einschränkung von exp auf S ist wegen 2.10 injektiv. Jeder Wert, den exp annimmt, wird schon in S angenommen. Der Wertevorrat von exp ist wegen 1.5 die in 0 gelochte Ebene $\mathbb{C}^{\bullet}$.

Die komplexe Exponentialfunktion vermittelt deshalb eine *bijektive Abbildung*

$$\begin{aligned} S &\xrightarrow{\ \exp\ } \mathbb{C}^{\bullet}, \\ w &\longmapsto e^{w}. \end{aligned}$$

Zu jedem Punkt z aus $\mathbb{C}^{\bullet}$ existiert also eine eindeutig bestimmte Zahl $w \in S$ mit der Eigenschaft $e^{w} = z$. Wir nennen diese Zahl w den *Hauptwert* des Logarithmus von z und bezeichnen [*] diesen mit

$$w = \operatorname{Log} z.$$

---

[*] Die Bezeichnungen $w = \log z$ oder $w = \ln z$ sind in der Literatur auch üblich.

Wir haben also bewiesen:

2.11 Satz. *Es existiert eine Funktion — der sogenannte **Hauptzweig des Logarithmus** —*
$$\mathrm{Log} : \mathbb{C}^{\bullet} \longrightarrow \mathbb{C},$$
welche durch die beiden folgenden Eigenschaften eindeutig bestimmt ist:

a) $$\exp(\mathrm{Log}\, z) = z,$$

b) $$-\pi < \mathrm{Im}\,\mathrm{Log}\, z \leq \pi \ \ \textit{für alle}\ \ z \neq 0.$$

Zusatz. *Aus der Gleichung*
$$\exp(w) = z$$
folgt
$$w = \mathrm{Log}\, z + 2\pi \mathrm{i} k, \quad k \in \mathbb{Z}.$$
Nur wenn w in S enthalten ist, kann man sogar schließen:
$$w = \mathrm{Log}\, z.$$

Insbesondere stimmt $\mathrm{Log}\, z$ für positive reelle z mit dem gewöhnlichen reellen (natürlichen) Logarithmus überein:
$$\mathrm{Log}\, z = \log z.$$

2.12 Bemerkung. *Zu jeder komplexen Zahl $z \neq 0$ existiert eine reelle Zahl φ, welche durch die beiden folgenden Bedingungen eindeutig bestimmt ist:*

a) $$-\pi < \varphi \leq \pi,$$

b) $$\frac{z}{|z|} = \cos \varphi + \mathrm{i} \sin \varphi \quad (= e^{\mathrm{i}\varphi}).$$

Dies ist eine unmittelbare Folgerung aus 1.5 und Spezialfall von 2.11.

Die Konstruktion des komplexen Logarithmus beinhaltet also eine Verallgemeinerung der Darstellung einer komplexen Zahl in Polarkoordinaten.

Man nennt die in 2.12 auftretende Zahl φ den *Hauptwert des Arguments* von z und schreibt (vgl. die Anmerkung vor 1.6)
$$\varphi = \mathrm{Arg}\, z.$$

2.13 Satz. *Es gilt für $z \in \mathbb{C}^{\bullet}$*
$$\mathrm{Log}\, z = \log |z| + \mathrm{i}\,\mathrm{Arg}\, z.$$

Dabei sei $\log |z|$ der gewöhnliche reelle natürliche Logarithmus der positiven Zahl $|z|$.

Beweis. Wegen Satz 2.11 genügt es zu zeigen:

$$\exp\big(\log |z| + \mathrm{i}\,\mathrm{Arg}\,z\big) = z;$$

dies folgt aber unmittelbar aus 2.9_1 und 2.12. □

Wir beschließen diesen Paragraphen mit einer *Warnung* hinsichtlich des *Rechnens mit komplexen Potenzen.*

Ist $a \in \mathbb{C}^{\bullet}$, $b \in \mathbb{C}$, dann kann man $a^b := \exp(b\,\mathrm{Log}\,a)$ definieren. Diese Definition ist jedoch willkürlich, denn wenn b nicht in $\mathbb{Z}$ liegt, gilt:

$$\exp(b\,\mathrm{Log}\,a) \neq \exp(b(\mathrm{Log}\,a + 2\pi\mathrm{i}k)), \quad k \in \mathbb{Z}.$$

Jede Zahl aus der Menge

$$\big\{\, \exp(b(\log |a| + \mathrm{i}\,\mathrm{Arg}\,a))\exp(2\pi\mathrm{i}bk); \quad k \in \mathbb{Z} \,\big\}$$

hätte eigentlich gleiches Recht, a^b zu sein.[*] Mit dem Hauptwert des Logarithmus gilt etwa

$$\mathrm{i}^{\mathrm{i}} = \exp(\mathrm{i}\,\mathrm{Log}\,\mathrm{i}) = \exp(\mathrm{i}(\log |\mathrm{i}| + \mathrm{i}\,\mathrm{Arg}\,\mathrm{i}))$$

$$= \exp\Big(\mathrm{i}\Big(0 + \mathrm{i}\frac{\pi}{2}\Big)\Big) = \exp\Big(-\frac{\pi}{2}\Big) \approx 0.20787957635076190854.$$

Alle möglichen Werte von i^{i} liegen wegen

$$\exp(\mathrm{i}(\log |\mathrm{i}| + \mathrm{i}\,\mathrm{Arg}\,\mathrm{i}))\exp(2\pi\mathrm{i}\mathrm{i}k) = \exp(-(4k+1)\pi/2)$$

in der folgenden Menge positiver reeller Zahlen

$$\Big\{\, \exp\Big(-(4k+1)\frac{\pi}{2}\Big); \quad k \in \mathbb{Z} \,\Big\}.$$

Die n-ten Einheitswurzeln, d. h. die Lösungen der Gleichung $z^n = 1$, sind nun gerade die $1/n$-ten Potenzen von 1. Allgemein sind die n-ten Wurzeln aus einer Zahl $a \in \mathbb{C}^{\bullet}$ gerade die $1/n$-ten Potenzen von a.

Anmerkung. Es ist $e^z := \exp(z)$ *eine* der z-ten Potenzen von e.

Besondere Vorsicht ist beim Rechnen nach — aus dem Reellen gewohnten — Potenzregeln geboten. Beispielsweise gilt i. a. nicht die Regel

$$(a_1 a_2)^b = a_1^b a_2^b.$$

Beispielsweise gilt unter Benutzung des Hauptwerts

$$-1 = \mathrm{i} \cdot \mathrm{i} = (-1)^{1/2} \cdot (-1)^{1/2} \neq ((-1) \cdot (-1))^{1/2} = 1^{1/2} = 1.$$

Welche der aus dem Reellen gewohnten Rechenregeln gelten, muss man im Einzelfall nachprüfen. Keine Schwierigkeit entsteht, wenn man $a^b = \exp(b\log a)$ für reelle und positive a definiert, da man sich dabei auf den gewöhnlichen reellen Logarithmus stützen kann. Es gilt dann die Rechenregel

$$(a_1 a_2)^b = a_1^b a_2^b \quad (a_1 > 0,\ a_2 > 0)$$

auch für komplexe b.

---

[*] Jede dieser Zahlen kann *eine* b-te Potenz von a genannt werden.

Übungsaufgaben zu I.2

1. Sei $z_0 = x_0 + iy_0 \neq 0$ eine vorgegebene komplexe Zahl. Die Folge $(z_n)_{n \geq 0}$ werde rekursiv definiert durch

$$z_{n+1} = \frac{1}{2}\left(z_n + \frac{1}{z_n}\right), \quad n \geq 0.$$

   Man zeige:

   Ist $x_0 > 0$, dann ist $\lim_{n \to \infty} z_n = 1$.

   Ist $x_0 < 0$, dann ist $\lim_{n \to \infty} z_n = -1$.

   Ist $x_0 = 0$, $y_0 \neq 0$, dann ist $(z_n)_{n \geq 0}$ nicht definiert oder divergent.

   Tipp. Man betrachte $w_{n+1} = \dfrac{z_{n+1} - 1}{z_{n+1} + 1}$.

2. Sei $a \in \mathbb{C}^{\bullet}$ eine vorgegebene Zahl. Für welche $z_0 \in \mathbb{C}$ ist die Folge

$$z_{n+1} = \frac{1}{2}\left(z_n + \frac{a}{z_n}\right) \quad (n \geq 0)$$

   sinnvoll definiert? Was ist gegebenenfalls ihr Grenzwert?

3. Eine Folge $(z_n)_{n \geq 0}$ komplexer Zahlen heißt *Cauchyfolge*, wenn es zu jedem $\varepsilon > 0$ einen Index $n_0 \in \mathbb{N}_0$ gibt, so dass für alle $n, m \in \mathbb{N}_0$ mit $n, m \geq n_0$ gilt

$$|z_n - z_m| < \varepsilon.$$

   Man zeige: Eine Folge $(z_n)_{n \geq 0}$, $z_n \in \mathbb{C}$, ist genau dann konvergent, wenn sie eine CAUCHYfolge ist.

4. Man beweise die folgenden Ungleichungen.

   a) Für alle $z \in \mathbb{C}$ gilt

$$|\exp(z) - 1| \leq \exp(|z|) - 1 \leq |z| \exp(|z|).$$

   b) Für alle $z \in \mathbb{C}$ mit $|z| \leq 1$ gilt

$$|\exp(z) - 1| \leq 2|z|.$$

5. Bestimme jeweils alle $z \in \mathbb{C}$ mit

$$\exp(z) = -2, \quad \exp(z) = i, \quad \exp(z) = -i,$$
$$\sin z = 100, \quad \sin z = 7i, \quad \sin z = 1 - i,$$
$$\cos z = 3i, \quad \cos z = 3 + 4i, \quad \cos z = 13.$$

6. Die (komplexen) hyperbolischen Funktionen cosh und sinh werden in Analogie zum Reellen definiert. Für $z \in \mathbb{C}$ sei

$$\cosh z := \frac{\exp(z) + \exp(-z)}{2} \quad \text{und} \quad \sinh z := \frac{\exp(z) - \exp(-z)}{2}$$

   Man zeige:

   a) $\sinh z = -i \sin(iz)$, $\cosh z = \cos(iz)$ $(z \in \mathbb{C})$.

   b) $\sinh(z + w) = \sinh z \cosh w + \cosh z \sinh w$,
      $\cosh(z + w) = \cosh z \cosh w + \sinh z \sinh w$. (Additionstheoreme)

   c) $\cosh^2 z - \sinh^2 z = 1$ $(z \in \mathbb{C})$.

   d) sinh und cosh haben die *Periode* $2\pi i$, d. h.

$$\sinh(z + 2\pi i) = \sinh z$$
$$\cosh(z + 2\pi i) = \cosh z$$ für alle $z \in \mathbb{C}$.

e) Für alle $z \in \mathbb{C}$ konvergieren die Reihen $\sum \frac{z^{2n}}{(2n)!}$ und $\sum \frac{z^{2n+1}}{(2n+1)!}$ absolut, und es gilt

$$\cosh z = \sum_{n=0}^{\infty} \frac{z^{2n}}{(2n)!} \quad \text{und} \quad \sinh z = \sum_{n=0}^{\infty} \frac{z^{2n+1}}{(2n+1)!}.$$

7. Für alle $z = x + iy \in \mathbb{C}$ gilt:

a) $\overline{\exp(z)} = \exp(\overline{z})$, $\overline{\sin(z)} = \sin(\overline{z})$, $\overline{\cos(z)} = \cos(\overline{z})$,

b)
$$\cos z = \cos(x + iy) = \cos x \cosh y - i \sin x \sinh y,$$
$$\sin z = \sin(x + iy) = \sin x \cosh y + i \cos x \sinh y.$$

Speziell für $x = 0$, $y \in \mathbb{R}$:

$$\cos(iy) = \frac{1}{2}(e^y + e^{-y}) = \cosh y \quad \text{und} \quad \sin(iy) = \frac{i}{2}(e^y - e^{-y}) = i \sinh y.$$

Man bestimme alle $z \in \mathbb{C}$ mit $|\sin z| \leq 1$ und finde ein $n \in \mathbb{N}$ mit

$$|\sin(in)| > 10\,000.$$

8. **Definition von Tangens und Kotangens**

Für $z \in \mathbb{C} - \{(k + 1/2)\pi; \ k \in \mathbb{Z}\}$ sei

$$\tan z := \frac{\sin z}{\cos z},$$

und für $z \in \mathbb{C} - \{k\pi; \ k \in \mathbb{Z}\}$ sei

$$\cot z := \frac{\cos z}{\sin z}.$$

Man zeige:

$$\tan z = \frac{1}{i} \frac{\exp(2iz) - 1}{\exp(2iz) + 1}, \quad \cot z = i \frac{\exp(2iz) + 1}{\exp(2iz) - 1},$$
$$\tan(z + \pi/2) = -\cot z, \quad \tan(-z) = -\tan z, \quad \tan z = \tan(z + \pi),$$
$$\tan z = \cot z - 2\cot(2z), \quad \cot(z + \pi) = \cot z.$$

9. Sei $\mathrm{Abb}(\mathbb{N}_0, \mathbb{C})$ die Menge aller Abbildungen von $\mathbb{N}_0$ in $\mathbb{C}$ (= Menge aller komplexen Zahlenfolgen).

Man zeige: Die Abbildung

$$\sum : \mathrm{Abb}(\mathbb{N}_0, \mathbb{C}) \longrightarrow \mathrm{Abb}(\mathbb{N}_0, \mathbb{C}),$$
$$(a_n)_{n\geq 0} \longmapsto (S_n)_{n\geq 0} \text{ mit } S_n := a_0 + a_1 + \cdots + a_n,$$

ist bijektiv (Teleskoptrick). Die Theorien der Folgen und unendlichen Reihen sind also im Prinzip gleichwertig.

10. Seien $(a_n)_{n\geq 0}$ und $(b_n)_{n\geq 0}$ zwei Folgen komplexer Zahlen mit $a_n = b_n - b_{n+1}$, $n \geq 0$.

Man zeige: Die Reihe $\sum_{n=0}^{\infty} a_n$ ist genau dann konvergent, wenn die Folge (b_n) konvergiert, und es gilt dann

$$\sum_{n=0}^{\infty} a_n = b_0 - \lim_{n \to \infty} b_{n+1}.$$

Beispiel: $\displaystyle\sum_{n=0}^{\infty} \frac{1}{(n+1)(n+2)} = 1.$

11. Binomialreihe

Für $\alpha \in \mathbb{C}$ und $\nu \in \mathbb{N}$ sei

$$\binom{\alpha}{0} := 1 \quad \text{und} \quad \binom{\alpha}{\nu} := \prod_{j=1}^{\nu} \frac{\alpha - j + 1}{j}.$$

Man zeige: $\sum_{\nu=0}^{\infty} \binom{\alpha}{\nu} z^\nu$ konvergiert absolut für alle $z \in \mathbb{C}$ mit $|z| < 1$.

Sei $b_\alpha(z) := \sum_{\nu=0}^{\infty} \binom{\alpha}{\nu} z^\nu$.

Man zeige: Für alle $z \in \mathbb{C}$ mit $|z| < 1$ und beliebige $\alpha, \beta \in \mathbb{C}$ gilt

$$\boxed{b_{\alpha+\beta}(z) = b_\alpha(z) b_\beta(z).}$$

Anmerkung. Wir werden später sehen, dass für $z \in \mathbb{C}$ mit $|z| < 1$ gilt:

$$b_\alpha(z) = (1 + z)^\alpha := \exp(\alpha \, \mathrm{Log}(1 + z)).$$

Für $\alpha = n \in \mathbb{N}_0$ erhält man die binomische Formel:

$$(1 + z)^n = \sum_{\nu=0}^{n} \binom{n}{\nu} z^\nu.$$

12. Für $k \in \mathbb{N}_0$ und $z \in \mathbb{C}$ mit $|z| < 1$ gilt

$$\frac{1}{(1 - z)^{k+1}} = \sum_{n=0}^{\infty} \binom{n+k}{k} z^n = \sum_{n=0}^{\infty} \binom{n+k}{n} z^n.$$

13. Seien $(a_n)_{n \geq 0}$ und $(b_n)_{n \geq 0}$ zwei Folgen komplexer Zahlen und

$$A_n := a_0 + a_1 + \cdots + a_n \, , \quad n \in \mathbb{N}_0.$$

Man zeige: Für jedes $m \geq 0$ und jedes $n \geq m$ gilt

$$\sum_{\nu=m}^{n} a_\nu b_\nu = \sum_{\nu=m}^{n} A_\nu (b_\nu - b_{\nu+1}) - A_{m-1} b_m + A_n b_{n+1}$$

(ABEL'sche partielle Summation, N. H. ABEL, 1826) ,

wobei im Fall $m = 0$ per def. der Koeffizient $A_{-1} = 0$ gesetzt werde (leere Summe).

14. *Man zeige:* Unter den Bedingungen von 13) ist eine Reihe der Gestalt $\sum a_n b_n$ immer dann konvergent, wenn

a) die Reihe $\sum A_n (b_n - b_{n+1})$ und
b) die Folge $(A_n b_{n+1})$ konvergent sind (N. H. ABEL, 1826).

15. Ist $\sum a_n$ konvergent und ist $(b_n)_{n \geq 0}$ eine Folge reeller Zahlen, die monoton und beschränkt ist, dann ist die Reihe $\sum a_n b_n$ konvergent (P. G. L. DIRICHLET, 1863).

16. Die Reihe $\sum a_n$ sei absolut konvergent, und es sei $A := \sum_{n=0}^{\infty} a_n$. Die Reihe $\sum b_n$ sei konvergent, und es sei $B := \sum_{n=0}^{\infty} b_n$.

Man zeige: Ist $c_n := \sum_{\nu=0}^{n} a_\nu b_{n-\nu}$, dann ist die Reihe $\sum c_n$ konvergent, und es gilt für $C := \sum_{n=0}^{\infty} c_n$

$$C = AB \qquad \text{(Satz von MERTENS, F. MERTENS, 1875).}$$

17. Sei $(a_n)_{n \geq 0}$ eine Folge komplexer Zahlen, $(S_n) = (\sum_{\nu=0}^{n} a_\nu)$ die zugehörige Folge der Partialsummen (Reihe). Sei

$$\sigma_n := \frac{S_0 + S_1 + \cdots + S_n}{n+1}, \quad n \geq 0.$$

Man zeige: Ist (S_n) konvergent und ist $S := \lim_{n \to \infty} S_n$, dann ist auch (σ_n) konvergent, und es gilt

$$\lim_{n \to \infty} \sigma_n = S.$$

Man zeige an einem Gegenbeispiel, dass man aus der Konvergenz von (σ_n) im allgemeinen nicht auf die Konvergenz von (S_n) schließen kann.

18. Für $\varphi \in \mathbb{R} - 2\pi\mathbb{Z}$ und alle $n \in \mathbb{N}$ gilt

$$\frac{1}{2} + \sum_{\nu=1}^{n} \cos \nu\varphi = \frac{\sin((n+1/2)\varphi)}{2\sin(\varphi/2)}$$

und

$$\sum_{\nu=1}^{n} \sin \nu\varphi = \frac{\sin(n\varphi/2)\sin((n+1)\varphi/2)}{\sin(\varphi/2)}.$$

19. Für $n \in \mathbb{N}$ gilt

$$\prod_{\nu=1}^{n-1} \sin \frac{\nu\pi}{n} = \frac{n}{2^{n-1}}.$$

Tipp. $z^n - 1 = \prod_{\nu=1}^{n} (z - \zeta^\nu), \quad \zeta := \cos \frac{2\pi}{n} + \mathrm{i}\sin \frac{2\pi}{n}.$

20. a) Von den folgenden komplexen Zahlen berechne man jeweils den Hauptwert des Logarithmus:

$$\mathrm{i}; \quad -\mathrm{i}; \quad -1; \quad x \in \mathbb{R}, \ x > 0; \quad 1 + \mathrm{i}.$$

b) Man berechne den Hauptwert von

$$(\mathrm{i}(\mathrm{i}-1))^{\mathrm{i}} \quad \text{und} \quad \mathrm{i}^{\mathrm{i}} \cdot (\mathrm{i}-1)^{\mathrm{i}}$$

und vergleiche.

c) Man berechne

$$\{a^b\} := \{ \exp(b\log|a| + \mathrm{i}b\operatorname{Arg} a)\exp(2\pi \mathrm{i}bk); \ k \in \mathbb{Z} \}$$

für

$$(a,b) \in \{ (-1,\mathrm{i}), \ (1,\sqrt{2}), \ (-2,\sqrt{2}) \}$$

und den jeweiligen Hauptwert.

21. **Zusammenhang von *Arg* mit *arccos***

Es sei an die Definition des *reellen* arccos erinnert: arccos ist die Umkehrfunktion von $\cos|[0, \pi]$, also

$$\arccos t = \varphi \iff 0 \leq \varphi \leq \pi \text{ und } \cos \varphi = t.$$

Man zeige: Für $z = x + iy \neq 0$ gilt

$$\operatorname{Arg} z = \begin{cases} \pi, & \text{falls } y = 0 \text{ und } x < 0, \\ \operatorname{sgn}(y) \arccos \dfrac{x}{\sqrt{x^2 + y^2}}, & \text{sonst.} \end{cases}$$

22. Für $z, w \in \mathbb{C}^{\bullet}$ gilt

$$\operatorname{Log}(zw) = \operatorname{Log}(z) + \operatorname{Log}(w) + 2\pi i k(z, w)$$

mit

$$k(z, w) = \begin{cases} 0, & \text{falls } -\pi < \operatorname{Arg} z + \operatorname{Arg} w \leq \pi, \\ +1, & \text{falls } -2\pi < \operatorname{Arg} z + \operatorname{Arg} w \leq -\pi, \\ -1, & \text{falls } \pi < \operatorname{Arg} z + \operatorname{Arg} w \leq 2\pi. \end{cases}$$

23. Im Journal für reine und angewandte Mathematik (CRELLE-Journal), Band 2 (1827), Seite 286-287, findet sich eine von Th. CLAUSEN gestellte Aufgabe:

„Wenn e die Basis der hyperbolischen (= natürlichen) Logarithmen, π den halben Kreisumfang und n eine positive oder negative Zahl bedeuten, so ist bekanntlich

$$e^{2n\pi\sqrt{-1}} = 1,$$

$$e^{1+2n\pi\sqrt{-1}} = e,$$

folglich auch

$$e^{(1+2n\pi\sqrt{-1})^2} = e = e^{1+4n\pi\sqrt{-1}-4n^2\pi^2}.$$

Da aber $e^{1+4n\pi\sqrt{-1}} = e$ ist, so würde daraus folgen: $e^{-4n^2\pi^2} = 1$, welches absurd ist. Nachzuweisen, wo in der Herleitung dieses Resultats gefehlt ist."

3. Stetigkeit

3.1 Definition. *Eine Funktion*

$$f : D \longrightarrow \mathbb{R}^q, \quad D \subset \mathbb{R}^p,$$

*heißt **stetig** in einem Punkt $a \in D$, falls zu jedem $\varepsilon > 0$ ein $\delta > 0$ existiert mit der Eigenschaft*

$$|f(z) - f(a)| < \varepsilon \text{ falls } |z - a| < \delta, \quad z \in D. \quad ^*)$$

(ε-δ-Definition der Stetigkeit)

Hiermit äquivalent ist: Für jede gegen a konvergente Folge (a_n), $a_n \in D$, gilt

---

*) Mit $|\cdot|$ wird die euklidische Norm (in $\mathbb{R}^p$ und $\mathbb{R}^q$) bezeichnet.

$$f(a_n) \to f(a) \quad \text{für} \quad n \to \infty \qquad \text{(Folgenkriterium)}.$$

Die Funktion f heißt *stetig*, falls sie in jedem Punkt von D stetig ist.

In dieser Vorlesung interessiert uns vorwiegend der Fall $p = q = 2$, d.h.

$$f : D \longrightarrow \mathbb{C}, \quad D \subset \mathbb{C}.$$

Aus 2.4 folgt

3.2 Bemerkung. *Summe, Differenz und Produkt zweier stetiger Funktionen sind stetig.*

3.3 Bemerkung. *Die Funktion*

$$\mathbb{C}^{\bullet} \longrightarrow \mathbb{C}, \quad z \longmapsto \frac{1}{z},$$

ist stetig.

Seien

$$f : D \longrightarrow \mathbb{C} \quad \text{und} \quad g : D' \longrightarrow \mathbb{C}$$

zwei Funktionen. Wenn der Wertevorrat von f im Definitionsbereich von g enthalten ist ($f(D) \subset D'$), so kann man die zusammengesetzte Funktion

$$g \circ f : D \longrightarrow \mathbb{C},$$
$$z \longmapsto g\bigl(f(z)\bigr),$$

definieren.

3.4 Bemerkung. *Die Zusammensetzung von stetigen Funktionen ist stetig.*

Ist $f : D \to \mathbb{C}$ eine stetige Funktion ohne Nullstelle, so ist auf Grund von 3.3 und 3.4 auch die folgende Funktion stetig:

$$\frac{1}{f} : D \longrightarrow \mathbb{C}.$$

3.5 Bemerkung. *Eine Funktion $f : D \to \mathbb{C}$, $D \subset \mathbb{C}$, ist genau dann stetig, wenn Real- und Imaginärteil von f stetige Funktionen sind.*

$$(\text{Re}\, f)(z) := \text{Re}\, f(z),$$
$$(\text{Im}\, f)(z) := \text{Im}\, f(z).$$

Insbesondere ist der Betrag einer stetigen Funktion stetig:

$$|f| = \sqrt{(\text{Re}\, f)^2 + (\text{Im}\, f)^2}.$$

Beispiele.

1) Jedes Polynom

$$P(z) = a_0 + a_1 z + \cdots + a_n z^n, \quad n \in \mathbb{N}_0, \quad a_\nu \in \mathbb{C}, \ 0 \le \nu \le n,$$

ist stetig auf $\mathbb{C}$.

2) Die Funktionen

$$\exp, \sin \text{ und } \cos \ : \mathbb{C} \longrightarrow \mathbb{C}$$

sind stetig (da Real- und Imaginärteil stetig sind).

Es sei

$$f : D \longrightarrow \mathbb{C}, \quad D \subset \mathbb{C},$$

eine injektive Funktion. Dann ist die *Umkehrfunktion*

$$f^{-1} : f(D) \longrightarrow \mathbb{C}$$

wohldefiniert. Sie ist charakterisiert durch die Eigenschaften

$$f\big(f^{-1}(w)\big) = w \ \text{ für } \ w \in f(D),$$
$$f^{-1}\big(f(z)\big) = z \ \text{ für } \ z \in D.$$

3.6 Bemerkung. *Die Umkehrfunktion einer stetigen Funktion braucht nicht stetig zu sein.*

Beispiel. Wir betrachten den Hauptzweig des Arguments, eingeschränkt auf die Kreislinie

$$S^1 := \big\{ z \in \mathbb{C}; \ \ |z| = 1 \big\}.$$

Diese Funktion ist definitionsgemäß die Umkehrfunktion der stetigen Funktion

$$]-\pi, \pi] \longrightarrow S^1, \quad x \longmapsto \cos x + \mathrm{i} \sin x,$$

ist aber selbst nicht stetig, denn es gilt

3.7 Bemerkung. *Die Funktion*

$$S^1 \longrightarrow \mathbb{C},$$
$$z \ \longmapsto \operatorname{Arg} z,$$

ist unstetig in dem Punkt $z = -1$.

3.7$_1$ Folgerung. *Der Hauptzweig des Logarithmus ist unstetig auf der negativen reellen Achse.*

Beweis der Bemerkung. Es sei

$$a_n = e^{(\pi - 1/n)i} \quad \text{und} \quad b_n = e^{(-\pi + 1/n)i}, \quad n \in \mathbb{N}.$$

Einerseits gilt

$$\operatorname{Arg} a_n = \pi - \frac{1}{n} \quad \text{und} \quad \operatorname{Arg} b_n = -\pi + \frac{1}{n},$$

$$\implies \quad \lim_{n \to \infty} \operatorname{Arg} a_n = \pi \quad \text{und} \quad \lim_{n \to \infty} \operatorname{Arg} b_n = -\pi,$$

aber andererseits auch $\lim_{n \to \infty} a_n = \lim_{n \to \infty} b_n = -1 = e^{\pi i} = e^{-\pi i}$. Daher ist Arg an der Stelle $z = -1$ nicht stetig.   □

Dass die Einschränkung von Arg auf S^1 unstetig ist, kann man auch folgendermaßen einsehen: Die Menge S^1 ist kompakt (s. 3.10). Wäre Arg stetig, so müsste auch $]-\pi, \pi] = \operatorname{Arg}(S^1)$ kompakt sein. Das ist jedoch nicht der Fall.

Wir erinnern kurz an die üblichen topologischen Begriffe im $\mathbb{R}^p$ (wobei für uns der Spezialfall $p = 2$ von Interesse ist).

3.8 Definition. *Eine Teilmenge $D \subset \mathbb{R}^p$ heißt **offen**, falls zu jedem $a \in D$ eine Zahl $\varepsilon > 0$ existiert, so dass die ε-Umgebung (im Falle $p = 2$ eine Kreisscheibe)*

$$U_\varepsilon(a) := \left\{ z \in \mathbb{R}^p; \ |z - a| < \varepsilon \right\}$$

noch ganz in D enthalten ist.

3.9 Definition. *Eine Menge $A \subset \mathbb{R}^p$ heißt **abgeschlossen**, wenn eine der beiden folgenden äquivalenten Bedingungen erfüllt ist.*
a) *Das Komplement*

$$\mathbb{R}^p - A = \left\{ z \in \mathbb{R}^p; \ z \notin A \right\}$$

ist offen.
b) *Der Grenzwert einer beliebigen konvergenten Punktfolge aus A liegt ebenfalls in A (d.h. A ist folgenabgeschlossen).*

3.10 Definition. *Eine Menge $A \subset \mathbb{R}^p$ heißt **kompakt**, wenn es zu jeder Überdeckung*

$$A \subset \bigcup_{\lambda \in \Lambda} U_\lambda \quad (\Lambda \text{ beliebige Indexmenge})$$

durch eine Schar $(U_\lambda)_{\lambda \in \Lambda}$ von offenen Mengen $U_\lambda \subset \mathbb{R}^p$ eine endliche Teilüberdeckung gibt, d.h. eine endliche Teilmenge $\Lambda_0 \subset \Lambda$ mit der Eigenschaft

$$A \subset \bigcup_{\lambda \in \Lambda_0} U_\lambda.$$

Aus der reellen Analysis sind die folgenden Sätze bekannt:

3.11 Satz (HEINE-BOREL). *Eine Menge $A \subset \mathbb{R}^p$ ist genau dann kompakt, wenn sie beschränkt und abgeschlossen ist.*

3.12 Satz. *Das Bild einer kompakten Menge $A \subset \mathbb{R}^p$ unter einer stetigen Abbildung $f : \mathbb{R}^p \to \mathbb{R}^q$ ist wieder kompakt. Insbesondere ist eine stetige reellwertige Funktion (d. h. $q = 1$) auf A beschränkt und nimmt Maximum und Minimum an.*

3.13 Satz. *Die Umkehrfunktion einer stetigen injektiven Funktion $f : A \to \mathbb{C}$ mit kompaktem Definitionsbereich $A \subset \mathbb{C}$ ist wieder stetig.*

Übungsaufgaben zu I.3

1. Man beweise die Äquivalenz der ε-δ-Stetigkeit und der Folgenstetigkeit in 3.1.

2. Mit Hilfe von Aufgabe 21 aus I.2 zeige man, dass $\mathrm{Arg} : \mathbb{C}_- \to \mathbb{R}$ stetig ist. Dabei ist $\mathbb{C}_-$ die längs der negativen reellen Achse geschlitzte Ebene:
$$\mathbb{C}_- := \mathbb{C} - \{\, t \in \mathbb{R} \,;\ t \leq 0 \,\}.$$
Man folgere, dass der Hauptzweig des Logarithmus in $\mathbb{C}_-$ ebenfalls stetig ist.

3. Sei $D \subset \mathbb{R}^p$. Ein Punkt $a \in D$ heißt *innerer Punkt* (von D), wenn mit a noch eine ε-Kugel $U_\varepsilon(a) := \{\, x \in \mathbb{R}^p;\ |x - a| < \varepsilon \,\}$ in D enthalten ist.

   Man zeige: D ist offen $\Longleftrightarrow$ jeder Punkt von D ist innerer Punkt.

   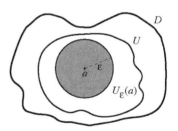

   Eine Teilmenge $U \subset \mathbb{R}^p$ heißt *Umgebung von* $a \in \mathbb{R}^p$, wenn U eine ε-Kugel $U_\varepsilon(a)$ enthält.

   Man zeige: D offen $\Longleftrightarrow$ D ist Umgebung jedes Punktes $a \in D$.

   Sei $\mathring{D} := \{x \in D;\quad D \text{ Umgebung von } x\}$

   Man zeige: D offen $\Longleftrightarrow D = \mathring{D}$.
   $\mathring{D}$ ist stets offen, und für jede offene Menge $U \subset \mathbb{R}^p$ mit $U \subset D$ gilt $U \subset \mathring{D}$.

4. Sei $M \subset \mathbb{R}^p$. Ein Punkt $a \in \mathbb{R}^p$ heißt *Häufungspunkt* von M, wenn für jede ε-Kugel $U_\varepsilon(a)$ gilt
$$U_\varepsilon(a) \cap (M - \{a\}) \neq \emptyset.$$
In jeder ε-Kugel von a liegt also ein von a verschiedener Punkt von M.

   Bezeichnung. $M' := \{\, x \in \mathbb{R}^p;\quad x \text{ ist Häufungspunkt von } M \,\}$.

   Man zeige: Für eine Teilmenge $A \subset \mathbb{R}^p$ sind äquivalent:

   a) A ist abgeschlossen, d. h. $\mathbb{R}^p - A$ ist offen.
   b) Für jede konvergente Folge (a_n), $a_n \in A$, gilt $\lim_{n\to\infty} a_n \in A$.

c) $A \supset A'$.

Man zeige ferner:

$$\bar{A} := A \cup A'$$

ist stets abgeschlossen, und für jede abgeschlossene Menge $B \subset \mathbb{R}^p$ mit $B \supset A$
gilt $B \supset \bar{A}$.

$\bar{A}$ heißt *abgeschlossene Hülle* (oder *Abschluss*) von A.

5. Sei $(x_n)_{n \geq 0}$ eine Folge im $\mathbb{R}^p$. $a \in \mathbb{R}^p$ heißt *Häufungswert* der Folge (x_n), wenn
es zu jeder ε-Kugel $U_\varepsilon(a)$ unendlich viele Indizes n gibt, so dass $x_n \in U_\varepsilon(a)$.

Man zeige (Satz von Bolzano-Weierstrass):
Jede beschränkte Folge (x_n), $x_n \in \mathbb{R}^p$, besitzt einen Häufungswert.

Eine Teilmenge $K \subset \mathbb{R}^p$ heißt *folgenkompakt,* wenn jede Folge $(x_n)_{n \geq 0}$ mit $x_n \in K$
(mindestens) einen Häufungswert in K besitzt.

Man zeige: Für eine Teilmenge $K \subset \mathbb{R}^p$ sind äquivalent:

a) K ist kompakt,

b) K ist folgenkompakt.

Anmerkung. Diese Äquivalenz gilt für jeden metrischen Raum.

6. Für alle $z \in \mathbb{C}$ gilt

$$\lim_{n \to \infty} (1 + z/n)^n = \exp(z).$$

Allgemeiner: Für jede Folge (z_n), $z_n \in \mathbb{C}$, mit $\lim_{n \to \infty} z_n = z$ gilt

$$\lim_{n \to \infty} (1 + z_n/n)^n = \exp(z).$$

7. Man beweise den Satz von Heine (E. Heine, 1872):

Ist $K \subset \mathbb{C}$ kompakt und $f : K \to \mathbb{C}$ stetig, dann ist f *gleichmäßig stetig* auf K,
d. h. zu jedem $\varepsilon > 0$ gibt es ein $\delta > 0$, so dass für alle $z, z' \in K$ mit $|z - z'| < \delta$

$$\left| f(z) - f(z') \right| < \varepsilon$$

gilt.

8. Für Teilmengen $A, B \subset \mathbb{C}$ heißt

$$d(A, B) := \inf\{ |z - w| ; \quad z \in A, \ w \in B \}$$

Abstand zwischen A und B. Ist $B = \{w\}$, dann schreibt man einfach $d(A, w)$ statt
$d(A, \{w\})$.

Man zeige:

a) Sind $A \subset \mathbb{C}$ eine abgeschlossene Teilmenge und $b \in \mathbb{C}$ beliebig, dann gibt es
ein $a \in A$ mit

$$d(A, b) = |a - b|.$$

b) Sind $A \subset \mathbb{C}$ eine abgeschlossene Teilmenge und $B \subset \mathbb{C}$ kompakt, dann gibt es
Elemente $a \in A$ und $b \in B$ mit

$$d(A, B) = |a - b|.$$

9. Es gibt keine Funktion $f : \mathbb{C}^\bullet \to \mathbb{C}^\bullet$ mit den beiden Eigenschaften

a) $\qquad\qquad f(zw) = f(z)f(w)$ für alle $z, w \in \mathbb{C}^\bullet$ und

b) $\qquad\qquad (f(z))^2 = z$ für alle $z \in \mathbb{C}^\bullet$.

10. *Man zeige:*

    a) Es gibt keine stetige Funktion $f : \mathbb{C}^\bullet \to \mathbb{C}^\bullet$ mit

$$(f(z))^2 = z \ \text{ für alle } \ z \in \mathbb{C}^\bullet.$$

    b) Es gibt keine stetige Funktion $q : \mathbb{C} \to \mathbb{C}$ mit

$$(q(z))^2 = z \ \text{ für alle } \ z \in \mathbb{C}.$$

11. Es gibt keine stetige Funktion $\varphi : \mathbb{C}^\bullet \to \mathbb{R}$ mit

$$z = |z| \exp(i\varphi(z)) \ \text{ für alle } \ z \in \mathbb{C}^\bullet.$$

12. Es gibt keine stetige Funktion $l : \mathbb{C}^\bullet \to \mathbb{C}$ mit

$$\exp(l(z)) = z \ \text{ für alle } \ z \in \mathbb{C}^\bullet.$$

13. Sei $n \geq 2$ eine natürliche Zahl. Es gibt keine Funktion $f : \mathbb{C}^\bullet \to \mathbb{C}^\bullet$ mit den beiden Eigenschaften

    a) $\qquad\qquad f(zw) = f(z)f(w) \ \text{ für alle } \ z, w \in \mathbb{C}^\bullet \ $ und

    b) $\qquad\qquad (f(z))^n = z \ \text{ für alle } \ z \in \mathbb{C}^\bullet \quad (n \in \mathbb{N}, \ n \geq 2).$

14. Sei $n \geq 2$ eine natürliche Zahl. Es gibt keine stetige Funktion $q_n : \mathbb{C} \to \mathbb{C}$ mit

$$(q_n(z))^n = z \ \text{ für alle } \ z \in \mathbb{C}.$$

4. Komplexe Ableitung

Sei $D \subset \mathbb{C}$ eine Menge komplexer Zahlen. Ein Punkt $a \in \mathbb{C}$ heißt *Häufungspunkt* von D, falls zu jedem $\varepsilon > 0$ ein Punkt

$$z \in D \ \text{ mit } \ 0 < |z - a| < \varepsilon$$

existiert.

    Sei $f : D \to \mathbb{C}$ eine Funktion und $l \in \mathbb{C}$ eine komplexe Zahl. Die Aussage

$$f(z) \to l \ \text{ für } \ z \to a$$

bedeutet definitionsgemäß:

a) a ist Häufungspunkt von D.

b) Die Funktion

$$\widetilde{f} : D \cup \{a\} \longrightarrow \mathbb{C},$$

$$z \longmapsto \widetilde{f}(z) = \begin{cases} f(z) & \text{für } z \neq a, \ z \in D, \\ l & \text{für } z = a, \end{cases}$$

    ist in a stetig, also:

Zu jedem $\varepsilon > 0$ existiert ein $\delta > 0$ mit der Eigenschaft

$$|f(z) - l| < \varepsilon, \quad \text{falls } z \in D, \ z \neq a \ \text{und} \ |z - a| < \delta.$$

Es ist leicht zu sehen, dass der Grenzwert l eindeutig bestimmt ist.

Man sagt: l *ist der Grenzwert von* f *bei (Annäherung an)* a. Die Schreibweise

$$l = \lim_{\substack{z \to a \\ z \neq a}} f(z) \quad \text{oder} \quad l = \lim_{z \to a} f(z)$$

ist also gerechtfertigt. Man beachte, dass in der Literatur unterschiedliche Grenzwertbegriffe verwendet werden, die sich dadurch unterscheiden, ob der Punkt a zur Konkurrenz zugelassen wird oder nicht.

4.1 Definition. *Eine Funktion*

$$f : D \longrightarrow \mathbb{C}, \quad D \subset \mathbb{C},$$

heißt **komplex ableitbar** *(oder* **komplex differenzierbar***) im Punkt* $a \in D$, *falls der Grenzwert*

$$\lim_{z \to a} \frac{f(z) - f(a)}{z - a}$$

existiert.

Man bezeichnet diesen Grenzwert im Falle der Existenz mit $f'(a)$. (Die Funktion $z \mapsto \frac{f(z) - f(a)}{z - a}$ ist in $D - \{a\}$ definiert. Nach Voraussetzung ist a Häufungspunkt von $D - \{a\}$ und damit auch von D.)

Wenn f in *jedem* Punkt von D ableitbar ist, so kann man die komplexe Ableitung

$$f' : D \longrightarrow \mathbb{C},$$
$$z \longmapsto f'(z),$$

wieder als Funktion auf D auffassen.

Spezialfall. D sei ein Intervall der reellen Geraden, etwa

$$D = [a, b], \quad a < b.$$

Wir zerlegen f in Real- und Imaginärteil

$$f(x) = u(x) + \mathrm{i}v(x).$$

Dabei sind u und v gewöhnliche reelle Funktionen einer reellen Veränderlichen.

Offenbar ist f genau dann komplex ableitbar, wenn die Funktionen u und v differenzierbar sind, und es gilt

$$f'(x) = u'(x) + \mathrm{i}v'(x).$$

Die komplexe Ableitbarkeit stellt also eine Verallgemeinerung der reellen Ableitbarkeit dar. Wir werden jedoch sehen, dass die Situation für *offene* Definitionsbereiche $D \subset \mathbb{C}$ völlig anders ist.

Manchmal ist eine etwas andere Formulierung der Ableitbarkeit nützlich:

4.2 Bemerkung. *Sei $D \subset \mathbb{C}$, $a \in D$ ein Häufungspunkt von D, $f : D \to \mathbb{C}$ eine Funktion, sowie $l \in \mathbb{C}$. Dann sind folgende Aussagen äquivalent:*

a) *f ist in a komplex ableitbar und hat dort die Ableitung l.*

b) *Es gibt eine in a stetige Funktion $\varphi : D \to \mathbb{C}$ mit*

$$f(z) = f(a) + \varphi(z)\,(z - a) \ \text{und} \ \varphi(a) = l.$$

c) *Es gibt eine in a stetige Funktion $\rho : D \to \mathbb{C}$ mit*

$$f(z) = f(a) + l\,(z - a) + \rho(z)\,(z - a) \ \text{und} \ \rho(a) = 0.$$

d) *Definiert man $r : D \to \mathbb{C}$ durch die Gleichung*

$$f(z) = f(a) + l\,(z - a) + r(z),$$

so gilt

$$\lim_{z \to a} \frac{r(z)}{z - a} = 0.$$

Es gilt dabei jeweils $l = f'(a)$.

Die Äquivalenz der Aussagen ist aufgrund der Definitionen offensichtlich.

4.2₁ Folgerung. *Eine in a ableitbare Funktion ist stetig in a.*

Wie im Reellen zeigt man die folgenden *Permanenzeigenschaften:*

4.3 Satz. *Die Funktionen $f, g : D \to \mathbb{C}$, $D \subset \mathbb{C}$, seien in $a \in D$ komplex ableitbar. Dann sind auch die Funktionen*

$$f + g; \quad \lambda f, \ \lambda \in \mathbb{C}; \quad f \cdot g \ \text{und} \ \frac{1}{f}, \ \text{falls} \ f(a) \neq 0 \ \text{ist,}$$

in a komplex ableitbar, und es gilt:

$$(f + g)'(a) = f'(a) + g'(a), \qquad\qquad (\lambda f)'(a) = \lambda f'(a),$$

$$(fg)'(a) = f'(a)g(a) + f(a)g'(a), \qquad \left(\frac{1}{f}\right)'(a) = -\frac{f'}{f^2}(a).$$

Anwendung. Die Funktion

$$f(z) = z^n, \quad n \in \mathbb{Z},$$

(Definitionsbereich $\mathbb{C}$ im Fall $n \geq 0$, sonst $\mathbb{C}^{\bullet}$)

ist komplex differenzierbar, und es gilt

$$f'(z) = nz^{n-1}.$$

Die Umformulierung der Ableitbarkeit aus Bemerkung 4.2 ist von Nutzen beim Beweis der Kettenregel.

4.4 Satz (Kettenregel). *Die Funktionen*

$$f : D \longrightarrow \mathbb{C} \quad und \quad g : D' \longrightarrow \mathbb{C}$$

seien zusammensetzbar, d. h. $f(D) \subset D'$. *Außerdem seien*

$$f \text{ in } a \in D \quad und \quad g \text{ in } f(a) \in D'$$

komplex ableitbar. Dann ist die Zusammensetzung

$$g \circ f : D \longrightarrow \mathbb{C},$$
$$z \longmapsto g\big(f(z)\big),$$

in $z = a$ *ableitbar, und es gilt*

$$(g \circ f)'(a) = g'\big(f(a)\big) \cdot f'(a).$$

Beweis. Nach Voraussetzung gilt

$$f(z) - f(a) = \varphi(z)\,(z - a), \quad \varphi \text{ stetig in } a \text{ und } \varphi(a) = f'(a),$$
$$g(w) - g(b) = \psi(w)\,(w - b), \quad \psi \text{ stetig in } b = f(a) \text{ und } \psi(b) = g'(b).$$

Daher ist (für $z \neq a$)

$$\frac{g\big(f(z)\big) - g\big(f(a)\big)}{z - a} = \psi\big(f(z)\big) \cdot \frac{f(z) - f(a)}{z - a}.$$

Durch Grenzübergang folgt dann

$$(g \circ f)'(a) = \psi\big(f(a)\big)f'(a) = g'\big(f(a)\big)f'(a). \qquad \square$$

Beispiele.

1) Durch wiederholte Anwendung der Regeln aus 4.3 erhält man, dass jedes Polynom

$$P(z) = \sum_{\nu=0}^{n} a_\nu z^\nu \qquad a_\nu \in \mathbb{C} \text{ für } 0 \leq \nu \leq n,$$

für alle $z \in \mathbb{C}$ komplex differenzierbar ist und dass gilt:

$$P'(z) = \sum_{\nu=1}^{n} \nu a_\nu z^{\nu-1}$$

2) Sind $P, Q : \mathbb{C} \to \mathbb{C}$ Polynome und ist $N(Q) = \{ z \in \mathbb{C}; \quad Q(z) = 0 \}$ die Nullstellenmenge von Q, dann ist die (rationale) Funktion

$$f : \mathbb{C} - N(Q) \longrightarrow \mathbb{C},$$

$$z \longmapsto f(z) := \frac{P(z)}{Q(z)},$$

komplex differenzierbar. Das ergibt sich unmittelbar aus Beispiel 1) und den Regeln aus 4.3.

3) Wir benutzen im Vorgriff auf den nächsten Paragraphen, dass die komplexe Exponentialfunktion komplex differenzierbar ist und sich selbst als Ableitung hat (vgl. auch Beispiel 4)):

$$\exp' = \exp,$$

und dass der Hauptzweig des Logarithmus Log in der geschlitzten Ebene

$$\mathbb{C}_- := \mathbb{C} - \{ t \in \mathbb{R}; \ t \leq 0 \}$$

komplex differenzierbar ist mit (vgl. I.4, Aufgabe 6)

$$\mathrm{Log}'(z) = \frac{1}{z}.$$

Mittels der Kettenregel 4.4 erhalten wir dann, dass für $s \in \mathbb{C}$ die Funktion

$$f : \mathbb{C}_- \longrightarrow \mathbb{C},$$

$$z \longmapsto z^s := \exp(s \, \mathrm{Log} \, z),$$

komplex differenzierbar ist und dass

$$f'(z) = \exp(s \, \mathrm{Log} \, z) s \frac{1}{z} = s z^{s-1}$$

gilt.

4) Seien $a \in \mathbb{C}$ und (c_ν) eine Folge komplexer Zahlen. Eine Reihe vom Typ

$$\sum_{\nu=0}^{\infty} c_\nu (z - a)^\nu$$

heißt *Potenzreihe mit Entwicklungspunkt* a und Koeffizienten c_ν.

Wir nehmen an, dass die Potenzreihe

$$\sum_{\nu=0}^{\infty} c_\nu (z - a)^\nu$$

in der Kreisscheibe

$$U_R(a) = \{ z \in \mathbb{C}; \quad |z - a| < R \} \qquad (R > 0)$$

konvergiert, und für $z \in U_R(a)$ definieren wir

$$f(z) := \sum_{\nu=0}^{\infty} c_\nu (z - a)^\nu.$$

Die Funktion f ist für alle $z \in U_R(a)$ komplex differenzierbar und es gilt

$$f'(z) = \sum_{\nu=1}^{\infty} \nu c_\nu (z - a)^{\nu-1} \quad \text{(gliedweises Ableiten von Potenzreihen)}.$$

Dies könnte man hier leicht direkt zeigen. Wir verzichten hierauf, da wir es später (s. III.2) aus allgemeinen Sätzen folgern werden.

Hieraus ergibt sich beispielsweise die angegebene Formel $\exp' = \exp$, außerdem auch $\sin' = \cos$ und $\cos' = -\sin$.

Im nächsten Paragraphen werden wir eine andere Methode kennenlernen, wie man die komplexe Differenzierbarkeit nachprüfen kann.

Übungsaufgaben zu I.4

1. Man beweise die Ableitungsregeln aus Satz 4.3 mit Hilfe der Eigenschaft b) aus 4.2.

2. Man untersuche auf Stetigkeit und komplexe Differenzierbarkeit und bestimme gegebenenfalls die Ableitung in den Punkten, in denen f komplex differenzierbar ist:

   a) $\qquad\qquad f(z) = z\,\mathrm{Re}(z), \qquad f(z) = \overline{z},$
   $\qquad\qquad\quad f(z) = z\overline{z}, \qquad\qquad f(z) = z/|z|,\ z \neq 0.$

   b) Die Exponentialfunkton $\exp$ ist differenzierbar, und es gilt $\exp' = \exp$.

3. Ist die Funktion $f : \mathbb{C} \to \mathbb{C}$ für alle $z \in \mathbb{C}$ komplex differenzierbar und nimmt sie nur reelle oder rein imaginäre Werte an, dann ist f konstant.

4. Sei $f : D \to \mathbb{C}$ in $a \in D$ komplex differenzierbar und $D^* := \{z;\ \overline{z} \in D\}$. Dann ist auch die durch
   $$g(z) = \overline{f(\overline{z})}$$
   definierte Funktion $g : D^* \to \mathbb{C}$ in $\overline{a}$ komplex differenzierbar, und es gilt
   $$g'(\overline{a}) = \overline{f'(a)}.$$

5. Man beweise die folgende *Variante der Kettenregel*: Seien D und $D' \subset \mathbb{C}$ offen und $f : D \to \mathbb{C}$ und $g : D' \to \mathbb{C}$ stetige Funktionen mit $f(D) \subset D'$ und $g(f(z)) = z$ für alle $z \in D$.

   Man zeige: Ist g in $b = f(a)$ komplex ableitbar und ist $g'(b) \neq 0$, dann ist f in a komplex ableitbar, und es gilt $f'(a) = 1/g'(b)$.

6. Nach Aufgabe 2 aus I.3 ist der Hauptzweig des Logarithmus in der geschlitzten Ebene $\mathbb{C}_-$ stetig. Man zeige unter Verwendung von Aufgabe 5, dass er sogar in $\mathbb{C}_-$ komplex differenzierbar ist und dass dort $\mathrm{Log}'(z) = 1/z$ gilt.

5. Die Cauchy-Riemann'schen Differentialgleichungen

Ausgangspunkt unserer Überlegungen ist die formale Ähnlichkeit von Bemerkung 4.2 zum Begriff der totalen Ableitbarkeit in der reellen Analysis:
Eine Abbildung

$$f : D \longrightarrow \mathbb{R}^q, \quad D \subset \mathbb{R}^p \text{ offen},$$

heißt **total ableitbar** *oder* **total differenzierbar** *in einem Punkt $a \in D$, falls eine $\mathbb{R}$-lineare Abbildung*

$$A : \mathbb{R}^p \longrightarrow \mathbb{R}^q$$

existiert, so dass für den durch die Gleichung

$$f(x) - f(a) = A(x - a) + r(x)$$

definierten „Rest" $r(x)$

$$\lim_{x \to a} \frac{r(x)}{|x - a|} = 0$$

gilt. Dabei bezeichne $|x - a|$ den euklidischen Abstand zwischen x und a.
Die Abbildung A ist eindeutig bestimmt und heißt *Jacobi-Abbildung* von f im Punkt a (auch totales Differential von f im Punkt a oder Tangentialabbildung von f im Punkt a).

Bezeichnung. $A = J(f; a)$.

Ein Vergleich mit 4.2 zeigt, dass jede in einem Punkt komplex differenzierbare Funktion in diesem Punkt auch total differenzierbar im Sinne der reellen Analysis ist. Man kann genauer sagen:

5.1 Bemerkung. *Für eine Funktion*

$$f : D \longrightarrow \mathbb{C}, \quad D \subset \mathbb{C} \text{ offen}, \quad a \in D,$$

sind die beiden folgenden Aussagen gleichbedeutend:
a) *f ist in a komplex ableitbar.*
b) *f ist in a total ableitbar (im Sinne der reellen Analysis, $\mathbb{C} = \mathbb{R}^2$), und die Jacobi-Abbildung*

$$J(f; a) : \mathbb{C} \longrightarrow \mathbb{C}$$

ist von der Form

$$J(f; a)z = lz$$

mit einer komplexen Zahl l. Die Zahl l ist natürlich die Ableitung $f'(a)$.

Damit drängt sich folgende Frage auf:

Wie muss eine $\mathbb{R}$-lineare Abbildung $A : \mathbb{R}^2 \to \mathbb{R}^2$ beschaffen sein, damit eine komplexe Zahl $l \in \mathbb{C} = \mathbb{R}^2$ existiert, so dass

$$Az = lz$$

gilt?

Mit anderen Worten: Wann ist eine $\mathbb{R}$-lineare Abbildung $A : \mathbb{R}^2 \to \mathbb{R}^2$ auch $\mathbb{C}$-linear?

5.2 Bemerkung. *Für eine $\mathbb{R}$-lineare Abbildung*

$$A : \mathbb{C} \longrightarrow \mathbb{C}$$

sind die folgenden vier Aussagen äquivalent:

1) *Es existiert eine komplexe Zahl l mit $Az = lz$.*
2) *A ist $\mathbb{C}$-linear.*
3) *$A(i) = iA(1)$.*
4) *Die ihr bezüglich der kanonischen Basis 1 $(= (1,0))$ und i $(= (0,1))$ zuge-ordnete Matrix hat die spezielle Gestalt*

$$\begin{pmatrix} \alpha & -\beta \\ \beta & \alpha \end{pmatrix} \qquad (\alpha, \ \beta \in \mathbb{R}).$$

Beweis. Die Aussagen 1), 2) und 3) sind trivialerweise äquivalent. Es genügt also, die Äquivalenz von 1) und 4) zu zeigen.

Wir erinnern zunächst daran, wie die einer linearen Abbildung

$$A : \mathbb{R}^2 \longrightarrow \mathbb{R}^2$$

zugeordnete Matrix definiert ist. Da A $\mathbb{R}$-linear ist, gilt

$$A(x,y) = (ax + by, cx + dy)$$

mit gewissen reellen Zahlen a, b, c, d. Die zugeordnete Matrix ist

$$\begin{pmatrix} a & b \\ c & d \end{pmatrix}.$$

Setzt man $A(x,y) =: (u,v)$, so lässt sich diese Gleichung auch in der einfachen Form der Matrizenmultiplikation

$$\begin{pmatrix} u \\ v \end{pmatrix} = \begin{pmatrix} a & b \\ c & d \end{pmatrix} \begin{pmatrix} x \\ y \end{pmatrix}$$

schreiben.

Wir identifizieren dabei $\mathbb{C}$ mit $\mathbb{R}^2$ über den Isomorphismus

$$\mathbb{C} \xrightarrow{\sim} \mathbb{R}^2,$$
$$x + iy \longmapsto \begin{pmatrix} x \\ y \end{pmatrix}.$$

Es sei nun speziell

$$Az = lz, \quad l = \alpha + i\beta,$$

also

$$A(x,y) = (\alpha x - \beta y, \beta x + \alpha y), \quad \big(z = (x,y)\big).$$

Damit ist 1) $\Rightarrow$ 4) gezeigt. Die Umkehrung ergibt sich ebenfalls aus dieser Formel. $\qquad\square$

Jede von Null verschiedene komplexe Zahl l lässt sich in der Form $l = re^{i\varphi}$, $r > 0$, schreiben (Satz 1.5). Multiplikation mit r bewirkt eine *Streckung* um den Faktor r, die Multiplikation mit $e^{i\varphi}$ eine *Drehung* um den Winkel φ.

Die Selbstabbildungen der komplexen Ebene $\mathbb{C}$, welche sich als Multiplikation mit einer von 0 verschiedene komplexen Zahl schreiben lassen, sind genau die **Drehstreckungen**.

Drehstreckungen sind offensichtlich **winkeltreu** und **orientierungstreu**, hiervon gilt auch eine Umkehrung, vgl. Bemerkung 5.14.

Aus der reellen Analysis weiß man, wie die JACOBI-Matrix — d. h. die der JACOBI-Abbildung entsprechende Matrix — einer total differenzierbaren Funktion berechnet werden kann. Dazu zerlegen wir f in Real- und Imaginärteil: $f(z) = u(x,y) + iv(x,y)$, $z = x + iy$.

Die Abbildung

$$f : D \longrightarrow \mathbb{R}^2, \quad D \subset \mathbb{R}^2 \text{ offen,}$$

sei in $a \in D$ total ableitbar. Dann existieren die partiellen Ableitungen von u und v in a, und es gilt

$$J(f;a) \leftrightarrow \begin{pmatrix} \dfrac{\partial u}{\partial x}(a) & \dfrac{\partial u}{\partial y}(a) \\[2mm] \dfrac{\partial v}{\partial x}(a) & \dfrac{\partial v}{\partial y}(a) \end{pmatrix} \quad (= \text{Funktionalmatrix von } f \text{ in } a).$$

Die Bemerkungen 5.1 und 5.2 kann man nun folgendermaßen zusammenfassen:

5.3 Satz (A.-L. CAUCHY, 1825; B. RIEMANN, 1851). *Für eine Funktion*

$$f : D \longrightarrow \mathbb{C}, \quad D \subset \mathbb{C} \text{ offen}, \quad a \in D,$$

sind die beiden folgenden Aussagen gleichbedeutend:

a) f ist in a komplex ableitbar.

b) *f ist in a total ableitbar im Sinne der reellen Analysis* ($\mathbb{C} = \mathbb{R}^2$), *und für u = Re f und v = Im f gelten die*

> **Cauchy-Riemann'schen Differentialgleichungen**
> $$\frac{\partial u}{\partial x}(a) = \frac{\partial v}{\partial y}(a), \quad \frac{\partial u}{\partial y}(a) = -\frac{\partial v}{\partial x}(a).$$

Es gilt dann

$$f'(a) = \frac{\partial u}{\partial x}(a) + \mathrm{i}\frac{\partial v}{\partial x}(a) = \frac{\partial v}{\partial y}(a) - \mathrm{i}\frac{\partial u}{\partial y}(a).$$

Anmerkung zur Notation. Statt

$$\frac{\partial u}{\partial x}(a) \quad \text{bzw.} \quad \frac{\partial u}{\partial y}(a)$$

schreibt man häufig auch

$$u_x(a) \quad \text{oder} \quad \partial_1 u(a) \quad \text{bzw.} \quad u_y(a) \quad \text{oder} \quad \partial_2 u(a),$$

entsprechend bei *v*. Für die Funktionaldeterminante einer komplex differenzierbaren Funktion $f = u + iv$ erhält man

$$\det J(f; a) = u_x(a)^2 + v_x(a)^2 = u_y(a)^2 + v_y(a)^2 = |f'(a)|^2,$$

sie ist also nicht negativ und sogar positiv, falls $f'(a)$ von 0 verschieden ist.

Es sollte erwähnt werden, dass man die CAUCHY-RIEMANN'schen Differentialgleichungen auch einfach folgendermaßen herleiten kann:
Wenn die Funktion

$$f : D \longrightarrow \mathbb{C}, \quad D \subset \mathbb{C} \text{ offen,}$$

in $a \in D$ komplex ableitbar ist, so gilt insbesondere

$$f'(a) = \lim_{h \to 0} \frac{f(a+h) - f(a)}{h} = \lim_{h \to 0} \frac{f(a+ih) - f(a)}{ih},$$

wobei *h* nur über reelle Zahlen variiert. Zerlegt man *f* in Real- und Imaginärteil,

$$f = u + iv,$$

so folgt

$$f'(a) = \partial_1 u(a) + \mathrm{i}\partial_1 v(a) = \frac{1}{\mathrm{i}}\left[\partial_2 u(a) + \mathrm{i}\partial_2 v(a)\right]$$

Hieraus folgen unmittelbar die CAUCHY-RIEMANN'schen Differentialgleichungen. Allerdings liefert dieser Beweis nicht so ohne weiteres die Umkehrung, d. h. dass aus den CAUCHY-RIEMANN'schen Differentialgleichungen (unter der Voraussetzung der totalen Ableitbarkeit) die Ableitbarkeit von *f* folgt.

Bekanntlich folgt aus der bloßen Existenz der partiellen Ableitungen noch nicht, dass f total ableitbar ist. Aber aus der reellen Analysis ist das folgende *hinreichende Kriterium* für die totale Ableitbarkeit bekannt:

Wenn die partiellen Ableitungen einer Abbildung

$$f : D \longrightarrow \mathbb{R}^q, \quad D \subset \mathbb{R}^p \ \textit{offen,}$$

in jedem Punkt existieren und stetig sind, so ist f total ableitbar.

Beispiele.

1) Wir wissen schon, dass die Funktion f mit

$$f(z) = z^2 \ (\text{allgemeiner } = z^n \ , n \in \mathbb{N})$$

komplex differenzierbar ist. Es müssen also die CAUCHY-RIEMANN'schen Differentialgleichungen gelten. Aus

$$f(z) = (x + iy)^2 = x^2 - y^2 + 2ixy$$

d. h.

$$u(x,y) = x^2 - y^2, \qquad v(x,y) = 2xy,$$

folgt

$$\partial_1 u(x,y) = 2x, \qquad \partial_2 u(x,y) = -2y,$$
$$\partial_1 v(x,y) = 2y, \qquad \partial_2 v(x,y) = \ \ 2x.$$

Die CAUCHY-RIEMANN'schen Differentialgleichungen sind also erfüllt.

2) Die Funktion $f(z) = \overline{z}$ ist zwar stetig aber in keinem Punkt komplex differenzierbar, denn es gilt

$$u(x,y) = x, \qquad v(x,y) = -y,$$

also

$$1 = \partial_1 u \neq \partial_2 v = -1.$$

5.4 Satz. *Die Funktionen* exp, sin *und* cos *sind in ganz $\mathbb{C}$ komplex differenzierbar, und es gilt*

$$\exp' = \exp, \quad \sin' = \cos, \quad \cos' = -\sin.$$

Beweis. Es gilt z. B.

$$\exp(z) = e^x(\cos y + i \sin y),$$

d. h.

$$u(x,y) = e^x \cos y , \quad v(x,y) = e^x \sin y.$$

Die CAUCHY-RIEMANN'schen Differentialgleichungen sind leicht nachzuprüfen, ebenso die Formeln für die Ableitungen, diese sind stetig.   □

5.5 Bemerkung (Charakterisierung lokal konstanter Funktionen).

Sei $D \subset \mathbb{C}$ offen, $f : D \to \mathbb{C}$ eine Funktion. Dann sind äquivalent:

a) *f ist in D lokal konstant.*
b) *f ist für alle $z \in D$ komplex differenzierbar, und es gilt*

$$f'(z) = 0 \quad \text{für alle } z \in D.$$

Zusatz. *Insbesondere ist eine in D komplex differenzierbare Funktion, die nur reelle (oder nur rein imaginäre) Werte annimmt, lokal konstant in D.*

Dabei heißt eine Funktion f *lokal konstant,* wenn es zu jedem Punkt eine Umgebung gibt, in der f konstant ist. (Eine Menge $U \subset \mathbb{C}$ heißt *Umgebung von a,* falls U eine volle Kreisscheibe um a enthält.)

Beweis. Es ist nur *b) ⇒ a)* zu zeigen:
Ist $f = u + \mathrm{i}v$, dann ist $f' = u_x + \mathrm{i}v_x$; $u_x = v_y$ und $u_y = -v_x$. Daher gilt

$$u_x(a) = u_y(a) = 0 \text{ sowie } v_x(a) = v_y(a) = 0$$

für alle $a \in D$. Aus der reellen Analysis ist wohlbekannt, dass dann u und v lokal konstant in D sind. Somit ist auch $f = u + \mathrm{i}v$ lokal konstant in D.

Sei f eine komplex differenzierbare Funktion, welche nur reelle Werte annimmt. Aus den CAUCHY-RIEMANN'schen Differentialgleichungen folgt, dass die Ableitung von f verschwindet, die Funktion f ist somit lokal konstant.   □

Beispielsweise können also die Funktionen $f(z) = |\sin z|$ und $g(z) = \mathrm{Re}\, z$ in $\mathbb{C}$ nicht komplex differenzierbar sein.

Wir sehen damit, dass die Bedingung „komplex differenzierbar" eine sehr starke Einschränkung bedeutet.

Sprechweise. *Eine Funktion*

$$f : D \longrightarrow \mathbb{C}, \quad D \subset \mathbb{C} \text{ offen,}$$

welche in jedem Punkt von D komplex differenzierbar ist, heißt auch (komplex) analytisch oder holomorph oder regulär in D.

f heißt analytisch im Punkt $a \in D$, wenn es eine offene Umgebung $U \subset D$ von a gibt, so dass f in U analytisch ist.

Beispiel. Die Funktion $f(z) = z\overline{z}$ ist zwar in $a = 0$ komplex differenzierbar, aber in 0 nicht analytisch.

Wir bevorzugen im Folgenden die Bezeichnung „analytisch" anstelle von „komplex differenzierbar" bzw. „holomorph" in D.

5.6 Definition. *Eine Menge $D \subset \mathbb{C}$ heißt **zusammenhängend**, falls jede lokal konstante Funktion $f : D \to \mathbb{C}$ konstant ist.*

Damit kann man den Zusatz zu 5.5 auch folgendermaßen aussprechen:

Der Realteil einer in einer zusammenhängenden offenen Menge $D \subset \mathbb{C}$ analytischen Funktion ist durch den Imaginärteil bis auf eine additive Konstante eindeutig bestimmt.

Sind nämlich f und g zwei analytische Funktionen mit demselben Imaginärteil, so nimmt $f - g$ nur reelle Werte an.

Wir haben die CAUCHY-RIEMANN'schen Differentialgleichungen als Anwendung der im Grunde trivialen Bemerkung 5.1 erhalten. Als weitere Anwendung beweisen wir den komplexen *Satz für implizite Funktionen* mit Hilfe des entsprechenden reellen Satzes.

5.7 Satz (für implizite Funktionen). *Gegeben sei eine analytische Funktion*

$$f : D \longrightarrow \mathbb{C}, \quad D \subset \mathbb{C} \ \text{offen},$$

mit stetiger Ableitung.

1. Teil. *In einem Punkt $a \in D$ gelte $f'(a) \neq 0$. Dann existiert eine offene Menge*

$$D_0, \quad D_0 \subset D, \quad a \in D_0,$$

so dass die Einschränkung $f|D_0$ injektiv ist.

2. Teil. *Die Funktion f sei injektiv, und es gelte $f'(z) \neq 0$ für alle $z \in D$. Dann ist der Wertevorrat $f(D)$ offen. Die Umkehrfunktion*

$$f^{-1} : f(D) \longrightarrow \mathbb{C}$$

ist analytisch, und ihre Ableitung ist

$$f^{-1\prime}\bigl(f(z)\bigr) = \frac{1}{f'(z)} \,.$$

Wir werden später sehen, dass die Ableitungen analytischer Funktionen immer stetig (sogar analytisch) sind, s. II.3.4.

Beweis von 5.7. Wir benutzen den analogen Satz aus der reellen Analysis.

1. Teil. Man muss wissen, dass die JACOBI-Abbildung

$$J(f; a) : \mathbb{R}^2 \longrightarrow \mathbb{R}^2$$

ein Isomorphismus, also bijektiv ist. Dies folgt aus 5.1:

$$J(f; a)z = f'(a)z, \quad f'(a) \neq 0.$$

2. Teil. Der reelle Satz für implizite Funktionen besagt weiterhin: Der Wertevorrat einer stetig partiell (und damit total) differenzierbaren Abbildung ist offen, wenn die JACOBI-Abbildung für alle $a \in D$ ein Isomorphismus ist. Wenn f überdies injektiv ist, so ist die Umkehrabbildung ebenfalls total ableitbar, und die JACOBI-Abbildung von f^{-1} in $f(a)$ ist gerade die zu $J(f;a)$ inverse Abbildung

$$J(f;a)^{-1} = J\big(f^{-1};f(a)\big).$$

Beachtet man, dass die Umkehrabbildung von

$$\mathbb{C} \longrightarrow \mathbb{C}, \quad z \longmapsto lz \quad (l \in \mathbb{C}^{\bullet}),$$

durch $z \mapsto l^{-1}z$ gegeben wird, so ist Satz 5.7 bewiesen.   □

Anmerkung. Unbefriedigend ist, dass beim Beweis der Umkehrsatz der reellen Analysis voll verwendet werden musste. Dieser gehört zu den vergleichsweise „schweren Geschützen" der reellen Analysis. Ein einfacher funktionentheoretischer Beweis wäre daher erstrebenswert. Wir kommen auf einen solchen später zurück (vgl. auch III.7.6 und Übungsaufgabe 5 aus I.4).

Beispiel. Die Exponentialfunktion exp ist komplex differenzierbar, und ihre Ableitung ist überall von Null verschieden. Die Einschränkung von exp auf den Bereich

$$-\pi < \operatorname{Im} z \le \pi$$

ist injektiv. Doch dieser Bereich ist nicht offen. Wir schränken daher exp auf den etwas kleineren aber offenen Bereich

$$D := \{\, z \in \mathbb{C}; \quad -\pi < \operatorname{Im} z < \pi \,\}$$

ein. Offenbar gilt

$$\exp(D) = \mathbb{C}_{-} := \mathbb{C} - \{\, x \in \mathbb{R}; \ x \le 0 \,\}$$

(längs der negativen reellen Achse geschlitzte komplexe Ebene).

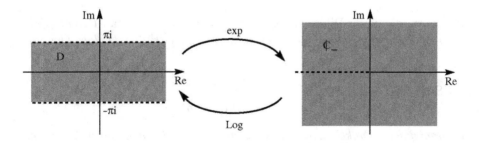

Aus dem Satz für implizite Funktionen folgt nun:

5.8 Satz. *Der Hauptzweig des Logarithmus ist in der längs der negativen reellen Achse geschlitzten Ebene $\mathbb{C}_-$ analytisch, und dort gilt*

$$\operatorname{Log}'(z) = \frac{1}{z}\,.$$

Wir haben bereits gezeigt, dass der Hauptzweig in den Punkten der negativen reellen Achse nicht einmal stetig ist. Genauer gilt:

5.9 Bemerkung. *Ist $a < 0$ eine negative reelle Zahl, so gilt*

$$\lim_{\substack{z \to a \\ \operatorname{Im} z > 0}} \operatorname{Log} z = \log |a| + \pi \mathrm{i} \qquad (= \operatorname{Log} a),$$

$$\lim_{\substack{z \to a \\ \operatorname{Im} z < 0}} \operatorname{Log} z = \log |a| - \pi \mathrm{i}.$$

Der Hauptzweig des Logarithmus macht also beim Überqueren der negativen reellen Achse einen „Sprung um $2\pi \mathrm{i}$".

Im Zusammenhang mit den CAUCHY-RIEMANN'schen Differentialgleichungen drängt sich folgende Frage auf. Gegeben sei eine „genügend glatte" — sagen wir zweimal stetig partiell ableitbare — Funktion

$$u : D \longrightarrow \mathbb{R}, \quad D \subset \mathbb{R}^2 \text{ offen.}$$

Kann man eine analytische Funktion $f : D \to \mathbb{C}$ mit Realteil u finden? Wenn es eine solche Funktion f gibt, so folgt aus den CAUCHY-RIEMANN'schen Differentialgleichungen

$$\partial_1^2 u = \partial_1(\partial_2 v); \ \partial_2^2 u = -\partial_2(\partial_1 v).$$

Da es auf die Reihenfolge der Ableitungen nach einem bekannten Satz von H. A. SCHWARZ nicht ankommt, erhalten wir die *Laplace'sche Differentialgleichung*

$$\Delta u := \left(\frac{\partial^2}{\partial x^2} + \frac{\partial^2}{\partial y^2} \right) u = 0.$$

Funktionen, die dieser Differentialgleichung genügen, nennt man *Potentialfunktionen* oder *harmonische Funktionen* und $\Delta = \partial_1^2 + \partial_2^2$ den *Laplace-Operator*.

5.10 Satz. *Sei*

$$f : D \longrightarrow \mathbb{C}, \quad D \subset \mathbb{C} \text{ offen,}$$

eine analytische Funktion, deren Real- und Imaginärteil mindestens zweimal stetig partiell ableitbar sind. Dann ist der Realteil (und analog der Imaginärteil) eine Potentialfunktion.

Wir werden später sehen (s. II.3.4), dass jede analytische Funktion sogar unendlich oft komplex ableitbar ist. Real- und Imaginärteil sind insbesondere unendlich oft stetig partiell ableitbar.

Beispiele für harmonische Funktionen erhält man also in den Real- und Imaginärteilen analytischer Funktionen:

$$
\begin{aligned}
u(x,y) &= x^3 - 3xy^2 &&= \operatorname{Re}(z^3),\\
v(x,y) &= 3x^2y - y^3 &&= \operatorname{Im}(z^3),\\
u(x,y) &= \cos x \cosh y &&= \operatorname{Re}(\cos z),\\
v(x,y) &= -\sin x \sinh y &&= \operatorname{Im}(\cos z).
\end{aligned}
$$

Ist wenigstens jede Potentialfunktion Realteil einer analytischen Funktion? Für gewisse Definitionsbereiche ist dies der Fall.

5.11 Satz. *Sei $D \subset \mathbb{C}$ ein offenes achsenparalleles Rechteck und $u : D \to \mathbb{R}$ eine Potentialfunktion. Dann existiert eine analytische Funktion $f : D \to \mathbb{C}$ mit Realteil u.*

f ist bis auf eine rein imaginäre Konstante eindeutig bestimmt. Eine harmonische Funktion $v : D \to \mathbb{R}$ mit $f = u + iv$ heißt eine zu u *konjugiert harmonische Funktion*. Sie ist bis auf eine additive reelle Konstante eindeutig bestimmt. (Der Satz gilt allgemeiner für „einfach zusammenhängende" Gebiete $D \subset \mathbb{C}$, s. auch die Bemerkung am Ende von II.2, sowie Anhang C zu Kapitel IV.)

Beweis von 5.11. Sei

$$
D = \,]a,b[\,\times\,]c,d[\quad \text{mit} \quad a < b \text{ und } c < d.
$$

Wir wählen zwei Stützstellen

$$
x_0 \in \,]a,b[\quad \text{und} \quad y_0 \in \,]c,d[.
$$

Aus der Gleichung $\partial_1 u = \partial_2 v$ folgt für jedes $x \in \,]a,b[$:

$$
v(x,y) = \int_{y_0}^{y} \partial_1 u(x,t)\, dt + h(x).
$$

Nach der LEIBNIZ'schen Regel ist das Integral als Funktion von x differenzierbar, und es gilt

$$
\partial_1 v(x,y) = \int_{y_0}^{y} \partial_1^2 u(x,t)\, dt + h'(x) = -\int_{y_0}^{y} \partial_2^2 u(x,t)\, dt + h'(x)
$$
$$
= \partial_2 u(x,y_0) - \partial_2 u(x,y) + h'(x),
$$

also

$$h'(x) = -\partial_2 u(x, y_0).$$

Damit wird folgender Ansatz nahegelegt:

$$v(x, y) := \int_{y_0}^{y} \partial_1 u(x, t)\, dt - \int_{x_0}^{x} \partial_2 u(t, y_0)\, dt.$$

Man muss jetzt die CAUCHY-RIEMANN'schen Differentialgleichungen (mit Hilfe des Hauptsatzes der Differential- und Integralrechnung und mit Hilfe der LEIB-NIZ'schen Regel) verifizieren. (Die LEIBNIZ'sche Regel wird in II.3 formuliert und bewiesen.) Von Satz 5.11 wird im Folgenden kein Gebrauch mehr gemacht. □

Bemerkenswerterweise ist die Funktion

$$u(x, y) := \log \sqrt{x^2 + y^2}$$

eine Potentialfunktion in ganz $\mathbb{R}^2 - \{(0,0)\} = \mathbb{C}^{\bullet}$. Es gibt aber keine analytische Funktion $f : \mathbb{C}^{\bullet} \to \mathbb{C}$ mit

$$\operatorname{Re} f(z) = \log \sqrt{x^2 + y^2} = \log |z|,$$

denn f müsste auf der (längs der negativen reellen Achse) geschlitzten Ebene mit $\operatorname{Log} z$ bis auf eine additive Konstante übereinstimmen. Damit kann f nicht stetig in den Punkten der negativen reellen Achse sein. Satz 5.11 ist also nicht für beliebige Gebiete $D \subset \mathbb{C}$ richtig. In der längs der negativen reellen Achse geschlitzten Ebene jedoch ist der Hauptzweig Log des Logarithmus eine analytische Funktion mit $\operatorname{Re} \operatorname{Log} = u$.

Anmerkung.

1) Die Konstruktion der zu u konjugiert harmonischen Funktion v beruhte auf einem Integrationsprozess. Auf einen solchen wird man auch durch folgende Überlegung geführt.

Ist u die gegebene harmonische Funktion in D und definiert man

$$g : D \longrightarrow \mathbb{C} \quad \text{durch} \quad g = \partial_1 u - \mathrm{i}\partial_2 u,$$

so ist g analytisch (man prüfe das mittels der CAUCHY-RIEMANN'schen Differentialgleichungen nach). Wenn D ein offenes Rechteck (allgemeiner ein sogenanntes Elementargebiet) ist, so gibt es eine analytische Funktion $f : D \to \mathbb{C}$ mit $f' = g$, wie wir im nächsten Kapitel zeigen werden. Ist $f = U + \mathrm{i}V$, so ist also

$$f' = \partial_1 U + \mathrm{i}\partial_1 V = \partial_1 U - \mathrm{i}\partial_2 U = g = \partial_1 u - \mathrm{i}\partial_2 u$$

und daher $U = u + \text{const.}$ Der Realteil U der analytischen Funktion f stimmt bis auf eine additive Konstante mit der gegebenen harmonischen Funktion u überein, und für v kann man V wählen. Die Frage, ob es zu einer gegebenen harmonischen Funktion $u : D \to \mathbb{R}$ eine analytische Funktion $f : D \to \mathbb{C}$ mit $\operatorname{Re} f = u$ gibt, läuft also im wesentlichen auf die *Bestimmung einer Stammfunktion* hinaus. Mit der Frage der Existenz von Stammfunktionen beschäftigen wir uns im nächsten Kapitel.

2) Im übrigen ist die LAPLACE'sche Differentialgleichung

$$\partial_1^2 u + \partial_2^2 u = 0$$

gerade die „*Exaktheitsbedingung*" für das System der partiellen Differentialgleichungen

$$\boxed{\partial_1 u = \partial_2 v, \ \partial_2 u = -\partial_1 v}$$

mit gegebener Funktion u und gesuchter Funktion v, bzw. die „*Integrabilitätsbedingung*" für das Vektorfeld

$$D \longrightarrow \mathbb{R}^2,$$

$$(x, y) \longmapsto (-\partial_2 u(x, y), \partial_1 u(x, y)).$$

Beispiel. Wir bestimmen $a \in \mathbb{R}$ so, dass die durch

$$u_a : \mathbb{R}^2 \longrightarrow \mathbb{R},$$

$$(x, y) \longmapsto x^3 + axy^2,$$

definierten Funktionen harmonisch sind, und bestimmen auch alle zu u_a konjugiert harmonischen Funktionen, d. h. alle analytischen Funktionen $f : \mathbb{C} \to \mathbb{C}$ mit $\operatorname{Re} f = u_a$. Aus

$$0 = \Delta u_a(x, y) = 6x + 2ax \ \text{für alle } x, y \in \mathbb{R}^2$$

folgt notwendig $a = -3$, und $u := u_{-3}$ ist harmonisch. Wir bestimmen f bzw. v nach den beiden obigen und einer weiteren Methode.

1. Methode. Konstruktion mit der im (ersten) Beweis von Satz 5.11 verwendeten Methode. Wir wählen $(x_0, y_0) = (0, 0)$ und erhalten

$$u(x, y) = x^3 - 3xy^2 \quad \Longrightarrow \quad \begin{cases} \partial_1 u(x, y) = 3x^2 - 3y^2, \\ \partial_2 u(x, y) = -6xy. \end{cases}$$

Also gilt $\partial_2 u(x, 0) = 0$ und damit

$$v(x, y) = \int_0^y (3x^2 - 3t^2)\, dt = 3x^2 y - y^3.$$

Also ist v eine konjugiert harmonische Funktion zu u und

$$f(z) = x^3 - 3xy^2 + \mathrm{i}(3x^2 y - y^3) = z^3$$

eine analytische Funktion mit $\operatorname{Re} f = u$. Alle weiteren analytischen Funktionen mit dieser Eigenschaft erhält man nach Satz 5.11 durch Addition rein imaginärer Konstanten zu f.

2. Methode. Man definiere g durch

$$g(z) = 3x^2 - 3y^2 + \mathrm{i}6xy = 3(x + \mathrm{i}y)^2 = 3z^2.$$

Offensichtlich ist g analytisch, und eine analytische Funktion $f : \mathbb{C} \to \mathbb{C}$ mit $f' = g$ ist durch $f(z) = z^3$ gegeben:

$$\operatorname{Im}(z^3) = \operatorname{Im}((x + \mathrm{i}y)^3) = 3x^2 y - y^3 =: v(x, y).$$

3. Methode. Man bildet

$$f(z) := 2u\left(\frac{z}{2}, \frac{z}{2\mathrm{i}}\right) - u(0,0)$$

und findet $f(z) = z^3$ (vergleiche Übungsaufgabe 19 zu I.5).

Elementares über konforme Abbildungen

5.12 Definition. *Eine bijektive $\mathbb{R}$-lineare Abbildung $T : \mathbb{R}^n \to \mathbb{R}^n$ heißt*

a) **orientierungstreu,** *wenn* $\det T > 0$ *ist,*
b) **winkeltreu,** *wenn für alle $x, y \in \mathbb{R}^n$ gilt*

$$|Tx|\,|Ty|\,\langle x, y\rangle = |x|\,|y|\,\langle Tx, Ty\rangle.$$

Dabei ist $\langle,\rangle$ das Standardskalarprodukt.

Anmerkung. Im Falle $n = 2$ besagen die Bedingungen a) und b) gerade, dass der *orientierte Winkel* zwischen z und w erhalten bleibt (vergleiche Aufgabe 4 zu I.1).

Man beachte: Die $\mathbb{R}$-lineare Abbildung $\mathbb{C} \to \mathbb{C}$, $z \mapsto \bar{z}$, ist zwar winkeltreu, aber nicht orientierungstreu!

5.13 Definition. *Eine total ableitbare Abbildung*

$$f : D \longrightarrow D', \quad D, D' \subset \mathbb{R}^n \quad \text{offen,}$$

*heißt (im Kleinen) **konform,** falls die Jacobi-Abbildung $J(f; a)$ in jedem Punkt $a \in D$ winkel- und orientierungstreu ist.*

*   *Ist außerdem f bijektiv, so heißt f im Großen konform.*

Im Falle $n = 2$ gilt (s. Aufgabe 18 zu I.5)

5.14 Bemerkung. *Eine bijektive $\mathbb{R}$-lineare Abbildung der komplexen Ebene in sich ist genau dann eine Drehstreckung, falls sie winkel- und orientierungstreu ist.*

Wir erhalten also

5.15 Satz. *Eine Abbildung*

$$f : D \longrightarrow D', \quad D, D' \subset \mathbb{C} \quad \text{offen,}$$

ist genau dann (im Kleinen) konform, falls sie analytisch ist und falls ihre Ableitung in keinem Punkt verschwindet.

Geometrisch bedeutet Konformität folgendes:

Der orientierte Winkel zwischen zwei regulären Kurven in D in einem Schnittpunkt $a \in D$ ist gleich dem orientierten Winkel der Bildkurven im Schnittpunkt $f(a)$.

(Der Begriff „regulär" wird in Aufgabe 11 aus II.1 präzisiert.)

Beispiel. Die Exponentialfunktion exp vermittelt eine (im Großen) konforme Abbildung des Streifens $-\pi < \operatorname{Im} z < \pi$ auf die geschlitzte Ebene $\mathbb{C}_-$.

In Punkten, in denen die Ableitung einer analytischen Funktion verschwindet, liegt keine Winkeltreue vor, wie man am Beispiel der Funktion $f(z) = z^n$, $n \geq 2$, sieht. Die Winkel im Nullpunkt werden offensichtlich ver-n-facht.

Geometrische Veranschaulichung komplexer Funktionen

In der Infinitesimalrechnung macht man sich gerne ein Bild von Funktionen $f : D \to \mathbb{R}$ ($D \subset \mathbb{R}$) durch ihren Graphen: $G(f) := \{ (x,y) \in D \times \mathbb{R}; \quad y = f(x) \}$.

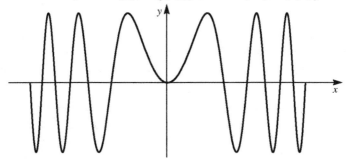

Ist $D \subset \mathbb{R}^2$ und $f : D \to \mathbb{R}$ eine Funktion, so kann man sie sich ebenfalls durch ihren Graphen

$$G(f) = \{ (x,y,z) \in D \times \mathbb{R}; \quad z = f(x,y) \} \subset \mathbb{R}^3$$

als „Fläche" im $\mathbb{R}^3$ veranschaulichen (hier $f(x,y) = x^3 - 3xy^2$):

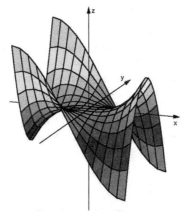

Bei einer Abbildung $f : D \to \mathbb{C}$ ($D \subset \mathbb{C}$) müsste man sich in den $\mathbb{R}^4$ begeben, um diese in ähnlicher Weise bildlich darzustellen. Es gibt aber auch hier adäquate Mittel, sich eine Vorstellung von derartigen Abbildungen zu machen. Dabei ist folgende Auffassung nützlich: Man stellt sich zwei Exemplare der komplexen Zahlenebene vor, eine z- oder x-y-Ebene und eine w- oder u-v-Ebene:

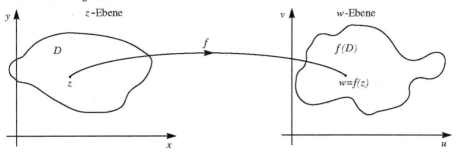

Um eine Abbildung $f : D \to \mathbb{C}$ mit $\operatorname{Re} f = u$ und $\operatorname{Im} f = v$ anschaulich darzustellen, kann man verschiedene Wege beschreiten.

1. Methode. Auf welche Punkte der w-Ebene werden die Punkte $z \in D$ von f abgebildet? Einen ersten Eindruck erhält man, wenn man mit D auch $f(D)$ explizit angeben kann.

Zum Beispiel sei $D := \{ z \in \mathbb{C}; \quad \operatorname{Re} z > 0 \text{ und } \operatorname{Im} z > 0 \}$ der sogenannte „1. Quadrant" und $f : D \to \mathbb{C}$ definiert durch $z \mapsto z^2$.

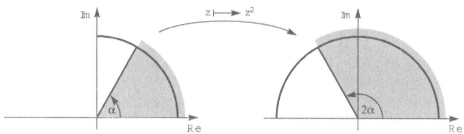

Setzt man $z := r \exp(\mathrm{i}\varphi)$, $r > 0$, $0 < \varphi < \pi/2$, so folgt
$$z^2 = R \exp(\mathrm{i}\psi) = r^2 \exp(\mathrm{i}2\varphi),$$
also
$$R = r^2 \text{ und } \psi \equiv 2\varphi (\bmod 2\pi).$$

Offensichtlich wird der 1. Quadrant „aufgebogen" und auf die sogenannte „obere Halbebene" $\mathbb{H} := \{ z \in \mathbb{C}; \quad \operatorname{Im} z > 0 \}$ abgebildet.

Einen genaueren Eindruck erhält man, wenn man D mit irgendeinem markierenden Netz überzieht, z. B. mit Parallelen zu den Achsen oder mit einem Polarkoordinatennetz (wie wir es eben getan haben) und dann das Bild des Netzes unter der Abbildung f in der w-Ebene betrachtet. Dabei ist der Eindruck der durch $f : D \to \mathbb{C}$ vermittelten Abbildung umso besser, je enger man die Maschen des Netzes zieht.

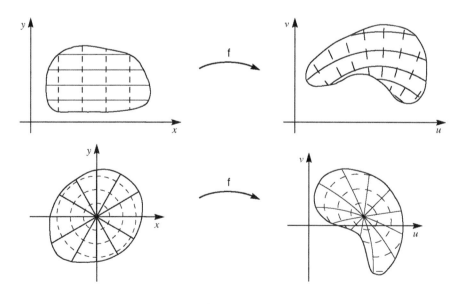

Wir bleiben bei dem Beispiel $f(z) = z^2$, nehmen aber als Definitionsbereich diesmal ganz $\mathbb{C}$. Aus $z = x + iy$, $w = u + iv$ und $z^2 = w$ folgt

$$u(x,y) = x^2 - y^2, \quad v(x,y) = 2xy.$$

Das Bild einer zur x-Achse parallelen Geraden $-\infty < x < \infty$, $y = y_0$, ist daher durch die Gleichungen

$$(*) \qquad \left. \begin{array}{l} u(x,y) = x^2 - y_0^2, \\ v(x,y) = 2xy_0, \end{array} \right\} \quad -\infty < x < \infty,$$

gegeben. Für $y_0 = 0$ (x-Achse) gilt speziell

$$u(x,y) = x^2 \quad \text{und} \quad v(x,y) = 0,$$

die x-Achse wird also auf die nicht-negative u-Achse abgebildet („die zweimal durchlaufen wird, wenn x von $-\infty$ bis $+\infty$ variiert). Ist $y_0 \neq 0$, so können wir im Gleichungssystem $(*)$ x eliminieren: $x = v/2y_0$. Einsetzen in die erste Gleichung liefert

$$u = \frac{v^2}{4y_0^2} - y_0^2.$$

Das ist die Gleichung einer nach rechts geöffneten Parabel mit der u-Achse als Symmetrieachse und dem Nullpunkt als Brennpunkt. Die Achsenschnittpunkte sind

$$u = -y_0^2 \quad \text{(Schnittpunkt mit der u-Achse) und}$$

$$v = \pm 2y_0^2 \quad \text{(Schnittpunkte mit der v-Achse)}.$$

Zur x-Achse parallele Geraden werden also auf konfokale nach rechts geöffnete Parabeln abgebildet. Wegen $f(z) = f(-z)$ haben offensichtlich die beiden Geraden $-\infty < x < \infty$, $y = y_0$, und $-\infty < x < \infty$, $y = -y_0$, das gleiche Bild. Die Bilder der zur y-Achse parallelen Geraden $x = x_0$, $-\infty < y < \infty$, ermittelt man nach dem gleichen Verfahren und erhält hier eine Schar konfokaler nach links geöffneter Parabeln, falls $x_0 \neq 0$ ist. Im Falle $x_0 = 0$ (imaginäre Achse) erhält man als Bild die negative reelle Achse (zweimal durchlaufen).

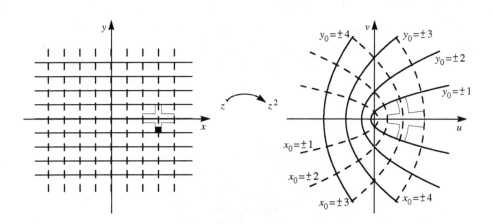

Man beachte, dass mit Ausnahme des Punktes $f(0) = 0$ im Bildnetz als Schnittwinkel nur rechte Winkel auftreten. Dies liegt daran, dass die Abbildung f au erhalb des Nullpunktes konform ist. Im Nullpunkt werden die Schnittwinkel verdoppelt.

Diese Methode ist eng verwandt mit der

2. Methode (sogenannte *„Höhenlinien-Methode"*).

Für feste $c \in \mathbb{R}$ betrachtet man die Niveaulinien

$$N_u^c = \{ (x,y) \in D; \quad u(x,y) = c \} \quad \text{bzw.} \quad N_v^c = \{ (x,y) \in D; \quad v(x,y) = c \}$$

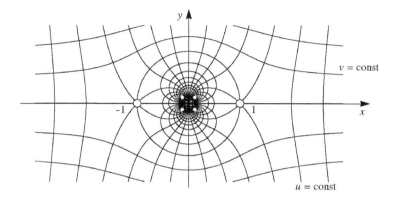

Beispiel: $u = \operatorname{Re} w$, $v = \operatorname{Im} w$ für $w = 1/2(z + 1/z)$

Man kann dabei die „Höhenkarten" von u und v einzeln anlegen oder die beiden Kurvenscharen übereinander zeichnen. Man erhält damit ein Netz auf D, an dem man $f(z) = u(x,y) + \mathrm{i}v(x,y)$ ablesen kann. Wenn f eine Umkehrabbildung g besitzt:

$$g : f(D) \longrightarrow D,$$

dann sind die Bildlinien des x-y-Netzes gerade die Höhenlinien von Real- und Imaginärteil der Umkehrabbildung g von f

$$g : f(D) \longrightarrow D, \quad (u,v) \longmapsto (x,y).$$

3. Methode: Die „analytische Landschaft" (oder das *„analytische Gebirge"*)

Betrachtet man

$$\{ (z,w) \in D \times \mathbb{R}; \quad w = |f(z)| \} \subset \mathbb{R}^3,$$

so kann man sich diese Teilmenge des $\mathbb{R}^3$ als „Funktions-Gebirge" über D vorstellen. Zeichnet man noch weitere markierende Linien ein, z. B. Linien, auf denen der Realteil konstant ist, so erhält man ein sogenanntes „Relief" der Funktion f.

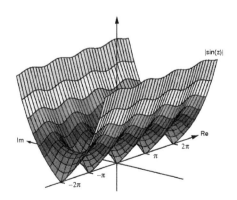

Wir werden sehen (III.3.5), dass die Betragsfläche keine Maxima besitzt und Minima nur in den Nullstellen von f haben kann. In dieser „analytischen Landschaft" gibt es also keine Gipfel, und die Talkessel reichen, falls f Nullstellen hat, bis zur komplexen Ebene herunter (arme Bergsteiger!). Man stelle sich einmal vor, dass es in dieser analytischen Landschaft regnet; wo würde sich dann das Wasser sammeln?

Übungsaufgaben zu I.5

1. Man untersuche die Beispiele aus Aufgabe 2 von I.4 erneut auf komplexe Differenzierbarkeit, jetzt mit Hilfe der CAUCHY-RIEMANN'schen Differentialgleichungen.

2. $f : \mathbb{C} \to \mathbb{C}$ sei definiert durch $f(z) = x^3 y^2 + i x^2 y^3$.

   Man zeige: f ist genau auf den Koordinatenachsen komplex differenzierbar, und es gibt keine offene Teilmenge $D \subset \mathbb{C}$, so dass $f|D$ analytisch ist.

3. Die folgenden Funktionen schreibe man in der Form $f = u + iv$ und gebe explizite Formeln für u und v an.

        a) $f(z) = \sin z,$ b) $f(z) = \cos z,$

        c) $f(z) = \sinh(z),$ d) $f(z) = \cosh(z),$ $(z \in \mathbb{C})$

        e) $f(z) = \exp(z^2),$ f) $f(z) = z^3 + z.$

   Man zeige, dass in allen Fällen die CAUCHY-RIEMANN'schen Differentialgleichungen erfüllt sind (für alle $z \in \mathbb{C}$), und folgere, dass diese Funktionen in $\mathbb{C}$ analytisch sind.

4. Die Funktion $f : \mathbb{C} \to \mathbb{C}$,

   $$f(z) = \begin{cases} \exp(-1/z^4) & \text{für } z \neq 0, \\ 0 & \text{für } z = 0, \end{cases}$$

   erfüllt für alle $z \in \mathbb{C}$ die CAUCHY-RIEMANN'schen Differentialgleichungen und ist für alle $z \in \mathbb{C}^{\bullet}$ komplex differenzierbar, im Nullpunkt jedoch nicht.

5. Man bestimme die größte offene Teilmenge $D \subset \mathbb{C}$, in der die Funktion $f(z) = \text{Log}(z^5 + 1)$ analytisch ist und berechne f'.

6. Ist $f : D \to \mathbb{C}$ analytisch, $D \subset \mathbb{C}$ offen, und gilt eine der folgenden Bedingungen:
   a) $\text{Re } f = \text{constant},$
   b) $\text{Im } f = \text{constant},$
   c) $|f| = \text{constant},$
   so folgt: f ist lokal konstant.

7. Zu den folgenden gegebenen harmonischen Funktionen konstruiere man jeweils eine analytische Funktion $f : D \to \mathbb{C}$ mit dem gegebenen Realteil u:
   a) $D = \mathbb{C}$ und $u : D \to \mathbb{R}$ mit $u(x, y) = x^3 - 3xy^2 + 1.$
   b) $D = \mathbb{C}^{\bullet}$ und $u : D \to \mathbb{R}$ mit $u(x, y) = \dfrac{x}{x^2 + y^2}.$

c) $D = \mathbb{C}$ und $u : D \to \mathbb{R}$ mit $u(x,y) = e^x(x \cos y - y \sin y)$.

d) $D = \mathbb{C}_-$ und $u : D \to \mathbb{R}$ mit $u(x,y) = \sqrt{\dfrac{x + \sqrt{x^2+y^2}}{2}}$.

8. **Laplace-Operator in Polarkoordinaten**

Sei $\mathbb{R}_+^{\bullet} \times \mathbb{R} \to \mathbb{R}^2 - \{(0,0)\}$ die durch $(r,\varphi) \mapsto (x,y) = (r \cos\varphi, r \sin\varphi)$ definierte Abbildung. Weiter sei $D \subset \mathbb{R}^2 - \{(0,0)\}$ eine offene Teilmenge und $u : D \to \mathbb{R}$ eine zweimal stetig partiell differenzierbare Funktion. Sei $\Omega := \{(r,\varphi); \ (x,y) \in D\}$ und

$$U : \Omega \longrightarrow \mathbb{R}, \quad U(r,\varphi) = u(x,y).$$

Man zeige:

$$(\Delta u)(x,y) = \left(U_{rr} + \frac{1}{r}U_r + \frac{1}{r^2}U_{\varphi\varphi}\right)(r,\varphi).$$

9. Man bestimme alle harmonischen Funktionen

$$u : \mathbb{C}^{\bullet} = \mathbb{R}^2 - \{(0,0)\} \longrightarrow \mathbb{R},$$

die nur von $r := \sqrt{x^2+y^2}$ abhängen.

10. Sei $D \subset \mathbb{C}$ offen, $D' \subset \mathbb{C}$ eine weitere offene Teilmenge. $\varphi : D \to D'$ sei analytisch und sogar zweimal stetig differenzierbar und $\eta : D' \to \mathbb{R}$ zweimal stetig partiell differenzierbar.

Man zeige:

$$\Delta(\eta \circ \varphi) = ((\Delta\eta) \circ \varphi)\left|\varphi'\right|^2.$$

Man folgere: Ist φ konform, dann ist η genau dann harmonisch, wenn $\eta \circ \varphi$ harmonisch ist.

11. **Charakterisierung der Exponentialfunktion durch eine Differentialgleichung**

Sei $D = \mathbb{R}$ oder $D = \mathbb{C}$. Sei $C \in \mathbb{C}$ eine Konstante und $f : D \to \mathbb{C}$ differenzierbar mit

$$f'(z) = Cf(z) \ \text{ für alle } z \in D.$$

Ist $A = f(0)$, so gilt

$$f(z) = A \exp(Cz) \ \text{ für alle } z \in D.$$

12. Man bestimme alle stetigen Abbildungen

$$\chi : \mathbb{R} \longrightarrow S^1 = \{z \in \mathbb{C}; \ \ |z| = 1\}$$

mit

$$\chi(x+t) = \chi(x)\chi(t) \ \text{ für alle } x,t \in \mathbb{R}.$$

Tipp. Ein solches χ ist sogar differenzierbar. Man verwende dann Aufgabe 11.

Ergebnis. Jedes solche χ (d. h. jeder sogenannte *stetige Charakter* von $(\mathbb{R},+)$) hat die Gestalt

$$\chi(x) = \chi_y(x) = e^{ixy} \qquad (y \in \mathbb{R}).$$

13. Für die Abbildung $f : \mathbb{C} \to \mathbb{C}, \ z \mapsto z^3$ skizziere man die Niveaulinien

$\{z \in \mathbb{C}; \ \operatorname{Re} f(z) = c\}$ bzw. $\{z \in \mathbb{C}; \ \operatorname{Im} f(z) = c\}$ bzw. $\{z \in \mathbb{C}; \ |f(z)| = c\}$

für $c \in \mathbb{Z}$ mit $|c| \le 5$.

Ferner bestimme man die Bilder dieser Niveaulinien und die Bilder der zur reellen Achse bzw. imaginären Achse parallelen Geraden unter f.

14. Sei $D = \{\, z \in \mathbb{C};\quad -\pi < \operatorname{Im} z < \pi,\ 0 < \operatorname{Re} z < b \,\}$ und $f = \exp | D$.

   Man zeige: f bildet D konform auf eine Menge D' ab, $D' = f(D)$ ist zu bestimmen.

15. Die *Joukowski-Funktion* — nach dem russischen Aerodynamiker N. J. JOUKOWSKI (1847-1921) benannt —

$$f : \mathbb{C}^{\bullet} \longrightarrow \mathbb{C}, \quad z \longmapsto \frac{1}{2}\left(z + \frac{1}{z} \right),$$

   ist analytisch, wegen $f(z) = f(1/z)$ nicht injektiv, aber wegen $f'(z) = \frac{1}{2}(1 - 1/z^2)$ in $\mathbb{C}^{\bullet} - \{1, -1\}$ (im Kleinen) konform.

   Man zeige (durch Einführung von Polarkoordinaten):

   a) Das Bild einer Kreislinie $C_r := \{\, z \in \mathbb{C};\quad |z| = r \,\}$, $r > 0$, unter f ist

   i) im Falle $r \neq 1$ eine Ellipse mit den Brennpunkten ± 1 und Halbachsen
   $$\frac{1}{2}\left(r + \frac{1}{r} \right) \text{ bzw. } \frac{1}{2}\left| r - \frac{1}{r} \right|,$$

   ii) $f(C_1) = [-1, 1]$.

   b) Das Bild einer Halbgeraden $r \mapsto re^{i\varphi}$, $r > 0$ $(\varphi \notin \{0, \pm\pi/2, \pi\},\ \varphi$ fest$)$ ist ein Ast einer Hyperbel mit den Brennpunkten ± 1.

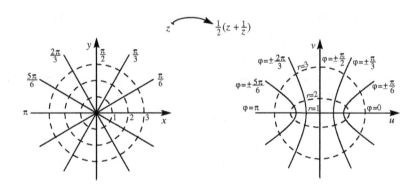

   Man zeige ferner: Ist

   $$D_1 := \{\, z \in \mathbb{C};\quad |z| > 1 \,\}$$

   und

   $$D_2 := \{\, z \in \mathbb{C};\quad 0 < |z| < 1 \,\},$$

   dann bildet die Einschränkung von f auf D_1 bzw. D_2 diese offenen Mengen jeweils konform auf die längs der reellen Achse von -1 bis 1 geschlitzte Ebene ab: $\mathbb{C} - \{\, t \in \mathbb{R};\quad -1 \leq t \leq 1 \,\}$.

   Man beachte dabei: Für $z = x + iy \in D_1$ gilt $|z|^2 = x^2 + y^2 > 1$.

   Die JOUKOWSKI-Funktion spielt in der Aerodynamik (etwa bei der Umströmung von Tragflächen — JOUKOWSKI-KUTTA-Profile) eine wichtige Rolle.

16. Sei
$$D = \left\{ z \in \mathbb{C}; \quad -\frac{\pi}{2} < \operatorname{Re} z < \frac{\pi}{2} \right\}.$$

    Man zeige:

    a) Für $f(z) = \sin z$ ist $f(D) = \mathbb{C} - \{t \in \mathbb{R}; \quad |t| \geq 1\}$.

    b) Für $f(z) = \tan z$ ist $f(D) = \mathbb{C} - \{t\,\mathrm{i}; \quad t \in \mathbb{R},\ t \geq 1 \text{ oder } t \leq -1\}$. Die Abbildung $\tan : D \to f(D)$ ist konform, und die Umkehrabbildung ist
    $$g(z) = \frac{1}{2\mathrm{i}} \operatorname{Log} \frac{1 + \mathrm{i}z}{1 - \mathrm{i}z}.$$

17. Sei $\mathbb{H} = \{z \in \mathbb{C}; \quad \operatorname{Im} z > 0\}$ die obere Halbebene und $\mathbb{E} = \{q \in \mathbb{C}; \quad |q| < 1\}$ der Einheitskreis.

    Man zeige: Durch
    $$f(z) := \frac{z - \mathrm{i}}{z + \mathrm{i}}$$
    wird eine (im Großen) konforme Abbildung von $\mathbb{H}$ auf $\mathbb{E}$ vermittelt. Wie lautet die Umkehrabbildung?

    Man nennt f auch *Cayleyabbildung* (A. CAYLEY, 1846).

18. Für eine bijektive $\mathbb{R}$-lineare Abbildung $T : \mathbb{C} \to \mathbb{C}$ sind folgende Eigenschaften äquivalent:

    a) T ist eine Drehstreckung,

    b) T ist orientierungs- und winkeltreu.

19. Ist $u : \mathbb{R}^2 \to \mathbb{R}$ ein harmonisches Polynom (zweier reeller Veränderlicher), so ist
    $$f(z) = 2u\left(\frac{z}{2}, \frac{z}{2\mathrm{i}}\right) - u(0, 0)$$
    eine analytische Funktion mit Realteil u.

20. Sei $f = u + \mathrm{i}v$ eine (im Sinne der reellen Analysis) total differenzierbare Funktion $f : D \to \mathbb{C}$ auf einem offenen Teil $D \subset \mathbb{C}$. Man definiert die Operatoren
    $$\frac{\partial f}{\partial z} := \frac{1}{2}\left(\frac{\partial f}{\partial x} - \mathrm{i}\frac{\partial f}{\partial y}\right),$$
    $$\frac{\partial f}{\partial \bar{z}} := \frac{1}{2}\left(\frac{\partial f}{\partial x} + \mathrm{i}\frac{\partial f}{\partial y}\right).$$

    Man zeige: f ist genau dann analytisch, wenn $\dfrac{\partial f}{\partial \bar{z}} = 0$ ist, und in diesem Falle gilt $f' = \dfrac{\partial f}{\partial z}$.

    Bemerkung. Für die ursprünglich von H. POINCARÉ (1899) eingeführten Differentialoperatoren $\partial := \dfrac{\partial}{\partial z}$ und $\bar{\partial} := \dfrac{\partial}{\partial \bar{z}}$ wurde von W. WIRTINGER (1927) ein systematischer Kalkül — der sogenannte *Wirtingerkalkül* — entwickelt. Er spielt jedoch in der klassischen Funktionentheorie einer Veränderlichen eine untergeordnete Rolle; seine volle Tragweite entfaltet er erst in der Funktionentheorie mehrerer Veränderlicher, für die er von WIRTINGER ursprünglich entwickelt wurde.

21. In welchen Punkten $z \in \mathbb{C}^{\bullet}$ erfüllt die Funktion $f(z) = z\bar{z} + z/\bar{z}$ die CAUCHY-RIEMANN'schen Differentialgleichungen?

Kapitel II. Integralrechnung im Komplexen

Schon in §5 von Kapitel I sind wir auf das Problem gestoßen, zu einer gegebenen analytischen Funktion $f : D \to \mathbb{C}$, $D \subset \mathbb{C}$ offen, eine Stammfunktion, d. h. eine analytische Funktion $F : D \to \mathbb{C}$ mit $F' = f$ zu finden.

Man kann allgemein fragen: Welche Funktionen $f : D \to \mathbb{C}$, $D \subset \mathbb{C}$ offen, besitzen eine Stammfunktion? Wir erinnern daran: Im Reellen besitzt jede *stetige* Funktion $f : [a, b] \to \mathbb{R}$, $a < b$, eine Stammfunktion, nämlich beispielsweise die „Integralfunktion"

$$F(x) := \int_a^x f(t)\, dt.$$

Ob man dabei den RIEMANN'schen Integralbegriff oder das Integral für Regelfunktionen benutzt, ist in diesem Zusammenhang irrelevant.

Im Komplexen ist die Situation jedoch anders. Es wird sich zeigen, dass eine Funktion, die eine Stammfunktion besitzt, schon selbst analytisch sein muss, und das ist, wie wir bereits wissen, eine über die Stetigkeit weit hinausgehende Eigenschaft. Um die Analogien und Unterschiede zur reellen Analysis herauszuarbeiten, werden wir versuchen, die Konstruktion der Stammfunktion durch einen Integrationsprozess

$$F(z) = \int_{z_0}^z f(\zeta)\, d\zeta, \quad z_0 \text{ fest,}$$

zu bewerkstelligen. Dazu müssen wir jedoch erst ein geeignetes komplexes Integral einführen, das *komplexe Kurvenintegral*. Im Gegensatz zum reellen Fall hängt dieses nicht nur von Anfangs- und Endpunkt sondern auch von der Wahl der Verbindungskurve ab. Eine Stammfunktion erhält man nur, wenn man die Unabhängigkeit von dieser Wahl beweisen kann.

Der *Cauchy'sche Integralsatz* (A.-L. CAUCHY, 1825) ist das zentrale Resultat in dieser Richtung. Dieser Satz war übrigens schon C.F. GAUSS bekannt, wie aus einem Brief an Bessel aus dem Jahre 1811 hervorgeht. Eine Weiterentwicklung des CAUCHY'schen Integralsatzes sind die *Cauchy'schen Integralformeln* (A.-L. CAUCHY, 1831), welche wiederum ein Spezialfall des *Residuensatzes* sind, der ein mächtiges funktionentheoretisches Werkzeug darstellt. Den Residuensatz werden wir allerdings erst im nächsten Kapitel behandeln.

1. Komplexe Kurvenintegrale

Eine komplexwertige Funktion

$$f : [a, b] \longrightarrow \mathbb{C} \quad (a, b \in \mathbb{R}, \ a < b)$$

auf einem reellen Intervall heißt *integrierbar*, falls $\operatorname{Re} f$, $\operatorname{Im} f : [a, b] \to \mathbb{R}$ integrierbare Funktionen im Sinne der reellen Analysis sind. (Beispielsweise im RIEMANN'schen Sinne oder im Sinne der Regelfunktionen. Welchen Integralbegriff man verwendet, ist nicht so wichtig, wesentlich ist nur, dass alle *stetigen Funktionen* integrierbar sind.)

Man definiert dann das Integral

$$\int\limits_a^b f(x)\,dx := \int\limits_a^b \operatorname{Re} f(x)\,dx + \mathrm{i} \int\limits_a^b \operatorname{Im} f(x)\,dx$$

und ergänzend

$$\int\limits_b^a f(x)\,dx := -\int\limits_a^b f(x)\,dx, \quad \int\limits_a^a f(x)\,dx := 0.$$

Die üblichen Rechenregeln des RIEMANN'schen Integrals oder Regelintegrals übertragen sich auf komplexwertige Funktionen:

1) Das Integral ist $\mathbb{C}$-linear:

$$\int\limits_a^b (f(x) + g(x))\,dx = \int\limits_a^b f(x)\,dx + \int\limits_a^b g(x)\,dx,$$

$$\int\limits_a^b \lambda f(x)\,dx = \lambda \int\limits_a^b f(x)\,dx \quad (\lambda \in \mathbb{C}).$$

2) Ist f stetig und F eine Stammfunktion von f, d. h. $F' = f$, dann gilt

$$\int\limits_a^b f(x)\,dx = F(b) - F(a).$$

3) $$\left| \int\limits_a^b f(x)\,dx \right| \leq \int\limits_a^b |f(x)|\,dx \leq (b - a)C, \text{ falls } |f(x)| \leq C$$

für alle $x \in [a, b]$. Diese Ungleichung folgt für Treppenfunktionen aus der

Dreiecksungleichung und allgemein durch Approximation.

4) Es gilt die *Substitutionsregel:* Seien $M_1, M_2 \subset \mathbb{R}$ Intervalle, $a, b \in M_1$ und

$$\varphi : M_1 \longrightarrow M_2 \text{ stetig differenzierbar und}$$
$$f : M_2 \longrightarrow \mathbb{C} \quad \text{stetig .}$$

Dann gilt

$$\int\limits_{\varphi(a)}^{\varphi(b)} f(y)\,dy = \int\limits_a^b f\big(\varphi(x)\big)\varphi'(x)\,dx.$$

Beweis. Ist F eine Stammfunktion von f, dann ist $F \circ \varphi$ eine Stammfunktion von $(f \circ \varphi)\varphi'$. □

5) *Partielle Integration*

$$\int\limits_a^b u(x)v'(x)\,dx = uv\bigg|_a^b - \int\limits_a^b u'(x)v(x)\,dx.$$

Dabei seien $u, v : [a, b] \to \mathbb{C}$ stetig differenzierbare Funktionen.
Der Beweis folgt aus der Produktformel $(uv)' = uv' + u'v$. □

1.1 Definition. *Eine **Kurve** ist eine stetige Abbildung*

$$\alpha : [a, b] \longrightarrow \mathbb{C}, \quad a < b,$$

eines kompakten reellen Intervalls in die komplexe Ebene.

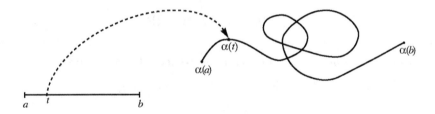

Beispiele.

1) *Die Verbindungsstrecke zwischen zwei Punkten $z, w \in \mathbb{C}$,*

$$\alpha : [0, 1] \longrightarrow \mathbb{C}, \quad \alpha(t) = z + t(w - z) \quad (\alpha(0) = z, \ \alpha(1) = w).$$

2) *Die k-fach durchlaufene Einheitskreislinie, $k \in \mathbb{Z}$,*

$$\varepsilon_k : [0, 1] \longrightarrow \mathbb{C}, \quad \varepsilon_k(t) = \exp(2\pi \mathrm{i} k t).$$

1.2 Definition. *Eine Kurve heißt **glatt**, falls sie stetig differenzierbar ist.*

1.3 Definition. *Eine Kurve heißt* **stückweise glatt**, *wenn es eine Unterteilung*

$$a = a_0 < a_1 < \cdots < a_n = b$$

gibt, so dass die Einschränkungen

$$\alpha_\nu := \alpha|[a_\nu, a_{\nu+1}], \quad 0 \le \nu < n,$$

glatt sind.

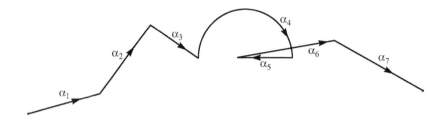

1.4 Definition. *Sei*

$$\alpha : [a, b] \longrightarrow \mathbb{C}$$

eine glatte Kurve und

$$f : D \longrightarrow \mathbb{C}, \quad D \subset \mathbb{C},$$

eine stetige Funktion, in deren Definitionsbereich die Kurve α verläuft, d. h. $D \supset \alpha([a, b])$. Dann definiert man

$$\int_\alpha f := \int_\alpha f(\zeta)\, d\zeta := \int_a^b f(\alpha(t)) \alpha'(t)\, dt$$

und nennt diese komplexe Zahl das **Kurvenintegral** *von f längs α.*

Wenn α nur stückweise glatt ist, existiert eine Zerlegung

$$a = a_0 < \cdots < a_n = b,$$

so dass die Einschränkungen

$$\alpha_\nu : [a_\nu, a_{\nu+1}] \longrightarrow \mathbb{C}, \quad 0 \le \nu < n.$$

glatt sind. In diesem Falle definieren wir

$$\int_\alpha f(\zeta)\, d\zeta := \sum_{\nu=0}^{n-1} \int_{\alpha_\nu} f(\zeta)\, d\zeta.$$

Es ist klar, dass diese Definition nicht von der Wahl der Zerlegung abhängt.

Unter der *Bogenlänge* einer glatten Kurve versteht man

$$l(\alpha) := \int\limits_a^b |\alpha'(t)|\, dt.$$

Die Bogenlänge einer stückweise glatten Kurve ist

$$l(\alpha) := \sum_{\nu=0}^{n-1} l(\alpha_\nu).$$

Beispiele

1. Die Bogenlänge der Verbindungsstrecke zwischen z und w ist

$$l(\alpha) = |z - w|\,.$$

2. Die Bogenlänge der k-fach durchlaufenen Einheitskreislinie ist

$$l(\varepsilon_k) = 2\pi\,|k|\,.$$

Wir stellen die grundlegenden Eigenschaften des komplexen Kurvenintegrals zusammen. Die Beweise folgen unmittelbar aus den eingangs formulierten Eigenschaften 1)–5) des Integrals $\int_a^b f(x)\, dx$.

1.5 Bemerkung. *Das komplexe Kurvenintegral hat folgende Eigenschaften:*

1. $\int\limits_\alpha f$ *ist* $\mathbb{C}$-*linear in* f.

2. *Es gilt die „Standardabschätzung"*

$$\left| \int\limits_\alpha f(\zeta)\, d\zeta \right| \le C \cdot l(\alpha),\ \textit{falls}\ |f(\zeta)| \le C\ \textit{für}\ \zeta \in \text{Bild}\,\alpha.$$

3. *Das Kurvenintegral verallgemeinert das gewöhnliche Riemann-Integral bzw. Regelintegral. Sei*

$$\alpha : [a,b] \longrightarrow \mathbb{C},\quad \alpha(t) = t,$$

dann ist $\alpha'(t) = 1$, *und es gilt für stetiges* $f : [a,b] \to \mathbb{C}$:

$$\int\limits_\alpha f(\zeta)\, d\zeta = \int\limits_a^b f(x)\, dx.$$

4. *Transformationsinvarianz des Kurvenintegrals*

Seien $\alpha : [c,d] \to \mathbb{C}$ *eine stückweise glatte Kurve und*

$$f : D \longrightarrow \mathbb{C},\quad \text{Bild}\,\alpha \subset D \subset \mathbb{C},$$

eine stetige Funktion sowie

$$\varphi : [a,b] \longrightarrow [c,d] \quad (a < b, \ c < d)$$

eine stetig differenzierbare Funktion mit $\varphi(a) = c$, $\varphi(b) = d$. *Dann gilt*

$$\int_{\alpha} f(\zeta)\,d\zeta = \int_{\alpha \circ \varphi} f(\zeta)\,d\zeta.$$

5. *Sei*

$$f : D \longrightarrow \mathbb{C}, \quad D \subset \mathbb{C} \quad \text{offen},$$

eine stetige Funktion, welche eine Stammfunktion F *besitzt* $(F' = f)$. *Dann gilt für jede in* D *verlaufende glatte Kurve* α

$$\int_{\alpha} f(\zeta)\,d\zeta = F\big(\alpha(b)\big) - F\big(\alpha(a)\big).$$

Aus dem letzten Teil der Bemerkung folgt:

1.6 Satz. *Wenn eine stetige Funktion* $f : D \to \mathbb{C}$, $D \subset \mathbb{C}$ *offen, eine Stammfunktion besitzt, so gilt*

$$\int_{\alpha} f(\zeta)\,d\zeta = 0$$

*für **jede** in* D *verlaufende geschlossene stückweise glatte Kurve* α.

(Eine Kurve $\alpha : [a,b] \to \mathbb{C}$ heißt *geschlossen*, falls $\alpha(a) = \alpha(b)$ gilt.)

 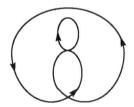

1.7 Bemerkung. *Es sei* $r > 0$ *und*

$$\alpha(t) = r \exp(\mathrm{i}t), \quad 0 \le t \le 2\pi,$$

(einfach durchlaufene Kreislinie „entgegen dem Uhrzeigersinn"). Dann gilt für $n \in \mathbb{Z}$

$$\int_{\alpha} \zeta^n d\zeta = \begin{cases} 0 & \text{für } n \neq -1, \\ 2\pi\mathrm{i} & \text{für } n = -1. \end{cases}$$

1.7₁ Folgerung. *Im Gebiet $D = \mathbb{C}^\bullet$ besitzt die (stetige) Funktion*

$$f : D \longrightarrow \mathbb{C}, \quad z \longmapsto \frac{1}{z},$$

keine Stammfunktion.

Sonst müsste ja wegen 1.6 das Integral über jede geschlossene Kurve in $\mathbb{C}^\bullet$ verschwinden. Es ist aber

$$\int_\alpha \frac{1}{\zeta}\, d\zeta = 2\pi i$$

für die im mathematisch positiven Sinne einfach durchlaufene Kreislinie

$$\alpha : [0, 2\pi] \longrightarrow \mathbb{C}^\bullet,$$
$$t \longmapsto r\exp(it) \quad (r > 0).$$

Beweis von 1.7. Im Falle $n \neq -1$ besitzt die Funktion $f(z) = z^n$ die Stammfunktion $F(z) = \frac{z^{n+1}}{n+1}$. Das Integral über jede geschlossene Kurve verschwindet also. Im Falle $n = -1$ gilt jedoch

$$\int_\alpha \zeta^{-1} d\zeta = \int_0^{2\pi} (re^{it})^{-1} r i e^{it}\, dt = i \int_0^{2\pi} dt = 2\pi i. \qquad \square$$

Ein anderer Beweis der letzten Formel ergibt sich auch aus der Tatsache, dass der Hauptzweig des Logarithmus beim Überschreiten der negativen reellen Achse einen „Sprung um $2\pi i$" macht (vergleiche I.5.9).

Übungsaufgaben zu II.1

1. In nebenstehender Abbildung ist das Bild einer Kurve α skizziert. Man gebe eine explizite Darstellung (= Parameterdarstellung) für α an und berechne

$$\frac{1}{2\pi i} \int_\alpha \frac{1}{z}\, dz.$$

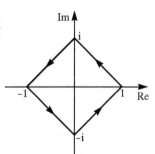

2. Seien $\alpha : [0, \pi] \to \mathbb{C}$ definiert durch

$$\alpha(t) := \exp(it)$$

und $\beta : [0, 2] \to \mathbb{C}$ durch

$$\beta(t) = \begin{cases} 1 + t(-i - 1) & \text{für } t \in [0, 1], \\ 1 - t + i(t - 2) & \text{für } t \in [1, 2]. \end{cases}$$

Man skizziere Bild α und Bild β und berechne

$$\int\limits_{\alpha} \frac{1}{z}\, dz \quad \text{und} \quad \int\limits_{\beta} \frac{1}{z}\, dz.$$

3. Man beweise die Transformationsinvarianz des Kurvenintegrals (1.5 Bem. 4.).

4. Man skizziere das Bild der folgenden Kurve α („Figur Acht")

$$\alpha(t) := \begin{cases} 1 - \exp(\mathrm{i}t), & t \in [0, 2\pi], \\ -1 + \exp(-\mathrm{i}t), & t \in [2\pi, 4\pi]. \end{cases}$$

5. Man berechne

$$\int\limits_{\alpha} z \exp(z^2)\, dz,$$

wobei

a) α die Verbindungsstrecke des Punktes 0 mit dem Punkt $1 + \mathrm{i}$ ist,

b) α das Stück der Parabel mit der Gleichung $y = x^2$ ist, das zwischen den Punkten 0 und $1 + \mathrm{i}$ liegt.

6. Man berechne

$$\int\limits_{\alpha} \sin z\, dz,$$

wobei α das Stück der Parabel mit der Gleichung $y = x^2$ ist, das zwischen den Punkten 0 und $-1 + \mathrm{i}$ liegt.

7. Seien $[a, b]$ und $[c, d]$ ($a < b$ und $c < d$) kompakte Intervalle in $\mathbb{R}$.

   Man zeige: Es gibt eine affine Abbildung

$$\varphi : [a, b] \longrightarrow [c, d]\,,$$

$$t \longmapsto \alpha t + \beta,$$

   mit $\varphi(a) = c$ und $\varphi(b) = d$.

8. Für eine positive Zahl $R > 0$ betrachten wir die Kurve

$$\beta(t) = R \exp(\mathrm{i}t), \qquad 0 \le t \le \frac{\pi}{4}.$$

   Man zeige

$$\left| \int\limits_{\beta} \exp(\mathrm{i}z^2) dz \right| \le \frac{\pi(1 - \exp(-R^2))}{4R} < \frac{\pi}{4R}.$$

9. Sei $\alpha : [a, b] \to \mathbb{C}$ stetig differenzierbar und $f : \mathrm{Bild}\, \alpha \to \mathbb{C}$ stetig.

   Man zeige: Zu jedem $\varepsilon > 0$ gibt es ein $\delta > 0$ mit folgender Eigenschaft: Sind $\{a_0, \ldots, a_N\}$ und $\{c_1, \ldots, c_N\}$ endliche Teilmengen von $[a, b]$ mit

$$a = a_0 \le c_1 \le a_1 \le c_2 \le a_2 \le \ldots \le a_{N-1} \le c_N \le a_N = b$$

   und

$$a_\nu - a_{\nu-1} < \delta \quad \text{für} \quad \nu = 1, \ldots, N,$$

   dann ist

$$\left| \int\limits_{\alpha} f(z)\,dz - \sum_{\nu=1}^{N} f(\alpha(c_\nu)) \cdot (\alpha(a_\nu) - \alpha(a_{\nu-1})) \right| < \varepsilon$$

(Approximation des Kurvenintegrals durch RIEMANN'sche Summen).

10. Man gebe durch Zerlegung von f in Real- und Imaginärteil eine Darstellung des komplexen Kurvenintegrals $\int\limits_{\alpha} f(z)\,dz$ durch *reelle* Integrale an.

Ergebnis: Ist $f = u + \mathrm{i}v$, $\alpha(t) = x(t) + \mathrm{i}y(t)$, $t \in [a,b]$, so gilt

$$\int\limits_{\alpha} f(z)\,dz = \int\limits_{\alpha} (u\,dx - v\,dy) + \mathrm{i}\int\limits_{\alpha} (v\,dx + u\,dy)$$

$$= \int\limits_{a}^{b} \big[u(x(t),y(t))\,x'(t) - v(x(t),y(t))\,y'(t) \big]\,dt$$

$$+ \mathrm{i}\int\limits_{a}^{b} \big[v(x(t),y(t))\,x'(t) + u(x(t),y(t))\,y'(t) \big]\,dt.$$

11. Eine glatte Kurve heißt *regulär*, falls ihre Ableitung in keinem Punkt verschwindet. Gegeben seien eine analytische Funktion $f : D \to \mathbb{C}$, $D \subset \mathbb{C}$ offen, und $a \in D$ ein Punkt mit $f'(a) \neq 0$, außerdem zwei reguläre Kurven $\alpha, \beta : [-1,1] \to D$ mit $\alpha(0) = \beta(0) = a$. Man kann dann den orientierten Schnittwinkel $\measuredangle\,(\alpha'(0), \beta'(0))$ betrachten (s. I.1, Aufg. 4). Dies ist der Winkel, unter dem sich die beiden Kurven schneiden. Man zeige, dass sich die beiden Bildkurven $f \circ \alpha$, $f \circ \beta$ im Bildpunkt $f(a) = f(\alpha(0)) = f(\beta(0))$ unter demselben Winkel schneiden.

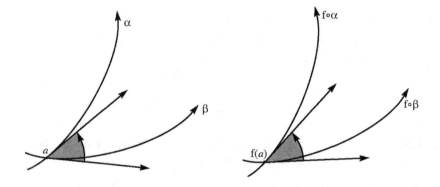

Analytische Funktionen sind also in allen Punkten, in denen ihre Ableitung nicht verschwindet, „winkel- und orientierungstreu" (vgl. auch die Aufgabe 18 aus I.5).

2. Der Cauchy'sche Integralsatz

Unter einem Intervall $[a, b]$ verstehen wir immer ein reelles Intervall. Überhaupt beinhalten die Ausdrücke

$$a \leq b, \quad a < b, \quad [a, b]$$

stillschweigend, dass a und b reell sind.

2.1 Definition. *Eine Menge $D \subset \mathbb{C}$ heißt* **bogenweise zusammenhängend***, falls zu je zwei Punkten $z, w \in D$ eine ganz in D verlaufende stückweise glatte Kurve existiert, welche z mit w verbindet*

$$\alpha : [a, b] \longrightarrow D, \quad \alpha(a) = z, \quad \alpha(b) = w.$$

2.2 Bemerkung. *Jede bogenweise zusammenhängende Menge $D \subset \mathbb{C}$ ist zusammenhängend, d. h. jede lokal konstante Funktion auf D ist konstant.*

Beweis. Sei $f : D \to \mathbb{C}$ lokal konstant. Wenn f nicht konstant ist (indirekter Beweis), so existieren Punkte $z, w \in D$ mit $f(z) \neq f(w)$. Wir verbinden z mit w durch eine innerhalb D verlaufende stückweise glatte Kurve

$$\alpha : [a, b] \longrightarrow D.$$

Wegen der Stetigkeit von α ist auch

$$g(t) = f\big(\alpha(t)\big)$$

lokal konstant. Daher gilt $g'(t) = 0$ und deshalb $g = \text{const}$. Aber es ist

$$g(a) = f(z) \neq f(w) = g(b). \qquad \square$$

Es sollte erwähnt werden, dass für *offene* Mengen D auch die Umkehrung von 2.2 gilt, aber das benötigen wir im Folgenden nicht.

2.3 Definition. *Unter einem* **Gebiet** *wollen wir im Folgenden eine* **bogenweise zusammenhängende offene Menge** *$D \subset \mathbb{C}$ verstehen.*

Anmerkung. Die zusammenhängenden Teilmengen von $\mathbb{R}$ sind bekanntlich gerade die *Intervalle*. Der Begriff des Gebietes ist also eine Verallgemeinerung des Begriffes des offenen Intervalls. Unter den Gebieten in $\mathbb{C}$ gibt es jedoch eine viel größere Typenvielfalt.

Seien

$$\alpha : [a, b] \longrightarrow \mathbb{C} \quad \text{und} \quad \beta : [b, c] \longrightarrow \mathbb{C}, \qquad a \leq b \leq c,$$

zwei (stückweise glatte) Kurven mit der Eigenschaft

$$\alpha(b) = \beta(b).$$

Dann wird durch

$$\alpha \oplus \beta : [a, c] \longrightarrow \mathbb{C},$$

$$(\alpha \oplus \beta)(t) = \begin{cases} \alpha(t) & \text{für } a \le t \le b, \\ \beta(t) & \text{für } b \le t \le c, \end{cases}$$

ebenfalls eine (stückweise glatte) Kurve definiert. Man nennt sie die *Zusammensetzung* von α und β.

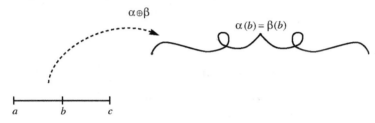

Ist f eine stetige Funktion, in deren Definitionsbereich α und β verlaufen, so gilt

$$\int\limits_{\alpha \oplus \beta} f(\zeta)\,d\zeta = \int\limits_{\alpha} f(\zeta)\,d\zeta + \int\limits_{\beta} f(\zeta)\,d\zeta.$$

Unter der zu einer Kurve

$$\alpha : [a, b] \longrightarrow \mathbb{C}$$

reziproken Kurve versteht man
die Kurve

$$\alpha^- : [a, b] \longrightarrow \mathbb{C},$$

$$t \longmapsto \alpha(b + a - t).$$

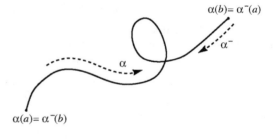

Es gilt offenbar die *Umkehrungsregel*

$$\int\limits_{\alpha^-} f(\zeta)\,d\zeta = -\int\limits_{\alpha} f(\zeta)\,d\zeta$$

für alle stetigen Funktionen f, in deren Definitionsbereich die (stückweise glatte) Kurve α verläuft.

Vereinbarung. Von den Kurven, die im Zusammenhang mit Integralen auftreten, setzen wir im Folgenden bis auf Widerruf voraus, dass sie *stückweise glatt* sind.

2.4 Satz. *Für eine stetige Funktion*

$$f : D \longrightarrow \mathbb{C}, \quad D \subset \mathbb{C} \ \text{ein Gebiet,}$$

sind folgende drei Aussagen gleichbedeutend:

a) *f besitzt eine Stammfunktion.*

b) *Das Integral von f über jede in D verlaufende geschlossene Kurve verschwindet.*

c) *Das Integral von f über jede in D verlaufende Kurve hängt nur von dem Anfangs- und Endpunkt der Kurve ab.*

Beweis.

a) $\Rightarrow$ b): Satz 1.6.

b) $\Rightarrow$ c): Seien

$$\alpha : [a, b] \longrightarrow D \ \text{ und } \ \beta : [c, d] \longrightarrow D$$

zwei Kurven mit demselben Anfangs- und Endpunkt. Wir müssen

$$\int_\alpha f = \int_\beta f$$

zeigen. Es ist keine Einschränkung der Allgemeinheit, wenn man $b = c$ annimmt, denn wegen 1.5, 4) darf man β durch die Kurve

$$t \longmapsto \beta(t + c - b), \quad b \leq t \leq b + (d - c),$$

ersetzen. Dann kann man aber die geschlossene Kurve $\alpha \oplus \beta^-$ bilden, und es gilt

$$0 = \int_{\alpha \oplus \beta^-} f = \int_\alpha f - \int_\beta f.$$

c) $\Rightarrow$ a): Wir wählen einen festen Punkt $z_* \in D$ und wollen unter

$$F(z) = \int_{z_*}^{z} f(\zeta)\, d\zeta$$

das Integral von f längs einer beliebigen Kurve, die z_* mit z innerhalb D verbindet, verstehen. Die Voraussetzung besagt, dass dieses Integral nicht von der Wahl dieser Kurve abhängt.

Behauptung: $F' = f$.

Zum Beweis betrachten wir einen beliebigen, aber zunächst festen Punkt $z_0 \in D$ und zeigen $F'(z_0) = f(z_0)$. Da D offen ist, liegt mit z_0 auch noch eine volle Kreisscheibe $U_\varrho(z_0)$ in D. Für $z \in U_\varrho(z_0)$ gilt dann nach Definition

$$F(z) = \int\limits_{z_*}^{z} f(\zeta)\, d\zeta = \int\limits_{z_*}^{z_0} f(\zeta)\, d\zeta + \int\limits_{z_0}^{z} f(\zeta)\, d\zeta = F(z_0) + \int\limits_{z_0}^{z} f(\zeta)\, d\zeta,$$

wobei man das Integral von z_0 bis z längs der Verbindungsstrecke nehmen kann:

$$\sigma(z_0, z)(t) := z_0 + t(z - z_0), \quad 0 \le t \le 1.$$

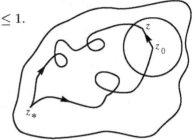

Wegen $\int_{\sigma(z_0,z)} d\zeta = z - z_0$ ergibt sich dann

$$F(z) = F(z_0) + f(z_0)(z - z_0) + r(z)$$

mit

$$r(z) = \int\limits_{\sigma(z_0,z)} \big(f(\zeta) - f(z_0)\big)\, d\zeta.$$

Wegen der Stetigkeit von f an der Stelle z_0 gibt es zu jedem $\varepsilon > 0$ ein δ, $0 < \delta < \varrho$, so dass für alle $z \in D$ mit $|z - z_0| < \delta$ gilt:

$$|f(z) - f(z_0)| < \varepsilon.$$

Also folgt nach der Standardabschätzung für Integrale

$$|r(z)| \le |z - z_0| \cdot \varepsilon.$$

Das bedeutet aber: F ist an der Stelle z_0 komplex ableitbar und $F'(z_0) = f(z_0)$. Da $z_0 \in D$ beliebig war, ist F also eine Stammfunktion von f. $\square$

Die Existenz einer Stammfunktion ist damit zurückgeführt auf die Frage nach dem Verschwinden von Kurvenintegralen längs geschlossener Kurven. Im nächsten Schritt beweisen wir einen Verschwindungssatz für differenzierbare Funktionen und für spezielle geschlossene Kurven, nämlich Dreieckswege.

Seien $z_1, z_2, z_3 \in \mathbb{C}$ drei Punkte der komplexen Ebene. Unter der von z_1, z_2, z_3 *aufgespannten Dreiecksfläche* verstehen wir die Punktmenge

$$\Delta := \big\{\, z \in \mathbb{C}; \quad z = t_1 z_1 + t_2 z_2 + t_3 z_3,\ 0 \le t_1, t_2, t_3,\ t_1 + t_2 + t_3 = 1 \,\big\}.$$

Offenbar ist diese Menge konvex, d. h. mit je zwei Punkten liegt auch die Verbindungsstrecke ganz in Δ, und sie ist sogar die kleinste konvexe Menge, welche z_1, z_2 und z_3 enthält (die konvexe Hülle).

Unter dem *Dreiecksweg*

$$\langle z_1, z_2, z_3 \rangle$$

verstehen wir die geschlossene Kurve

$$\alpha = \alpha_1 \oplus \alpha_2 \oplus \alpha_3$$

mit

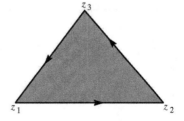

$$\alpha_1(t) = z_1 + t(z_2 - z_1), \qquad 0 \le t \le 1,$$

$$\alpha_2(t) = z_2 + (t-1)(z_3 - z_2), \quad 1 \le t \le 2,$$

$$\alpha_3(t) = z_3 + (t-2)(z_1 - z_3), \quad 2 \le t \le 3.$$

Offenbar gilt

$$\text{Bild}\,\alpha \subset \Delta \qquad (\text{genauer: Bild}\,\alpha = \text{Rand}\,\Delta).$$

Das folgende Theorem stellt den Schlüssel für die Lösung unseres Existenz-problems dar und wird deshalb auch manchmal *Fundamentallemma* der Funktionentheorie genannt.

2.5 Cauchy'scher Integralsatz für Dreieckswege (E. GOURSAT, 1883/84, 1899; A. PRINGSHEIM, 1901). *Sei*

$$f: D \longrightarrow \mathbb{C}, \quad D \subset \mathbb{C} \ \ \textit{offen},$$

eine analytische (d. h. in allen Punkten $z \in D$ komplex differenzierbare) Funktion. Seien z_1, z_2, z_3 drei Punkte in D, so dass die von ihnen aufgespannte Dreiecksfläche ganz in D enthalten ist. Dann gilt

$$\boxed{\int\limits_{\langle z_1, z_2, z_3 \rangle} f(\zeta)\, d\zeta = 0.}$$

Beweis. Wir konstruieren induktiv eine Folge von Dreieckswegen

$$\alpha^{(n)} = \langle z_1^{(n)}, z_2^{(n)}, z_3^{(n)} \rangle, \quad n = 0, 1, 2, 3, \dots$$

mit folgenden Eigenschaften:

a) $\alpha^{(0)} := \alpha = \langle z_1, z_2, z_3 \rangle$.

b) $\alpha^{(n+1)}$ ist einer der folgenden vier Dreieckswege

$$\alpha_1^{(n)} : \left\langle \frac{z_1^{(n)} + z_2^{(n)}}{2},\ z_2^{(n)},\ \frac{z_2^{(n)} + z_3^{(n)}}{2} \right\rangle,$$

$$\alpha_2^{(n)} : \left\langle \frac{z_2^{(n)} + z_3^{(n)}}{2},\ z_3^{(n)},\ \frac{z_1^{(n)} + z_3^{(n)}}{2} \right\rangle,$$

$$\alpha_3^{(n)} : \left\langle \frac{z_1^{(n)} + z_3^{(n)}}{2},\ z_1^{(n)},\ \frac{z_1^{(n)} + z_2^{(n)}}{2} \right\rangle,$$

$$\alpha_4^{(n)} : \left\langle \frac{z_1^{(n)} + z_2^{(n)}}{2},\ \frac{z_2^{(n)} + z_3^{(n)}}{2},\ \frac{z_1^{(n)} + z_3^{(n)}}{2} \right\rangle.$$

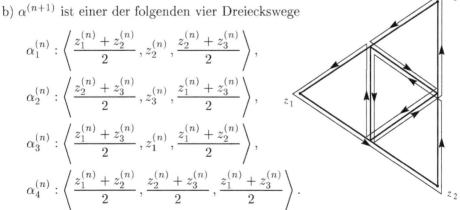

Es soll also gelten

$$\alpha^{(n+1)} = \alpha_1^{(n)} \text{ oder } \alpha_2^{(n)} \text{ oder } \alpha_3^{(n)} \text{ oder } \alpha_4^{(n)}.$$

Anschaulich unterteilen wir also das Dreieck durch Parallelen zu den Seiten durch die Seitenmitten.

Offenbar sind die den Dreieckswegen $\alpha_\nu^{(n)}$ und $\alpha^{(n)}$ entsprechenden Dreiecksflächen alle in $\Delta = \Delta^{(0)}$ enthalten, und es gilt

$$\int_{\alpha^{(n)}} f = \int_{\alpha_1^{(n)}} f + \int_{\alpha_2^{(n)}} f + \int_{\alpha_3^{(n)}} f + \int_{\alpha_4^{(n)}} f.$$

c) Wir können und wollen daher $\alpha^{(n+1)}$ so wählen, dass

$$\left| \int_{\alpha^{(n)}} f \right| \le 4 \left| \int_{\alpha^{(n+1)}} f \right|$$

gilt. Hieraus folgert man

$$\left| \int_{\alpha} f(\zeta)\, d\zeta \right| \le 4^n \left| \int_{\alpha^{(n)}} f(\zeta)\, d\zeta \right|.$$

Die (abgeschlossenen) Dreiecksflächen $\Delta^{(n)}$ sind ineinander geschachtelt

$$\Delta = \Delta^{(0)} \supset \Delta^{(1)} \supset \Delta^{(2)} \supset \cdots$$

($\Delta^{(n)}$ ist die dem Dreiecksweg $\alpha^{(n)}$ entsprechende Dreiecksfläche). Nach dem allgemeinen Intervallschachtelungsprinzip gibt es einen Punkt z_0, der all diesen Flächen gemeinsam ist. In diesem Punkt nutzen wir die komplexe Ableitbarkeit von f aus:

$$f(z) - f(z_0) = f'(z_0)(z - z_0) + r(z),$$

$$\frac{r(z)}{|z - z_0|} \to 0 \quad \text{für} \quad z \to z_0.$$

Da der affine Anteil $z \mapsto f(z_0) + f'(z_0)(z - z_0)$ eine Stammfunktion besitzt, gilt

$$\int_{\alpha^{(n)}} f(\zeta)\, d\zeta = \int_{\alpha^{(n)}} r(\zeta)\, d\zeta$$

und daher

$$\left| \int_{\alpha} f(\zeta)\, d\zeta \right| \le 4^n \left| \int_{\alpha^{(n)}} r(\zeta)\, d\zeta \right|.$$

Wir zeigen nun, dass die rechte Seite für $n \to \infty$ gegen 0 konvergiert.

Sei $\varepsilon > 0$. Dann existiert $\delta > 0$ mit

$$|r(z)| \leq \varepsilon |z - z_0| \text{ für alle } z \in D \text{ mit } |z - z_0| < \delta.$$

Wenn n genügend groß ist, $n \geq N$, so gilt

$$\Delta^{(n)} \subset U_\delta(z_0).$$

Außerdem gilt

$$|z - z_0| \leq l(\alpha^{(n)}) = \frac{1}{2^n} l(\alpha) \quad \text{für} \quad z \in \Delta^{(n)}.$$

Wir erhalten

$$\left| \int_\alpha f(\zeta)\, d\zeta \right| \leq 4^n \cdot l(\alpha^{(n)}) \cdot \varepsilon l(\alpha^{(n)}) = l(\alpha)^2 \cdot \varepsilon$$

für jedes positive ε und daher $\int_\alpha f(\zeta)\, d\zeta = 0$.   □

Für nicht analytische Funktionen ist Satz 2.5 natürlich falsch. Beipielsweise ist das Integral von $f(z) = |z|^2$ längs eines Dreieckswegs in der Regel von Null verschieden, wie man leicht nachrechnet.

2.6 Definition. *Ein **Sterngebiet** ist eine offene Teilmenge $D \subset \mathbb{C}$ mit folgender Eigenschaft: Es existiert ein Punkt $z_* \in D$, so dass mit jedem Punkt $z \in D$ die ganze Verbindungsstrecke zwischen z_* und z in D enthalten ist:*

$$\left\{ z_* + t(z - z_*);\ t \in [0,1] \right\} \subset D.$$

Der Punkt z_* ist natürlich nicht eindeutig bestimmt und heißt ein (möglicher) *Sternmittelpunkt.*

Anmerkung. Da man je zwei Punkte über den Sternmittelpunkt verbinden kann, ist ein Sterngebiet bogenweise zusammenhängend, also ein Gebiet.

Beispiele.

1) Jedes konvexe Gebiet, insbesondere *jede offene Kreisscheibe ist ein Sterngebiet.* Jeden Punkt der Kreisscheibe kann man als Sternmittelpunkt wählen.

2) Die längs der negativen reellen Achse geschlitzte Ebene ist ein Sterngebiet. (Sternmittelpunkte sind alle Punkte $x \in \mathbb{R}$, $x > 0$, und nur diese.)

3) Eine offene Kreisscheibe $U_r(a)$, aus der man endlich viele Geradenstücke herausnimmt, deren rückwärtige Verlängerungen durch den Punkt $z_* \in U_r(a)$ gehen, ist ein Sterngebiet.

4) $D = \mathbb{C}^\bullet = \mathbb{C} - \{0\}$ ist kein Sterngebiet, denn wäre $z_* \in \mathbb{C}^\bullet$ ein Sternmittelpunkt, so könnte man den Punkt $z := -z_*$ vom Punkt z_* aus „nicht sehen".

5) *Das Ringgebiet* $\mathcal{R} = \{ z \in \mathbb{C}; \quad r < |z| < R \}$, $0 < r < R$, ist kein Sterngebiet.

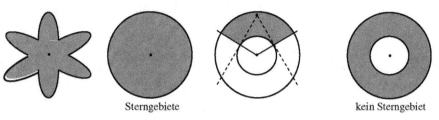

Sterngebiete   kein Sterngebiet

6) Kreisringsegmente

$$\{ z = z_0 + \zeta \varrho e^{i\varphi}; \quad r < \varrho < R, \quad 0 < \varphi < \beta \} \subset \mathcal{R}, \qquad \zeta, z_0 \in \mathbb{C}, \ |\zeta| = 1,$$

sind Sterngebiete, falls $\beta < \pi$ und $\cos \frac{\beta}{2} > \frac{r}{R}$ gilt.

2.7 Theorem (Cauchy'scher Integralsatz für Sterngebiete).

1. Fassung

Sei

$$f : D \longrightarrow \mathbb{C}$$

eine analytische Funktion auf einem Sterngebiet $D \subset \mathbb{C}$. Dann verschwindet das Integral von f längs jeder in D verlaufenden geschlossenen Kurve.

2. Fassung

Jede analytische Funktion f auf einem Sterngebiet D besitzt eine Stammfunktion in D.

Folgerung. *Jede in einem beliebigen Gebiet $D \subset \mathbb{C}$ analytische Funktion besitzt wenigstens lokal eine Stammfunktion, d. h. zu jedem Punkt $a \in D$ gibt es eine offene Umgebung $U \subset D$ von a, so dass $f|U$ eine Stammfunktion besitzt.*

Im Hinblick auf 2.4 sind die beiden Fassungen des Theorems offensichtlich äquivalent. Wir wollen es in der zweiten Fassung beweisen. Sei also $z_* \in D$ ein Sternmittelpunkt und F definiert durch

$$F(z) = \int\limits_{z_*}^{z} f(\zeta) \, d\zeta,$$

wobei *längs der Verbindungsstrecke* von z_* nach z integriert werde. Ist $z_0 \in D$ ein beliebiger Punkt, so braucht die Verbindungsstrecke von z_0 nach z nicht in D zu liegen. Aber es existiert eine Kreisscheibe um z_0, welche ganz in D enthalten ist. Man überlegt sich dann leicht:

Ist z ein Punkt aus dieser Kreisscheibe, so ist die ganze von z_*, z_0 und z aufgespannte Dreiecksfläche in D enthalten.

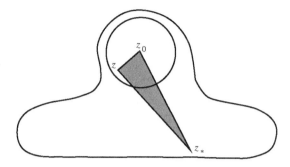

Aus dem CAUCHY'schen Integralsatz für Dreieckswege folgt dann

$$\int\limits_{z_*}^{z_0} + \int\limits_{z_0}^{z} + \int\limits_{z}^{z_*} = 0.$$

(Die Integration erfolgt jeweils längs der Verbindungsstrecken.) Jetzt können wir wörtlich den Beweis von 2.4, c)⇒a) übernehmen.

Beweis der Folgerung. Der Beweis ist klar, da es zu jedem $a \in D$ eine offene Kreisscheibe $U_\varepsilon(a)$ mit $U_\varepsilon(a) \subset D$ gibt und Kreisscheiben sogar konvex, also erst recht sternförmig sind.   □

Für Sterngebiete haben wir damit eine Lösung unseres Existenzproblems gewonnen.

Als Anwendung von 2.7 erhält man eine neue Konstruktion des Hauptzweiges des Logarithmus als Stammfunktion von $1/z$ im Sterngebiet $\mathbb{C}_-$,

$$L(z) := \int\limits_1^z \frac{1}{\zeta}\, d\zeta.$$

Die Integration erfolgt dabei längs irgendeiner Kurve, welche 1 mit z innerhalb $\mathbb{C}_-$ verbindet. Da die Funktionen L und Log dieselbe Ableitung haben und in einem Punkt ($z = 1$) übereinstimmen, gilt $L(z) = \mathrm{Log}(z)$ für $z \in \mathbb{C}_-$.

Wählt man speziell als Verbindungskurve die Strecke von 1 nach $|z|$ und dann den Kreisbogen von $|z|$ nach $z = |z|e^{i\varphi}$, so erhalten wir die bereits bekannte Darstellung

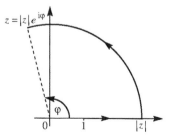

$$L(z) = \int\limits_1^{|z|} \frac{1}{t}\, dt + \mathrm{i} \int\limits_0^\varphi dt = \log|z| + \mathrm{i}\, \mathrm{Arg}\, z.$$

Für technische Zwecke nützlich ist die folgende Variante von 2.7:

2.7$_1$ Satz. *Sei $f : D \to \mathbb{C}$ eine stetige Funktion in einem Sterngebiet D mit Mittelpunkt z_*. Wenn f in allen Punkten $z \neq z_*$ komplex differenzierbar ist, besitzt f schon eine Stammfunktion in D.*

Beweis. Wie man dem Beweis von 2.7 entnimmt, genügt es

$$\int\limits_{z_*}^{z_0} + \int\limits_{z_0}^{z} + \int\limits_{z}^{z_*} = 0$$

zu zeigen, wobei wir annehmen können, dass die von z_*, z_0 und z aufgespannte Dreiecksfläche Δ ganz in D enthalten ist. Außerdem können wir $z_* \neq z$ und $z_* \neq z_0$ annehmen. Sei w bzw. w_0 ein beliebiger von z_* verschiedener Punkt auf der Verbindungsstrecke zwischen z_* und z bzw. z_* und z_0. Nach dem CAUCHY'schen Integralsatz für Dreieckswege 2.5 verschwinden die Integrale längs der Dreieckswege $\langle w_0, z_0, w \rangle$ und $\langle z_0, z, w \rangle$. Andererseits ist

$$\int\limits_{\langle z_*, z_0, z \rangle} = \int\limits_{\langle z_*, w_0, w \rangle} + \int\limits_{\langle w_0, z_0, w \rangle} + \int\limits_{\langle z_0, z, w \rangle} = \int\limits_{\langle z_*, w_0, w \rangle} .$$

Die Behauptung folgt nun durch einen Grenzübergang

$$w \to z_*, \quad w_0 \to z_*. \qquad \square$$

2.8 Definition. *Ein Gebiet $D \subset \mathbb{C}$ heißt **Elementargebiet**, wenn jede auf D definierte analytische Funktion eine Stammfunktion in D besitzt.*

Jedes Sterngebiet ist also ein Elementargebiet. Beispielsweise ist die längs der negativen reellen Achse geschlitzte Ebene $\mathbb{C}_-$ ein Elementargebiet.

In diesem Zusammenhang ist von Interesse:

2.9 Satz. *Sei $f : D \to \mathbb{C}$ eine analytische Funktion auf einem Elementargebiet, f' sei ebenfalls analytisch,[*)] $f(z) \neq 0$ für alle $z \in D$. Dann existiert eine analytische Funktion $h : D \to \mathbb{C}$ mit der Eigenschaft*

$$f(z) = \exp\big(h(z)\big).$$

Man nennt h einen *analytischen Zweig des Logarithmus* von f.

2.9$_1$ Folgerung. *Unter den Voraussetzungen von 2.9 existiert für jedes $n \in \mathbb{N}$ eine analytische Funktion $H : D \to \mathbb{C}$ mit $H^n = f$.*

[*)] diese Voraussetzung ist wegen II.3.4 überflüssig.

Beweis der Folgerung. Man setze $H(z) = \exp\big(\frac{1}{n}h(z)\big)$.   □

Beweis von Satz 2.9. Sei F eine Stammfunktion von f'/f. Dann bestätigt man für die Funktion

$$G(z) = \left(\frac{\exp\big(F(z)\big)}{f(z)}\right)$$

sofort, dass $G'(z) = 0$ ist für alle $z \in D$. Also ist

$$\exp\big(F(z)\big) = Cf(z) \;\; \text{für alle } \; z \in D$$

mit einer von Null verschiedenen Konstanten C. Diese kann man wegen der Surjektivität von $\exp : \mathbb{C} \to \mathbb{C}^{\bullet}$ in der Form $C = \exp(c)$ schreiben. Die Funktion

$$h(z) = F(z) - c$$

hat die gewünschte Eigenschaft.   □

Da die Funktion $f(z) = 1/z$ in der punktierten Ebene $\mathbb{C}^{\bullet}$ keine Stammfunktion besitzt, ist $\mathbb{C}^{\bullet}$ kein Elementargebiet; allerdings muss auch nicht jedes Elementargebiet ein Sterngebiet sein, wie folgende Konstruktion zeigt:

2.10 Bemerkung. *Seien D, D' zwei Elementargebiete. Wenn $D \cap D'$ zusammenhängend und nicht leer ist, so ist $D \cup D'$ auch ein Elementargebiet.*

Folgerung. *Geschlitzte Kreisringe sind Elementargebiete.*

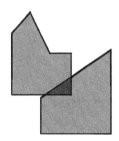 ←Elementargebiet

kein Elementargebiet →

Beweis von 2.10. Sei $f : D \cup D' \to \mathbb{C}$ analytisch. Nach Voraussetzung existieren Stammfunktionen

$$F_1 : D \longrightarrow \mathbb{C}, \quad F_2 : D' \longrightarrow \mathbb{C}.$$

Die Differenz $F_1 - F_2$ muss in $D \cap D'$ lokal konstant sein, also konstant, da $D \cap D'$ zusammenhängend ist. Man kann nach Addition einer Konstanten

$$F_1 | D \cap D' = F_2 | D \cap D'$$

annehmen. Die Funktionen F_1, F_2 verschmelzen nun zu einer einzigen Funktion

$$F : D \cup D' \longrightarrow \mathbb{C}.$$ □

Ebenfalls klar ist folgende

2.11 Bemerkung. *Sei*

$$D_1 \subset D_2 \subset D_3 \subset \cdots$$

eine aufsteigende Folge von Elementargebieten, so ist auch ihre Vereinigung

$$D = \bigcup_{n=1}^{\infty} D_n$$

ein Elementargebiet.

Es lässt sich (nichttrivial) zeigen, dass man mit diesen beiden Konstruktionsprinzipien alle Elementargebiete aufbauend auf Kreisscheiben konstruieren kann.

Wir werden später eine einfache topologische Kennzeichnung der Elementargebiete erhalten (s. Anhang C zu Kapitel IV):

Elementargebiete sind genau die sogenannten **einfach zusammenhängenden Gebiete** *(anschaulich sind das die Gebiete „ohne Löcher").*

Für praktische Zwecke der Funktionentheorie ist diese Charakterisierung der Elementargebiete nicht so wichtig. Deshalb werden wir diesen Satz erst viel später beweisen. Weitere Elementargebiete erhält man mittels *konformer Abbildungen* (vgl. I.5.13).

2.12 Bemerkung. *Ist $D \subset \mathbb{C}$ ein Elementargebiet und*

$$\varphi : D \longrightarrow D^*$$

eine (im Großen) konforme Abbildung von D auf das Gebiet D^*. Wir nehmen an, dass ihre Ableitung analytisch ist. Dann ist D^* ebenfalls ein Elementargebiet.

Beweis. Wir müssen zeigen: Jede analytische Funktion $f^* : D^* \to \mathbb{C}$ besitzt eine Stammfunktion F^*. Das führt man natürlich darauf zurück, dass die entsprechende Aussage für D gilt.

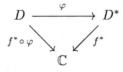

Ist nämlich $f^* : D^* \to \mathbb{C}$ analytisch, so ist $f^* \circ \varphi : D \to \mathbb{C}$ analytisch. Dann ist aber auch

$$(f^* \circ \varphi)\varphi' : D \longrightarrow \mathbb{C}$$

analytisch, besitzt also eine Stammfunktion F. (Hier müssen wir voraussetzen, dass φ' wieder analytisch ist. Diese Bedingung ist, wie im nächsten Paragraphen gezeigt wird, automatisch erfüllt). $F^* := F \circ \varphi^{-1}$ ist analytisch (φ^{-1} ist ebenfalls analytisch!) und $F^{*\prime} = f^*$.   □

Übungsaufgaben zu II.2

1. Welche der folgenden Teilmengen von $\mathbb{C}$ sind Gebiete?

   a) $\{z \in \mathbb{C}; \ \left|z^2 - 3\right| < 1\}$,

   b) $\{z \in \mathbb{C}; \ \left|z^2 - 1\right| < 3\}$,

   c) $\{z \in \mathbb{C}; \ \left||z|^2 - 2\right| < 1\}$,

   d) $\{z \in \mathbb{C}; \ \left|z^2 - 1\right| < 1\}$,

   e) $\{z \in \mathbb{C}; \ z + |z| \neq 0\}$,

   f) $\{z \in \mathbb{C}; \ 0 < x < 1, \ 0 < y < 1\} - \bigcup\limits_{n=2}^{\infty} \{x + \mathrm{i}y; \ x = 1/n, \ 0 < y \leq 1/2\}$.

2. Seien $z_0, \ldots, z_N \in \mathbb{C}$ ($N \in \mathbb{N}$). Durch

   $$\alpha_\nu : [\nu, \nu+1] \longrightarrow \mathbb{C} \quad \text{mit} \quad \alpha_\nu(t) = z_\nu + (t - \nu)(z_{\nu+1} - z_\nu)$$

   wird die Verbindungsstrecke von z_ν nach $z_{\nu+1}$ definiert, ($\nu = 0, 1, \ldots, N-1$).

   Durch $\alpha := \alpha_0 \oplus \alpha_1 \oplus \cdots \oplus \alpha_{N-1}$ wird eine Kurve $\alpha : [0, N] \to \mathbb{C}$ definiert. α ist ein *Polygonzug*, der z_0 mit z_N (über $z_1, z_2, \ldots, z_{N-1}$) verbindet.

   Man zeige: Eine offene Menge $D \subset \mathbb{C}$ ist genau dann zusammenhängend (also ein Gebiet), wenn sich je zwei Punkte aus D durch einen Polygonzug α innerhalb von D (d. h. Bild $\alpha \subset D$) verbinden lassen.

3. Seien $a \in \mathbb{C}$, $\varepsilon > 0$. Die punktierte Kreisscheibe

   $$\overset{\bullet}{U}_\varepsilon(a) := \{z \in \mathbb{C}; \ 0 < |z - a| < \varepsilon\},$$

   ist ein Gebiet.

   Man folgere: Ist $D \subset \mathbb{C}$ ein Gebiet und sind $z_1, \ldots, z_m \in D$, dann ist auch die Menge $D' := D - \{z_1, \ldots, z_m\}$ ein Gebiet.

4. Sei $\emptyset \neq D \subset \mathbb{C}$ offen. Die stetige Funktion $f : D \longrightarrow \mathbb{C}$, $z \longmapsto \bar{z}$, besitzt in D keine Stammfunktion.

5. Für $\alpha : [0, 1] \to \mathbb{C}$ mit $\alpha(t) = \exp(2\pi \mathrm{i}t)$ berechne man die Integrale

   $$\int\limits_\alpha 1/|z| \, dz, \quad \int\limits_\alpha 1/(|z|^2) \, dz \qquad \text{und zeige} \qquad \left|\int\limits_\alpha 1/(4 + 3z) \, dz\right| \leq 2\pi.$$

6. Für $\alpha : [0, 1] \to \{z \in \mathbb{C}; \ 1 < |z| < 3\}$, $\alpha(t) = 2\exp(2\pi \mathrm{i}t)$, berechne man

$$\int\limits_{\alpha} 1/z \, dz.$$

7. Für $a, b \in \mathbb{R}_+^{\bullet}$ seien $\alpha, \beta : [0,1] \to \mathbb{C}$ definiert durch

$$\alpha(t) := a \cos 2\pi t + ia \sin 2\pi t \quad \text{bzw.}$$
$$\beta(t) := a \cos 2\pi t + ib \sin 2\pi t.$$

a) *Man zeige:*

$$\int\limits_{\alpha} \frac{1}{z} \, dz = \int\limits_{\beta} \frac{1}{z} \, dz.$$

b) Man zeige mit Hilfe von a)

$$\int\limits_0^{2\pi} \frac{1}{a^2 \cos^2 t + b^2 \sin^2 t} \, dt = \frac{2\pi}{ab}.$$

8. Seien $D_1, D_2 \subset \mathbb{C}$ Sterngebiete mit dem gemeinsamen Sternmittelpunkt z_*. Dann sind $D_1 \cup D_2$ und $D_1 \cap D_2$ ebenfalls Sterngebiete bezüglich z_*.

9. Welche der folgenden Gebiete sind Sterngebiete?

a) $\{ z \in \mathbb{C}; \quad |z| < 1 \quad \text{und} \quad |z+1| > \sqrt{2} \}$,
b) $\{ z \in \mathbb{C}; \quad |z| < 1 \quad \text{und} \quad |z-2| > \sqrt{5} \}$,
c) $\{ z \in \mathbb{C}; \quad |z| < 2 \quad \text{und} \quad |z+i| > 2 \}$.

Man bestimme gegebenenfalls die Menge aller Sternmittelpunkte.

10. Man zeige, dass der „Sichelbereich"

$$D = \{ z \in \mathbb{C}; \quad |z| < 1, |z - 1/2| > 1/2 \}$$

ein Elementargebiet ist.

11. Sei $0 < r < R$ und f die Funktion

$$f : \overset{\bullet}{U}_R(0) \longrightarrow \mathbb{C},$$
$$z \longmapsto \frac{R+z}{(R-z)z}.$$

Man zeige $f(z) = \dfrac{1}{z} + \dfrac{2}{R-z}$ und durch Integration über die Kurve α,

$$\alpha : [0, 2\pi] \longrightarrow \mathbb{C}, \quad \alpha(t) = r \exp(it),$$

dass

$$\frac{1}{2\pi} \int\limits_0^{2\pi} \frac{R^2 - r^2}{R^2 - 2Rr \cos t + r^2} \, dt = 1$$

gilt.

Man zeige auf ähnlichem Weg:

$$\frac{1}{2\pi} \int\limits_0^{2\pi} \frac{R \cos t}{R^2 - 2Rr \cos t + r^2} \, dt = \frac{r}{R^2 - r^2} \, , \quad \text{falls} \ \ 0 \le r < R.$$

12. Wachstumslemma für Polynome

Sei P ein nichtkonstantes Polynom vom Grade n:
$$P(z) = a_n z^n + \cdots + a_0 \,, \quad a_\nu \in \mathbb{C},\ 0 \le \nu \le n,\ n \ge 1,\ a_n \ne 0.$$
Dann gilt für alle $z \in \mathbb{C}$ mit

$$|z| \ge \varrho := \max\left\{ 1, \frac{2}{|a_n|} \sum_{\nu=0}^{n-1} |a_\nu| \right\}$$

$$\boxed{\ \frac{1}{2}|a_n|\,|z|^n \le |P(z)| \le \frac{3}{2}|a_n|\,|z|^n \,.\ }$$

Insbesondere liegen alle Nullstellen des Polynoms in der Kreisscheibe $|z| < \varrho$.

13. Ein Beweis des Fundamentalsatzes der Algebra

Sei P ein nichtkonstantes Polynom vom Grad n,
$$P(z) = a_n z^n + \cdots + a_0 \,, \quad a_\nu \in \mathbb{C},\ 0 \le \nu \le n,\ n \ge 1,\ a_n \ne 0.$$
Es ist $P(z) = z(a_n z^{n-1} + \cdots + a_1) + a_0 = zQ(z) + a_0$. Es gilt
$$\frac{1}{z} = \frac{P(z)}{zP(z)} = \frac{zQ(z) + a_0}{zP(z)} = \frac{Q(z)}{P(z)} + \frac{a_0}{zP(z)}\,.$$

Annahme: $P(z) \ne 0$ für alle $z \in \mathbb{C}$. Durch Integration über α mit $\alpha(t) = R\exp(\mathrm{i}t)$, $0 \le t \le 2\pi$, $R > 0$, folgt

$$2\pi\mathrm{i} = \int\limits_\alpha \frac{a_0}{zP(z)}\,dz.$$

Mit Hilfe des Wachstumslemmas leite man hieraus (man betrachte den Grenzübergang $R \to \infty$) einen Widerspruch her.

14. Sei $a \in \mathbb{R}$, $a > 0$. Betrachte den in der Abbildung skizzierten „Rechteckweg" α:

$$\alpha = \alpha_1 \oplus \alpha_2 \oplus \alpha_3 \oplus \alpha_4.$$

Da

$$f(z) = e^{-z^2/2}$$

in $\mathbb{C}$ analytisch ist und $\mathbb{C}$ ein Sterngebiet ist, folgt nach dem Cauchy'schen Integralsatz für Sterngebiete

$$0 = \int\limits_\alpha f(z)\,dz = \int\limits_{\alpha_1} f(z)\,dz + \int\limits_{\alpha_2} f(z)\,dz + \int\limits_{\alpha_3} f(z)\,dz + \int\limits_{\alpha_4} f(z)\,dz.$$

Man zeige:

$$\lim_{R\to\infty} \left| \int\limits_{\alpha_2} f(z)\,dz \right| = \lim_{R\to\infty} \left| \int\limits_{\alpha_4} f(z)\,dz \right| = 0$$

und folgere

$$\int\limits_{-\infty}^{\infty} e^{-\frac{1}{2}(x+\mathrm{i}a)^2}\,dx = \int\limits_{-\infty}^{\infty} e^{-x^2/2}\,dx \quad (= \sqrt{2\pi}).$$

$$I(a) := \int\limits_{-\infty}^{\infty} e^{-\frac{1}{2}(x+\mathrm{i}a)^2}\,dx := \lim_{R\to\infty} \int\limits_{-R}^{R} e^{-\frac{1}{2}(x+\mathrm{i}a)^2}\,dx$$

ist also unabhängig von a und hat den Wert $\sqrt{2\pi}$.

Folgerung (FOURIERtransformierte von $x \mapsto e^{-x^2/2}$):

$$\int\limits_{0}^{\infty} e^{-x^2/2}\cos(ax)\,dx = \frac{1}{2}\sqrt{2\pi}e^{-a^2/2}.$$

15. Sei $D \subset \mathbb{C}$ ein Gebiet mit der Eigenschaft

$$z \in D \implies -z \in D$$

und $f : D \to \mathbb{C}$ eine stetige und gerade Funktion ($f(z) = f(-z)$). Ferner sei für ein $r > 0$ die abgeschlossene Kreisscheibe $\overline{U}_r(0)$ in D enthalten. Dann ist

$$\int\limits_{\alpha_r} f = 0 \quad \text{für } \alpha_r(t) := r\exp(2\pi \mathrm{i}t),\ 0 \le t \le 1.$$

16. **Stetige Zweige des Logarithmus**

Sei $D \subset \mathbb{C}^\bullet$ ein Gebiet, das also den Nullpunkt nicht enthält. Eine stetige Funktion $l : D \to \mathbb{C}$ mit $\exp l(z) = z$ für alle $z \in D$ heißt *ein stetiger Zweig des Logarithmus*.

Man zeige:
a) Jeder weitere stetige Zweig $\tilde{l}$ hat die Gestalt $\tilde{l} = l + 2\pi \mathrm{i}k$, $k \in \mathbb{Z}$.
b) Jeder stetige Zweig l des Logarithmus ist sogar analytisch, und es gilt $l'(z) = 1/z$.
c) Auf D existiert genau dann ein stetiger Zweig des Logarithmus, wenn die Funktion $1/z$ eine Stammfunktion auf D hat.
d) Man konstruiere zwei Gebiete D_1 und D_2 und stetige Zweige $l_1 : D_1 \to \mathbb{C}$, $l_2 : D_2 \to \mathbb{C}$ des Logarithmus, so dass ihre Differenz auf $D_1 \cap D_2$ nichtkonstant ist.

17. **Fresnel'sche Integrale**

Man zeige

$$\int\limits_{0}^{\infty} \cos(t^2)\,dt = \int\limits_{0}^{\infty} \sin(t^2)\,dt = \frac{\sqrt{2\pi}}{4}.$$

Anleitung. Man vergleiche die Funktion $f(z) = \exp(\mathrm{i}z^2)$ auf der reellen Achse und der ersten Winkelhalbierenden. Es darf benutzt werden, dass $\int_0^\infty \exp(-t^2)\,dt = \sqrt{\pi}/2$ gilt. Außerdem verwende man die Abschätzung aus Aufgabe 8 in II.1.

3. Die Cauchy'sche Integralformel

Der folgende Hilfssatz ist ein Spezialfall der CAUCHY'schen Integralformel:

3.1 Hilfssatz. *Es gilt*

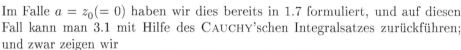

$$\oint_{\alpha} \frac{d\zeta}{\zeta - a} = 2\pi\mathrm{i},$$

wobei über die Kurve

$$\alpha(t) = z_0 + re^{\mathrm{i}t} \; ; \quad 0 \le t \le 2\pi , \; r > 0,$$

*(ihr Bild ist eine Kreislinie) integriert wird und a im
Inneren des Kreises liegt ($|a - z_0| < r$).*

Im Falle $a = z_0 (= 0)$ haben wir dies bereits in 1.7 formuliert, und auf diesen
Fall kann man 3.1 mit Hilfe des CAUCHY'schen Integralsatzes zurückführen;
und zwar zeigen wir

$$\oint_{|\zeta - z_0| = r} \frac{d\zeta}{\zeta - a} = \oint_{|\zeta - a| = \varrho} \frac{d\zeta}{\zeta - a},$$

wobei $\varrho \le r - |z_0 - a|$ sei.

Bemerkung. Wir verwenden für Kurvenintegrale über Kurven, deren Bilder
Kreislinien sind, eine suggestive Schreibweise, die sich von selbst versteht.

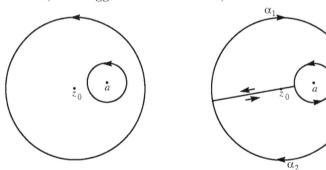

Es wird also behauptet, dass die Integrale längs der beiden links gezeichneten
Kreislinien übereinstimmen. Wir beschränken uns darauf, den Beweis an der
Figur zu veranschaulichen. Es ist leicht, wenn auch etwas mühselig, ihn in
präzise Formeln umzusetzen. Wir führen zwei Hilfskurven α_1 und α_2 ein (siehe
obige Abbildung rechts und nächste Abbildung links). Schlitzt man die Ebene
längs der gestrichelten Halbgeraden, so erhält man ein Sterngebiet, in dem
die Funktion $z \mapsto \frac{1}{z-a}$ analytisch ist. Das Integral über die eingezeichnete
geschlossene Kurve, die sich aus einem (kleinen) Kreisbogen, Geradenstück-
chen und einem (großen) Kreisbogen zusammensetzt, verschwindet nach dem

CAUCHY'schen Integralsatz 2.7 für Sterngebiete. Dasselbe Argument kann man für die an der Verbindungsgeraden von a nach z_0 gespiegelte Figur und die rechts skizzierte Kurve α_2 anwenden. Es ist also

$$\int_{\alpha_1} \frac{1}{\zeta - a}\, d\zeta = 0 \quad \text{und} \quad \int_{\alpha_2} \frac{1}{\zeta - a}\, d\zeta = 0.$$

Addiert man beide Integrale, so heben sich die Bestandteile über die Geradenstücke heraus, da die Geradenstücke zweimal, aber einmal in entgegengesetzter Richtung durchlaufen werden:

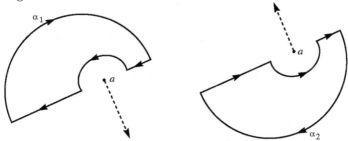

Also folgt (man beachte die Orientierung!)

$$2\pi i = \oint_{|\zeta - a| = \varrho} \frac{1}{\zeta - a}\, d\zeta = \oint_{|\zeta - z_0| = r} \frac{1}{\zeta - a}\, d\zeta. \qquad \Box$$

Fortan bezeichnen wir mit

$$U_r(z_0) = \{ z \in \mathbb{C}; \quad |z - z_0| < r \}$$
$$\overline{U}_r(z_0) = \{ z \in \mathbb{C}; \quad |z - z_0| \le r \}$$

die offene bzw. abgeschlossene Kreisscheibe vom Radius $r > 0$ um $z_0 \in \mathbb{C}$.

3.2 Theorem (Cauchy'sche Integralformel, A.-L. CAUCHY, 1831).
Die Funktion

$$f : D \longrightarrow \mathbb{C}, \quad D \subset \mathbb{C} \quad \textit{offen,}$$

sei analytisch. Die abgeschlossene Kreisscheibe $\overline{U}_r(z_0)$ liege ganz in D. Dann gilt für jeden Punkt $z \in U_r(z_0)$

$$f(z) = \frac{1}{2\pi i} \oint_{\alpha} \frac{f(\zeta)}{\zeta - z}\, d\zeta,$$

wobei über die „Kreislinie α", also über die Kurve

$$\alpha(t) = z_0 + re^{it}, \ 0 \le t \le 2\pi,$$

integriert wird.

> Wir weisen ausdrücklich darauf hin, dass der Punkt z nicht mit dem Mittelpunkt des Kreises übereinstimmen, sondern nur im Innern der Kreisscheibe liegen muss!

Mit Hilfe der Kompaktheit von $\overline{U}_r(z_0)$ zeigt man leicht, dass ein $R > r$ mit

$$D \supset U_R(z_0) \supset \overline{U}_r(z_0)$$

existiert. Wir können daher annehmen, dass D eine Kreisscheibe ist. Die Funktion

$$g(w) := \begin{cases} \dfrac{f(w) - f(z)}{w - z} & \text{für } w \ne z, \\ f'(z) & \text{für } w = z, \end{cases}$$

ist in D stetig und außerhalb von z sogar analytisch. Wir können daher den CAUCHY'schen Integralsatz 2.7_1 anwenden und erhalten

$$\oint \frac{f(\zeta) - f(z)}{\zeta - z} \, d\zeta = 0.$$

Die Behauptung folgt nun aus 3.1.   □

Insbesondere gilt die Cauchy'sche Integralformel natürlich für $z = z_0$:

$$f(z_0) = \frac{1}{2\pi} \int\limits_0^{2\pi} f\big(z_0 + r\exp(\mathrm{i}t)\big) \, dt$$

(dies ist die sogenannte *Mittelwertgleichung*).

Wesentlich an der Cauchy'schen Integralformel ist, dass man die Werte einer analytischen Funktion im Innern einer Kreisscheibe durch ihre Werte auf dem Rand berechnen kann.

Mit Hilfe der LEIBNIZ'schen Regel erhält man analoge Formeln für die Ableitungen.

3.3 Hilfssatz (Leibniz'sche Regel). *Sei*

$$f : [a, b] \times D \longrightarrow \mathbb{C}, \quad D \subset \mathbb{C} \quad \text{offen,}$$

eine stetige Funktion, welche für jedes feste $t \in [a, b]$ analytisch in D ist. Die Ableitung

$$\frac{\partial f}{\partial z} : [a, b] \times D \longrightarrow \mathbb{C}$$

sei ebenfalls stetig. Dann ist die Funktion

$$g(z) := \int_a^b f(t, z)\, dt$$

analytisch in D, und es gilt

$$g'(z) = \int_a^b \frac{\partial f(t, z)}{\partial z}\, dt.$$

Beweis. Man kann Hilfssatz 3.3 auf den analogen reellen Satz zurückführen, denn man kann ja die komplexe Ableitbarkeit mit Hilfe partieller Ableitungen ausdrücken (Satz I.5.3). Man nutzt also die reelle Form des LEIBNIZ'schen Kriteriums aus, um die CAUCHY-RIEMANN'schen Differentialgleichungen und die Formel für die Ableitung von g zu verifizieren.

Der Vollständigkeit halber wollen wir die benötigte reelle Form der LEIB-NIZ'schen Regel formulieren und beweisen.

Sei $f : [a, b] \times [c, d] \longrightarrow \mathbb{R}$ eine stetige Funktion. Die partielle Ableitung

$$(t, x) \longmapsto \frac{\partial}{\partial x} f(t, x)$$

möge existieren und stetig sein. Dann ist auch

$$g(x) = \int_a^b f(t, x)\, dt$$

differenzierbar, und es gilt

$$g'(x) = \int_a^b \frac{\partial}{\partial x} f(t, x)\, dt.$$

Beweis. Wir bilden den Differenzenquotienten in einem Punkt $x_0 \in [c, d]$:

$$\frac{g(x) - g(x_0)}{x - x_0} = \int_a^b \frac{f(t, x) - f(t, x_0)}{x - x_0}\, dt.$$

Nach dem *Mittelwertsatz der Differentialrechnung* gilt

$$\frac{f(t, x) - f(t, x_0)}{x - x_0} = \frac{\partial}{\partial x} f(t, \xi)$$

mit einer von t abhängigen Zwischenstelle ξ zwischen x_0 und x. Nach dem

Satz von der gleichmäßigen Stetigkeit (vgl. Aufgabe 7 aus I.3) existiert zu vorgegebenem $\varepsilon > 0$ ein $\delta > 0$ mit der Eigenschaft

$$\left| \frac{\partial}{\partial x} f(t_1, x_1) - \frac{\partial}{\partial x} f(t_2, x_2) \right| < \varepsilon, \quad \text{falls} \quad |x_1 - x_2| < \delta, \quad |t_1 - t_2| < \delta.$$

Insbesondere gilt

$$\left| \frac{\partial}{\partial x} f(t, \xi) - \frac{\partial}{\partial x} f(t, x_0) \right| < \varepsilon, \quad \text{falls} \quad |x - x_0| < \delta.$$

Hierbei ist entscheidend, dass δ nicht von t abhängt! Wir erhalten jetzt

$$\left| \frac{g(x) - g(x_0)}{x - x_0} - \int_a^b \frac{\partial}{\partial x} f(t, x_0)\, dt \right| \leq \varepsilon(b - a), \quad \text{falls} \quad |x - x_0| < \delta. \qquad \square$$

3.4 Theorem (Verallgemeinerte Cauchy'sche Integralformeln).

Unter den Voraussetzungen und Bezeichnungen von 3.2 gilt: Jede analytische Funktion ist beliebig oft komplex ableitbar. Jede Ableitung ist wieder analytisch. Für $n \in \mathbb{N}_0$ und alle z mit $|z - z_0| < r$ gilt

$$f^{(n)}(z) = \frac{n!}{2\pi i} \oint_\alpha \frac{f(\zeta)}{(\zeta - z)^{n+1}}\, d\zeta,$$

dabei ist $\alpha(t) = z_0 + re^{it}$, $0 \leq t \leq 2\pi$.

Der Beweis erfolgt durch vollständige Induktion nach n mit Hilfe von 3.2 und 3.3. $\qquad \square$

Für einen anderen Beweis vergleiche man Aufgabe 10 aus II.3.

Anmerkung. Damit ist also auch bewiesen, dass die früher an einigen Stellen explizit vorausgesetzte Stetigkeit der Ableitung f' bzw. die Analytizität von f' stets automatisch gegeben ist. Ferner folgt, dass $u = \operatorname{Re} f$ und $v = \operatorname{Im} f$ sogar $\mathcal{C}^\infty$-Funktionen sind.

Es wäre zum Beweis von 3.4 nicht nötig gewesen, Hilfssatz 3.3 in voller Allgemeinheit zu benutzen. Vielmehr wäre es möglich gewesen, ihn in dem benötigten Spezialfall direkt zu verifizieren. Dann kann man aber 3.3 aus 3.4 in voller Allgemeinheit zurückgewinnen mit Hilfe des *Satzes von Fubini*: *Ist $f : [a, b] \times [c, d] \to \mathbb{C}$ eine stetige Funktion, so gilt*

$$\int_a^b \int_c^d f(x, y)\, dy\, dx = \int_c^d \int_a^b f(x, y)\, dx\, dy.$$

Eine gewisse Umkehrung des CAUCHY'schen Integralsatzes stellt der folgende Satz dar.

3.5 Satz von Morera (G. MORERA, 1886). *Sei $D \subset \mathbb{C}$ offen und*

$$f : D \longrightarrow \mathbb{C}$$

stetig. Für jeden Dreiecksweg $\langle z_1, z_2, z_3 \rangle$, für den die jeweilige Dreiecksfläche Δ ganz in D enthalten ist, sei

$$\int\limits_{\langle z_1, z_2, z_3 \rangle} f(\zeta)\, d\zeta = 0.$$

Dann ist f analytisch.

Beweis. Zu jedem Punkt $z_0 \in D$ gibt es eine offene Umgebung $U_\varepsilon(z_0) \subset D$. Es genügt zu zeigen, dass f in $U_\varepsilon(z_0)$ analytisch ist. Für $z \in U_\varepsilon(z_0)$ sei

$$F(z) := \int\limits_{\sigma(z_0, z)} f(\zeta)\, d\zeta,$$

wobei $\sigma(z_0, z)$ die Verbindungsstrecke von z_0 und z sei. Wie in 2.4 c) $\Rightarrow$ a) zeigt man, dass F eine Stammfunktion von f in $U_\varepsilon(z_0)$ ist; d. h. $F'(z) = f(z)$ für $z \in U_\varepsilon(z_0)$. Insbesondere ist f als Ableitung einer analytischen Funktion selbst analytisch. $\qquad\square$

3.6 Definition. *Unter einer **ganzen** Funktion versteht man eine analytische Funktion $f : \mathbb{C} \to \mathbb{C}$.*

Beispiele ganzer Funktionen sind Polynome, exp, cos, sin.

3.7 Satz von Liouville (J. LIOUVILLE, 1847).
Jede beschränkte ganze Funktion ist konstant.
Oder äquivalent:
Eine nichtkonstante ganze Funktion kann nicht beschränkt sein.

(Insbesondere kann beispielsweise cos nicht beschränkt sein. Tatsächlich gilt

$$\cos ix = \frac{e^x + e^{-x}}{2} \to \infty \quad \text{für} \ \ x \to \infty.)$$

LIOUVILLE führte den Beweis im übrigen nur im Spezialfall der elliptischen Funktionen (s. Kapitel V und Aufgabe 7 aus II.3).

Beweis. Wir zeigen $f'(z) = 0$ für jeden Punkt $z \in \mathbb{C}$. Aus der CAUCHY'schen Integralformel

$$f'(z) = \frac{1}{2\pi i} \oint\limits_{|\zeta - z| = r} \frac{f(\zeta)}{(\zeta - z)^2}\, d\zeta,$$

welche für *jedes* $r > 0$ gilt, folgt

$$|f'(z)| \leq \frac{1}{2\pi} 2\pi r \frac{C}{r^2} = \frac{C}{r}.$$
$$\uparrow$$
$$\text{Bogenlänge}$$

Die Behauptung erhält man nun durch Grenzübergang $r \to \infty$.   □

Daraus ergibt sich auf einfache Weise der

3.8 Fundamentalsatz der Algebra.
Jedes nichtkonstante komplexe Polynom besitzt eine Nullstelle.

Beweis. Sei

$$P(z) = a_0 + a_1 z + \cdots + a_n z^n, \quad a_\nu \in \mathbb{C}, \ 0 \leq \nu \leq n, \quad n \geq 1, \ a_n \neq 0.$$

Dann gilt

$$|P(z)| \to \infty \ \text{ für } \ |z| \to \infty$$

d. h. zu jeder Zahl $C > 0$ existiert eine Zahl $R > 0$, so dass

$$|z| \geq R \implies |P(z)| \geq C,$$

(Man beachte:[*)] $z^{-n} P(z) \to a_n$ für $|z| \to \infty$.) Wir schließen nun indirekt, nehmen also an, dass P keine Nullstellen hat. Dann ist $1/P$ eine beschränkte ganze Funktion, also konstant nach dem Satz von LIOUVILLE.   □

3.9 Folgerung. *Jedes Polynom*

$$P(z) = a_0 + a_1 z + \cdots + a_n z^n, \quad a_\nu \in \mathbb{C}, \ 0 \leq \nu \leq n,$$

vom Grade $n \geq 1$ lässt sich als Produkt von n Linearfaktoren und einer Konstanten $C \in \mathbb{C}^\bullet$ schreiben

$$P(z) = C(z - \alpha_1) \cdots (z - \alpha_n).$$

Die Zahlen $\alpha_1, \ldots, \alpha_n \in \mathbb{C}$ sind bis auf die Reihenfolge eindeutig bestimmt, dabei ist $C = a_n$.

Beweis. Wenn $n \geq 1$ ist, existiert eine Nullstelle α_1. Wir ordnen das Polynom nach Potenzen von $(z - \alpha_1)$ um

$$P(z) = b_0 + b_1 (z - \alpha_1) + \cdots.$$

Aus $P(\alpha_1) = 0$ folgt $b_0 = 0$ und daher

$$P(z) = (z - \alpha_1) Q(z), \quad \operatorname{grad} Q = n - 1.$$

[*)] Vgl. auch Aufgabe 12 zu II.2.

Die Behauptung folgt durch vollständige Induktion nach n.   □

Fasst man unter den α_ν eventuell gleiche zusammen, so erhält man für P eine Darstellung

$$P(z) = C(z - \beta_1)^{\nu_1} \cdots (z - \beta_r)^{\nu_r}$$

mit paarweise verschiedenen $\beta_j \in \mathbb{C}$ und natürlichen Zahlen ν_j, für die dann $\nu_1 + \cdots + \nu_r = n$ gilt.

Weitere funktionentheoretische Beweise für den Fundamentalsatz der Algebra erhalten wir später (vgl. auch Aufgabe 13 aus II.2 dieses Kapitels und die Anwendungen des Residuensatzes III.7).

Übungsaufgaben zu II.3

Wir bezeichnen im Folgenden die Kurve, deren Bild die Kreislinie mit Mittelpunkt a und Radius $r > 0$ ist, mit $\alpha_{a;r}$, also

$$\alpha_{a;r} : [0, 2\pi] \longrightarrow \mathbb{C}, \quad \alpha_{a,r}(t) = a + re^{it}.$$

1. Man berechne mit Hilfe des CAUCHY'schen Integralsatzes und der CAUCHY'schen Integralformel die folgenden Integrale:

   a) $\displaystyle\int\limits_{\alpha_{2;1}} \frac{z^7 + 1}{z^2(z^4 + 1)}\, dz,$ b) $\displaystyle\int\limits_{\alpha_{1;3/2}} \frac{z^7 + 1}{z^2(z^4 + 1)}\, dz,$

   c) $\displaystyle\int\limits_{\alpha_{0;3}} \frac{e^{-z}}{(z + 2)^3}\, dz,$ d) $\displaystyle\int\limits_{\alpha_{0;3}} \frac{\cos \pi z}{z^2 - 1}\, dz,$

   e) $\displaystyle\int\limits_{\alpha_{0;r}} \frac{\sin z}{z - b}\, dz \quad (b \in \mathbb{C},\ |b| \neq r).$

2. Man berechne mit Hilfe des CAUCHY'schen Integralsatzes und der CAUCHY'schen Integralformel die folgenden Integrale:

   a) $\displaystyle\frac{1}{2\pi i} \int\limits_{\alpha_{i;1}} \frac{e^z}{z^2 + 1}\, dz,$ b) $\displaystyle\frac{1}{2\pi i} \int\limits_{\alpha_{-i;1}} \frac{e^z}{z^2 + 1}\, dz,$

   c) $\displaystyle\frac{1}{2\pi i} \int\limits_{\alpha_{0;3}} \frac{e^z}{z^2 + 1}\, dz,$ d) $\displaystyle\frac{1}{2\pi i} \int\limits_{\alpha_{1+2i;5}} \frac{4z}{z^2 + 9}\, dz.$

3. Man berechne

   a) $\displaystyle\int\limits_{\alpha_{1;1}} \left(\frac{z}{z - 1}\right)^n dz, \quad n \in \mathbb{N},$

   b) $\displaystyle\int\limits_{\alpha_{0;r}} \frac{1}{(z - a)^n (z - b)^m}\, dz, \quad |a| < r < |b|,\ n, m \in \mathbb{N}.$

4. Sei $\alpha = \alpha_1 \oplus \alpha_2$ die in der Abbildung skizzierte Kurve mit $R > 1$ und

$$f(z) := \frac{1}{1 + z^2}.$$

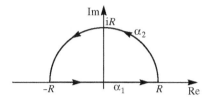

Man zeige:

$$\int_\alpha f(z)\,dz = \int_{\alpha_1} f(z)\,dz + \int_{\alpha_2} f(z)\,dz = \pi$$

und

$$\lim_{R \to \infty} \left| \int_{\alpha_2} f(z)\,dz \right| = 0.$$

Man folgere:

$$\int_{-\infty}^{\infty} \frac{1}{1 + x^2}\,dx = \lim_{R \to \infty} \int_{-R}^{R} \frac{1}{1 + x^2}\,dx = \pi.$$

Dieses uneigentliche Integral hätte man einfacher berechnen können (arctan ist Stammfunktion!). Es gibt jedoch einen ersten Hinweis, wie man reelle Integrale auf funktionentheoretischem Wege berechnen kann. Wir kommen hierauf bei den Anwendungen des Residuensatzes (vgl. III.7) zurück.

5. Sei α die in Aufgabe 4 aus II.1 betrachtete geschlossene Kurve („Figur Acht"). Man berechne das Integral

$$\int_\alpha \frac{1}{1 - z^2}\,dz.$$

6. *Man zeige:* Ist $f : \mathbb{C} \to \mathbb{C}$ analytisch und gibt es eine reelle Zahl M, so dass für alle $z \in \mathbb{C}$

$$\operatorname{Re} f(z) \le M$$

gilt, dann ist f konstant.

Tipp: Betrachte $g := \exp \circ f$ und wende den LIOUVILLE'schen Satz auf g an oder benutze Aufgabe 16.

7. Seien ω und ω' komplexe Zahlen, die über $\mathbb{R}$ linear unabhängig sind.

Man zeige: Ist $f : \mathbb{C} \to \mathbb{C}$ analytisch und gilt

$$f(z + \omega) = f(z) = f(z + \omega') \quad \text{für alle } z \in \mathbb{C},$$

dann ist f konstant (J. LIOUVILLE, 1847).

8. **Satz von Gauß-Lucas** (C. F. GAUSS, 1816; F. LUCAS, 1879)

Sei P ein komplexes Polynom vom Grade n mit den n nicht notwendig verschiedenen Nullstellen $\zeta_1, \ldots, \zeta_n \in \mathbb{C}$. Man zeige, dass für alle $z \in \mathbb{C} - \{\zeta_1, \ldots, \zeta_n\}$ gilt

$$\frac{P'(z)}{P(z)} = \frac{1}{z-\zeta_1} + \frac{1}{z-\zeta_2} + \cdots + \frac{1}{z-\zeta_n} = \sum_{\nu=1}^{n} \frac{\overline{z-\zeta_\nu}}{|z-\zeta_\nu|^2}.$$

Man folgere hieraus den Satz von GAUSS-LUCAS:

Zu jeder Nullstelle ζ von P' gibt es n reelle Zahlen $\lambda_1, \ldots, \lambda_n$ mit

$$\lambda_1 \geq 0, \ldots, \lambda_n \geq 0, \quad \sum_{j=1}^{n} \lambda_j = 1 \ und \ \zeta = \sum_{\nu=1}^{n} \lambda_\nu \zeta_\nu.$$

Man sagt deshalb auch: Die Nullstellen von P' liegen in der „konvexen Hülle" der Nullstellenmenge von P.

9. Man zeige, dass sich jede rationale Funktion R (d.h. $R(z) = P(z)/Q(z)$, P, Q Polynome, $Q \neq 0$) als Summe eines Polynomes und einer endlichen Linearkombination (mit komplexen Koeffizienten) von „einfachen Funktionen" der Gestalt

$$z \longmapsto \frac{1}{(z-s)^n}, \quad n \in \mathbb{N}, \ s \in \mathbb{C},$$

(sogenannten „Partialbrüchen") schreiben lässt (Satz von der Partialbruchzerlegung, vergleiche auch Kapitel III, Anhang zu §4 und §5, Satz A.7).

Man folgere: Sind die Koeffizienten von P und Q reell, dann besitzt f eine „*reelle Partialbruchzerlegung*" (durch Zusammenfassen von Paaren konjugiert-komplexer Nullstellen bzw. durch Zusammenfassen der entsprechenden Partialbrüche (vergleiche auch Aufgabe 10 aus I.1).

10. Einen etwas direkteren Beweis für die verallgemeinerten CAUCHY'schen Integralformeln (Theorem 3.4) erhält man mit folgendem *Lemma:*

Sei $\alpha : [a,b] \to \mathbb{C}$ eine stückweise glatte Kurve und $\varphi : \text{Bild}\,\alpha \to \mathbb{C}$ stetig. Für $z \in D := \mathbb{C} - \text{Bild}\,\alpha$ und $m \in \mathbb{N}$ sei

$$F_m(z) := \frac{1}{2\pi i} \int\limits_{\alpha} \frac{\varphi(\zeta)}{(\zeta-z)^m} \, d\zeta.$$

Dann ist F_m analytisch in D und für alle $z \in D$ gilt

$$F'_m(z) = mF_{m+1}(z).$$

Man führe den Beweis durch direkte Abschätzung (ohne Benutzung der LEIBNIZ-'schen Regel).

11. Sei $D \subset \mathbb{C}$ offen, $L \subset \mathbb{C}$ eine Gerade. Ist $f : D \to \mathbb{C}$ eine stetige Funktion, welche in allen Punkten $z \in D$, $z \notin L$, analytisch ist, dann ist f auf ganz D analytisch.

12. **Schwarz'sches Spiegelungsprinzip** (H. A. SCHWARZ, 1867)

Sei $D \neq \emptyset$ ein zur reellen Achse symmetrisches Gebiet (d.h. $z \in D \implies \bar{z} \in D$). Weiter sei

$$D_+ := \{ z \in D; \ \text{Im}\, z > 0 \} \ \text{und} \ D_- := \{ z \in D; \ \text{Im}\, z < 0 \},$$

$$D_0 := \{ z \in D; \ \text{Im}\, z = 0 \} = D \cap \mathbb{R}.$$

Ist $f : D_+ \cup D_0 \to \mathbb{C}$ stetig, $f|D_+$ analytisch und $f(D_0) \subset \mathbb{R}$, dann ist die durch

$$\widetilde{f}(z) := \begin{cases} f(z) & \text{für } z \in D_+ \cup D_0, \\ \overline{f(\overline{z})} & \text{für } z \in D_-, \end{cases}$$

definierte Funktion

$$\widetilde{f} : D \longrightarrow \mathbb{C}$$

analytisch.

13. Sei f eine stetige Funktion auf dem kompakten Intervall $[a, b]$.

    Man zeige: Die durch

    $$F(z) = \int_a^b \exp(-zt) f(t) \, dt$$

    definierte Funktion ist in ganz $\mathbb{C}$ analytisch, und es gilt

    $$F'(z) = -\int_a^b \exp(-zt) t f(t) \, dt.$$

14. Sei $D \subset \mathbb{C}$ ein Gebiet und

    $$f : D \longrightarrow \mathbb{C}$$

    eine analytische Funktion.

    Man zeige: Die Funktion

    $$\varphi : D \times D \longrightarrow \mathbb{C}$$

    mit

    $$\varphi(\zeta, z) := \begin{cases} \dfrac{f(\zeta) - f(z)}{\zeta - z}, & \text{falls } \zeta \neq z, \\ f'(\zeta), & \text{falls } \zeta = z, \end{cases}$$

    ist stetig als Funktion zweier Veränderlicher.

    Für jedes feste $z \in D$ ist die Funktion

    $$\zeta \longmapsto \varphi(\zeta, z)$$

    analytisch in D.

15. Man bestimme alle Paare (f, g) ganzer Funktionen mit der Eigenschaft

    $$f^2 + g^2 = 1.$$

    Ergebnis:

    $f = \cos \circ h$ und $g = \sin \circ h$, dabei ist h eine beliebige ganze Funktion.

16. Das Bild einer nichtkonstanten ganzen Funktion ist dicht in $\mathbb{C}$.

Kapitel III. Folgen und Reihen analytischer Funktionen, Residuensatz

Aus der reellen Analysis ist bekannt, dass die *punktweise Konvergenz* einer Funktionenfolge gewisse Pathologien aufweist. So sind z. B. Grenzfunktionen stetiger Funktionen nicht notwendig auch stetig, i. a. darf keine Vertauschung von Grenzprozessen stattfinden etc. Daher kommt man zu dem Begriff der *gleichmäßigen Konvergenz*, welcher bessere Stabilitätseigenschaften besitzt. Beispielsweise ist der Limes einer gleichmäßig konvergenten Folge stetiger Funktionen wieder stetig. Ein anderer fundamentaler Stabilitätssatz gilt für das (bestimmte) Integral:

Eine gleichmäßig konvergente Folge integrierbarer Funktionen konvergiert stets gegen eine integrierbare Funktion. Grenzwertbildung und Integration sind vertauschbar.

Die Differenzierbarkeit jedoch ist in der reellen Analysis nicht stabil gegenüber gleichmäßiger Konvergenz.

Entsprechende Stabilitätssätze sind komplizierter und erfordern auch Bedingungen an die Folge der Ableitungen.

In der Funktionentheorie führt man den Begriff der gleichmäßigen Konvergenz in Analogie zur reellen Analysis ein. Die Stabilität der Stetigkeit und des Kurvenintegrals ergeben sich in völliger Analogie zum reellen Fall, sie können sogar auf diesen zurückgeführt werden.

Im Gegensatz zur reellen Analysis ist jedoch auch die Differenzierbarkeit im Komplexen (auf offenen Teilmengen der komplexen Zahlenebene) stabil gegenüber gleichmäßiger Konvergenz.

Der Grund liegt darin, dass sich die Ableitung einer analytischen Funktion durch einen Integrationsprozess gewinnen lässt (CAUCHY'sche Integralformel). Aus diesem Grunde gelten für die Differenzierbarkeit analoge Stabilitätseigenschaften wie für die Integrierbarkeit. Es ergibt sich insbesondere der für die komplexe Analysis charakteristische Satz von WEIERSTRASS:

Eine gleichmäßig konvergente Folge analytischer Funktionen konvergiert stets gegen eine analytische Funktion. Grenzwertbildung und Differentiation sind vertauschbar.

Dies hat zur Folge, dass Beweise für die Differenzierbarkeit von durch Grenzprozesse gewonnenen Funktionen im Komplexen häufig viel einfacher sind als im Reellen. Schon am Beispiel der Potenzreihen wird sich dies zeigen.

Für unsere Zwecke genügt es meist, anstelle der gleichmäßigen Konvergenz die *lokal gleichmäßige Konvergenz* zu fordern. Diese impliziert die gleichmäßige Konvergenz auf Kompakta.

Die lokal gleichmäßige Konvergenz von Reihen von Funktionen wird häufig mittels des WEIERSTRASS'schen Majorantentests nachgewiesen. Reihen, auf die sich dieser „Test" anwenden lässt, heißen auch normal konvergent:

Eine Reihe von Funktionen heißt normal konvergent, falls es zu jedem Punkt des Definitionsbereichs eine offene Umgebung und eine in dieser Umgebung gültige konvergente Majorante von Zahlen gibt.

Beispiele normal konvergenter Reihen sind *Potenzreihen* im Innern ihres Konvergenzbereichs. Sie stellen dort also insbesondere analytische Funktionen dar. Umgekehrt werden wir zeigen, dass sich jede in einer offenen Kreisscheibe analytische Funktion dort in eine Potenzreihe entwickeln lässt.

Inbesondere lassen sich analytische Funktionen lokal in Potenzreihen entwickeln.

Der Schlüssel zu diesem starken Entwicklungssatz liegt in der CAUCHY'schen Integralformel.

Dieser Entwicklungssatz ist jedoch nur ein Spezialfall eines allgemeineren Entwicklungssatzes für analytische Funktionen in *Ringgebieten*

$$\mathcal{R} = \{ z \in \mathbb{C}; \quad r < |z| < R \} \quad (0 \le r < R \le \infty).$$

Auf solchen Ringgebieten sind auch die negativen Potenzen von z analytisch. Wir werden zeigen, dass sich jede in einem Ringgebiet analytische Funktion dort in eine sogenannte *Laurentreihe*

$$\sum_{n=-\infty}^{\infty} a_n z^n$$

entwickeln lässt. Von besonderem Interesse ist der Fall $r = 0$, in diesem Fall liegt eine *isolierte Singularität* vor. Wir werden eine Klassifikation der Singularitäten vornehmen. Der Typ einer Singularität (*hebbare Singularität, Pol oder wesentliche Singularität*) lässt sich sowohl an der LAURENTreihe als auch am Abbildungsverhalten ablesen.

Mittels der LAURENTentwicklung werden wir den *Residuensatz* beweisen, mit dem man Kurvenintegrale analytischer Funktionen längs geschlossener Kurven, welche Singularitäten der Funktion umlaufen, berechnen kann.

Mit diesen funktionentheoretischen Techniken werden wir auch Einblicke in das Abbildungsverhalten analytischer Funktionen erhalten und vom Standpunkt der reellen Analysis aus unerwartete Resultate erhalten. Wir werden beispielsweise den *Satz von der Gebietstreue* beweisen:

Der Wertevorrat einer nichtkonstanten analytischen Funktion auf einem Gebiet ist wieder ein Gebiet.

Insbesondere kann der Betrag einer solchen Funktion kein Maximum annehmen (*Maximumprinzip*).

Wir beschließen das Kapitel mit einer kleinen Auswahl der Anwendungen des Residuensatzes.

1. Gleichmäßige Approximation

Eine Folge von Funktionen

$$f_0, f_1, f_2, \ldots : D \longrightarrow \mathbb{C}$$

heißt *gleichmäßig konvergent* gegen die Grenzfunktion

$$f : D \longrightarrow \mathbb{C},$$

wenn folgendes gilt:

Zu jedem $\varepsilon > 0$ existiert eine natürliche Zahl N, so dass gilt:

$$|f(z) - f_n(z)| < \varepsilon \text{ für } n \geq N \text{ und alle } z \in D.$$

Insbesondere soll also N nicht von z abhängen.

Bei dieser Definition kann D eine beliebige nichtleere Menge sein. Wir nehmen jetzt an, dass D ein Teil der komplexen Ebene oder allgemeiner ein Teil des $\mathbb{R}^p$ ist.

Die Folge (f_n) konvergiert *lokal gleichmäßig* gegen f, wenn es zu jedem Punkt $a \in D$ eine Umgebung U von a im $\mathbb{R}^p$ gibt, so dass $f_n | U \cap D$ gleichmäßig konvergiert.

Mit Hilfe des HEINE-BOREL'schen Überdeckungssatzes ist dann leicht zu sehen, dass die Folge $(f_n | K)$ für jedes Kompaktum K, welches in D enthalten ist, gleichmäßig konvergiert.

Man sagt daher: Eine lokal gleichmäßig konvergente Folge von Funktionen $f_n : D \to \mathbb{C}$ ist *kompakt konvergent*.

Hiervon gilt die Umkehrung, wenn D offen ist, denn dann existiert zu jedem Punkt $a \in D$ eine abgeschlossene (und damit kompakte) Kreisscheibe mit Mittelpunkt a, welche in D enthalten ist.

Aus der reellen Analysis ist das Analogon des Folgenden wohlbekannt:

1.1 Bemerkung. *Sei*

$$f_0, f_1, f_2, \ldots : D \to \mathbb{C}, \quad D \subset \mathbb{C} \,,$$

eine Folge von stetigen Funktionen, welche lokal gleichmäßig konvergiert. Dann ist die Grenzfunktion ebenfalls stetig.

Der Beweis erfolgt wie im Reellen, s. Aufgabe 1. aus III.1.

Für das Kurvenintegral gilt ein analoger Stabilitätssatz.

1.2 Bemerkung. *Es sei*

$$f_0, f_1, f_2, \ldots : D \longrightarrow \mathbb{C}, \quad D \subset \mathbb{C},$$

eine Folge von stetigen Funktionen, welche lokal gleichmäßig gegen f konvergiert. Dann gilt für jede stückweise glatte Kurve $\alpha : [a, b] \to D$

$$\lim_{n \to \infty} \int_\alpha f_n(\zeta)\, d\zeta = \int_\alpha f(\zeta)\, d\zeta.$$

Beweis: Man hat zu benutzen, dass das Bild von α kompakt ist und dass daher die Folge f_n auf Bild α gleichmäßig konvergiert. Die Behauptung folgt nun unmittelbar aus der Abschätzung

$$\left| \int_\alpha f_n - \int_\alpha f \right| \leq l(\alpha) \cdot \varepsilon,$$

falls $|f_n(z) - f(z)| \leq \varepsilon$ für alle $z \in$ Bild α gilt. Dabei ist $l(\alpha)$ die Länge der (stückweise glatten) Kurve α. $\qquad\Box$

1.3 Theorem (K. WEIERSTRASS, 1841). *Sei*

$$f_0, f_1, f_2, \ldots : D \longrightarrow \mathbb{C}, \quad D \subset \mathbb{C} \quad offen,$$

eine Folge von analytischen Funktionen, welche lokal gleichmäßig konvergiert. Dann ist auch die Grenzfunktion f analytisch, und die Folge der Ableitungen (f'_n) konvergiert lokal gleichmäßig gegen f'.

Beweis. Die Behauptung folgt unmittelbar aus der Tatsache, dass man die komplexe Differenzierbarkeit durch ein Integralkriterium charakterisieren kann (vgl. den Satz von MORERA, II.3.5), sowie der Tatsache, dass unser Kurvenintegral stabil gegenüber gleichmäßiger Konvergenz ist. Die Behauptung über (f'_n) ergibt sich aus der CAUCHY'schen Integralformel für f' bzw. f'_n (vgl. mit dem Beweis des Zusatzes zu 1.6). $\qquad\Box$

Es muss an dieser Stelle darauf hingewiesen werden, dass das Analogon von 1.3 im Reellen falsch ist. *Nach dem Weierstraß'schen Approximationssatz ist ja jede stetige Funktion*

$$f : [a, b] \longrightarrow \mathbb{R}$$

sogar der Grenzwert einer gleichmäßig konvergenten Folge von Polynomen!

Allerdings hat man auch im Reellen einen Stabilitätssatz:

Sei $f_0, f_1, f_2, \ldots : [a, b] \to \mathbb{R}$ eine Folge von stetig differenzierbaren Funktionen, die punktweise gegen eine Funktion f konvergiert. Wenn die Folge (f'_n) gleichmäßig konvergiert, so ist auch f ableitbar, und es gilt $\lim_{n \to \infty} f'_n(x) = f'(x)$.

Theorem 1.3 kann man natürlich auch auf Reihen umschreiben:

Eine Reihe von Funktionen

$$f_0 + f_1 + f_2 + \cdots, \quad f_n : D \to \mathbb{C} \quad D \subset \mathbb{C}, \quad n \in \mathbb{N}_0,$$

*heißt **(lokal) gleichmäßig konvergent**, wenn die Folge (S_n) der Partialsummen*

$$S_n := f_0 + f_1 + \cdots + f_n$$

(lokal) gleichmäßig konvergiert.

1.4 Definition. *Eine Reihe $f_0 + f_1 + f_2 + \cdots$ von Funktionen*

$$f_n : D \to \mathbb{C}, \quad D \subset \mathbb{C}, \quad n \in \mathbb{N}_0,$$

*heißt **normal konvergent** (in D), falls es zu jedem Punkt $a \in D$ eine Umgebung U und eine Folge $(M_n)_{n \geq 0}$ nicht negativer reeller Zahlen gibt, so dass gilt:*

$$|f_n(z)| \leq M_n \text{ für alle } z \in U \cap D, \text{ alle } n \in \mathbb{N}_0, \text{ und } \sum_{n=0}^{\infty} M_n \text{ konvergiert.}$$

1.5 Bemerkung (Weierstraß'scher Majorantentest). *Eine normal konvergente Reihe von Funktionen konvergiert **absolut** und **lokal gleichmäßig**. Eine normal konvergente Funktionenreihe kann daher **beliebig umgeordnet** werden, ohne dass sich an der Konvergenz oder dem Grenzwert etwas ändert.*

1.6 Satz (K. WEIERSTRASS, 1841). *Sei*

$$f_0 + f_1 + f_2 + \cdots$$

eine normal konvergente Reihe analytischer Funktionen auf einer offenen Menge $D \subset \mathbb{C}$. Dann ist die Grenzfunktion f ebenfalls analytisch, und es gilt

$$f' = f_0' + f_1' + f_2' + \cdots.$$

Zusatz. *Die Reihe der Ableitungen konvergiert ebenfalls normal.*

Nur der Zusatz bleibt zu beweisen. Sei a ein Punkt aus D. Wir wählen $\varepsilon > 0$ so klein, dass noch die abgeschlossene Kreisscheibe vom Radius 2ε in D enthalten ist, und so, dass die Reihe in dieser abgeschlossenen Kreisscheibe eine konvergente Majorante $\sum M_n$ besitzt. Dann gilt für alle z in der ε-Umgebung von a nach der CAUCHY'schen Integralformel die Ungleichung

$$|f_n'(z)| = \left| \frac{1}{2\pi i} \oint_{|\zeta - a| = 2\varepsilon} \frac{f_n(\zeta)}{(\zeta - z)^2} \, d\zeta \right| \leq 2\varepsilon^{-1} M_n. \qquad \square$$

Ein Beispiel zur normalen Konvergenz.

Sei $s \in \mathbb{C}$ und $s := \sigma + it$ mit $\sigma, t \in \mathbb{R}$. (RIEMANN-LANDAU-Konvention). Für alle $n \in \mathbb{N}$ wird durch

$$s \longmapsto n^s := \exp(s \log n)$$

eine in $\mathbb{C}$ analytische Funktion definiert. Es ist $|n^s| = n^\sigma$. Dann gilt folgende

Behauptung. *Die Reihe*

$$\sum_{n=1}^{\infty} \frac{1}{n^s}$$

konvergiert in jeder Halbebene

$$\{s \in \mathbb{C}; \quad \operatorname{Re} s \geq 1 + \delta\}, \ \delta > 0,$$

absolut und gleichmäßig. Sie konvergiert normal in der Halbebene

$$D := \{s \in \mathbb{C}; \quad \operatorname{Re} s > 1\}.$$

Durch diese Reihe wird eine in D analytische Funktion ζ definiert, die soge-nannte **Riemann'sche ζ-Funktion:**

$$\boxed{\ \zeta(s) := \sum_{n=1}^{\infty} \frac{1}{n^s}\,, \ \operatorname{Re} s > 1. \ }$$

Mit den Eigenschaften dieser Funktion und ihrer Rolle in der analytischen Zahlentheorie werden wir uns ausführlich in Kapitel VII beschäftigen.

Beweis der Behauptung. Für jedes $\delta > 0$ gilt

$$\left| \frac{1}{n^s} \right| = \frac{1}{n^\sigma} \leq \frac{1}{n^{1+\delta}} \quad \text{für alle } s \text{ mit } \ \sigma \geq 1 + \delta. \qquad \square$$

Übungsaufgaben zu III.1

1. Man beweise Bemerkung 1.1 aus §1: Sei $D \subset \mathbb{C}$ und (f_n) eine Folge von stetigen Funktionen $f_n : D \to \mathbb{C}$, die in D lokal gleichmäßig konvergiert, dann ist die Grenzfunktion $f : D \to \mathbb{C}$ ebenfalls stetig.

2. Unter den Voraussetzungen von Theorem 1.3 zeige man, daß für jedes $k \in \mathbb{N}$ die Folge $\left(f_n^{(k)}\right)$ der k-ten Ableitungen lokal gleichmäßig gegen $f^{(k)}$ konvergiert.

3. Sei $D \subset \mathbb{C}$ offen und (f_n) eine Folge von analytischen Funktionen $f_n : D \to \mathbb{C}$ mit der Eigenschaft: Für jede abgeschlossene Kreisscheibe $K \subset D$ gibt es eine reelle Zahl $M(K)$, so daß $|f_n(z)| \leq M(K)$ für alle $z \in K$ und alle $n \in \mathbb{N}$ gilt.
   Zeige: Die Folge (f_n') hat die analoge Eigenschaft.

4. Man zeige, daß die Reihe

$$\sum_{\nu=1}^{\infty} \frac{z^{2\nu}}{1 - z^\nu}$$

   im Einheitskreis $\mathbb{E} = \{ z \in \mathbb{C}; \quad |z| < 1 \}$ normal konvergiert.

5. Man zeige, daß die Reihe

$$\sum_{\nu=1}^{\infty} \frac{(-1)^\nu}{z - \nu}$$

   in $D = \mathbb{C} - \mathbb{N}$ lokal gleichmäßig aber nicht normal konvergiert.

6. Man zeige, daß die Reihe

$$\sum_{\nu=1}^{\infty} \frac{1}{z^2 - (2\nu + 1)z + \nu(\nu + 1)}$$

   in $\mathbb{C} - \mathbb{N}_0$ normal konvergiert, und bestimme die Grenzfunktion.

7. In welchem Gebiet $D \subset \mathbb{C}$ wird durch die Reihe

$$\sum_{n=1}^{\infty} \frac{\sin(nz)}{2^n}$$

   eine analytische Funktion definiert?
   (*Antwort*: $D = \{ z \in \mathbb{C}; \quad |\operatorname{Im} z| < \log 2 \}$.)

   Gibt es ein Gebiet, in dem die Reihe

$$\sum_{n=1}^{\infty} \frac{\sin(nz)}{n^2}$$

   eine analytische Funktion definiert?

8. Sei f eine stetige Funktion auf der abgeschlossenen Einheitskreisscheibe

$$\overline{\mathbb{E}} := \{ z \in \mathbb{C}; \quad |z| \leq 1 \},$$

   so dass $f|\mathbb{E}$ analytisch ist. Dann gilt

$$\oint_{|\zeta|=1} f(\zeta) \, d\zeta = 0.$$

   Tipp: Man betrachte für $0 < r < 1$ die Funktionen

$$f_r : \overline{U}_{1/r}(0) \longrightarrow \mathbb{C}, \quad z \longmapsto f(rz).$$

2. Potenzreihen

Unter einer *Potenzreihe* (mit dem Entwicklungspunkt 0) versteht man eine Reihe der Form

$$a_0 + a_1 z + a_2 z^2 + \cdots ,$$

wobei die a_n, $n \in \mathbb{N}_0$, vorgegebene komplexe Zahlen sind und z in $\mathbb{C}$ variiert.

2.1 Satz. *Zu jeder Potenzreihe*

$$a_0 + a_1 z + a_2 z^2 + \cdots$$

existiert eine eindeutig bestimmte „Zahl" $r \in [0, \infty] := [0, \infty[\cup \{\infty\}$ mit den folgenden Eigenschaften:

a) *Die Reihe konvergiert in der Kreisscheibe $U_r(0) = \{ z \in \mathbb{C};\ |z| < r \}$ normal.*

b) *Die Reihe konvergiert für keinen Punkt $z \in \mathbb{C}$ mit $|z| > r$.*

Zusatz: *Es gilt*

$$r = \sup\{\varrho \geq 0;\quad (a_n \varrho^n)\ \text{ist eine beschränkte Folge}\}\ \ bzw.$$
$$r = \sup\{\varrho \geq 0;\quad (a_n \varrho^n)\ \text{ist eine Nullfolge}\}.$$

Beweis (N. H. ABEL, 1826). Sei r eine der beiden im Zusatz definierten Größen. Es ist klar, dass die Reihe in keinem Punkt z konvergieren kann, dessen Betrag größer als r ist. Es genügt daher zu zeigen, dass für jedes ϱ, $0 < \varrho < r$ die Potenzreihe für $|z| \leq \varrho$ eine von z unabhängige konvergente Majorante besitzt. Dazu wählt man eine Zahl ϱ_1 mit $\varrho < \varrho_1 < r$. Nach Definition von r ist die Folge $(a_n \varrho_1^n)$ beschränkt, etwa durch eine Konstante M. Es folgt für alle z mit $|z| \leq \varrho$:

$$|a_n z^n| = \left| a_n \varrho_1^n \frac{z^n}{\varrho_1^n} \right| \leq M \cdot \left(\frac{\varrho}{\varrho_1} \right)^n .$$

Die Reihe

$$\sum_{n=0}^{\infty} (\varrho/\varrho_1)^n$$

ist als geometrische Reihe konvergent (man beachte $0 < \varrho/\varrho_1 < 1$). □

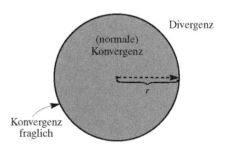

Bemerkung. *Die nach Satz 2.1 eindeutig bestimmte Größe $r \in [0, \infty]$ heißt* **Konvergenzradius***, die Kreisscheibe $U_r(0)$* **Konvergenzkreisscheibe** *der Potenzreihe. Im Fall $r = \infty$ ist $U_r(0) = \mathbb{C}$, im Falle $r = 0$ ist $U_r(0) = \emptyset$.*

Den scheinbar allgemeineren Fall von Potenzreihen zu beliebigem Entwicklungspunkt a

$$\sum a_n(z-a)^n$$

führt man durch die Substitution $\zeta = z - a$ auf den betrachteten Fall zurück.

2.1₁ Folgerung. *Eine Potenzreihe stellt in der Konvergenzkreisscheibe* $U_r(a)$
eine analytische Funktion dar, deren Ableitung sich durch gliedweise Differen-
tiation der Reihe ergibt.

Ist also

$$f(z) = \sum_{n=0}^{\infty} a_n(z-a)^n,$$

so gilt im Inneren der Konvergenzkreisscheibe

$$f'(z) = \sum_{n=1}^{\infty} na_n(z-a)^{n-1}.$$

Insbesondere ist der Konvergenzradius der gliedweise abgeleiteten Reihe mindestens so groß wie der von f. Da er offensichtlich nicht größer sein kann, haben
die Potenzreihe f und ihre gliedweise Ableitung f' denselben Konvergenzradius
(vgl. Übungsaufgabe 2) aus III.2).

Bemerkung. Über das Konvergenzverhalten auf dem Rand der Konvergenz-
kreisscheibe, also für die z mit $|z| = r$ macht der Konvergenzsatz 2.1 keine
Aussage. Es ist von Fall zu Fall verschieden. *Standardbeispiele* sind (wie im
Reellen) die Reihen

1. $\displaystyle\sum_{n=1}^{\infty} \frac{z^n}{n^2}$ mit dem Konvergenzradius $r = 1$. Wegen der Konvergenz von
   $\displaystyle\sum_{n=1}^{\infty} \frac{1}{n^2}$ konvergiert diese Potenzreihe für alle $z \in \mathbb{C}$ mit $|z| \leq 1$.

2. Die geometrische Reihe $\sum_{n=0}^{\infty} z^n$ hat, wie man weiß, den Konvergenzradius
   $r = 1$, konvergiert aber in keinem Punkt $z \in \mathbb{C}$ mit $|z| = 1$, denn $(|z|^n)$ ist
   in diesem Falle keine Nullfolge.

3. Die „*logarithmische Reihe*"

$$\sum_{n=1}^{\infty} (-1)^{n-1} \frac{z^n}{n} \quad (= \mathrm{Log}(1+z))$$

   hat ebenfalls den Konvergenzradius $r = 1$, sie konvergiert beispielsweise
   für $z = 1$ (nach dem LEIBNIZ-Kriterium), divergiert aber für $z = -1$ (harmonische Reihe). Auf dem Rand der Konvergenzkreisscheibe liegen also
   sowohl Konvergenz- als auch Divergenzpunkte. Übrigens ist -1 der einzige
   Divergenzpunkt! Man beweise dies.

2.2 Theorem (Potenzreihenentwicklungssatz, A.-L. CAUCHY, 1831).
Die Funktion

$$f : D \longrightarrow \mathbb{C}, \quad D \subset \mathbb{C} \ \ \textit{offen},$$

sei analytisch. Die Kreisscheibe $U_R(a)$ möge ganz in D liegen. Dann gilt

$$f(z) = \sum_{n=0}^{\infty} a_n (z - a)^n \ \ \textit{für alle} \ \ z \in U_R(a) \ \ \textit{mit} \ \ a_n = \frac{f^{(n)}(a)}{n!} \, , \ n \in \mathbb{N}_0.$$

Insbesondere ist eine analytische Funktion lokal in eine Potenzreihe entwickelbar, d.h. zu jedem Punkt $a \in D$ gibt es eine Umgebung $U(a)$ und eine Potenzreihe $\sum_{n=0}^{\infty} a_n (z - a)^n$, welche für alle $z \in U(a)$ konvergiert und die Funktion $f(z)$ darstellt. Der Konvergenzradius r dieser Potenzreihe ist insbesondere größer oder gleich R.

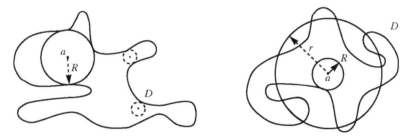

Zusatz zu 2.2. *Die Koeffizienten besitzen die Integraldarstellung*

$$a_n = \frac{1}{2\pi i} \oint_{|\zeta - a| = \varrho} \frac{f(\zeta)}{(\zeta - a)^{n+1}} \, d\zeta \ \ \textit{für} \ \ 0 < \varrho < R.$$

Vorbemerkung. Wenn sich f überhaupt in einer Umgebung von a in eine Potenzreihe entwickeln lässt,

$$f(z) = \sum_{n=0}^{\infty} a_n (z - a)^n,$$

so gilt notwendigerweise

$$a_n = \frac{f^{(n)}(a)}{n!} \quad \left(= \frac{1}{2\pi i} \oint_{|\zeta - a| = \varrho} \frac{f(\zeta)}{(\zeta - a)^{n+1}} \, d\zeta \quad \text{nach II.3.4} \right),$$

denn wegen Folgerung 2.1_1 erhält man die Ableitungen von f durch gliedweises Ableiten der Potenzreihe. Die Entwicklungskoeffizienten a_n sind also (wie im Reellen) die TAYLORkoeffizienten von f zur Stelle a, und die Potenzreihe, durch die f dargestellt wird, ist die TAYLORreihe von f zur Stelle a.

Beweis zu 2.2. Wegen der Eindeutigkeit der Potenzreihenentwicklung genügt es, für beliebiges ϱ, $0 < \varrho < R$, eine Entwicklung in dem kleineren Kreis $|z - a| < \varrho$ anzugeben. Nach der CAUCHY'schen Integralformel für Kreisscheiben (II.3.2) gilt

$$f(z) = \frac{1}{2\pi i} \oint_{|\zeta-a|=\varrho} \frac{f(\zeta)}{\zeta - z} \, d\zeta \quad \text{für} \quad |z - a| < \varrho.$$

Den im Integranden auftretenden „CAUCHYkern" kann man mit Hilfe der *geometrischen Reihe* leicht in eine Potenzreihe entwickeln:

$$\frac{1}{\zeta - z} = \frac{1}{\zeta - a} \cdot \frac{1}{1 - \frac{z-a}{\zeta-a}} = \frac{1}{\zeta - a} \sum_{n=0}^{\infty} \left(\frac{z - a}{\zeta - a} \right)^n = \sum_{n=0}^{\infty} \frac{1}{(\zeta - a)^{n+1}} (z - a)^n$$

(beachte $q := \left| \dfrac{z - a}{\zeta - a} \right| < 1$).

Multipliziert man mit $f(\zeta)$ und vertauscht Integration mit Summation, was wegen 1.2 zulässig ist, so erhält man die Behauptung.   □

Wir halten fest: Für die a_n gelten die Darstellungen

$$a_n = \frac{f^{(n)}(a)}{n!} = \frac{1}{2\pi i} \oint_{|\zeta-a|=\varrho} \frac{f(\zeta)}{(\zeta - a)^{n+1}} \, d\zeta, \, n \in \mathbb{N}_0.$$

Mit dem Entwicklungssatz (Theorem 2.2) haben wir ein neues *Fundament der Funktionentheorie* gewonnen.

Analytische Funktionen sind genau diejenigen Funktionen, welche sich lokal in Potenzreihen (mit positivem Konvergenzradius) entwickeln lassen.

Je nachdem, ob man die *komplexe Differenzierbarkeit* oder die *Entwickelbarkeit in Potenzreihen* in den Vordergrund stellt, spricht man vom CAUCHY-RIEMANN'schen oder vom WEIERSTRASS'schen Zugang zur Funktionentheorie.

Somit stehen uns nun mehrere, ganz verschiedene Charakterisierungen des Begriffs „analytische Funktion" zur Verfügung. Im folgenden Theorem, welches unsere bisherigen Resultate zusammenfasst, sind einige dieser äquivalenten Charakterisierungen von „analytisch" zusammengestellt. Aus der Tatsache, dass im Verlauf der Entwicklung der Funktionentheorie verschiedene Ausgangsdefinitionen verwendet wurden, wird erklärlich, warum auch heute noch für ein und dieselbe Eigenschaft verschiedene Begriffe wie „analytisch", „regulär", „holomorph" u. a. m. verwendet werden. Wir werden bevorzugt „analytisch" verwenden, gelegentlich auch „holomorph", der Begriff „bianalytisch" ist jedoch unschön, statt dessen sollte man „biholomorph" oder „konform" verwenden.

2.3 Theorem. *Sei $D \subset \mathbb{C}$ offen. Folgende Aussagen sind für eine Funktion $f : D \to \mathbb{C}$ äquivalent:*

a) *f ist analytisch, d. h. in jedem Punkt $z \in D$ komplex differenzierbar.*

b) *f ist total differenzierbar im Sinne der reellen Analysis ($\mathbb{C} = \mathbb{R}^2$), und $u = \operatorname{Re} f$, $v = \operatorname{Im} f$ erfüllen die Cauchy-Riemann'schen Differentialgleichungen:*

$$\frac{\partial u}{\partial x} = \frac{\partial v}{\partial y} \quad und \quad \frac{\partial u}{\partial y} = -\frac{\partial v}{\partial x}.$$

c) *f ist stetig, und für jeden Dreiecksweg $\langle z_1, z_2, z_3 \rangle$, für den die aufgespannte Dreiecksfläche Δ in D enthalten ist, gilt*

$$\int\limits_{\langle z_1, z_2, z_3 \rangle} f(\zeta)\, d\zeta = 0 \qquad \textit{(Morera-Bedingung)}.$$

d) *f besitzt lokal eine Stammfunktion, d. h. zu jedem Punkt $a \in D$ gibt es eine offene Umgebung $U(a) \subset D$, so dass $f|U(a)$ eine Stammfunktion besitzt.*

e) *f ist stetig, und für jede Kreisscheibe $U_\varrho(a)$ mit $\overline{U}_\varrho(a) \subset D$ gilt*

$$f(z) = \frac{1}{2\pi \mathrm{i}} \oint\limits_{|\zeta - a| = \varrho} \frac{f(\zeta)}{\zeta - z}\, d\zeta \quad \textit{für} \ |z - a| < \varrho.$$

f) *f ist lokal durch eine konvergente Potenzreihe darstellbar, d. h. zu jedem Punkt existiert eine in D enthaltene offene Umgebung, innerhalb welcher f in eine Potenzreihe entwickelbar ist.*

g) *f ist in jeder in D enthaltenen offenen Kreisscheibe durch eine konvergente Potenzreihe darstellbar.*

Hier wird auch deutlich, wie sich reelle und komplexe Differenzierbarkeit unterscheiden: Ist $M \subset \mathbb{R}$ ein (echtes) Intervall, dann gibt es Funktionen $f : M \to \mathbb{R}$, die z. B. 17mal differenzierbar sind, aber nicht 18mal, oder die zwar differenzierbar sind, für die aber f' nicht stetig ist. Hier ist das Standardbeispiel

$$f : \mathbb{R} \to \mathbb{R} \quad mit \quad f(x) = \begin{cases} x^2 \sin(1/x), & x \neq 0, \\ 0, & x = 0. \end{cases}$$

Ferner zeigt das CAUCHY'sche Beispiel (CAUCHY, 1823) der Funktion

$$f(x) = \begin{cases} \exp(-1/x^2), & x \neq 0, \\ 0, & x = 0, \end{cases}$$

dass es $\mathcal{C}^\infty$-Funktionen auf $\mathbb{R}$ gibt, die in keiner Umgebung von 0 durch ihre TAYLORreihe dargestellt werden. Der Entwicklungssatz 2.2 besitzt also kein Analogon im Reellen. Dass $f \in \mathcal{C}^\infty(M)$ ist, ist zwar eine notwendige Bedingung für die Darstellbarkeit von f durch eine Potenzreihe, aber nicht hinreichend. Auf weitere wesentliche Unterschiede der $\mathcal{C}^\infty$-Funktionen und der analytischen Funktionen auf einer offenen Teilmenge $D \subset \mathbb{C}$ kommen wir im nächsten Paragraphen zurück.

Die Entwicklungskoeffizienten (oder den Konvergenzradius) aus der Gleichung

$$a_n = \frac{1}{2\pi i} \oint_{|\zeta-a|=\varrho} \frac{f(\zeta)}{(\zeta - a)^{n+1}} \, d\zeta$$

oder der TAYLOR'schen Formel zu berechnen, ist häufig unzweckmäßig. Man verwendet besser bekannte Reihenentwicklungen.

Die analytische Funktion $f : \mathbb{C} - \{i, -i\} \to \mathbb{C}$ mit $f(z) = \frac{1}{1+z^2}$ beispielsweise soll in eine Potenzreihe um den Nullpunkt entwickelt werden.

Nach der Summenformel für die geometrische Reihe gilt für $|z| < 1$

$$f(z) = \frac{1}{1 + z^2} = \sum_{n=0}^{\infty} (-1)^n z^{2n}.$$

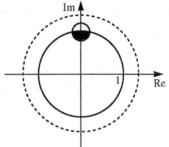

Der Konvergenzradius dieser Potenzreihe ist 1, wie z. B. aus der Formel 2.1 für den Konvergenzradius folgt. Man kann jedoch den Konvergenzradius ganz anders mit funktionentheoretischen Mitteln bestimmen:

1) Der Konvergenzradius ist mindestens 1, wie aus dem Entwicklungssatz 2.2 folgt.

2) Der Konvergenzradius ist höchstens 1, da $f(z)$ bei Annäherung an i nicht beschränkt bleibt (vergleiche obiges Bild).

Die (im Reellen nicht sichtbare) „Singularität" bei i ist also dafür verantwortlich, dass der Konvergenzradius nicht größer als 1 sein kann. Das Konvergenzverhalten von Potenzreihen wird oft erst im Komplexen verständlich.

Häufig benutzt man in der Funktionentheorie Argumente dieser Art, um den Konvergenzradius einer Potenzreihe zu ermitteln. Die Formel aus 2.1 und ähnliche Formeln (vgl. Aufgabe 6 aus III.2) haben in der komplexen Analysis nur eine untergeordnete Bedeutung.

Der Konvergenzradius der TAYLORreihe einer analytischen Funktion kann natürlich echt größer sein als der Abstand des Entwicklungspunkts vom Rand des Definitionsbereichs. Beispielsweise erhält man für den Hauptwert des Logarithmus um $a \in \mathbb{C}_-$ (= längs der negativen reellen Achse geschlitzte Ebene) die Entwicklung

$$\text{Log}(a) + \sum_{\nu=1}^{\infty} \frac{(-1)^{\nu-1}}{a^\nu \nu} (z - a)^\nu,$$

wobei der Konvergenzradius der Reihe $|a|$ ist. Für $a \in \mathbb{C}_-$ mit $\text{Re}\, a < 0$ ist daher der Konvergenzradius r der Taylorreihe von Log mit Entwicklungspunkt

a echt größer als der Abstand des Entwicklungspunktes vom Rand des Definitionsbereiches:

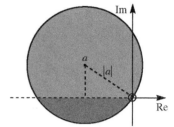

Man beachte, dass $\mathbb{C}_- \cap U_r(a)$ in zwei disjunkte zusammenhängende Teile zerfällt. Im oberen Teil der Kreisscheibe stellt die Reihe den Hauptwert des Logarithmus dar, im unteren Teil der Kreisscheibe jedoch nicht (sondern $\operatorname{Log} z + 2\pi \mathrm{i}$)!

Rechenregeln für das Rechnen mit Potenzreihen

(A.-L. CAUCHY, 1821; K. WEIERSTRASS, 1841)

1. *Identitätssatz für Potenzreihen*

   Wenn die beiden Potenzreihen

   $$\sum_{n=0}^{\infty} a_n z^n \ \text{ und } \ \sum_{n=0}^{\infty} b_n z^n$$

   in einer Umgebung von $z = 0$ konvergieren und dort dieselbe Funktion darstellen, so gilt $a_n = b_n$ für alle $n \in \mathbb{N}_0$.

2. *Cauchy'scher Multiplikationssatz*

   Der Konvergenzradius der beiden Potenzreihen

   $$\sum_{n=0}^{\infty} a_n z^n \ \text{ und } \ \sum_{n=0}^{\infty} b_n z^n$$

   sei größer oder gleich $R > 0$. Dann gilt

   $$\left(\sum_{n=0}^{\infty} a_n z^n \right) \cdot \left(\sum_{n=0}^{\infty} b_n z^n \right) = \sum_{n=0}^{\infty} c_n z^n \ \text{ für } \ |z| < R$$

   mit

   $$c_n = \sum_{\nu=0}^{n} a_\nu b_{n-\nu} \quad \text{(vgl. I.2.7)} .$$

3. *Invertieren von Potenzreihen*

   Sei $P(z) = a_0 + a_1 z + \cdots$ eine Potenzreihe mit positivem Konvergenzradius. Wir nehmen $a_0 \neq 0$ an. Dann ist $P(z) \neq 0$ für alle z aus einer vollen Kreisscheibe um 0 ($|z| < r$). In dieser Kreisscheibe ist $Q := 1/P$ analytisch (I.4.3) und muss sich daher in eine Potenzreihe entwickeln lassen. (Im Reellen kann man so nicht argumentieren!)

   $$Q(z) = b_0 + b_1 z + \cdots \ \text{ für } \ |z| < r.$$

Aus der Gleichung $P(z) \cdot Q(z) = 1$ folgt mit Hilfe von 2)

$$\sum_{\nu=0}^{n} a_\nu b_{n-\nu} = \begin{cases} 1 & \text{für } n = 0 \\ 0 & \text{für } n > 0. \end{cases}$$

Dieses Gleichungssystem kann man offenbar rekursiv nach n lösen

$$\left. \begin{array}{ll} n = 0: & a_0 b_0 = 1 \\ n = 1: & a_0 b_1 + a_1 b_0 = 0 \\ n = 2: & a_0 b_2 + a_1 b_1 + a_2 b_0 = 0 \\ & \cdots \end{array} \right\} \quad \text{ergibt} \quad \left\{ \begin{array}{l} b_0 = \dfrac{1}{a_0}, \\ b_1, \\ b_2 \\ \text{usw.} \end{array} \right.$$

Ein Beispiel hierzu findet sich weiter unten im Anschluss an die Rechenregeln.

4. *Weierstraß'scher Doppelreihensatz*

Die Potenzreihen

$$f_j(z) = \sum_{k=0}^{\infty} c_{jk}(z - a)^k, \ j \in \mathbb{N}_0,$$

seien in der Kreisscheibe $U_r(a)$ konvergent ($r > 0$). Die Reihe $\sum_{j=0}^{\infty} f_j$ konvergiere in $U_r(a)$ normal. Die Grenzfunktion $F := \sum_{j=0}^{\infty} f_j$ ist dann analytisch in $U_r(a)$, und es gilt dort

$$F(z) = \sum_{k=0}^{\infty} \left(\sum_{j=0}^{\infty} c_{jk} \right) (z - a)^k.$$

Beweis. Nach 1.6 ist die Grenzfunktion $F = \sum_{j=0}^{\infty} f_j$ wieder analytisch in $U_r(a)$, wird also dort nach 2.2 durch die TAYLORreihe dargestellt:

$$F(z) = \sum_{k=0}^{\infty} b_k(z - a)^k, \quad \text{mit } b_k = \frac{F^{(k)}(a)}{k!}, \quad (k \in \mathbb{N}_0).$$

Andererseits ergibt sich durch wiederholte Anwendung von 1.6 $F^{(k)} = \sum_{j=0}^{\infty} f_j^{(k)}$, also speziell

$$\frac{F^{(k)}(a)}{k!} = \sum_{j=0}^{\infty} \frac{f_j^{(k)}(a)}{k!} = \sum_{j=0}^{\infty} c_{jk}$$

und damit folgt

$$b_k = \sum_{j=0}^{\infty} c_{jk}, \quad (k \in \mathbb{N}_0). \qquad \square$$

Unter den gegebenen Voraussetzungen darf man also „unendlich viele" Potenzreihen „addieren" und die Summationsoperationen vertauschen.

Ein Beispiel zu 4. findet sich ebenfalls im Anschluss an die Rechenregeln.

5. *Umordnen von Potenzreihen*

Sei

$$P(z) = a_0 + a_1(z - a) + \cdots$$

eine Potenzreihe mit positivem Konvergenzradius r und b ein Punkt im Inneren des Konvergenzkreises. Aufgrund von 2.2 muss sich $P(z)$ in einer Umgebung von b in eine Potenzreihe entwickeln lassen

$$P(z) = b_0 + b_1(z - b) + b_2(z - b)^2 + \cdots.$$

Die Koeffizienten ermittelt man aus der Formel

$$b_n = \frac{P^{(n)}(b)}{n!}.$$

Der Konvergenzradius der umgeordneten Reihe ist mindestens $r - |b - a|$. Der Leser möge sich davon überzeugen, dass man zum selben Ziel kommt, wenn man die Reihe $P(z)$ mit Hilfe der Formel

$$(z - a)^n = (z - b + b - a)^n = \sum_{\nu=0}^{n} \binom{n}{\nu} (b - a)^{n-\nu} (z - b)^{\nu}$$

„naiv" nach Potenzen von $(z - b)$ umordnet. Dies bedeutet eine exakte Rechtfertigung für das „naive Umordnen".

6. *Ineinandersetzen von Potenzreihen*

Wir beschränken uns auf den Fall

$$P(z) = a_0 + a_1 z + a_2 z^2 + \cdots,$$
$$Q(z) = b_1 z + b_2 z^2 + \cdots.$$

Es gilt $Q(0) = 0$. Deshalb ist $P\big(Q(z)\big)$ in einer (kleinen) Umgebung von $z = 0$ definiert und analytisch und somit in eine Potenzreihe entwickelbar,

$$P\big(Q(z)\big) = c_0 + c_1 z + c_2 z^2 + \cdots.$$

Die Koeffizienten c_n kann man leicht ausrechnen:

$$c_0 = P\big(Q(0)\big) = P(0) = a_0,$$
$$c_1 = P'\big(Q(0)\big) \cdot Q'(0) = a_1 b_1,$$
$$c_2 = \frac{P''\big(Q(0)\big) \cdot Q'(0)^2 + P'\big(Q(0)\big) \cdot Q''(0)}{2} = a_2 b_1^2 + a_1 b_2,$$
$$\cdots$$

Auch hier bestätigt man, dass naives Einsetzen zum selben Resultat führt.

7. *Umkehren von Potenzreihen*

Sei

$$P(z) = \sum_{n=1}^{\infty} a_n z^n$$

eine Potenzreihe mit positivem Konvergenzradius (ohne konstantes Glied!). Wir nehmen außerdem $a_1 \neq 0$ an. Dann besitzt nach dem Satz über implizite Funktionen (I.5.7) die Einschränkung von P auf eine genügend kleine offene Umgebung des Nullpunkts eine analytische Umkehrfunktion. Nach dem Entwicklungssatz lässt sich diese in einer kleinen Umgebung um 0 in eine Potenzreihe Q entwickeln. Es existiert dann eine Zahl $\varepsilon > 0$, so dass $P(Q(w)) = w$ und $Q(P(z)) = z$ für alle $w, z \in U_\varepsilon(0)$ gilt. Die Koeffizienten der Potenzreihenentwicklung von

$$Q(w) = \sum_{\nu=1}^{\infty} b_\nu w^\nu$$

lassen sich nach 6. folgendermaßen rekursiv berechnen:

$$z = \sum_{\nu=1}^{\infty} b_\nu \left(\sum_{n=1}^{\infty} a_n z^n \right)^\nu = \sum_{\nu=1}^{\infty} \left(a_1^\nu b_\nu + R^{(\nu)}(a_1, \ldots, a_\nu, b_1, \ldots, b_{\nu-1}) \right) z^\nu.$$

Dabei sind die $R^{(\nu)}$ Polynome in $a_1, \ldots, a_\nu$ und $b_1, \ldots, b_{\nu-1}$, die sich durch iterierte Anwendung des CAUCHY'schen Multiplikationssatzes ergeben:

$$1 = a_1 b_1, \quad \text{also} \quad b_1 = \frac{1}{a_1},$$

$$0 = a_1^2 b_2 + a_2 b_1,$$

$$0 = a_1^3 b_3 + 2a_1 a_2 b_2 + a_3 b_1,$$

$$\ldots$$

$$0 = a_1^\nu b_\nu + R^{(\nu)}(a_1, \ldots, a_\nu, b_1, \ldots, b_{\nu-1}).$$

Diese Formeln liefern umgekehrt einen Beweis für die lokale Version des Satzes über implizite Funktionen. Man definiert die Koeffizienten b_ν durch dieses Rekursionsschema. Ein nichttrivialer Punkt ist dann allerdings die Konvergenz der Potenzreihe $Q(w) = \sum_{\nu=1}^{\infty} b_\nu w^\nu$. Ein direkter (und damit auch im Reellen funktionierender) Beweis ohne Benutzung des Entwicklungssatzes stammt von CAUCHY.

Ein Beispiel zu 3. Invertieren von Potenzreihen

Sei

$$P(z) := \frac{\exp(z) - 1}{z} \qquad (z \neq 0).$$

Dann ist (für $z \neq 0$)

$$P(z) = \sum_{n=0}^{\infty} \frac{z^n}{(n+1)!} = 1 + \sum_{n=1}^{\infty} \frac{1}{(n+1)!} z^n =: \sum_{n=0}^{\infty} a_n z^n.$$

Die rechte Seite ist aber auch an der Stelle Null definiert und hat dort den Wert 1; wir setzen daher $P(0) := 1$. Dann ist $Q = 1/P$ in einer ε-Umgebung $U_\varepsilon(0)$ analytisch und besitzt dort eine TAYLORentwicklung

$$Q(z) = b_0 + b_1 z + b_2 z^2 + \cdots.$$

Die Berechnung der Koeffizienten b_ν ist formal besonders einfach, wenn man sie in der Form

$$b_\nu = \frac{B_\nu}{\nu!}$$

ansetzt, wenn man also

$$Q(z) = B_0 + \frac{B_1}{1!} z + \frac{B_2}{2!} z^2 + \ldots$$

setzt. Aus $P(z)Q(z) = 1$ folgt dann

$$\sum_{\nu=0}^{n} \frac{1}{(\nu+1)!} \frac{B_{n-\nu}}{(n-\nu)!} = \begin{cases} 1, & \text{falls } n = 0, \\ 0, & \text{falls } n > 0. \end{cases}$$

Also ist $B_0 = 1$, und für $n \geq 1$ ergibt sich die Gleichung

$$\frac{1}{1!} \frac{B_n}{n!} + \frac{1}{2!} \frac{B_{n-1}}{(n-1)!} + \ldots + \frac{1}{n!} \frac{B_1}{1!} + \frac{1}{(n+1)!} \frac{B_0}{0!} = 0.$$

Multipliziert man diese Gleichung mit $(n+1)!$, so erhält sie die übersichtliche Form

$$\binom{n+1}{1} B_n + \binom{n+1}{2} B_{n-1} + \ldots + \binom{n+1}{n} B_1 + \binom{n+1}{n+1} B_0 = 0. \qquad (*)$$

Vereinbart man, in der Gleichung

$$(B+1)^{n+1} - B^{n+1} = 0 \qquad (n \geq 1) \qquad (**)$$

jedes B^ν durch B_ν zu ersetzen (symbolisch $B^\nu \mapsto B_\nu$), so liefert diese Ersetzung gerade die Gleichung $(*)$. Man erhält so etwa mit $(**)$

$$2B_1 + 1 = 0,$$

$$3B_2 + 3B_1 + 1 = 0,$$

$$4B_3 + 6B_2 + 4B_1 + 1 = 0,$$

$$5B_4 + 10B_3 + 10B_2 + 5B_1 + 1 = 0,$$

$$\cdots$$

also beispielsweise

$$B_1 = -\frac{1}{2}, \; B_2 = \frac{1}{6}, \; B_3 = 0 \text{ und } B_4 = -\frac{1}{30}.$$

Die sogenannten *Bernoulli'schen Zahlen* B_n (J. BERNOULLI, 1713) sind rationale Zahlen; sie verschwinden für ungerades $n \geq 3$. Man lasse sich durch die Gestalt der ersten B_n nicht über die Größenordnung täuschen. So gilt z. B.

$$B_{50} = \frac{495057205241079648212477525}{66}.$$

Aufgrund der Endlichkeit des Konvergenzradius von Q folgt aus der Formel von CAUCHY-HADAMARD sogar $\limsup_{n \to \infty} |B_{2n}| = \infty$.

Die Nenner der BERNOULLI'schen Zahlen spielen in verschiedenen Zweigen der Mathematik eine wichtige Rolle. Wir werden auf die BERNOULLI'schen Zahlen später zurückkommen; zunächst geben wir jedoch einige an:

n	0	1	2	4	6	8	10	12	14
B_n	1	$-\frac{1}{2}$	$\frac{1}{6}$	$-\frac{1}{30}$	$\frac{1}{42}$	$-\frac{1}{30}$	$\frac{5}{66}$	$-\frac{691}{2730}$	$\frac{7}{6}$

n	16	20	30	40
B_n	$-\frac{3617}{510}$	$-\frac{174611}{330}$	$\frac{8615841276005}{14322}$	$-\frac{261082718496449122051}{13530}$

B_{50} wurde schon angegeben. B_{100} hat den Nenner 33330 und der Zähler hat 83 Dezimalstellen.

Ein Beispiel zu 4. Weierstraß'scher Doppelreihensatz

Sei $D = \mathbb{E} = \{z \in \mathbb{C}; \quad |z| < 1\}$ und für $z \in \mathbb{E}$ sei

$$f_j(z) = \frac{z^j}{1 - z^j}, \ j \in \mathbb{N}.$$

Dann ist $\sum_{j=1}^{\infty} f_j$ in $\mathbb{E}$ normal konvergent.

$$f_1(z) = \frac{z}{1 - z} = \ z + \ z^2 + \ z^3 + \ z^4 + \ z^5 + \ z^6 + \ z^7 + \ z^8 + \ldots$$

$$f_2(z) = \frac{z^2}{1 - z^2} = \qquad z^2 + \qquad z^4 + \qquad z^6 + \qquad z^8 + \ldots$$

$$f_3(z) = \frac{z^3}{1 - z^3} = \qquad\qquad z^3 + \qquad\qquad z^6 + \qquad\qquad \ldots$$

$$f_4(z) = \frac{z^4}{1 - z^4} = \qquad\qquad z^4 + \qquad\qquad z^8 + \ldots$$

$$\vdots$$

Betrachtet man die j-te Zeile in diesem Schema, so stellt man fest, dass die Potenz z^n genau dann auftritt, wenn n ein Vielfaches von j ist, wenn also j ein *Teiler* von n ist. Für $k \in \mathbb{N}$ sei $d(k)$ gleich der Anzahl der (natürlichen) Teiler von k (für Primzahlen p gilt also $d(p) = 2$). Nach 4. ist daher für $|z| < 1$

$$\sum_{j=1}^{\infty} \frac{z^j}{1 - z^j} = \sum_{k=1}^{\infty} d(k) z^k,$$

eine sogenannte *Lambert'sche Reihe* (J. H. LAMBERT, 1913).

Ein Beispiel zu 5. Umordnen von Potenzreihen

Wir wollen die analytische Funktion $f : \mathbb{C} - \{1\} \to \mathbb{C}$, $z \mapsto 1/(1-z)$ an der Stelle $b = i/2$ in eine Taylorreihe entwickeln und den Konvergenzradius dieser Reihe bestimmen. Es ist (zunächst für beliebige b mit $|b| < 1$)

$$\frac{1}{1-z} = \frac{1}{1-b-(z-b)} = \frac{1}{1-b} \cdot \frac{1}{1 - \dfrac{z-b}{1-b}}$$

$$= \sum_{n=0}^{\infty} \frac{1}{(1-b)^{n+1}} (z-b)^n =: \widetilde{f}(z).$$

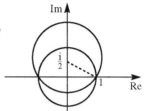

Der Konvergenzradius dieser Reihe ist $|1 - b|$, also speziell für $b = i/2$ daher

$$\sqrt{1 + \frac{1}{4}} = \frac{\sqrt{5}}{2} \approx 1,118 > 1$$

Die Potenzreihe $1 + z + z^2 + \ldots$ hat den Konvergenzradius 1 und stellt a priori zunächst nur für $|z| < 1$ eine analytische Funktion dar. Durch die Umordnung erhält man also eine analytische Fortsetzung auf einen größeren Bereich. Dies ist im vorliegenden Fall natürlich trivial, dank der Formel

$$\frac{1}{1-z} = 1 + z + z^2 + \cdots.$$

Dieses Beispiel gibt jedoch einen Hinweis, dass man analytische Funktionen durch Umordnen ihrer Potenzreihenentwicklungen u. U. auf einen größeren Bereich analytisch fortsetzen kann.

Übungsaufgaben zu III.2

1. Für die folgenden Potenzreihen bestimme man jeweils den Konvergenzradius:

   a) $\displaystyle\sum_{n=0}^{\infty} n! z^n$,   b) $\displaystyle\sum_{n=0}^{\infty} \frac{z^n}{e^n}$,

   c) $\displaystyle\sum_{n=1}^{\infty} \frac{n!}{n^n} z^n$,   d) $\displaystyle\sum_{n=0}^{\infty} a_n z^n$, $a_n = \begin{cases} a^n, & \text{falls } n \text{ gerade,} \\ b^n, & \text{falls } n \text{ ungerade,} \end{cases}$ $b > a > 0$.

2. Man zeige direkt (ohne Verwendung von Theorem 1.3): Die Potenzreihe $P(z) = \sum_{n=0}^{\infty} c_n z^n$ und die formal differenzierte Reihe $Q(z) = \sum_{n=1}^{\infty} n c_n z^{n-1}$ haben denselben Konvergenzradius r. Für alle $z \in U_r(0)$ gilt $P'(z) = Q(z)$.

   Tipp: Für $z, b \in U_r(0)$ ist

$$P(z) - P(b) = \sum_{n=0}^{\infty} c_n(z^n - b^n) = (z - b)\sum_{n=1}^{\infty} c_n \varphi_n(z)$$

$$\text{mit } \varphi_n(z) = z^{n-1} + z^{n-2}b + \cdots + zb^{n-2} + b^{n-1}.$$

3. Man gebe jeweils ein Beispiel für eine Potenzreihe mit endlichem Konvergenzradius $r \neq 0$ an, die

   a) auf dem ganzen Rand des Konvergenzkreises konvergiert,

   b) auf dem ganzen Rand des Konvergenzkreises divergiert,

   c) auf dem Rand des Konvergenzkreises mindestens zwei Konvergenzpunkte und mindestens zwei Divergenzpunkte besitzt.

4. Eine Potenzreihe mit positivem Konvergenzradius $r < \infty$ konvergiert *absolut* entweder für alle Punkte auf dem Rand des Konvergenzkreises oder für keinen Punkt auf dem Rand des Konvergenzkreises. Man gebe Beispiele für diese Fälle.

5. Für die durch die folgenden Ausdrücke definierten Funktionen f und Punkte $a \in \mathbb{C}$ bestimme man jeweils die TAYLORreihe zum Entwicklungspunkt a und deren Konvergenzradius.

   a) $f(z) = \exp(z), \quad a = 1;$ b) $f(z) = \dfrac{1}{z}, \quad a = 1;$

   c) $f(z) = \dfrac{1}{z^2 - 5z + 6}, \quad a = 0;$ d) $f(z) = \dfrac{1}{(z-1)(z-2)}, \quad a = 0.$

6. Sei $\sum_{n=0}^{\infty} a_n z^n$ eine Potenzreihe vom Konvergenzradius r.

   Man zeige:

   a) Existiert $R := \lim_{n \to \infty} \frac{|a_n|}{|a_{n+1}|}$, dann ist $r = R$.

   b) Existiert $\tilde{\rho} := \lim_{n \to \infty} \sqrt[n]{|a_n|} \in [0, \infty]$ (∞ ist zugelassen), dann ist $r = 1/\tilde{\rho}$. Dabei sei $r = \infty$ falls $\tilde{\rho} = 0$ und $r = 0$, falls $\tilde{\rho} = \infty$.

   c) Ist $\rho := \overline{\lim}_{n \to \infty} \sqrt[n]{|a_n|} := \lim_{n \to \infty}\left(\sup\{\sqrt[n]{|a_n|}, \sqrt[n+1]{|a_{n+1}|}, \sqrt[n+2]{|a_{n+2}|} \cdots\}\right),$

   dann gilt

   $$r = 1/\rho \qquad \text{(A.-L. CAUCHY, 1821; J. HADAMARD, 1892)}$$

   (dabei gleiche Konventionen wie unter b)).

7. Sei $f : D \to \mathbb{C}$ eine analytische Funktion auf einem Gebiet $D \subset \mathbb{C}$, $a \in D$ und $U_R(a)$ die größte offene Kreisscheibe, die noch in D enthalten ist.

   Man zeige:

   a) Ist f auf $U_R(a)$ nicht beschränkt, dann ist R gleich dem Konvergenzradius r der Taylorreihe von f zum Entwicklungspunkt a.

   b) Man gebe ein Beispiel an, in dem $r > R$ ist, obwohl sich f auf kein Gebiet, das D echt umfasst, analytisch fortsetzen lässt.

8. Die Potenzreihe $P(z) = \sum_{n=0}^{\infty} a_n z^n$ habe einen positiven Konvergenzradius. Im Konvergenzkreis gelte $P(z) = P(-z)$. Dann ist $a_n = 0$ für alle ungeraden n.

9. Man bestimme jeweils eine ganze Funktion $f : \mathbb{C} \to \mathbb{C}$ mit

   a) $f(0) = 1, f'(z) = zf(z)$ für alle $z \in \mathbb{C}$ bzw.

   b) $f(0) = 1, f'(z) = z + 2f(z)$ für alle $z \in \mathbb{C}$.

10. Man bestimme den Konvergenzradius der TAYLORreihe von $1/\cos$ zum Entwicklungspunkt $a = 0$. Die durch

$$\frac{1}{\cos z} = \sum_{n=0}^{\infty} \frac{E_{2n}}{(2n)!} z^{2n}$$

definierten Zahlen E_{2n} heißen EULER'sche Zahlen.

Man zeige, dass alle E_{2n} natürliche Zahlen sind und berechne $E_{2\nu}$, $0 \leq \nu \leq 5$.

Ergebnis: $E_0 = 1 = E_2$, $E_4 = 5$, $E_6 = 61$, $E_8 = 1385$, $E_{10} = 50521$.

11. Man bestimme den Konvergenzradius der TAYLORreihe von $\tan := \sin/\cos$ zum Entwicklungspunkt $a = 0$ und die ersten vier Koeffizienten der TAYLORentwicklung.

12. Die Potenzreihe $P(z) = \sum_{n=0}^{\infty} c_n z^n$ habe den Konvergenzradius r $(0 < r < \infty)$. $D = U_r(0)$ sei die zugehörige Konvergenzkreisscheibe. Ein Punkt $\rho \in \partial D = \{z \in \mathbb{C}; |z| = r\}$ heißt *regulärer Randpunkt* für P, falls es eine ε-Umgebung $U = U_\varepsilon(\rho)$ und eine in U analytische Funktion g mit $g|U \cap D = P|U \cap D$ gibt. Ein nicht regulärer Randpunkt heißt *singulär*.

Man zeige:

a) Es gibt mindestens einen singulären Randpunkt für P.
b) Die Reihe $1 + \sum_{n=1}^{\infty} z^{2^n}$ hat den Konvergenzradius 1, und jeder Randpunkt ist singulär.

13. Man bestimme eine ganze Funktion $f : \mathbb{C} \to \mathbb{C}$ mit

$$z^2 f''(z) + z f'(z) + z^2 f(z) = 0 \quad \text{für alle } z \in \mathbb{C}.$$

Ergebnis: Eine Lösung ist die BESSELfunktion der Ordnung 0

$$f(z) := \mathcal{J}_0(z) := 1 + \sum_{n=1}^{\infty} \frac{(-1)^n}{(2 \cdot 4 \cdot 6 \cdots 2n)^2} z^{2n}.$$

14. Die BESSELfunktion der Ordnung m $(m \in \mathbb{N}_0)$ sei definiert durch

$$\mathcal{J}_m(z) = \sum_{n=0}^{\infty} \frac{(-1)^n (z/2)^{2n+m}}{n!(m+n)!}.$$

Man zeige: Jedes $\mathcal{J}_m$ ist eine ganze Funktion.

15. Die Potenzreihe $f(z) = \sum_{n=0}^{\infty} a_n z^n$ habe den Konvergenzradius $r > 0$. Man zeige, daß für jedes ρ mit $0 < \rho < r$

$(*)$ $\quad \sum_{n=0}^{\infty} |a_n|^2 \rho^{2n} \leq M_f(\rho)^2$ $\quad$ (GUTZMER'sche Ungleichung, A. GUTZMER, 1888)

gilt. Dabei sei $M_f(\rho) := \sup\{|f(z)|; |z| = \rho\}$. Man leite aus $(*)$ die CAUCHY'schen Abschätzungsformeln

$$|a_n| \leq \frac{M_f(\rho)}{\rho^n}, \quad n \in \mathbb{N}_0,$$

ab. Wann gilt in $(*)$ das Gleichheitszeichen?

16. Sei $f : \mathbb{C} \to \mathbb{C}$ eine ganze Funktion. Es gebe ein $m \in \mathbb{N}_0$ und positive Konstanten M und R, so daß $|f(z)| \leq M|z|^m$ für alle z mit $|z| \geq R$ gilt.

Man zeige, dass f dann ein Polynom vom Grad $\leq m$ ist. Welche Aussage erhält man im Fall $m = 0$?

17. Man bestimme alle ganzen Funktionen f mit der Eigenschaft $f(f(z)) = z$ und $f(0) = 0$.

18. Seiein $a, b, c \in \mathbb{C}$, $-c \notin \mathbb{N}_0$. Die hypergeometrische Reihe

$$F(a, b, c; z) = \sum_{k=0}^{\infty} \frac{a(a+1)\cdots(a+k-1)b(b+1)\cdots(b+k-1)}{c(c+1)\cdots(c+k-1)} \frac{z^k}{k!}$$

konvergiert für $|z| < 1$. Sie genügt der Differentialgleichung

$$z(1 - z)F''(z) + (c - (a + b + 1)z)F'(z) - abF(z) = 0.$$

3. Abbildungseigenschaften analytischer Funktionen

Sei $D \subset \mathbb{C}$ eine offene Menge. Eine Teilmenge $M \subset D$ heißt *diskret in* D, falls in D kein Häufungspunkt von M enthalten ist.

Beispiel: $M = \left\{ 1, \dfrac{1}{2}, \dfrac{1}{3}, \dfrac{1}{4}, \dfrac{1}{5}, \dfrac{1}{6}, \cdots \right\}$.

Diese Menge ist

a) diskret in $D = \mathbb{C}^{\bullet}$,

b) nicht diskret in $D = \mathbb{C}$.

„Diskret in" ist also ein relativer Begriff! Offensichtlich ist jede endliche Menge diskret. Ist (a_n) eine Folge in D, so ist die Menge der Folgenglieder genau dann diskret in D, wenn sie in D keinen Häufungswert in D hat (s. auch III.3, Aufgabe 4).

Vorsicht. Der Begriff der diskreten Teilmenge wird in der Literatur nicht einheitlich verwendet.

3.1 Satz. *Sei* $f : D \to \mathbb{C}$ *eine von der Nullfunktion verschiedene analytische Funktion auf einem Gebiet* $D \subset \mathbb{C}$. *Die Menge* $N(f)$ *der Nullstellen von* f *ist diskret in* D.

Beweis (indirekt). Sei $a \in D$ ein Häufungspunkt der Nullstellenmenge $N(f)$ von f. Wir entwickeln f in eine Potenzreihe um diesen Punkt:

$$f(z) = \sum_{n=0}^{\infty} a_n(z - a)^n, \quad |z - a| < r.$$

Da a Häufungspunkt der Nullstellenmenge ist, gibt es in beliebiger Nähe von a Punkte $z \neq a$ mit $f(z) = 0$. Hieraus folgt $a_0 = f(a) = 0$ wegen der Stetigkeit von f. Wendet man denselben Schluss auf die Reihe

$$\frac{f(z)}{z - a} = a_1 + a_2(z - a) + \cdots$$

an, so erhält man $a_1 = 0$ usw. Die Koeffizienten der Potenzreihe verschwinden also.

Wir erhalten $f(z) = 0$ in einer vollen Umgebung von a (sogar in der größten offenen Kreisscheibe um a, welche in D enthalten ist). Die Menge

$$U = \left\{ z \in D; \quad z \text{ ist Häufungspunkt von } N(f) \right\}$$

ist also offen! Trivialerweise ist

$$V = \left\{ z \in D; \quad z \text{ ist kein Häufungspunkt von } N(f) \right\}$$

offen. Die Funktion

$$g : D \longrightarrow \mathbb{R}, \qquad z \longmapsto g(z) := \begin{cases} 1 & \text{für } z \in U, \\ 0 & \text{für } z \in V, \end{cases}$$

ist lokal konstant, da U und V offen sind. Nun ist aber D zusammenhängend, also g konstant. Da U nicht leer ist, folgt $V = \emptyset$ und damit $f \equiv 0$. $\qquad\square$

3.2 Identitätssatz für analytische Funktionen. *Sind $f, g : D \to \mathbb{C}$ zwei analytische Funktionen auf einem Gebiet D ($\neq \emptyset$), so sind die folgenden Aussagen äquivalent:*

a) *$f = g$.*

b) *Die Koinzidenzmenge $\left\{ z \in D; \quad f(z) = g(z) \right\}$ hat einen Häufungspunkt in dem Gebiet D.*

c) *Es gibt einen Punkt $z_0 \in D$ mit $f^{(n)}(z_0) = g^{(n)}(z_0)$ für alle $n \in \mathbb{N}_0$.*

Beweis. Man wende 3.1 auf $f - g$ anstelle von f an. $\qquad\square$

3.2₁ Folgerung (Eindeutigkeit der analytischen Fortsetzung).
*Sei $D \subset \mathbb{C}$ ein Gebiet, $M \subset D$ eine Menge mit mindestens einem Häufungspunkt in D (z. B. M offen, nicht leer) und $f : M \to \mathbb{C}$ eine Funktion. Wenn eine **analytische** Funktion $\widetilde{f} : D \to \mathbb{C}$ existiert, welche f fortsetzt ($\widetilde{f}(z) = f(z)$ für $z \in M$), so ist diese eindeutig bestimmt.*

Der Identitätssatz ist ein so bemerkenswerter Satz, dass wir einige Anmerkungen anfügen wollen.

1) Er besagt, dass der Gesamtverlauf einer analytischen Funktion auf einem Gebiet $D \subset \mathbb{C}$ schon vollständig bestimmt ist, wenn ihre Werte auf einer „sehr kleinen" Teilmenge von D bekannt sind, etwa auf einem in D verlaufenden Kurvenstückchen,

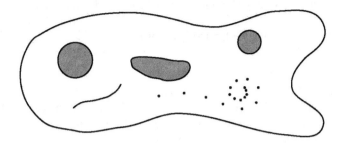

oder anders ausgedrückt:

Zwei analytische Funktionen auf D stimmen bereits dann überein, wenn sie auf einem Wegstückchen oder z. B. auf einer Folge (z_n) mit $z_n \in D$, $z_n \neq a$, und $\lim_{n \to \infty} z_n = a \in D$ übereinstimmen. Es herrscht eine *„ziemliche Solidarität"* unter den Funktionswerten. Im Reellen, selbst bei $\mathcal{C}^\infty$-Funktionen, ist das ganz anders. Eine $\mathcal{C}^\infty$-Funktion auf einem Intervall $M \subset \mathbb{R}$ kann man etwa auf einem Teilintervall $M_0 \subset M$ abändern, ohne dass die $\mathcal{C}^\infty$-Eigenschaft verloren geht und sich diese Abänderung auf $M - M_0$ auswirkt.

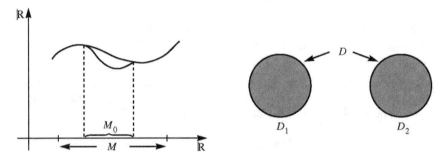

2) Beim Identitätssatz ist wesentlich, dass D ein *Gebiet*, insbesondere also zusammenhängend ist. Ist etwa $D = D_1 \cup D_2$, $D_1 \neq \emptyset$, $D_2 \neq \emptyset$ und $D_1 \cap D_2 = \emptyset$ und definiert man $f : D \to \mathbb{C}$ durch $f|D_1 = 1$ und $f|D_2 = 0$ und $g : D \to \mathbb{C}$ durch $g = 0$, dann gilt zwar $f|D_2 = g|D_2$, aber f und g stimmen auf D nicht überein.

Ferner ist wesentlich, dass die Koinzidenzmenge von f und g *nicht diskret* in D ist. Denn ist etwa $D = \mathbb{C}^\bullet$ und $f : D \to \mathbb{C}$ definiert durch $z \mapsto \sin 1/z$ und $g : D \to \mathbb{C}$ definiert durch $g(z) = 0$ dann hat zwar die Koinzidenzmenge $\{z \in D; \quad f(z) = g(z)\}$ den Häufungspunkt 0, aber 0 liegt nicht in D. Der Häufungspunkt 0 liegt vielmehr auf dem Rand von D.

3) Es ist nun auch klar, dass sich die bekannten reellen elementaren Funktionen sin, cos, exp, cosh, sinh etc. auf *nur eine Weise* ins Komplexe analytisch fortsetzen lassen:

Ist $D \subset \mathbb{C}$ ein Gebiet mit $D \cap \mathbb{R} \neq \emptyset$ und sind f und g analytische Funktionen mit $f|D \cap \mathbb{R} = g|D \cap \mathbb{R}$, dann gilt $f(z) = g(z)$ für alle $z \in D$.

Aus dem Reellen bekannte Funktionalgleichungen übertragen sich ins Komplexe. Wir wollen dieses sogenannte *Prinzip der Permanenz der Funktionalgleichung* nur an einigen Beispielen erläutern. Aus der Funktionalgleichung der reellen Exponentialfunktion

$$\exp(x + y) = \exp(x)\exp(y), \quad x, y \in \mathbb{R},$$

folgt zunächst aus dem Identitätssatz

$$\exp(z + y) = \exp(z)\exp(y) \text{ für alle } z \in \mathbb{C}$$

für festes aber beliebiges $y \in \mathbb{R}$. Nochmalige Anwendung dieser Schlussweise liefert $\exp(z + w) = \exp(z)\exp(w)$ für beliebige $z, w \in \mathbb{C}$. So übertragen sich auch die bekannten *Additionstheoreme* der Winkelfunktionen und ihre *Periodizität* ins Komplexe. Dass aber z. B. keine weiteren als die aus dem Reellen bekannten Perioden auftreten, ist ein zu beweisender Satz. Die komplexe exp-Funktion besitzt die im Reellen nicht sichtbare Periode $2\pi i$. Die Funktionalgleichung des reellen Logarithmus $\log(xy) = \log x + \log y$ lässt sich allerdings nur eingeschränkt ins Komplexe übertragen: Für den Hauptzweig gilt $\text{Log}(z_1 z_2) = \text{Log}(z_1) + \text{Log}(z_2)$ nur, wenn außerdem $-\pi < \text{Arg}\, z_1 + \text{Arg}\, z_2 < \pi$ ist (s. Aufgabe 22 aus I.2). Mittels des Identitätssatzes erhält man hierfür einen neuen Beweis.

4) Die reellen Funktionen sin, cos und exp sind „reell-analytische" Funktionen. (Eine unendlich oft differenzierbare Funktion $f : M \to \mathbb{R}$, M ein reelles nicht entartetes Intervall, heißt *reell-analytisch*, falls sie in einer geeigneten Umgebung $U(a)$ jedes Punktes $a \in M$ durch ihre TAYLORreihe dargestellt wird.) Es gilt:

Bemerkung. *Sei $M \subset \mathbb{R}$ ein nicht entartetes Intervall. Eine Funktion $f : M \to \mathbb{R}$ besitzt genau dann eine analytische Fortsetzung auf ein Gebiet $D \subset \mathbb{C}$, $M \subset D$, falls f reell-analytisch ist.*

Die Bedingung ist offensichtlich notwendig. Die Umkehrung sieht man folgendermaßen: Zu jedem $a \in M$ wähle man eine positive Zahl $\varepsilon(a)$, so dass f im ε-Intervall um a (geschnitten mit M) durch seine TAYLORreihe dargestellt wird. Wir definieren dann

$$D := \bigcup_{a \in M} U_{\varepsilon(a)}(a).$$

Durch die TAYLORreihe erhält man für jedes $a \in M$ eine analytische Fortsetzung auf die Kreisscheibe $U_\varepsilon(a)$. Nach dem Identitätssatz stimmen diese Fortsetzungen im Durchschnitt zweier dieser Kreisscheiben überein. Sie verschmelzen daher zu einer analytischen Funktion auf D.

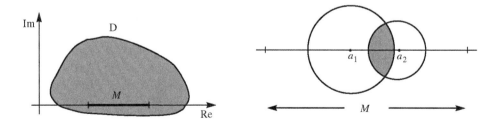

5) Die analytischen Funktionen auf einem nichtleeren offenen Teil $D \subset \mathbb{C}$ bilden einen (kommutativen) Ring (mit Einselement): Summe und Produkt analytischer

Funktionen sind analytische Funktionen. Diesen Ring bezeichnen wir im Folgenden mit $\mathcal{O}(D)$. Eine unmittelbare Konsequenz aus dem Identitätssatz ist die Tatsache, dass dieser Ring nullteilerfrei (d. h. ein *Integritätsbereich*) ist, falls D ein Gebiet ist:

Ist das Produkt zweier analytischer Funktionen auf einem Gebiet identisch Null, so ist eine der beiden Funktionen identisch Null.

Beweis. Seien $f, g \in \mathcal{O}(D)$ und $fg = 0$. Zu zeigen ist: $f = 0$ oder $g = 0$. Wir zeigen die äquivalente Eigenschaft: Ist $f \neq 0$, dann ist notwendig $g = 0$. Da $f \neq 0$ ist, gibt es ein $a \in D$ mit $f(a) \neq 0$. Aus Stetigkeitsgründen gibt es dann eine Umgebung $U \subset D$ von a mit $f(z) \neq 0$ für alle $z \in U$. Aus der Voraussetzung $f(z)g(z) = 0$ für alle $z \in D$ folgt jetzt $g(z) = 0$ für alle $z \in U$, daher ist $g|U$ die Nullfunktion und nach dem Identitätssatz auch das Nullelement auf $\mathcal{O}(D)$, d. h. $g = 0 =$ Nullfunktion (auf D). □

Ist umgekehrt $\mathcal{O}(D)$ ein Integritätsbereich, $D \subset \mathbb{C}$ offen, dann folgt notwendig, dass D zusammenhängend, also ein Gebiet ist.

Über den Identitätssatz sind also eine *algebraische Aussage* über die Struktur des Ringes $\mathcal{O}(D)$ (eben die *Nullteilerfreiheit*) und die *topologische Natur* von D — hier der *Zusammenhang* — gekoppelt.

Eine weitere bemerkenswerte Abbildungseigenschaft analytischer Funktionen, die man von der reellen Theorie her nicht erwarten würde, besagt

3.3 Satz von der Gebietstreue. *Ist f eine nichtkonstante analytische Funktion auf dem Gebiet $D \subset \mathbb{C}$, dann ist der Wertevorrat $f(D)$ von f offen und bogenweise zusammenhängend, also wieder ein Gebiet.*

Beachte. Der Wertevorrat des reellen Sinus ist hingegen $[-1, 1]$.

Beweis. Sei $a \in D$. Wir müssen zeigen, dass eine volle Umgebung von $b = f(a)$ in $f(D)$ enthalten ist. Wir können o. B. d. A.

$$a = b = f(a) = 0$$

annehmen. Wir betrachten die Potenzreihenentwicklung um Null

$$f(z) = z^n(a_n + a_{n+1}z + \cdots) = z^n h(z), \quad a_n \neq 0, \quad n > 0.$$

Die Funktion

$$h(z) = a_n + a_{n+1}z + \cdots$$

ist in einer vollen Kreisscheibe $U_r(0)$ analytisch und von 0 verschieden. Aufgrund von II.2.9$_1$ besitzt h und daher auch f eine analytische n-te Wurzel in dieser Kreisscheibe, $f(z) = f_0(z)^n$. Es gilt $a_n = f_0'(0)^n$. Insbesondere ist $f_0'(0) \neq 0$. Nach dem Satz für implizite Funktionen I.5.7 enthält der Wertevorrat von f_0 eine volle Umgebung von 0. Es bleibt also zu zeigen:

Die Funktion $z \mapsto z^n$ bildet eine beliebige Umgebung von 0 auf eine Umgebung von 0 ab. (An dieser Stelle hakt der Beweis im Reellen aus!)

Die Behauptung verifiziert man mit Hilfe von Polarkoordinaten

$$re^{i\varphi} \longmapsto r^n e^{in\varphi},$$

die Kreisscheibe vom Radius r um 0 wird also auf die Kreisscheibe vom Radius r^n abgebildet.

Dass $f(D)$ wieder bogenweise zusammenhängend ist, folgt allein schon aus der Stetigkeit von f. Also ist $f(D)$ ein Gebiet.   □

Durch diesen Beweis haben wir das **lokale Abbildungsverhalten** einer analytischen Funktion geklärt:

Jede nichtkonstante analytische Funktion f mit $f(0) = 0$ ist in einer kleinen offenen Umgebung von 0 die Zusammensetzung einer konformen Abbildung mit der n-ten Potenz. Die Winkel im Nullpunkt werden ver-n-facht.

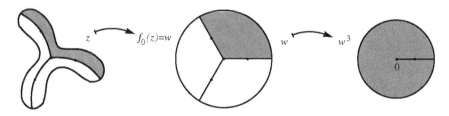

Ist insbesondere f injektiv in einer Umgebung von einer Stelle a, so ist die Ableitung von f in einer vollen Umgebung von a von 0 verschieden.

Als einfache *Anwendung* des Satzes von der Gebietstreue erhält man ein Ergebnis, das man auch leicht mit den CAUCHY-RIEMANN'schen Differentialgleichungen beweisen kann (I.5.5).

3.4 Folgerung. *Ist $D \subset \mathbb{C}$ ein Gebiet sowie $f : D \to \mathbb{C}$ analytisch und gilt*

$$\mathrm{Re}\, f = \mathrm{const.} \quad oder \quad \mathrm{Im}\, f = \mathrm{const.} \quad oder \quad |f| = \mathrm{const.},$$

dann ist f selbst konstant.

Beweis. Unter diesen Voraussetzungen ist $f(z)$ für kein $z \in D$ ein innerer Punkt von $f(D)$.   □

3.5 Folgerung (Maximumprinzip). *Wenn eine analytische Funktion*

$$f : D \longrightarrow \mathbb{C}, \quad D \ ein \ Gebiet \ in \ \mathbb{C},$$

in D ein Betragsmaximum hat, so ist sie konstant. (Man sagt, dass f in D ein Betragsmaximum besitzt, falls ein Punkt $a \in D$ existiert mit

$$|f(a)| \geq |f(z)| \quad für \ alle \ z \in D.)$$

3.5₁ Zusätze.

a) *Wegen des Identitätssatzes genügt es vorauszusetzen, dass $|f|$ ein lokales Maximum besitzt.*

b) *Sei $K \subset D$ eine kompakte Teilmenge des Gebiets D und $f : D \to \mathbb{C}$ analytisch, dann hat $f|K$ als stetige Funktion in K ein Betragsmaximum. Wegen 3.5 muss dies notwendig auf dem Rand von K angenommen werden.*

Beweis von 3.5: Nach dem Satz von der Gebietstreue (3.3) ist $f(a)$ *innerer Punkt* von $f(D)$, wenn f nicht konstant ist. In jeder Umgebung von $f(a)$ gibt es dann sicher Punkte $f(z), z \in D$, mit $|f(z)| > |f(a)|$. □

Unmittelbar aus 3.5 erhalten wir

3.6 Folgerung (Minimumprinzip). *Ist $D \subset \mathbb{C}$ ein Gebiet, $f : D \to \mathbb{C}$ analytisch **und nicht konstant** und besitzt f in $a \in D$ ein (lokales) Betragsminimum, dann ist notwendig $f(a) = 0$.*

Beweis. Wäre nämlich $f(a) \neq 0$, dann besäße die in der Umgebung von a analytische und nichtkonstante Funktion $1/f$ in a ein (lokales) Betragsmaximum. □

Hieraus folgt ein weiterer einfacher Beweis des *Fundamentalsatzes der Algebra*: Sei P ein Polynom vom Grad $n \geq 1$. Wegen $\lim_{|z| \to \infty} |P(z)| = \infty$ besitzt $|P(z)|$ ein Minimum, nach dem Minimumprinzip also eine Nullstelle.

Eine wichtige *Anwendung* von 3.5 ist

3.7 Schwarz'sches Lemma (H. A. SCHWARZ, 1869).
Sei $f : \mathbb{E} \to \mathbb{E}$ eine analytische Selbstabbildung der Einheitskreisscheibe

$$\mathbb{E} = \{\, z \in \mathbb{C}; \quad |z| < 1 \,\},$$

mit dem Nullpunkt als Fixpunkt ($f(0) = 0$). Dann gilt für alle $z \in \mathbb{E}$

$$|f(z)| \leq |z|.$$

Folgerung. *Es gilt $|f'(0)| \leq 1$.*

Beweis (nach C. CARATHÉODORY , 1912).
Sei $f(z) = a_0 + a_1 z + a_2 z^2 + \cdots$ die TAYLORentwicklung um den Nullpunkt. Wegen $f(0) = 0$ ist $a_0 = 0$. Deshalb ist die Funktion $g : \mathbb{E} \to \mathbb{C}$ mit

$$g(z) = \begin{cases} \dfrac{f(z)}{z}, & \text{falls } z \neq 0, \\ f'(0), & \text{falls } z = 0, \end{cases}$$

auf $\mathbb{E}$ analytisch und hat die TAYLORreihe

$$g(z) = a_1 + a_2 z + a_3 z^2 + \cdots.$$

Für jedes $r \in\ ]0,1[$ folgt aus der Voraussetzung $|f(z)| < 1$ mit $z \in \mathbb{E}$ zunächst

$$|g(z)| \leq \frac{1}{r} \text{ für alle } z \in \mathbb{C} \text{ mit } |z| = r\ (< 1).$$

Nach dem Zusatz zum Maximumprinzip $(3.5_1 b))$ folgt dann sogar

$$|g(z)| \leq \frac{1}{r} \text{ für alle } z \in \mathbb{C} \text{ mit } |z| \leq r \text{ und alle } r \in\ ]0,1[.$$

Der Grenzübergang $r \to 1$ liefert dann

$$|g(z)| \leq 1, \quad \text{also} \quad |f(z)| \leq |z| \text{ für alle } z \in \mathbb{E}, \quad \text{sowie} \quad |g(0)| = |f'(0)| \leq 1.$$

$\square$

Wir nehmen einmal an, dass ein Punkt $a \in \mathbb{E}$, $a \neq 0$ mit der Eigenschaft $|f(a)| = |a|$ existiert. Dann besitzt $|g|$ in $\mathbb{E}$ ein Maximum und ist somit konstant. Es folgt

$$f(z) = \zeta z$$

mit einer Konstanten ζ vom Betrag 1. (Denselben Schluss kann man unter der Voraussetzung $|f'(0)| = 1$ durchführen.)

Eine wichtige Anwendung des SCHWARZ'schen Lemmas ist die Bestimmung aller (im Großen) konformen Abbildungen der Einheitskreisscheibe $\mathbb{E}$ auf sich. Hat eine solche Abbildung f den Fixpunkt 0, dann gilt nach dem SCHWARZ-'schen Lemma — angewandt auf f und die Umkehrabbildung f^{-1} —

$$|f(z)| \leq |z| \quad \text{und} \quad |z| = \left|f^{-1}\big(f(z)\big)\right| \leq |f(z)|$$

und damit $|f(z)| = |z|$. Wir erhalten damit

3.8 Hilfssatz. *Sei $\varphi : \mathbb{E} \to \mathbb{E}$ ein bijektive Abbildung, so dass φ und φ^{-1} analytisch sind und so dass $\varphi(0) = 0$ gilt. Dann existiert eine komplexe Zahl ζ vom Betrag 1 mit der Eigenschaft*

$$\varphi(z) = \zeta z.$$

φ *ist also eine Drehung um den Nullpunkt.*

Es entsteht die Frage, ob es konforme Selbstabbildungen des Einheitskreises gibt, welche den Nullpunkt nicht festlassen.

3.9 Hilfssatz. *Sei $a \in \mathbb{E}$. Dann wird durch*

$$\varphi_a(z) = \frac{z - a}{\overline{a} z - 1}$$

eine bijektive Abbildung des Einheitskreises auf sich definiert, $\varphi_a : \mathbb{E} \to \mathbb{E}$, so dass gilt:

a) $\varphi_a(a) = 0$,

b) $\varphi_a(0) = a$ *und*

c) $\varphi_a^{-1} = \varphi_a$.

Insbesondere ist φ_a *in beiden Richtungen analytisch.*

Beweis. Die Funktion φ_a ist im Einheitskreis definiert, da der Nenner dort keine Nullstelle hat. Wir zeigen zunächst $|\varphi_a(z)| < 1$ (für $|z| < 1$). Diese Aussage ist gleichbedeutend mit $|z - a|^2 < |\overline{a}z - 1|^2 = |1 - \overline{a}z|^2$ oder mit der offensichtlich richtigen Ungleichung $(1 - |a|^2)(1 - |z|^2) > 0$. Eine einfache Rechnung zeigt $\varphi_a(\varphi_a(z)) = z$. Hieraus folgt, dass φ surjektiv und injektiv, also bijektiv ist. Die restlichen Aussagen sind klar. $\qquad\square$

3.10 Theorem. *Sei* $\varphi : \mathbb{E} \to \mathbb{E}$ *eine* **konforme** *(d. h. bijektive und in beiden Richtungen analytische) Abbildung des Einheitskreises auf sich. Dann existieren eine komplexe Zahl* ζ *vom Betrag 1 und ein Punkt* $a \in \mathbb{E}$ *mit der Eigenschaft*

$$\varphi(z) = \zeta \frac{z - a}{\overline{a}z - 1}.$$

Zum Beweis sei $a = \varphi^{-1}(0)$. Die Abbildung $\varphi \circ \varphi_a$ ist eine konforme Selbstabbildung des Einheitskreises, welche den Nullpunkt festlässt, also eine Drehung. $\qquad\square$

Bemerkungen

1. Die Menge der konformen Selbstabbildungen eines Gebiets $D \subset \mathbb{C}$ ist bezüglich der Hintereinanderausführung von Abbildungen eine Gruppe, die häufig mit $\mathrm{Aut}(D)$ bezeichnet wird und auch *Automorphismengruppe* von D genannt wird. Wir haben also in 3.10 $\mathrm{Aut}(\mathbb{E})$ bestimmt.

2. Für die zahlreichen Anwendungen und Verallgemeinerungen des SCHWARZ-'schen Lemmas vergleiche man die Übungsaufgaben zu diesem und zu späteren Paragraphen.

Übungsaufgaben zu III.3

1. Seien (a_n) und (b_n) zwei Folgen komplexer Zahlen. Durch

$$P(z) := \sum a_n z^n \quad \text{und} \quad Q(z) := \sum b_n z^n$$

werden zwei Potenzreihen definiert.

Man beweise oder widerlege: Besitzt die Gleichung $P(z) = Q(z)$ unendlich viele Lösungen, so ist $P = Q$ und damit $a_n = b_n$ für alle $n \in \mathbb{N}_0$.

2. Man entscheide, ob es analytische Funktionen $f_j : \mathbb{E} \to \mathbb{C}$, $1 \le j \le 4$, gibt mit

a) $f_1\left(\dfrac{1}{2n}\right) = f_1\left(\dfrac{1}{2n-1}\right) = \dfrac{1}{n}$, $\quad n \geq 1$.

b) $f_2\left(\dfrac{1}{n}\right) = f_2\left(-\dfrac{1}{n}\right) = \dfrac{1}{n^2}$, $\quad n \geq 1$.

c) $f_3^{(n)}(0) = (n!)^2$, $\quad n \geq 0$.

d) $f_4^{(n)}(0) = \dfrac{n!}{n^2}$, $\quad n \geq 0$.

3. Sei $r > 0$ und $f : U_r(0) \to \mathbb{C}$ analytisch. Für alle $z \in U_r(0) \cap \mathbb{R}$ sei $f(z) \in \mathbb{R}$.

   Man zeige: Die TAYLORkoeffizienten von f zum Entwicklungspunkt $c = 0$ sind reell, und es folgt $\overline{f(z)} = f(\bar{z})$.

4. Sei $D \subset \mathbb{C}$ offen.

   Man zeige: Für eine Teilmenge $M \subset D$ sind folgende Eigenschaften äquivalent:

   a) M ist diskret in D, d.h. kein Häufungspunkt von M liegt in D.
   b) Zu jedem $p \in M$ gibt es ein $\varepsilon > 0$, so daß $U_\varepsilon(p) \cap M = \{p\}$ gilt, und M ist abgeschlossen in D (d.h. es gibt eine in $\mathbb{C}$ abgeschlossene Menge A mit $M = A \cap D$).
   c) Für jede kompakte Teilmenge $K \subset D$ ist $M \cap K$ endlich.
   d) M ist *lokal endlich* in D, d.h. jeder Punkt $z \in D$ besitzt eine ε-Umgebung $U_\varepsilon(z) \subset D$, so daß $M \cap U_\varepsilon(z)$ endlich ist.

5. Eine diskrete Teilmenge (s. 4.) ist (höchstens) abzählbar, d.h. endlich oder abzählbar unendlich.

6. Ist $f : D \to \mathbb{C}$ eine von der Nullfunktion verschiedene analytische Funktion auf einem Gebiet D, dann ist die Nullstellenmenge von f (höchstens) abzählbar.

7. Seien $f, g : \mathbb{C} \to \mathbb{C}$ zwei analytische Funktionen, und es gelte
$$f(g(z)) = 0 \quad \text{für alle } z \in \mathbb{C}.$$

   Man zeige: Ist g nicht konstant, so ist $f \equiv 0$.

8. Seien $R > 0$, $\overline{U}_R(0) := \{z \in \mathbb{C}; \ |z| \leq R\}$ und $f, g : \overline{U}_R(0) \to \mathbb{C}$ stetige Funktionen, deren Einschränkung auf $U_R(0)$ analytisch ist und deren Beträge auf dem Rand übereinstimmen:
$$|f(z)| = |g(z)| \quad \text{für alle } |z| = R.$$

   Man zeige: Haben f und g keine Nullstelle in $\overline{U}_R(0)$, dann gibt es eine Konstante $\lambda \in \mathbb{C}$ mit $|\lambda| = 1$ und $f = \lambda g$.

9. Seien $f, g : \mathbb{E} \to \mathbb{E}$ bijektive analytische Funktionen, für die $f(0) = g(0)$ und $f'(0) = g'(0)$ gilt. Außerdem haben f' und g' keine Nullstelle.

   Man zeige: $f(z) = g(z)$ für alle $z \in \mathbb{E}$.

10. Bestimme jeweils das Maximum von $|f|$ auf $\overline{\mathbb{E}} := \{z \in \mathbb{C}; \ |z| \leq 1\}$ für

   a) $f(z) = \exp(z^2)$,
   b) $f(z) = \dfrac{z+3}{z-3}$,
   c) $f(z) = z^2 + z - 1$,

d) $f(z) = 3 - |z|^2$.

Im Beispiel d) liegt das Betragsmaximum in dem (inneren!) Punkt $a = 0$ vor. Ist dies ein Widerspruch zum Maximumsprinzip?

11. Sei u eine nichtkonstante harmonische Funktion auf einem Gebiet $D \subset \mathbb{R}^2$. Man zeige, dass $u(D)$ eine offenes Intervall ist.

12. **Variante des Maximumprinzips für beschränkte Gebiete**

Ist $D \subset \mathbb{C}$ ein beschränktes Gebiet und f eine stetige Funktion auf dem Abschluss von D, welche im Innern von D analytisch ist, so nimmt $|f|$ sein Maximum auf dem Rand von D an.

Am Beispiel des Streifengebietes

$$S = \left\{ z \in \mathbb{C}; \quad |\operatorname{Im} z| < \frac{\pi}{2} \right\} \quad \text{und}$$

$f(z) = \exp(\exp(z))$ zeige man, daß die Beschränktheit von D wesentlich ist.

13. Ist f eine analytische Abbildung des Einheitskreises in sich, welche zwei verschiedene Fixpunkte a und b — d. h. es gebe $a, b \in \mathbb{E}$, $a \neq b$, mit $f(a) = a$ und $f(b) = b$ — hat, dann ist $f(z) = z$ für alle $z \in \mathbb{E}$.

14. Der Wertevorrat eines nichtkonstanten Polynoms ist abgeschlossen, wie aus seinem Wachstumsverhalten folgt. Man leite hieraus mit Hilfe des Satzes von der Gebietstreue einen neuen Beweis des Fundamentalsatzes der Algebra ab.

15. Sei f eine analytische Funktion auf einer offenen Menge, welche die abgeschlossene Kreisscheibe $\overline{U}_r(a)$ enthält. Es gelte $|f(a)| < |f(z)|$ für alle z auf dem Rand der Kreisscheibe. Dann hat f eine Nullstelle im Innern der Kreisscheibe.

Man leite hieraus einen weiteren Beweis für den Satz von der Gebietstreue ab.

16. Eine Maximalitätseigenschaft von $\operatorname{Aut}(\mathbb{E})$. (Das Lemma von **Schwarz-Pick**):
    a) Sei $\varphi \in \operatorname{Aut}(\mathbb{E})$ eine konforme Selbstabbildung der Einheitskreisscheibe. Man zeige für $z \in \mathbb{E}$:

$$\frac{|\varphi'(z)|}{1 - |\varphi(z)|^2} = \frac{1}{1 - |z|^2}.$$

    b) Ist $f : \mathbb{E} \to \mathbb{E}$ eine nichtkonstante analytische Funktion. Dann ist entweder $f \in \operatorname{Aut}(\mathbb{E})$ oder für alle $z \in \mathbb{E}$ gilt die strikte Ungleichung

$$\frac{|f'(z)|}{1 - |f(z)|^2} < \frac{1}{1 - |z|^2}.$$

17. Der Satz von Liouville (II.3.7) kann aus dem Schwarz'schen Lemma gefolgert werden.

4. Singularitäten analytischer Funktionen

Funktionen wie z. B.

$$\frac{\sin z}{z}, \quad \frac{1}{z} \quad \text{und} \quad \exp\frac{1}{z}$$

sind im Nullpunkt nicht definiert. Sie sind jedoch in einer *punktierten Umgebung* $\overset{\bullet}{U}_r(0)$ analytisch. Ihr Verhalten in der Nähe des Nullpunkts ist jedoch sehr unterschiedlich. Sie haben verschiedenes *singuläres Verhalten*. Wir werden sehen, dass diese drei Beispiele in gewisser Hinsicht exemplarisch sind.

Sei $D \subset \mathbb{C}$ offen und $f : D \longrightarrow \mathbb{C}$ eine analytische Funktion. Sei $a \in \mathbb{C}$ ein Punkt, welcher nicht zu D gehört, aber die Eigenschaft hat, dass ein $r > 0$ existiert, so dass die *punktierte Kreisscheibe*

$$\overset{\bullet}{U}_r(a) := \big\{\, z \in \mathbb{C}; \quad 0 < |z - a| < r \,\big\}$$

ganz in D enthalten ist. Wir nennen dann a eine *(isolierte) Singularität* der Funktion f. Die Menge $D \cup \{a\} = D \cup U_r(a)$ ist dann offen (als Vereinigung zweier offener Mengen). Natürlich kann es sein, dass a gar keine „wirkliche" Singularität ist, dass sich also f in den Punkt a hinein analytisch fortsetzen lässt. In diesem Fall nennt man a eine *hebbare Singularität*.

4.1 Definition. *Eine Singularität a einer analytischen Funktion*

$$f : D \longrightarrow \mathbb{C}, \quad D \subset \mathbb{C} \quad offen,$$

heißt **hebbar***, falls sich f auf ganz $D \cup \{a\}$ analytisch fortsetzen lässt (falls es also eine analytische Funktion $\widetilde{f} : D \cup \{a\} \to \mathbb{C}$ gibt, so dass $\widetilde{f}|D = f$ gilt).*

Man schreibt der Einfachheit halber häufig f anstelle von $\widetilde{f}$, definiert also

$$f(a) := \lim_{z \to a} f(z).$$

Aus der Hebbarkeit folgt natürlich, dass dieser Grenzwert existiert. So ist etwa in dem eingangs betrachteten Beispiel die Stelle $a = 0$ eine hebbare Singularität der Funktion

$$f(z) = \frac{\sin z}{z}, \quad \text{und man hat} \quad f(0) = \lim_{\substack{z \to 0 \\ z \neq 0}} \frac{\sin z}{z} = 1$$

zu setzen. Ist a eine hebbare Singularität, so ist f stetig in a hinein fortsetzbar. Insbesondere ist f in einer kleinen Umgebung von a beschränkt. Hiervon gilt auch die Umkehrung.

4.2 Riemann'scher Hebbarkeitssatz (B. RIEMANN, 1851).

Eine Singularität a einer analytischen Funktion

$$f : D \longrightarrow \mathbb{C}, \quad D \subset \mathbb{C} \text{ offen,}$$

ist genau dann hebbar, falls es eine punktierte Umgebung $\overset{\bullet}{U} := \overset{\bullet}{U}_r(a) \subset D$ von a gibt, in der f beschränkt ist.

Beweis. Wir können ohne wesentliche Einschränkung annehmen, dass a der Nullpunkt ist. Die Funktion $h : U_r(0) \to \mathbb{C}$ mit

$$h(z) = \begin{cases} z^2 f(z), & z \neq 0, \\ 0, & z = 0, \end{cases}$$

ist differenzierbar in $\overset{\bullet}{U}_r(0)$. Aber h ist sogar in $z = 0$ differenzierbar, denn es gilt

$$h'(0) = \lim_{z \to 0} \frac{h(z) - h(0)}{z} = \lim_{z \to 0} z f(z) = 0.$$

Die Funktion h ist also analytisch und daher in eine Potenzreihe entwickelbar:

$$h(z) = a_0 + a_1 z + a_2 z^2 + \cdots = a_2 z^2 + a_3 z^3 + \cdots \text{ (wegen } h(0) = h'(0) = 0 \text{)}.$$

Es folgt für $z \neq 0$

$$f(z) = a_2 + a_3 z + a_4 z^2 + \cdots.$$

Die Potenzreihe

$$a_2 + a_3 z + a_4 z^2 + \cdots$$

definiert eine analytische Funktion $\widetilde{f}$ in einer Umgebung des Nullpunkts (einschließlich desselben). Die Funktion $\widetilde{f}$ ist die gesuchte analytische Fortsetzung von f. $\qquad\square$

4.3 Definition. *Eine Singularität a einer analytischen Funktion*

$$f : D \longrightarrow \mathbb{C}, \quad D \subset \mathbb{C} \text{ offen,}$$

*heißt **außerwesentlich**, falls es eine ganze Zahl $m \in \mathbb{Z}$ gibt, so dass die Funktion*

$$g(z) = (z - a)^m f(z)$$

eine hebbare Singularität in a hat.

Hebbare Singularitäten sind natürlich außerwesentlich ($m = 0$). Eine außerwesentliche Singularität, welche nicht hebbar ist, nennt man auch einen *Pol* oder eine *Polstelle*.

Wenn f in a eine außerwesentliche Singularität hat, so kann man die Funktion

$$g(z) = (z-a)^m f(z) \qquad (m \in \mathbb{Z} \text{ geeignet})$$

in einer Umgebung von a in eine Potenzreihe entwickeln

$$g(z) = a_0 + a_1(z-a) + a_2(z-a)^2 + \cdots.$$

Wenn diese Potenzreihe nicht identisch verschwindet, existiert eine kleinste Zahl $n \in \mathbb{N}_0$, so dass a_n von 0 verschieden ist:

$$g(z) = a_n(z-a)^n + a_{n+1}(z-a)^{n+1} + \cdots , \quad a_n \neq 0.$$

Offenbar hat auch die Funktion

$$h(z) = (z-a)^k f(z), \quad k = m - n,$$

eine hebbare Singularität in $z = a$. Wir behaupten, dass k die kleinste ganze Zahl mit dieser Eigenschaft ist. Wäre sie es nicht, so hätte die Funktion

$$z \longmapsto \frac{a_n}{z-a} + a_{n+1} + a_{n+2}(z-a) + \cdots$$

eine hebbare Singularität in a. Hieraus würde dann folgen, dass die Funktion $z \mapsto (z-a)^{-1}$ eine hebbare Singularität in a hat, was offensichtlich nicht der Fall ist. Wir erhalten

4.4 Bemerkung. *Sei a eine außerwesentliche Singularität der analytischen Funktion*

$$f : D \longrightarrow \mathbb{C}, \quad D \subset \mathbb{C} \text{ offen.}$$

Wenn f in keiner Umgebung von a identisch verschwindet, so existiert eine kleinste ganze Zahl $k \in \mathbb{Z}$, so dass

$$z \longmapsto (z-a)^k f(z)$$

eine hebbare Singularität in a hat.

Zusatz. *Man kann k offenbar auch durch die beiden folgenden Eigenschaften charakterisieren:*

a) $h(z) = (z-a)^k f(z)$ *hat in $z = a$ eine hebbare Singularität.*
b) $h(a) \neq 0$.

4.5 Definition. *Das Negative der in 4.4 auftretenden ganzen Zahl k heißt* **Ordnung** *von f in a.*

Bezeichnung. $\operatorname{ord}(f; a) := -k$

Offenbar gilt

a) $\qquad$ $\operatorname{ord}(f; a) \geq 0 \iff a$ ist hebbar,

$\qquad\qquad\quad \operatorname{ord}(f; a) = 0 \iff a$ ist hebbar und $f(a) \neq 0$,

$\qquad\qquad\quad \operatorname{ord}(f; a) > 0 \iff a$ ist hebbar und $f(a) = 0$.

b) $\qquad$ $\operatorname{ord}(f; a) < 0 \iff a$ ist ein Pol

(in diesem Fall nennt man $k = -\operatorname{ord}(f; a) \in \mathbb{N}$ auch die *Polordnung* von f). Einen Pol erster Ordnung nennt man auch *einfach*.

Beispiele.

1) $f(z) = (z - 1)^5 + 2(z - 1)^6 = (z - 1)^5 (1 + 2(z - 1)) = (z - 1)^5 h(z)$,

   also $\operatorname{ord}(f; 1) = 5$.

2) $f(z) = \dfrac{1}{z^2} + \dfrac{1}{z} = z^{-2}(1 + z) = z^{-2}h(z)$,

   also $\operatorname{ord}(f; 0) = -2$. Die Funktion f hat an der Stelle 0 die *Ordnung* -2, die *Polordnung* ist somit $+2$.

Wenn f in einer geeigneten Umgebung von a identisch verschwindet (wenn D ein Gebiet ist, bedeutet dies, dass f identisch verschwindet), so definieren wir ergänzend

$$\operatorname{ord}(f; a) = \infty.$$

4.6 Bemerkung. *Sei a eine außerwesentliche Singularität der analytischen Funktionen*

$$f, g : D \longrightarrow \mathbb{C}, \quad D \subset \mathbb{C} \text{ offen.}$$

Dann ist a auch eine außerwesentliche Singularität der Funktionen

$$f \pm g, \ f \cdot g \ \text{ und } \ \frac{f}{g}, \ \text{ falls } \ g(z) \neq 0 \ \text{ für alle } \ z \in D - \{a\},$$

und es gilt

$$\operatorname{ord}(f \pm g; a) \geq \min\{\operatorname{ord}(f; a), \operatorname{ord}(g; a)\},$$

$$\operatorname{ord}(f \cdot g; a) = \operatorname{ord}(f; a) + \operatorname{ord}(g; a),$$

$$\operatorname{ord}\left(\frac{f}{g}; a\right) = \operatorname{ord}(f; a) - \operatorname{ord}(g; a).$$

Hierbei ist das Symbol ∞ den Rechenregeln

$$x + \infty = \infty + x = \infty \ \text{ für alle } \ x \in \mathbb{R},$$

$$\infty + \infty = \infty \ \text{ und}$$

$$x < \infty \ \text{ für alle } \ x \in \mathbb{R}$$

unterworfen.

Der Beweis ist einfach und kann hier übergangen werden.

4.7 Bemerkung. *Sei*

$$f : D \longrightarrow \mathbb{C}, \quad D \subset \mathbb{C} \ \ \textit{offen},$$

eine analytische Funktion, welche in a einen Pol habe. Dann gilt

$$\lim_{\substack{z \to a \\ z \in D}} |f(z)| = \infty$$

(d. h.: Zu jedem $C > 0$ existiert ein $\delta > 0$ mit

$$|f(z)| \geq C, \quad \textit{falls} \ \ 0 < |z - a| < \delta, \ z \in D).$$

Beweis. Sei $k \in \mathbb{N}$ die Polordnung von f in a. Die Funktion

$$h(z) = (z - a)^k f(z)$$

hat dann in $z = a$ eine hebbare Singularität, und es gilt $h(a) \neq 0$. Insbesondere existiert eine positive Zahl $M > 0$ (etwa $M := |h(a)| / 2$), so dass $|h(z)| \geq M > 0$ in einer vollen Umgebung von a gilt. Es folgt

$$|f(z)| \geq \frac{M}{|z - a|^k}$$

für alle z aus dieser Umgebung (ohne a). Daraus ergibt sich nun die Behauptung, denn k ist positiv. $\qquad\qquad\square$

4.8 Definition. *Eine Singularität a einer analytischen Funktion*

$$f : D \longrightarrow \mathbb{C}, \quad D \subset \mathbb{C} \ \ \textit{offen},$$

heißt **wesentlich**, *falls sie nicht außerwesentlich ist.*)*

Analytische Funktionen haben in der Nähe von wesentlichen Singularitäten ein völlig anderes („ziemlich nervöses") Abbildungsverhalten als in der Nähe von außerwesentlichen Singularitäten. Es gilt nämlich

4.9 Satz von Casorati-Weierstraß (F. CASORATI, 1868; K. WEIERSTRASS, 1876)**.** *Sei a eine wesentliche Singularität der analytischen Funktion*

$$f : D \longrightarrow \mathbb{C}, \quad D \subset \mathbb{C} \ \ \textit{offen}.$$

Ist $\overset{\bullet}{U} := \overset{\bullet}{U}_r(a)$ eine beliebige punktierte Umgebung von a, dann ist das Bild $f(\overset{\bullet}{U} \cap D)$ **dicht** *in $\mathbb{C}$, d. h. für jedes $b \in \mathbb{C}$ und jedes $\varepsilon > 0$ ist*

$$f(\overset{\bullet}{U} \cap D) \cap U_\varepsilon(b) \neq \emptyset.$$

---

*) Diese Definition ist ein eindrucksvolles Beispiel mathematischer „Sprachkunst".

Äquivalent hierzu ist:
Zu jedem $b \in \mathbb{C}$ und jedem $\varepsilon > 0$ gibt es ein $z \in \overset{\bullet}{U} \cap D$ mit

$$|f(z) - b| < \varepsilon.$$

(Man sagt deshalb auch: Die Funktion f kommt in einer beliebig kleinen punktierten Umgebung von a jedem Wert beliebig nahe.)

Beweis. Wir schließen indirekt, nehmen also an, dass eine punktierte Umgebung $\overset{\bullet}{U} := \overset{\bullet}{U}_r(a)$ existiert, für die $f(\overset{\bullet}{U} \cap D)$ nicht dicht in $\mathbb{C}$ ist. Dann gibt es ein $b \in \mathbb{C}$ und ein $\varepsilon > 0$ mit $|f(z) - b| \geq \varepsilon$ für alle $z \in \overset{\bullet}{U} \cap D$. Die Funktion

$$g(z) := \frac{1}{f(z) - b}$$

ist dann beschränkt in einer Umgebung von a. Aus dem RIEMANN'schen Hebbarkeitssatz folgt, dass g in $z = a$ eine hebbare Singularität hat. Folglich hat auch

$$f(z) = \frac{1}{g(z)} + b$$

nur eine außerwesentliche Singularität in a.   □

Wir sehen nun durch einfache Fallunterscheidungen, dass von 4.7 und 4.9 auch die Umkehrungen gelten. Ist beispielsweise a eine isolierte Singularität von f mit der Eigenschaft $\lim_{z \to a} |f(z)| = \infty$, so kann f nicht hebbar, nach dem Satz von CASORATI-WEIERSTRASS aber auch nicht wesentlich sein. Es muss also ein Pol vorliegen. Gilt die „CASORATI-WEIERSTRASS-Eigenschaft" für f, dann kann a ebenfalls keine hebbare Singularität sein, aber auch kein Pol, denn dann käme f wegen $\lim_{z \to a} |f(z)| = \infty$ nicht jedem beliebig vorgegebenen Wert beliebig nahe, also muss a wesentliche Singularität von f sein.

Wir erhalten zusammenfassend

4.10 Theorem
(Klassifikation der Singularitäten durch das Abbildungsverhalten).
Sei $a \in \mathbb{C}$ eine isolierte Singularität der analytischen Funktion

$$f : D \longrightarrow \mathbb{C}, \quad D \subset \mathbb{C} \text{ offen.}$$

Die Singularität a ist

1) **hebbar** $\iff$ *f ist in einer geeigneten punktierten Umgebung von a beschränkt.*

2) *ein **Pol** $\iff \lim_{z \to a} |f(z)| = \infty$.*

3) **wesentlich** $\iff$ *in jeder noch so kleinen punktierten Umgebung von a kommt f jedem beliebigen Wert $b \in \mathbb{C}$ beliebig nahe.*

Die beiden Funktionen

(1) $f_1 : \mathbb{C}^\bullet \longrightarrow \mathbb{C}$ mit $f_1(z) = \sin(1/z)$ und
(2) $f_2 : \mathbb{C}^\bullet \longrightarrow \mathbb{C}$ mit $f_2(z) = \exp(1/z)$

haben an der Stelle $a = 0$ jeweils eine wesentliche Singularität. Man kann sich leicht überlegen, dass sogar

$$f_1(\overset{\bullet}{U}_r(0)) = \mathbb{C}, \quad f_2(\overset{\bullet}{U}_r(0)) = \mathbb{C}^\bullet,$$

für jedes $r > 0$ gilt.

Diese beiden Beispiele sind typisch. Es gilt nämlich

Theorem (sogenannter „großer" Satz von PICARD, E. PICARD, 1879/80).
Ist $a \in \mathbb{C}$ eine wesentliche Singularität der analytischen Funktion $f : D \to \mathbb{C}$, dann sind nur zwei Fälle möglich:
Entweder gilt für jede punktierte Umgebung $\overset{\bullet}{U} \subset D$ von a

$$f(\overset{\bullet}{U}) = \mathbb{C},$$

oder

$$f(\overset{\bullet}{U}) = \mathbb{C} - \{c\}, \quad c \text{ geeignet,}$$

die Funktion f kommt also nicht nur jedem Wert beliebig nahe, sondern nimmt auch jeden Wert mit höchstens einer Ausnahme an.

Der Beweis dieses Satzes ist schwierig. Wir werden ihn im zweiten Band mit Hilfe der Theorie der RIEMANN'schen Flächen beweisen. (Einen direkteren Beweis findet man beispielsweise in [Re2], Kap. X, §4.)

Wir schließen diesen Paragraphen mit einem Beispiel zu den eben eingeführten Begriffen und zur *Anwendung des Cauchy'schen Integralsatzes.*

In der *Fourieranalyse* spielt das *Dirichlet-Integral*

$$\int_0^\infty \frac{\sin x}{x}\, dx \quad \left(= \frac{1}{2} \int_{-\infty}^\infty \frac{\sin x}{x}\, dx \right)$$

eine wichtige Rolle. An der Stelle 0 ist es harmlos wegen

$$\lim_{x \to 0,\ x \neq 0} \frac{\sin x}{x} = 1.$$

Es ist also nur an der Grenze ∞ uneigentlich. Dieses Integral ist ein Standardbeispiel für ein konvergentes, aber nicht absolut konvergentes uneigentliches Integral. Der Wert dieses Integrales lässt sich zwar mit reellen Methoden berechnen, jedoch sind besondere Tricks erforderlich. Wir wollen seinen Wert mit funktionentheoretischen Mitteln berechnen und behaupten

$$\boxed{\int_0^\infty \frac{\sin x}{x}\, dx = \frac{\pi}{2}.}$$

Zum Beweis betrachten wir die analytische Funktion

$$f : \mathbb{C}^{\bullet} \longrightarrow \mathbb{C}, \quad z \longmapsto \frac{\exp(iz)}{z},$$

und integrieren sie längs der folgenden geschlossenen Kurve

$$\alpha = \alpha_1 \oplus \alpha_2 \oplus \alpha_3 \oplus \alpha_4.$$

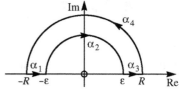

Schlitzt man die Ebene längs der „negativen imaginären" Achse, dann verläuft die Kurve α in einem Sterngebiet D, in dem f analytisch ist. Nach dem CAUCHY'schen Integralsatz für Sterngebiete (II.2.7) gilt also

$$(*) \qquad 0 = \int_{\alpha} f = \int_{\alpha_1} f + \int_{\alpha_2} f + \int_{\alpha_3} f + \int_{\alpha_4} f.$$

Wir betrachten die Integrale im einzelnen:

a) Es gilt mit $\alpha_4(t) = R\exp(it)$, $0 \le t \le \pi$,

$$\int_{\alpha_4} f(\zeta)\, d\zeta = \int_0^{\pi} \frac{e^{iR\cos t} e^{-R\sin t}}{Re^{it}}\, iRe^{it}\, dt$$

und damit

$$\left| \int_{\alpha_4} f(\zeta)\, d\zeta \right| \le \int_0^{\pi} e^{-R\sin t}\, dt = 2 \int_0^{\frac{\pi}{2}} e^{-R\sin t}\, dt.$$

Für $0 \le t \le \pi/2$ ist aber (sogenannte *Jordan'sche Ungleichung*)

$$\frac{2t}{\pi} \le \sin t \ (\le t)$$

und deshalb

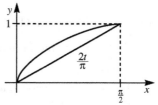

$$\left| \int_{\alpha_4} f(\zeta)\, d\zeta \right| \le 2 \int_0^{\frac{\pi}{2}} e^{-2Rt/\pi} = \frac{\pi}{R}\left(1 - e^{-R}\right).$$

Daher ist

$$\lim_{R \to \infty} \int_{\alpha_4} f(\zeta)\, d\zeta = 0.$$

b) Durch Zusammenfassung von $\int_{\alpha_1}$ und $\int_{\alpha_3}$ erhält man:

$$\int_{\alpha_1} f(\zeta)\, d\zeta + \int_{\alpha_3} f(\zeta)\, d\zeta = \int_{\varepsilon}^{R} \frac{\exp(\mathrm{i}x) - \exp(-\mathrm{i}x)}{x}\, dx = 2\mathrm{i} \int_{\varepsilon}^{R} \frac{\sin x}{x}\, dx.$$

c) Es gilt

$$\int_{\alpha_2} \frac{\exp(\mathrm{i}\zeta)}{\zeta}\, d\zeta = \int_{\alpha_2} \frac{1}{\zeta}\, d\zeta + \int_{\alpha_2} \frac{\exp(\mathrm{i}\zeta) - 1}{\zeta}\, d\zeta = -\pi\mathrm{i} + \int_{\alpha_2} \frac{\exp(\mathrm{i}\zeta) - 1}{\zeta}\, d\zeta.$$

Die Funktion $(e^{\mathrm{i}z} - 1)/z$ hat aber an der Stelle $z = 0$ eine hebbare Singularität, ist also in einer Umgebung von 0 beschränkt. Daher gilt

$$\lim_{\varepsilon \to 0} \int_{\alpha_2} \frac{\exp(\mathrm{i}\zeta) - 1}{\zeta}\, d\zeta = 0.$$

Durch Grenzübergang $\varepsilon \to 0$ und $R \to \infty$ folgt daher aus (∗) unter Verwendung von a), b) und c)

$$0 = \lim_{R \to \infty} \left(\lim_{\varepsilon \to 0} \left(2\mathrm{i} \int_{\varepsilon}^{R} \frac{\sin x}{x}\, dx \right) \right) - \pi\mathrm{i} = 2\mathrm{i} \lim_{R \to \infty} \int_{0}^{R} \frac{\sin x}{x}\, dx - \pi\mathrm{i}$$

oder

$$\frac{\pi}{2} = \lim_{R \to \infty} \int_{0}^{R} \frac{\sin x}{x}\, dx = \int_{0}^{\infty} \frac{\sin x}{x}\, dx. \qquad \Box$$

Dieses Beispiel zeigt, wie man unter Umständen mit funktionentheoretischen Mitteln *reelle Integrale* berechnen kann. Bei den *Anwendungen des Residuensatzes* (vgl. III.7) kommen wir systematisch hierauf zurück.

Übungsaufgaben zu III.4

1. Sei $D \subset \mathbb{C}$ offen und Funktion $f : D - \{a\} \to \mathbb{C}$ eine analytische Funktion.

   Man zeige:

   a) Die Stelle a ist genau dann hebbare Singularität von f, wenn eine der folgenden drei Bedingungen erfüllt ist:

   α) Die Funktion f ist in einer punktierten Umgebung von a beschränkt (RIE-MANN'scher Hebbarkeitssatz).

   β) Der Grenzwert $\lim\limits_{z \to a} f(z)$ existiert.

   γ) $\lim\limits_{z \to a} (z - a) f(z) = 0$.

   b) Die Stelle a ist genau dann ein Pol 1. Ordnung von f, wenn $\lim_{z \to a}(z - a) f(z)$ existiert und $\neq 0$ ist.

2. Sei $D \subset \mathbb{C}$ offen und Funktion $f : D - \{a\} \to \mathbb{C}$ eine analytische Funktion. Man zeige, dass folgende Eigenschaften äquivalent sind:

a) Die Stelle a ist ein Pol von f, und zwar von der Ordnung $k \in \mathbb{N}$.

b) Es gibt eine offene Umgebung $U \subset D$ von a und eine in U analytische und in $U - \{a\}$ nullstellenfreie Funktion g, die in a eine Nullstelle der Ordnung k hat, so dass $f = 1/g$ in $U - \{a\}$ gilt.

c) Es gibt positive Konstanten M_1 und M_2, so dass in einer punktierten Umgebung von a

$$M_1 \, |z - a|^{-k} \leq |f(z)| \leq M_2 \, |z - a|^{-k}$$

gilt.

3. Man beweise die in Bemerkung 4.6 angegebenen Formeln für die Ordnungsfunktion ord.

4. Welche der folgenden vier Funktionen haben eine hebbare Singularität bei $a = 0$?

$a)$ $\quad \dfrac{\exp(z)}{z^{17}}$, $\qquad\qquad$ $b)$ $\quad \dfrac{(\exp(z) - 1)^2}{z^2}$,

$c)$ $\quad \dfrac{z}{\exp(z) - 1}$, $\qquad\qquad$ $d)$ $\quad \dfrac{\cos(z) - 1}{z^2}$.

5. Die durch folgende Ausdrücke definierten Funktionen haben jeweils Pole bei $a = 0$. Man bestimme die Polordnung.

$$\frac{\cos z}{z^2}, \quad \frac{z^7 + 1}{z^7}, \quad \frac{\exp(z) - 1}{z^4}.$$

6. Ist die Singularität $a \in \mathbb{C}$ der analytischen Funktion f nicht hebbar, so hat $\exp \circ f$ eine wesentliche Singularität in a.

7. Man beweise die folgende komplexe Version der DE L'HOSPITAL'schen Regel: Seien $f, g : D \to \mathbb{C}$ analytische Funktionen, welche in einem Punkt $a \in D$ dieselbe Ordnung k haben. Dann hat $h := f/g$ in a eine hebbare Singularität, und es gilt

$$\lim_{z \to a} \frac{f(z)}{g(z)} = \frac{f^{(k)}(a)}{g^{(k)}(a)}.$$

8. Sei

$$f(z) := \frac{(z - 1)^2 (z + 3)}{1 - \sin(\pi z / 2)}.$$

Man finde alle Singularitäten von f und klassifiziere jeweils den Typ.

9. Man zeige

$$\int_0^\infty \frac{\sin^2 x}{x^2} \, dx = \frac{\pi}{2}.$$

10. Man zeige

$$\int_0^\infty \frac{\sin^4 x}{x^2} \, dx = \frac{\pi}{4}.$$

5. Laurentzerlegung

Laurentreihen $\sum a_n (z - a)^n$ sind Verallgemeinerungen von Potenzreihen. Es dürfen auch negative Potenzen auftreten.

Im Folgenden sei

$$0 \leq r < R \leq \infty$$

($r = 0$ und $R = \infty$ sind zugelassen). Wir untersuchen analytische Funktionen auf dem *Ringgebiet*

$$\mathcal{R} := \{ z \in \mathbb{C}; \quad r < |z| < R \}.$$

Beispiele von solchen Funktionen kann man leicht konstruieren. Man gehe aus von analytischen Funktionen

$$g : U_R(0) \longrightarrow \mathbb{C},$$
$$h : U_{\frac{1}{r}}(0) \longrightarrow \mathbb{C}.$$

Dann ist die Funktion $z \mapsto h(1/z)$ analytisch für $|z| > r$, und man definiere

$$f(z) := g(z) + h(1/z) \quad \text{für} \quad r < |z| < R.$$

Tatsächlich lässt sich jede in einem Ringgebiet analytische Funktion in dieser Weise zerlegen.

5.1 Theorem (Laurentzerlegung)
(P. A. LAURENT, 1843; K. WEIERSTRASS, 1841 (Nachlass, 1894)).

Jede auf einem Ringgebiet

$$\mathcal{R} = \{ z \in \mathbb{C}; \quad r < |z| < R \}$$

analytische Funktion f gestattet eine Zerlegung der Art

$$(*) \qquad\qquad f(z) = g(z) + h(1/z).$$

Dabei sind

$$g : U_R(0) \longrightarrow \mathbb{C} \quad und \quad h : U_{\frac{1}{r}}(0) \longrightarrow \mathbb{C}$$

analytische Funktionen. Fordert man noch $h(0) = 0$, so ist diese Zerlegung eindeutig bestimmt.

Man nennt $z \mapsto h(1/z)$ (nach der Normierung $h(0) = 0$) den *Hauptteil*, g den *Nebenteil* und die Darstellung $(*)$ die *Laurentzerlegung* der Funktion f.

Beweis.

1) *Eindeutigkeit der Laurentzerlegung.* Hierzu zunächst eine *Vorbemerkung*: Zwei analytische Funktionen

$$f_\nu : D_\nu \longrightarrow \mathbb{C}, \quad D_\nu \subset \mathbb{C} \text{ offen } (\nu = 1, 2),$$

welche im Durchschnitt $D_1 \cap D_2$ übereinstimmen, können zu einer einzigen analytischen Funktion $f : D_1 \cup D_2 \to \mathbb{C}$ „verschmolzen" werden.

Da die Differenz zweier LAURENTzerlegungen wieder eine LAURENTzerlegung ist, braucht man die Eindeutigkeit nur für $f(z) \equiv 0$ zu zeigen. Aus der Gleichung

$$g(z) + h(1/z) = 0$$

folgt, dass man die Funktionen $z \mapsto g(z)$ und $z \mapsto -h(1/z)$ zu einer analytischen Funktion $H : \mathbb{C} \to \mathbb{C}$ verschmelzen kann. Aus den Voraussetzungen folgt, dass diese beschränkt ist. Nach dem Satz von LIOUVILLE ist sie konstant und wegen $\lim\limits_{|z| \to \infty} H(z) = 0$ die Nullfunktion.

2) *Existenz der Laurentzerlegung.* Wir wählen Zahlen P, ϱ mit der Eigenschaft

$$r < \varrho < P < R$$

und konstruieren die LAURENTzerlegung in dem kleineren Ringgebiet

$$\varrho < |z| < P.$$

Wegen der Eindeutigkeit der LAURENTzerlegung sind wir dann schon fertig, denn die Vereinigung aller dieser verkleinerten Ringgebiete ergibt das ursprüngliche Ringgebiet. Die Behauptung ergibt sich dann aus dem folgenden Hilfssatz, welcher eigenständiges Interesse beansprucht und den man als *Cauchy'schen Integralsatz für Ringgebiete* bezeichnen kann.

5.1$_1$ Hilfssatz. *Seien*

$$\mathcal{R} = \big\{ z \in \mathbb{C}; \quad r < |z| < R \big\} \quad (0 \le r < R \le \infty)$$

ein Ringgebiet und $G : \mathcal{R} \to \mathbb{C}$ eine analytische Funktion. Sind P und ϱ so gewählt, dass

$$r < \varrho < P < R$$

gilt, dann ist

$$\oint\limits_{|\zeta|=\varrho} G(\zeta)\, d\zeta = \oint\limits_{|\zeta|=P} G(\zeta)\, d\zeta.$$

Beweis. Wir führen den Beweis auf den CAUCHY'schen Integralsatz für Sterngebiete (II.2.7) zurück, indem wir geeignete Kurven einführen, die jeweils in sternförmigen Kreisringsegmenten verlaufen, auf die also der CAUCHY'sche Integralsatz anwendbar ist (s. II.2). Nach den Rechenregeln für Kurvenintegrale ergibt sich dann durch Summation die gewünschte Formel, da sich die Integrationen über die in beiden Richtungen je einmal durchlaufenen Geradenstücke gegenseitig aufheben. Wir deuten das Gesagte in der folgenden Skizze an:

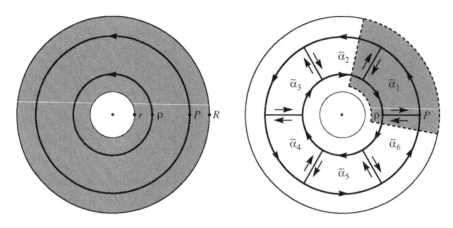

Da jedes $\widetilde{\alpha}_\nu$ in einem Sterngebiet verläuft, hat man $\int_{\widetilde{\alpha}_\nu} G(\zeta)\, d\zeta = 0$. Summiert man nun sämtliche Integrale über die in der rechten Abbildung dargestellten Kurven $\widetilde{\alpha}_1, \ldots, \widetilde{\alpha}_n$ auf, so heben sich die Integrale über die Verbindungsstrecken weg, und es ergibt sich unter Beachtung des Durchlaufsinnes die Behauptung.

□

Nun kehren wir zum Beweis von 5.1 zurück. Sei $z \in \mathcal{R}$ fest. Dann ist die Funktion $G : \mathcal{R} \to \mathbb{C}$ mit

$$G(\zeta) = \begin{cases} \dfrac{f(\zeta) - f(z)}{\zeta - z}\,, & \zeta \neq z \\[2mm] f'(\zeta), & \zeta = z. \end{cases}$$

in $\mathcal{R}$ stetig und analytisch in $\mathcal{R} - \{z\}$. Mit Hilfe der Potenzreihenentwicklung von f oder des RIEMANN'schen Hebbarkeitssatzes sieht man, dass G an der Stelle $\zeta = z$ eine hebbare Singularität hat. Aus Hilfssatz 5.1_1 folgt nun:

$$\oint_{|\zeta|=\varrho} G(\zeta)\, d\zeta = \oint_{|\zeta|=P} G(\zeta)\, d\zeta,$$

also

$$\oint\limits_{|\zeta|=\varrho} \frac{f(\zeta)}{\zeta - z}\, d\zeta - f(z) \oint\limits_{|\zeta|=\varrho} \frac{1}{\zeta - z}\, d\zeta = \oint\limits_{|\zeta|=P} \frac{f(\zeta)}{\zeta - z}\, d\zeta - f(z) \oint\limits_{|\zeta|=P} \frac{1}{\zeta - z}\, d\zeta.$$

Sei $z \in \mathcal{R}$ so gewählt, dass $\varrho < |z| < P$ gilt, z also ein innerer Punkt des kleineren Kreisringes ist. Dann folgt (II.3.1) einerseits

$$\oint\limits_{|\zeta|=\varrho} \frac{1}{\zeta - z}\, d\zeta = 0 \quad \text{wegen } |z| > \varrho,$$

andererseits gilt

$$\oint\limits_{|\zeta|=P} \frac{1}{\zeta - z}\, d\zeta = 2\pi i \quad \text{wegen } |z| < P.$$

Damit erhalten wir

$$f(z) = \frac{1}{2\pi i} \oint\limits_{|\zeta|=P} \frac{f(\zeta)}{\zeta - z}\, d\zeta - \frac{1}{2\pi i} \oint\limits_{|\zeta|=\varrho} \frac{f(\zeta)}{\zeta - z}\, d\zeta$$
$$= g(z) + h(1/z).$$

Das ist dann die gewünschte LAURENTzerlegung, denn wegen II.3.3 sind

$$g(z) := \frac{1}{2\pi i} \oint\limits_{|\zeta|=P} \frac{f(\zeta)}{\zeta - z}\, d\zeta, \quad |z| < P, \quad \text{und}$$

$$h(z) := \frac{1}{2\pi i} \oint\limits_{|\zeta|=\varrho} \frac{z f(\zeta)}{1 - \zeta z}\, d\zeta, \quad |z| < \frac{1}{\rho},$$

analytisch, und es gilt $h(0) = 0$. □

Entwickelt man die Funktionen g und h in Potenzreihen, so erhält man eine sogenannte LAURENTreihe für f:

$$g(z) = \sum_{n=0}^{\infty} a_n z^n \text{ für } |z| < R, \quad h(z) = \sum_{n=1}^{\infty} b_n z^n \text{ für } |z| < \frac{1}{r}.$$

Mit $a_{-n} := b_n$ erhält die LAURENTreihe die Form

$$f(z) = g(z) + h(1/z) = \sum_{n=-\infty}^{\infty} a_n z^n.$$

Anmerkung: Eine Reihe der Gestalt

$$\sum_{n=-\infty}^{\infty} a_n \text{ mit } a_n \in \mathbb{C} \text{ für } n \in \mathbb{Z},$$

heiße *konvergent*, falls die beiden Reihen

$$\sum_{n=0}^{\infty} a_n \quad \text{und} \quad \sum_{n=1}^{\infty} a_{-n}$$

konvergieren. Ähnlich wie bei gewöhnlichen Reihen bezeichnet man auch hier mit $\sum_{n=-\infty}^{\infty} a_n$ zum einen das Paar der Reihen $\sum_{n=0}^{\infty} a_n$ und $\sum_{n=1}^{\infty} a_{-n}$, zum anderen im Falle der Konvergenz der beiden Teilreihen dann auch die Summe $\sum_{n=0}^{\infty} a_n + \sum_{n=1}^{\infty} a_{-n}$ ihrer Grenzwerte. In demselben Sinne sind Begriffe wie *absolute, gleichmäßige* und *normale* Konvergenz zu verwenden.

5.2 Folgerung (Laurententwicklung).   *Die Funktion f sei in dem Ringgebiet*

$$\mathcal{R} = \left\{ z \in \mathbb{C}; \quad r < |z - a| < R \right\} \qquad (0 \leq r < R \leq \infty)$$

analytisch. Dann lässt sich f in eine Laurentreihe entwickeln, welche in diesem Gebiet normal konvergiert,

$$f(z) = \sum_{n=-\infty}^{\infty} a_n (z - a)^n \ \textit{für} \ z \in \mathcal{R}.$$

Zusatz. *Diese Laurententwicklung ist eindeutig bestimmt, und zwar gilt*

$$a_n = \frac{1}{2\pi i} \oint_{|\zeta - a| = \varrho} \frac{f(\zeta)\,d\zeta}{(\zeta - a)^{n+1}}, \quad n \in \mathbb{Z}, \quad r < \varrho < R.$$

Ist $M_\varrho(f) := \sup\{ |f(\zeta)|; \ |\zeta - a| = \varrho \}$, so gelten die **Cauchy'schen Abschätzungsformeln**

$$|a_n| \leq \frac{M_\varrho(f)}{\varrho^n}, \ n \in \mathbb{Z}.$$

Mit Hilfe der LAURENTreihen lassen sich jetzt auch die isolierten Singularitäten einer analytischen Funktion $f : D \to \mathbb{C}$ neu klassifizieren. Ist nämlich $a \in \mathbb{C}$ isolierte Singularität der analytischen Funktion f, dann ist f in einer geeigneten punktierten Umgebung

$$\overset{\bullet}{U}_r(a) = U_r(a) - \{a\} \subset D \ (r > 0 \ \text{geeignet})$$

analytisch. Die punktierte Kreisscheibe $\overset{\bullet}{U}_r(a)$ ist ein Ringgebiet gemäß unserer Definition. Daher lässt f sich dort in eine LAURENTreihe entwickeln:

$$f(z) = \sum_{n=-\infty}^{\infty} a_n (z - a)^n.$$

Den Typ der Singularität kann man an dieser Reihe ablesen. Es gilt die

5.3 Bemerkung. *Die Singularität a ist*

a) *hebbar genau dann, wenn*

$$a_n = 0 \quad \text{für alle} \quad n < 0 \quad \text{ist,}$$

b) *ein **Pol** der Ordnung k ($\in \mathbb{N}$) genau dann, wenn*

$$a_{-k} \neq 0 \quad \text{und} \quad a_n = 0 \quad \text{für alle} \quad n < -k \quad \text{ist}$$

c) *und **wesentlich** genau dann, wenn*

$$a_n \neq 0 \quad \text{für unendlich viele} \quad n < 0 \quad \text{ist.}$$

Der einfache Beweis sei dem Leser überlassen.

Bemerkung. Mit Hilfe der LAURENTentwicklung erhält man auch einen weiteren (durchsichtigeren) Beweis für die nichttriviale Richtung des RIEMANN'schen Hebbarkeitssatzes (vgl. 4.2):

Ist die analytische Funktion f in einer geeigneten punktierten Umgebung $\overset{\bullet}{U}_r(a)$ beschränkt, dann besitzt f in a eine hebbare Singularität.

Zunächst sei o. B. d. A. $a = 0$. Dann ist die LAURENTzerlegung von der Form

$$f(z) = g(z) + h\left(\frac{1}{z}\right).$$

Dabei ist in diesem Falle h eine in ganz $\mathbb{C}$ analytische Funktion. Sie ist beschränkt, da f in der Nähe von 0 beschränkt ist, nach dem Satz von LIOUVILLE also konstant.

Mit derselben Schlussweise wie beim Beweis des LIOUVILLE'schen Satzes kann man auch direkt folgendermaßen schließen. Man entwickle f in $\overset{\bullet}{U}_r(a)$ in eine LAURENTreihe,

$$f(z) = \sum_{n=-\infty}^{\infty} a_n(z-a)^n.$$

Nach dem Zusatz von 5.2 gilt

$$|a_n| \leq \frac{M_\varrho(f)}{\varrho^n} \quad \text{für alle} \quad n \in \mathbb{Z} \quad \text{und} \quad 0 < \varrho < r.$$

Zu zeigen ist $a_n = 0$ für alle $n < 0$. Nach Voraussetzung ist aber $M_\varrho(f) \leq M$ für ein geeignetes $M > 0$ und daher

$$|a_n| \leq \varrho^{-n} M \quad \text{für alle} \quad n \in \mathbb{Z}.$$

Ist $n < 0$, d. h. $-n := k \geq 1$, so ist also

$$|a_{-k}| \leq \varrho^k M \quad \text{für} \quad k \in \mathbb{N}.$$

Aus $\lim\limits_{\varrho \to 0} \varrho^k = 0$ folgt daher

$$a_{-k} = 0 \quad \text{für alle} \quad k \in \mathbb{N},$$

d. h. der Hauptteil verschwindet identisch. $\qquad\qquad\qquad\qquad\qquad\qquad$ □

Beispiele.

1) Die Funktion

$$f : \mathbb{C}^{\bullet} \longrightarrow \mathbb{C} \text{ mit } f(z) = \frac{\sin z}{z}$$

hat an der Stelle $a = 0$ eine hebbare Singularität, denn wegen

$$\sin z = z - \frac{z^3}{3!} + \frac{z^5}{5!} - \frac{z^7}{7!} \pm \cdots$$

gilt für $z \in \mathbb{C}^{\bullet}$

$$\frac{\sin z}{z} = 1 - \frac{z^2}{3!} + \frac{z^4}{5!} - \frac{z^6}{7!} \pm \cdots.$$

2) Die Funktion

$$f(z) = \frac{z}{\exp z - 1}, \quad 0 < |z| < 2\pi,$$

hat an der Stelle $z = 0$ eine hebbare Singularität. Es gilt (s. Beispiel 3 zu den Rechenregeln für Potenzreihen III.2)

$$f(z) = 1 + \sum_{n=1}^{\infty} \frac{B_n}{n!} z^n.$$

3) Die Funktion

$$f(z) = \frac{\exp z}{z^3} \quad (z \neq 0)$$

hat an der Stelle $z = 0$ einen Pol der Ordnung 3, denn es ist

$$f(z) = \frac{1 + z + \frac{z^2}{2!} + \frac{z^3}{3!} + \frac{z^4}{4!} + \frac{z^5}{5!} + \cdots}{z^3}$$

$$= \underbrace{\frac{1}{z^3} + \frac{1}{z^2} + \frac{1}{2!}\frac{1}{z}}_{h(1/z)} + \underbrace{\frac{1}{3!} + \frac{1}{4!}z + \frac{1}{5!}z^2 \cdots}_{g(z)}.$$

4) Die Funktion

$$f(z) = \exp\left(-\frac{1}{z^2}\right) \quad (z \neq 0)$$

hat an der Stelle $z = 0$ eine wesentliche Singularität, denn hier gilt

$$f(z) = 1 - \frac{1}{z^2} + \frac{1}{2!}\frac{1}{z^4} - \frac{1}{3!}\frac{1}{z^6} + - \cdots = 1 + h(1/z).$$

Der Hauptteil enthält also unendlich viele Koeffizienten $\neq 0$.

Für die Eindeutigkeitsaussage im Zusatz zu 5.2 genügt es nicht, nur den Entwicklungspunkt a anzugeben. Ein und dieselbe Funktion f kann bei gleichem Entwicklungspunkt, aber unterschiedlichen umgebenden Ringgebieten verschiedene LAURENT-reihen besitzen.

Beispiel. Wir betrachten die durch

$$f(z) := \frac{2}{z^2 - 4z + 3}$$

definierte analytische Funktion $f : \mathbb{C} - \{1, 3\} \to \mathbb{C}$. Wir wollen f in den drei Ringgebieten mit Mittelpunkt 0

$$0 < |z| < 1, \quad 1 < |z| < 3, \quad 3 < |z|$$

jeweils in eine LAURENTreihe entwickeln:

Die Partialbruchzerlegung lautet

$$f(z) = \frac{2}{z^2 - 4z + 3} = \frac{1}{1 - z} + \frac{1}{z - 3}.$$

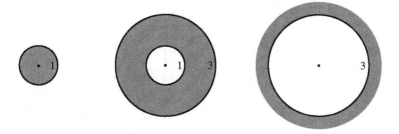

a) Für z mit $0 < |z| < 1$ gilt

$$\frac{1}{1 - z} = \sum_{n=0}^{\infty} z^n \quad \text{und} \quad \frac{1}{3 - z} = \frac{1}{3} \left(\frac{1}{1 - z/3} \right) = \frac{1}{3} \sum_{n=0}^{\infty} \left(\frac{z}{3} \right)^n.$$

Daher ist

$$f(z) = \frac{2}{z^2 - 4z + 3} = \sum_{n=0}^{\infty} \left(1 - \frac{1}{3^{n+1}} \right) z^n \quad \text{für} \quad |z| < 1.$$

Die LAURENTreihe ist diesem Falle die Potenzreihenentwicklung von f um 0.

b) Für $|z| > 1$ gilt

$$\frac{1}{z - 1} = \frac{1}{z} \left(\frac{1}{1 - 1/z} \right) = \sum_{n=0}^{\infty} \frac{1}{z^{n+1}}$$

und für $|z| < 3$

$$\frac{1}{3 - z} = \sum_{n=0}^{\infty} \frac{z^n}{3^{n+1}},$$

insgesamt also für $1 < |z| < 3$

$$f(z) = \frac{2}{z^2 - 4z + 3} = \underbrace{\sum_{n=1}^{\infty} \frac{-1}{z^n}}_{h(1/z)} + \underbrace{\sum_{n=0}^{\infty} \frac{-1}{3^{n+1}} z^n}_{g(z)}.$$

c) Für $|z| > 3$ gilt

$$\frac{1}{z - 3} = \frac{1}{z(1 - 3/z)} = \sum_{n=0}^{\infty} \frac{3^n}{z^{n+1}}$$

und daher

$$f(z) = \frac{2}{z^2 - 4z + 3} = \sum_{n=1}^{\infty} (3^{n-1} - 1) \frac{1}{z^n} .$$

Wir beschließen den Paragraphen mit einem Exkurs über

Komplexe Fourierreihen

Sei $]a, b[$ ein offenes Intervall in $\mathbb{R}$. Wir lassen die Fälle $a = -\infty$ und $b = \infty$ zu, das Intervall kann also auch eine offene Halbgerade oder die reelle Gerade sein. Wir betrachten den Horizontalstreifen

$$D = \{ z \in \mathbb{C}; \quad a < \operatorname{Im} z < b \}$$

und interessieren uns für analytische Funktionen $f : D \to \mathbb{C}$, welche eine reelle Periode $\omega \neq 0$ besitzen, d. h.

$$f(z + \omega) = f(z) \quad (z \in D, \ z + \omega \in D).$$

Die Funktion $g(z) = f(\omega z)$ hat dann offenbar die Periode 1. Es ist daher keine Einschränkung der Allgemeinheit, von vornherein $f(z + 1) = f(z)$ anzunehmen.

Wir betrachten nun die Abbildung

$$z \longmapsto q := e^{2\pi i z}.$$

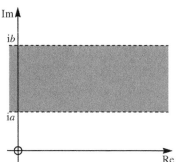

Diese bildet den Parallelstreifen D auf den Kreisring

$$\mathcal{R} = \{ q \in \mathbb{C}; \quad r < |q| < R \}, \quad r = e^{-2\pi b}, \quad R = e^{-2\pi a},$$

ab. Dabei ist natürlich

$$e^{-2\pi a} = \infty \ \text{ im Falle } \ a = -\infty$$

und

$$e^{-2\pi b} = 0 \ \text{ im Falle } \ b = \infty$$

zu setzen. Wie wir wissen, gilt

$$e^{2\pi i z} = e^{2\pi i z'} \iff z - z' \in \mathbb{Z}.$$

Durch

$$q \longmapsto g(q) = g(e^{2\pi i z}) := f(z)$$

wird also eine Funktion $g : \mathcal{R} \longrightarrow \mathbb{C}$ definiert. Diese ist wie f analytisch, denn die Abbildung

$$D \longrightarrow \mathcal{R}, \quad z \longmapsto e^{2\pi i z},$$

ist im Kleinen konform, da ihre Ableitung in keinem Punkt verschwindet. Zu jedem Punkt von D existiert also eine offene Umgebung, welche konform auf eine offene Umgebung des Bildpunktes abgebildet wird.

Die Funktion g lässt sich in eine LAURENTreihe entwickeln:

$$g(q) = \sum_{n=-\infty}^{\infty} a_n q^n,$$

$$a_n = \frac{1}{2\pi i} \oint_{|\eta|=\varrho} \frac{g(\eta)}{\eta^{n+1}} \, d\eta = \int_0^1 \frac{g(\varrho e^{2\pi i x})}{\varrho^n e^{2\pi i n x}} \, dx \quad (r < \varrho < R).$$

Schreibt man

$$\varrho = e^{-2\pi y} \qquad (y \in \,]a, b[\,),$$

so erhält man

$$a_n = \int_0^1 f(x + iy) e^{-2\pi i n(x+iy)} \, dx.$$

Damit ergibt sich also

5.4 Satz. *Sei f eine analytische Funktion in dem Parallelstreifen*

$$D = \{ z \in \mathbb{C}; \quad a < y < b \} \qquad (-\infty \le a < b \le \infty)$$

mit der Periode 1 ($f(z+1) = f(z)$). Dann lässt sich f in eine in D normal konvergente komplexe Fourierreihe

$$f(z) = \sum_{n=-\infty}^{\infty} a_n e^{2\pi i n z}$$

entwickeln. Die Koeffizienten a_n — die sogenannten Fourierkoeffizienten — sind eindeutig bestimmt, und es gilt für jedes $y \in \,]a, b[$

$$a_n = \int_0^1 f(z) e^{-2\pi i n z} \, dx \qquad (z = x + iy).$$

Umgekehrt lässt sich aus 5.4 wieder die LAURENTentwicklung ableiten.

Anmerkung. Man kann Satz 5.4 auch mit den Methoden der reellen Analysis folgendermaßen beweisen: Für jedes feste y ist f in Abhängigkeit von x eine zweimal stetig differenzierbare Funktion und gestattet daher nach dem bekannten Satz aus der reellen Analysis eine FOURIERentwicklung

$$f(z) = \sum_{n=-\infty}^{\infty} a_n(y)e^{2\pi i n x}$$

mit

$$a_n(y) = \int\limits_0^1 f(z)e^{-2\pi i n x}\, dx$$

oder

$$a_n(y)e^{2\pi n y} = \int\limits_0^1 f(z)e^{-2\pi i n z}\, dx.$$

Wir sind fertig, wenn wir zeigen können, dass

$$a_n := a_n(y)e^{2\pi n y}$$

von y nicht abhängt, denn dann gilt

$$f(z) = \sum_{n=-\infty}^{\infty} a_n e^{2\pi i n z}.$$

Hierzu zeigen wir

$$\frac{d}{dy}\big(a_n(y)e^{2\pi n y}\big) = 0$$

oder, was dasselbe bedeutet,

$$a_n'(y) = -2\pi n a_n(y).$$

Zum Beweis benutzen wir die CAUCHY-RIEMANN'schen Differentialgleichungen

$$\frac{\partial f(z)}{\partial x} = -i\frac{\partial f(z)}{\partial y}\,.$$

Aus der Integralformel für $a_n(y)$ ergibt sich mit Hilfe der LEIBNIZ'schen Regel

$$a_n'(y) = \int\limits_0^1 \frac{\partial f(z)}{\partial y}\, e^{-2\pi i n x}\, dx = \int\limits_0^1 i\frac{\partial f(z)}{\partial x}\, e^{-2\pi i n x}\, dx$$

und durch partielle Integration die gewünschte Differentialgleichung für $a_n(y)$.

$\square$

Die Potenzreihenentwicklung ist ein Spezialfall der LAURENTentwicklung. Wir erhalten also auf diesem Wege auch einen neuen Beweis für die lokale Entwickelbarkeit (zweimal stetig) komplex ableitbarer Funktionen in Potenzreihen. Es ist jedoch zu bedenken, dass die reelle Theorie der FOURIERreihen alles andere als trivial ist.

Übungsaufgaben zu III.5

1. Man entwickle die durch $f(z) = z/(z^2 + 1)$ definierte Funktion in
$$R = \{ z \in \mathbb{C}; \quad 0 < |z - \mathrm{i}| < 2 \}$$
in eine LAURENTreihe. Welcher Typ von Singularität liegt bei $a = \mathrm{i}$ vor?

2. Man entwickle die durch $f(z) = \dfrac{1}{(z - 1)(z - 2)}$ definierte Funktion in den Ringgebieten
$$R(a; r, R) := \{z \in \mathbb{C}; \quad r < |z - a| < R\}$$
zu den folgenden Parametern jeweils in eine LAURENTreihe:
$$(a; r, R) \in \{ (0; 0, 1), (0; 1, 2), (0; 2, \infty), (1; 0, 1), (2; 0, 1) \}$$

3. Man entwickle die durch
$$f(z) = \frac{1}{z(z - 1)(z - 2)}$$
definierte Funktion in den Ringgebieten $R(0; 0, 1)$, $R(0; 1, 2)$ und $R(0; 2, \infty)$ jeweils in eine LAURENTreihe.

4. Widerspricht die folgende „Identität" dem Satz von der Eindeutigkeit der LAURENTentwicklung:
$$0 = \frac{1}{z - 1} + \frac{1}{1 - z} = \frac{1}{z}\frac{1}{1 - 1/z} + \frac{1}{1 - z}$$
$$= \sum_{n=1}^{\infty} \frac{1}{z^n} + \sum_{n=0}^{\infty} z^n = \sum_{n=-\infty}^{\infty} z^n \; ?$$

5. Seien $f_0 = f_1 = 1$ und $f_n := f_{n-1} + f_{n-2}$ für $n \geq 2$.

   Man zeige:

   a) Durch $f(z) := \sum_{n=0}^{\infty} f_n z^n$ wird die rationale Funktion
   $$f(z) = \frac{1}{1 - z - z^2}$$
   definiert.

   b) Für alle $n \in \mathbb{N}_0$ gilt (die BINET'sche Formel für die FIBONACCI-Zahlen)
   $$f_n = \frac{1}{\sqrt{5}} \left(\frac{1 + \sqrt{5}}{2} \right)^{n+1} - \frac{1}{\sqrt{5}} \left(\frac{1 - \sqrt{5}}{2} \right)^{n+1}.$$

6. Hat f in a einen Pol der Ordnung $m \in \mathbb{N}$ und ist p ein Polynom vom Grad n, so hat $g = p \circ f$ in a einen Pol der Ordnung mn.

7. Für $\nu \in \mathbb{Z}$, $w \in \mathbb{C}$ sei $\mathcal{J}_\nu(w)$ der Koeffizient von z^ν in der LAURENTentwicklung von

$$f : \mathbb{C}^\bullet \longrightarrow \mathbb{C}, \quad f(z) := \exp\left(\frac{1}{2}\left(z - \frac{1}{z}\right)w\right), \quad \text{also}$$

$$f(z) = \sum_{\nu=-\infty}^{\infty} \mathcal{J}_\nu(w) z^\nu.$$

Man zeige:

a) $\mathcal{J}_\nu(-w) = \mathcal{J}_{-\nu}(w) = (-1)^\nu \mathcal{J}_\nu(w)$ für alle $\nu \in \mathbb{Z}$ und alle $w \in \mathbb{C}$.

b) $\mathcal{J}_\nu(w) = \dfrac{1}{2\pi} \displaystyle\int\limits_0^{2\pi} \cos(\nu t - w \sin t)\, dt = \dfrac{1}{\pi} \displaystyle\int\limits_0^\pi \cos(\nu t - w \sin t)\, dt.$

c) Die Funktionen $\mathcal{J}_\nu(w)$ sind analytisch in $\mathbb{C}$. Ihre TAYLORentwicklung um den Nullpunkt hat für $\nu \geq 0$ die Gestalt

$$\mathcal{J}_\nu(w) = \sum_{\mu=0}^{\infty} \frac{(-1)^\mu \left(\frac{1}{2}w\right)^{2\mu+\nu}}{\mu!\,(\nu + \mu)!}.$$

d) Die $\mathcal{J}_\nu$ erfüllen die BESSEL'sche Differentialgleichung

$$(*) \qquad w^2 f''(w) + w f'(w) + (w^2 - \nu^2) f(w) = 0.$$

Die $\mathcal{J}_\nu$ heißen *Besselfunktionen* der Ordnung ν (vgl. auch S. 118).

8. Man zeige direkt (ohne die Verwendung allgemeiner Sätze), dass die Funktion

$$f(z) := \exp\frac{1}{z}$$

in jeder punktierten Umgebung $\overset{\bullet}{U}_r(0)$ jeden Wert $w \in \mathbb{C}^\bullet$ (sogar unendlich oft) annimmt.

9. Sei $\mathcal{R}$ das Ringgebiet

$$\mathcal{R} = \{\, z \in \mathbb{C}; \quad r < |z| < R \,\}, \quad 0 < r < R.$$

Die Funktion $f(z) = 1/z$ lässt sich in $\mathcal{R}$ nicht gleichmäßig durch eine Folge von Polynomen approximieren.

10. Die Funktion $\cot \pi z$ hat die Periode 1 und ist sowohl in der oberen als auch in der unteren Halbebene analytisch. Man bestimme die FOURIERentwicklungen.

Anhang zu III.4 und III.5.
Der Begriff der meromorphen Funktion.

Es ist naheliegend, die Polstellen einer analytischen Funktion mit in den Definitionsbereich aufzunehmen und dort der Funktion den Wert ∞ zuzuschreiben.

Es sei also $\overline{\mathbb{C}} := \mathbb{C} \cup \{\infty\}$.

A1 Definition. *Eine Abbildung*

$$f : D \longrightarrow \overline{\mathbb{C}}, \quad D \subset \mathbb{C} \ \text{ offen,}$$

*heißt **meromorphe Funktion**, falls gilt:*

a) *Die Menge $S(f) = f^{-1}(\{\infty\})$ der Unendlichkeitsstellen von f ist diskret in D.*

b) *Die Einschränkung von f,*

$$f_0 : D - S(f) \longrightarrow \mathbb{C},$$

ist analytisch.

c) *Die Punkte aus $S(f)$ sind Pole von f_0.*

Addition von meromorphen Funktionen

Seien $f, g : D \to \overline{\mathbb{C}}$ zwei meromorphe Funktionen mit Polmengen S, T. Die Funktion $f + g$ ist im Bereich $D - (S \cup T)$ analytisch und hat in $S \cup T$ nur außerwesentliche Singularitäten (darunter können hebbare vorkommen). Jedenfalls kann man sie eindeutig zu einer meromorphen Funktion auf ganz D ergänzen. Diese bezeichnen wir mit $f + g$. Man definiert analog fg, f' und f/g, letzteres nur, falls die Nullstellenmenge von g diskret ist, d. h. $g \not\equiv 0$.

A2 Bemerkung. *Die Gesamtheit der meromorphen Funktionen $\mathcal{M}(D)$ auf einem Gebiet D ist ein Körper, für den zusätzlich gilt: Ist $f \in \mathcal{M}(D)$, so gehört auch f' zu $\mathcal{M}(D)$. Die Gesamtheit der analytischen Funktionen $\mathcal{O}(D)$ ist ein Unterring.*

Hierbei haben wir eine kleine Ungenauigkeit begangen. Wir haben nämlich analytische Funktionen $f : D \to \mathbb{C}$ mit den entsprechenden meromorphen Funktionen $\tilde{f} = \iota \circ f : D \to \overline{\mathbb{C}}$ ($\iota : \mathbb{C} \hookrightarrow \overline{\mathbb{C}}$ kanonische Inklusion) identifiziert.

Beispiele für in $D = \mathbb{C}$ meromorphe Funktionen sind die *rationalen Funktionen*

$$R(z) = \frac{P(z)}{Q(z)} = \frac{a_n z^n + a_{n-1} z^{n-1} + \cdots + a_0}{b_m z^m + b_{m-1} z^{m-1} + \cdots + b_0},$$

wobei P und Q Polynome sind und $m, n \in \mathbb{N}_0$, $b_m \neq 0$. Die Singularitätenmenge von R ist hier endlich; sie ist in der Nullstellenmenge $N(Q)$ des Nennerpolynoms enthalten.

Ein typisches Beispiel für eine Funktion mit unendlicher Singularitätenmenge ist

$$\cot \pi z = \frac{\cos \pi z}{\sin \pi z}.$$

Wegen

$$\sin \pi z = 0 \iff z \in \mathbb{Z}$$

ist die Singularitätenmenge die Menge $\mathbb{Z}$ der ganzen Zahlen.

Ist $f \in \mathcal{M}(D)$ und a ein Pol von f, so gibt es wegen der Diskretheit der Polstellenmenge $S(f)$ eine punktierte Umgebung $\overset{\bullet}{U}(a)$ von a mit $\overset{\bullet}{U}(a) \cap S(f) = \emptyset$. Ist k die Polordnung von f in a, so gilt für $z \in \overset{\bullet}{U}(a)$

$$f(z) = \frac{f_0(z)}{(z-a)^k}$$

mit einer in $U(a)$ analytischen Funktion f_0.

Lokal läßt sich also eine meromorphe Funktion immer als Quotient analytischer Funktionen darstellen. Es ist ein nichttrivialer Satz, daß dies auch stets global möglich ist, d. h. daß es zu einer Funktion $f \in \mathcal{M}(D)$ stets analytische Funktionen $g, h \in \mathcal{O}(D)$, $h \not\equiv 0$, gibt mit

$$f = \frac{g}{h}.$$

Diesen Satz werden wir im Falle $D = \mathbb{C}$ in Kapitel IV mit Hilfe von *Weierstraßprodukten* beweisen.

Algebraisch besagt dies: Der Quotientenkörper

$$Q(\mathcal{O}(D)) = \left\{ \frac{g}{h}; \quad g, h \in \mathcal{O}(D), \ h \not\equiv 0 \right\}$$

des Integritätsbereiches $\mathcal{O}(D)$ ist der Körper $\mathcal{M}(D)$ der meromorphen Funktionen.

Verallgemeinerung

Wenn man schon ∞ als Wert zugelassen hat, warum soll man dann ∞ nicht auch in den Definitionsbereich aufnehmen? Dazu benötigt man eine Topologisierung der Menge $\overline{\mathbb{C}} = \mathbb{C} \cup \{\infty\}$.

A3 Definition. *Eine Teilmenge $D \subset \overline{\mathbb{C}}$ heißt offen, falls folgende Bedingungen erfüllt sind:*

a) *$D \cap \mathbb{C}$ ist offen.*

b) *Ist $\infty \in D$, so existiert ein $R > 0$ mit*

$$D \supset \{z \in \mathbb{C}; \quad |z| > R\}.$$

Im folgenden verwenden wir die Konvention:

$$\frac{1}{0} = \infty, \quad \frac{1}{\infty} = 0.$$

Eine Menge $D \subset \overline{\mathbb{C}}$ ist offenbar dann und nur dann offen, wenn die Menge $\{z \in \overline{\mathbb{C}}; \quad z^{-1} \in D\}$ offen ist.

A4 Definition. *Eine Funktion*

$$f : D \longrightarrow \overline{\mathbb{C}}, \quad D \subset \overline{\mathbb{C}} \ \ offen,$$

*heißt **meromorph**, falls gilt:*

a) *f ist in $D \cap \mathbb{C}$ meromorph.*

b) *Die Funktion*

$$\widehat{f}(z) := f(1/z)$$

ist in der offenen Menge

$$\widehat{D} := \{z \in \mathbb{C}; \quad 1/z \in D\}$$

meromorph.

Ist $\infty \notin D$, D also eine offene Teilmenge von $\mathbb{C}$, dann ist diese Definition mit A1 äquivalent. Gilt jedoch $\infty \in D$, so ist 0 ein Element von $\widehat{D}$ und b) ist eine echte weitere Bedingung. Sie bedeutet die Meromorphie von f in ∞. Das Verhalten von f „in der Nähe" von $z = \infty$ entspricht also definitionsgemäß dem Verhalten der Funktion $\widehat{f}$ „in der Nähe" von $z = 0$.

In diesem Zusammenhang bietet sich auch folgende *Sprechweise* an:

Ist $D \subset \overline{\mathbb{C}}$ eine offene Teilmenge, die ∞ enthält, und ist $f : D - \{\infty\} \longrightarrow \mathbb{C}$ eine analytische Funktion, so nennt man die „Singularität ∞" von f

a) *hebbar,*

b) *außerwesentlich bzw. Pol (der Ordnung $k \in \mathbb{N}$),*

c) *wesentlich,*

falls die Funktion $\widehat{f} : \widehat{D} - \{0\} \to \mathbb{C}$ die entsprechende Eigenschaft für die Singularität 0 besitzt.

Beispiele.

1) Sei

$$p(z) = \sum_{\nu=0}^{n} a_\nu \, z^\nu \, , \quad a_\nu \in \mathbb{C}, \quad 0 \leq \nu \leq n$$

ein Polynom. Welches Verhalten zeigt p in der Nähe von ∞ ? Nach Definition müssen wir das Verhalten von $\widehat{p}$ in der Nähe von 0 untersuchen:

$$\widehat{p}(z) = p\left(\frac{1}{z}\right) = \frac{a_n}{z^n} + \frac{a_{n-1}}{z^{n-1}} + \cdots + a_0.$$

Ist p nicht konstant, d. h. $n \geq 1$, $a_n \neq 0$, so hat also $\widehat{p}$ an der Stelle $z = 0$ einen Pol der Ordnung n und damit p in ∞ einen Pol der Ordnung n.

2) Durch

$$f(z) = \exp(z) = \sum_{n=0}^{\infty} \frac{z^n}{n!}$$

wird bekanntlich eine ganze Funktion definiert. Um ihr Verhalten in ∞ zu untersuchen, hat man

$$\widehat{f}(z) = \exp\left(\frac{1}{z}\right) = \sum_{n=1}^{\infty} \frac{1}{n! \, z^n} + 1$$

zu betrachten. Die Funktion $f = \exp$ hat also in ∞ eine wesentliche Singularität.

Bei den ganzen Funktionen, d. h. den in ganz $\mathbb{C}$ analytischen Funktionen f, unterscheidet man deshalb zwischen zwei Klassen,

den *ganz rationalen* Funktionen (Polynomen), die dadurch charakterisiert werden können, daß sie in ∞ außerwesentlich singulär sind,

und

den *ganz transzendenten* Funktionen, welche in ∞ wesentlich singulär sind.

Wir bezeichnen wieder mit $\mathcal{M}(D)$ die Menge aller meromorphen Funktionen auf D und mit $\mathcal{O}(D)$ die Teilmenge aller analytischen Funktionen auf D. Das sind definitionsgemäß diejenigen meromorphen Funktionen, welche den Wert ∞ nicht annehmen.

Eine offene Teilmenge $D \subset \overline{\mathbb{C}}$ heißt *Gebiet*, falls der Durchschnitt $D \cap \mathbb{C}$ im bisherigen Sinne ein Gebiet ist.

In Analogie zu A2 gilt

A5 Bemerkung. *Die Gesamtheit der meromorphen Funktionen $\mathcal{M}(D)$ auf einem Gebiet $D \subset \overline{\mathbb{C}}$ bildet einen Körper, welcher $\mathcal{O}(D)$ als Unterring enthält.*

A6 Satz. *Die meromorphen Funktionen auf ganz $\overline{\mathbb{C}}$ sind genau die rationalen Funktionen.*

Beweis. Sei $f \in \mathcal{M}(\overline{\mathbb{C}})$. Die Funktion f ist in einer vollen punktierten Umgebung von ∞, also in einem Bereich

$$\{z \in \mathbb{C}; \quad |z| > C\}, \quad C \text{ geeignet,}$$

analytisch. Daher hat f nur endlich viele Pole $s \in \mathbb{C}$. Der Hauptteil von f in einem Pol s hat die Gestalt

$$h_s \left(\frac{1}{z - s} \right), \quad h_s \text{ ein Polynom.}$$

Die Funktion

$$g(z) = f(z) - \sum_{\substack{s \in \mathbb{C} \\ f(s) = \infty}} h_s \left(\frac{1}{z - s} \right)$$

ist in der ganzen Ebene analytisch. Nach Voraussetzung ist sie in ∞ außerwesentlich singulär und daher ein Polynom. □

Damit ist nicht nur A6 bewiesen, sondern auch

A7 Satz (Partialbruchzerlegung rationaler Funktionen). *Jede rationale Funktion ist Summe eines Polynoms und einer endlichen Linearkombination von speziellen rationalen Funktionen (Partialbrüchen) der Gestalt*

$$z \longmapsto (z - s)^{-n}, \quad n \in \mathbb{N}.$$

Ferner ergibt sich jetzt unmittelbar

A8 Satz (Variante des Liouville'schen Satzes). *Jede analytische Funktion $f : \overline{\mathbb{C}} \to \mathbb{C}$ ist konstant.*

Man kann so schließen: $f|\mathbb{C}$ ist eine rationale Funktion ohne Pole, also ein Polynom. Da es in ∞ keinen Pol hat, ist es konstant. □

Obwohl wir davon vorerst keinen Gebrauch machen, wollen wir darauf hinweisen, dass $\overline{\mathbb{C}}$ mit der Definition A3 ein *kompakter topologischer Raum* wird.

Er ist homöomorph zur Kugeloberfläche

$$S^2 = \left\{\, (w,t) \in \mathbb{C} \times \mathbb{R} \cong \mathbb{R}^3; \quad |w|^2 + t^2 = 1 \,\right\},$$

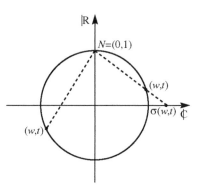

wie man mit Hilfe der stereographischen Projektion $\sigma : S^2 \to \overline{\mathbb{C}} = \mathbb{C} \cup \{\infty\}$ zeigen kann. Diese ist definiert durch

$$\sigma(w,t) = \begin{cases} \dfrac{w}{1-t}\,, & (w,t) \neq (0,1), \\[2mm] \infty, & (w,t) = (0,1) =: N. \end{cases}$$

Die Umkehrabbildung $\sigma^{-1} : \overline{\mathbb{C}} \to S^2$ wird gegeben durch

$$\sigma^{-1}(z) = \begin{cases} \left(\dfrac{2z}{|z|^2 + 1}, \dfrac{|z|^2 - 1}{|z|^2 + 1} \right), & z \neq \infty, \\[3mm] N, & z = \infty. \end{cases}$$

Betrachtet man S^2 als „Modell" für $\overline{\mathbb{C}}$, so nennt man $\overline{\mathbb{C}}$ auch *Riemann-Sphäre* (oder *Riemann'sche Zahlkugel*).

Die Variante des LIOUVILLE'schen Satzes A8 läßt sich dank der Kompaktheit von $\overline{\mathbb{C}}$ auch in einem anderen Licht betrachten. Jede stetige Funktion auf $\overline{\mathbb{C}}$ mit Werten in $\mathbb{C}$ hat ein Betragsmaximum! Nach dem Maximumprinzip muß sie konstant sein, wenn sie analytisch ist.

Möbiustransformationen

Eine rationale Funktion definiert genau dann eine *bijektive* Abbildung der Zahlkugel auf sich, wenn sie von der Gestalt

$$\frac{az + b}{cz + d}, \quad a,b,c,d \in \mathbb{C}, \ ad - bc \neq 0,$$

ist. Wir nennen solche Abbildungen *gebrochen lineare Transformationen* oder auch *Möbiustransformationen*. Jeder invertierbaren Matrix

$$M = \begin{pmatrix} a & b \\ c & d \end{pmatrix}$$

ist also eine MÖBIUStransformation

$$Mz := \frac{az + b}{cz + d}$$

zugeordnet. Die Menge aller invertierbaren 2×2-Matrizen bildet die Gruppe $\mathrm{GL}(2,\mathbb{C})$. Die Menge $\mathfrak{M}$ aller MÖBIUStransformationen ist ebenfalls eine Gruppe, Gruppenverknüpfung ist die Hintereinanderausführung von Abbildungen.

A9 Satz. *Die Abbildung*

$$GL(2, \mathbb{C}) \longrightarrow \mathfrak{M},$$

die einer Matrix M die entsprechende Möbiustransformation zuordnet, ist eine Gruppenhomomorphismus. Zwei Matrizen definieren genau dann dieselbe Möbiustransformation, wenn sie sich um einen skalaren Faktor $\neq 0$ unterscheiden.

Folgerung. *Die zu M gehörige inverse Möbiustransformation ist*

$$M^{-1}z = \frac{dz - b}{-cz + a}.$$

Näheres zu diesem Thema findet sich in den Übungsaufgaben zu diesem Paragraphen.

Übungsaufgaben zum Anhang zu III.4 und III.5

1. Sei $D \subset \overline{\mathbb{C}}$ ein nicht leeres Gebiet. Die Menge $\mathcal{M}(D)$ der in D meromorphen Funktionen ist ein Körper.

2. Die Nullstellenmenge einer auf einem Gebiet D definierten von Null verschiedenen meromorphen Funktion ist diskret in D.

3. Sei ∞ Singularität einer analytischen Funktion f. Man klassifiziere die drei Typen von Singularitäten durch das Abbildungsverhalten.

4. Man beweise, dass die im Anhang zu §4 und §5 definierte stereographische Projektion

$$\sigma : S^2 \longrightarrow \overline{\mathbb{C}}$$

bijektiv ist und dass ihre Umkehrabbildung durch die angegebene Formel geliefert wird.

5. Sei $f : \mathbb{C} \to \mathbb{C}$ eine ganze Funktion, ferner sei f injektiv. Man zeige, dass f von der Form

$$f(z) = az + b, \quad a \neq 0,$$

ist, und folgere, daß jedes solche f eine konforme Selbstabbildung von $\mathbb{C}$ ist. Die Gruppe $\text{Aut}(\mathbb{C})$ der konformen Selbstabbildungen von $\mathbb{C}$ besteht genau aus den affinen Abbildungen $z \mapsto az + b$, $a, b \in \mathbb{C}$, $a \neq 0$.

6. Man bestimme alle ganzen Funktionen f mit $f(f(z)) = z$ für alle $z \in \mathbb{C}$.

7. Ein *Automorphismus* der Zahlkugel $\overline{\mathbb{C}}$ ist eine Abbildung $f : \overline{\mathbb{C}} \to \overline{\mathbb{C}}$ mit den Eigenschaften

a) f ist meromorph, und

b) f ist bijektiv.

Man zeige, dass

a) die Umkehrabbildung f^{-1} wieder meromorph ist und

b) jeder Automorphismus von $\overline{\mathbb{C}}$ eine Möbiustransformation ist und umgekehrt:
$\mathrm{Aut}(\overline{\mathbb{C}}) = \mathfrak{M}$.

8. Eine von der Identität verschiedene Möbiustransformation hat mindestens einen aber höchstens zwei Fixpunkte.

9. Seien a, b und c drei verschiedene Punkte der Zahlkugel $\overline{\mathbb{C}}$. Man zeige, dass es genau eine Möbiustransformation M mit der Eigenschaft

$$Ma = 0, \quad Mb = 1, \quad Mc = \infty$$

gibt.

Tip. Man betrachte

$$Mz := \frac{z-a}{z-c} : \frac{b-a}{b-c}.$$

Bemerkung. Der rechts stehende Ausdruck heißt auch das *Doppelverhältnis* von z, a, b und c, abgekürzt $\mathrm{DV}(z, a, b, c)$.

10. Eine Teilmenge der Zahlkugel $\overline{\mathbb{C}}$ heißt *verallgemeinerte Kreislinie,* falls sie entweder eine Kreislinie in $\mathbb{C}$ oder eine (nicht notwendig durch 0 gehende) Gerade vereinigt mit dem Punkt ∞ ist. Eine Abbildung der Kugel in sich heißt *kreisverwandt,* falls sie verallgemeinerte Kreislinien auf verallgemeinerte Kreislinien abbbildet.

Man zeige, dass Möbiustransformationen kreisverwandt sind.

11. Zu jeweils zwei verallgemeinerten Kreislinien existiert eine Möbiustransformation, welche die eine in die andere überführt.

12. Folgenden Satz beweist man in der linearen Algebra mit der Jordan'schen Normalform:

Zu jeder Matrix $M \in \mathrm{GL}(2, \mathbb{C})$ existiert eine Matrix $A \in \mathrm{GL}(2, \mathbb{C})$, so dass AMA^{-1} eine Diagonalmatrix oder eine Dreiecksmatrix mit zwei gleichen Diagonalelementen ist.

Man gebe hierfür einen funktionentheoretischen Beweis.

Anleitung. Nach geeigneter Wahl von A kann man annehmen, dass ∞ Fixpunkt von M ist.

13. Zu jeder Matrix endlicher Ordnung $M \in \mathrm{SL}(2, \mathbb{C})$ existiert eine Matrix $A \in \mathrm{GL}(2, \mathbb{C})$, so dass

$$AMA^{-1} = \begin{pmatrix} \zeta & 0 \\ 0 & \zeta^{-1} \end{pmatrix}$$

mit einer Einheitswurzel ζ gilt.

6. Der Residuensatz

Vorbemerkungen über Umlaufzahlen

In II.2.8 hatten wir den Begriff des *Elementargebietes* eingeführt:

Ein Gebiet $D \subset \mathbb{C}$ heißt *Elementargebiet*, wenn *jede* analytische Funktion $f : D \to \mathbb{C}$ eine Stammfunkion in ganz D besitzt, oder — äquivalent hierzu —, für *jede* geschlossene Kurve α in D und jede analytische Funktion $f : D \to \mathbb{C}$ gilt:

$$\int_\alpha f(\zeta)\, d\zeta = 0.$$

Eine in diesem Zusammenhang naheliegende Frage ist:

Sei $D \subset \mathbb{C}$ ein *beliebiges* Gebiet. *Wie lassen sich diejenigen geschlossenen Kurven α in D charakterisieren, für die $\int_\alpha f(\zeta)\, d\zeta = 0$ für jede analytische Funktion $f : D \to \mathbb{C}$ gilt?*

Wir werden im Anhang B zu Kapitel IV sehen, dass dies genau diejenigen geschlossenen Kurven α in D sind, die keinen Punkt des Komplements $\mathbb{C} - D$ „umlaufen". Insbesondere ergibt sich, dass Elementargebiete dadurch charakterisiert sind, dass das „Innere" jeder geschlossenen in D verlaufenden Kurve zu D gehört. Anschaulich bedeutet dies, dass D keine Löcher hat.

Wie lässt sich nun das „Umlaufen" einer geschlossenen Kurve α in D um einen Punkt a mit $a \notin \operatorname{Bild} \alpha$ definieren?

Wir lassen uns zur Motivation der anschließenden Definition von einem anschaulichen *Beispiel* leiten:

Für $k \in \mathbb{Z} - \{0\}$ und $r > 0$, $z_0 \in \mathbb{C}$, sei

$$\varepsilon_k(t) = z_0 + r \exp(2\pi i k t), \quad 0 \le t \le 1,$$

die k-fach durchlaufene Kreislinie mit Mittelpunkt z_0 und Radius r.

Es gilt

$$\frac{1}{2\pi i} \int_{\varepsilon_k} \frac{1}{\zeta - z}\, d\zeta = \begin{cases} k & \text{für alle } z \text{ mit } |z - z_0| < r, \\ 0 & \text{für alle } z \text{ mit } |z - z_0| > r. \end{cases}$$

Dieses Beispiel gibt Anlass zu der

6.1 Definition. *Sei α eine geschlossene, stückweise glatte Kurve, deren Bild den Punkt $z \in \mathbb{C}$ nicht enthält: Die* **Umlaufzahl** *(auch die* **Windungszahl** *oder der* **Index***) von α bezüglich z ist definiert durch*

$$\chi(\alpha; z) := \frac{1}{2\pi i} \int\limits_{\alpha} \frac{1}{\zeta - z} \, d\zeta.$$

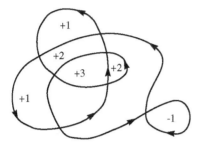 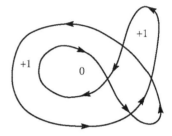

Diese Definition ist ganz und gar *ungeometrisch*. Für den Augenblick geben wir uns damit zufrieden, dass diese Definition im Falle von Kreislinien mit der Anschauung übereinstimmt. Der Leser mache sich klar, dass eine exakte Definition der Umlaufzahl, die der Anschauung nahekommt, nicht einfach ist. Man kann zeigen (vgl. Aufgabe 3e) aus III.6), dass das die Umlaufzahl definierende Integral die *Gesamtänderung des Arguments von* $\alpha(t)$ misst, wenn t das Parameterintervall von α durchläuft.

Im Anhang zu Kapitel IV werden wir zeigen, dass man jede geschlossene Kurve in der punktierten Ebene in eine k-fach durchlaufene Kreislinie stetig deformieren kann. Hieraus wird sich ergeben, dass die Umlaufzahl gerade die ganze Zahl k ist, im Einklang mit der Anschauung. Wer nicht auf den Anhang vertröstet werden will, findet in den Übungsaufgaben zu diesem Paragraphen die Möglichkeit, die wesentlichen Eigenschaften der Umlaufzahl, insbesondere ihre Ganzzahligkeit, abzuleiten. Ist α eine geschlossene Kurve in einem *Elementargebiet*, so ist nach dem CAUCHY'schen Integralsatz die Umlaufzahl um jeden Punkt des Komplements von D Null. Wir werden im Anhang B zu Kapitel IV zeigen, dass hiervon auch die Umkehrung gilt. Anschaulich ist dies eine Präzisierung der schon mehrfach erwähnten Tatsache, dass Elementargebiete genau die Gebiete ohne Löcher sind.

Ist $\mathcal{R}$ ein Ringgebiet, $r < |z| < R$, so umlaufen die Kreislinien vom Radius ϱ, $r < \varrho < R$, Punkte des Komplements, nämlich alle z mit $|z| \leq r$.

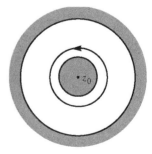

Mit Hilfe der Umlaufzahl lässt sich auch präzisieren, was man unter dem „Inneren" bzw. „Äußeren" einer geschlossenen Kurve zu verstehen hat.

Ist $\alpha : [a,b] \to \mathbb{C}$ eine (stückweise glatte) geschlossene Kurve, dann heißt

$$\operatorname{Int}(\alpha) := \{\, z \in \mathbb{C} - \operatorname{Bild}\alpha; \quad \chi(\alpha;z) \neq 0 \,\} \quad \text{das } \textit{Innere von } \alpha$$

und

$$\operatorname{Ext}(\alpha) := \{\, z \in \mathbb{C} - \operatorname{Bild}\alpha; \quad \chi(\alpha;z) = 0 \,\} \quad \text{das } \textit{Äußere von } \alpha.$$

Es gilt stets

$$\mathbb{C} - \operatorname{Bild}\alpha = \operatorname{Int}(\alpha) \cup \operatorname{Ext}(\alpha) \quad \text{(disjunkte Vereinigung)} \,.$$

Für den Fall $\alpha = \varepsilon_k$ (siehe unser Beispiel) stimmt der eingeführte Begriff mit der Anschauung überein:

$$\operatorname{Int}(\alpha) = \{\, z \in \mathbb{C} - \operatorname{Bild}\alpha; \quad \chi(\alpha;z) \neq 0 \,\} = \{\, z \in \mathbb{C}; \quad |z - z_0| < r \,\},$$
$$\operatorname{Ext}(\alpha) = \{\, z \in \mathbb{C} - \operatorname{Bild}\alpha; \quad \chi(\alpha;z) = 0 \,\} = \{\, z \in \mathbb{C}; \quad |z - z_0| > r \,\}.$$

Für Elementargebiete D gilt: Ist α eine geschlossene Kurve in D, dann ist $\operatorname{Int}(\alpha) \subset D$.

Wir schließen diese Vorbemerkungen mit einem Verfahren *zur Bestimmung der Umlaufzahl*, mit dem man sie in konkreten Fällen (z. B. in den Anwendungen 7.2) leicht berechnen kann. Schlitzt man die komplexe Ebene längs einer von $z \in \mathbb{C}$ ausgehenden Halbgeraden, so erhält man ein Sterngebiet (also ein Elementargebiet). Das Kurvenintegral

$$\int\limits_{\alpha} \frac{1}{\zeta - z} \, d\zeta$$

über irgendeine Kurve $\alpha : [a,b] \to \mathbb{C}$, $z \notin \operatorname{Bild}\alpha$, hängt also nur vom Anfangs- und Endpunkt von α ab, so lange die Kurve die Halbgerade nicht überschreitet. Dies kann man ausnutzen, um eine vorgelegte geschlossene Kurve zu vereinfachen, ohne die Umlaufzahl zu verändern.

1. Beispiel. Für die beiden Kurven α und β (s. Abbildung) gilt

$$\int\limits_{\alpha} \frac{1}{\zeta - z} \, d\zeta = \int\limits_{\beta} \frac{1}{\zeta - z} \, d\zeta.$$

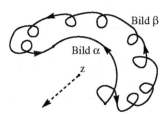

2. Beispiel. Sei $r > 0$ und

$$\alpha(t) = \begin{cases} t, & \text{für } -r \le t \le r, \\ re^{i(t-r)} & \text{für } r \le t \le r+\pi, \end{cases}$$

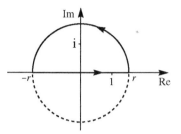

dann ist

$$\chi(\alpha; i) = \begin{cases} 1, & \text{falls } r > 1, \\ 0, & \text{falls } 0 < r < 1. \end{cases}$$

Statt über das Intervall von $-r$ bis r zu integrieren, kann man nämlich auch über den „unteren Halbkreis" integrieren. Insgesamt erhält man dann ein Integral über eine Kreislinie.

6.2 Definition. *Sei $a \in \mathbb{C}$ eine Singularität der analytischen Funktion f,*

$$f(z) = \sum_{n=-\infty}^{\infty} a_n (z-a)^n$$

ihre Laurententwicklung in einer punktierten Umgebung von a. Der Koeffizient a_{-1} in dieser Entwicklung heißt **Residuum** *von f an der Stelle a.*

Bezeichnung. $\mathrm{Res}(f; a) := a_{-1}$.

Nach der Koeffizientenformel 5.2 gilt

$$\mathrm{Res}(f; a) = \frac{1}{2\pi i} \oint_{|\zeta - a| = \varrho} f(\zeta)\, d\zeta$$

für genügend kleines ϱ. In hebbaren Singularitäten ist das Residuum Null. Es kann jedoch auch in echten Singularitäten verschwinden. Ist beispielsweise $f_n(z) = z^n$, $n \in \mathbb{Z}$, so ist $\mathrm{Res}(f_n; 0) = 0$ für $n \ne -1$ und $= 1$ für $n = -1$.

Wir kommen nun zum Hauptsatz des Kapitels:

6.3 Theorem (Residuensatz, A.-L. CAUCHY, 1826**).** *Es seien $D \subset \mathbb{C}$ ein Elementargebiet und $z_1, \ldots, z_k \in D$ endlich viele (paarweise verschiedene) Punkte, ferner sei $f : D - \{z_1, \ldots, z_k\} \to \mathbb{C}$ eine analytische Funktion und $\alpha : [a, b] \longrightarrow D - \{z_1, \ldots, z_k\}$ eine geschlossene (stückweise glatte) Kurve. Dann gilt*

Residuenformel

$$\int_{\alpha} f(\zeta)\, d\zeta = 2\pi i \sum_{j=1}^{k} \mathrm{Res}(f; z_j)\, \chi(\alpha; z_j).$$

Beweis. Wir entwickeln f um jede der Singularitäten z_j in eine LAURENTreihe,

$$f(z) = \sum_{n=-\infty}^{\infty} a_n^{(j)}(z - z_j)^n, \quad 1 \le j \le k.$$

Nach Definition ist $a_{-1}^{(j)} = \operatorname{Res}(f; z_j)$, $1 \le j \le k$. Da jeder Hauptteil

$$h_j\left(\frac{1}{z - z_j}\right) := \sum_{n=-1}^{-\infty} a_n^{(j)}(z - z_j)^n,$$

eine in $\mathbb{C} - \{z_j\}$ analytische Funktion definiert, hat die Funktion

$$g(z) = f(z) - \sum_{j=1}^{k} h_j\left(\frac{1}{z - z_j}\right)$$

an den Stellen z_j, $1 \le j \le k$, hebbare Singularitäten, lässt sich also in ganz D analytisch fortsetzen. Da D ein Elementargebiet ist, folgt

$$0 = \int_\alpha g(\zeta)\, d\zeta = \int_\alpha \left(f(\zeta) - \sum_{j=1}^{k} h_j\left(\frac{1}{\zeta - z_j}\right)\right) d\zeta$$

$$= \int_\alpha f(\zeta)\, d\zeta - \sum_{j=1}^{k} \int_\alpha h_j\left(\frac{1}{\zeta - z_j}\right) d\zeta$$

$$= \int_\alpha f(\zeta)\, d\zeta - \sum_{j=1}^{k} \int_\alpha \sum_{n=-1}^{-\infty} a_n^{(j)}(\zeta - z_j)^n d\zeta$$

$$= \int_\alpha f(\zeta)\, d\zeta - \sum_{j=1}^{k} \sum_{n=-1}^{-\infty} a_n^{(j)} \int_\alpha (\zeta - z_j)^n d\zeta$$

$$= \int_\alpha f(\zeta)\, d\zeta - \sum_{j=1}^{k} a_{-1}^{(j)} \int_\alpha \frac{1}{\zeta - z_j}\, d\zeta$$

$$= \int_\alpha f(\zeta)\, d\zeta - 2\pi i \sum_{j=1}^{k} \operatorname{Res}(f; z_j)\, \chi(\alpha; z_j)$$

nach Definition des Residuums und der Umlaufzahl, also

$$\int_\alpha f(\zeta)\, d\zeta = 2\pi i \sum_{j=1}^{k} \operatorname{Res}(f; z_j)\, \chi(\alpha; z_j). \qquad \square$$

Bemerkungen.

1) In der Residuenformel von Theorem 6.3 liefern nur diejenigen Punkte z_j einen Beitrag, für die $\chi(\alpha; z_j) \neq 0$ ist, d. h. die Punkte z_j, die von α umlaufen werden, m. a. W. die Punkte im Innern von α, $z_j \in \text{Int}\,(\alpha)$.

2) Ist f in die Punkte $z_1, \ldots, z_k$ hinein analytisch fortsetzbar, dann ist

$$\int\limits_{\alpha} f(\zeta)\, d\zeta = 0.$$

Der Residuensatz ist also eine Verallgemeinerung des CAUCHY'schen Integralsatzes für Elementargebiete.

3) Ist f analytisch in dem Elementargebiet D, und ist $z \in D$, dann ist die Funktion

$$h : D - \{z\} \longrightarrow \mathbb{C}, \quad \zeta \longmapsto \frac{f(\zeta)}{\zeta - z},$$

analytisch, und es gilt $\text{Res}(h; z) = f(z)$. Nach der Residuenformel ist

$$\frac{1}{2\pi i} \int\limits_{\alpha} h(\zeta)\, d\zeta = \frac{1}{2\pi i} \int\limits_{\alpha} \frac{f(\zeta)}{\zeta - z}\, d\zeta = \text{Res}(h; z)\, \chi(\alpha; z) = f(z)\, \chi(\alpha; z).$$

Damit haben wir eine Verallgemeinerung der CAUCHY'schen Integralformel gefunden:

$$\boxed{\chi(\alpha; z) f(z) = \frac{1}{2\pi i} \int\limits_{\alpha} \frac{f(\zeta)}{\zeta - z}\, d\zeta.}$$

Bevor wir uns mit den Anwendungen des Residuensatzes beschäftigen, geben wir noch einige für das folgende nützliche Rechenregeln für die *Berechnung spezieller Residuen* im Falle außerwesentlicher Singularitäten an.

6.4 Bemerkung. *Seien $D \subset \mathbb{C}$ ein Gebiet, $a \in D$ ein Punkt aus D und $f, g : D - \{a\} \to \mathbb{C}$ analytische Funktionen mit außerwesentlicher Singularität in a. Dann gilt:*

1) *Ist $\text{ord}(f; a) \geq -1$, so gilt*

$$\text{Res}(f; a) = \lim_{z \to a} (z - a) f(z).$$

Ist allgemeiner a ein Pol der Ordnung k, so gilt

$$\text{Res}(f; a) = \frac{\widetilde{f}^{(k-1)}(a)}{(k-1)!} \quad \textit{mit } \widetilde{f}(z) = (z - a)^k f(z).$$

2) *Ist $\text{ord}(f; a) \geq 0$ und $\text{ord}(g; a) = 1$, so gilt*

$$\text{Res}(f/g; a) = \frac{f(a)}{g'(a)}.$$

3) *Ist $f \not\equiv 0$, so ist für alle $a \in D$*

$$\text{Res}(f'/f; a) = \text{ord}(f; a).$$

4) *Ist g analytisch, so gilt*

$$\text{Res}\left(g\,\frac{f'}{f}\,;\,a\right) = g(a)\,\text{ord}(f; a).$$

Beispiele.

1) Die Funktion

$$h(z) = \frac{\exp(\mathrm{i}z)}{z^2 + 1}$$

hat bei $a = \mathrm{i}$ einen Pol erster Ordnung.

Aus 6.4,1) folgt wegen $z^2 + 1 = (z - \mathrm{i})(z + \mathrm{i})$

$$\text{Res}(h; \mathrm{i}) = \lim_{z \to \mathrm{i}}(z - \mathrm{i})h(z) = -\frac{\mathrm{i}}{2e}.$$

Dasselbe Resultat erhält man aus 6.4,2) mit $f(z) = \exp(\mathrm{i}z)$ und $g(z) = z^2 + 1$,

$$\text{Res}(h; \mathrm{i}) = \frac{f(\mathrm{i})}{g'(\mathrm{i})} = \frac{\exp(-1)}{2\mathrm{i}} = -\frac{\mathrm{i}}{2e}.$$

2) Die Funktion

$$h(z) = \pi\frac{\cos(\pi z)}{\sin(\pi z)}$$

hat in $k \in \mathbb{Z}$ Pole erster Ordnung mit

$$\text{Res}(h; k) = \pi\frac{\cos(\pi k)}{\pi\cos(\pi k)} = 1.$$

3) Die Funktion

$$f(z) = \frac{1}{(z^2 + 1)^3}$$

hat an der Stelle $z = \mathrm{i}$ einen Pol der Ordnung 3. Nach 6.4,1) gilt

$$\text{Res}(f; \mathrm{i}) = \frac{\tilde{f}^{(2)}(\mathrm{i})}{2!} \quad \text{mit} \quad \tilde{f}(z) = \frac{1}{(z + \mathrm{i})^3},$$

also

$$\text{Res}(f; \mathrm{i}) = -\frac{3\mathrm{i}}{16}.$$

Übungsaufgaben zu III.6

1. Für die durch die folgenden Formeln definierten Funktionen bestimme man jeweils in allen ihren Singularitäten die Residuen:

   a) $\dfrac{1 - \cos z}{z^2}$,   b) $\dfrac{z^3}{(1 + z)^3}$,   c) $\dfrac{1}{(z^2 + 1)^3}$,

   d) $\dfrac{1}{(z^2 + 1)(z - 1)^2}$,   e) $\dfrac{\exp(z)}{(z - 1)^2}$,   f) $z \exp\left(\dfrac{1}{1 - z}\right)$,

   g) $\dfrac{1}{(z^2 + 1)(z - i)^3}$,   h) $\dfrac{1}{\exp(z) + 1}$.   i) $\dfrac{1}{\sin \pi z}$.

2. Sei $D \subset \mathbb{C}$ ein Gebiet, $\alpha : [0, 1] \to D$ eine glatte geschlossene Kurve, $a \notin \text{Bild}\,\alpha$. *Man zeige:* Die *Umlaufzahl*

$$\chi(\alpha; a) = \frac{1}{2\pi i} \int\limits_{\alpha} \frac{1}{\zeta - a}\, d\zeta$$

   ist stets eine ganze Zahl.

   Anleitung: Man definiere für $t \in [0, 1]$

$$G(t) := \int\limits_{0}^{t} \frac{\alpha'(s)}{\alpha(s) - a}\, ds \quad \text{und} \quad F(t) := (\alpha(t) - a) \exp(-G(t)).$$

   Man berechne $F'(t)$ und zeige $\alpha(t) - a = (\alpha(0) - a) \exp G(t)$ für alle $t \in [0, 1]$.

3. *Rechenregeln für die Umlaufzahl*

   a) Ist α eine geschlossene Kurve in $\mathbb{C}$, so ist die Funktion

$$\mathbb{C} - \text{Bild}\,\alpha \longrightarrow \mathbb{C}, \quad z \longmapsto \chi(\alpha; z),$$

   lokal konstant.

   b) Sind α und β zwei zusammensetzbare geschlossene Kurven, so gilt

$$\chi(\alpha \oplus \beta; z) = \chi(\alpha; z) + \chi(\beta; z),$$

   falls z weder im Bild von α noch im Bild von β liegt. Insbesondere gilt

$$\chi(\alpha^-; z) = -\chi(\alpha; z).$$

   c) Das Innere einer geschlossenen Kurve ist stets beschränkt, das Äußere jedoch stets unbeschränkt, insbesondere nicht leer.

   d) Verläuft eine geschlossene Kurve α in einer Kreisscheibe, so ist das Komplement der Kreisscheibe im Äußeren von α enthalten.

   e) Ist $\alpha : [0, 1] \to \mathbb{C}$ ein Kurve und ist a ein Punkt in ihrem Komplement, so existieren eine Partition $0 = a_0 < a_1 < \cdots < a_n = 1$ und Elementargebiete (sogar Kreisscheiben) $D_1, \ldots, D_n$, welche a nicht enthalten, und so, dass $\alpha[a_{\nu-1}, a_\nu] \subset D_\nu$, $1 \le \nu \le n$, gilt. Aus der Tatsache, dass in jedem D_ν ein stetiger Zweig des Logarithmus von $(z - a)^{-1}$ existiert, ergibt sich ein neuer Beweis für die Ganzzahligkeit der Umlaufzahl von α, wenn α geschlossen ist, d. h. $\alpha(0) = \alpha(1)$.

4. Hat f in ∞ eine (isolierte) Singularität, so definiert man

$$\operatorname{Res}(f;\infty) := -\operatorname{Res}(\widetilde{f};0), \quad \text{dabei sei}$$

$$\widetilde{f}(z) := \frac{1}{z^2}\widehat{f}(z) = \frac{1}{z^2}f\left(\frac{1}{z}\right).$$

Warum der Faktor z^{-2} angefügt wird, zeigt sich in den folgenden Rechenregeln, insbesondere der Rechenregel aus Aufgabe 5.

a) *Man zeige:*

$$\operatorname{Res}(f;\infty) = -\frac{1}{2\pi i}\oint_{\alpha_R} f(\zeta)\,d\zeta,$$

dabei ist $\alpha_R(t) = R\exp(it)$, $t \in [0,2\pi]$, und R so groß gewählt, daß f im Komplement der abgeschlossenen Kreisscheibe vom Radius R um 0 analytisch ist.

b) Die Funktion

$$f(z) = \begin{cases} 1/z, & \text{falls } z \neq \infty, \\ 0, & \text{falls } z = \infty, \end{cases}$$

hat in ∞ eine hebbare Singularität, aber $\operatorname{Res}(f;\infty) = -1$ (nicht Null!).

Hier scheint ∞ eine Sonderrolle zu spielen. Diese Sonderrolle würde aufgehoben, wenn man den Begriff des *Differentials* eingeführt hätte. Der Ordnungsbegriff bezieht sich auf die Funktion f, der Begriff des Residuums auf das Differential $f(z)\,dz$.

5. Sei $f : \overline{\mathbb{C}} \to \overline{\mathbb{C}}$ eine rationale Funktion.

Man zeige:

$$\sum_{p\in\overline{\mathbb{C}}}\operatorname{Res}(f;p) = 0 \qquad \text{(Geschlossenheitsrelation)}.$$

6. Man berechne die folgenden Integrale

a) $\quad I := \oint_{|\zeta|=2}\frac{1}{(\zeta-3)(\zeta^{13}-1)}\,d\zeta,$ \qquad b) $\quad I := \oint_{|\zeta|=10}\frac{\zeta^3}{\zeta^4-1}\,d\zeta.$

7. Hat f in $a \in \mathbb{C}$ einen Pol erster Ordnung und ist g analytisch in einer (offenen) Umgebung von a, dann gilt

$$\operatorname{Res}(fg;a) = g(a)\operatorname{Res}(f;a).$$

8. Das Residuum einer analytischen Funktion f in einer Singularität $a \in \mathbb{C}$ ist die eindeutig bestimmte komplexe Zahl c, so dass die Funktion

$$f(z) - \frac{c}{z-a}$$

in einer geeigneten punktierten Umgebung von a eine Stammfunktion besitzt.

9. Sei f analytisch in $\overset{\bullet}{U}_r(0) := U_r(0) - \{0\}$, $r > 0$.

Man zeige: $\operatorname{Res}(f';0) = 0$.

10. Sei $\varphi : D \to \widetilde{D}$ eine konforme Abbildung zwischen zwei Gebieten der Ebene, $\widetilde{\alpha}$ eine Kurve in $\widetilde{D}$ und $\alpha = \varphi^{-1}(\widetilde{\alpha})$ ihr Urbild in D, so gilt für jede stetige Funktion $f : \widetilde{D} \to \mathbb{C}$

$$\int_{\widetilde{\alpha}} f(\eta) \, d\eta = \int_{\alpha} f(\varphi(\zeta)) \varphi'(\zeta) \, d\zeta.$$

Man leite folgende *Transformationsformel für Residuen* ab:

$$\operatorname{Res}(f; \varphi(a)) = \operatorname{Res}((f \circ \varphi)\varphi'; a).$$

Dabei sei f eine analytische Funktion auf $\widetilde{D} - \{\varphi(a)\}$. Dies beinhaltet auch eine Invarianzaussage der Umlaufzahl bei konformen Abbildungen.

7. Anwendungen des Residuensatzes

Wir greifen von den zahlreichen Anwendungen des Residuensatzes einige wenige heraus. Zunächst behandeln wir einige funktionentheoretische Anwendungen. Beispielsweise führen wir ein Integral ein, welches Null- und Polstellen zählt. Eine andere wichtige Anwendung ist die Berechnung von bestimmten Integralen. Der Residuensatz liefert ein Instrument zur Berechnung vieler, auch rein reeller Integrale. Schließlich wenden wir den Residuensatz zur Reihensummation an: Wir werden die Partialbruchentwicklung des Kotangens ableiten. In den Übungsaufgaben wird der Residuensatz auch zur Berechnung GAUSS'scher Summen verwendet.

Funktionentheoretische Konsequenzen aus dem Residuensatz

Wir beginnen mit einem Satz, der die Anzahl der Nullstellen einer Funktion in einem Elementargebiet mit der Anzahl ihrer Polstellen in Beziehung setzt. Aus der Rechenregel 6.4,3) folgt unmittelbar:

7.1 Satz. *Sei $D \subset \mathbb{C}$ ein Elementargebiet (etwa ein Sterngebiet), f eine in D meromorphe Funktion mit den Nullstellen $a_1, \ldots, a_n \in D$ und den Polstellen $b_1, \ldots, b_m \in D$. Dann gilt für jede geschlossene stückweise glatte Kurve α in D, auf deren Bild keine der Pol- oder Nullstellen von f liegt:*

$$\boxed{\frac{1}{2\pi i} \int_{\alpha} \frac{f'}{f}(\zeta) \, d\zeta = \sum_{\mu=1}^{n} \operatorname{ord}(f; a_\mu) \chi(\alpha; a_\mu) + \sum_{\nu=1}^{m} \operatorname{ord}(f; b_\nu) \chi(\alpha; b_\nu).}$$

Eine Anwendung von Satz 7.1 ist folgender Satz von A. HURWITZ:

7.2 Theorem (A. HURWITZ, 1889). *Sei $f_0, f_1, f_2, \ldots : D \to \mathbb{C}$ eine Folge von in einem Gebiet $D \subset \mathbb{C}$ nullstellenfreien analytischen Funktionen, welche lokal gleichmäßig gegen die (analytische) Funktion $f : D \to \mathbb{C}$ konvergiert. Dann gilt:*

f ist entweder identisch Null, oder f hat ebenfalls keine Nullstelle in D.

Beweis. Wir schließen indirekt, nehmen also an, dass f nicht identisch 0 ist, aber eine Nullstelle a besitzt. Wir wählen ε so klein, dass die Kreisscheibe vom Radius 2ε um a in D enthalten ist, und so, dass f für $0 < |z - a| < 2\varepsilon$ keine Nullstelle hat. Man überlegt sich leicht, dass f_n'/f_n in $U_{2\varepsilon}(a) - \{a\}$ lokal gleichmäßig gegen f'/f konvergiert. Insbesondere gilt

$$0 = \frac{1}{2\pi i} \oint_{\partial U_\varepsilon(a)} \frac{f_n'}{f_n} \to \frac{1}{2\pi i} \oint_{\partial U_\varepsilon(a)} \frac{f'}{f}$$

im Widerspruch zur Annahme $f(a) = 0$. $\square$

7.3 Folgerung. *Sei $D \subset \mathbb{C}$ ein Gebiet, $f_0, f_1, f_2, \ldots$ eine Folge von **injektiven** analytischen Funktionen $f_n : D \to \mathbb{C}$, die lokal gleichmäßig gegen die (analytische) Funktion $f : D \to \mathbb{C}$ konvergiert. Dann ist f entweder konstant oder wieder injektiv.*

Beweis. Sei f nicht konstant und $a \in D$. Wegen der Injektivität der f_n ist dann jede Funktion $f_n(z) - f_n(a)$ nullstellenfrei in $D - \{a\}$. Nach 7.2 ist auch die Grenzfunktion

$$z \longmapsto f(z) - f(a)$$

nullstellenfrei in $D - \{a\}$, also $f(z) \neq f(a)$ für alle $z \in D - \{a\}$. $\square$

Varianten von Satz 7.1 und weitere Anwendungen

7.4 Satz (Spezialfall von 7.1). *Wir definieren (mit den Bezeichnungen von 7.1)*

$$N(0) := \sum_{\mu=1}^{n} \operatorname{ord}(f; a_\mu) \quad = \text{Gesamtanzahl der Nullstellen,}$$

$$N(\infty) := -\sum_{\nu=1}^{m} \operatorname{ord}(f; b_\nu) \quad = \text{Gesamtanzahl der Polstellen}$$

(mit Vielfachheiten gerechnet). Wir nehmen an, dass die Kurve α alle Pol- und Nullstellen umläuft und zwar jede genau einmal. Dann gilt

> **Anzahlformel für Null- und Polstellen**
> $$\frac{1}{2\pi i} \int_\alpha \frac{f'}{f}(\zeta)\, d\zeta = N(0) - N(\infty).$$

Wenn f keine Pole hat, so erhalten wir eine Formel für die Anzahl der Nullstellen. Mit Hilfe dieser Formel kann man häufig numerisch entscheiden, ob eine analytische Funktion in einem vorgegebenen Bereich eine Nullstelle hat oder nicht.

7.5 Bemerkung (Argumentprinzip). *Die Funktion $f : D \to \mathbb{C}$ sei analytisch, α sei eine geschlossene Kurve in D, auf deren Bild f keine Nullstelle hat. Dann gilt*

$$\frac{1}{2\pi i} \int\limits_{\alpha} \frac{f'(\zeta)}{f(\zeta)} \, d\zeta = \chi(f \circ \alpha; 0).$$

Dies ist eine ganze Zahl (s. Übungsaufgabe 2 in III.6 oder Folgerung aus A10). Unter den Voraussetzungen und Bezeichnungen von 7.1 und 7.4 ist diese Zahl gleich $N(0)$.

Die Anzahl der Nullstellen von f (mit Vielfachheiten gerechnet) ist also gleich der Umlaufzahl der Bildkurve $f \circ \alpha$ um den Nullpunkt. Die Richtigkeit von 7.5 ergibt sich aus 7.4 und der Substitutionsregel für Integrale.   □

Beim Beweis des Satzes von der Gebietstreue (III.3.3) haben wir gezeigt, dass sich jede in einem Gebiet D, $0 \in D$, nichtkonstante analytische Funktion mit der Eigenschaft $f(0) = 0$ nach eventueller Verkleinerung von D als Zusammensetzung einer konformen Abbildung mit der n-ten Potenz darstellen lässt. Hieraus ergibt sich unmittelbar folgender Satz, den man auch aus dem Residuensatz ableiten kann.

7.6 Satz. *Sei $f : D \to \mathbb{C}$ eine nichtkonstante analytische Funktion auf einem Gebiet $D \subset \mathbb{C}$. Sei $a \in D$ ein fester Punkt und $b = f(a)$. Die Ordnung von $f(z) - b$ an der Stelle $z = a$ sei $n \in \mathbb{N}$. Dann gibt es offene Umgebungen $U \subset D$ von a und $V \subset \mathbb{C}$ von b, so dass zu jedem $w \in V$, $w \neq b$ genau n Urbilder $z_1, \dots, z_n \in U$ existieren. Es gilt also $f(z_j) = w$ für $1 \leq j \leq n$. Überdies ist die Ordnung von $f(z) - w$ an allen Stellen z_j gleich 1.*

Beweis mit Hilfe des Argumentprinzips. Wir wählen eine ε-Umgebung von a, deren Abschluss ganz in D enthalten ist. Wir können ε so klein wählen, dass f keine b-Stelle auf ihrem Rand hat, und so, dass die Ableitung für $0 < |z - a| \leq \varepsilon$ von 0 verschieden ist. Wir wählen $U = U_\varepsilon(a)$ und $V = V_\delta(b)$, wobei wir δ so klein wählen, dass

$$V \cap f(\partial U) = \emptyset.$$

Dies ist möglich, da das Bild des Randes von U kompakt, sein Komplement also offen ist. Nach dem Argumentprinzip (7.5) ist die Anzahl der w-Stellen, $w \in V$, von f in U gleich der Umlaufzahl $\chi(f \circ \alpha; w)$. Dabei bezeichne α die Kreislinie

$$\alpha(t) = a + \varepsilon e^{2\pi i t}, \quad 0 \leq t \leq 1.$$

Diese Umlaufzahl hängt offensichtlich stetig von w ab. Da sie nur ganze Werte annimmt, ist sie konstant $(= n)$. Die Einfachheit der w-Stellen für $w \neq b$ ergibt sich aus der Voraussetzung über die Ableitung von f.   □

Satz 7.6 beinhaltet natürlich einen weiteren Beweis des Satzes von der Gebietstreue.:

7.6₁ Folgerung. *Sei $f : D \to \mathbb{C}$ eine analytische Funktion auf einer offenen Teilmenge $D \subset \mathbb{C}$, und sei $a \in D$ ein Punkt. Die Funktion f ist genau dann injektiv in einer geeigneten offenen Umgebung $a \in U \subset D$, falls $f'(a) \neq 0$. In diesem Fall bildet f eine kleine offene Umgebung von a konform auf eine offene Umgbeung von $f(a)$ ab.*

Damit haben wir einen funktionentheoretischen Beweis für den Satz für implizite Funktionen. (Diesen Satz hatten wir in I.5.7 unter Rückgriff auf den reellen Satz für implizite Funktionen bewiesen).

7.7 Satz von Rouché (E. ROUCHÉ, 1862). *Seien f und g analytische Funktionen auf einem Elementargebiet D und α eine geschlossene Kurve in D, welche jeden Punkt in ihrem Inneren $\mathrm{Int}(\alpha)$ genau einmal umläuft. Wir nehmen der Einfachheit halber an, dass f und $f + g$ nur endlich viele Nullstellen in D haben. (Diese Bedingung ist in Wahrheit überflüssig, siehe Kapitel IV, Anhang B.)*

Annahme: $\qquad\qquad |g(\zeta)| < |f(\zeta)| \qquad$ *für* $\zeta \in \mathrm{Bild}\ \alpha.$

Dann haben die Funktionen $f, f + g$ auf dem Bild von α keine Nullstelle, und es gilt: Die Funktionen f und $f + g$ haben im Innern der Kurve α gleich viele Nullstellen (mit Vielfachheiten gerechnet) .

Dieser Satz bedeutet die Invarianz der Nullstellenanzahl bei einer kleinen Störung.

Beweis von 7.7. Wir betrachten die Schar von Funktionen

$$h_s(z) = f(z) + sg(z), \quad 0 \leq s \leq 1,$$

welche $f\ (= h_0)$ mit $f + g\ (= h_1)$ verbindet. Es ist klar, dass diese Funktionen keine Nullstellen auf dem Bild von α haben. Das „nullstellenzählende Integral" hängt stetig von s ab, ist eine ganze Zahl (7.5) und daher konstant. $\qquad\square$

Will man nicht nur die Anzahl der Nullstellen, sondern auch ihre Lage bestimmen, so kann man folgende offensichtliche Verallgemeinerung von 7.1 verwenden:

7.8 Satz. *Sei $D \subset \mathbb{C}$ ein Elementargebiet, f eine in D meromorphe Funktion mit den Nullstellen $a_1, \ldots, a_n$ und den Polstellen $b_1, \ldots, b_m \in D$. Sei*

$$g : D \longrightarrow \mathbb{C}$$

eine analytische Funktion. Dann gilt für jede geschlossene stückweise glatte Kurve $\alpha : [a, b] \to D$, auf deren Bild keine der Pol- oder Nullstellen von f liegt:

$$\frac{1}{2\pi i} \int\limits_{\alpha} \frac{f'}{f}\, g = \sum_{\mu=1}^{n} \mathrm{ord}(f; a_\mu)\chi(\alpha; a_\mu)g(a_\mu) + \sum_{\nu=1}^{m} \mathrm{ord}(f; b_\nu)\chi(\alpha; b_\nu)g(b_\nu).$$

Wenn man beispielsweise weiß, dass f genau eine Nullstelle (von erster Ordnung) hat, so erhält man die Lage dieser Nullstelle durch die Wahl $g(z) = z$.

Beispiele und Anwendungen

1) Mit Hilfe des Satzes 7.4 ergeben sich weitere Beweise des *Fundamentalsatzes der Algebra*. Beispielsweise kann man so schließen:

Wegen $\lim_{|z|\to\infty} |P(z)| = \infty$ gibt es ein $R > 0$, so dass $P(z)$ für z mit $|z| \geq R/2$ keine Nullstelle hat. Die Anzahl aller Nullstellen von P ist

$$N(0) = \frac{1}{2\pi i} \oint_{|\zeta|=R} \frac{P'(\zeta)}{P(\zeta)} \, d\zeta.$$

Im Bereich $|z| > R/2$ hat man eine Entwicklung der Form

$$\frac{P'(z)}{P(z)} = \frac{n}{z} + \frac{c_2}{z^2} + \frac{c_3}{z^3} + \frac{c_4}{z^4} + \cdots \quad (n = \text{Grad } P)$$

mit geeigneten Konstanten c_j. Zum Integral trägt nur der erste Term bei, da die anderen Summanden Stammfunktionen haben. Es folgt

$$N(0) = n = \text{Grad } P.$$

Ein Polynom P vom Grad n hat also n Nullstellen (jede entsprechend ihrer Vielfachheit gerechnet).

Eine etwas andere Schlussweise benutzt den Satz von ROUCHÉ, angewendet auf die Funktionen

$$f(z) = a_n z^n \quad \text{und} \quad g(z) = P(z) - f(z),$$

wobei P das vorgegebene Polynom vom Grad $n > 0$ ist.

Der Satz von ROUCHÉ kann zur Lösung von Gleichungen verwendet werden, insbesondere erhält man mit seiner Hilfe Informationen über die *Lage von Nullstellen*; man kann die Nullstellen in gewisser Weise „separieren". Dies soll an zwei Beispielen verdeutlicht werden:

2) Wir betrachten das Polynom $P(z) = z^4 + 6z + 3$. Setzt man

$$f(z) = z^4 \quad \text{und} \quad g(z) = 6z + 3,$$

dann gilt für $|z| = 2$

$$|g(z)| \leq 6\,|z| + 3 = 15 < 16 = |f(z)|.$$

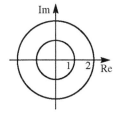

Daher haben f und $f + g = P$ in der Kreisscheibe $|z| < 2$ dieselbe Anzahl von Nullstellen. Da f in $z_0 = 0$ eine Nullstelle der Ordnung 4 und sonst keine hat, hat auch P in $|z| < 2$ genau vier Nullstellen.

Wendet man dieselbe Schlussweise an mit der Zerlegung $P = f_1 + g_1$, wobei $f_1(z) := 6z$ und $g_1(z) := z^4 + 3$, so gilt für $|z| = 1$

$$|g_1(z)| = \left|z^4 + 3\right| \leq |z|^4 + 3 = 1 + 3 = 4 < 6 = |6z| = |f_1(z)|.$$

Nach dem Satz von ROUCHÉ haben also f_1 und $f_1 + g_1 = P$ in der Einheitskreisscheibe $U_1(0) = \mathbb{E}$ die gleiche Anzahl von Nullstellen. Da f_1 dort genau eine hat, hat auch P dort genau eine. Damit haben wir folgende Information über die Lage der Nullstellen von P erhalten: Von den vier Nullstellen von P liegt eine in der Einheitskreisscheibe $\mathbb{E}$, die anderen liegen im Ringgebiet $1 < |z| < 2$. Die genaue Lage der Nullstelle a im Einheitskreis könnte man nun durch numerische Auswertung des Integrals

$$\oint_{|\zeta|=1} \zeta \frac{4\zeta^3 + 6}{\zeta^4 + 6\zeta + 3}\, d\zeta$$

bestimmen, man erhält $a \approx -0,5113996194\ldots$.

3) Sei $\alpha \in \mathbb{C}$ eine komplexe Zahl vom Betrag $|\alpha| > e = \exp(1)$. Wir behaupten, dass die Gleichung

$$(*) \qquad\qquad \alpha z \exp(z) = 1 \ (\iff \alpha z - \exp(-z) = 0)$$

genau eine Lösung im Einheitskreis $\mathbb{E}$ besitzt.

Zusatz. Ist α reell und positiv, dann ist die Lösung ebenfalls reell und positiv.

Hier liegt es nahe,

$$f(z) = \alpha z \quad \text{und} \quad g(z) = \exp(-z)$$

zu definieren. f hat genau eine Nullstelle (bei $z_0 = 0$), und für $|z| = 1$ gilt

$$|g(z)| = |\exp(-z)| = \exp(-\operatorname{Re}(z)) \leq e < |\alpha| = |f(z)|\,.$$

Nach dem Satz von ROUCHÉ hat dann auch $f + g$ in $\mathbb{E}$ genau eine Nullstelle, d. h. die Gleichung $(*)$ hat genau eine Lösung $z \in \mathbb{E}$.

Der Zusatz ergibt sich aus dem reellen Zwischenwertsatz.

Berechnung von Integralen mit Hilfe des Residuensatzes

Ist $a \in \mathbb{C}$ eine isolierte Singularität der analytischen Funktion f, dann ist f in einer punktierten r-Umgebung $\overset{\bullet}{U}_r(a)$ in eine LAURENTreihe

$$\sum_{n=-\infty}^{\infty} a_n (z - a)^n$$

entwickelbar, und es gilt (siehe III.5.2)

$$\operatorname{Res}(f; a) = a_{-1} = \frac{1}{2\pi i} \oint_{\partial U_\varrho(a)} f(\zeta)\, d\zeta, \quad 0 < \varrho < r.$$

lässt sich also das Residuum $\operatorname{Res}(f; a)$ auf andere Weise bestimmen, so lassen sich mit Hilfe des Residuensatzes Integrale berechnen. Wir beschränken uns auf drei Typen.

Typ I. Integrale der Form

$$\int_0^{2\pi} R(\cos t, \sin t)\, dt.$$

Dabei sei

$$R(x, y) = \frac{P(x, y)}{Q(x, y)}$$

eine komplexe rationale Funktion (= Quotient von zwei Polynomen) in zwei Variablen, für die $Q(x, y) \neq 0$ für alle $x, y \in \mathbb{R}$ mit $x^2 + y^2 = 1$ gilt. Solche Integrale lassen sich durch geeignete Substitutionen auf Integrale rationaler Funktionen zurückführen, welche man mittels Partialbruchzerlegung geschlossen integrieren kann. Einfacher ist oft der Weg über den Residuensatz, indem man das Integral als Kurvenintegral über eine geeignete geschlossene Kurve interpretiert.

7.9 Satz. *Seien P und Q ganzrationale Funktionen (= Polynome in zwei Veränderlichen), ferner sei $Q(x, y) \neq 0$ für alle $(x, y) \in \mathbb{R}^2$ mit $x^2 + y^2 = 1$. Dann gilt*

$$\int_0^{2\pi} \frac{P(\cos t, \sin t)}{Q(\cos t, \sin t)} \, dt = 2\pi \mathrm{i} \sum_{a \in \mathbb{E}} \mathrm{Res}(f; a),$$

wobei $\mathbb{E}$ die Einheitskreisscheibe bezeichne und f die durch

$$f(z) = \frac{1}{\mathrm{i}z} \frac{P\left(\frac{1}{2}\left(z + \frac{1}{z}\right), \frac{1}{2\mathrm{i}}\left(z - \frac{1}{z}\right)\right)}{Q\left(\frac{1}{2}\left(z + \frac{1}{z}\right), \frac{1}{2\mathrm{i}}\left(z - \frac{1}{z}\right)\right)}$$

definierte rationale Funktion bedeute.

Beweis. Wegen

$$\cos t = \frac{\exp(\mathrm{i}t) + \exp(-\mathrm{i}t)}{2}, \quad \sin t = \frac{\exp(\mathrm{i}t) - \exp(-\mathrm{i}t)}{2\mathrm{i}}$$

hat die in $\mathbb{C}$ rationale Funktion f keinen Pol auf der Einheitskreislinie. Für alle $a \in \mathbb{E}$ ist die Umlaufzahl 1. Daher liefert die Residuenformel aus 6.3

$$2\pi \mathrm{i} \sum_{a \in \mathbb{E}} \mathrm{Res}(f; a) = \oint_{|\zeta|=1} f(\zeta) \, d\zeta = \int_0^{2\pi} f(e^{\mathrm{i}t}) \, \mathrm{i}e^{\mathrm{i}t} \, dt = \int_0^{2\pi} \frac{P(\cos t, \sin t)}{Q(\cos t, \sin t)} \, dt. \quad \square$$

Beispiele.
1) Für alle $a \in \mathbb{E}$ gilt

$$\int_0^{2\pi} \frac{1}{1 - 2a\cos t + a^2} \, dt = \frac{2\pi}{1 - a^2}.$$

Für $a = 0$ ist das offensichtlich; ansonsten ist die dem Integranden zugeordnete rationale Funktion f gegeben durch

$$f(z) = \frac{1}{\mathrm{i}z\left(1 + a^2 - az - (a/z)\right)} = \frac{\mathrm{i}/a}{(z-a)(z-1/a)}.$$

In $\mathbb{E}$ liegt offensichtlich genau ein Pol von f, nämlich a. Da a ein Pol erster Ordnung ist, gilt nach 6.4,1)

$$\mathrm{Res}(f;a) = \lim_{\substack{z \to a \\ z \neq a}} (z-a)f(z) = \frac{\mathrm{i}}{a^2 - 1}.$$

Also ist wie behauptet

$$\int\limits_0^{2\pi} \frac{1}{1 - 2a\cos t + a^2}\, dt = 2\pi\mathrm{i}\frac{\mathrm{i}}{a^2 - 1} = \frac{2\pi}{1 - a^2}.$$

2) Analog ergibt sich etwa für $a, b \in \mathbb{R}$ mit $a > b > 0$

$$\int\limits_0^{2\pi} \frac{1}{(a + b\cos t)^2}\, dt = \frac{2\pi a}{\sqrt{(a^2 - b^2)^3}}.$$

Weitere Beispiele finden sich in den Übungsaufgaben.

Typ II. Uneigentliche Integrale der Gestalt

$$\int\limits_{-\infty}^{\infty} f(x)\, dx.$$

Anmerkung. Wir setzen hier den Begriff des uneigentlichen Integrals aus der reellen Analysis als bekannt voraus (man vergleiche jedoch auch IV.1).

Bei der Berechnung von reellen Integralen mit Hilfe des Residuensatzes wird man häufig auf den Grenzwert

$$\lim_{R \to \infty} \int\limits_{-R}^{R} f(x)\, dx,$$

den sogenannten *Cauchy'schen Hauptwert* geführt. Aus der Existenz dieses „gekoppelten" Grenzwerts, folgt i. a. nicht die Existenz des uneigentlichen Integrals $\int_{-\infty}^{\infty} f(x)\, dx$, für dessen Existenz (= Konvergenz) ja gefordert wird, dass

$$\int\limits_0^{\infty} f(x)\, dx := \lim_{R_1 \to \infty} \int\limits_0^{R_1} f(x)\, dx \quad \text{und} \quad \int\limits_{-\infty}^{0} f(x)\, dx := \lim_{R_2 \to \infty} \int\limits_{-R_2}^{0} f(x)\, dx$$

getrennt existieren (s. Kap. IV.1). Die Existenz (Konvergenz) des uneigentlichen Integrals $\int_{-\infty}^{\infty} f(x)\, dx$ impliziert die Existenz des CAUCHY'schen Hauptwerts (mit demselben Wert). Für eine *gerade* oder eine *nicht negative* Funktion f jedoch folgt aus der Existenz des CAUCHY'schen Hauptwerts auch die Existenz des uneigentlichen Integrals und die Gleichheit ihrer Werte.

Die Berechnung uneigentlicher Integrale beruht auf folgender Idee: Sei $D \subset \mathbb{C}$ ein Elementargebiet, welches die abgeschlossene obere Halbebene

$$\overline{\mathbb{H}} = \{\, z \in \mathbb{C}; \quad \mathrm{Im}\, z \geq 0 \,\}$$

enthält, und seien $a_1, \ldots, a_k \in \mathbb{H}$ paarweise verschiedene Punkte in der (offenen) oberen Halbebene und

$$f : D - \{a_1, \ldots, a_k\} \longrightarrow \mathbb{C}$$

eine analytische Funktion. Wir wählen $r > 0$ so groß, dass

$$r > |a_\nu| \quad \text{für} \ \ 1 \leq \nu \leq k$$

gilt.

Wir betrachten die in der Abbildung skizzierte Kurve α. Sie setzt sich aus der Strecke von $-r$ bis r und dem Halbkreisbogen α_r von $+r$ bis $-r$ in der oberen Halbebene zusammen.

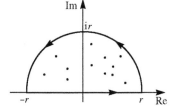

Die Residuenformel liefert (wegen $\chi(\alpha; a_\nu) = 1$)

$$\int_{-r}^{r} f(x)\, dx + \int_{\alpha_r} f(z)\, dz = \int_{\alpha} f(z)\, dz = 2\pi\mathrm{i} \sum_{\nu=1}^{k} \mathrm{Res}(f; a_\nu).$$

Gilt nun

$$\lim_{r \to \infty} \int_{\alpha_r} f(z)\, dz = 0,$$

so folgt aus dieser Formel

$$\boxed{\ \lim_{r \to \infty} \int_{-r}^{r} f(x)\, dx = 2\pi\mathrm{i} \sum_{\nu=1}^{k} \mathrm{Res}(f; a_\nu).\ }$$

Weiß man (etwa aus anderem Zusammenhang), dass sogar $\int_{-\infty}^{\infty} f(x)\, dx$ existiert, dann ist also auch

$$\int\limits_{-\infty}^{\infty} f(x)\, dx = 2\pi\mathrm{i} \sum_{\nu=1}^{k} \mathrm{Res}(f; a_\nu).$$

Seien P und Q zwei Polynome mit der Eigenschaft

$$\mathrm{Grad}\, Q \geq 2 + \mathrm{Grad}\, P.$$

Das Polynom Q möge keine reelle Nullstelle haben. Dann erfüllt die rationale Funktion

$$f(z) = \frac{P(z)}{Q(z)}$$

mit dem Definitionsbereich

$$\mathrm{Im}\, z > -\varepsilon, \quad \varepsilon > 0 \ \text{genügend klein,}$$

trivialerweise die Voraussetzung $\lim\limits_{r\to\infty} \int\limits_{\alpha_r} f(z)\, dz = 0$. Es gilt daher der

7.10 Satz. *Seien P, Q zwei Polynome mit* $\mathrm{Grad}\, Q \geq \mathrm{Grad}\, P + 2$. *Das Polynom Q habe keine reelle Nullstelle, $a_1, \ldots, a_k$ durchlaufe die in der oberen Halbebene liegenden Pole der rationalen Funktion $f = P/Q$. Dann gilt*

$$\int\limits_{-\infty}^{\infty} f(x)\, dx = 2\pi\mathrm{i} \sum_{\nu=1}^{k} \mathrm{Res}(f; a_\nu).$$

Beispiele.
1) Wir berechnen das Integral

$$I = \int\limits_{0}^{\infty} \frac{1}{1+t^6}\, dt = \frac{1}{2} \int\limits_{-\infty}^{\infty} \frac{1}{1+t^6}\, dt.$$

Die Nullstellen von $Q(z) = z^6 + 1$, die in der oberen Halbebene liegen, sind

$$a_1 = \exp\left(\frac{\pi}{6}\mathrm{i}\right), \quad a_2 = \exp\left(\frac{\pi}{2}\mathrm{i}\right) \ \text{und} \ a_3 = \exp\left(\frac{5\pi}{6}\mathrm{i}\right).$$

Nach 6.4,2) gilt

$$\mathrm{Res}\left(\frac{1}{Q}; a_\nu\right) = \frac{1}{6a_\nu^5} = -\frac{a_\nu}{6}.$$

Daher ist

$$I = \frac{1}{2} \int\limits_{-\infty}^{\infty} \frac{1}{1+t^6}\, dt = -\frac{\pi i}{6}\left(\exp\left(\frac{\pi}{6}i\right) + \exp\left(\frac{\pi}{2}i\right) + \exp\left(\frac{5\pi}{6}i\right)\right)$$

$$= \frac{\pi}{6}\left(2\sin\frac{\pi}{6} + 1\right) = \frac{\pi}{3}.$$

2) Wir zeigen

$$\int\limits_{-\infty}^{\infty} \frac{1}{(t^2+1)^n}\, dt = \frac{\pi}{2^{2n-2}} \cdot \frac{(2n-2)!}{\big((n-1)!\big)^2} \qquad (n \in \mathbb{N}),$$

insbesondere also

$$\int\limits_{-\infty}^{\infty} \frac{1}{(t^2+1)}\, dt = \pi, \quad \int\limits_{-\infty}^{\infty} \frac{1}{(t^2+1)^2}\, dt = \frac{\pi}{2}, \quad \int\limits_{-\infty}^{\infty} \frac{1}{(t^2+1)^3}\, dt = \frac{3\pi}{8}.$$

Die meromorphe Funktion $f(z) = 1/(z^2+1)^n$ besitzt in der oberen Halbebene nur den Pol $z_0 = i$. Die LAURENTentwicklung um diesen Punkt erhält man mit Hilfe der geometrischen Reihe (oder 6.4$_1$), und man zeigt

$$\mathrm{Res}(f;i) = \frac{1}{i}\binom{2n-2}{n-1}\frac{1}{2^{2n-1}} = \frac{1}{2^{2n-1}i} \cdot \frac{(2n-2)!}{\big((n-1)!\big)^2}.$$

3) Seien $k, n \in \mathbb{Z}$, $0 \leq k < n$. Dann ist

$$\boxed{\int\limits_{-\infty}^{\infty} \frac{t^{2k}}{1+t^{2n}}\, dt = \frac{\pi}{n\sin\big((2k+1)\pi/2n\big)}.}$$

Die Nullstellen von $Q(z) = 1 + z^{2n}$ in der oberen Halbebene sind

$$a_\nu = \exp\left(\frac{(2\nu+1)\pi i}{2n}\right), \quad 0 \leq \nu < n.$$

Die Ableitung Q' ist an diesen Stellen von Null verschieden, so dass alle a_ν Nullstellen erster Ordnung sind. Nach 6.4 ist daher für die Funktion

$$R = f/g, \quad f(z) = z^{2k} \quad \text{und} \quad g(z) = 1 + z^{2n},$$

$$\mathrm{Res}(R; a_\nu) = \frac{1}{2n}a_\nu^{2k-2n+1} = -\frac{1}{2n}a_\nu^{2k+1}.$$

Aus der Funktionalgleichung der Exponentialfunktion ergibt sich ferner

$$\sum_{\nu=0}^{n-1} a_\nu^{2k+1} = \sum_{\nu=0}^{n-1} \exp\left(\frac{\pi i}{2n}(2\nu+1)(2k+1)\right)$$

$$= \exp\left(\frac{(2k+1)\pi i}{2n}\right) \sum_{\nu=0}^{n-1} \exp\left(\frac{\pi i(2k+1)\nu}{n}\right)$$

$$= \exp\left(\frac{(2k+1)\pi i}{2n}\right) \cdot \frac{1 - \exp\left((2k+1)\pi i\right)}{1 - \exp\left((2k+1)\pi i/n\right)}$$

$$= \frac{i}{\sin\left((2k+1)\pi/2n\right)}.$$

Mit Satz 7.10 erhält man die behauptete Identität.

Der folgende Satz kann als Verallgemeinerung von 7.10 angesehen werden.

7.11 Satz. *Seien P und Q Polynome. Das Polynom Q habe auf der reellen Achse keine Nullstelle, und es sei $\operatorname{Grad} Q \geq 1 + \operatorname{Grad} P$. Sind $a_1, \ldots, a_k$ die Nullstellen von Q in der oberen Halbebene, so gilt für alle positiven reellen Zahlen $\alpha > 0$*

$$\boxed{\int_{-\infty}^{\infty} \frac{P(t)}{Q(t)} \exp(i\alpha t)\, dt = 2\pi i \sum_{\nu=1}^{k} \operatorname{Res}(f; a_\nu).}$$

Hierbei sei f die durch

$$f(z) = \frac{P(z)}{Q(z)} \exp(i\alpha z)$$

definierte meromorphe Funktion.

Beweis: Unter der schärferen Voraussetzung $\operatorname{Grad} Q \geq 2 + \operatorname{Grad} P$ schließt man wie in dem vorhergehenden Beispiel, da der Exponentialfaktor dem Betrage nach durch 1 abgeschätzt werden kann. Es genügt jedoch $\operatorname{Grad} Q \geq 1 + \operatorname{Grad} P$, wie man folgendermaßen zeigen kann:

Man wähle zunächst $R > 1$ so, dass alle Nullstellen von Q in $U_R(0)$ liegen.

Für beliebiges $r > R$ betrachten wir anstelle des Halbkreises den Streckenzug von r über $r+ir$ und $-r+ir$ bis $-r$, was natürlich erlaubt ist. Auf den beiden Vertikalstrecken betrachten wir die Punkte $(r+i\sqrt{r})$ und $(-r+i\sqrt{r})$. Die Beiträge zu $\operatorname{Im} z \geq \sqrt{r}$ und $\operatorname{Im} z \leq \sqrt{r}$ werden getrennt abgeschätzt.

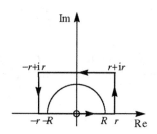

1) Nach der Standardabschätzung für Integrale gilt

$$\left| \int\limits_{\pm r}^{\pm r + i\sqrt{r}} \right| \leq C \frac{\sqrt{r}}{r}$$

mit einer geeigneten Konstanten C. Dieser Ausdruck konvergiert gegen 0 für $r \to \infty$.

2) Für $\operatorname{Im} z \geq \sqrt{r}$ gilt $|\exp(i\alpha z)| \leq e^{-\alpha\sqrt{r}}$. Da dieser Ausdruck stärker als jede rationale Funktion gegen 0 konvergiert (für $r \to \infty$), folgt die gewünschte Abschätzung unmittelbar. Außerdem folgt, dass das Integral über die obere Horizontale des Rechtecks für $r \to \infty$ gegen 0 konvergiert.

Dieser Beweis zeigt zunächst nur die Existenz des CAUCHY'schen Hauptwerts. Das Integral konvergiert jedoch im Sinne uneigentlicher Integrale (allerdings nicht immer absolut). Man zeigt dies dadurch, dass man obiges Rechteck durch ein anderes Rechteck ersetzt, das nicht notwendig symmetrisch zur imaginären Achse ist.   □

Beispiel.

Wir zeigen für $a > 0$

$$\int\limits_0^\infty \frac{\cos t}{t^2 + a^2} \, dt = \frac{\pi}{2a} e^{-a}.$$

Es ist offensichtlich

$$\int\limits_0^\infty \frac{\cos t}{t^2 + a^2} \, dt = \frac{1}{2} \operatorname{Re} \left(\int\limits_{-\infty}^\infty \frac{\exp(it)}{t^2 + a^2} \, dt \right).$$

Die Funktion $f(z) = \dfrac{\exp(iz)}{z^2 + a^2}$ hat nur einen einfachen Pol in der oberen Halbebene, nämlich an der Stelle $z_0 = ia$. Daher ist nach 6.4

$$\operatorname{Res}(f; ia) = \frac{e^{-a}}{2ai},$$

und Satz 7.11 liefert die Behauptung.

Typ III. Integrale der Form

$$\int\limits_0^\infty x^{\lambda - 1} R(x) \, dx, \quad \lambda \in \mathbb{R}, \quad \lambda \notin \mathbb{Z}, \quad \lambda > 0.$$

Dabei sei $R = P/Q$ eine rationale Funktion, P und Q also ganzrational. Q habe keine Nullstelle auf $\mathbb{R}_+$. Ferner sei $R(0) \neq 0$ und

$$\lim_{x \to \infty} x^\lambda |R(x)| = 0$$

(dies ist äquivalent zu $\operatorname{Grad} Q > \lambda + \operatorname{Grad} P$). Wir betrachten dann in der längs der positiven Halbgeraden geschlitzten Ebene die Funktion

$$f(z) = (-z)^{\lambda-1} R(z) \quad \text{für} \quad z \in \mathbb{C}_+ := \mathbb{C} - \mathbb{R}_+ .$$

Hier ist $(-z)^{\lambda-1} := \exp\big((\lambda-1)\operatorname{Log}(-z)\big)$ mit dem *Hauptwert* des Logarithmus definiert. Aus $z \in \mathbb{C}_+$ folgt $-z \in \mathbb{C}_-$; die Funktion f ist also analytisch in $\mathbb{C}_+$.

7.12 Satz. *Unter den obigen Voraussetzungen gilt*

$$\int\limits_0^\infty x^{\lambda-1} R(x)\, dx = \frac{\pi}{\sin \lambda\pi} \sum_{a \in \mathbb{C}_+} \operatorname{Res}(f; a).$$

Beweisskizze. Die Funktion f ist meromorph in $\mathbb{C}_+$. Wir betrachten die geschlossene Kurve $\alpha := \alpha_1 \oplus \alpha_2 \oplus \alpha_3 \oplus \alpha_4$, wobei die Kurven α_j bis auf eine Verschiebung der Parameterintervalle (um diese aneinanderstoßen zu lassen) wie folgt gegeben sind:

$$\alpha_1(t) := \exp(i\varphi)\, t, \qquad \frac{1}{r} \le t \le r,$$

$$\alpha_2(t) := r\exp(it), \qquad \varphi \le t \le 2\pi - \varphi,$$

$$\alpha_3(t) := -\exp(-i\varphi)\, t, \qquad -r \le t \le -\frac{1}{r},$$

$$\alpha_4(t) := \frac{1}{r}\exp\big(i(2\pi - t)\big), \qquad \varphi \le t \le 2\pi - \varphi.$$

Dabei sei $r > 1$ und $0 \le \varphi < 2\pi$.

Da $\mathbb{C}_+$ ein Elementargebiet ist, gilt nach dem Residuensatz für genügend großes $r > 1$

$$(*) \qquad \int\limits_\alpha f(z)\, dz = \int\limits_{\alpha_1} f(z)\, dz + \int\limits_{\alpha_2} f(z)\, dz + \int\limits_{\alpha_3} f(z)\, dz + \int\limits_{\alpha_4} f(z)\, dz$$

$$= 2\pi i \sum_{a \in \mathbb{C}_+} \operatorname{Res}(f; a).$$

Führt man bei festem $r > 0$ den Grenzübergang $\varphi \to 0$ durch, so ergibt sich aufgrund der Definition von $(-z)^{\lambda-1}$, dass die Integrale über α_1 bzw. α_3 gegen

$$\exp\big(-(\lambda-1)\pi i\big) \int\limits_{1/r}^r x^{\lambda-1} R(x)\, dx$$

beziehungsweise

$$-\exp\left((\lambda - 1)\pi\mathrm{i}\right) \int\limits_{1/r}^{r} x^{\lambda-1} R(x)\, dx$$

konvergieren. Andererseits gilt

$$\lim_{r \to \infty} \int\limits_{\alpha_2} f(z)\, dz = \lim_{r \to \infty} \int\limits_{\alpha_4} f(z)\, dz = 0$$

gleichmäßig in φ, wie man mit einfachen Abschätzungen zeigt.   □

Beispiel. $\displaystyle\int\limits_{0}^{\infty} \frac{x^{\lambda-1}}{1+x}\, dx = \frac{\pi}{\sin(\lambda\pi)}$ für $0 < \lambda < 1$.

Die Partialbruchentwicklung des Kotangens

Als eine weitere Anwendung des Residuensatzes leiten wir die *Partialbruchentwicklung des Kotangens* her:

$$\cot \pi z := \frac{\cos \pi z}{\sin \pi z}\,, \quad z \in \mathbb{C} - \mathbb{Z}.$$

7.13 Satz. *Für alle $z \in \mathbb{C} - \mathbb{Z}$ gilt*

$$\boxed{\; \pi \cot \pi z = \frac{1}{z} + \sum_{\substack{n \in \mathbb{Z} \\ n \neq 0}} \left[\frac{1}{z-n} + \frac{1}{n} \right] \;}$$

$$\left(= \frac{1}{z} + \sum_{n=1}^{\infty} \left\{ \frac{1}{z-n} + \frac{1}{z+n} \right\} = \frac{1}{z} + \sum_{n=1}^{\infty} \frac{2z}{z^2 - n^2} \right).$$

Die hier auftretenden Reihen konvergieren absolut (sogar normal).

Wir erinnern an die Definition

$$\sum_{n \neq 0} a_n := \sum_{n=1}^{\infty} a_n + \sum_{n=1}^{\infty} a_{-n}\,.$$

Beweis. Die absolute Konvergenz folgt aus der Umformung

$$\frac{1}{z-n} + \frac{1}{n} = \frac{z}{(z-n)n}$$

und aus der Tatsache, dass die Reihe $1 + 1/4 + 1/9 + \ldots$ konvergiert. Aus der absoluten Konvergenz der Reihe $\sum_{n \neq 0} a_n$ folgt übrigens

$$\sum_{n \neq 0} a_n = \lim_{N \to \infty} \sum_{n \in S_N} a_n \,,$$

wobei $S_1, S_2, S_3, \ldots$ eine Folge von endlichen Teilmengen von $\mathbb{Z} - \{0\}$ mit den Eigenschaften

$$S_1 \subset S_2 \subset S_3 \subset \cdots \quad \text{und} \quad \mathbb{Z} - \{0\} = S_1 \cup S_2 \cup S_3 \cup \cdots$$

sei. Dies ist eine Konsequenz des sogenannten „großen Umordnungssatzes", den wir als aus der reellen Analysis bekannt voraussetzen wollen.

Um die Partialbruchzerlegung zu beweisen, führen wir für (zunächst) festes $z \in \mathbb{C} - \mathbb{Z}$ die Funktion

$$f(w) = \frac{z}{w(z-w)} \, \pi \cot \pi w$$

ein. Die Singularitäten dieser Funktion liegen bei

$$w = z \quad \text{und} \quad w = n \in \mathbb{Z}.$$

Mit Ausnahme der Stelle $w = 0$ handelt es sich um Pole erster Ordnung. Der Nullpunkt ist ein Pol zweiter Ordnung. Die Residuen in den Polen erster Ordnung sind offensichtlich

$$-\pi \cot \pi z \quad \text{und} \quad \frac{z}{n(z-n)} \quad \text{für} \ n \neq 0.$$

Ein kleine Rechnung liefert für das Residuum im Nullpunkt den Wert $\dfrac{1}{z}$. Die auftretenden Residuen sind also genau die Terme in der Partialbruchentwicklung 7.13!

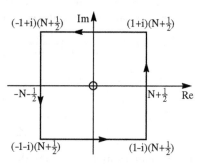

Wir integrieren die Funktion f über die Randkurve ∂Q_N eines achsenparallelen Quadrats Q_N der Kantenlänge $2N + 1$, $N \in \mathbb{N}, \ N > |z|$.

Auf dem Integrationsweg liegen dann keine Singularitäten von f. Wir erhalten

$$\frac{1}{2\pi i} \int_{\partial Q_N} f(\zeta) \, d\zeta = -\pi \cot \pi z + \frac{1}{z} + \sum_{0 < |n| \leq N} \frac{z}{n(z-n)}.$$

Es bleibt zu zeigen, dass das Integral für $N \to \infty$ gegen 0 konvergiert. Dazu genügt es zu zeigen, dass $\pi \cot \pi w$ auf dem Integrationsweg beschränkt bleibt, denn dann gilt

$$\left| \int_{\partial Q_N} f(\zeta)\, d\zeta \right| \leq \text{const} \cdot 4(2N+1) \frac{|z|}{\left(N+\frac{1}{2}\right)\left(N+\frac{1}{2}-|z|\right)}.$$

Im Bereich $|y| \geq 1$ gilt

$$|\cot \pi z| \leq \frac{1+\exp\left(-2\pi\,|y|\right)}{1-\exp\left(-2\pi\,|y|\right)} \leq \frac{1+\exp(-2\pi)}{1-\exp(-2\pi)}.$$

Die Beschränktheit von

$$\pi \cot \pi \left(N+\frac{1}{2}+\mathrm{i}y\right) \quad \text{für} \quad |y| \leq 1$$

folgt aus der Periodizität des Kotangens.   □

Im zweiten Paragraphen dieses Kapitels hatten wir die BERNOULLI'schen Zahlen B_n durch die TAYLORentwicklung

$$g(z) := \frac{z}{\exp(z)-1} = B_0 + B_1 z + \sum_{k=1}^{\infty} \frac{B_{2k}}{(2k)!} z^{2k}$$

eingeführt und außerdem $B_0 = 1$ sowie $B_1 = -\frac{1}{2}$ gefunden.

Mit Hilfe der BERNOULLI'schen Zahlen erhält man auch die TAYLORentwicklung von $\pi z \cot \pi z$ um den Nullpunkt und damit die Werte der RIEMANN'sche ζ-Funktion in den geraden natürlichen Zahlen. Zunächst ist nach Definition

$$z \cot z = \mathrm{i}z \frac{\exp(\mathrm{i}z)+\exp(-\mathrm{i}z)}{\exp(\mathrm{i}z)-\exp(-\mathrm{i}z)} = \mathrm{i}z \frac{\exp(2\mathrm{i}z)+1}{\exp(2\mathrm{i}z)-1}$$

$$= \frac{2\mathrm{i}z}{\exp(2\mathrm{i}z)-1} + \mathrm{i}z = g(2\mathrm{i}z) + \mathrm{i}z$$

$$= \mathrm{i}z + 1 - \frac{2\mathrm{i}z}{2} + \sum_{k=1}^{\infty} \frac{B_{2k}}{(2k)!} (2\mathrm{i}z)^{2k} = 1 + \sum_{k=1}^{\infty} (-1)^k \frac{2^{2k}}{(2k)!} B_{2k} z^{2k}$$

Ersetzt man z durch πz, so erhält man

$$(*) \qquad \pi z \cot \pi z = 1 + \sum_{k=1}^{\infty} (-1)^k \frac{2^{2k}}{(2k)!} \pi^{2k} B_{2k} z^{2k}$$

(in einer geeigneten Umgebung von Null). Andererseits ist (vgl. 7.13)

$$\pi z \cot \pi z = 1 + \sum_{n=1}^{\infty} \frac{2z^2}{z^2-n^2}.$$

Mit Hilfe der geometrischen Reihe zeigt man

$$\frac{1}{z^2 - n^2} = -\frac{1}{n^2} \sum_{k=0}^{\infty} \left(\frac{z^2}{n^2}\right)^k$$

und damit

$$\pi z \cot \pi z = 1 + 2z^2 \sum_{n=1}^{\infty} \left(-\frac{1}{n^2} \sum_{k=0}^{\infty} \left(\frac{z^2}{n^2}\right)^k\right).$$

Durch Vertauschung der Summationsreihenfolge ergibt sich

$$\pi z \cot \pi z = 1 - 2 \sum_{k=1}^{\infty} \left(\sum_{n=1}^{\infty} \frac{1}{n^{2k}}\right) z^{2k}.$$

Der Vergleich mit (∗) liefert die Werte $\zeta(2k)$.

7.14 Satz (L. EULER, 1737). *Für die Werte der Riemann'schen ζ-Funktion in den geraden natürlichen Zahlen gelten die Euler'schen Formeln*

$$\zeta(2k) := \sum_{n=1}^{\infty} \frac{1}{n^{2k}} = \frac{(-1)^{k+1}(2\pi)^{2k}}{2(2k)!} B_{2k}, \quad k \in \mathbb{N}.$$

Beispiele.

Mit den am Ende des zweiten Paragraphen angegebenen Werten B_{2k} gilt etwa

$$\zeta(2) = \frac{\pi^2}{6}, \ \zeta(4) = \frac{\pi^4}{90}, \ \zeta(6) = \frac{\pi^6}{945}, \ \zeta(8) = \frac{\pi^8}{9450} \ \text{und} \ \zeta(10) = \frac{\pi^{10}}{3^5 \cdot 5 \cdot 7 \cdot 11}.$$

Über die Werte $\zeta(2n+1)$, $n \in \mathbb{N}$, ist wenig bekannt. Man weiß jedoch, dass $\zeta(3)$ irrational ist (R. APÉRY 1978), vgl. [Apé].

Übungsaufgaben zu III.7

1. Man bestimme jeweils die Anzahl der Lösungen der folgenden Gleichungen in den angegebenen Gebieten:
$$2z^4 - 5z + 2 = 0 \quad \text{in } \{z \in \mathbb{C}; \ |z| > 1\},$$
$$z^7 - 5z^4 + iz^2 - 2 = 0 \quad \text{in } \{z \in \mathbb{C}; \ |z| < 1\},$$
$$z^5 + iz^3 - 4z + i = 0 \quad \text{in } \{z \in \mathbb{C}; \ 1 < |z| < 2\}.$$

2. Das Polynom $P(z) = z^4 - 5z + 1$ besitzt
   a) eine Nullstelle a mit $|a| < \frac{1}{4}$.
   b) Die drei anderen Nullstellen liegen im Ringgebiet $\frac{3}{2} < |z| < \frac{15}{8}$.

3. Sei $\lambda > 1$. Man zeige, daß die Gleichung $\exp(-z) + z = \lambda$ in der rechten Halbebene $\{z \in \mathbb{C}; \ \operatorname{Re} z > 0\}$ genau eine Lösung besitzt, die überdies reell ist.

4. Für $n \in \mathbb{N}_0$ sei

$$e_n(z) = \sum_{\nu=0}^{n} \frac{z^\nu}{\nu!} \, .$$

Zu gegebenem $R > 0$ gibt es ein n_0, so daß e_n für alle $n \geq n_0$ in der Kreisscheibe $U_R(0)$ keine Nullstelle besitzt.

5. Sei f analytisch in einer offenen Menge D, welche die abgeschlossene Einheitskreisscheibe $\overline{\mathbb{E}} = \{z \in \mathbb{C}; \ |z| \leq 1\}$ enthält, ferner sei $|f(z)| < 1$ für $|z| = 1$. Für jedes $n \in \mathbb{N}$ hat die Gleichung $f(z) = z^n$ genau n Lösungen in $\mathbb{E}$. Wendet man dies im Fall $n = 1$ an, so folgt, dass f genau einen Fixpunkt in $\mathbb{E}$ hat.

6. Sei $f : D \to \mathbb{C}$ eine injektive analytische Funktion auf einem Gebiet $D \subset \mathbb{C}$. Sei $\overline{U}_\rho(a) \subset D$ eine abgeschlossene Kreisscheibe in D. Man beweise für $w \in f(U_\varrho(a))$ die folgende explizite Formel für die Umkehrfunktion

$$f^{-1}(w) = \frac{1}{2\pi i} \int\limits_{|\zeta - a| = \varrho} \frac{\zeta f'(\zeta)}{f(\zeta) - w} \, d\zeta.$$

7. Seien $a_1, \ldots, a_l \in \mathbb{C}$ paarweise verschiedene Zahlen, von denen keine ganz rational ist. Gegeben sei eine in $\mathbb{C} - \{a_1, \ldots, a_l\}$ analytische Funktion f, so dass $\left|z^2 f(z)\right|$ außerhalb eines geeigneten Kompaktums nach oben beschränkt ist. Sei

$$g(z) := \pi \cot(\pi z) f(z) \quad \text{und} \quad h(z) := \frac{\pi}{\sin \pi z} \, f(z).$$

Man zeige

$$\lim_{N \to \infty} \sum_{n=-N}^{N} f(n) = -\sum_{j=1}^{l} \operatorname{Res}(g; a_j),$$

$$\lim_{N \to \infty} \sum_{n=-N}^{N} (-1)^n f(n) = -\sum_{j=1}^{l} \operatorname{Res}(h; a_j).$$

8. Mit Hilfe von Aufgabe 7 zeige man

$$\sum_{n=1}^{\infty} \frac{1}{n^2} = \frac{\pi^2}{6} \quad \text{und} \quad \sum_{n=1}^{\infty} (-1)^{n+1} \frac{1}{n^2} = \frac{\pi^2}{12} \, .$$

9. Man berechne die Integrale

$$\int_0^{2\pi} \frac{\cos 3t}{5 - 4\cos t} \, dt, \quad \int_0^{\pi} \frac{1}{(a + \cos t)^2} \, dt, \quad a \in \mathbb{R}, \ a > 1.$$

10. Man zeige

$$\int_0^{2\pi} \frac{\sin 3t}{5 - 3\cos t} \, dt = 0, \quad \int_0^{2\pi} \frac{1}{(5 - 3\sin t)^2} \, dt = \frac{5\pi}{32} \, .$$

11. Man zeige

a) $\displaystyle\int_{-\infty}^{\infty} \frac{1}{x^4+1}\, dx = \frac{\pi}{\sqrt{2}}$,   b) $\displaystyle\int_{0}^{\infty} \frac{x}{x^4+1}\, dx = \frac{\pi}{4}$,

c) $\displaystyle\int_{0}^{\infty} \frac{x^2}{x^6+1}\, dx = \frac{\pi}{6}$,   d) $\displaystyle\int_{0}^{\infty} \frac{1}{x^4+x^2+1}\, dx = \frac{\pi}{2\sqrt{3}}$.

12. Man zeige

a)
$$\int_{-\infty}^{\infty} \frac{x^2}{(x^2+a^2)^2}\, dx = \frac{\pi}{2a}, \quad (a>0)$$

b)
$$\int_{-\infty}^{\infty} \frac{dx}{(x^2+4x+5)^2} = \frac{\pi}{2},$$

c)
$$\int_{0}^{\infty} \frac{dx}{(x^2+a^2)(x^2+b^2)} = \frac{\pi}{2ab(a+b)}, \quad (a,b>0).$$

13. Man zeige

a)
$$\int_{-\infty}^{\infty} \frac{\cos x}{(x^2+1)^2}\, dx = \frac{\pi}{e},$$

b) $\displaystyle\int_{-\infty}^{\infty} \frac{\cos x}{(x^2+a^2)(x^2+b^2)}\, dx = \frac{\pi}{a^2-b^2}\left(\frac{e^{-b}}{b} - \frac{e^{-a}}{a}\right), \quad (a,b>0,\ a\neq b),$

c)
$$\int_{0}^{\infty} \frac{\cos 2\pi x}{x^4+x^2+1}\, dx = \frac{-\pi}{2\sqrt{3}}e^{-\pi\sqrt{3}}.$$

14. Man zeige
$$\int_{0}^{\infty} \frac{dx}{1+x^5} = \frac{\pi\sqrt{10}\sqrt{5+\sqrt{5}}}{25} \approx 1,069\,896\ldots .$$

Tipp. Sei ζ eine geeignete fünfte Einheitswurzel. Der Integrand nimmt auf den Halbgeraden $\{t;\ t\geq 0\}$ und $\{t\zeta;\ t\geq 0\}$ dieselben Werte an. Man vergleiche die Integrale längs dieser Halbgeraden.

Man ersetze in dem Integral den Exponenten 5 durch eine beliebige ungerade natürliche Zahl und berechne das Integral.

15. Man zeige
$$\int_{0}^{\infty} \frac{\log^2 x}{1+x^2}\, dx = \frac{\pi^3}{8}, \qquad \int_{0}^{\infty} \frac{\log x}{1+x^2}\, dx = 0.$$

16. Man zeige

$$\int\limits_0^\infty \frac{x\sin x}{x^2+1}\,dx = \frac{\pi}{2e}\,.$$

17. Man beweise die Formel

$$\int\limits_{-\infty}^\infty e^{-t^2}\,dt = \sqrt{\pi} \qquad \text{(Gauß'sches Fehlerintegral),}$$

indem man die Funktion

$$f(z) = \frac{\exp(-z^2)}{1+\exp(-2az)} \quad \text{mit } a := e^{\pi i/4}\sqrt{\pi}$$

längs eines Parallelogramms mit den Ecken $-R$, $-R+a$, $R+a$ und R integriert und danach den Grenzübergang $R \to \infty$ vollzieht. Man hat die Identität

$$f(z) - f(z+a) = \exp(-z^2)$$

zu benutzen.

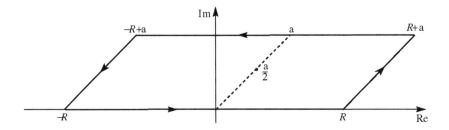

18. (MORDELL's Trick) Man berechne auf zweierlei Weise das Integral

$$\int\limits_\alpha \frac{\exp(\,2\pi i\, z^2/n\,)}{\exp(\,2\pi i\, z\,)-1}\,dz\,,$$

und leite hieraus für den Wert der GAUSS'schen Summe

$$G_n := \sum_{k=0}^{n-1} \exp\frac{2\pi i k^2}{n}, \quad n \in \mathbb{N},$$

die folgende explizite Formel ab:

$$G_n = \frac{1+(-i)^n}{1+(-i)}\,\sqrt{n}\,.$$

Dabei nehme man für $\alpha = \alpha(R)$ eine der beiden folgenden Kurven:

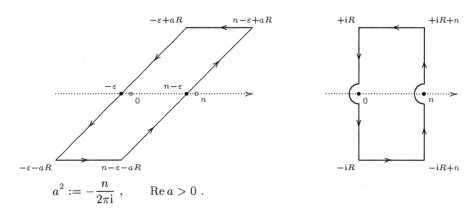

$$a^2 := -\frac{n}{2\pi i}\,, \qquad \operatorname{Re} a > 0\,.$$

Spezialfälle: $G_1 = 1$, $G_2 = 0$, $G_3 = i\sqrt{3}$, $G_4 = 2(1+i)$, ...

19. Die Polynome P und Q und die Zahl α mögen die Eigenschaften aus Satz III.7.11 erfüllen, mit der Ausnahme, dass wir allgemeiner **einfache** Pole auf der reellen Achse $x_1 < x_2 < \ldots < x_p$ for P/Q zulassen. Wir betrachten die Funktion

$$f(z) = \frac{P(z)}{Q(z)}\, \exp(i\alpha z), \quad \alpha > 0$$

und das folgende Integral für hinreichend große Werte von r und hinreichend kleine Werte von $\varepsilon > 0$:

$$I(r,\varepsilon) := \left(\int\limits_{-r}^{x_1-\varepsilon} + \int\limits_{x_1+\varepsilon}^{x_2-\varepsilon} + \ldots + \int\limits_{x_{p-1}+\varepsilon}^{x_p-\varepsilon} + \int\limits_{x_p+\varepsilon}^{r} \right) f(x)\, dx\,.$$

Dann heißt der Grenzwert

$$I := \lim_{\substack{r \to \infty \\ \varepsilon \to 0}} I(r,\varepsilon)$$

CAUCHY'scher Hauptwert des Integrals, welcher manchmal mit

$$\text{P.V.} \int\limits_{-\infty}^{\infty} f(x)\, dx$$

bezeichnet wird. Man zeige mit Hilfe des Residuensatzes und der in der folgenden Abbildung skizzirten geschlossenen Kurve

$$I = 2\pi i \sum_{a \in \mathbb{H}} \operatorname{Res}(f; a) + \pi i \sum_{j=1}^{p} \operatorname{Res}(f; x_j)\,.$$

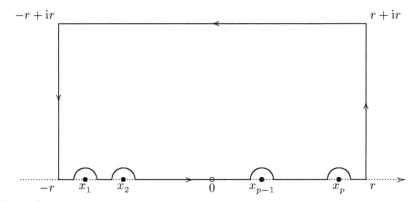

Beispiele:

$$\text{(a)} \qquad \text{P.V.} \int_{-\infty}^{\infty} \frac{1}{(x-\mathrm{i})^2(x-1)}\, dx = \frac{\pi}{2}$$

$$\text{(b)} \qquad \text{P.V.} \int_{-\infty}^{\infty} \frac{1}{x(x^2-1)}\, dx = 0.$$

Kapitel IV. Konstruktion analytischer Funktionen

In diesem (zentralen) Kapitel beschäftigen wir uns mit der *Konstruktion analytischer Funktionen*. Wir werden drei verschiedene Konstruktionsprinzipien kennenlernen:

1) Wir untersuchen detailliert eine klassische Funktion mit funktionentheoretischen Methoden, nämlich die Γ-Funktion.

2) Wir behandeln die Sätze von WEIERSTRASS und MITTAG-LEFFLER zur Konstruktion analytischer Funktionen mit vorgegebenem Null- und Polstellen-Verhalten.

3) Wir beweisen den kleinen RIEMANN'schen Abbildungssatz, welcher besagt, dass jedes Elementargebiet $D \neq \mathbb{C}$ konform auf die Einheitskreisscheibe $\mathbb{E}$ abgebildet werden kann. In diesem Zusammenhang werden wir noch einmal auf den CAUCHY'schen Integralsatz eingehen, allgemeine Varianten beweisen und verschiedene topologische Charakterisierungen von Elementargebieten erhalten, welche zum Ausdruck bringen, dass Elementargebiete genau die Gebiete „ohne Löcher" sind.

Nullstellenmengen bzw. Polstellenmengen analytischer bzw. meromorpher Funktionen f ($\neq 0$) sind *diskrete* Teilmengen des jeweiligen Definitionsbereichs. Folgende Frage liegt nahe: Sei S eine diskrete Teilmenge eines Gebiets $D \subset \mathbb{C}$. Jedem Punkt $s \in S$ sei eine natürliche Zahl $m(s)$ zugeordnet. Gibt es dann eine analytische Funktion $f : D \to \mathbb{C}$, deren Nullstellenmenge $N(f)$ gerade S ist und für die außerdem $\operatorname{ord}(f; s) = m(s)$ für $s \in S = N(f)$ gilt? Die Antwort ist immer positiv, wir geben den Beweis allerdings nur im Fall $D = \mathbb{C}$. Als Folgerung ergibt sich, dass man sogar eine meromorphe Funktion mit vorgegebenen (diskreten) Null- und Polstellenmengen und vorgegebenen Ordnungen konstruieren kann. Ein anderer Satz besagt, dass man zu gegebener diskreter Polstellenmenge eine meromorphe Funktion konstruieren kann, wobei man sogar den *Hauptteil* an jeder Polstelle willkürlich vorgeben kann. Allerdings hat man dann keine Kontrolle mehr über die Nullstellen. Die Lösungen beider Probleme sind mit den Namen WEIERSTRASS und MITTAG-LEFFLER eng verknüpft (WEIERSTRASS'scher Produktsatz und Partialbruchsatz von MITTAG-LEFFLER). Man erhält auf diese Weise interessante und für die Anwendungen wichtige neue Beispielklassen von analytischen und meromorphen Funktionen. Ferner ergeben sich auch neue Darstellungen bekannter Funktionen, sowie neue Zusammenhänge zwischen ihnen.

Beide Konstruktionsprinzipien sind schon am Beispiel der Gammafunktion sichtbar, mit deren Studium wir dieses Kapitel beginnen wollen.

1. Die Gammafunktion

Wir führen die Gammafunktion als das *Euler'sche Integral (zweiter Gattung)* (L. EULER, 1729/30) ein:

$$\Gamma(z) = \int\limits_0^\infty t^{z-1} e^{-t}\, dt,$$

$$\text{mit } t^{z-1} := e^{(z-1)\log t}, \quad \log t \in \mathbb{R}, \ \operatorname{Re}(z) > 0.$$

Name und Bezeichnung stammen von A. M. LEGENDRE (1811).

Wir müssen einige Bemerkungen über uneigentliche Integrale vorausschikken.

Vorbemerkung. Sei $S \subset \mathbb{C}$ eine *unbeschränkte* Menge, $l \in \mathbb{C}$ und $f : S \to \mathbb{C}$ eine Funktion. Die Aussage

$$f(s) \to l \quad (s \to \infty) \quad \text{oder} \quad \lim_{s \to \infty} f(s) = l$$

möge bedeuten:

Zu jedem $\varepsilon > 0$ existiert $C > 0$ mit

$$|f(s) - l| < \varepsilon, \quad \text{falls} \quad |s| > C.$$

Ist $S = \mathbb{N}$, so erhält man als Spezialfall den Begriff der konvergenten Folge. Es gelten die üblichen Rechenregeln für das Rechnen mit Grenzwerten. Diese braucht man nicht neu zu formulieren und zu beweisen, denn es gilt ja

$$\lim_{s \to \infty} f(s) = \lim_{\substack{\varepsilon \to 0 \\ \varepsilon > 0}} f(1/\varepsilon).$$

Eine stetige Funktion

$$f : [a, b[\longrightarrow \mathbb{C}, \quad a < b \leq \infty \ (\textit{der Wert } b = \infty \textit{ ist zugelassen}),$$

*heißt **uneigentlich integrierbar**, falls der Grenzwert*

$$\int\limits_a^b f(x)\, dx := \lim_{t \to b} \int\limits_a^t f(x)\, dx$$

existiert.

Man nennt f absolut integrierbar, wenn die Funktion $|f|$ integrierbar ist. Aus der absoluten Integrierbarkeit folgt die Integrierbarkeit.

Genauer gilt:

Die stetige Funktion $f : [a, b[\to \mathbb{C}$ *ist* **uneigentlich integrierbar,** *wenn eine Konstante* $C \geq 0$ *mit der Eigenschaft*

$$\int_a^t |f(x)| \, dx \leq C \text{ für alle } t \in [a, b[$$

existiert.

Da diese Aussage unmittelbar aus dem entsprechenden reellen Satz folgt, wollen wir den Beweis übergehen und nur anmerken, dass man den entsprechenden reellen Satz durch Zerlegung in positiven und negativen Anteil nur für nirgends negative Funktionen beweisen muss. Man kann dann mit einem Monotoniekriterium argumentieren.

In völliger Analogie definiert man den Begriff der uneigentlichen Integrierbarkeit für links offene Intervalle:

$$f : \,]a, b] \longrightarrow \mathbb{C}, \quad -\infty \leq a < b,$$

und schließlich für beidseitig offene Intervalle:

Eine stetige Funktion

$$f : \,]a, b[\longrightarrow \mathbb{C}, \quad -\infty \leq a < b \leq \infty,$$

heißt **uneigentlich integrierbar,** *wenn für ein* $c \in \,]a, b[$ *gilt: Die Einschränkungen von* f *auf* $]a, c]$ *und* $[c, b[$ *sind uneigentlich integrierbar.*

Es ist klar, dass diese Bedingung sowie die Definition

$$\int_a^b f(x) \, dx := \int_a^c f(x) \, dx + \int_c^b f(x) \, dx$$

nicht von der Wahl des Stützpunktes c abhängen.

1.1 Satz. *Das Gammaintegral*

$$\Gamma(z) := \int_0^\infty t^{z-1} e^{-t} \, dt$$

konvergiert in der Halbebene $\operatorname{Re} z > 0$ *absolut und stellt dort eine analytische Funktion dar. Für die Ableitungen der Gammafunktion gilt* $(k \in \mathbb{N}_0)$

$$\Gamma^{(k)}(z) = \int_0^\infty t^{z-1} (\log t)^k e^{-t} \, dt.$$

Beweis. Wir zerlegen das Γ-Integral in die Teilintegrale

$$\Gamma(z) = \int_0^1 t^{z-1} e^{-t}\, dt + \int_1^\infty t^{z-1} e^{-t}\, dt$$

und benutzen

$$\left| t^{z-1} e^{-t} \right| = t^{x-1} e^{-t} \qquad (x = \operatorname{Re} z).$$

Die Teilintegrale behandeln wir einzeln. Zu jedem $x_0 > 0$ existiert bekanntlich eine Zahl $C > 0$ mit der Eigenschaft

$$t^{x-1} \leq C\, e^{t/2} \quad \text{für alle } x \text{ mit } 0 < x \leq x_0 \text{ und für } t \geq 1.$$

Daher konvergiert

$$\int_1^\infty t^{z-1} e^{-t}\, dt$$

absolut sogar für alle $z \in \mathbb{C}$.

Für die Konvergenz des Integrals an der unteren Grenze verwenden wir die Abschätzung

$$\left| t^{z-1} e^{-t} \right| < t^{x-1} \quad \text{für} \quad t > 0$$

und die Existenz von

$$\int_0^1 \frac{1}{t^s}\, dt \qquad (s < 1).$$

Diese Abschätzungen zeigen übrigens auch, dass die Folge

$$f_n(z) := \int_{1/n}^n t^{z-1} e^{-t}\, dt$$

lokal gleichmäßig (gegen Γ) konvergiert. Daher ist Γ eine analytische Funktion. (Derselbe Schluss zeigt, dass das Integral von 1 bis ∞ sogar eine ganze Funktion ist.) Die Formel für die k-te Ableitung ergibt sich durch Anwendung der LEIBNIZ'schen Regel (vgl. II.3.3) auf f_n und durch Grenzübergang $n \to \infty$.
□

Offenbar ist

$$\Gamma(1) = \int_0^\infty e^{-t}\, dt = -e^{-t}\Big|_0^\infty = 1.$$

Durch partielle Integration ($u(t) = t^z$, $v'(t) = e^{-t}$) erhält man die Funktionalgleichung

$$\Gamma(z+1) = z\, \Gamma(z) \quad \text{für} \quad \operatorname{Re} z > 0.$$

Insbesondere gilt für $n \in \mathbb{N}_0$

$$\boxed{\Gamma(n+1) = n! \, .}$$

Die Γ-Funktion „interpoliert" also die Fakultät.

Iterierte Anwendung der Funktionalgleichung liefert

$$\Gamma(z) = \frac{\Gamma(z+n+1)}{z \cdot (z+1) \cdots (z+n)} \, .$$

Die rechte Seite der letzten Gleichung hat einen größeren Definitionsbereich als die linke, nämlich die Menge der $z \in \mathbb{C}$ mit der Eigenschaft

$$\operatorname{Re} z > -(n+1) \quad \text{und} \quad z \neq 0, -1, -2, \ldots, -n.$$

Sie stellt eine analytische Fortsetzung von Γ in einen größeren Bereich dar. Diese analytischen Fortsetzungen, die ja wegen III.3.2 eindeutig sind, bezeichnen wir auch mit Γ.

Wir fassen die bisher gewonnenen Eigenschaften der Γ-Funktion zusammen:

1.2 Satz. *Die Γ-Funktion ist in die ganze komplexe Ebene mit Ausnahme der Stellen*

$$z \in S := \{0, -1, -2, -3, \ldots\}$$

(eindeutig) analytisch fortsetzbar und genügt dort der Funktionalgleichung

$$\boxed{\Gamma(z+1) = z \, \Gamma(z).}$$

Die Ausnahmestellen sind Pole erster Ordnung mit den Residuen

$$\boxed{\operatorname{Res}(\Gamma; -n) = \frac{(-1)^n}{n!} \, .}$$

Die Γ-Funktion ist also eine in $\mathbb{C}$ meromorphe Funktion mit der Polstellenmenge S.

Beweis. Wir müssen nur noch die Residuen berechnen. Es gilt

$$\operatorname{Res}(\Gamma; -n) = \lim_{z \to -n} (z+n) \, \Gamma(z) = \frac{\Gamma(1)}{(-n)(-n+1) \cdots (-1)} = \frac{(-1)^n}{n!} \, . \qquad \square$$

Wegen der Abschätzung

$$|\Gamma(z)| \leq \Gamma(x) \quad \text{für} \quad x > 0 \quad (x = \operatorname{Re} z)$$

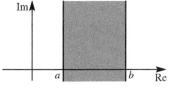

ist die Γ-Funktion in jedem Vertikalstreifen

$$0 < a \leq x < b$$

beschränkt.

Durch die bisher abgeleiteten Eigenschaften ist die Γ-Funktion bereits eindeutig charakterisiert:

1.3 Satz (Charakterisierung der Γ-Funktion, H. WIELANDT, 1939). *Sei $D \subset \mathbb{C}$ ein Gebiet, welches den Vertikalstreifen*

$$1 \leq x < 2$$

enthält. Es sei eine analytische Funktion $f : D \to \mathbb{C}$ mit folgenden Eigenschaften gegeben:

1) *f ist in dem Vertikalstreifen beschränkt.*

2) *Es gilt*

$$f(z + 1) = z\, f(z) \quad \text{für} \quad z,\, z + 1 \in D.$$

Dann gilt

$$f(z) = f(1)\, \Gamma(z) \quad \text{für} \quad z \in D.$$

Beweis. Mit Hilfe der Funktionalgleichung zeigt man, dass in Analogie zur Γ-Funktion gilt: Die Funktion f ist in die ganze Ebene mit Ausnahme der Stellen

$$z \in S = \{0,\, -1,\, -2,\, -3,\, \ldots\}$$

analytisch fortsetzbar und genügt für $z \in \mathbb{C} - S$ der Funktionalgleichung

$$f(z + 1) = z\, f(z).$$

Sie hat an den Ausnahmestellen Pole erster Ordnung oder hebbare Singularitäten, und es gilt

$$\operatorname{Res}(f; -n) = \frac{(-1)^n}{n!} f(1).$$

Die Funktion $h(z) := f(z) - f(1)\, \Gamma(z)$ hat daher in den Ausnahmestellen hebbare Singularitäten und stellt somit eine *ganze* Funktion dar. Sie ist in dem Vertikalstreifen

$$0 \leq x \leq 1$$

beschränkt. Dies folgt aus der Beschränktheit in $1 \leq x < 2$ mit Hilfe der Funktionalgleichung zunächst unter der zusätzlichen Bedingung $|\operatorname{Im} z| \geq 1$. Der Bereich $|\operatorname{Im} z| \leq 1$, $0 \leq \operatorname{Re} z \leq 1$, ist aber kompakt.

Leider reicht dies nicht aus, um den Satz von LIOUVILLE anzuwenden. Aber man kann einen kleinen Trick benutzen. Aus der Funktionalgleichung

$$h(z + 1) = z \, h(z), \quad (h(z) = f(z) - f(1) \, \Gamma(z)),$$

folgt, dass die ganze Funktion

$$H(z) := h(z) \, h(1 - z)$$

periodisch ist bis auf das Vorzeichen: $H(z + 1) = -H(z)$. Da der Streifen $0 \leq x \leq 1$ unter der Tranformation $z \mapsto 1 - z$ invariant bleibt, ist H in dem Vertikalstreifen $0 \leq x \leq 1$ beschränkt und wegen der Periodizität überhaupt beschränkt, nach dem Satz von LIOUVILLE also konstant. Wegen $h(1) = 0$ ist H daher identisch 0. Damit ist auch $h \equiv 0$.   □

Wir streben nun eine Produktentwicklung für die Γ-Funktion an und stellen hierzu die grundlegenden Eigenschaften *unendlicher Produkte* zusammen. Die Behandlung unendlicher Produkte wollen wir mit Hilfe des Logarithmus auf die bekannte Theorie unendlicher Reihen zurückführen. Wir wollen also im Prinzip

$$\prod_{n=1}^{\infty} b_n := \exp \sum_{n=1}^{\infty} \log b_n$$

definieren. Hier muss man nun eine gewisse Vorsicht walten lassen, da einzelne Faktoren 0 sein können, und auch wegen der bekannten Problematik mit dem komplexen Logarithmus. Wir wollen von vornherein annehmen, dass die Folge b_n gegen 1 konvergiert (so wie entsprechend das allgemeine Glied einer konvergenten Reihe gegen 0 konvergiert). Wir schreiben dann

$$b_n = 1 + a_n$$

mit einer Nullfolge (a_n). Es existiert eine natürliche Zahl N mit der Eigenschaft

$$|a_n| < 1 \quad \text{für} \quad n > N.$$

Wir definieren daher etwas vorsichtiger

$$\prod_{n=1}^{\infty} b_n := \prod_{n=1}^{N} b_n \cdot \exp\left(\sum_{n=N+1}^{\infty} \operatorname{Log}(1 + a_n) \right),$$

wobei wir für den Logarithmus den Hauptwert nehmen wollen. Er wird in dem benötigten Bereich $(|z| < 1)$ durch die Reihe

$$\mathrm{Log}(1+z) = -\sum_{n=1}^{\infty} (-1)^n \frac{z^n}{n}$$

geliefert. Wir wollen das Produkt (absolut) konvergent nennen, wenn die Reihe *absolut* konvergiert. (Mit nicht absolut konvergenten Produkten wollen wir uns nicht befassen.) Für hinreichend kleines $|z|$ (etwa $|z| \le 1/2$) gilt

$$\frac{1}{2}|z| \le |\mathrm{Log}(1+z)| \le 2|z|.$$

Die absolute Konvergenz der Logarithmusreihe ist also gleichbedeutend mit der Konvergenz der Reihe

$$\sum_{n=1}^{\infty} |a_n|.$$

Diese Bedingung impliziert umgekehrt, dass die Folge (b_n) gegen 1 konvergiert. Sie hat den Vorteil, dass kein N auftritt. Daher wollen wir sie zur Definition erheben:

1.4 Definition. *Das unendliche Produkt*

$$(1 + a_1)(1 + a_2)(1 + a_3)\cdots$$

*konvergiert **absolut**, wenn die Reihe*

$$|a_1| + |a_2| + |a_3| + \cdots$$

konvergiert.

Aus den Vorbemerkungen erhalten wir:

1.5 Hilfssatz. *Wenn die Reihe*

$$a_1 + a_2 + a_3 + \cdots$$

absolut konvergiert, so existiert eine natürliche Zahl N mit $|a_\nu| < 1$ für $\nu > N$, und es gilt

a) $\displaystyle\sum_{n=N+1}^{\infty} \mathrm{Log}(1 + a_n)$ *konvergiert absolut.*

b) $\displaystyle\lim_{n\to\infty} \prod_{\nu=1}^{n}(1 + a_\nu) = (1 + a_1)\cdots(1 + a_N)\exp\left(\sum_{n=N+1}^{\infty} \mathrm{Log}(1 + a_n)\right).$

Wir nennen den in b) auftretenden (von N unabhängigen) Grenzwert den Wert des unendlichen Produkts und bezeichnen ihn mit

$$\prod_{n=1}^{\infty}(1 + a_n).$$

Aus 1.5 b) folgt:

1.6 Bemerkung. *Der Wert eines absolut konvergenten Produkts*

$$(1 + a_1)(1 + a_2) \dots$$

ist genau dann von 0 verschieden, wenn alle Faktoren $(1+a_n)$ *von 0 verschieden sind.*

Hingegen gilt
$$\lim_{n \to \infty} \prod_{\nu=1}^{n} \frac{1}{\nu} = \lim_{n \to \infty} \frac{1}{n!} = 0.$$

Dieses Produkt ist nicht konvergent in unserem Sinne!

1.7 Bemerkung. *Sei*

$$f_1 + f_2 + f_3 + \cdots$$

eine normal konvergente Reihe von analytischen Funktionen auf einem Gebiet $D \subset \mathbb{C}$. *Das unendliche Produkt*

$$(1 + f_1)(1 + f_2)(1 + f_3) \cdots$$

definiert eine analytische Funktion $F : D \to \mathbb{C}$.

Zusatz. *Die Nullstellenmenge von* F *ist die Vereinigung der Nullstellenmengen der Funktionen* $1 + f_n(z)$, $n \in \mathbb{N}$. *Ist* F *nicht die Nullfunktion, dann gilt*

$$\frac{F'(z)}{F(z)} = \sum_{n=1}^{\infty} \frac{f_n'(z)}{1 + f_n(z)},$$

wobei die Reihe rechts im Komplement der Nullstellenmenge von F *normal konvergiert.*

Sprechweise. *Das unendliche Produkt* $(1+f_1)(1+f_2)(1+f_3) \cdots$ *heißt normal konvergent, falls die entsprechende Reihe* $f_1 + f_2 + f_3 + \cdots$ *normal konvergiert.*

Beweis. In einem vorgegebenen Kompaktum gilt $|f_n(z)| \leq 1/2$ für fast alle n. Hilfssatz 1.5 ergibt daher auch die normale Konvergenz der dem unendlichen Produkt unterliegenden Reihe. Der Zusatz ergibt sich aus dem WEIERSTRASS'schen Satz durch gliedweises Ableiten.   □

Nach diesem Exkurs über unendliche Produkte wenden wir uns wieder der Γ-Funktion zu. Die Funktion $1/\Gamma$ hat die Nullstellen

$$z = 0, -1, -2, -3, \dots.$$

Man könnte daher vermuten, dass sie mit dem unendlichen Produkt

$$\left(1 + z\right)\left(1 + \frac{z}{2}\right)\left(1 + \frac{z}{3}\right) \cdots$$

zusammenhängt. Doch dieses konvergiert nicht absolut. Aber es gilt

1.8 Hilfssatz. *Die Reihe*

$$\sum_{n=1}^{\infty} \left[\left(1 + \frac{z}{n}\right) \cdot e^{-\frac{z}{n}} - 1\right]$$

konvergiert normal in ganz $\mathbb{C}$.

Folgerung. *Das unendliche Produkt*

$$H(z) := \prod_{n=1}^{\infty} \left(1 + \frac{z}{n}\right) \cdot e^{-\frac{z}{n}}$$

definiert eine ganze Funktion H *mit der Eigenschaft*

$$H(z) = 0 \iff -z \in \mathbb{N}.$$

Beweis. Es gilt

$$(1 + w)e^{-w} - 1 = -\frac{w^2}{2} + \text{Glieder höherer Ordnung.}$$

Zu jedem Kompaktum $K \subset \mathbb{C}$ existiert daher eine Konstante $C = C_K$ mit der Eigenschaft

$$\left|(1 + w)e^{-w} - 1\right| \leq C \left|w\right|^2 \quad \text{für} \quad w \in K.$$

Die in 1.8 auftretende Reihe wird also bis auf einen konstanten Faktor durch

$$\sum_{n=1}^{\infty} \frac{1}{n^2}$$

majorisiert.   □

Es gibt noch eine wichtige Umformung des unendlichen Produkts $H(z)$, welche auf GAUSS (1811) zurückgeht, L. EULER aber schon geläufig war. Aus der reellen Analysis ist bekannt, dass der Grenzwert

$$\gamma := \lim_{n \to \infty} \left(1 + \frac{1}{2} + \cdots + \frac{1}{n} - \log n\right) \quad (= 0{,}577\,215\,664\,901\,532\,860\,606\,512\ldots)$$

existiert (EULER-MASCHERONI'sche Konstante, vgl. auch Aufgabe 3 aus IV.1).

1.9 Hilfssatz. *Sei*

$$G_n(z) = z e^{-z \log n} \prod_{\nu=1}^{n} \left(1 + \frac{z}{\nu}\right).$$

Dann gilt

$$\lim_{n\to\infty} G_n(z) = z e^{\gamma z} H(z).$$

Folgerung. *Die Funktion*

$$G(z) = \lim_{n\to\infty} G_n(z) = z e^{\gamma z} \prod_{\nu=1}^{\infty} \left(1 + \frac{z}{\nu}\right) e^{-\frac{z}{\nu}}$$

ist in ganz $\mathbb{C}$ analytisch und hat Nullstellen erster Ordnung genau in der Menge

$$S = \{0, -1, -2, \ldots\}.$$

Beweis. Es ist

$$G_n(z) = z e^{z(1 + \cdots + 1/n - \log n)} \prod_{\nu=1}^{n} \left(1 + \frac{z}{\nu}\right) e^{-z/\nu}. \qquad \square$$

1.10 Satz (Gauß'sche Produktentwicklung). *Es gilt für $z \in \mathbb{C}$*

$$\boxed{\frac{1}{\Gamma(z)} = G(z) = \lim_{n\to\infty} \frac{n^{-z}}{n!} z(z+1) \cdots (z+n).}$$

Folgerung. *Die Γ-Funktion hat keine Nullstellen.*

Beweis. Wir prüfen nach, dass die Funktion $1/G$ die charakterisierenden Eigenschaften der Γ-Funktion hat. Zunächst ist zu bemerken, dass sie in einem Gebiet analytisch ist, welches den Vertikalstreifen $1 \le x < 2$ umfaßt.

1) *Beschränktheit von $1/G(z)$ in dem Vertikalstreifen.*

Es gilt

$$\left| n^{-z} \right| = n^{-x}$$

und

$$|z + \nu| \ge |x + \nu|.$$

2) *Funktionalgleichung.*

Eine triviale Rechnung zeigt

$$zG_n(z+1) = \frac{z+n+1}{n}G_n(z).$$

3) *Normierung.*

$$G_n(1) = 1 + \frac{1}{n} \quad \text{für alle} \quad n. \qquad\qquad \square$$

Wie wir schon beim Beweis von Satz 1.3 bemerkt haben, ist die Funktion

$$f(z) := \Gamma(z)\,\Gamma(1-z)$$

periodisch (bis auf das Vorzeichen):

$$f(z+1) = -f(z).$$

Sie hat Pole erster Ordnung an allen ganzen Zahlen, und es gilt

$$\operatorname{Res}(f;-n) = \lim_{z\to -n}(z+n)\,\Gamma(z)\,\Gamma(1-z) = (-1)^n.$$

Dieselben Eigenschaften hat offenbar die Funktion $\pi/\sin\pi z$.

1.11 Satz (L. EULER, 1749). *Für $z \in \mathbb{C} - \mathbb{Z}$ gilt:*

Ergänzungssatz

$$\Gamma(z)\,\Gamma(1-z) = \frac{\pi}{\sin\pi z}\,.$$

---

1. Folgerung. $\Gamma(1/2) = \sqrt{\pi}$.

2. Folgerung.

$$\frac{\sin\pi z}{\pi} = z\prod_{n=1}^{\infty}\left(1 - \frac{z^2}{n^2}\right) \qquad \textit{(absolut konvergentes Produkt).}$$

Beweis. Die Funktion

$$f(z) := \Gamma(z)\,\Gamma(1-z) - \frac{\pi}{\sin\pi z}$$

ist in dem Bereich

$$0 \le x \le 1, \quad |y| \ge 1,$$

offenbar beschränkt. Sie hat an den Stellen $z = n$ für $n \in \mathbb{Z}$ hebbare Singularitäten und stellt somit eine ganze Funktion dar. Da der Bereich

$$0 \le x \le 1\,, \quad |y| \le 1,$$

kompakt ist, ist sie im ganzen Streifen $0 \le x \le 1$ und wegen der Periodizität dann überhaupt beschränkt, nach dem Satz von LIOUVILLE also konstant. Diese Konstante muss aber 0 sein, denn es gilt

$$f(z) = -f(-z).$$ □

Allgemeiner gilt die Formel

$$\Gamma\left(n + \frac{1}{2}\right) = \sqrt{\pi} \prod_{k=0}^{n-1}\left(k + \frac{1}{2}\right), \qquad n \in \mathbb{N}_0.$$

Bemerkung. Aus der Produktentwicklung des Sinus erhält man einen neuen Beweis für die Partialbruchentwicklung des Kotangens (III.7.13). Man benutzt

$$\frac{\sin' z}{\sin z} = \cot z$$

und erhält mit dem Zusatz von 1.7

$$\pi \cot \pi z = \frac{1}{z} + \sum_{\substack{n \in \mathbb{Z} \\ n \neq 0}} \left[\frac{1}{z - n} + \frac{1}{n}\right].$$

1.12 Legendre'sche Relation (A. M. LEGENDRE, 1811).

$$\Gamma\left(\frac{z}{2}\right)\Gamma\left(\frac{z+1}{2}\right) = \frac{\sqrt{\pi}}{2^{z-1}}\,\Gamma(z).$$

Beweis. Die Funktion

$$f(z) = 2^{z-1}\Gamma\left(\frac{z}{2}\right)\Gamma\left(\frac{z+1}{2}\right)$$

hat die charakterisierenden Eigenschaften der Γ-Funktion. Den Normierungsfaktor $f(1) = \sqrt{\pi}$ erhält man aus 1.11. □

Wir wollen abschließend die klassische *Stirling'sche Formel*

$$1 \le \frac{n!}{\sqrt{2\pi}\,n^{n+\frac{1}{2}}e^{-n}} \le e^{\frac{1}{12n}}$$

auf die Γ-Funktion verallgemeinern und mit funktionentheoretischen Mitteln beweisen.

Wir verstehen unter $\mathrm{Log}\,z$ den Hauptwert des Logarithmus in der längs der negativen reellen Achse geschlitzten Ebene. Dort ist die Funktion

$$z^{z-\frac{1}{2}} := e^{(z-\frac{1}{2})\,\mathrm{Log}\,z}$$

analytisch.

Wir suchen nun eine in der geschlitzten Ebene $\mathbb{C}_-$ analytische Funktion H zu konstruieren, so dass

$$h(z) = z^{z-\frac{1}{2}} e^{-z} e^{H(z)}$$

die charakterisierenden Eigenschaften der Γ-Funktion hat, d. h. wir wollen die STIRLING'sche Formel als Folgerung aus einer *Identität*

$$\Gamma(z) = A \cdot h(z) \quad A \in \mathbb{C},$$

beweisen.

Die Funktionalgleichung $h(z+1) = z\, h(z)$ ist sicher dann erfüllt, wenn

$$H(z) - H(z+1) = H_0(z)$$

mit

$$H_0(z) = \left(z + \frac{1}{2}\right) \left[\mathrm{Log}(z+1) - \mathrm{Log}\, z\right] - 1$$

gilt. Offenbar hat man eine solche Funktion in der Reihe

$$H(z) := \sum_{n=0}^{\infty} H_0(z+n),$$

sofern sie konvergiert (GUDERMANN'sche Reihe, C. GUDERMANN, 1845).

1.13 Hilfssatz. *Es gilt*

$$|H_0(z)| \le \frac{1}{2} \left|\frac{1}{2z+1}\right|^2 \quad \textit{für} \ \ z \in \mathbb{C}_-, \ \left|z + \frac{1}{2}\right| > 1.$$

Folgerung. *Die Reihe*

$$H(z) = \sum_{n=0}^{\infty} H_0(z+n)$$

konvergiert in der längs der negativen reellen Achse geschlitzten Ebene normal und stellt dort eine analytische Funktion dar. In jedem Winkelbereich

$$W_\delta := \left\{ z = |z|\, e^{\mathrm{i}\varphi};\ -\pi + \delta \le \varphi \le \pi - \delta \right\}$$

mit $0 < \delta \le \pi$ gilt

$$\lim_{\substack{z \to \infty \\ z \in W_\delta}} H(z) = 0.$$

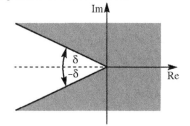

Beweis. Im Bereich $\mathrm{Re}\, z > 1$ gilt die Identität

$$H_0(z) = \left(z + \frac{1}{2}\right)\left[\mathrm{Log}(1+z) - \mathrm{Log}\, z\right] - 1 = \frac{1}{2w}\,\mathrm{Log}\,\frac{1+w}{1-w} - 1 \quad \text{mit} \quad w := \frac{1}{2z+1}\,.$$

Da in dem angegebenen Bereich z, $1 + z$, $1 + 1/z$ und w niemals negativ reell sind, handelt es sich um Identitäten analytischer Funktionen, welche man nur für reelle positive z beweisen muss, wo sie klar sind.

In dem angegebenen Bereich gilt $|w| < 1$, und in dieser Kreisscheibe existiert eine Potenzreihenentwicklung. Eine einfache Rechnung zeigt

$$H_0(z) = \frac{w^2}{3} + \frac{w^4}{5} + \frac{w^6}{7} + \cdots .$$

Mit Hilfe der geometrischen Reihe folgt für $|w| \leq 1/2$ die Abschätzung

$$|H_0(z)| \leq \frac{4}{9}\,|w|^2 \leq \frac{1}{2}\,|w|^2\,.$$

Beweis der Folgerung. Die normale Konvergenz der Reihe $H(z)$ in der geschlitzten Ebene ist eine offensichtliche Folgerung aus dem Hilfssatz. Es bleibt zu zeigen, dass $H(z)$ in den angegebenen Winkelbereichen gegen 0 konvergiert. In jedem Winkelbereich W_δ gilt eine Abschätzung

$$|H_0(z+n)| \leq \frac{C(\delta)}{n^2}, \quad n \geq N(\delta),$$

wobei $C(\delta)$ und $N(\delta)$ nur von δ abhängen. Wählt man $N(\delta)$ genügend groß, so wird der Reihenrest $|\sum_{n>N(\delta)} \frac{C(\delta)}{n^2}|$ kleiner als jede vorgegebene positive Zahl ε. Die endlich vielen Anfangsterme konvergieren einzeln gegen 0. In dem angegebenen Winkelbereich $W(\delta)$ konvergiert somit $H(z)$ wie behauptet gegen 0. $\qquad\qquad\square$

Wir wissen nun, dass die Funktion

$$h(z) := z^{z-\frac{1}{2}} e^{-z} e^{H(z)}$$

in der geschlitzten Ebene analytisch ist und dort der Funktionalgleichung

$$h(z+1) = z\,h(z)$$

genügt.

Behauptung. Die Funktion h ist im Vertikalstreifen

$$\{\, x + iy;\ 2 \leq x \leq 3,\, y \in \mathbb{R} \,\}$$

beschränkt.

Beweis. 1) Wir zeigen zunächst, dass die Funktion

$$z^{z-\frac{1}{2}} = \exp\left(\left(z - \frac{1}{2}\right)\mathrm{Log}\, z\right)$$

in jedem Vertikalstreifen

$$\{\,(x,y);\ a \le x \le b,\ y \in \mathbb{R}\,\},\quad 0 < a < b,$$

beschränkt ist. Dazu ist nachzuweisen, dass

$$\operatorname{Re}\left(\left(z - \frac{1}{2}\right)\operatorname{Log} z\right) = \left(x - \frac{1}{2}\right)\operatorname{Log}|z| - y\operatorname{Arg} z$$

nach oben beschränkt ist. Nun gilt offensichtlich

$$\operatorname{Arg} z \to \pm\frac{\pi}{2},$$

je nachdem, ob y gegen ∞ oder $-\infty$ konvergiert. Es folgt nun leicht

$$\operatorname{Re}\left((z - \frac{1}{2})\operatorname{Log} z\right) \to -\infty \quad \text{für} \quad |y| \to \infty$$

$$(\text{wegen}\ \left(\frac{|y|}{\log|z|}\right)^{-1} \to 0 \quad \text{für} \quad |y| \to \infty).$$

2) Aus 1.13 folgt leicht, dass $H(z)$ und damit $\exp\bigl(H(z)\bigr)$ im Bereich $2 \le x \le 3$ beschränkt ist. Aus der Funktionalgleichung folgt, dass die Funktion auch in $1 \le x \le 2$ beschränkt ist.   □

Damit sind die charakteristischen Eigenschaften der Γ-Funktion nachgewiesen, und wir erhalten $\Gamma(z) = A \cdot h(z)$. Den Normierungsfaktor bestimmt man mit Hilfe der LEGENDRE'schen Relation (1.12):

$$\sqrt{\pi} = A\left(1 + \frac{1}{n}\right)^{n/2} \cdot 2^{-\frac{1}{2}} \cdot \exp\left(-\frac{1}{2} + H\left(\frac{n}{2}\right) + H\left(\frac{n+1}{2}\right) - H(n)\right).$$

Für $x \to \infty$ konvergiert $H(x) \to 0$ und

$$\left(1 + \frac{1}{x}\right)^{x/2} \to \sqrt{e},$$

so dass sich $A = \sqrt{2\pi}$ ergibt.   □

1.14 Satz (Stirling'sche Formel). *Mit*

$$H(z) = \sum_{n=0}^{\infty} \left(\left(z + n + \frac{1}{2}\right) \cdot \operatorname{Log}\left(1 + \frac{1}{z+n}\right) - 1\right)$$

gilt für $z \in \mathbb{C}_-$

$$\boxed{\Gamma(z) = \sqrt{2\pi}\, z^{z - \frac{1}{2}} e^{-z} e^{H(z)}.}$$

In jedem Winkelbereich $W(\delta)$ *konvergiert* $H(z)$ *für* $z \to \infty$ *gegen 0.*

Die gewöhnliche Stirling'sche Formel

Aus den angegegeben Umformungen für $H_0(z)$ erhält man für positive reelle x

$$0 < H_0(x) < \frac{1}{12x(x+1)} = \frac{1}{12}\left(\frac{1}{x} - \frac{1}{x+1}\right),$$

also

$$0 < H(x) < \frac{1}{12}\sum_{n=0}^{\infty}\left(\frac{1}{x+n} - \frac{1}{x+n+1}\right) = \frac{1}{12x}$$

und somit

$$H(x) = \frac{\vartheta}{12x} \quad \text{mit} \quad 0 < \vartheta = \vartheta(x) < 1 \quad \text{für} \quad x > 0.$$

Wegen $n! = n\,\Gamma(n)$ folgt

$$\boxed{n! = \sqrt{2\pi n}\left(\frac{n}{e}\right)^n e^{\frac{\vartheta(n)}{12n}}, \quad 0 < \vartheta(n) < 1.}$$

Dies ist die klassische STIRLING'sche Formel für $n!$.

Übungsaufgaben zu IV.1

1. Man untersuche folgende Produkte auf absolute Konvergenz und ermittle gegebenenfalls ihren Wert.

   a) $\displaystyle\prod_{\nu=2}^{\infty}\left(1 - \frac{1}{\nu}\right),$ b) $\displaystyle\prod_{\nu=2}^{\infty}\left(1 - \frac{1}{\nu^2}\right),$

   c) $\displaystyle\prod_{\nu=2}^{\infty}\left(1 - \frac{2}{\nu(\nu+1)}\right),$ d) $\displaystyle\prod_{\nu=2}^{\infty}\left(1 - \frac{2}{\nu^3+1}\right).$

2. Das Produkt $\prod_{\nu=0}^{\infty}\left(1 + z^{2^{\nu}}\right)$ ist genau dann absolut konvergent, wenn $|z| < 1$ ist, und dann gilt

$$\prod_{\nu=0}^{\infty}\left(1 + z^{2^{\nu}}\right) = \frac{1}{1-z}.$$

3. Man zeige, daß die durch

$$\gamma_n := 1 + \frac{1}{2} + \frac{1}{3} + \ldots + \frac{1}{n} - \log n$$

definierte Folge (γ_n) (streng) monoton fällt und durch 0 nach unten beschränkt ist. Also existiert

$$\gamma := \lim_{n\to\infty}\gamma_n = 0{,}577\,215\,664\,901\,532\,860\,606\,512\,090\,082\,402\,431\,042\,159\ldots$$

(*Euler-Mascheroni'sche Konstante*).

4. Man zeige, daß die EULER'sche Produktformel für $1/\Gamma$ aus der GAUSS'schen Darstellung von Γ gewonnen werden kann und umgekehrt. Zur Erinnerung:

$$\Gamma(z) = \lim_{n\to\infty} \frac{n!\,n^z}{z(z+1)\dots(z+n)} \qquad \text{(C. F. GAUSS)}$$

$$\frac{1}{\Gamma(z)} = z e^{\gamma z} \prod_{n=1}^{\infty} \left(1 + \frac{z}{n}\right) e^{-z/n} \qquad \text{(L. EULER)}$$

5. Für $z \in \mathbb{C} - S$ gilt

$$\lim_{n\to\infty} \frac{\Gamma(z+n)}{n^z\,\Gamma(n)} = 1,$$

dabei sei $S = \{0, -1, -2, -3, \dots\}$.

6. **Eine weitere Charakterisierung von Γ:** Sei $f : \mathbb{C} - S \to \mathbb{C}$ (S wie in 5.) eine analytische Funktion mit den Eigenschaften

$$a) \quad f(z+1) = zf(z) \quad \text{und} \quad b) \quad \lim_{n\to\infty} \frac{f(z+n)}{n^z f(n)} = 1.$$

Dann ist $f(z) = f(1)\Gamma(z)$ für alle $z \in \mathbb{C} - S$.

7. *Man zeige:*

$$\Gamma\left(\frac{1}{6}\right) = 2^{-1/3} \left(\frac{3}{\pi}\right)^{1/2} \Gamma\left(\frac{1}{3}\right)^2.$$

8. *Man zeige:*

$$|\Gamma(iy)|^2 = \frac{\pi}{y \sinh \pi y}, \qquad \left|\Gamma\left(\frac{1}{2} + iy\right)\right|^2 = \frac{\pi}{\cosh \pi y}.$$

9. Ein anderer Beweis der *Verdoppelungsformel.* Die durch $\Gamma(z)\Gamma\left(z + \frac{1}{2}\right)$ und $\Gamma(2z)$ definierten Funktionen haben dieselben einfachen Polstellen. Es gibt daher eine ganze Funktion $g : \mathbb{C} \to \mathbb{C}$ mit

$$\Gamma(z)\Gamma\left(z + \frac{1}{2}\right) = \exp(g(z))\Gamma(2z).$$

Man zeige, dass g ein Polynom vom Grad ≤ 1 ist, und folgere

$$\Gamma(z)\Gamma\left(z + \frac{1}{2}\right) = 2^{1-2z} \sqrt{\pi}\,\Gamma(2z).$$

10. Eine Charakterisierung von Γ durch die Verdoppelungsformel. Sei $f : \mathbb{C} \to \overline{\mathbb{C}}$ eine meromorphe Funktion und $f(x) > 0$ für alle $x > 0$. Ferner gelte

$$f(z+1) = zf(z) \quad \text{und} \quad \sqrt{\pi} f(2z) = 2^{2z-1} f(z) f\left(z + \frac{1}{2}\right).$$

Dann ist $f(z) = \Gamma(z)$ für alle $z \in \mathbb{C}$. Zum Beweis verwende man folgenden Hilfssatz:

Ist $g : \mathbb{C} \to \mathbb{C}$ eine analytische Funktion, $g(z+1) = g(z)$, $g(2z) = g(z)g\left(z + \frac{1}{2}\right)$ für alle $z \in \mathbb{C}$ und $g(x) > 0$ für alle $x > 0$, dann gilt $g(z) = ae^{bz}$ mit geeigneten Konstanten a und b.

11. Die GAUSS'sche Multiplikationsformel. Für $p \in \mathbb{N}$ gilt

$$\Gamma\left(\frac{z}{p}\right) \Gamma\left(\frac{z+1}{p}\right) \cdots \Gamma\left(\frac{z+p-1}{p}\right) = (2\pi)^{\frac{p-1}{2}} p^{\frac{1}{2}-z} \Gamma(z).$$

Anleitung: Man weise für

$$f(z) := (2\pi)^{\frac{1-p}{2}} p^{z-\frac{1}{2}} \Gamma\left(\frac{z}{p}\right) \Gamma\left(\frac{z+1}{p}\right) \cdots \Gamma\left(\frac{z+p-1}{p}\right)$$

die charakterisierenden Eigenschaften von Γ nach.

12. Die EULER'sche **Betafunktion.** Für $z, w \in \mathbb{C}$ mit $\operatorname{Re} z > 0$ und $\operatorname{Re} w > 0$ sei

$$B(z,w) := \int\limits_{0}^{1} t^{z-1}(1-t)^{w-1}\, dt.$$

Die so definierte Funktion heißt EULER'sche Betafunktion (nach A. M. LEGENDRE (1811) *Euler'sches Integral erster Gattung*).

Man zeige:

a) B ist stetig (als Funktion beider Variablen!).

b) Für festes w (mit $\operatorname{Re} w > 0$) ist $z \mapsto B(z, w)$ analytisch in der Halbebene $\operatorname{Re} z > 0$. Für festes z (mit $\operatorname{Re} z > 0$) ist $z \mapsto B(z, w)$ analytisch in der Halbebene $\operatorname{Re} w > 0$.

c) Es gilt

$$B(z+1, w) = \frac{z}{z+w} \cdot B(z, w), \qquad B(1, w) = \frac{1}{w}.$$

d) Die Funktion

$$f(z) := \frac{B(z,w)\Gamma(z+w)}{\Gamma(w)}$$

hat die charakterisierenden Eigenschaften von Γ, es gilt also die EULER'sche Identität für $\operatorname{Re} z > 0$ und $\operatorname{Re} w > 0$:

$$\boxed{B(z,w) = \frac{\Gamma(z)\Gamma(w)}{\Gamma(z+w)}\,.}$$

Die Betafunktion ist somit auf die Gammafunktion zurückgeführt.

e) $B(z,w) = \displaystyle\int\limits_{0}^{\infty} \frac{t^{z-1}}{(1+t)^{z+w}}\, dt.$

f) $B(z,w) = 2\displaystyle\int\limits_{0}^{\pi/2} (\sin\varphi)^{2z-1}(\cos\varphi)^{2w-1} d\varphi.$

13. Ist μ_n das Volumen der n-dimensionalen Einheitskugel im $\mathbb{R}^n$, so gilt

$$\mu_n = 2\mu_{n-1}\int\limits_{0}^{1}\left(1-t^2\right)^{\frac{n-1}{2}}\, dt = \frac{\pi^{n/2}}{\Gamma\left(\frac{n}{2}+1\right)}\,.$$

14. Die GAUSS'sche ψ-Funktion sei definiert durch $\psi(z) := \Gamma'(z)/\Gamma(z)$.

Man zeige:

a) ψ ist meromorph in $\mathbb{C}$ mit einfachen Polstellen in $S = \{-n;\ n \in \mathbb{N}_0\}$ und $\operatorname{Res}(\psi; -n) = -1$.

b) $\psi(1) = -\gamma$ (EULER-MASCHERONI'sche Konstante).

c) $\psi(z+1) - \psi(z) = \dfrac{1}{z}$.

d) $\psi(1-z) - \psi(z) = \pi \cot \pi z$.

e) $\psi(z) = -\gamma - \dfrac{1}{z} - \displaystyle\sum_{\nu=1}^{\infty} \left(\dfrac{1}{z+\nu} - \dfrac{1}{\nu} \right)$.

f) $\psi'(z) = \displaystyle\sum_{\nu=0}^{\infty} \dfrac{1}{(z+\nu)^2}$, wobei die Reihe rechts in $\mathbb{C}$ normal konvergiert.

g) Für positives x ist
$$(\log \Gamma)''(x) = \sum_{\nu=0}^{\infty} \frac{1}{(x+\nu)^2} > 0,$$
die reelle Γ-Funktion ist also logarithmisch konvex.

15. **Satz von Bohr-Mollerup** (H. Bohr, J. Mollerup, 1922). Sei $f : \mathbb{R}_+^{\bullet} \to \mathbb{R}_+^{\bullet}$ eine Funktion mit den Eigenschaften

a) $f(x+1) = xf(x)$ für alle $x > 0$ und   b) $\log f$ ist konvex.

Dann ist $f(x) = f(1)\Gamma(x)$ für alle $x > 0$.

16. Für $\alpha \in \mathbb{C}$ und $n \in \mathbb{N}$ sei
$$\binom{\alpha}{n} := \frac{\alpha(\alpha-1)\cdots(\alpha-n-1)}{n!}, \qquad \binom{\alpha}{0} := 1.$$
Man zeige, daß für alle $\alpha \in \mathbb{C} - \mathbb{N}_0$ gilt:
$$\binom{\alpha}{n} = \frac{(-1)^n \Gamma(n-\alpha)}{\Gamma(-\alpha)\Gamma(n+1)} \sim \frac{(-1)^n}{\Gamma(-\alpha)} n^{-\alpha-1} \quad (n \to \infty),$$
d. h. der Quotient von linker und rechter Seite hat den Grenzwert 1.

17. HANKEL'sche Integraldarstellung für $\dfrac{1}{\Gamma}$ (H. HANKEL, 1864). Für $z \in \mathbb{C}$ ist
$$\frac{1}{\Gamma(z)} = \frac{1}{2\pi i} \int_{\gamma_{r,\varepsilon}} w^{-z} \exp(w)\, dw,$$
dabei ist $\gamma_{r,\varepsilon}$ der in folgender Abbildung skizzierte „uneigentliche Schleifenweg".

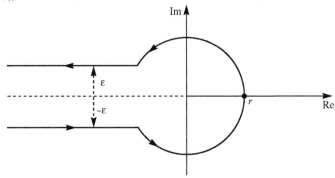

2. Der Weierstraß'sche Produktsatz

Wir betrachten folgendes *Problem:*

Gegeben sei ein Gebiet $D \subset \mathbb{C}$ sowie eine in D diskrete Teilmenge S. Jedem Punkt $s \in S$ sei eine natürliche Zahl m_s zugeordnet.

Existiert eine analytische Funktion $f : D \to \mathbb{C}$ mit den Eigenschaften

a) $f(z) = 0 \iff z \in S$ und
b) $\mathrm{ord}(f; s) = m_s$ für $s \in S$?

Solche Funktionen kann man mit Hilfe von *Weierstraßprodukten* tatsächlich konstruieren. Wir wollen uns der Einfachheit halber auf den Fall $D = \mathbb{C}$ beschränken.

Da die abgeschlossenen Kreisscheiben kompakt sind, existieren nur endlich viele $s \in S$ mit $|s| \leq N$. Man kann daher die Menge S abzählen und nach wachsenden Beträgen ordnen:

$$S = \{s_1, s_2, \ldots\},$$
$$|s_1| \leq |s_2| \leq |s_3| \leq \cdots.$$

Wenn S eine endliche Menge ist, wird das Problem durch

$$\prod_{s \in S} (z - s)^{m_s}$$

gelöst.

Für unendliche Mengen S wird dieses Produkt i. a. nicht konvergieren. Wir wollen und können annehmen, dass der Nullpunkt nicht in S enthalten ist, da man eine Nullstelle der Ordnung m im Nullpunkt durch Multiplikation mit z^m nachträglich erzwingen kann. Dies hat den Vorteil, dass man das unendliche Produkt

$$\prod_{n=1}^{\infty} \left(1 - \frac{z}{s_n}\right)^{m_n}, \quad m_n := m_{s_n},$$

betrachten kann, welches bessere Konvergenzchancen hat.

Dieses Produkt konvergiert manchmal, z. B. für $s_n = n^2$, $m_n = 1$, aber nicht immer, beispielsweise für $s_n = n$ und $m_n = 1$. Nach WEIERSTRASS wird der Ansatz nun dahingehend modifiziert, dass man dem Produkt Faktoren hinzufügt, die am Nullstellenverhalten nichts ändern, aber die Konvergenz erzwingen.

Ansatz.

$$f(z) := \prod_{n=1}^{\infty} \left(1 - \frac{z}{s_n}\right)^{m_n} e^{P_n(z)}.$$

Dabei sei $P_n(z)$ ein Polynom, das noch zu bestimmen ist. Wir müssen zumindest dafür Sorge tragen, dass für jedes $z \in \mathbb{C}$

$$\lim_{n \to \infty} (1 - \frac{z}{s_n})^{m_n} e^{P_n(z)} = 1$$

gilt. Wir bemerken nun:

In der offenen Kreisscheibe $U_{|s_n|}(0)$ gibt es eine analytische Funktion A_n mit der Eigenschaft

$$\left(1 - \frac{z}{s_n}\right)^{m_n} e^{A_n(z)} = 1 \quad \text{für} \quad z \in U_{|s_n|}(0)$$

und

$$A_n(0) = 0.$$

Die Existenz von A_n ergibt sich unmittelbar aus II.2.9$_1$. Diese Funktion ist natürlich eindeutig bestimmt. Später werden wir A_n explizit angeben.

Die Potenzreihe von A_n in der Kreisscheibe $U_{|s_n|}(0)$ konvergiert in jedem Kompaktum $K \subset U_{|s_n|}(0)$ gleichmäßig. Bricht man die Potenzreihe an einer geeigneten Stelle ab, so erhält man ein Polynom P_n mit der Eigenschaft

$$\left| 1 - \left(1 - \frac{z}{s_n}\right)^{m_n} e^{P_n(z)} \right| \le \frac{1}{n^2} \quad \text{für alle } z \text{ mit} \quad |z| \le \frac{1}{2} |s_n|.$$

Da die Reihe $1 + \frac{1}{4} + \frac{1}{9} + \cdots$ konvergiert, erhalten wir:

Die Reihe

$$\sum_{n=1}^{\infty} \left| 1 - \left(1 - \frac{z}{s_n}\right)^{m_n} e^{P_n(z)} \right|$$

ist normal konvergent, denn in der abgeschlossenen Kreisscheibe $|z| \le R$ wird sie bis auf endlich viele Glieder $(\frac{1}{2} |s_n| \le R)$ durch die Reihe $\sum \frac{1}{n^2}$ majorisiert.

Die bisherigen Überlegungen zeigen:

2.1 Weierstraß'scher Produktsatz (1. Form) (K. WEIERSTRASS, 1876).
Sei $S \subset \mathbb{C}$ eine diskrete Teilmenge. Ferner sei eine Abbildung

$$m : S \longrightarrow \mathbb{N}, \quad s \longmapsto m_s,$$

gegeben. Dann gibt es eine analytische Funktion

$$f : \mathbb{C} \longrightarrow \mathbb{C}$$

mit den Eigenschaften

a) $S = N(f) := \{ z \in \mathbb{C}; \quad f(z) = 0 \}$ *und*
b) $m_s = \text{ord}(f; s)$ *für alle $s \in S$.*

f hat also genau in den vorgegebenen Stellen $s \in S$ Nullstellen vorgegebener Ordnung m_s. f hat die Gestalt eines (endlichen oder unendlichen) Produkts, aus dem man Lage und Ordnung der Nullstellen von f ablesen kann. Wir sagen auch:

f ist eine Lösung der vorgegebenen **Nullstellenverteilung** $\{(s, m_s);\ s \in S\}$.

Mit f ist dann natürlich auch

$$F(z) := \exp\big(h(z)\big) f(z)$$

eine Lösung der Nullstellenverteilung, wobei $h : \mathbb{C} \to \mathbb{C}$ eine beliebige ganze Funktion ist.

Umgekehrt hat jede Lösung F der Nullstellenverteilung diese Gestalt, denn $g := F/f$ ist dann eine ganze Funktion ohne Nullstellen, daher existiert nach II.2.9 eine ganze Funktion h mit der Eigenschaft $g = \exp h$.

Eine wichtige Anwendung des WEIERSTRASS'schen Produktsatzes ist

2.2 Satz. *Jede in ganz $\mathbb{C}$ meromorphe Funktion ist als Quotient zweier ganzer Funktionen darstellbar. Mit anderen Worten: Der Körper $\mathcal{M}(\mathbb{C})$ der in $\mathbb{C}$ meromorphen Funktionen ist der Quotientenkörper des Integritätsbereiches $\mathcal{O}(\mathbb{C})$ der ganzen Funktionen.*

Beweis. Sei $f \in \mathcal{M}(\mathbb{C})$, $f \not\equiv 0$, und $S := S(f)$ sei die Polstellenmenge von f. Dann ist S diskret in $\mathbb{C}$. Sei $m_s := -\operatorname{ord}(f; s)$ die Polstellenordnung von f in s. Nach unseren Überlegungen gibt es eine ganze Funktion h mit $N(h) = S$ und $\operatorname{ord}(h; s) = m_s$. Die in $\mathbb{C}$ meromorphe Funktion $g := fh$ besitzt daher nur hebbare Singularitäten und ist deshalb analytisch in $\mathbb{C}$. Es gilt $f = g/h$. Die so konstruierten Funktionen g und h haben übrigens keine gemeinsame Nullstelle. $\qquad\square$

Praktische Konstruktion von Weierstraßprodukten

Der obige Existenzbeweis führt oft dazu, dass die Polynome P_n einen zu hohen Grad haben. Eine Verbesserung erhält man durch die folgenden verfeinerten Überlegungen:

Zunächst bestimmt man die Potenzreihe A_n. Eine einfache Rechnung zeigt

$$A_n(z) = m_n \left(\frac{z}{s_n} + \frac{1}{2} \left(\frac{z}{s_n} \right)^2 + \frac{1}{3} \left(\frac{z}{s_n} \right)^3 + \cdots \right).$$

Man konstruiert das Polynom P_n durch Abbruch dieser Potenzreihe an einer geeigneten Stelle:

$$P_n(z) = m_n \sum_{\nu=1}^{k_n} \frac{1}{\nu} \left(\frac{z}{s_n} \right)^\nu \qquad (k_n \in \mathbb{N} \text{ geeignet}).$$

Führt man die sogenannten WEIERSTRASS'schen Elementarfaktoren E_k ein,

$$E_0(z) := (1 - z), \quad E_k(z) := (1 - z) \exp \left(z + \frac{z^2}{2} + \cdots + \frac{z^k}{k} \right), \ k \in \mathbb{N},$$

so schreibt sich das unendliche Produkt in der Form

$$\prod_{n=1}^{\infty} \left(E_{k_n}\left(\frac{z}{s_n}\right) \right)^{m_n}.$$

Für dieses unendliche Produkt (ein sogenanntes WEIERSTRASSprodukt) gibt es nun einen verbesserten Konvergenzbeweis, der genauere Bedingungen für die Wahl der Grade der Polynome P_n liefert. Dieser benutzt die beiden folgenden Hilfssätze:

2.3 Hilfssatz. *Seien $m > 0$ und $k \geq 0$ zwei ganze Zahlen. Unter der Voraussetzung*

$$2|z| \leq 1 \quad und \quad 2m|z|^{k+1} \leq 1$$

gilt

$$|E_k(z)^m - 1| \leq 4m|z|^{k+1}.$$

Der elementare Beweis sei dem Leser überlassen.

2.4 Hilfssatz. *Sei $(s_n)_{n \geq 1}$ eine Folge von 0 verschiedener komplexer Zahlen mit der Eigenschaft*

$$\lim_{n \to \infty} |s_n| = \infty$$

und $(m_n)_{n \geq 1}$ eine beliebige Folge natürlicher Zahlen. Dann gibt es eine Folge $(k_n)_{n \geq 1}$ nicht negativer ganzer Zahlen, so dass die Reihe

$$\sum_{n=1}^{\infty} m_n \left| \frac{z}{s_n} \right|^{k_n+1}$$

für alle z in $\mathbb{C}$ konvergiert. Dies ist beispielsweise dann der Fall, wenn man $k_n \geq m_n + n$ wählt.

Beweis von 2.4. Bei festem $z \in \mathbb{C}$ gibt es wegen $\lim_{n \to \infty} |s_n| = \infty$ ein $n_0 \in \mathbb{N}$, so dass für alle $n \geq n_0$ gilt:

$$\left| \frac{z}{s_n} \right| \leq \frac{1}{2}.$$

Daher ist für $n \geq n_0$

$$m_n \left| \frac{z}{s_n} \right|^{k_n+1} \leq m_n \left(\frac{1}{2} \right)^{n+m_n} < \left(\frac{1}{2} \right)^n. \qquad \square$$

Damit erhält man eine zweite Form des WEIERSTRASS'schen Produktsatzes:

2.5 Satz. *Wählt man die Folge (k_n) wie in 2.4, so konvergiert das Weierstraßprodukt*

$$\prod_{n=1}^{\infty} \left(E_{k_n}\left(\frac{z}{s_n}\right) \right)^{m_n}$$

normal in $\mathbb{C}$ und definiert eine in $\mathbb{C}$ analytische Funktion f, deren Nullstellen genau in den Punkten $s_1, s_2, s_3, \ldots$ liegen und die vorgeschriebenen Ordnungen haben.

Die Funktion $f_0(z) := z^{m_0} f(z)$ hat zusätzlich noch eine Nullstelle der Ordnung m_0 im Nullpunkt.

Wir müssen lediglich noch zeigen, dass aus der Konvergenz von

$$\sum_{n=1}^{\infty} m_n \left| \frac{z}{s_n} \right|^{k_n+1}$$

für alle $z \in \mathbb{C}$, die (normale) Konvergenz von

$$\prod_{n=1}^{\infty} \left(E_{k_n}\left(\frac{z}{s_n}\right) \right)^{m_n}$$

folgt. Es ist die (normale) Konvergenz von

$$\sum_{n=1}^{\infty} \left(E_{k_n}\left(\frac{z}{s_n}\right)^{m_n} - 1 \right)$$

zu beweisen. Sei $R > 0$ vorgegeben. Wir wählen N so groß, dass für $n \geq N$

$$\frac{R}{|s_n|} \leq \frac{1}{2}$$

gilt. Da die Summanden einer konvergenten Reihe eine Nullfolge bilden, gilt — nach eventueller Vergrößerung von N —

$$2m_n \left(\frac{R}{|s_n|} \right)^{k_n+1} \leq 1 \quad \text{für} \quad n \geq N.$$

Aus Hilfssatz 2.3 folgt für $n \geq N$ und $|z| \leq R$

$$\left| E_{k_n}\left(\frac{z}{s_n}\right)^{m_n} - 1 \right| \leq 4m_n \left(\frac{|z|}{|s_n|} \right)^{k_n+1} \leq 4m_n \left(\frac{R}{|s_n|} \right)^{k_n+1}.$$

Die normale Konvergenz ergibt sich nun aus Hilfssatz 2.4. $\qquad\square$

Beispiele zum Weierstraß'schen Produktsatz

Bei den folgenden Konvergenzbeweisen ist es bequem, den Produktsatz in der feineren Form 2.5 zu verwenden. Man kann darauf aber verzichten, da die Konvergenzbeweise in jedem Einzelfall sehr einfach direkt geführt werden können.

1. Gesucht sei eine ganze Funktion f, deren Nullstellen genau in den Quadraten ganzer Zahlen liegen und alle die Ordnung 1 haben. Da $\sum_{n=1}^{\infty} |z \cdot n^{-2}|$ für alle $z \in \mathbb{C}$ konvergiert, kann man $k_n = 0$ für alle $n \in \mathbb{N}$ nehmen. Daher haben wir eine Lösung in

$$f(z) := z \cdot \prod_{n=1}^{\infty} \left(1 - \frac{z}{n^2} \right).$$

2. Gesucht sei eine ganze Funktion f, deren Nullstellen genau in den ganzen Zahlen liegen und die Ordnung 1 haben. Wir zählen die ganzen Zahlen folgendermaßen ab:

$$s_0 = 0,\ s_1 = 1,\ s_2 = -1,\ \dots.$$

Nach dem WEIERSTRASS'schen Produktsatz ist

$$f(z) := z \cdot \prod_{n=1}^{\infty} \left(1 - \frac{z}{s_n} \right) e^{z/s_n}$$

eine Lösung des Problems, denn die Reihe

$$\sum_{n=1}^{\infty} \left| \frac{z}{s_n} \right|^2 = |z|^2 \cdot \sum_{n=1}^{\infty} \frac{1}{|s_n|^2}$$

ist für jedes $z \in \mathbb{C}$ konvergent. Es gilt

$$f(z) = z \lim_{N \to \infty} \prod_{n=1}^{2N} \left(1 - \frac{z}{s_n} \right) e^{z/s_n}$$

$$= z \lim_{N \to \infty} \prod_{n=1}^{N} \left(\left(1 - \frac{z}{n} \right) e^{z/n} \right) \left(\left(1 + \frac{z}{n} \right) e^{-z/n} \right)$$

$$= z \lim_{N \to \infty} \prod_{n=1}^{N} \left(1 - \frac{z^2}{n^2} \right)$$

$$= z \prod_{n=1}^{\infty} \left(1 - \frac{z^2}{n^2} \right)$$

Das letzte unendliche Produkt konvergiert absolut!

Eine andere Lösung des Problems ist $\sin \pi z$. Die logarithmischen Ableitungen der beiden Lösungen stimmen wegen der bekannten Partialbruchentwicklung des Kotangens (III.7.13) überein:

$$\pi \frac{\cos \pi z}{\sin \pi z} = \pi \cot \pi z = \frac{1}{z} + \sum_{n=1}^{\infty} \frac{2z}{z^2 - n^2} .$$

Die beiden Funktionen sind daher bis auf einen konstanten Faktor identisch. Dividiert man $\sin \pi z$ durch z und vollzieht den Grenzübergang $z \to 0$, so erhält man für die Konstante den Wert π.

Damit haben wir die Produktentwicklung von $\sin \pi z$ auf eine andere Art und Weise als in §1 gewonnen:

$$\boxed{\sin \pi z = \pi z \prod_{n=1}^{\infty} \left(1 - \frac{z^2}{n^2} \right) .}$$

3. Seien ω_1, $\omega_2 \in \mathbb{C}$ zwei komplexe Zahlen, die über $\mathbb{R}$ linear unabhängig sind. Sie liegen also nicht auf einer Geraden durch den Nullpunkt. Man nennt

$$L := L(\omega_1, \omega_2) := \mathbb{Z}\omega_1 + \mathbb{Z}\omega_2$$

das von ω_1 und ω_2 aufgespannte *Gitter*. Gesucht ist eine ganze Funktion $\sigma : \mathbb{C} \to \mathbb{C}$, die genau in allen Gitterpunkten Nullstellen erster Ordnung besitzt. Für $k \in \mathbb{N}$ sei

$$L_k := \{t_1\omega_1 + t_2\omega_2; \quad t_1, t_2 \in \mathbb{Z}, \max\{|t_1|, |t_2|\} = k\}$$

Diese Menge besitzt $8k$ Elemente, und es gilt $L = \bigcup_{k=0}^{\infty} L_k$. Entsprechend dieser Zerlegung zählen wir die Punkte von L wie folgt ab:

$s_0 = 0$, $s_1 = \omega_1$, $s_2 = \omega_1 + \omega_2$, $s_3 = \omega_2$, $s_4 = -\omega_1 + \omega_2$, $s_5 = -\omega_1$, $s_6 = -\omega_1 - \omega_2$, $s_7 = -\omega_2$, $s_8 = \omega_1 - \omega_2$, $s_9 = 2\omega_1$, $s_{10} = 2\omega_1 + \omega_2$, ...

Die s_n sind dann zwar nicht nach wachsenden Beträgen geordnet, aber es gilt $\lim |s_n| = \infty$.

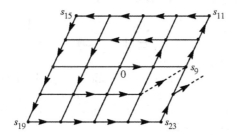

2.6 Hilfssatz. *Für jedes $z \in \mathbb{C}$ konvergiert*

$$\sum_{n=1}^{\infty} \left|\frac{z}{s_n}\right|^3.$$

Beweis. Es gibt eine Konstante d, so dass für $\omega \in L_k$ immer $|\omega| \geq kd$ gilt. Wegen

$$\sum_{n=1}^{\infty} \left|\frac{z}{s_n}\right|^3 = \sum_{k=1}^{\infty} \sum_{s_n \in L_k} \left|\frac{z}{s_n}\right|^3 \leq \sum_{k=1}^{\infty} 8k \left(\frac{|z|}{kd}\right)^3 = \frac{8|z|^3}{d^3} \sum_{k=1}^{\infty} \frac{1}{k^2} < \infty$$

gilt die Behauptung. □

Man kann also $k_n = 2$ für alle $n \in \mathbb{N}$ wählen und findet in

$$\sigma(z) := \sigma(z; L) := z \cdot \prod_{n=1}^{\infty} \left\{\left(1 - \frac{z}{s_n}\right) \cdot \exp\left(\frac{z}{s_n} + \frac{1}{2}\left(\frac{z}{s_n}\right)^2\right)\right\}$$

eine ganze Funktion mit den gewünschten Eigenschaften.

Aufgrund der absoluten Konvergenz des Produkts kommt es auf die Reihenfolge der Faktoren nicht an. Man schreibt daher auch

$$\sigma(z; L) := z \cdot \prod_{\substack{\omega \in L \\ \omega \neq 0}} \left\{\left(1 - \frac{z}{\omega}\right) \cdot \exp\left(\frac{z}{\omega} + \frac{1}{2}\left(\frac{z}{\omega}\right)^2\right)\right\}.$$

Man nennt σ die WEIERSTRASS'sche σ-Funktion zum Gitter L (WEIERSTRASS, 1862/63). Ihre logarithmische Ableitung

$$\zeta(z) := \zeta(z; L) := \frac{\sigma'(z)}{\sigma(z)} = \frac{1}{z} + \sum_{\substack{\omega \in L \\ \omega \neq 0}} \left\{ \frac{1}{z - \omega} + \frac{1}{\omega} + \frac{z}{\omega^2} \right\}$$

heißt WEIERSTRASS'sche ζ-Funktion (zum Gitter L). Das Negative ihrer Ableitung, also

$$-\zeta'(z) = -\zeta'(z; L) =: \wp(z; L)$$

nennt man *Weierstraß'sche $\wp$-Funktion* (zum Gitter L), explizit:

$$\wp(z; L) = \frac{1}{z^2} + \sum_{\substack{\omega \in L \\ \omega \neq 0}} \left\{ \frac{1}{(z - \omega)^2} - \frac{1}{\omega^2} \right\}.$$

Diese Funktion spielt eine fundamentale Rolle in der Theorie der *elliptischen Funktionen* (s. Kapitel V). Man kann die $\wp$-Funktion auch als MITTAG-LEFFLER'sche Partialbruchreihe auffassen. Mit diesen Reihen werden wir uns im nächsten Paragraphen beschäftigen.

Übungsaufgaben zu IV.2

1. Man zeige, daß für die Weierstraß'schen Elementarfaktoren E_k gilt:

   a) $E_k'(z) = -z^k \exp\left(z + \frac{z^2}{2} + \cdots + \frac{z^k}{k} \right)$.

   b) Ist $E_k(z) = \sum_{\nu=0}^{\infty} a_\nu z^\nu$ die TAYLORreihe von E_k um den Nullpunkt, so ist $a_0 = 1$, $a_1 = a_2 = \ldots = a_k = 0$ und $a_\nu \leq 0$ für $\nu > k$.

   c) Für $|z| \leq 1$ ist $|E_k(z) - 1| \leq |z|^{k+1}$.

2. WALLIS'sche Produktformel (J. WALLIS, 1655).

$$\boxed{\frac{\pi}{2} = \lim_{n \to \infty} \prod_{\nu=1}^{n} \frac{4\nu^2}{4\nu^2 - 1}.}$$

   Anleitung: Man benutze die Produktentwicklung von $\sin \pi z$.

3. Man zeige

   a) $\qquad \cos \pi z = \prod_{n=1}^{\infty} \left(1 - \frac{4z^2}{(2n-1)^2} \right) = \prod_{n=-\infty}^{\infty} \left(1 - \frac{2z}{2n-1} \right) e^{\frac{2z}{2n-1}}$,

   b) $\qquad\qquad \cos \frac{\pi z}{4} - \sin \frac{\pi z}{4} = \prod_{n=1}^{\infty} \left(1 + \frac{(-1)^n}{2n-1} z \right)$.

4. Sei $f : \mathbb{C} \to \overline{\mathbb{C}}$ eine meromorphe Funktion mit lauter einfachen Polen und ganzzahligen Residuen. Dann gibt es eine meromorphe Funktion $h : \mathbb{C} \longrightarrow \overline{\mathbb{C}}$ mit $f(z) = h'(z)/h(z)$.

5. Im Folgenden sei R ein kommutativer Ring mit Einselement. Man nennt die Menge $R^\bullet := \{r \in R;\ rs = 1 \text{ für ein } s \in R\}$ die *Einheitengruppe* des Ringes. Ein Element $r \in R - \{0\}$ heißt *irreduzibel* oder *unzerlegbar*, falls es keine Einheit ist und aus $r = ab$ immer $a \in R^\bullet$ oder $b \in R^\bullet$ folgt. Ein *Primelement* $p \in R - \{0\}$ ist durch

$$p \notin R^\bullet \quad \text{und} \quad (p \,|\, ab \implies p \,|\, a \ \text{oder}\ p \,|\, b)$$

charakterisiert, wobei „|" hier die Teilbarkeitsrelation bezeichne. Ist R nicht nur ein kommutativer Ring mit Einselement, sondern auch noch *nullteilerfrei*, so heißt R auch *Integritätsbereich*. Hat jedes Element $r \in R$, $r \neq 0$, eine (bis auf die Reihenfolge und Einheiten eindeutige) Zerlegung der Form

$$r = \varepsilon p_1 p_2 \cdots p_m, \quad \varepsilon \in R^\bullet,$$

in endlich viele Primelemente, so nennt man R *faktoriell* oder *ZPE-Ring*.

Ein *Ideal* im Ring R ist eine additive Untergruppe $\mathbf{a}$ von R mit der Eigenschaft

$$a \in \mathbf{a},\ r \in R \implies ra \in \mathbf{a}.$$

Ein Ideal heißt *endlich erzeugt*, wenn es endlich viele Elemente $a_1, \ldots, a_n \in R$ gibt, so daß

$$\mathbf{a} = \left\{ \sum_{\nu=1}^{n} r_\nu a_\nu;\quad r_\nu \in R \right\}$$

gilt. Man nennt $\mathbf{a}$ *Hauptideal*, falls $n = 1$ gewählt werden kann.

Sei $R = \mathcal{O}(\mathbb{C})$ der Ring der analytischen Funktionen in $\mathbb{C}$.

a) Sei $\mathbf{a}$ die Menge aller ganzen Funktionen f mit folgender Eigenschaft: Es existiert eine natürliche Zahl m, so dass f in allen Punkten aus $m\mathbb{Z}$ verschwindet. Man zeige, dass $\mathbf{a}$ ein nicht endlich erzeugtes Ideal ist.

b) Was sind die unzerlegbaren Elemente und was die Primelemente in $\mathcal{O}(\mathbb{C})$?

c) Was sind die invertierbaren Elemente (die Einheiten) in $\mathcal{O}(\mathbb{C})$?

d) Nicht jedes von 0 verschiedene Element von R kann als Produkt von endlich vielen Primelementen geschrieben werden, d. h. in der Sprache der Algebra: $\mathcal{O}(\mathbb{C})$ ist kein ZPE-Ring.

e) Jedes endlich erzeugte Ideal in $\mathcal{O}(\mathbb{C})$ ist ein Hauptideal.

Anleitung. Die Aufgabe ist nicht einfach. Es genügt zu zeigen, dass je zwei ganze Funktionen f, g mit disjunkter Nullstellenmenge das Einheitsideal erzeugen, es gibt also Funktionen $A, B \in \mathcal{O}(\mathbb{C})$ mit $Af + Bg = 1$.

Ansatz. $A = (1 + hg)/f$, $\quad h \in \mathcal{O}(\mathbb{C})$.

Zum Beweis darf benutzt werden, dass es zu jeder diskreten Teilmenge $S \subset \mathbb{C}$ und zu jeder Funktion $h_0 : S \to \mathbb{C}$ eine ganze Funktion $h : \mathbb{C} \to \mathbb{C}$ gibt, deren Einschränkung auf S mit h_0 übereinstimmt. Man kann sogar in jedem Punkt s endlich viele TAYLORkoeffizienten beliebig vorgeben (s. Aufgabe 5 des nächsten Abschnitts).

3. Der Partialbruchsatz von Mittag-Leffler

Ersetzt man in 2.5 die Funktion f durch $1/f$, so erhält man eine Funktion mit vorgegebenen Polen und Polordnungen. Aber es gilt ein viel schärferer Satz. Man kann nicht nur die Polordnungen vorschreiben, sondern sogar die Hauptteile der LAURENTzerlegungen.

3.1 Partialbruchsatz von Mittag-Leffler (M. G. MITTAG-LEFFLER, 1877). *Sei $S \subset \mathbb{C}$ eine diskrete Menge. Jedem Punkt $s \in S$ sei eine ganze Funktion*

$$h_s : \mathbb{C} \longrightarrow \mathbb{C}, \quad h_s(0) = 0,$$

zugeordnet. Dann existiert eine analytische Funktion

$$f : \mathbb{C} - S \longrightarrow \mathbb{C},$$

deren Hauptteil in $s \in S$ durch h_s gegeben wird, d. h.

$$f(z) - h_s\left(\frac{1}{z-s}\right), \quad s \in S,$$

hat in $z = s$ eine hebbare Singularität.

Wenn die Menge S endlich ist, so ist

$$f(z) = \sum_{s \in S} h_s\left(\frac{1}{z-s}\right)$$

eine Lösung des Problems. Im allgemeinen wird diese Reihe nicht konvergieren. Man kann aber — ähnlich wie bei den WEIERSTRASSprodukten — *konvergenzerzeugende Summanden* einführen. Sei also S eine unendliche diskrete Menge. Wir numerieren die singulären Stellen durch und ordnen nach wachsenden Beträgen an:

$$S = \{s_0, s_1, s_2, \ldots\}, \quad |s_0| \le |s_1| \le |s_2| \le \cdots \quad .$$

Jede der Funktionen

$$z \longmapsto h_n\left(\frac{1}{z-s_n}\right), \quad h_n := h_{s_n}, \quad n \in \mathbb{N},$$

ist in der Kreisscheibe

$$|z| < |s_n|$$

analytisch und daher in eine Potenzreihe entwickelbar. Indem man diese Potenzreihe abbricht, erhält man ein Polynom P_n mit folgender Eigenschaft: *Die Reihe*

$$\sum_{n=N}^{\infty} \left[h_n\left(\frac{1}{z-s_n}\right) - P_n(z) \right]$$

konvergiert im Bereich $|z| < |s_N|$ *normal.*

Man bestimme beispielsweise P_n so, dass

$$\left| h_n\left(\frac{1}{z - s_n}\right) - P_n(z) \right| \leq \frac{1}{n^2} \quad \text{für} \quad |z| \leq \frac{1}{2}|s_n|$$

gilt.

Ist die obige Eigenschaft erfüllt, so wird durch die Reihe

$$f(z) := h_0\left(\frac{1}{z - s_0}\right) + \sum_{n=1}^{\infty}\left[h_n\left(\frac{1}{z - s_n}\right) - P_n(z) \right]$$

eine im Bereich $\mathbb{C} - S$ analytische Funktion mit dem gewünschten singulären Verhalten definiert. Eine auf diese Weise gewonnene Reihe nennen wir eine *Mittag-Leffler'sche Partialbruchreihe.* Man sagt auch:

f ist eine Lösung der gegebenen Hauptteilverteilung.

Ist f eine Lösung der gegebenen Hauptteilverteilung, so ist

$$f_0 := f + g, \quad g \text{ eine ganze Funktion,}$$

die *allgemeine* Lösung der gegebenen Hauptteilverteilung. Sind nämlich f_0 und f beides Lösungen der gegebenen Hauptteilverteilung, dann haben sie die gleichen Singularitäten, und die jeweiligen Hauptteile stimmen überein. Daher ist die Differenz $f_0 - f =: g$ eine ganze Funktion. Umgekehrt ändert die Addition einer ganzen Funktion nichts an den Singularitäten und Hauptteilen.

Beispiele.

1. *Partialbruchentwicklung von* $\dfrac{\pi}{\sin \pi z}$.

Wir benötigen eine Funktion mit der Singularitätenmenge $S = \mathbb{Z}$. Der Hauptteil an der Stelle $z = n$ soll

$$\frac{(-1)^n}{z - n}$$

sein. Die Potenzreihenentwicklung dieser Funktion lautet

$$\frac{(-1)^n}{z - n} = \frac{(-1)^{n+1}}{n} \cdot \left(1 + \frac{z}{n} + \frac{z^2}{n^2} + \cdots \right).$$

Wir brechen an der nullten Stelle ab. Im Bereich $|z| \leq r$, $r > 0$, gilt

$$\left| \frac{(-1)^n}{z - n} - \frac{(-1)^{n+1}}{n} \right| \leq \frac{2r}{n^2} \quad \text{für} \quad n \geq 2r.$$

Die Reihe

$$h(z) = \frac{1}{z} + \sum_{n \neq 0}\left[\frac{(-1)^n}{z - n} + \frac{(-1)^n}{n} \right]$$

ist also eine MITTAG-LEFFLER'sche Partialbruchreihe. Fasst man die Terme zu n und $-n$ zusammen, so erhält man

$$h(z) = \frac{1}{z} + \sum_{n=1}^{\infty} (-1)^n \left[\frac{1}{z-n} + \frac{1}{z+n} \right].$$

Behauptung. Es gilt

$$\frac{\pi}{\sin \pi z} = \frac{1}{z} + \sum_{n=1}^{\infty} (-1)^n \left[\frac{1}{z-n} + \frac{1}{z+n} \right].$$

Beweis. Man folgert dies leicht aus der Partialbruchentwicklung des Kotangens III.7.13 unter Verwendung von

$$\frac{1}{\sin z} = \cot \frac{z}{2} - \cot z.$$

Einen direkten Beweis mit Hilfe des Satzes von LIOUVILLE möge sich der Leser als (nicht ganz einfache) Übungsaufgabe überlegen.

2. Die Γ-Funktion hat die Polstellenmenge $S = \{-n;\ n \in \mathbb{N}_0\}$. In jedem Punkt $z \in S$ hat Γ einen Pol erster Ordnung mit dem Residuum $\mathrm{Res}(\Gamma; -n) = \frac{(-1)^n}{n!}$. Also lauten die Hauptteile

$$h_n \left(\frac{1}{z+n} \right) = \frac{(-1)^n}{n!} \frac{1}{z+n}.$$

Daher ist

$$g(z) := \Gamma(z) - \sum_{n=0}^{\infty} \frac{(-1)^n}{n!} \frac{1}{z+n}$$

eine ganze Funktion. Die Konvergenz ist wegen des Faktors $n!$ im Nenner gesichert.

Die ganze Funktion g lässt sich bestimmen: Es gilt

$$g(z) = \int_1^{\infty} t^{z-1} e^{-t}\, dt.$$

Dies zeigt man, indem man in dem Integral

$$\int_0^1 t^{z-1} e^{-t}\, dt = \Gamma(z) - \int_1^{\infty} t^{z-1} e^{-t}\, dt \quad (x > 0)$$

die Funktion e^{-t} in eine Potenzreihe entwickelt und anschließend Summation und Integration vertauscht. Dieses Verfahren liefert übrigens einen neuen Beweis für die analytische Fortsetzbarkeit der Γ-Funktion.

Die Γ-Funktion besitzt also die Zerlegung von E. F. PRYM (1876)

$$\Gamma(z) = \sum_{n=0}^{\infty} \frac{(-1)^n}{n!} \frac{1}{z+n} + \int_{1}^{\infty} t^{z-1} e^{-t}\, dt.$$

3. Wir kommen nochmals auf die WEIERSTRASS'sche $\wp$-Funktion zurück (vgl. § 2 Beispiel 3.) Gesucht ist eine meromorphe Funktion, die in den Punkten des Gitters L Pole zweiter Ordnung mit dem Residuum 0 und folgenden Hauptteilen hat:

$$h_n\left(\frac{1}{z-s_n}\right) = \frac{1}{(z-s_n)^2}.$$

Für $n \geq 1$ ist

$$h_n\left(\frac{1}{z-s_n}\right) = \frac{1}{s_n^2} \frac{1}{(1-z/s_n)^2} = \frac{1}{s_n^2} + 2 \cdot \frac{z}{s_n^3} + 3 \cdot \frac{z^2}{s_n^4} + \cdots,$$

und es genügt, für $P_n(z) = 1/s_n^2$ zu nehmen. Dann ist nämlich

$$h_n\left(\frac{1}{z-s_n}\right) - P_n(z) = \frac{1}{(z-s_n)^2} - \frac{1}{s_n^2} = \frac{2zs_n - z^2}{s_n^2(z-s_n)^2}.$$

Sei $R > 0$ eine feste positive Zahl. Für fast alle n ist $|s_n| > 2R$. Für diese n und für $|z| \leq R$ gilt

$$\left| h_n\left(\frac{1}{z-s_n}\right) - P_n(z) \right| \leq \frac{R(2|s_n| + R)}{|s_n|^2(|s_n| - R)^2} < \frac{3R|s_n|}{|s_n|^2 \left(\frac{1}{2}|s_n|\right)^2} = \frac{12R}{|s_n|^3}.$$

Da die Reihe $\sum |s_n|^{-3}$ konvergiert (2.6), hat man in

$$\wp(z; L) := \frac{1}{z^2} + \sum_{n=1}^{\infty} \left\{ \frac{1}{(z-s_n)^2} - \frac{1}{s_n^2} \right\}$$

eine Lösung des Problems. Wegen der absoluten Konvergenz schreibt man oft auch

$$\wp(z; L) := \frac{1}{z^2} + \sum_{\substack{\omega \in L \\ \omega \neq 0}} \left\{ \frac{1}{(z-\omega)^2} - \frac{1}{\omega^2} \right\}.$$

Fassen wir zusammen: Die WEIERSTRASS'sche $\wp$-Funktion zum Gitter L ist eine meromorphe Funktion, deren Polstellen genau in den Gitterpunkten liegen. Die Polordnung ist jeweils 2, die Hauptteile haben die Gestalt

$$h\left(\frac{1}{z-\omega}\right) = \frac{1}{(z-\omega)^2}.$$

Insbesondere verschwinden alle Residuen. Wir werden diese Funktion in Kapitel V ausführlich studieren.

Übungsaufgaben zu IV.3

1. Man beweise den WEIERSTRASS'schen Produktsatz mit Hilfe des Satzes von MITTAG-LEFFLER, indem man zunächst die Hauptteilverteilung

$$\left\{\frac{m_n}{z-s_n}; \ n \in \mathbb{N}\right\}$$

löst und beachtet, daß f genau dann eine Lösung für die *Nullstellenverteilung* $\{(s_n, m_n); \ n \in \mathbb{N}\}$ ist, wenn $\frac{f'}{f}$ die Hauptteilverteilung $\left\{\frac{m_n}{z-s_n}; \ n \in \mathbb{N}\right\}$ löst.

2. Unter Verwendung der Beziehung

$$\cot\frac{z}{2} - \tan\frac{z}{2} = 2\cot z$$

und der Partialbruchentwicklung des Kotangens beweise man

$$\pi\tan(\pi z) = 8z\sum_{n=0}^{\infty}\frac{1}{(2n+1)^2 - 4z^2}.$$

3. Man zeige

$$\frac{\pi}{\cos\pi z} = 4\sum_{n=0}^{\infty}\frac{(-1)^n(2n+1)}{(2n+1)^2 - 4z^2}$$

und folgere

$$\frac{\pi}{4} = \sum_{n=0}^{\infty}(-1)^n\frac{1}{2n+1} = 1 - \frac{1}{3} + \frac{1}{5} - \frac{1}{7} + \cdots.$$

4. Man bestimme eine in $\mathbb{C}$ meromorphe Funktion f, die in der Menge

$$S = \{\sqrt{n}; \quad n \in \mathbb{N}\}$$

einfache Polstellen mit $\text{Res}(f; \sqrt{n}) = \sqrt{n}$ hat und in $\mathbb{C} - S$ analytisch ist.

5. Man beweise folgende Verschärfung des Satzes von MITTAG-LEFFLER, den sogenannten *Anschmiegungssatz von Mittag-Leffler*.

Sei $S \subset \mathbb{C}$ eine diskrete Teilmenge. Man kann eine analytische Funktion $f : \mathbb{C} - S \to \mathbb{C}$ konstruieren, wobei man für jeden Punkt $s \in S$ nicht nur die Hauptteile, sondern außerdem noch endlich viele weitere LAURENTkoeffizienten zu nicht negativen Indizes vorgeben kann.

Anleitung. Man betrachte ein geeignetes Produkt einer Partialbruchreihe und eines WEIERSTRASSprodukts.

4. Der kleine Riemann'sche Abbildungssatz

Der *kleine Riemann'sche Abbildungssatz* besagt, dass jedes von der ganzen Ebene $\mathbb{C}$ verschiedene Elementargebiet mit der Einheitskreisscheibe $\mathbb{E}$ konform äquivalent ist. Wie der Name andeutet, ist er ein Spezialfall des *großen Riemann'schen Abbildungssatzes*, welcher besagt, dass jede einfach zusammenhängende RIEMANN'sche Fläche konform äquivalent ist zur Einheitskreisscheibe, zur Ebene oder zur Zahlkugel. Wir werden den großen RIEMANN'schen Abbildungssatz im zweiten Band beweisen und dort auf seine Geschichte eingehen.

Schon in Kapitel I.5 hatten wir den Begriff der *konformen Abbildung* eingeführt und uns mit einigen elementaren geometrischen Aspekten dieses Begriffs beschäftigt. Wir präzisieren noch einmal die Definition des Begriffs der (im Großen) *konformen Abbildung zwischen offenen Mengen* $D, D' \subset \mathbb{C}$.

4.1 Definition. *Eine Abbildung*

$$\varphi : D \longrightarrow D'$$

zwischen offenen Teilen der komplexen Ebene heißt **konform**, *falls folgende Bedingungen erfüllt sind:*

a) φ *ist bijektiv,*
b) φ *ist analytisch,*
c) φ^{-1} *ist analytisch.*

Anstelle von c) kann man natürlich auch fordern, dass die Ableitung von φ nirgends verschwindet. Bemerkenswerterweise ist die dritte Bedingung automatisch erfüllt:

4.2 Bemerkung. *In 4.1 ist c) eine Folge von a) und b).*

Beweis. Aus dem Satz von der Gebietstreue III.3.3 folgt, dass $\varphi(D)$ offen ist. Daher ist φ^{-1} stetig. (Das Urbild einer offenen Menge $U \subset D$ unter φ^{-1} ist genau das Bild $\varphi(U)$.)

Nach dem Satz für implizite Funktionen I.5.7 ist φ^{-1} sicherlich außerhalb der Menge aller $w = \varphi(z)$, $\varphi'(z) = 0$, analytisch. Diese Menge ist das Bild einer diskreten Menge unter der topologischen Abbildung φ und damit selbst diskret. Die Behauptung folgt nun beispielsweise aus dem RIEMANN'schen Hebbarkeitssatz (III.4.2). $\qquad\square$

Wir nennen zwei Gebiete D und D' *konform äquivalent*, wenn eine konforme Abbildung $\varphi : D \to D'$ existiert. Dies ist offenbar eine Äquivalenzrelation auf der Menge aller Teilgebiete von $\mathbb{C}$. Wir erinnern noch einmal (II.2.12):

4.3 Bemerkung. *Jedes mit einem Elementargebiet konform äquivalente Gebiet ist selbst ein Elementargebiet.*

4.4 Bemerkung. *Die beiden Elementargebiete*

$$\mathbb{C} \quad und \quad \mathbb{E} = \{z \in \mathbb{C}; \quad |z| < 1\}$$

sind nicht konform äquivalent.

Beweis. Da $\mathbb{E}$ beschränkt ist ist, ist jede analytische Funktion $\varphi : \mathbb{C} \to \mathbb{E}$ nach dem Satz von LIOUVILLE konstant. $\square$

$\mathbb{C}$ und $\mathbb{E}$ sind jedoch *topologisch äquivalent* (homöomorph), wie man mittels der Abbildungen

$$\mathbb{C} \longrightarrow \mathbb{E}, \quad z \longmapsto \frac{z}{1 + |z|}\,,$$

$$\mathbb{E} \longrightarrow \mathbb{C}, \quad w \longmapsto \frac{w}{1 - |w|}\,,$$

erkennt. Dieses Beispiel zeigt, dass die *notwendige topologische* Äquivalenz zweier Gebiete für die *konforme* Äquivalenz nicht hinreichend ist.

Ein *Hauptproblem* der Theorie der konformen Abbildungen besteht in der Beantwortung der folgenden Fragen:

1) Wann gehören zwei Gebiete $D, D' \subset \mathbb{C}$ zur gleichen Äquivalenzklasse?

2) Auf wieviel verschiedene Weisen lassen sich zwei Gebiete einer Klasse aufeinander konform abbilden?

Die zweite Frage ist gleichbedeutend mit der Bestimmung der *Gruppe der konformen Selbstabbildungen* eines festen Gebietes D_0 einer Klasse. Man überlegt sich leicht, dass

$$\mathrm{Aut}(D) := \{\, \varphi : D \to D; \quad \varphi \text{ konform} \,\}$$

eine Gruppe bezüglich der Hintereinanderausführung von Abbildungen als Verknüpfung ist. Sind nämlich $\varphi, \psi : D_0 \to D_1$ zwei konforme Abbildungen von D_0 auf ein anderes Gebiet D_1 der Klasse von D_0, so ist $\psi^{-1}\varphi$ eine konforme Abbildung von D_0 auf sich selbst.

Die erste Aufgabe beinhaltet die Aufstellung einer Liste von *Normgebieten*, so dass

1) jedes Gebiet zu einem Normgebiet konform äquivalent ist und

2) zwei verschiedene Normgebiete nicht konform äquivalent sind.

Wir wollen uns hier ganz auf Elementargebiete beschränken. Die Normgebiete sind hier die komplexe Ebene und der Einheitskreis. (Der allgemeine Fall ist schwieriger, vgl. [Sp] oder [Ga].)

4.5 Theorem (Riemann'scher Abbildungssatz, B. RIEMANN, 1851). *Jedes von der komplexen Ebene verschiedene nichtleere Elementargebiet $D \subset \mathbb{C}$ ist zur Einheitskreisscheibe $\mathbb{E}$ konform äquivalent.*

Der Beweis erfolgt in drei Teilen. Der erste Teil besteht darin, das gegebene Elementargebiet konform auf ein Teilgebiet des Einheitskreises abzubilden, das den Nullpunkt enthält. Dies geschieht in den Schritten 1) und 2). Im zweiten Teil wird der Abbildungssatz auf ein Extremalproblem zurückgeführt (Schritt 2) und 3)). Der Rest des Beweises (Schritt 4) bis 7)) besteht in der Lösung des Extremalproblems.

1. Schritt. Zu jedem Elementargebiet $D \subset \mathbb{C}$, $D \neq \mathbb{C}$, existiert ein konform äquivalentes Gebiet $D_1 \subset \mathbb{C}$, so dass im Komplement $\mathbb{C} - D_1$ eine volle Kreisscheibe enthalten ist:

Nach Voraussetzung existiert ein Punkt $b \in \mathbb{C}$, $b \notin D$. Die Funktion $f(z) = z - b$ ist in dem Gebiet D analytisch und nullstellenfrei. Sie besitzt daher eine analytische Quadratwurzel (II.2.9$_1$)

$$g : D \longrightarrow \mathbb{C}, \quad g^2(z) = z - b.$$

Offenbar ist g injektiv:

$$g(z_1) = g(z_2) \implies g^2(z_1) = g^2(z_2) \implies z_1 = z_2$$

und definiert daher eine konforme Abbildung auf ein Gebiet $D_1 = g(D)$. Der Beweis der Injektivität zeigt mehr: Auch aus $g(z_1) = -g(z_2)$ folgt $z_1 = z_2$.
Mit anderen Worten:

Wenn ein von 0 verschiedener Punkt w in D_1 enthalten ist, so ist $-w$ nicht in D_1 enthalten.

Da D_1 offen und nicht leer ist, existiert eine Kreisscheibe, welche den Nullpunkt nicht enthält und ganz in D_1 enthalten ist. Die am Nullpunkt gespiegelte Kreisscheibe liegt im Komplement von D_1.

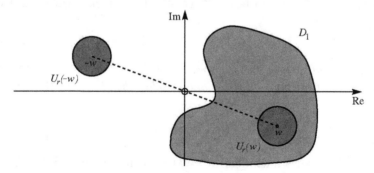

Der erste Schritt lässt sich am Beispiel der geschlitzten Ebene $\mathbb{C}_-$ verdeutlichen. Man nimmt $b = 0$ und für g den Hauptzweig der Wurzel. Dieser bildet $\mathbb{C}_-$ konform auf die rechte Halbebene ab.

2. Schritt. Zu jedem Elementargebiet $D \subset \mathbb{C}$, $D \neq \mathbb{C}$, existiert ein konform äquivalentes Gebiet D_2 mit $0 \in D_2 \subset \mathbb{E}$.

Im Hinblick auf den ersten Schritt können wir annehmen, dass eine volle Kreisscheibe $U_r(a)$ im Komplement von D enthalten ist (Wir dürfen D durch D_1 ersetzen). Die Abbildung

$$z \longmapsto \frac{1}{z-a}$$

bildet D konform auf ein *beschränktes* Gebiet D_1' ab wegen

$$z \in D \implies |z-a| > r \implies \frac{1}{|z-a|} < \frac{1}{r}.$$

Durch eine geeignete Translation $z \mapsto z+\alpha$ erhält man ein konform äquivalentes Gebiet, welches den Nullpunkt enthält. Nach einer geeigneten „Schrumpfung"

$$z \longmapsto \varrho z, \quad \varrho > 0,$$

ist das Bildgebiet D_2 sogar in der Einheitskreisscheibe $\mathbb{E}$ enthalten.   □

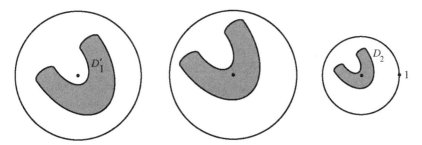

Nach dieser „Aufbereitung des Problems" kommt der eigentliche Beweis des Abbildungssatzes. Zu seinem besseren Verständnis schicken wir einen Hilfssatz voraus:

3. Schritt.

4.6 Hilfssatz. *Sei D ein Elementargebiet, $0 \in D \subset \mathbb{E}$. Wenn D in $\mathbb{E}$ echt enthalten ist, existiert eine injektive analytische Abbildung $\psi : D \to \mathbb{E}$ mit den Eigenschaften*

a) $\psi(0) = 0$ *und*
b) $|\psi'(0)| > 1$.

Im Falle $D = \mathbb{E}$ ist dies nach dem SCHWARZ'schen Lemma (III.3.7) falsch!

Beweis. Wir wählen einen Punkt $a \in \mathbb{E}$, $a \notin D$. Wir wissen (III.3.9), dass die Abbildung

$$h(z) = \frac{z-a}{\bar{a}z - 1}$$

den Einheitskreis konform auf sich abbildet. Die Funktion h hat in D keine Nullstelle. Wegen II.2.9$_1$ besitzt sie eine analytische Quadratwurzel

$$H : D \longrightarrow \mathbb{C} \quad \text{mit } H(z)^2 = h(z).$$

Diese Funktion bildet D injektiv in den Einheitskreis ab. Nochmalige Anwendung von III.3.9 ergibt, dass auch die Funktion

$$\psi(z) = \frac{H(z) - H(0)}{\overline{H(0)}H(z) - 1}$$

das Gebiet D injektiv in $\mathbb{E}$ abbildet. Offensichtlich gilt $\psi(0) = 0$. Wir müssen noch die Ableitung im Nullpunkt berechnen. Eine einfache Rechnung zeigt

$$\psi'(0) = \frac{H'(0)}{|H(0)|^2 - 1}.$$

Man hat

$$H^2(z) = \frac{z - a}{\overline{a}z - 1} \quad \Longrightarrow \quad 2H(0) \cdot H'(0) = |a|^2 - 1.$$

Ferner gilt

$$|H(0)|^2 = |a| \quad \Longrightarrow \quad |H(0)| = \sqrt{|a|}.$$

Damit findet man

$$|\psi'(0)| = \frac{|H'(0)|}{\left| |H(0)|^2 - 1 \right|} = \frac{|a|^2 - 1}{2 \cdot \sqrt{|a|}} \cdot \frac{1}{|a| - 1} = \frac{|a| + 1}{2 \cdot \sqrt{|a|}} > 1. \qquad \square$$

Eine unmittelbare Folgerung aus dem Hilfssatz besagt:

Sei D ein Elementargebiet, $0 \in D \subset \mathbb{E}$. Unter allen injektiven analytischen Abbildungen $\varphi : D \to \mathbb{E}$ mit der Eigenschaft $\varphi(0) = 0$ existiere eine mit maximalem $|\varphi'(0)|$. Dann ist φ surjektiv. Insbesondere sind dann D und $\mathbb{E}$ konform äquivalent.

Wäre nämlich φ nicht surjektiv, so existierte auf Grund von Hilfssatz 4.6 — angewendet auf das Elementargebiet $\varphi(D)$ — eine injektive analytische Abbildung

$$\psi : \varphi(D) \to \mathbb{E}, \quad \psi(0) = 0,$$

mit der Eigenschaft $|\psi'(0)| > 1$. Man hätte dann

$$|(\psi \circ \varphi)'(0)| > |\varphi'(0)|$$

im Widerspruch zur Maximalität von $|\varphi'(0)|$. $\qquad \square$

Damit ist der RIEMANN'sche Abbildungssatz auf ein *Extremalproblem* zurückgeführt:

Sei D ein beschränktes Gebiet, welches den Nullpunkt enthält. Existiert in der Menge aller injektiven analytischen Abbildungen $\varphi : D \to \mathbb{E}$, $\varphi(0) = 0$, eine mit maximalem $|\varphi'(0)|$?

In den restlichen Beweisschritten werden wir zeigen, dass die Antwort auf dieses Extremalproblem stets positiv ist. Dabei muss nicht vorausgesetzt werden, dass D ein Elementargebiet ist.

4. Schritt. Sei D ein beschränktes Gebiet, welches den Nullpunkt enthält. Wir bezeichnen mit $\mathcal{M}$ die (nichtleere) Menge aller injektiven analytischen Funktionen $\varphi : D \longrightarrow \mathbb{E}$ mit $\varphi(0) = 0$ und mit

$$M := \sup\{\,|\varphi'(0)|\,;\ \varphi \in \mathcal{M}\,\}\qquad(M = \infty \text{ ist zugelassen})\,.$$

Wir wählen eine Folge $\varphi_1, \varphi_2, \varphi_3, \dots$ von Funktionen aus $\mathcal{M}$, so dass

$$|\varphi_n'(0)| \to M \ \text{ für } \ n \to \infty.$$

(M kann ∞ sein, dann wächst $|\varphi_n'(0)|$ über alle Grenzen.)

Hauptproblem. Wir werden zeigen:

1) Die Folge (φ_n) besitzt eine lokal gleichmäßig konvergente Teilfolge.
2) Der Limes φ ist ebenfalls injektiv.
3) $\varphi(D) \subset \mathbb{E}$.

Dann ist der Grenzwert φ eine injektive analytische Funktion mit der Eigenschaft $|\varphi'(0)| = M$. Insbesondere ist $0 < M < \infty$. Der Beweis des Abbildungssatzes ist damit erbracht.

5. Schritt. Die Folge (φ_n) besitzt eine lokal gleichmäßig konvergente Teilfolge. Dies ergibt sich als eine Folge des Satzes von MONTEL, dem wir uns nun zuwenden wollen. Als Vorbereitung beweisen wir zunächst zwei Hilfssätze.

4.7 Hilfssatz. *Sei $D \subset \mathbb{C}$ offen, $K \subset D$ ein Kompaktum und $C > 0$. Zu jedem $\varepsilon > 0$ existiert ein $\delta = \delta(D, C, K) > 0$ mit der folgenden Eigenschaft:*

Ist $f : D \to \mathbb{C}$ eine analytische Funktion, die auf D durch C beschränkt ist, d. h. $|f(z)| \le C$ für alle $z \in D$, so gilt für alle $a, z \in K$:

$$|f(z) - f(a)| < \varepsilon, \text{ falls nur } |z - a| < \delta.$$

Anmerkung. Ist $K = \{a\}$, so lässt sich die Aussage des Hilfssatzes in üblicher Terminologie auch folgendermaßen formulieren:

*Die Menge $\mathcal{F}$ der analytischen Funktionen $f : D \to \mathbb{C}$ mit $|f(z)| \le C$ für alle $z \in D$ ist **gleichgradig stetig** in a.*

Da a noch in einem Kompaktum variieren kann, könnte man von *lokal gleichmäßiger gleichgradiger Stetigkeit* sprechen.

Beweis. Wir nehmen zunächst einmal an, dass K eine kompakte Kreisscheibe ist. Es exisitieren also z_0 und $r > 0$ so, dass

$$K := \overline{U}_r(z_0) = \{\,z \in \mathbb{C};\quad |z - z_0| \le r\,\} \subset D$$

gilt. Wir nehmen sogar an, dass die abgeschlossene Kreisscheibe mit dem doppelten Radius $\overline{U}_{2r}(z_0)$ ganz in D enthalten ist. Für $z, a \in K$ gilt aufgrund der CAUCHY'schen Integralformel (II.3.2)

$$|f(z) - f(a)| = \left| \frac{1}{2\pi i} \oint_{|\zeta - z_0| = 2r} \left(\frac{f(\zeta)}{\zeta - z} - \frac{f(\zeta)}{\zeta - a} \right) d\zeta \right|$$

$$= \frac{|z - a|}{2\pi} \left| \oint_{|\zeta - z_0| = 2r} \frac{f(\zeta)}{(\zeta - z)(\zeta - a)} d\zeta \right|$$

$$\leq \frac{|z - a|}{2\pi} \cdot 4\pi r \cdot \frac{C}{r^2} = \frac{2C}{r} |z - a|.$$

Wählt man daher zu vorgegebenem $\varepsilon > 0$ ein $\delta > 0$ mit der Eigenschaft

$$\delta < \min\left\{ r, \frac{r}{2C} \varepsilon \right\},$$

so ist also $|f(z) - f(a)| < \varepsilon$ für alle $a, z \in K$ mit $|z - a| < \delta$.

Ist $K \subset D$ ein beliebiges Kompaktum, so existiert eine Zahl $r > 0$ mit folgender Eigenschaft:

Ist a ein Punkt aus K, so ist die volle Kreisscheibe $U_r(a)$ vom Radius r um a ganz in D enthalten.

Man nennt die Zahl r manchmal auch eine LEBESGUE'sche Zahl. Die Existenz einer solchen Zahl ergibt sich mittels eines einfachen Kompaktheitsschlusses. Man wählt zu jedem Punkt $a \in K$ eine Zahl $r(a)$, so dass die Kreisscheibe vom doppelten Radius $2r(a)$ noch ganz in D enthalten ist. Es gibt dann endlich viele Punkte $a_1, \ldots, a_n$ mit der Eigenschaft $K \subset U_{a_1}(r_{a_1}) \cup \ldots \cup U_{a_n}(r_{a_n})$. Offenbar ist das Minimum der $r_{a_1}, \ldots, r_{a_n}$ eine LEBESGUE'sche Zahl.

Aus der Existenz einer LEBESGUE'schen Zahl folgert man leicht, dass das Kompaktum K durch endlich viele Kreisscheiben $U_r(a)$, $a \in K$ überdeckt werden kann, wobei noch die abgeschlossenen Kreisscheiben vom doppelten Radius $\overline{U}_{2r}(a)$ in D enthalten sind. Der Hilfssatz ist damit auf den Spezialfall zurückgeführt. □

4.8 Hilfssatz. *Sei*

$$f_1, f_2, f_3, \ldots : D \longrightarrow \mathbb{C}, \quad D \subset \mathbb{C} \text{ offen,}$$

eine beschränkte Folge von analytischen Funktionen (d. h. $|f_n(z)| \leq C$ für alle $z \in D$ und $n \in \mathbb{N}$). Wenn sie auf einer dichten Teilmenge $S \subset D$ punktweise konvergiert, so konvergiert sie sogar in ganz D und zwar lokal gleichmäßig.

Beweis. Wir werden zeigen, dass die Folge (f_n) eine lokal gleichmäßige Cauchy-folge ist, d. h.:

Sei $K \subset D$ ein Kompaktum. Zu jedem $\varepsilon > 0$ existiert eine natürliche Zahl $N > 0$, so dass für alle $m, n \geq N$ und alle $z \in K$ gilt:

$$|f_m(z) - f_n(z)| < \varepsilon.$$

Dabei genügt es, für K abgeschlossene Kreisscheiben zu nehmen. Dann ist K der Abschluss seines Inneren, und $K \cap S$ ist dicht in K.

Es ist leicht zu beweisen und aus der reellen Analysis wohlbekannt, dass jede lokal gleichmäßige Cauchyfolge lokal gleichmäßig konvergiert.

Sei nun also $\varepsilon > 0$ vorgegeben. Wir wählen die Zahl δ wie in Hilfssatz 4.7. Wegen der Kompaktheit von K existieren endlich viele Punkte $a_1, \ldots, a_l \in S \cap K$ mit der Eigenschaft

$$K \subset \bigcup_{j=1}^{l} U_\delta(a_j).$$

(Man wählt eine genügend kleine Lebesguesche Zahl r und überdeckt K durch die Kreisscheiben $U_{r/2}(a)$, $a \in K$. Es ist klar, dass dann K durch die Kreisscheiben $U_{3r/4}(a)$, $a \in S \cap K$, überdeckt wird.) Sei nun z ein beliebiger Punkt aus K. Es existiert dann ein Punkt a_j mit der Eigenschaft $|z - a_j| < \delta$. Aus der Dreiecksungleichung folgt

$$|f_m(z) - f_n(z)| \leq |f_m(z) - f_m(a_j)| + |f_m(a_j) - f_n(a_j)| + |f_n(z) - f_n(a_j)|.$$

Der erste und der dritte Term sind nach Hilfssatz 4.7 kleiner als ε, der Mittelterm wird kleiner als ε, wenn m, n genügend groß sind, d. h. $n, m \geq N$, wobei für alle der endlich vielen Punkte a_j das gleiche N gewählt werden kann.

$\square$

4.9 Satz von Montel (P. MONTEL, 1912). *Sei*

$$f_1, f_2, f_3, \ldots : D \longrightarrow \mathbb{C}, \quad D \subset \mathbb{C} \quad offen,$$

eine beschränkte Folge von analytischen Funktionen. Es existiere also eine Konstante $C > 0$ mit der Eigenschaft $|f_n(z)| \leq C$ für alle $z \in D$ und alle $n \in \mathbb{N}$. Dann existiert eine Teilfolge $f_{\nu 1}, f_{\nu 2}, f_{\nu 3}, \ldots$, welche lokal gleichmäßig konvergiert.

Beweis. Sei

$$S \subset D, \quad S = \{s_1, s_2, s_3, \ldots\}$$

eine abzählbare dichte Teilmenge von D. Man kann beispielsweise die Menge $S = \{z = x + iy \in D; \ x \in \mathbb{Q}, \ y \in \mathbb{Q}\}$ nehmen. Nach dem Satz von

BOLZANO-WEIERSTRASS existiert eine Teilfolge von $f_1, f_2, f_3, \ldots$, welche in s_1 konvergiert. Wir bezeichnen sie mit

$$f_{11}, f_{12}, f_{13}, \ldots.$$

Hiervon existiert eine Teilfolge, welche auch in s_2 konvergiert. Man konstruiert auf diesem Wege induktiv eine Folge von Folgen, so dass jede dieser Folgen eine Teilfolge von der vorhergehenden ist. Die n-te dieser Folgen

$$f_{n1}, f_{n2}, f_{n3}, \ldots$$

konvergiert in $s_1, \ldots, s_n$. Offenbar konvergiert die Diagonalfolge

$$f_{11}, f_{22}, f_{33}, \ldots$$

für alle $s \in S$. Die Behauptung folgt nun aus 4.8.

6. Schritt. φ ist injektiv. Wir erinnern daran, dass wir eine Funktion φ als lokal gleichmäßigen Limes von Funktionen aus einer Klasse $\mathcal{M}$ injektiver analytischer Funktionen konstruiert haben. Diese Funktion löst unser Extremalproblem, falls die Funktion φ ebenfalls dieser Klasse angehört. Der einzige offene Punkt ist die Injektivität von φ. Diese ergibt sich aber aus dem Satz von HURWITZ (III.7.2):

Sei $f_1, f_2, f_3, \ldots$ eine Folge von injektiven analytischen Funktionen auf einem Gebiet $D \subset \mathbb{C}$, welche lokal gleichmäßig konvergiert. Die Grenzfunktion f ist dann entweder konstant oder injektiv.

Wir müssen ausschließen, dass φ konstant ist. Für alle Funktionen aus der (nichtleeren) Klasse $\mathcal{M}$ ist die Ableitung im Nullpunkt von 0 verschieden. Wegen der Extremaleigenschaft ist somit auch $\varphi'(0)$ von 0 verschieden.

7. und letzter Schritt: $\varphi(D) \subset \mathbb{E}$. Wir wissen lediglich, dass das Bild von φ im Abschluss von $\mathbb{E}$ liegt. Enthielte jedoch $\varphi(D)$ einen Randpunkt von $\mathbb{E}$, so wäre φ nach dem Maximumprinzip konstant.

Damit ist der RIEMANN'sche Abbildungssatz vollständig bewiesen. □

Übungsaufgaben zu IV.4

1. Sei $D = \{z \in \mathbb{C}; \ |z| > 1\}$. Kann es eine konforme Abbildung von D auf die punktierte Ebene $\mathbb{C}^\bullet$ geben?

2. Die beiden Ringgebiete

$$r_\nu < |z| < R_\nu \quad (0 \leq r_\nu < R_\nu < \infty, \ 1 \leq \nu \leq 2)$$

sind konform äquivalent, wenn die Verhältnisse R_ν / r_ν übereinstimmen. (Hiervon gilt auch die Umkehrung, wie wir im zweiten Band mit Hilfe der Theorie der RIEMANN'schen Flächen sehen werden.)

3. Die Abbildung
$$f : \mathbb{E} \longrightarrow \mathbb{C}_-, \quad z \longmapsto \left(\frac{1-z}{1+z}\right)^2,$$
   ist konform.

4. Durch
$$\varphi(z) = \frac{(1+z^2)^2 - \mathrm{i}(1-z^2)^2}{(1+z^2)^2 + \mathrm{i}(1-z^2)^2}$$
   wird eine konforme Abbildung von $D := \{z = re^{\mathrm{i}\varphi}; \;\; 0 < \varphi < \frac{\pi}{2}, \, 0 < r < 1\}$ auf den Einheitskreis $\mathbb{E}$ definiert.

5. Man bestimme das Bild von $D = \{z \in \mathbb{C}; \;\; |\operatorname{Re} z| \, |\operatorname{Im} z| > 1, \, 0 < \operatorname{Re} z, \operatorname{Im} z\}$ unter der Abbildung $\varphi(z) = z^2$.

6. Seien $D, D^* \subset \mathbb{C}$ konform äquivalente Gebiete. Man zeige, daß die Gruppen der konformen Selbstabbildungen $\operatorname{Aut}(D)$ und $\operatorname{Aut}(D^*)$ isomorph sind.

7. Man beweise die folgende Eindeutigkeitsaussage (H. POINCARÉ, 1884): Ist $D \subset \mathbb{C}$ ein von $\mathbb{C}$ verschiedenes Elementargebiet und $z_0 \in D$ ein fester Punkt in D, so gibt es genau eine konforme Abbildung
$$\varphi : D \longrightarrow \mathbb{E} \quad \text{mit } \varphi(z_0) = 0 \text{ und } \varphi'(z_0) > 0.$$

8. Ist $D = \{z \in \mathbb{E}; \;\; \operatorname{Re} z > 0\}$ und $z_0 := \sqrt{2} - 1$, so wird durch
$$\varphi(z) = -\frac{z^2 + 2z - 1}{z^2 - 2z - 1}$$
   die nach 7. eindeutig bestimmte konforme Abbildung $\varphi : D \to \mathbb{E}$ mit $\varphi(z_0) = 0$ und $\varphi'(z_0) > 0$ definiert.

   Man zeige, dass sich φ zu einer topologischen Abbildung von $\overline{D} \to \overline{\mathbb{E}}$ fortsetzen läßt. (Im Allgemeinen ist die Fortsetzung auf den Rand ein schwieriges Problem, s. z.B. [Po].)

9. Sei $D \subset \mathbb{C}$ ein Elementargebiet und $f : D \to \mathbb{E}$ eine konforme Abbildung. Ist (z_n) eine Folge in D mit $\lim_{n\to\infty} z_n = r \in \partial D$, so konvergiert $(|f(z_n)|)$ gegen 1. Man zeige an einem Beispiel, daß die Konvergenz der Folge (z_n) gegen einen Randpunkt von D i. a. nicht die Konvergenz der Bildfolge $(f(z_n))$ gegen einen Randpunkt von $\mathbb{E}$ zur Folge hat.

10. Sei
$$D = \{z \in \mathbb{C}; \;\; \operatorname{Im} z > 0\} - \{z = \mathrm{i}y; \;\; 0 \leq y \leq 1\}.$$

   a) Man bilde D konform auf die obere Halbebene $\mathbb{H}$ ab.

   b) Man bilde D konform auf $\mathbb{E}$ ab.

11. Die allgemeinste konforme Abbildung $f : \mathbb{H} \to \mathbb{E}$ ist vom Typ
$$z \longmapsto e^{\mathrm{i}\varphi} \frac{z - \lambda}{z - \overline{\lambda}} \quad \text{mit } \lambda \in \mathbb{H}, \, \varphi \in \mathbb{R}.$$
   Im Spezialfall $\varphi = 0$, $\lambda = \mathrm{i}$, spricht man von der CAYLEYabbildung.

Anhang A.
Die Homotopieversion des Cauchy'schen Integralsatzes

Wir wollen zeigen, dass der Begriff „Elementargebiet" *topologischer Natur* ist. Ist also

$$\varphi : D \longrightarrow D'; \quad D,\, D' \subset \mathbb{C} \ \ Gebiete,$$

eine topologische Abbildung und D ein Elementargebiet, so ist auch D' ein *Elementargebiet*.

In diesem Rahmen ist es nicht angemessen, sich auf stückweise glatte Kurven zu beschränken; wir wollen daher kurz zeigen, dass man *analytische* Funktionen auch längs beliebiger (stetiger) Kurven integrieren kann.

A1 Hilfssatz. *Sei*

$$\alpha : [a,b] \longrightarrow D, \quad D \subset \mathbb{C} \ \ offen,$$

eine (stetige) Kurve. Dann existieren eine Unterteilung

$$a = a_0 < a_1 < \cdots < a_n = b$$

und ein $r > 0$ mit der Eigenschaft $U_r\big(\alpha(a_\nu)\big) \subset D$ und

$$\alpha\big([a_\nu, a_{\nu+1}]\big) \subset U_r\big(\alpha(a_\nu)\big) \cap U_r\big(\alpha(a_{\nu+1})\big) \subset D \quad \text{für} \ \ 0 \le \nu < n.$$

Zusatz. *Sei $f : D \to \mathbb{C}$ eine analytische Funktion. Die Zahl*

$$\sum_{\nu=0}^{n-1} \int_{\alpha(a_\nu)}^{\alpha(a_{\nu+1})} f(\zeta)\, d\zeta$$

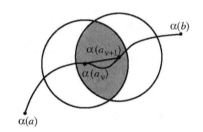

hängt nicht von der Wahl der Unterteilung ab (integriert wird jeweils über die Verbindungsstrecke). Wenn α stückweise glatt ist, stimmt

obige Summe mit dem Kurvenintegral $\int_\alpha f(\zeta)\, d\zeta$ überein.

Wenn α nur stetig, also nicht notwendig stückweise glatt ist, so *definieren wir* das Kurvenintegral durch obige Summe.

Der Beweis von Hilfssatz A1 folgt unmittelbar aus (A) und (B):

(A) der Existenz einer LEBESGUE'schen Zahl, (s. §4): Ist $K \subset D$ eine kompakte Menge in einer offenen Menge $D \subset \mathbb{R}^n$, so existiert ein $\varepsilon > 0$, so dass

$$x \in K \implies U_\varepsilon(x) \subset D.$$

(B) dem *Satz von der gleichmäßigen Stetigkeit:* Zu jedem $\varepsilon > 0$ existiert ein $\delta > 0$ mit

$$x, y \in [a,b] \ \text{ und } \ |x - y| < \delta \implies |\alpha(x) - \alpha(y)| < \varepsilon. \qquad \square$$

Wir betrachten nun stetige Abbildungen

$$H : Q \longrightarrow D, \quad D \subset \mathbb{C} \text{ offen,}$$

des Quadrats

$$Q = \{ z \in \mathbb{C}; \quad 0 \le x, y \le 1 \} = [0,1] \times [0,1]$$

in offene Mengen $D \subset \mathbb{C}$.

Das Bild des Randes von Q kann man als eine geschlossene Kurve auffassen:

$$\alpha = \alpha_1 \oplus \alpha_2 \oplus \alpha_3 \oplus \alpha_4,$$

$\alpha_1(t) = H(t,0) \qquad$ für $\ 0 \le t \le 1,$

$\alpha_2(t) = H(1, t-1) \quad$ für $\ 1 \le t \le 2,$

$\alpha_3(t) = H(3-t, 1) \quad$ für $\ 2 \le t \le 3,$

$\alpha_4(t) = H(0, 4-t) \quad$ für $\ 3 \le t \le 4.$

Wir bezeichnen diese Kurve im Folgenden einfach mit $H|\partial Q$.

Diese Kurve ist natürlich geschlossen, aber nicht jede geschlossene Kurve in D kann auf diesem Wege gewonnen werden. Anschaulich gesprochen handelt es sich um in D „auffüllbare" geschlossene Kurven.

A2 Satz. *Sei*

$$H : Q \longrightarrow D, \quad D \subset \mathbb{C} \ \text{offen,}$$

eine stetige Abbildung und $f : D \to \mathbb{C}$ *eine analytische Funktion. Dann gilt*

$$\int_{H|\partial Q} f(\zeta)\, d\zeta = 0.$$

Beweis. Sei n eine natürliche Zahl. Wir zerlegen Q in ein Netz von n^2 Quadraten

$$Q_{\mu\nu} = \left\{ z \in Q; \ \frac{\mu}{n} \le x \le \frac{\mu+1}{n}, \ \frac{\nu}{n} \le y \le \frac{\nu+1}{n} \right\} \quad (0 \le \mu, \nu \le n-1).$$

Da $H(Q)$ kompakt ist, existiert bei geeigneter Wahl von n für jedes Paar (μ, ν) eine Kreisscheibe $U_{\mu\nu}$ mit der Eigenschaft

$$H(Q_{\mu\nu}) \subset U_{\mu\nu} \subset D.$$

Wegen des Cauchy'schen Integralsatzes ist

$$\int_{H|\partial Q_{\mu\nu}} f(\zeta)\,d\zeta = 0$$

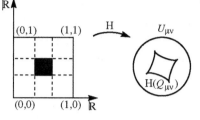

und außerdem gilt

$$\int_{H|\partial Q} f(\zeta)\,d\zeta = \sum_{0 \le \mu,\nu \le n-1} \int_{H|\partial Q_{\mu\nu}} f(\zeta)\,d\zeta. \qquad \square$$

A3 Definition. *Zwei Kurven*

$$\alpha, \beta : [0,1] \longrightarrow D, \quad D \subset \mathbb{C} \text{ offen,}$$

heißen **homotop** *in D (bei festen Endpunkten), falls eine stetige Abbildung — eine sogenannte* **Homotopie** *— $H : Q \to D$ mit folgenden Eigenschaften existiert:*

a) $\alpha(t) = H(t,0)$,

b) $\beta(t) = H(t,1)$,

c) $\alpha(0) = \beta(0) = H(0,s)$ *und*

$\alpha(1) = \beta(1) = H(1,s)$

für $0 \le s \le 1$.

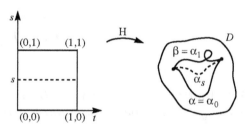

α und β müssen also denselben Anfangs- und denselben Endpunkt haben. Offenbar ist dann für jedes $s \in [0,1]$

$$\alpha_s(t) := H(t,s)$$

eine Kurve mit dem Anfangspunkt $\alpha(0) = \beta(0)$ und dem Endpunkt $\alpha(1) = \beta(1)$, und es gilt

$$\alpha_0 = \alpha \quad \text{und} \quad \alpha_1 = \beta.$$

Das bedeutet also anschaulich eine *stetige Deformation* von α in β bei festgehaltenem Anfangs- und Endpunkt.

A4 Bemerkung. *In einem konvexen Gebiet $D \subset \mathbb{C}$ sind je zwei Kurven α und β mit gleichem Anfangs- und Endpunkt homotop.*

Beweis. Man betrachte die Homotopie

$$H(t, s) = \alpha(t) + s(\beta(t) - \alpha(t)).$$

Aus A2 ergibt sich:

A5 Theorem (Homotopieversion des Cauchy'schen Integralsatzes).
Seien $D \subset \mathbb{C}$ offen, α und β seien zwei in D homotope Kurven. Dann gilt für **jede** *analytische Funktion $f : D \to \mathbb{C}$*

$$\int_\alpha f = \int_\beta f.$$

Beweis. Sei $H : Q = [0, 1] \times [0, 1] \to D$ eine Homotopie zwischen α und β. Dann gilt nach A2

$$\int_{H|\partial Q} f(\zeta)\, d\zeta = 0$$

für jede analytische Funktion $f : D \to \mathbb{C}$. Nun ist aber

$$0 = \int_{H|\partial Q} f(\zeta)\, d\zeta = \int_\alpha f + \int_{\beta^-} f = \int_\alpha f - \int_\beta f,$$

also

$$\int_\alpha f = \int_\beta f. \qquad \square$$

A6 Definition. *Ist $\alpha : [0, 1] \to D$ eine geschlossene Kurve in D, $\alpha(0) = \alpha(1) = z_0$. Man nennt α* **nullhomotop in D,** *falls α zur konstanten Kurve $\beta(t) := z_0$ homotop ist.*

Ein Gebiet $D \subset \mathbb{C}$ heißt **einfach zusammenhängend***, falls jede geschlossene Kurve in D nullhomotop in D ist.*

A7 Bemerkung.
Ist $\alpha : [0, 1] \to D$ eine geschlossene, in D nullhomotope Kurve, so gilt

$$\int_\alpha f = 0$$

für jede analytische Funktion $f : D \to \mathbb{C}$.

Folgerung. *Ist $D \subset \mathbb{C}$ ein einfach zusammenhängendes Gebiet, so gilt*

$$\int_\alpha f = 0$$

für jede geschlossene Kurve α in D und jede analytische Funktion $f : D \to \mathbb{C}$.

Jedes einfach zusammenhängende Gebiet ist also ein Elementargebiet!

Hiervon gilt auch die Umkehrung.

A8 Satz. *Für ein Gebiet $D \subset \mathbb{C}$ sind folgende beiden Aussagen gleichbedeutend:*

a) *D ist ein Elementargebiet,*

b) *D ist einfach zusammenhängend.*

Beweis. dass a) aus b) folgt, haben wir eben gezeigt.

a) $\Rightarrow$ b) ergibt sich unmittelbar aus den folgenden beiden Bemerkungen:

1) Der Begriff des einfachen Zusammenhangs ist topologisch invariant: Ist $\varphi : D \to D'$ eine topologische Abbildung zwischen zwei Gebieten $D, D' \subset \mathbb{C}$, so ist D genau dann einfach zusammenhängend, wenn D' einfach zusammenhängend ist. Ist nämlich $H : [0,1] \times [0,1] \to D$ eine Homotopie in D, so ist $H' := \varphi \circ H$ eine solche in D'.

2) Der Einheitskreis und die Ebene sind einfach zusammenhängend (A4).

Der Beweis folgt nun aus dem *kleinen Riemann'schen Abbildungssatz.* $\square$

Als „Nebenprodukt" erhalten wir noch einen tiefliegenden Satz der Topologie der Ebene:

A9 Satz. *Je zwei einfach zusammenhängende Gebiete der Ebene sind topologisch äquivalent (homöomorph).*

Beweis. Da jede konforme Abbildung automatisch topologisch ist, genügt es wegen des kleinen RIEMANN'schen Abbildungssatzes nochmals festzustellen, dass $\mathbb{C}$ und $\mathbb{E}$ topologisch äquivalent sind. $\square$

Zum Schluss beweisen wir noch

A10 Satz. *Jede geschlossene Kurve α in dem Gebiet $D := \mathbb{C}^\bullet$ mit $\alpha(0) = \alpha(1) = 1$ ist zur k-fach durchlaufenen Einheitskreislinie homotop.*

Die Definition der Umlaufzahl über ein Integral ist damit nachträglich voll gerechtfertigt. Insbesondere gilt:

Folgerung. *Die in III.6.1 definierte Umlaufzahl ist stets ganz.*

Der Beweis wird mit Hilfe der Exponentialfunktion

$$\exp : \mathbb{C} \longrightarrow \mathbb{C}^\bullet$$

geführt und beruht auf folgender

Behauptung. *Sei* $\alpha : [0,1] \to \mathbb{C}^\bullet$ *eine ge-schlossene Kurve,* $\alpha(0) = \alpha(1) = 1$. *Dann existiert eine (eindeutig bestimmte) Kurve*

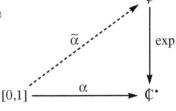

$$\widetilde{\alpha} : [0,1] \longrightarrow \mathbb{C}$$

mit den Eigenschaften

a) $\widetilde{\alpha}(0) = 0$,

b) $\exp \circ \widetilde{\alpha} = \alpha$.

Aus dieser Behauptung folgt A10: Es gilt $\widetilde{\alpha}(1) = 2\pi i k$ mit $k \in \mathbb{Z}$. Da $\mathbb{C}$ konvex ist, gibt es eine Homotopie $\widetilde{H}$ zwischen $\tilde{\alpha}$ und der Strecke σ von 0 nach $2\pi i k$. Dann liefert aber

$$H := \exp \circ \widetilde{H}$$

eine Homotopie zwischen α und $\exp \circ \sigma$.

Es ist $\exp \circ \sigma = \varepsilon_k$, die k-fach durchlaufene Einheitskreislinie. Damit ist α zu ε_k homotop, insbesondere haben α und ε_k dieselbe Umlaufzahl, nämlich k.

$\square$

Beweis der Behauptung. Wir zeigen zunächst:

Zu jedem Punkt $a \in \mathbb{C}^\bullet$ *existiert eine offene Umgebung* $V = V(a)$, *so dass das Urbild von* V *in eine disjunkte Vereinigung von offenen Mengen zerfällt,*

$$\exp^{-1}(V) = \bigcup_{n \in \mathbb{Z}} U_n \quad (disjunkt) \,,$$

wobei jedes U_n *durch* $\exp$ *topologisch auf* V *abgebildet wird.*

Wenn a nicht auf der negativen reellen Achse liegt, so kann man für V die längs dieser Achse geschlitzte Ebene nehmen. Ihr Urbild zerfällt in offene Parallelstreifen der Breite 2π, wie wir im Zusammenhang mit Satz I.5.9 gesehen haben.

Sollte a auf der negativen reellen Achse liegen, so nehme man für V die längs der positiven reellen Achse geschlitzte Ebene. Das Urbild von V zerfällt dann ebenfalls in offene Parallelstreifen.

Mit Hilfe des HEINE-BOREL'schen Überdeckungssatzes zeigt man nun: Es existiert eine Zerlegung

$$0 = a_0 < a_1 < \cdots < a_m = 1,$$

so dass jedes Kurvenstück

$$\alpha\big([a_\nu, a_{\nu+1}]\big), \quad 0 \le \nu < m,$$

in einer offenen Menge V der angegebenen Art enthalten ist.

Man kann dann die Kurve „Stück für Stück" in die Parallelstreifen hochheben.

$\square$

Anhang B.
Eine Homologieversion des Cauchy'schen Integralsatzes

Im Zusammenhang mit dem CAUCHY'schen Integralsatz für Sterngebiete wurden wir auf folgende Frage geführt:

1) Für welche *Gebiete* $D \subset \mathbb{C}$ gilt

$$\int_\alpha f = 0$$

  für *jede* analytische Funktion $f : D \to \mathbb{C}$ und *jede* geschlossene Kurve α in D?

Diese Gebiete hatten wir *Elementargebiete* getauft, und im Anhang **A** hatten wir gesehen, dass die *Elementargebiete* gerade die im Sinne der Topologie *einfach zusammenhängenden* Gebiete sind. In diesem Teil des Anhangs werden wir eine weitere Charakterisierung von Elementargebieten erhalten. Allgemeiner werden wir uns mit folgender Frage befassen:

2) $D \subset \mathbb{C}$ sei ein *beliebiges Gebiet.* Wie lassen sich diejenigen geschlossenen Kurven α in D charakterisieren, für die

$(*)$ $\qquad \int_\alpha f = 0 \qquad$ für *jede* analytische Funktion $f : D \longrightarrow \mathbb{C}$ gilt?

  Die Antwort wird sein, dass dies genau diejenigen geschlossenen Kurven sind, deren Inneres in D enthalten ist.

B1 Definition. *Eine geschlossene Kurve in einem Gebiet D heißt **nullhomolog** in D, falls ihr Inneres*

$$\text{Int}(\alpha) := \big\{ z \in \mathbb{C} - \text{Bild}(\alpha); \quad \chi(\alpha; z) \neq 0 \big\}$$

ganz in D enthalten ist.

B2 Bemerkung. *Jede in D nullhomotope Kurve ist auch nullhomolog in D.*

Beweis. Für $D = \mathbb{C}$ ist die Bemerkung klar. Sei $a \in \mathbb{C} - D$ ein Punkt aus dem Komplement von D. Die Funktion

$$f(z) = \frac{1}{z - a}$$

ist analytisch in D, ihr Integral über α verschwindet daher. Der Punkt a liegt somit im Äußeren von α. $\qquad\qquad \square$

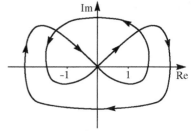

Es gibt jedoch nullhomologe Kurven, die nicht nullhomotop sind. Ein Beispiel (ohne Beweis) ist in der Abbildung skizziert: Hier ist $D = \mathbb{C} - \{-1, 1\}$.

Wir kommen nun zur Formulierung des Hauptsatzes dieses Anhangs. Er stellt eine *globale Version* des CAUCHY'schen Integralsatzes dar. Für seinen Beweis geben wir die überraschend einfache Darstellung von J. D. DIXON wieder (vgl. [Dix]), die in der Zwischenzeit auch Eingang in die Lehrbuchliteratur gefunden hat (vgl. etwa [ReS, FL] oder [Ru]).

B3 Theorem (Homologieversion des Cauchy'schen Integralsatzes). *Sei α eine geschlossene Kurve in einer offenen Teilmenge $D \subset \mathbb{C}$. Die folgenden beiden Eigenschaften sind äquivalent:*

1) $\int_\alpha f = 0$ *für jede analytische Funktion $f : D \to \mathbb{C}$.*

2) α *ist nullhomolog in D.*

Zusatz. *Unter diesen Voraussetzungen gilt für alle $z \in D - \text{Bild}(\alpha)$ die*

---

allgemeine Cauchy'sche Integralformel

$$f(z)\chi(\alpha; z) = \frac{1}{2\pi i} \int_\alpha \frac{f(\zeta)}{\zeta - z} \, d\zeta.$$

Beweis. Die Richtung 1) $\Rightarrow$ 2) ist klar. Wir müssen die Umkehrung zeigen. Seien also α eine in D nullhomologe geschlossene Kurve und $f : D \to \mathbb{C}$ eine analytische Funktion. Wir beweisen zunächst den Zusatz, also die CAUCHY'sche Integralformel. Diese ist nach Definition der Umlaufzahl

$$\chi(\alpha; z) = \frac{1}{2\pi i} \int_\alpha \frac{1}{\zeta - z} \, d\zeta$$

gleichbedeutend mit

$$\int_\alpha \frac{f(\zeta) - f(z)}{\zeta - z} \, d\zeta = 0 \qquad \text{für alle } z \in D - \text{Bild } \alpha.$$

Die Idee besteht nun darin zu zeigen, dass durch das Integral auf der linken Seite — aufgefasst als Funktion des Parameters z — eine analytische Funktion $G : D \to \mathbb{C}$ definiert wird, die sich zu einer *ganzen* Funktion $F : \mathbb{C} \to \mathbb{C}$

fortsetzen lässt. Von dieser ganzen Funktion F werden wir zeigen, dass sie beschränkt ist. Nach dem Satz von LIOUVILLE ist sie dann konstant. Der Beweis wird auch den Wert der Konstanten ($= 0$) liefern.

Wir müssen den „Differenzenquotienten" $\dfrac{f(\zeta) - f(z)}{\zeta - z}$ als Funktion von ζ und z untersuchen. Zunächst benötigen wir eine Reihe von Hilfssätzen.

B3$_1$ Hilfssatz. *Sei $D \subset \mathbb{C}$ offen, $f : D \to \mathbb{C}$ analytisch. Die durch*

$$\varphi : D \times D \longrightarrow \mathbb{C},$$

$$(\zeta, z) \longmapsto \begin{cases} \dfrac{f(\zeta) - f(z)}{\zeta - z}, & \text{falls } \zeta \neq z, \\ f'(z), & \text{falls } \zeta = z, \end{cases}$$

definierte Funktion ist stetig (als Funktion von zwei Variablen!)

Beweis (s. auch Aufgabe 14 aus II.3). Kritisch ist nur die Stetigkeit in den Punkten (ζ_0, z_0) der Diagonalen. Wir wählen δ so klein, dass die Kreisscheibe vom Radius δ um $a := \zeta_0 = z_0$ ganz in D enthalten ist. Nach dem Hauptsatz der Differential- und Integralrechnung gilt

$$\frac{f(\zeta) - f(z)}{\zeta - z} = \int\limits_0^1 f'\big((1 - t)z + t\zeta\big)\, dt,$$

falls ζ und z zwei verschiedene Punkte in der δ-Umgebung von a sind. Es folgt

$$\varphi(\zeta, z) - \varphi(a, a) = \int\limits_0^1 \Big[f'\big(\sigma(t)\big) - f'(a)\Big]\, dt \quad (\sigma(t) = (1 - t)z + t\zeta).$$

Diese Gleichung gilt auch für $\zeta = z$. Die Behauptung folgt nun leicht aus der Stetigkeit von f'.

Die Funktion $\varphi(\zeta, z)$ ist bei festem ζ analytisch in z (auch in $z = \zeta$ nach dem RIEMANN'schen Hebbarkeitssatz oder auch schon nach II.2.7$_1$). Aus der LEIBNIZ'schen Regel (II.3.3) folgt:

B3$_2$ Hilfssatz. *Die Funktion*

$$G(z) = \int\limits_\alpha \varphi(\zeta, z)\, d\zeta$$

ist analytisch in D.

B3$_3$ Hilfssatz. *Es gibt eine ganze Funktion*

$$F : \mathbb{C} \longrightarrow \mathbb{C} \ \ mit \ \ F|D = G.$$

Beweis. Erst jetzt machen wir von der Voraussetzung Int(α) $\subset D$ Gebrauch. Sei

$$\mathrm{Ext}(\alpha) = \big\{ z \in \mathbb{C} - \mathrm{Bild}\,\alpha; \ \ \chi(\alpha; z) = 0 \big\}$$

das Äußere von α. Dann ist Ext(α) offen, und es gilt

$$D \cup \mathrm{Ext}(\alpha) = \mathbb{C}.$$

Für $z \in D \cap \mathrm{Ext}(\alpha)$ gilt wegen $\chi(\alpha; z) = 0$

$$G(z) = \int\limits_{\alpha} \frac{f(\zeta) - f(z)}{\zeta - z} \, d\zeta = \int\limits_{\alpha} \frac{f(\zeta)}{\zeta - z} \, d\zeta - 2\pi i f(z)\chi(\alpha; z) = \int\limits_{\alpha} \frac{f(\zeta)}{\zeta - z} \, d\zeta.$$

Die Funktion

$$H : \mathbb{C} - \mathrm{Bild}\,\alpha \longrightarrow \mathbb{C},$$

$$H(z) = \int\limits_{\alpha} \frac{f(\zeta)}{\zeta - z} \, d\zeta,$$

ist analytisch (wieder aufgrund der Leibniz'schen Regel), insbesondere ist H auch analytisch in Ext(α). Da H im Durchschnitt $D \cap \mathrm{Ext}(\alpha)$ mit G übereinstimmt, wird durch

$$F : \mathbb{C} \longrightarrow \mathbb{C} \ \ mit \ \ F(z) = \begin{cases} G(z), & \text{falls } z \in D, \\ H(z), & \text{falls } z \in \mathrm{Ext}(\alpha), \end{cases}$$

eine ganze Funktion definiert, die eine analytische Fortsetzung von G in die ganze Ebene ist. $\qquad\qquad\qquad\qquad\qquad\qquad\qquad\qquad\qquad\qquad\qquad\square$

B3$_4$ Hilfssatz. *F ist die Nullfunktion.*

Beweis. Wir wählen dazu ein $R > 0$, so dass die Kurve in der Kreisscheibe vom Radius R um 0 verläuft. Es gilt dann

$$\{ z \in \mathbb{C}; \ \ |z| > R \} \subset \mathrm{Ext}(\alpha).$$

Wir wählen eine stückweise glatte Kurve β, welche in $D \cap U_R(0)$ verläuft und zu α homotop ist. Eine solche Kurve existiert in Form eines Streckenzugs gemäß A1. In der Definition von F können wir die Kurve α durch β ersetzen und danach die Standardabschätzung für Integrale verwenden. Für $|z| > R$ gilt $F(z) = H(z)$ und man erhält

$$|F(z)| = |H(z)| = \left| \int\limits_{\beta} \frac{f(\zeta)}{\zeta - z} \, d\zeta \right| \leq \frac{C}{|z| - R}$$

mit einer Konstanten C. Hieraus folgt, dass F auf $\mathbb{C}$ beschränkt ist. Als beschränkte ganze Funktion ist F nach dem Satz von LIOUVILLE konstant. Wegen

$$\lim_{|z| \to \infty} |F(z)| = 0$$

ist die Konstante gleich 0, F also die Nullfunktion.   □

Nun kommen wir zum eigentlichen Beweis zurück. Da F, wie wir gesehen haben, die Nullfunktion ist, verschwindet insbesondere auch G identisch. Für alle $z \in D - \text{Bild}\, \alpha$ gilt also

$$\int_\alpha \varphi(\zeta, z)\, d\zeta = 0 \quad \text{d.h.} \quad \int_\alpha \frac{f(\zeta) - f(z)}{\zeta - z}\, d\zeta = 0$$

oder, wenn man die Definition der Umlaufzahl einsetzt,

$$f(z)\chi(\alpha; z) = \frac{1}{2\pi i} \int_\alpha \frac{f(\zeta)}{\zeta - z}\, d\zeta.$$

Damit ist der Zusatz gezeigt.   □

Der Beweis von 1) ist nun einfach: Wir wählen einen Punkt $a \in D - \text{Bild}\, \alpha$ (ein solcher existiert, da D nicht kompakt ist) und betrachten

$$g : D \longrightarrow \mathbb{C} \quad \text{mit} \quad g(z) := (z - a)f(z).$$

Dann ist g analytisch in D, $g(a) = 0$, und die allgemeine CAUCHY'sche Integralformel für g anstelle von f ausgewertet an der Stelle a liefert

$$\int_\alpha f(\zeta)\, d\zeta = \int_\alpha \frac{g(\zeta)}{\zeta - a}\, d\zeta = 2\pi i g(a)\chi(\alpha; a) = 0.$$ □

B4 Definition. *Zwei geschlossene Kurven α, β in einem Gebiet D heißen* **homolog,** *falls die Umlaufzahlen $\chi(\alpha; a)$ und $\chi(\beta; a)$ für alle Punkte des Komplements von D übereinstimmen.*

Die Anfangs- und Endpunkte der beiden Kurven können dabei verschieden sein. Häufig spricht man Theorem B3 auch in der folgenden Form aus:

B5 Folgerung. *Seien $D \subset \mathbb{C}$ ein Gebiet, α und β zwei in D homologe geschlossene Kurven. Dann gilt für jede analytische Funktion $f : D \to \mathbb{C}$*

$$\int_\alpha f = \int_\beta f.$$

Beweis. Man verbinde die Anfangspunkte von α und β in D durch eine geeignete Kurve σ und betrachte die Kurve

$$\gamma := (\alpha^-)_0 \oplus \sigma_0 \oplus \beta_0 \oplus (\sigma^-)_0.$$

Der untere Index 0 bringe zum Ausdruck, dass die Kurven zunächst so umzuparametrisieren sind, dass ihre Parameterintervalle richtig aneinanderstoßen. Offenbar ist γ eine geschlossene, in D nullhomologe Kurve. □

Mit der Homologieversion des CAUCHY'schen Integralsatzes erhält man auch folgende allgemeine Version des Residuensatzes (vergl. III.6.3)

B6 Theorem. *Seien $D \subset \mathbb{C}$ offen und $S \subset D$ eine in D diskrete Teilmenge. $f : D - S \to \mathbb{C}$ sei analytisch und α eine geschlossene Kurve in $D - S$, deren Inneres in D enthalten ist:* $\mathrm{Int}(\alpha) \subset D$ *(d. h. α ist nullhomolog in D). Dann gilt die Residuenformel*

$$\int_\alpha f(\zeta)\,d\zeta = 2\pi\mathrm{i} \sum_{s \in S} \mathrm{Res}(f;s)\chi(\alpha;s).$$

Beweis. Die Menge

$$\mathrm{Int}(\alpha) \cup \mathrm{Bild}(\alpha)$$

ist beschränkt und abgeschlossen. Es existieren daher nur endlich viele $s \in S$ im Innern von α. Obige Summe ist insbesondere endlich, und man kann dank B3 den Beweis des Residuensatzes III.6.3 übernehmen. □

Anhang C.
Charakterisierungen von Elementargebieten

Bereits im Anhang A hatten wir festgestellt, dass der Begriff des *Elementargebiets* in Wahrheit topologischer Natur ist (vergleiche A8):

Die Elementargebiete $D \subset \mathbb{C}$ sind genau die einfach zusammenhängenden Gebiete.

Mit Hilfe der Homologieversion des CAUCHY'schen Integralsatzes erhalten wir weitere Charakterisierungen. In dem folgenden Äquivalenzsatz listen wir eine Reihe von Eigenschaften eines Gebiets $D \subset \mathbb{C}$ auf, die alle den einfachen Zusammenhang charakterisieren. Manche Autoren empfinden diesen Äquivalenzsatz als (einen) *ästhetischen Höhepunkt* der klassischen (elementaren) Funktionentheorie. Seine praktische Bedeutung sollte man aber nicht überschätzen.

C1 Theorem. *Folgende Eigenschaften sind für ein (nichtleeres) Gebiet $D \subset \mathbb{C}$ äquivalent:*

Funktionentheoretische Charakterisierungen

1) *Jede in D analytische Funktion besitzt in D eine Stammfunktion, d. h. D ist ein Elementargebiet.*

2) *Für jede in D analytische Funktion f und jede geschlossene Kurve α in D ist*
$$\int_\alpha f = 0,$$
d. h. in D gilt der allgemeine Cauchy'sche Integralsatz

3) *Für jede in D analytische Funktion f und jede geschlossene Kurve α in D und alle $z \in D - \text{Bild}\,\alpha$ ist*
$$f(z)\chi(\alpha; z) = \frac{1}{2\pi\mathrm{i}} \int_\alpha \frac{f(\zeta)}{\zeta - z}\,d\zeta$$
d. h. in D gilt die verallgemeinerte Cauchy'sche Integralformel.

4) *Jede in D nullstellenfreie und analytische Funktion f besitzt einen analytischen Logarithmus in D, d. h. es gibt eine analytische Funktion $l : D \to \mathbb{C}$ mit $f = \exp \circ\, l$.*

5) *Jede in D nullstellenfreie analytische Funktion besitzt eine analytische Quadratwurzel in D.*

6) *D ist entweder ganz $\mathbb{C}$ oder konform äquivalent zum Einheitskreis $\mathbb{E}$.*

Eine potentialtheoretische Charakterisierung

7) *Jede in D harmonische Funktion ist Realteil einer in D analytischen Funktion.*

Geometrische Charakterisierungen

8) *D ist (homotop) einfach zusammenhängend, d. h. jede geschlossene Kurve α in D ist nullhomotop in D.*

9) *D ist homolog einfach zusammenhängend, d. h. das Innere jeder geschlossenen Kurve α in D ist ganz in D enthalten.*

10) *D ist homöomorph zur Einheitskreisscheibe $\mathbb{E} = \{\, z \in \mathbb{C}; \quad |z| < 1 \,\}$.*

11) *Das Komplement von D in der Riemann'schen Zahlkugel ist zusammenhängend, d. h. jede lokal konstante Funktion $h : \overline{\mathbb{C}} - D \to \mathbb{C}$ ist konstant.*

   Man kann 11) — ohne Benutzung der Topologisierung von $\overline{\mathbb{C}}$ — auch folgendermaßen formulieren:

12) *Ist $\mathbb{C} - D = K \cup A$, K kompakt, A abgeschlossen und $K \cap A = \emptyset$, so ist $K = \emptyset$.*

Wer den Begriff der Zusammenhangskomponente kennt, kann 11) auch folgendermaßen umformulieren:

13) $\mathbb{C} - D$ *besitzt keine beschränkte Zusammenhangskomponente.*

Beweis. dass die funktionentheoretischen Charakterisierungen äquivalent sind, haben wir vollständig bewiesen. Schwierigster Teil war hierbei der Beweis des RIEMANN'schen Abbildungssatzes. In dessen Beweis wurde von der Eigenschaft „Elementargebiet" nur benutzt, dass nullstellenfreie analytische Funktionen auf Elementargebieten analytische Quadratwurzeln besitzen. Es gilt also 5) $\Rightarrow$ 6).

Wir haben außerdem gezeigt, dass aus der funktionentheoretischen Charakterisierung 1) die potentialtheoretische Eigenschaft 7) folgt. Umgekehrt folgt aus der potentialtheoretischen Eigenschaft die Existenz eines analytischen Logarithmus einer nullstellenfreien analytischen Funktion f, da die Funktion $\log |f|$ harmonisch ist.

Wir wissen auch bereits, dass die geometrischen Eigenschaften 8)-10) mit den funktionentheoretischen äquivalent sind. Es bleibt zu zeigen, dass die Eigenschaft 12) den einfachen Zusammenhang charakterisiert. (Wir wollen den Begriff „Zusammenhangskomponente" sowie die Topologie der Zahlkugel hier nicht benutzen. Wer diese Begriffe kennt, kann sich leicht die Äquivalenz von 11)-13) überlegen. Allerdings bezahlt man diese Beschränkung damit, dass man mit dem etwas holperigen Begriff 13) anstelle der sehr griffigen Bedingung 11) zu arbeiten hat.)

Wir zeigen nun 12) $\Rightarrow$ 9). Sei also α eine geschlossene Kurve in D. Wir zerlegen das Komplement von D in zwei disjunkte Teilmengen.

$$K = \{a \in \mathbb{C} - D; \quad \chi(\alpha; a) \neq 0\}, \quad A = \{a \in \mathbb{C} - D; \quad \chi(\alpha; a) = 0\}.$$

Beide Mengen sind abgeschlossen (als Urbilder der abgeschlossenen Mengen $\{0\}$, $\mathbb{Z} - \{0\}$ unter einer stetigen Abbildung). Die Umlaufzahl ist für alle Punkte aus dem Komplement einer Kreisscheibe 0, sofern diese die Kurve α enthält. Folgedessen ist die Menge K beschränkt und damit kompakt. Aus 12) folgt $K = \emptyset$ und daher $\mathrm{Int}(\alpha) \subset D$.

Die Umkehrung zeigen wir indirekt. Sei also $\mathbb{C} - D = A \cup K$ eine disjunkte Zerlegung des Komplements in eine abgeschlossene und eine nichtleere kompakte Teilmenge. Es gilt

$$D \cup K = \mathbb{C} - A = D \cup (\mathbb{C} - A).$$

Die Menge $U = D \cup K$ ist also offen! (Man stelle sich K als ein Loch vor, das man gestopft hat.) Für die Behauptung (und den damit vollständigen Beweis von Theorem C1) benötigt man noch den folgenden Hilfssatz:

C2 Hilfssatz. *Sei $U \subset \mathbb{C}$ offen, $K \subset U$ ein nichtleeres Kompaktum. Die Menge $D := U - K$ ist nicht einfach zusammenhängend.*

Dieser anschaulich klare Hilfssatz bringt noch einmal schlagend zum Ausdruck, dass einfach zusammenhängende Gebiete keine Löcher haben dürfen.

Beweis von C2. Wir müssen beweisen, dass es eine geschlossene Kurve in D gibt, deren Umlaufzahl um mindestens einen Punkt von K von 0 verschieden ist. Das Innere dieser Kurve ist dann nicht in D enthalten.

Ein strenger Beweis ist leider etwas knifflig. Die Idee besteht darin, K mit einem Netz von Quadraten zu pflastern und die Kurve α aus Randkanten zusammenzusetzen.

Konstruktion der Pflasterung. Sei n eine natürliche Zahl. Wir betrachten die (endliche) Menge aller Quadrate

$$Q_{\mu\nu} := \left\{ z = x + \mathrm{i}y; \ \frac{\mu}{n} \le x \le \frac{\mu+1}{n}, \ \frac{\nu}{n} \le y \le \frac{\nu+1}{n} \right\},$$

welche mit K einen nichtleeren Durchschnitt haben. Ein einfaches Kompaktheitsargument zeigt, dass diese endlich vielen Quadrate ganz in U enthalten sind, wenn man n hinreichend groß wählt. Sei $Q \subset U$ die Vereinigung dieser endlich vielen Quadrate. Nach eventueller Vergrößerung von n ist K im Innern von Q enthalten. Wir werden endlich viele geschlossene Kurven $\alpha_1, \ldots, \alpha_k$ konstruieren, so dass die Vereinigung ihrer Bilder genau der Rand von Q ist. Die Konstruktion wird außerdem

$$\sum_{j=1}^{k} \int_{\alpha_j} \frac{\mathrm{d}\zeta}{\zeta - a} = 2\pi\mathrm{i}$$

für alle a aus dem Innern von Q ergeben. Insbesondere wird jeder Punkt von K von mindestens einer der endlich vielen Kurven umlaufen. Bei der Konstruktion entstehen gewisse kombinatorische Schwierigkeiten. Man muss vermeiden, eine Randkante zweimal zu durchlaufen.

Konstruktion der Randkurven (nach Leutbecher [Le]). Der Rand von Q setzt sich aus gewissen Kanten der endlich vielen Quadrate zusammen. Wir nennen diese den Rand von Q ausschöpfenden Kanten auch kurz *Randkanten.* Zunächst ordnet man jeder dieser Randkanten eine Richtung zu, so dass das Integral längs dieser Randkanten definiert ist. Eine solche Richtung ist einfach eine Reihenfolge der beiden Ecken der Kante. Jede Randkante grenzt an genau ein Quadrat der endlichen Menge an. Wir orientieren die Randkante im üblichen funktionentheoretischen Sinn so, dass das angrenzende Quadrat zur Linken liegt. Die eigentliche Konstruktion besteht nun darin, dass man jeder Randkante eine weitere Randkante als Nachfolger in eindeutiger Weise zuordnet. Der Endpunkt der gegebenen Randkante s ist Eckpunkt von vier Quadraten des Ausgangsnetzes. Man hat zwischen vier Konfigurationen zu unterscheiden, je nachdem, welche der vier Quadrate in Q enthalten sind. Im folgenden Bild sind die vier möglichen Fälle und die jeweilige Wahl des Nachfolgers s' dargestellt.

Aus dem Bild ist ersichtlich:

Zwei Kanten haben nur dann denselben Nachfolger, wenn sie übereinstimmen.

Wir konstruieren nun die Kurve α_1 und wählen dazu irgendeine Randkante s_0 aus. Wir betrachten dann die Kette der Nachfolger $s_1 = s_0'$, $s_2 = s_1'$, ... Da nur endlich viele Randkanten vorhanden sind, gibt es eine kleinste natürliche Zahl m mit der Eigenschaft $s_m \in \{s_0, \ldots, s_{m-1}\}$. Aus der Tatsache, dass verschiedene Kanten verschiedene Nachfolger haben, ergibt sich leicht $s_m = s_0$. Die so konstruierten Randkanten schließen sich also zu einem geschlossenen Streckenzug α_1. Wenn α_1 noch nicht den gesamten Rand von Q durchläuft, so wählt man eine neue Randkante und verwendet sie zur Konstruktion von α_2, u. s. w.

Sei nun q_0 eines der Quadrate der gegebenen Pflasterung $Q_{\mu\nu}$ und $a \in q_0$ irgendein Punkt im Inneren. Es gilt

$$\sum_{j=1}^{k} \int_{\alpha_j} \frac{\mathrm{d}\zeta}{\zeta - a} = \sum_q \int_{\partial q} \frac{\mathrm{d}\zeta}{\zeta - a}$$

— wobei über alle Quadrate q der Pflasterung summiert wird —, da sich die Integrale über Nichtrandkanten paarweise aufheben. Dabei seien die Ränder der endlich vielen Quadrate in der üblichen Weise orientiert. Das Integral hat für $q = q_0$ den Wert $2\pi\mathrm{i}$, für alle anderen q den Wert 0. Es folgt also

$$\sum_{j=1}^{k} \int_{\alpha_j} \frac{\mathrm{d}\zeta}{\zeta - a} = 2\pi\mathrm{i},$$

falls a keiner Randkante angehört. Aus Stetigkeitsgründen gilt dies dann für alle a aus dem Innern von Q. $\square$

Jordankurven

Eine geschlossene Kurve heißt JORDANKURVE, falls sie außer Anfangs- und Endpunkt keinen Doppelpunkt hat. In der älteren Funktionentheorieliteratur wurde der CAUCHY'sche Integralsatz meist nur für JORDANkurven bewiesen, was für praktische Zwecke ausreicht. Es liegt nahe, die JORDANkurve durch einen Polygonzug zu approximieren und das Integral in eine Summe von Integralen längs Dreieckswegen zu zerlegen und den Integralsatz auf den für Dreieckswege zurückzuführen.

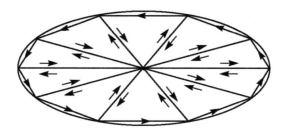

Will man dies streng durchführen, so ist man auf den JORDAN'schen Kurvensatz angewiesen:

Jordan'scher Kurvensatz. *Inneres und Äußeres einer Jordankurve sind zusammenhängend, das Innere ist sogar einfach zusammenhängend.*

Leider ist dieser anschaulich einleuchtende Satz ziemlich tiefliegend. Aber selbst wenn man ihn als bewiesen annimmt, ist die Durchführung dieses Programms unerfreulich, wie beispielsweise in dem ansonsten ausgezeichneten Lehrbuch von DINGHAS [Di1] überzeugend demonstriert wird. Die Einschränkung auf JORDANkurven bedeutet keine Vereinfachung, sondern eine unnötige Komplikation.

Übungsaufgaben zu den Anhängen A, B und C von Kapitel IV

1. Man weise die im Hilfssatz A.1 behauptete Invarianz des Kurvenintegrals (für analytische Integranden und stetige Kurven) von der Wahl der Unterteilung nach.

2. **Eine Methode zur Berechnung der Umlaufzahl**

   Sei $\alpha : [0,1] \to \mathbb{C}^{\bullet}$ eine geschlossene Kurve, welche die reelle Achse $\operatorname{Im} z = 0$ nur in endlich vielen Punkten $t_1 < t_2 < \ldots < t_N$ schneidet. Sei $\alpha(t) = \xi(t) + i\eta(t)$, $\xi(t), \eta(t) \in \mathbb{R}$, die übliche Zerlegung in Real- und Imaginärteil. Genau in den Punkten $t_1, \ldots, t_N$ wechselt η das Vorzeichen. O. B. d. A. sei $[0,1] = [t_1, t_N]$, so dass $\alpha(t_1) = \alpha(t_N)$ und $\alpha(t) \neq 0$ für alle $t \in [0,1]$ gilt. Wir setzen α zu einer periodischen Funktion auf ganz $\mathbb{R}$ mit der Periode $1 = t_N - t_1$ fort. Die Punkte $t_1, \ldots, t_N$ setzen sich aus folgenden Teilmengen $M_1, \ldots, M_4$ zusammen:

   M_1: Es gilt $\xi(t_\nu) > 0$ und $\eta(t)$ wechselt (bei wachsendem Parameter) beim Durchgang durch t_ν das Vorzeichen von $-$ zu $+$.

   M_2: Es gilt $\xi(t_\nu) > 0$ und $\eta(t)$ wechselt (bei wachsendem Parameter) beim Durchgang durch t_ν das Vorzeichen von $+$ zu $-$.

   M_3: Es gilt $\xi(t_\nu) < 0$ und $\eta(t)$ wechselt (bei wachsendem Parameter) beim Durchgang durch t_ν das Vorzeichen von $+$ zu $-$.

   M_4: Es gilt $\xi(t_\nu) < 0$ und $\eta(t)$ wechselt (bei wachsendem Parameter) beim Durchgang durch t_ν das Vorzeichen von $-$ zu $+$.

Wir setzen dann für $1 \leq \nu \leq N$

$$\delta_\nu = \begin{cases} +1, & \text{falls } t_\nu \in M_1 \cup M_3\,, \\ -1, & \text{falls } t_\nu \in M_2 \cup M_4\,. \end{cases}$$

Dann gilt

$$\chi(\alpha; 0) = \frac{1}{2} \sum_{\nu=1}^{N-1} \delta_\nu\,.$$

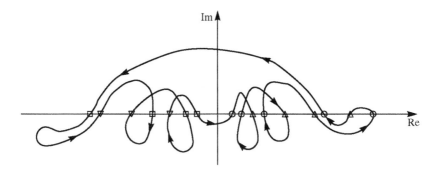

3. Ein Gebiet $D \subset \mathbb{C}$ ist genau dann einfach zusammenhängend, wenn je zwei in D verlaufende Kurven α und β mit gleichem Anfangs- und Endpunkt homotop in D sind.

4. Ist $\alpha = (\alpha_1, \dots, \alpha_n)$ ein System von geschlossenen Kurven α_ν und Bild $\alpha_\nu \subset D$ $(\emptyset \neq D \subset \mathbb{C}$ Gebiet), dann wird für $a \notin \bigcup_{\nu=1}^{n}$ Bild α_ν

$$\chi(\alpha; a) := \sum_{\nu=1}^{n} \chi(\alpha_\nu; a)$$

definiert. Sind α und β zwei solche Systeme von geschlossenen Kurven in D, dann heißt α homolog zu β in D, falls $\chi(\alpha; z) = \chi(\beta; z)$ für alle $z \in \mathbb{C} - D$ gilt.

Man zeige: Ist $f : D \to \mathbb{C}$ analytisch und sind α und β zwei in D homologe Systeme geschlossener Kurven, dann gilt

$$\int_\alpha f = \int_\beta f \quad \left(:= \sum \int_{\beta_\nu} f(\zeta)\, d\zeta \right).$$

(vergl. auch die Folgerung B5).

5. Sei G die im Hilfssatz $B3_2$ definierte Funktion. Man zeige, dass G analytisch ist, indem man nachweist, dass G stetig ist, und dann den Satz von MORERA anwendet.

6. Man führe die im Beweis des Äquivalenzsatzes C1 angedeuteten Beweisschritte im Detail aus.

Kapitel V. Elliptische Funktionen

Historischer Ausgangspunkt der Theorie der elliptischen Funktionen waren *elliptische Integrale,* die ihren Namen daher erhielten, dass sie u. a. bei der Berechnung der Länge von Ellipsenbögen aufgetreten sind. Bereits seit 1718 (G. C. FAGNANO) wurde ein spezielles elliptisches Integral

$$E(x) := \int\limits_0^x \frac{dt}{\sqrt{1 - t^4}}$$

detailliert untersucht. Dieses stellt im Intervall $]0, 1[$ eine streng monoton wachsende Funktion dar. Man kann daher die Umkehrfunktion f betrachten. Nach einem Satz von N. H. (1827) besitzt die Funktion f eine Fortsetzung als meromorphe Funktion in die gesamte komplexe Ebene. Neben einer offensichtlichen reellen Periode entdeckte ABEL eine verborgene komplexe Periode. Die Funktion f erwies sich also als *doppelt periodisch.* Man nennt heute allgemein in der Ebene meromorphe Funktionen mit zwei unabhängigen Perioden auch *elliptische Funktionen.* Es stellte sich dann heraus, dass viele der über das elliptische Integral bekannten Sätze — wie z. B. das berühmte *Euler'sche Additionstheorem für elliptische Integrale* — sich überraschend einfach aus funktionentheoretischen Eigenschaften der elliptischen Funktionen ableiten lassen. Dies führte K. WEIERSTRASS dazu, den Spieß umzukehren. In seinen Vorlesungen im Wintersemester 1862/1863 gab er eine rein funktionentheoretische Einführung in die Theorie der elliptischen Funktionen. Im Mittelpunkt seines Aufbaus steht eine spezielle elliptische Funktion, die $\wp$-Funktion. Sie genügt einer Differentialgleichung, aus welcher hervorgeht, dass die Umkehrung der $\wp$-Funktion ein elliptisches Integral ist. Die Theorie der elliptischen Integrale erscheint somit am Ende des Aufbaus der elliptischen Funktionen als Nebenprodukt.

Die WEIERSTRASS'sche $\wp$-Funktion haben wir schon als Beispiel für eine MITTAG-LEFFLER'sche Partialbruchreihe kennengelernt, allerdings ohne ihre Doppelperiodizität nachzuweisen. Wir werden zeigen, dass man aus der $\wp$-Funktion alle anderen elliptischen Funktionen in konstruktiver Weise gewinnen kann.

Der historisch ältere Zugang zur Theorie der elliptischen Funktionen (ABEL (1827/1828), JACOBI (ab 1828)) führte nicht über die $\wp$-Funktion, sondern über sogenannte *Thetafunktionen.* Im Zusammenhang mit dem ABEL'schen Theorem, welches die möglichen Null- und Polstellenverteilungen elliptischer Funktionen beschreibt, werden wir am Ende von §6 dieses Kapitels auch diesen Zugang streifen.

Funktionen mit zwei unabhängigen Perioden ω_1 und ω_2 können auch als Funktionen auf der Faktorgruppe $\mathbb{C}/L$, $L = \mathbb{Z}\omega_1 + \mathbb{Z}\omega_2$, aufgefasst werden. Diese Faktorgruppe kann man geometrisch dadurch realisieren, dass man in der Grundmasche

$$\{t_1\omega_1 + t_2\omega_2; \quad 0 \le t_1, t_2 \le 1\}$$

gegenüberliegende Kanten verheftet. Man erhält einen *Torus*. Zwei Tori sind stets *topologisch äquivalent*. Sie sind jedoch nur dann konform äquivalent, wenn die zugehörigen Gitter durch eine Drehstreckung auseinander hervorgehen. In solch einem Fall nennt man dann die beiden Gitter *äquivalent*. Das Studium der Äquivalenzklassen führt in die *Theorie der Modulfunktionen,* deren Studium am Ende dieses Kapitels begonnen und im folgenden Kapitel systematisch weitergeführt wird.

1. Die Liouville'schen Sätze

Wir erinnern (vgl. den Anhang zu §4 und §5 von Kapitel III) an den Begriff der *meromorphen* Funktion auf einem offenen Teil $D \subset \mathbb{C}$. Eine solche Funktion ist eine Abbildung

$$f : D \longrightarrow \overline{\mathbb{C}} = \mathbb{C} \cup \{\infty\}$$

mit folgenden Eigenschaften:

a) Die Menge der Unendlichkeitsstellen

$$S = f^{-1}(\infty) = \{a \in D; \quad f(a) = \infty\}$$

ist diskret in D (d. h. S hat keinen Häufungspunkt in D).

b) Die Einschränkung

$$f_0 : D - S \longrightarrow \mathbb{C},$$
$$f_0(z) = f(z) \quad \text{für} \quad z \in D, \quad z \notin S,$$

ist analytisch.

c) Die Unendlichkeitsstellen von f sind Pole von f_0.

Wir erinnern als nächstes daran, wie die Summe zweier meromorpher Funktionen f und g erklärt ist. Zunächst kann man die analytische Funktion

$$f(z) + g(z) \quad \text{auf} \quad \mathbb{C} - (S \cup T), \quad S = f^{-1}(\infty), \quad T = g^{-1}(\infty).$$

betrachten. Diese hat in $S \cup T$ nur außerwesentliche (möglicherweise hebbare) Singularitäten. Wir setzen

$$(f + g)(a) := \lim_{z \to a} (f(z) + g(z))$$
$$(:= \infty, \text{ falls } a \text{ ein Pol von } f(z) + g(z) \text{ ist})$$

und erhalten so eine meromorphe Funktion

$$f + g : D \longrightarrow \overline{\mathbb{C}}.$$

Ähnlich definiert man das Produkt $f \cdot g$ und den Quotienten f/g, wobei im letzten Fall vorauszusetzen ist, dass die Menge der Nullstellen von g diskret ist. Wenn D ein Gebiet ist, so bedeutet dies gerade, dass g nicht identisch verschwindet. Es folgt:

Die Menge der meromorphen Funktionen auf einem Gebiet $D \subset \mathbb{C}$ bildet mit den angegebenen Verknüpfungen einen Körper.

Elliptische Funktionen sind doppelt periodische meromorphe Funktionen auf $\mathbb{C}$.

1.1 Definition. *Eine Teilmenge $L \subset \mathbb{C}$ heißt Gitter,*[*)] *wenn es zwei $\mathbb{R}$-linear unabhängige „Vektoren" ω_1 und ω_2 in $\mathbb{C}$ gibt, so dass*

$$L = \mathbb{Z}\omega_1 + \mathbb{Z}\omega_2 = \{m\omega_1 + n\omega_2; \quad m, n \in \mathbb{Z}\}$$

gilt.

(*Anmerkung.* Zwei komplexe Zahlen sind genau dann $\mathbb{R}$-linear unabhängig, wenn beide von 0 verschieden sind und ihr Quotient nicht reell ist.)

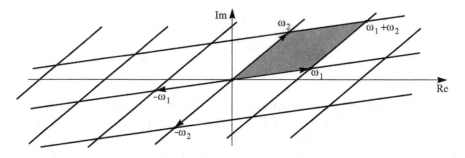

1.2 Definition. *Eine elliptische Funktion zum Gitter L ist eine meromorphe Funktion*

$$f : \mathbb{C} \longrightarrow \overline{\mathbb{C}} = \mathbb{C} \cup \{\infty\}$$

mit der Eigenschaft

$$f(z + \omega) = f(z) \quad \text{für} \quad \omega \in L \quad \text{und} \quad z \in \mathbb{C}.$$

Es genügt, dies nur für die Erzeugenden ω_1 und ω_2 von L zu fordern:

$$f(z + \omega_1) = f(z + \omega_2) = f(z).$$

---

*) Diese „ad-hoc-Definition" wird im Anhang durch eine invariante Definition ersetzt werden.

Man nennt daher elliptische Funktionen auch *doppelt periodisch*.

Die Menge $\mathcal{P}$ der Polstellen einer elliptischen Funktion ist selbst „periodisch",

$$a \in \mathcal{P} \implies a + \omega \in \mathcal{P} \quad \text{für} \quad \omega \in L.$$

Dasselbe gilt natürlich auch für die Menge der Nullstellen.

J. LIOUVILLE bewies 1847 in seinen Vorlesungen die folgenden drei grundlegenden Sätze über elliptische Funktionen.

1.3 Erster Liouville'scher Satz (J. LIOUVILLE, 1847). *Jede elliptische Funktion ohne Polstellen ist konstant.*

Beweis. Man nennt die Punktmenge

$$\mathcal{F} = \mathcal{F}(\omega_1, \omega_2) = \{t_1\omega_1 + t_2\omega_2; \quad 0 \le t_1, t_2 \le 1\}$$

eine sogenannte „*Grundmasche*" oder auch ein „*Periodenparallelogramm*" des Gitters L in Bezug auf die „Basis" (ω_1, ω_2).

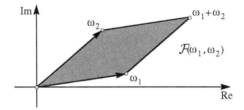

Offensichtlich existiert zu jedem Punkt $z \in \mathbb{C}$ ein Gitterpunkt $\omega \in L$, so dass $z - \omega \in \mathcal{F}$ ist. Eine elliptische Funktion nimmt somit jeden ihrer Werte schon in der Grundmasche $\mathcal{F}$ an. Da $\mathcal{F}$ beschränkt und abgeschlossen ist, besitzt jede stetige Funktion auf $\mathcal{F}$ ein Maximum. Eine elliptische Funktion ohne Pole ist also auf $\mathcal{F}$ und daher auf ganz $\mathbb{C}$ beschränkt und deswegen konstant. $\qquad\square$

Der Periodentorus

Sei f eine elliptische Funktion zum Gitter L. Wenn z und w zwei Punkte aus $\mathbb{C}$ sind, deren Differenz in L enthalten ist, so gilt $f(z) = f(w)$. Daher ist es naheliegend, die *Faktorgruppe* $\mathbb{C}/L$ einzuführen. Die Elemente dieser Faktorgruppe sind Äquivalenzklassen bezüglich der Äquivalenzrelation

$$z \equiv w \bmod L \iff z - w \in L.$$

Wir bezeichnen die Äquivalenzklasse (Bahn) von z mit $[z]$, also

$$[z] = \{w \in \mathbb{C}; \quad w - z \in L\} = z + L.$$

Die Definition

$$[z] + [w] := [z + w]$$

hängt offenbar nicht von der Wahl der Repräsentanten z und w ab. Durch diese Addition wird auf $\mathbb{C}/L$ eine *Struktur als abelsche Gruppe* definiert.

Ist f eine elliptische Funktion zum Gitter L, so existiert eine eindeutig bestimmte Abbildung

$$\widehat{f} : \mathbb{C}/_L \longrightarrow \overline{\mathbb{C}},$$

so dass das Diagramm

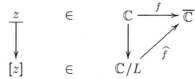

kommutiert. Man muss nur beachten, dass die Definition $\widehat{f}([z]) := f(z)$ nicht von der Wahl des Repräsentanten z abhängt.

Wir werden im Folgenden einfach f anstelle von $\widehat{f}$ schreiben, wenn Verwechslungen nicht zu befürchten sind. Wir wollen also eine elliptische Funktion $f : \mathbb{C} \to \overline{\mathbb{C}}$ als Funktion auf dem Torus $\mathbb{C}/L$ „interpretieren" ($f : \mathbb{C}/L \to \overline{\mathbb{C}}$), wenn es uns als nützlich erscheint.

Geometrische Veranschaulichung des Periodentorus

Wie schon beim Beweis des Ersten LIOUVILLE'schen Satzes erwähnt, hat jeder Punkt aus $\mathbb{C}/L$ einen Repräsentanten in der Grundmasche

$$\mathcal{F} = \{z = t_1\omega_1 + t_2\omega_2; \quad 0 \le t_1, t_2 \le 1\}.$$

Zwei Punkte $z, w \in \mathcal{F}$ definieren genau dann denselben Punkt in $\mathbb{C}/L$, wenn sie entweder übereinstimmen oder beide auf dem Rand von $\mathcal{F}$ und sich gegenüber liegen. Man erhält also ein *geometrisches Modell* von $\mathbb{C}/L$, indem man in der Grundmasche die gegenüberliegenden Kanten miteinander verheftet.

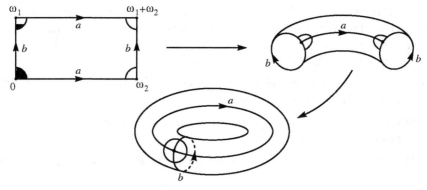

Wir werden erst im zweiten Band eine strenge Definition von $\mathbb{C}/L$ als eine (kompakte) RIEMANN'sche Fläche erhalten und vorerst den Torus $\mathbb{C}/L$ nur zur Veranschaulichung benutzen. Es ist jedoch sehr nützlich, sich stets vor Augen zu halten, dass elliptische Funktionen „in Wahrheit" auf einem Torus „leben".

Nach dem ersten LIOUVILLE'schen Satz ist es naheliegend, die Pole einer elliptischen Funktion genau zu studieren:

Wie schon erwähnt, ist mit $z \in \mathbb{C}$ die ganze Bahn $[z]$ in der Polstellenmenge einer elliptischen Funktion f enthalten. Da die Translation $z \mapsto z + \omega$, $\omega \in L$, die elliptische Funktion invariant lässt, stimmen auch die Residuen von f in z und $z + \omega$ überein,

$$\mathrm{Res}(f; z) = \mathrm{Res}(f; z + \omega).$$

Die Definition

$$\mathrm{Res}(f; [z]) := \mathrm{Res}(f; z)$$

ist daher nicht von der Wahl des Repräsentanten z abhängig.

1.4 Zweiter Liouville'scher Satz. *Eine elliptische Funktion hat nur endlich viele Pole modulo L (d. h. auf dem Torus $\mathbb{C}/L$), und die Summe ihrer Residuen verschwindet:*

$$\sum_z \mathrm{Res}(f; z) = 0.$$

Hierbei durchlaufe z ein Vertretersystem modulo L aller Pole von f.

Beweis. Die Menge der Pole $\mathcal{P}$ einer elliptischen Funktion ist diskret, ihr Durchschnitt mit einem Kompaktum, beispielsweise der Grundmasche $\mathcal{F}$ daher endlich. Es gibt also nur endlich viele Pole modulo L. Wir berechnen nun die Residuensumme durch Integration längs des Randes einer modifizierten Grundmasche (auf dem Rand von $\mathcal{F}$ selbst könnten Pole von f liegen) und betrachten hierzu für $a \in \mathbb{C}$

$$\mathcal{F}_a = a + \mathcal{F} = \{a + z; \quad z \in \mathcal{F}\}.$$

Dieses Parallelogramm hat wie $\mathcal{F}$ die Eigenschaft, dass jeder Punkt $z \in \mathbb{C}$ durch Translation mit einem geeigneten Gitterelement $\omega \in L$ in $\mathcal{F}_a$ überführt werden kann, d. h. $z + \omega \in \mathcal{F}_a$. Im Inneren von $\mathcal{F}_a$ sind zwei verschiedene Punkte modulo L inäquivalent.

Bemerkung (zum Beweis von 1.4). *Nach geeigneter Wahl von a liegen auf dem Rand von $\mathcal{F}_a$ keine Polstellen von f.*

Der Beweis der Bemerkung beruht auf der *Diskretheit* der Polstellenmenge und sei dem Leser überlassen.

Wir integrieren nun die Funktion f längs des Randes von $\mathcal{F}_a$ und erhalten

$$\int_{\partial \mathcal{F}_a} f = 2\pi i \sum_{z \in \mathcal{F}_a} \mathrm{Res}(f; z).$$

Da kein Pol von f auf dem Rand von $\mathcal{F}_a$ liegt, wird auf der rechten Seite genau über ein Vertretersystem der Pole modulo L summiert. Zum Beweis des Liouville'schen Satzes ist also zu zeigen, dass das Integral verschwindet. Dies ist aber trivial, da sich die Integrale über gegenüberliegende Randkanten wegen der Periodizität von f wegheben, z. B.

$$\int_a^{a+\omega_1} f(\zeta)\,d\zeta = \int_{a+\omega_2}^{a+\omega_1+\omega_2} f(\zeta)\,d\zeta = -\int_{a+\omega_1+\omega_2}^{a+\omega_2} f(\zeta)\,d\zeta. \qquad \square$$

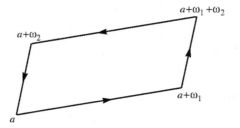

Wir ziehen einige wichtige Folgerungen aus dem zweiten Liouville'schen Satz. Zunächst benötigen wir:

1.5 Definition. *Die **Ordnung** einer elliptischen Funktion ist die Anzahl aller Pole auf dem Periodentorus $\mathbb{C}/L$, wobei jeder Pol so oft gezählt wird, wie seine Vielfachheit angibt, d. h.*

$$\mathrm{Ord}(f) = -\sum_a \mathrm{ord}(f; a).$$

Hierbei durchlaufe a ein Vertretersystem (modulo L) der Menge aller Pole von f.

(Das Minuszeichen in der Definition rührt daher, dass die Definition der Ordnung $\mathrm{ord}(f; a)$ für Pole einen negativen Wert ergibt. Die Ordnung $\mathrm{Ord}(f)$ ist also nicht negativ.) Der erste Liouville'sche Satz besagt:

$$\mathrm{Ord}(f) = 0 \iff f \text{ ist konstant.}$$

Eine unmittelbare Folgerung aus dem zweiten Liouville'schen Satz besagt, dass die Polstellenmenge (modulo L) einer elliptischen Funktion nicht aus einem einzigen Pol erster Ordnung bestehen kann, denn das Residuum eines Pols erster Ordnung ist stets von 0 verschieden. Halten wir fest:

1.6 Satz. *Es gibt keine elliptische Funktion der Ordnung 1.*

Wir wollen nun auch die Nullstellen einer elliptischen Funktion untersuchen. Unter der *Nullstellenordnung* einer elliptischen Funktion f, welche nicht identisch verschwindet, verstehen wir in Analogie zu 1.5 die Anzahl aller Nullstellen in $\mathbb{C}/L$, wobei jede so oft gerechnet wird, wie ihre Vielfachheit angibt. Man kann auch einfach definieren:

Die Nullstellenordnung einer elliptischen Funktion f, welche nicht identisch verschwindet, ist die (Polstellen-)Ordnung von $1/f$. Wir wollen dies noch verallgemeinern:

Sei f eine nichtkonstante elliptische Funktion und $b \in \mathbb{C}$ eine feste Zahl. Dann ist auch

$$g(z) = f(z) - b$$

eine elliptische Funktion. Eine Nullstelle von g nennt man auch eine b-Stelle von f. Die 0-Stellenordnung von g nennt man auch die b-Stellenordnung von f. Man bezeichnet sie mit

$$b\text{-Ord}\, f \quad (= \text{Anzahl der } b\text{-Stellen auf } \mathbb{C}/L$$
$$\text{mit Vielfachheit gerechnet})$$

und ergänzend

$$\infty\text{-Ord}\, f = \text{Ord}\, f.$$

1.7 Dritter Liouville'scher Satz. *Eine nichtkonstante elliptische Funktion f nimmt auf $\mathbb{C}/L$ jeden Wert gleich oft an, wobei die Werte mit ihren Vielfachheiten zu rechnen sind, d. h.*

$$\text{Ord}\, f = b\text{-Ord}\, f \quad \text{für } b \in \overline{\mathbb{C}}.$$

Insbesondere hat f modulo L gleichviele Null- und Polstellen.

Beweis. Mit f ist auch die Ableitung f' eine elliptische Funktion:

$$f(z + \omega) = f(z) \implies f'(z + \omega) = f'(z) \quad \text{für } \omega \in L.$$

Wenn f nicht konstant ist, so ist infolgedessen auch

$$g(z) = \frac{f'(z)}{f(z)}$$

eine nichtkonstante elliptische Funktion. Wir wenden auf diese elliptische Funktion den zweiten LIOUVILLE'schen Satz an. Der Punkt a ist genau dann ein Pol von g, wenn a eine Nullstelle von f oder ein Pol von f ist, und es gilt

$$\mathrm{Res}(g; a) = \mathrm{ord}(f; a) \qquad \begin{cases} < 0, & \text{falls } a \text{ Pol von } f, \\ > 0, & \text{falls } a \text{ Nullstelle von } f, \end{cases}$$

wie man leicht mittels der LAURENTreihe zeigt (s. auch III.6.4, 3)). □

Sei f eine nichtkonstante elliptische Funktion. Ein Punkt $b \in \overline{\mathbb{C}}$ heißt *Verzweigungspunkt* (in Bezug auf f), falls es eine Stelle $a \in \mathbb{C}$ gibt, so dass a eine mehrfache (d. h. mindestens zweifache) b-Stelle ist. (Im Falle $b = \infty$ bedeute „b-Stelle" natürlich „Pol".)

Aus dem dritten LIOUVILLE'schen Satz ergibt sich

1.8 Bemerkung. *Sei f eine nichtkonstante elliptische Funktion der Ordnung N, interpretiert als Funktion auf dem Torus*

$$f : \mathbb{C}\big/_L \longrightarrow \overline{\mathbb{C}}.$$

Es gibt nur endlich viele Verzweigungspunkte $b \in \overline{\mathbb{C}}$, also auch nur endlich viele Punkte $[a]$ aus $\mathbb{C}/L$, welche über einem Verzweigungspunkt liegen ($f(a) = b$). Für die Anzahl $\#f^{-1}(z)$ der Urbildpunkte eines beliebigen Punktes $z \in \overline{\mathbb{C}}$ gilt

$$0 < \#f^{-1}(z) \qquad \begin{cases} < N, & \text{falls } z \text{ ein Verzweigungspunkt ist,} \\ = N, & \text{falls } z \text{ kein Verzweigungspunkt ist.} \end{cases}$$

Wir machen noch eine Aussage über die Lage der Verzweigungspunkte:

Eine Potenzreihe

$$a_0 + a_1(z - a) + a_2(z - a)^2 + \cdots$$

(welche in einer Umgebung von $z = a$ konvergieren möge) hat genau dann eine Nullstelle in $z = a$, wenn $a_0 = 0$ ist. Die Nullstelle ist genau dann mehrfach, falls auch a_1 verschwindet, falls also die Ableitung der Potenzreihe an der Stelle $z = a$ verschwindet. Aus dieser einfachen Überlegung folgt:

1.9 Bemerkung. *Sei*

$$f : \mathbb{C}\big/_L \longrightarrow \overline{\mathbb{C}}$$

eine elliptische Funktion und $b \in \mathbb{C}$ (also $b \neq \infty$). Der Punkt b ist genau dann Verzweigungspunkt, wenn es einen Urbildpunkt

$$a \in \mathbb{C}, \quad f(a) = b,$$

gibt, in dem die Ableitung von f verschwindet ($f'(a) = 0$).

Zusatz. *Genau dann ist ∞ Verzweigungspunkt von $f \neq 0$, falls 0 Verzweigungspunkt von $1/f$ ist.*

Anhang zu V.1. Zur Definition des Periodengitters

Sei $L \subset \mathbb{R}^n$ eine additive Untergruppe, d. h.

$$a, b \in L \implies a \pm b \in L.$$

Wenn L *diskret* ist, so kann man zeigen, dass k $(0 \le k \le n)$ linear unabhängige Vektoren $\omega_1, \ldots, \omega_k \in \mathbb{R}^n$ mit der Eigenschaft

$$L = \mathbb{Z}\omega_1 + \cdots + \mathbb{Z}\omega_k$$

existieren. Wir werden diesen *Struktursatz* im zweiten Band im Zusammenhang mit den ABEL'schen Funktionen beweisen. Die Gruppe L ist insbesondere isomorph zu $\mathbb{Z}^k$. Man nennt k den *Rang* von L. Im Falle $k = n$ nennt man L ein *Gitter*. Im Falle $n = 2$ existieren also drei Typen von diskreten Untergruppen:

1) $L = \{0\}$ $(k = 0)$,
2) $L = \mathbb{Z}\omega_1$, $\omega_1 \ne 0$ (zyklische Gruppe) $(k = 1)$,
3) $L = \mathbb{Z}\omega_1 + \mathbb{Z}\omega_2$; ω_1 und ω_2 $\mathbb{R}$-linear unabhängig $(k = 2)$.

Sei $f : \mathbb{C} \to \overline{\mathbb{C}}$ eine nichtkonstante meromorphe Funktion. Aus dem Identitätssatz folgt, dass die Menge der Perioden

$$L_f := \{ \omega \in \mathbb{C}; \quad f(z + \omega) = f(z) \text{ für alle } z \in \mathbb{C} \}$$

eine *diskrete Untergruppe* von $\mathbb{C}$ ist. Es gibt also drei Möglichkeiten

1) $L_f = \{0\}$ (f hat keine von 0 verschiedene Periode),
2) L_f ist zyklisch (f ist einfach periodisch),
3) L_f ist ein Gitter (f ist eine elliptische Funktion).

Im Falle $n = 2$ ist der Beweis des Struktursatzes besonders einfach (s. Aufgabe 3 zu diesem Abschnitt).

Übungsaufgaben zu V.1

1. Sei $\mathcal{F}$ eine Grundmasche eines Gitters L. Man zeige

$$\mathbb{C} = \bigcup_{\omega \in L} (\omega + \mathcal{F}).$$

2. Sei $f : \mathbb{C} \to \overline{\mathbb{C}}$ eine nichtkonstante meromorphe Funktion. Die Menge der Perioden

$$L_f := \{ \omega \in \mathbb{C}; \quad f(z + \omega) = f(z) \text{ für alle } z \in \mathbb{C} \}$$

ist eine diskrete Untergruppe von $\mathbb{C}$.

3. Man beweise den *Struktursatz für diskrete Untergruppen* $L \subset \mathbb{C}$.

Anleitung. Ist $L \ne \{0\}$, so existiert ein $\omega_1 \ne 0$ in L von minimalem Betrag. Es gilt dann

$$L \cap \mathbb{R}\omega_1 = \mathbb{Z}\omega_1.$$

Wenn L in der von ω_1 aufgespannten Geraden enthalten ist, sind wir also fertig. Andernfalls existiert ein ω_2 aus L, welches nicht in $\mathbb{R}\omega_1$ enthalten ist. Man wähle ein ω_2 mit minimalem Betrag und zeige $L = \mathbb{Z}\omega_1 + \mathbb{Z}\omega_2$.

Aus dem Struktursatz folgt:

Ist $L \subset \mathbb{C}$ eine diskrete Untergruppe, welche ein Gitter umfaßt, so ist L selbst ein Gitter. Insbesondere ist jede Gruppe L', welche zwischen zwei Gittern L und L'' liegt, $L \subset L' \subset L''$, ein Gitter.

4. Die Anzahl der Minimalvektoren (das sind von 0 verschiedene Vektoren minimaler Länge) eines Gitters L ist 2, 4 oder 6. Man gebe Beispiele zu jedem Fall an.

5. Seien f und g elliptische Funktionen zum selben Gitter.

   a) Wenn f und g dieselben Pole und dieselben Hauptteile in den Polen haben, so unterscheiden sie sich nur um eine additive Konstante.

   b) Haben f und g dieselben Pol- und Nullstellen jeweils mit denselben Vielfachheiten, so unterscheiden sie sich um eine multiplikative Konstante.

6. Zwei Gitter $L = \mathbb{Z}\omega_1 + \mathbb{Z}\omega_2$ und $L' = \mathbb{Z}\omega_1' + \mathbb{Z}\omega_2'$ stimmen genau dann überein, wenn es eine ganzzahlige Matrix $\begin{pmatrix} a & b \\ c & d \end{pmatrix}$ der Determinante ± 1 mit der Eigenschaft

$$\begin{pmatrix} \omega_1' \\ \omega_2' \end{pmatrix} = \begin{pmatrix} a & b \\ c & d \end{pmatrix} \begin{pmatrix} \omega_1 \\ \omega_2 \end{pmatrix}$$

   gibt.

7. Sei

$$\mathcal{F} := \{ z \in \mathbb{C}; \quad z = t_1\omega_1 + t_2\omega_2, \ 0 \le t_1, t_2 \le 1 \}$$

   die Grundmasche des Gitters $L = \mathbb{Z}\omega_1 + \mathbb{Z}\omega_2$ in Bezug auf eine vorgegebene Basis. Das euklidische Volumen der Grundmasche ist $|\mathrm{Im}(\overline{\omega}_1\omega_2)|$. Es ist unabhängig von der Wahl der Gitterbasis.

8. Die Gruppe $\mathbb{Z} + \mathbb{Z}\sqrt{2}$ liegt dicht in $\mathbb{R}$.

9. Man beweise folgende Verallgemeinerung des Ersten LIOUVILLE'schen Satzes:

   Sei f eine ganze Funktion und L ein Gitter in $\mathbb{C}$. Zu jedem Gitterpunkt $\omega \in L$ existiere ein Polynom P_ω mit der Eigenschaft

$$f(z + \omega) = f(z) + P_\omega(z).$$

   Dann ist f selbst ein Polynom.

10. Eine andere Variante des Ersten LIOUVILLE'schen Satzes besagt:

   Sei f eine ganze Funktion und L ein Gitter in $\mathbb{C}$. Zu jedem Gitterpunkt $\omega \in L$ existiere eine Zahl $C_\omega \in \mathbb{C}$ mit der Eigenschaft

$$f(z + \omega) = C_\omega f(z).$$

   Dann gilt

$$f(z) = Ce^{az}$$

mit geeigneten Konstanten C und a.

Anleitung. Man kann o. B. d. A. $\omega_1 = 1$ und $C_{\omega_1} = 1$ annehmen und f dann in eine FOURIERreihe entwickeln. Einen anderen Beweis erhält man, indem man zeigt, dass die Funktion f'/f konstant ist.

2. Die Weierstraß'sche $\wp$-Funktion

Wir wollen ein möglichst einfaches Beispiel einer elliptischen Funktion konstruieren. Da keine elliptische Funktion der Ordnung 1 existiert, ist es naheliegend, eine elliptische Funktion der Ordnung 2 zu suchen. Eine solche Funktion hat entweder (modulo L) genau zwei Pole erster Ordnung oder einen Pol zweiter Ordnung. Wir verfolgen den zweiten Fall weiter und fragen:

Warum sollte nicht eine elliptische Funktion zweiter Ordnung existieren, welche in 0 einen Pol zweiter Ordnung besitzt?

Jeder andere Pol muss dann ein Gitterpunkt sein! Es ist naheliegend, eine solche Funktion als MITTAG-LEFFLER'sche Partialbruchreihe zu konstruieren. Wir wollen hier der Einfachheit halber die Theorie dieser Partialbruchreihen nicht benutzen, sondern zum besseren Verständnis noch einmal an diesem Beispiel entwickeln.

Man könnte zunächst daran denken, den Ansatz

$$\sum_{\omega \in L} \frac{1}{(z - \omega)^2}$$

zu wagen, doch diese Reihe konvergiert nicht absolut, denn im Falle $z = 0$, $L = \mathbb{Z} + \mathbb{Z}i$, ist für $\omega = m + ni$

$$\left| \frac{1}{(z - \omega)^2} \right| = \frac{1}{|m + ni|^2} = \frac{1}{m^2 + n^2} \, .$$

Es gilt aber:

2.1 Hilfssatz. *Die Reihe*

$$\sum_{\substack{(m,n) \in \mathbb{Z} \times \mathbb{Z} \\ (m,n) \neq (0,0)}} \frac{1}{(m^2 + n^2)^\alpha} \, , \quad \alpha \in \mathbb{R},$$

konvergiert dann und nur dann, wenn $\alpha > 1$ ist.

Beweis. Der Hilfssatz wurde im Prinzip bereits im Zusammenhang mit Satz IV.2.6 bewiesen. Ein anderer Beweis ergibt sich durch Vergleich mit einem uneigentlichen Integral, und zwar zeigt man leicht: Die angegebene Reihe konvergiert genau dann, wenn das uneigentliche Integral

$$I = \int\limits_{x^2+y^2\geq 1} \frac{dx\,dy}{(x^2+y^2)^\alpha}$$

konvergiert. Dieses lässt sich mittels Polarkoordinaten berechnen:

$$x = r\cos\varphi, \quad y = r\sin\varphi.$$

Die Funktionaldeterminante ist r, also erhalten wir

$$I = \int\limits_0^{2\pi}\int\limits_1^\infty \frac{r\,dr\,d\varphi}{r^{2\alpha}} = 2\pi \int\limits_1^\infty \frac{dr}{r^{2\alpha-1}}\,.$$

Das hierbei auftretende Integral konvergiert genau für $2\alpha - 1 > 1$. $\qquad\square$

Aus Hilfssatz 2.1 folgern wir

2.2 Hilfssatz. *Sei $L \subset \mathbb{C}$ ein Gitter. Die Reihe*

$$\sum_{\omega\in L-\{0\}} |\omega|^{-s}, \quad s > 2,$$

konvergiert.

Beweis. Sei

$$L = \mathbb{Z}\omega_1 + \mathbb{Z}\omega_2.$$

Wegen 2.1 genügt es zu zeigen, dass es eine nur von ω_1 und ω_2 abhängige Konstante $\delta > 0$ mit der Eigenschaft

$$|m\omega_1 + n\omega_2|^2 \geq \delta(m^2 + n^2)$$

gibt. Wir zeigen allgemein, dass die Funktion

$$f(x,y) = \frac{|x\omega_1 + y\omega_2|^2}{x^2 + y^2}, \quad (x,y) \in \mathbb{R}^2 - \{(0,0)\},$$

ein *positives* Minimum besitzt. Da f homogen ist, braucht man dies nur auf der Kreislinie

$$S^1 := \{(x,y) \in \mathbb{R}^2;\ x^2 + y^2 = 1\}$$

zu zeigen. Diese ist kompakt, und daher hat jede stetige Funktion auf ihr ein Minimum. Da f nur positive Werte annimmt, muss auch das Minimum positiv sein. $\qquad\square$

Man verdankt K. WEIERSTRASS eine Modifikation des ursprünglichen Ansatzes. Durch Einführung *konvergenzerzeugender Summanden* wird die Konvergenz erzwungen.

2.3 Hilfssatz. *Sei $M \subset L - \{0\}$ eine Menge von Gitterpunkten. Die Reihe*

$$\sum_{\omega \in M} \left[\frac{1}{(z-\omega)^2} - \frac{1}{\omega^2} \right]$$

konvergiert in $\mathbb{C} - M$ normal und stellt dort eine analytische Funktion dar.

Beweis. Es gilt

$$\left| \frac{1}{(z-\omega)^2} - \frac{1}{\omega^2} \right| = \frac{|z|\,|z-2\omega|}{|\omega|^2\,|z-\omega|^2}.$$

Die Zahl ω kommt im Zähler in der ersten und im Nenner in der vierten Potenz vor. Man folgert hieraus leicht:

Sei $K = \overline{U}_r(0)$ die abgeschlossene Kreisscheibe vom Radius r um 0. Dann gilt

$$\left| \frac{1}{(z-\omega)^2} - \frac{1}{\omega^2} \right| \leq 12r\,|\omega|^{-3} \quad \textit{für} \quad z \in K$$

und für fast alle $\omega \in L$ (z. B. $|\omega| \geq 2r$).

Hilfssatz 2.3 ist eine unmittelbare Folge hiervon und von 2.2.   □

2.4 Definition (K. WEIERSTRASS, 1862/63)**.** *Die durch*

$$\boxed{\begin{aligned} \wp(z; L) = \wp(z) &= \frac{1}{z^2} + \sum_{\omega \in L - \{0\}} \left[\frac{1}{(z-\omega)^2} - \frac{1}{\omega^2} \right] \quad \textit{für} \quad z \notin L, \\ \wp(z) &= \infty \quad \textit{für} \quad z \in L, \end{aligned}}$$

*definierte Funktion heißt **Weierstraß'sche $\wp$-Funktion** *) zum Gitter L.*

Aus den bisherigen Überlegungen schließen wir:

2.5 Satz. *Die Weierstraß'sche $\wp$-Funktion zum Gitter L ist (in ganz $\mathbb{C}$) meromorph. Sie hat Pole zweiter Ordnung in den Gitterpunkten und ist außerhalb von L analytisch. Die $\wp$-Funktion ist gerade, d. h.*

$$\wp(z) = \wp(-z).$$

Ihre Laurententwicklung um $z_0 = 0$ ist von der Form

$$\wp(z) = 1/z^2 + a_2 z^2 + a_4 z^4 + \cdots \qquad (\textit{ also } a_0 = 0).$$

Neben der $\wp$-Funktion spielt auch ihre Ableitung eine große Rolle. Aus 2.3 und 2.5 folgt

---

*) Diese Reihe findet sich allerdings schon 1847 bei G. EISENSTEIN [Eis], s. auch [We].

2.6 Hilfssatz. *Die Ableitung der $\wp$-Funktion*

$$\wp'(z) = -2 \sum_{\omega \in L} \frac{1}{(z-\omega)^3}$$

hat Pole dritter Ordnung in den Gitterpunkten und ist außerhalb von L analytisch. Sie stellt eine ungerade Funktion dar, d. h.

$$\wp'(-z) = -\wp'(z).$$

2.7 Satz. *Die Weierstraß'sche $\wp$-Funktion ist eine elliptische Funktion der Ordnung 2. Ihre Ableitung ist eine elliptische Funktion der Ordnung 3.*

Beweis. Die Ableitung der $\wp$-Funktion ist elliptisch, denn es gilt für $\omega_0 \in L$

$$\wp'(z + \omega_0) = -2 \sum_{\omega \in L} \frac{1}{(z + \omega_0 - \omega)^3} = \wp'(z),$$

da mit ω auch $\omega - \omega_0$ alle Gitterpunkte durchläuft. (Für die $\wp$-Funktion selbst kann man wegen der konvergenzerzeugenden Summanden so nicht schließen!) Es folgt, dass die Funktion

$$\wp(z + \omega_0) - \wp(z) \quad \text{für} \quad \omega_0 \in L$$

konstant ist, da ihre Ableitung verschwindet.

Wir zeigen, dass diese Konstante verschwindet, und können dabei annehmen, dass ω_0 eines der beiden Basiselemente ist. Dann ist $\frac{1}{2}\omega_0$ nicht in L enthalten. Wir setzen speziell $z = -\frac{1}{2}\omega_0$ und erhalten für den Wert der Konstanten

$$\wp(-\frac{1}{2}\omega_0 + \omega_0) - \wp(-\frac{1}{2}\omega_0) = \wp(\frac{1}{2}\omega_0) - \wp(-\frac{1}{2}\omega_0) = 0,$$

da $\wp$ eine *gerade* Funktion ist. Damit ist die Elliptizität von $\wp$ bewiesen. $\qquad \square$

Wir bestimmen die Nullstellen von $\wp'$.

2.8 Hilfssatz (Invariante Kennzeichnung der Nullstellen von $\wp'$). *Ein Punkt $a \in \mathbb{C}$ ist genau dann eine Nullstelle von $\wp'$, falls*

$$a \notin L , \quad 2a \in L,$$

gilt. Es gibt genau drei Nullstellen auf dem Periodentorus $\mathbb{C}/L$. Alle drei Nullstellen sind einfach.

Beweis. Wenn a die angegebene Eigenschaft ($a \notin L , \ 2a \in L$) hat, so gilt

$$\wp'(a) = \wp'(a - 2a) = \wp'(-a) = -\wp'(a)$$
$$\quad\uparrow \qquad\qquad\qquad\qquad \uparrow$$
$$2a \in L \qquad\qquad\qquad \wp' \text{ ungerade}$$

und daher $\wp'(a) = 0$.

Wir haben somit drei Nullstellen von $\wp'$ gefunden, denn die Punkte

$$\frac{\omega_1}{2}, \quad \frac{\omega_2}{2} \quad \text{und} \quad \frac{\omega_1 + \omega_2}{2}$$

sind modulo L paarweise verschieden. Nach dem dritten LIOUVILLE'schen Satz kann es keine weitere Nullstelle geben. Aus demselben Grund kann keine dieser Nullstellen mehrfache Nullstelle sein.   □

Bezeichnung.

$$e_1 := \wp\left(\frac{\omega_1}{2}\right), \quad e_2 := \wp\left(\frac{\omega_2}{2}\right), \quad e_3 := \wp\left(\frac{\omega_1 + \omega_2}{2}\right).$$

2.9 Bemerkung. *Die sogenannten „Halbwerte" der $\wp$-Funktion*

$$e_1 = \wp\left(\frac{\omega_1}{2}\right), \quad e_2 = \wp\left(\frac{\omega_2}{2}\right), \quad e_3 = \wp\left(\frac{\omega_1 + \omega_2}{2}\right)$$

sind paarweise verschieden und hängen — abgesehen von der Reihenfolge — nur vom Gitter L, nicht jedoch von der Wahl der Basis ω_1, ω_2 ab.

Beweis. Wir nehmen einmal an, es gelte $e_1 = e_2$. Dann wird der Wert $b = e_1 = e_2$ mindestens viermal angenommen, nämlich mindestens zweifach an den Stellen

$$\frac{\omega_1}{2} \quad \text{und} \quad \frac{\omega_2}{2} \quad \left(\text{beachte } \wp'\left(\frac{\omega_\nu}{2}\right) = 0\right).$$

Diese sind modulo L paarweise inäquivalent. Die $\wp$-Funktion hat jedoch die Ordnung 2 und kann daher nur zwei b-Stellen besitzen!

Die Eindeutigkeit von e_1, e_2, e_3 bis auf die Reihenfolge ergibt sich aus der invarianten Kennzeichnung 2.8. (Man beachte, dass die Gitterbasis nicht eindeutig bestimmt ist. Mit ω_1, ω_2 ist beispielsweise auch $\omega_1, \omega_2 + \omega_1$ eine Gitterbasis.)   □

2.10 Satz. *Seien z und w zwei beliebige Punkte aus $\mathbb{C}$. Es gilt*

$$\wp(z) = \wp(w)$$

genau dann, wenn

$$z \equiv w \bmod L \quad oder \quad z \equiv -w \bmod L.$$

Beweis. Die Funktion $z \mapsto \wp(z) - \wp(w)$ ist bei festem w eine elliptische Funktion in z der Ordnung 2 und hat also mod L genau zwei Nullstellen. Diese sind offenbar $z = w$ und $z = -w$. (Im Falle $w \equiv -w \bmod L$ hat man eine doppelte Nullstelle, sonst zwei einfache Nullstellen.)   □

Damit ist das *Abbildungsverhalten* der $\wp$-Funktion

$$\wp : \mathbb{C}/_L \longrightarrow \overline{\mathbb{C}}$$

weitgehend geklärt. Es liegen vier Verzweigungspunkte in $\overline{\mathbb{C}}$ vor, nämlich e_1, e_2, e_3 und ∞. Diese haben jeweils genau einen Urbildpunkt in $\mathbb{C}/L$. Alle anderen Punkte haben genau zwei Urbildpunkte.

Wir bestimmen abschließend die LAURENTreihe der WEIERSTRASS'schen $\wp$-Funktion um den Entwicklungspunkt $z_0 = 0$:

$$\wp(z) = \frac{1}{z^2} + \sum_{n=0}^{\infty} a_{2n} z^{2n}.$$

Der Konvergenzradius dieser Reihe muss gleich $\min\{|\omega|\,;\ \omega \in L,\ \omega \neq 0\}$ sein.

Man ermittelt die Koeffizienten am einfachsten aus der TAYLOR'schen Formel für die Funktion

$$f(z) := \wp(z) - \frac{1}{z^2}, \qquad a_{2n} = \frac{f^{(2n)}(0)}{(2n)!}.$$

Wir wissen bereits, dass $a_0 = 0$ ist. Im Falle $n > 1$ gilt

$$f^{(n)}(z) = (-1)^n (n+1)! \sum_{\omega \in L - \{0\}} \frac{1}{(z-\omega)^{n+2}},$$

wie man leicht durch Induktion nach n zeigt. Wir erhalten

$$a_{2n} = \frac{(2n+1)!}{(2n)!} \sum_{\omega \in L - \{0\}} \frac{1}{\omega^{2(n+1)}}.$$

Fassen wir zusammen:

2.11 Satz. *Die Reihe*

$$G_n = \sum_{\omega \in L - \{0\}} \omega^{-n}, \quad n \in \mathbb{N},\ n \geq 3,$$

konvergiert absolut, und es gilt

$$\boxed{\wp(z) = \frac{1}{z^2} + \sum_{n=1}^{\infty} (2n+1)\, G_{2(n+1)}\, z^{2n}}$$

in einer geeigneten punktierten Umgebung von $z = 0$ (nämlich in der größten punktierten offenen Kreisscheibe um 0, die keinen von 0 verschiedenen Gitterpunkt enthält.)

Anmerkung. Die Zahlen G_n verschwinden für ungerades n, wie die Substitution $\omega \to -\omega$ zeigt.

Die Reihen G_n sind sogenannte *Eisensteinreihen*. Wir werden sie noch genauer untersuchen.

Übungsaufgaben zu V.2

1. Ist $L \subset \mathbb{C}$ ein Gitter, so wird für jede natürliche Zahl $n \geq 3$ durch

$$\sum_{\omega \in L} \frac{1}{(z - \omega)^n}$$

   eine elliptische Funktion der Ordnung n definiert. Welcher Zusammenhang besteht mit der WEIERSTRASS'schen $\wp$-Funktion?

2. Die WEIERSTRASS'sche $\wp$-Funktion hat außer den Gitterpunkten keine weiteren Perioden.

3. Für eine ungerade elliptische Funktion zu einem Gitter L sind die Halbgitterpunkte $\omega/2$, $\omega \in L$, Null- oder Polstellen.

4. Sei f eine elliptische Funktion der Ordnung m. Dann ist ihre Ableitung f' eine elliptische Funktion der Ordnung n, und es gilt

$$m + 1 \leq n \leq 2m.$$

   Man konstruiere Beispiele zu den Eckwerten $n = m + 1$ und $n = 2m$.

5. Sei $L \subset \mathbb{C}$ ein Gitter. Unter $\widehat{L}$ verstehe man die Menge aller konformen Selbstabbildungen von $\mathbb{C}$ der Form

$$z \longmapsto \pm z + \omega, \quad \omega \in L.$$

   Identifiziert man (ähnlich zur Konstruktion des Torus $\mathbb{C}/L$) zwei Punkte in $\mathbb{C}$ immer dann, wenn sie sich durch eine geeignete Substitution aus $\widehat{L}$ ineinander überführen lassen, so erhält man den Quotienten $\mathbb{C}/\widehat{L}$, zunächst nur als Menge. Man zeige, dass die $\wp$-Funktion eine Bijektion

$$\mathbb{C}/\widehat{L} \longrightarrow \overline{\mathbb{C}}$$

   induziert. Der Körper der $\widehat{L}$-invarianten meromorphen Funktionen wird von $\wp$ erzeugt.

   Für die mit Grundbegriffen der Topologie vertrauten Leser:

   Versieht man $\mathbb{C}/\widehat{L}$ mit der Quotiententopologie, so erhält man eine Sphäre. Dies kann man funktionentheoretisch mit der $\wp$-Funktion beweisen, aber auch direkt topologisch einsehen.

6. Für zwei Gitter L und L' sind die folgenden beiden Bedingungen äquivalent:

    a) Ihr Durchschnitt $L \cap L'$ ist ein Gitter.

    b) Ihre Summe $L + L' := \{\omega + \omega'; \quad \omega \in L, \ \omega' \in L'\}$ ist ein Gitter.

    Man nennt die beiden Gitter dann *kommensurabel*.

    Man zeige: Die Körper der elliptischen Funktionen zu zwei Gittern L und L' haben genau dann eine nichtkonstante Funktion gemeinsam, wenn die beiden Gitter kommensurabel sind.

7. Jede elliptische Funktion der Ordnung ≤ 2, deren Pole im Gitter L enthalten sind, ist von der Form $a + b\wp(z)$.

3. Der Körper der elliptischen Funktionen

Summe, Differenz, Produkt und Quotient (falls der Nenner nicht identisch 0 ist) zweier elliptischer Funktionen sind wieder elliptische Funktionen. Die Menge der elliptischen Funktionen (bezüglich eines festen Gitters L) bildet also einen Körper.

Bezeichnung. $K(L) = $ Körper der elliptischen Funktionen zum Gitter L.

Die konstanten Funktionen sind elliptische Funktionen. Ordnet man einer komplexen Zahl $C \in \mathbb{C}$ die konstante Funktion mit dem Wert C zu, so erhält man einen Isomorphismus vom Körper der komplexen Zahlen auf den Unterkörper der konstanten Funktionen aus $K(L)$

$$\mathbb{C} \longrightarrow K(L),$$

$$C \longmapsto \text{konstante Funktion mit dem Wert } C.$$

Solange Verwechslungen nicht zu befürchten sind, identifiziert man die Zahl $C \in \mathbb{C}$ mit der konstanten Funktion mit dem Wert C. Nach dieser Identifikation wird $\mathbb{C}$ ein Unterkörper von $K(L)$.

Wir wollen in diesem Abschnitt die Struktur von $K(L)$ bestimmen.

Sei $f \in K(L)$ eine elliptische Funktion und

$$P(w) = a_0 + a_1 w + \cdots + a_m w^m$$

ein Polynom, so ist auch $z \mapsto P(f(z))$ eine elliptische Funktion, welche mit $P(f)$ bezeichnet wird. Diese ist nicht identisch 0, wenn f nicht konstant und P nicht identisch 0 ist (da f dann jeden Wert annimmt). Sei allgemeiner $R(z)$ eine rationale Funktion, also eine meromorphe Funktion

$$R : \mathbb{C} \longrightarrow \overline{\mathbb{C}},$$

welche sich als Quotient von zwei Polynomen darstellen lässt,

$$R = \frac{P}{Q}, \quad Q \neq 0.$$

Die elliptische Funktion $\frac{P(f)}{Q(f)}$ hängt nicht von der Wahl der Darstellung von R als Quotient zweier Polynome ab. Sie wird mit $R(f)$ bezeichnet. Sei $\widetilde{R}$ eine weitere rationale Funktion. Man zeigt leicht

$$R(f) = \widetilde{R}(f) \implies R = \widetilde{R}.$$

Mit anderen Worten: Ist f eine nichtkonstante elliptische Funktion, so definiert die Zuordnung $R \mapsto R(f)$ einen Isomorphismus vom Körper der rationalen Funktionen auf einen Unterkörper von $K(L)$. Diesen Körper bezeichnet man mit

$$\mathbb{C}(f) = \big\{ g; \quad g = R(f), \ R \text{ ist eine rationale Funktion} \big\}.$$

Wir werden nun alle *geraden* elliptischen Funktionen ($f(z) = f(-z)$) bestimmen und zunächst nur solche, deren Polstellenmenge in L enthalten ist. Ein Beispiel ist die WEIERSTRASS'sche $\wp$-Funktion. Allgemein hat jedes Polynom in $\wp$ diese Eigenschaft.

3.1 Satz. *Sei $f \in K(L)$ eine gerade elliptische Funktion, deren Polstellenmenge in L enthalten ist. Dann lässt sich f als Polynom in $\wp$ darstellen,*

$$f(z) = a_0 + a_1 \wp(z) + \cdots + a_n \wp(z)^n \qquad (a_\nu \in \mathbb{C}).$$

(Offenbar muss der Grad dieses Polynoms gleich der halben Ordnung von f sein.)

Beweis. Wenn f nicht konstant ist, was wir annehmen können und wollen, so muss f einen Pol in einem Gitterpunkt und damit in 0 haben. Da f gerade ist, können in der LAURENTreihe von f nur gerade Potenzen von f auftreten. Sie hat also die Gestalt

$$f(z) = a_{-2n} z^{-2n} + a_{-2(n-1)} z^{-2(n-1)} + \cdots.$$

Die LAURENTentwicklung von $\wp(z)$ hat die Gestalt (vergl. 2.11)

$$\wp(z) = z^{-2} + \cdots.$$

Hieraus folgt

$$\wp(z)^n = z^{-2n} + \cdots.$$

Die Funktion

$$g = f - a_{-2n} \wp^n$$

ist genau wie f eine gerade elliptische Funktion, deren Polstellenmenge in L enthalten ist. Die Ordnung von g ist echt kleiner als die von f. Der Beweis von Satz 3.1 erfolgt nun leicht durch Induktion nach der Ordnung von f. $\qquad \square$

3.2 Satz. *Jede **gerade** elliptische Funktion ist als rationale Funktion in der Weierstraß'schen $\wp$-Funktion darstellbar.*

*Mit anderen Worten: Der Körper der **geraden** elliptischen Funktionen ist gleich $\mathbb{C}(\wp)$ und daher isomorph zum Körper der rationalen Funktionen.*

Beweis. Sei f eine nichtkonstante gerade elliptische Funktion und a ein Pol von f, welcher nicht dem Gitter L angehört. Die Funktion

$$z \longmapsto \big(\wp(z) - \wp(a)\big)^N f(z)$$

hat in $z = a$ eine hebbare Singularität, wenn N genügend groß ist. Da f modulo L nur endlich viele Pole hat, findet man endlich viele Punkte $a_j \in \mathbb{C} - L$ und natürliche Zahlen N_j $(1 \le j \le m)$, so dass

$$g(z) = f(z) \prod_{j=1}^{m} (\wp(z) - \wp(a_j))^{N_j}$$

außerhalb von L keine Pole hat. Nach 3.1 ist $g(z)$ ein Polynom in $\wp(z)$. $\qquad\square$

Jede elliptische Funktion lässt sich als Summe einer geraden und einer ungeraden elliptischen Funktion schreiben,

$$f(z) = \frac{1}{2}(f(z) + f(-z)) + \frac{1}{2}(f(z) - f(-z)),$$

denn mit $z \mapsto f(z)$ ist auch $z \mapsto f(-z)$ eine elliptische Funktion. Wir richten unser Augenmerk auf *ungerade* elliptische Funktionen. Der Quotient zweier ungerader elliptischer Funktionen ist offenbar gerade. Wir erhalten also:

Jede ungerade elliptische Funktion ist das Produkt einer geraden elliptischen Funktion und der ungeraden Funktion $\wp'$.

Aus Satz 3.2 folgt nun der **Struktursatz für $K(L)$:**

3.3 Theorem. *Sei f eine elliptische Funktion. Es existieren rationale Funktionen R und S, so dass*

$$f = R(\wp) + \wp' S(\wp)$$

gilt, d.h.

$$K(L) = \mathbb{C}(\wp) + \mathbb{C}(\wp)\wp'. \, {}^{*)}$$

Das zum Beweis der Sätze 3.1 bis 3.3 verwendete Verfahren ist konstruktiv.

Beispiel. Nach Satz 3.1 muss die Funktion $\wp'^2$ als Polynom in $\wp$ darstellbar sein. Wir wollen wie beim Beweis von 3.1 vorgehen und berechnen zunächst

---

*) Der Körper $K(L)$ ist insbesondere ein zweidimensionaler Vektorraum über dem Körper $\mathbb{C}(\wp)$.

einige LAURENTkoeffizienten der in diesem Verfahren auftretenden Funktionen
$(\wp, \wp^2, \wp^3, \wp', \wp'^2)$.

1) Wir wissen bereits (vergl. 2.10)

$$\wp(z) = z^{-2} + 3G_4 z^2 + 5G_6 z^4 + \cdots.$$

2) Durch gliedweises Ableiten folgt

$$\wp'(z) = -2z^{-3} + 6G_4 z + 20G_6 z^3 + \cdots.$$

3) Durch Quadrieren von $\wp(z)$ erhält man

$$\wp(z)^2 = z^{-4} + 6G_4 + 10G_6 z^2 + \cdots.$$

4) Multipliziert man $\wp(z)$ mit $\wp(z)^2$, so folgt

$$\wp(z)^3 = z^{-6} + 9G_4 z^{-2} + 15G_6 + \cdots.$$

5) Quadrieren von $\wp'(z)$ ergibt schließlich

$$\wp'(z)^2 = 4z^{-6} - 24G_4 z^{-2} - 80G_6 + \cdots.$$

Wir stellen nun $\wp'(z)^2$ nach dem im Beweis von 3.1 beschriebenen induktiven
Verfahren als Polynom in $\wp$ dar. Zunächst bilden wir die Differenz

$$\wp'(z)^2 - 4\wp(z)^3 = -60G_4 z^{-2} - 140G_6 + \cdots.$$

Addition von $60G_4\wp(z)$ ergibt

$$\wp'(z)^2 - 4\wp(z)^3 + 60G_4\wp(z) = -140G_6 + \cdots.$$

Dies ist eine elliptische Funktion ohne Pole und daher eine Konstante. Die
Konstante muss $-140G_6$ sein.

3.4 Theorem (algebraische Differentialgleichung der $\wp$-Funktion). *Es
gilt*

$$\wp'(z)^2 = 4\wp(z)^3 - g_2\wp(z) - g_3$$
$$mit$$
$$g_2 = 60G_4 = 60 \sum_{\omega \in L - \{0\}} \omega^{-4},$$
$$g_3 = 140G_6 = 140 \sum_{\omega \in L - \{0\}} \omega^{-6}.$$

Man kann die algebraische Differentialgleichung von $\wp$ benutzen, um auch die
höheren Ableitungen von $\wp$ allein durch $\wp$ und $\wp'$ auszudrücken (was nach 3.3

möglich sein muss). Differenziert man die Differentialgleichung und dividiert anschließend durch $\wp'$, so resultiert

$$2\wp''(z) = 12\wp(z)^2 - g_2.$$

Durch nochmaliges Ableiten folgt nun

$$\wp'''(z) = 12\wp(z)\wp'(z)$$

und hieraus

$$\begin{aligned}
\wp^{(4)}(z) &= 12\wp'(z)^2 + 12\wp(z)\wp''(z) \\
&= 12\wp'(z)^2 + 6\wp(z)[12\wp(z)^2 - g_2] \\
&= 12\wp'(z)^2 + 72\wp(z)^3 - 6g_2\wp(z) \\
&= 120\wp(z)^3 - 18g_2\wp(z) - 12g_3
\end{aligned}$$

u. s. w.. Diese Gleichungen lassen sich auch als Relationen zwischen den Eisensteinreihen G_n auffassen, und zwar lassen sich die höheren Eisensteinreihen G_n, $n \geq 8$, als Polynome in G_4 und G_6 darstellen (s. Aufgabe 6 zu diesem Abschnitt).

Anhang zu V.3. Der Torus als algebraische Kurve

Unter einem „Polynom in n Veränderlichen" verstehen wir eine Abbildung

$$P : \mathbb{C}^n \longrightarrow \mathbb{C},$$

welche sich in der Form

$$P(z_1, \ldots, z_n) = \sum a_{\nu_1, \ldots, \nu_n} z_1^{\nu_1} \cdots z_n^{\nu_n}$$

schreiben lässt. Dabei durchlaufe $(\nu_1, \ldots, \nu_n)$ alle n-Tupel nicht negativer ganzer Zahlen, jedoch dürfen nur endlich viele der Koeffizienten $a_{\nu_1, \ldots, \nu_n} \in \mathbb{C}$ von 0 verschieden sein. Es ist leicht zu sehen, dass die Koeffizienten durch die Funktion P eindeutig bestimmt sind.

A3.1 Definition. *Eine Teilmenge $X \subset \mathbb{C}^2$ heißt **ebene affine Kurve**, wenn es ein nichtkonstantes Polynom P in zwei Variablen gibt, so dass X die genaue Nullstellenmenge dieses Polynoms ist,*

$$X = \{z \in \mathbb{C}^2; \quad P(z) = 0\}.$$

Erläuterung zur Begriffsbildung.

„*eben*" : bezieht sich auf den zweidimensionalen komplexen Raum $\mathbb{C}^2$.

„*affin*" : $\mathbb{C}^2$ ist die affine Ebene über dem Körper der komplexen Zahlen.

„*Kurve*": X soll man sich komplex eindimensional (reell zweidimensional) vorstellen.

Beispiel einer ebenen affinen Kurve. Seien g_2 und g_3 komplexe Zahlen:

$$P(z_1, z_2) = z_2^2 - 4z_1^3 + g_2 z_1 + g_3,$$
$$X = X(g_2, g_3) = \left\{ (z_1, z_2);\quad z_2^2 = 4z_1^3 - g_2 z_1 - g_3 \right\}.$$

Zur Veranschaulichung ist es nützlich, g_2 und g_3 als reell anzunehmen und den „reellen Anteil" der Kurve X zu betrachten:

$$X_{\mathbb{R}} := X \cap \mathbb{R}^2 = \left\{ (x, y) \in \mathbb{R}^2;\quad y^2 = 4x^3 - g_2 x - g_3 \right\}.$$

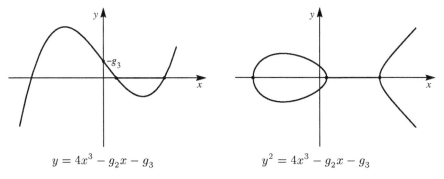

$$y = 4x^3 - g_2 x - g_3 \qquad\qquad y^2 = 4x^3 - g_2 x - g_3$$

Man muss jedoch bedenken, dass das reelle Bild i. a. nur ein unvollständiges Bild einer affinen Kurve wiedergibt. Es kann überhaupt leer sein, wie z. B. im Falle

$$P(X, Y) = X^2 + Y^2 + 1.$$

Wir machen nun die *Annahme*, dass ein Gitter $L \subset \mathbb{C}$ mit

$$g_2 = g_2(L) \quad \text{und} \quad g_3 = g_3(L)$$

existiert. Wir werden später sehen (§8), dass dies dann und nur dann der Fall ist, wenn $g_2^3 - 27g_3^2$ von 0 verschieden ist.

Aus der algebraischen Differentialgleichung der $\wp$-Funktion folgt, dass für $z \in \mathbb{C}$, $z \notin L$, der Punkt $(\wp(z), \wp'(z))$ auf der Kurve $X(g_2, g_3)$ liegt. Wir erhalten also eine Abbildung

$$\mathbb{C}/_L - \{[0]\} \longrightarrow X(g_2, g_3),$$
$$[z] \longmapsto (\wp(z), \wp'(z)).$$

A3.2 Satz. *Die Zuordnung*

$$[z] \longmapsto (\wp(z), \wp'(z))$$

definiert eine bijektive Abbildung des punktierten Torus auf die ebene affine Kurve $X(g_2, g_3)$,

$$\mathbb{C}/_L - \{[0]\} \overset{\sim}{\longleftrightarrow} X(g_2, g_3).$$

Beweis.

1) *Surjektivität der Abbildung.* Sei $(u, v) \in X(g_2, g_3)$ ein Punkt auf der Kurve. Da die $\wp$-Funktion jeden Wert annimmt, existiert ein $z \in \mathbb{C} - L$, $\wp(z) = u$. Aus der algebraischen Differentialgleichung der $\wp$-Funktion folgt

$$\wp'(z) = \pm v.$$

Daher gilt

entweder $(\wp(z), \wp'(z)) = (u, v)$ oder $(\wp(-z), \wp'(-z)) = (u, v)$.

2) *Injektivität der Abbildung.* Es sei

$$\wp(z) = \wp(w) \text{ und } \wp'(z) = \wp'(w) \quad (z, w \text{ beide} \in \mathbb{C} - L).$$

Dann gilt (2.10)

entweder $z \equiv w \bmod L$ oder $z \equiv -w \bmod L$.

Wir müssen den zweiten Fall näher untersuchen: Aus $z \equiv -w \bmod L$ folgt

$$\wp'(z) = -\wp'(z),$$

also

$$\wp'(z) = 0.$$

Dann ist aber $2z \in L$, also $z \equiv w \bmod L$. $\qquad\square$

In der affinen Kurve $X(g_2, g_3)$ fehlt offenbar der Punkt $[0]$ des Torus. Dieser ist in dem „*projektiven Abschluss*" der Kurve enthalten.

Der projektive Raum

Wir definieren den *n-dimensionalen projektiven Raum* $P^n\mathbb{C}$ über dem Körper der komplexen Zahlen. Dazu betrachten wir in $\mathbb{C}^{n+1} - \{0\}$ folgende Äquivalenzrelation:

$$z \sim w \iff z = tw \text{ für eine Zahl } t \in \mathbb{C}^{\bullet}.$$

Die Bahn eines Punktes z unter dieser Äquivalenzrelation werde mit

$$[z] = \{ tz; \quad t \in \mathbb{C}, t \neq 0 \}$$

bezeichnet. *) Die Menge dieser Bahnen ist der *projektive Raum*

$$P^n\mathbb{C} = \{\, [z]; \quad z \in \mathbb{C}^{n+1} - \{0\} \,\}.$$

(Zwei Punkte z und w liegen genau dann in derselben Bahn, wenn sie in derselben Gerade durch 0 liegen. Man kann daher $P^n\mathbb{C}$ auch als die Menge aller eindimensionalen Untervektorräume von $\mathbb{C}^{n+1}$ auffassen.)

Wir bezeichnen mit

$$A^n\mathbb{C} = \{\, [z] \in P^n\mathbb{C}; \quad z = (z_0, \dots, z_n) \in \mathbb{C}^{n+1},\ z_0 \neq 0 \,\}$$

den durch „$z_0 \neq 0$" definierten Teil des projektiven Raumes. (Obwohl wir in diesem Zusammenhang auf $P^n\mathbb{C}$ keine topologische Struktur einführen wollen, sollte man sich $A^n\mathbb{C}$ als offenen und dichten Teil von $P^n\mathbb{C}$ vorstellen.)

A3.3 Bemerkung. *Die Abbildung*

$$\mathbb{C}^n \longrightarrow A^n\mathbb{C},$$
$$(z_1, \dots, z_n) \longmapsto [1, z_1, \dots, z_n],$$

ist bijektiv. Die Umkehrabbildung wird durch

$$[z_0, z_1, \dots, z_n] \longmapsto \left(\frac{z_1}{z_0}, \dots, \frac{z_n}{z_0} \right)$$

gegeben.

Beweis. Man muss nur verifizieren, dass die beiden Abbildungen wohldefiniert sind und sich gegenseitig umkehren. □

Wir untersuchen noch das Komplement $P^n\mathbb{C} - A^n\mathbb{C}$.

A3.4 Bemerkung. *Die Zuordnung*

$$[z_1, \dots, z_n] \longmapsto [0, z_1, \dots, z_n]$$

definiert eine bijektive Abbildung

$$P^{n-1}\mathbb{C} \longrightarrow P^n\mathbb{C} - A^n\mathbb{C}.$$

Auch dies ist sofort zu verifizieren und kann dem Leser überlassen bleiben.

Halten wir noch einmal das Wesentliche aus der Konstruktion des projektiven Raumes fest:

Der n-dimensionale projektive Raum $P^n\mathbb{C}$ ist die disjunkte Vereinigung eines n-dimensionalen affinen Raumes $A^n\mathbb{C}$ und eines $(n-1)$-dimensionalen pro-

---

*) Nicht zu verwechseln mit dem Bild eines Punktes $z \in \mathbb{C}$ in dem Torus $\mathbb{C}/L$.

jektiven Raumes $P^{n-1}\mathbb{C}$. *Man nennt* $A^n\mathbb{C}$ *den* **endlichen Teil** *von* $P^n\mathbb{C}$ *und das Komplement den* **unendlich fernen Teil**.

Beispiele.

1) $n = 0$: Der 0-dimensionale projektive Raum besteht aus einem einzigen Punkt

$$P^0\mathbb{C} = \{[1]\} = \{[z]; \quad z \neq 0\}.$$

2) $n = 1$: Der durch „$z_0 \neq 0$" definierte Teil der projektiven Geraden $P^1\mathbb{C}$ ist bijektiv auf $\mathbb{C}$ abbildbar (A3.3). Das Komplement $P^1\mathbb{C} - \mathbb{C}$ besteht aus einem einzigen Punkt.

Wir können daher $P^1\mathbb{C}$ *mit der* **Riemannschen Zahlkugel** *identifizieren:*

$$P^1\mathbb{C} \longrightarrow \overline{\mathbb{C}},$$

$$[z_0, z_1] \longmapsto \begin{cases} \dfrac{z_1}{z_0}, & \text{falls } z_0 \neq 0, \\ \infty, & \text{falls } z_0 = 0. \end{cases}$$

Wir definieren nun den Begriff einer *projektiven* ebenen Kurve.

Ein Polynom P heißt *homogen*, wenn es eine Zahl $d \in \mathbb{N}$ gibt, so dass

$$P(tz_1, \ldots, tz_n) = t^d P(z_1, \ldots, z_n)$$

gilt. Man nennt d den *Grad* von P. Offenbar bedeutet die Homogenitätsbedingung

$$a_{\nu_1, \ldots, \nu_n} \neq 0 \implies \nu_1 + \cdots + \nu_n = d.$$

Sei $P(z_0, z_1, z_2)$ ein *homogenes* Polynom in drei Variablen. Wenn (z_0, z_1, z_2) eine Nullstelle von P ist, so ist wegen der Homogenität auch (tz_0, tz_1, tz_2) eine Nullstelle von P. Es ist daher sinnvoll, die Punktmenge

$$\widetilde{X} = \{[z] \in P^2\mathbb{C}; \quad P(z) = 0\}$$

zu definieren, da die Bedingung „$P(z) = 0$" nicht von der Wahl des Vertreters z der Bahn abhängt.

A3.5 Definition. *Eine Teilmenge* $\widetilde{X} \subset P^2\mathbb{C}$ *heißt* **ebene projektive Kurve**, *falls es ein nichtkonstantes homogenes Polynom* P *in drei Variablen gibt, so dass*

$$\widetilde{X} = \{[z] \in P^2\mathbb{C}; \quad P(z) = 0\}$$

gilt.

Die projektive Abschließung einer ebenen affinen Kurve

Sei

$$P(z_1, z_2) = \sum a_{\nu_1 \nu_2} z_1^{\nu_1} z_2^{\nu_2}$$

ein nichtkonstantes Polynom. Wir betrachten

$$d := \max\{\nu_1 + \nu_2; \quad a_{\nu_1 \nu_2} \neq 0\}$$

und definieren

$$\widetilde{P}(z_0, z_1, z_2) = \sum a_{\nu_1 \nu_2} z_0^{d-\nu_1-\nu_2} z_1^{\nu_1} z_2^{\nu_2}.$$

Dies ist ein *homogenes Polynom* in drei Variablen. Man nennt das Polynom $\widetilde{P}$ die *Homogenisierung* von P. Dem Polynom P ist eine ebene *affine* Kurve X und dem Polynom $\widetilde{P}$ eine ebene *projektive* Kurve $\widetilde{X}$ zugeordnet.

A3.6 Bemerkung. *Sei P ein nichtkonstantes Polynom in zwei Variablen, $\widetilde{P}$ das assoziierte homogene Polynom in drei Variablen (s. o.). Bei der Abbildung*

$$\mathbb{C}^2 \overset{\sim}{\longleftrightarrow} A^2\mathbb{C} , \quad (z_1, z_2) \longleftrightarrow [1, z_1, z_2],$$

wird die affine Kurve $X = X_P$ bijektiv auf den Durchschnitt $\widetilde{X} \cap A^2\mathbb{C}$ der projektiven Kurve $\widetilde{X} = \widetilde{X}_{\widetilde{P}}$ mit dem „endlichen Teil" des projektiven Raumes abgebildet.

Es lässt sich leicht zeigen, dass $\widetilde{X}$ mit dem unendlich fernen Teil (dem Komplement von $A^2\mathbb{C}$) nur endlich viele Punkte gemeinsam hat.

Dies rechtfertigt die

Sprechweise. Die projektive Kurve $\widetilde{X}$ ist ein projektiver Abschluss der affinen Kurve X.

Das Polynom P ist durch die affine Kurve X nicht eindeutig bestimmt. Beispielsweise definieren P und P^2 dieselbe affine Kurve. Man kann aber dennoch zeigen, dass $\widetilde{X}$ nur von X und nicht von der Wahl von P abhängt. Man kann also von *dem* projektiven Abschluss sprechen. Versieht man den projektiven Raum mit der Quotiententopologie des $\mathbb{C}^{n+1} - \{0\}$, so ist $\widetilde{X}$ gerade der topologische Abschluss von X. Der projektive Raum ist im übrigen ein kompakter topologischer Raum. Die projektive Kurve $\widetilde{X}$ ist somit ebenfalls kompakt. Sie ist als eine natürliche Kompaktifizierung der affinen Kurve X anzusehen.

Zurück zu unserem Beispiel

$$P(z_1, z_2) = z_2^2 - 4z_1^3 + g_2 z_1 + g_3.$$

Durch „Homogenisierung" erhält man

$$\widetilde{P}(z_0, z_1, z_2) = z_0 z_2^2 - 4z_1^3 + g_2 z_0^2 z_1 + g_3 z_0^3.$$

Wir bestimmen die unendlich fernen Punkte auf der assoziierten projektiven Kurve. Diese sind durch „$z_0 = 0$" gekennzeichnet, also

$$z_0 = 0 \quad \text{und} \quad z_1 = 0.$$

Die Punkte $(0, 0, z_2)$ liegen alle in einer einzigen Bahn $[0, 0, 1]$. Wir erhalten daher:

Die projektive Kurve $\widetilde{X} = \widetilde{X}_{\widetilde{P}}$ enthält genau einen unendlich fernen Punkt, nämlich den Punkt $[0, 0, 1]$.

Dies ist der fehlende Punkt, nach dem wir gesucht haben.

A3.7 Theorem. *Durch die Abbildung*

$$\mathbb{C}\big/_L \longrightarrow P^2\mathbb{C},$$

$$[z] \longmapsto \begin{cases} [1, \wp(z), \wp'(z)], & \textit{falls } z \notin L, \\ [0, 0, 1], & \textit{falls } z \in L, \end{cases}$$

wird eine bijektive Abbildung des gesamten Torus auf eine ebene projektive Kurve $\widetilde{X}(g_2, g_3)$ gegeben. Die Gleichung dieser Kurve ist

$$z_0 z_2^2 = 4z_1^3 - g_2 z_0^2 z_1 - g_3 z_0^3.$$

Setzt man in dieser Gleichung $z_0 = 1$, so erhält man den affinen Anteil dieser Kurve.

Man nennt $\widetilde{X}(g_2, g_3)$ die zum Gitter L gehörige *elliptische Kurve*.

Übungsaufgaben zu V.3

1. Man stelle $\wp'^{-n}$ für $1 \le n \le 3$ in der Normalform $R(\wp) + S(\wp)\wp'$ mit rationalen Funktionen R und S dar.

2. Für jede ganze Zahl n ist $\wp(nz)$ ein rationale Funktion in $\wp(z)$.

3. Man zeige mit den Bezeichnungen von 2.9

$$\wp''\left(\frac{\omega_1}{2}\right) = 2(e_1 - e_2)(e_1 - e_3)$$

und leite entsprechende Formeln für die beiden anderen Gitterhalbpunkte ab.

4. Seien $g_2 = g_2(L)$, $g_3 = g_3(L)$ die einem Gitter L zugeordneten g-Invarianten. Ist f eine in einem nichtleeren Gebiet nichtkonstante meromorphe Funktion mit der Eigenschaft

$$f'^2 = 4f^3 - g_2 f - g_3,$$

so ist f ein Translat der $\wp$-Funktion, also $f(z) = \wp(z + a)$.

Anleitung. Man betrachte eine lokale Umkehrfunktion f^{-1} von f und $h := f^{-1} \circ \wp$.

5. Die algebraische Differentialgleichung der $\wp$-Funktion lässt sich in folgender Form schreiben:

$$\wp'^2 = 4(\wp - e_1)(\wp - e_2)(\wp - e_3).$$

Dabei seien e_j die drei Halbwerte der $\wp$-Funktion (2.9).

6. Man zeige, dass die Eisensteinreihen G_{2m} für $m \geq 4$ folgenden Rekursionsformeln genügen:

$$(2m + 1)(m - 3)(2m - 1)G_{2m} = 3 \sum_{j=2}^{m-2} (2j - 1)(2m - 2j - 1)G_{2j}G_{2m-2j},$$

beispielsweise $G_{10} = \frac{5}{11}G_4 G_6$. Jede Eisensteinreihe ist also als Polynom in G_4 und G_6 mit nicht negativen rationalen Koeffizienten darstellbar.

7. Eine meromorphe Funktion $f : \mathbb{C} \to \overline{\mathbb{C}}$ heiße „reell", falls $f(\overline{z}) = \overline{f(z)}$ für alle z gilt. Ein Gitter $L \subset \mathbb{C}$ heiße „reell", falls mit ω auch $\overline{\omega}$ in L enthalten ist.

Folgende Aussagen sind äquivalent:

a) $g_2(L), g_3(L) \in \mathbb{R}$.

b) $G_n \in \mathbb{R}$ für alle n.

c) Die $\wp$-Funktion ist reell.

d) Das Gitter L ist reell.

8. Ein Gitter heißt *Rechteckgitter*, falls eine Gitterbasis ω_1, ω_2 so gewählt werden kann, dass ω_1 reell und ω_2 rein imaginär ist. Ein Gitter L heißt *rhombisch*, falls die Gitterbasis so gewählt werden kann, dass $\omega_2 = \overline{\omega}_1$ gilt.

Man zeige, dass ein Gitter genau dann reell ist, wenn es ein Rechteckgitter oder rhombisch ist.

9. Die WEIERSTRASS'sche $\wp$-Funktion zu einem Rechteckgitter $L = \mathbb{Z}\omega_1 + \mathbb{Z}\omega_2$, $\omega_1 \in \mathbb{R}^{\bullet}_+$ und $\omega_2 \in i\mathbb{R}^{\bullet}_+$, nimmt auf dem Rand und auf den Mittellinien der zugehörigen Grundmasche nur reelle Werte an.

10. Sei $L = \mathbb{Z}\omega_1 + \mathbb{Z}\omega_2$ ein Rechteckgitter wie in Aufgabe 9. Man zeige, dass

$$D := \left\{ z \in \mathbb{C}; \quad z = t_1 \frac{\omega_1}{2} + t_2 \frac{\omega_2}{2}, \, 0 < t_1, t_2 < 1 \right\}$$

durch die WEIERSTRASS'sche $\wp$-Funktion zum Gitter L konform auf die untere Halbebene

$$\mathbb{H}_- := \left\{ z \in \mathbb{C}; \quad \mathrm{Im}\, z < 0 \right\}$$

abgebildet wird.

11. Bei der folgenden Aufgabe verwenden wir den Begriff der Körpererweiterung $k \subset K$ und der algebraischen Abhängigkeit. Man nennt Elemente $a_1, \ldots, a_n$ aus K algebraisch abhängig (über k), falls es ein nicht identisch verschwindendes Polynom P in n Unbestimmten mit Koeffizienten aus k gibt, so dass $P(a_1, \ldots, a_n) = 0$ gilt. Wir benutzen aus der elementaren Körpertheorie folgende Tatsache:

Es mögen n Elemente $a_1, \ldots, a_n$ existieren, so dass K über dem von diesen Elementen erzeugten Zwischenkörper $k(a_1, \ldots, a_n)$ algebraisch ist. Dann sind je $n+1$ Elemente aus K algebraisch abhängig über k.

Man zeige, dass je zwei elliptische Funktionen (zum selben Gitter L) algebraisch abhängig (über $\mathbb{C}$) sind.

12. Es gibt bei vorgegebenem Gitter L keine elliptische Funktion f, so dass jede weitere elliptische Funktion als rationale Funktion in f darstellbar ist.

Anleitung. Man analysiere die Gleichung $f(z) = f(w)$ und zeige, dass f eine elliptische Funktion der Ordnung 1 wäre.

4. Das Additionstheorem

Mit $f(z)$ ist auch $g(z) := f(z + a)$ eine elliptische Funktion. Es muss daher möglich sein, beispielsweise $\wp(z + a)$ in der Form

$$\wp(z + a) = R_a\big(\wp(z)\big) + S_a\big(\wp(z)\big) \cdot \wp'(z)$$

mit gewissen von a abhängigen rationalen Funktionen R_a und S_a darzustellen. Die explizite Berechnung von R_a und S_a längs des beim Beweis von Theorem 3.3 vorgezeichneten Weges führt zu dem *Additionstheorem der Weierstraß'schen $\wp$-Funktion.*

Bei diesem Ansatz muss man

$$\frac{\wp(z + a) + \wp(z - a)}{2} \quad \text{und} \quad \frac{\wp(z + a) - \wp(z - a)}{2\wp'(z)}$$

als rationale Funktionen von $\wp(z)$ darstellen. Die Pole der zweiten Funktion sind unter den Polen des Zählers und unter den Nullstellen von $\wp'(z)$ zu suchen. Wir wissen, dass $\wp'$ nur in den Punkten $\alpha \in \mathbb{C}$, $\alpha \notin L$, $2\alpha \in L$, verschwindet und dass diese Nullstellen einfach sind. In diesen Punkten verschwindet aber auch der Zähler wegen

$$\wp(\alpha + a) = \wp(-\alpha - a) = \wp(-\alpha - a + 2\alpha) = \wp(\alpha - a).$$

Die Funktionen

$$z \longmapsto \frac{\wp(z + a) + \wp(z - a)}{2} \cdot \big[\wp(z) - \wp(a)\big]^2$$

und

$$z \longmapsto \frac{\wp(z + a) - \wp(z - a)}{2\wp'(z)} \cdot \big[\wp(z) - \wp(a)\big]^2$$

haben offensichtlich keine Pole außerhalb von L und müssen sich daher als Polynome in $\wp(z)$ darstellen lassen. Im ersten Fall hat dieses Polynom den Grad ≤ 2, im zweiten den Grad 0, ist also konstant. Man ermittelt die Koeffizienten dieser Polynome durch Vergleich einiger LAURENTkoeffizienten. Wir verzichten auf die Rechnung im Einzelnen, da man das Resultat leichter direkt verifizieren kann.

Analytische Form des Additionstheorems

4.1 Theorem (Additionstheorem der $\wp$-Funktion). *Es seien z und w zwei komplexe Zahlen, so dass $z+w$, $z-w$, z und w nicht im Gitter L enthalten sind. Dann gilt*

$$\wp(z + w) = \frac{1}{4} \left[\frac{\wp'(z) - \wp'(w)}{\wp(z) - \wp(w)} \right]^2 - \wp(z) - \wp(w).$$

Zum direkten Beweis dieser Formel halte man w fest und betrachte die Differenz beider Seiten als Funktion von z. Sie ist eine elliptische Funktion, deren Pole unter den Stellen

$$z \in L, \quad z \equiv \pm w \bmod L,$$

zu suchen sind. Man rechnet leicht nach, dass die Hauptteile der beiden Seiten sich bei der Differenzbildung wegheben, und verifiziert auf diesem Wege das Additionstheorem. Die Einzelheiten seien dem Leser überlassen. (Wir geben weiter unten noch einen anderen eleganteren Beweis.)

Im Falle $z = w$ entartet die Formel aus dem Additionstheorem. Wir wollen in einer *Ergänzungsformel* auch $\wp(2z)$ als Funktion von $\wp(z)$ darstellen. Wir halten im Additionstheorem w fest und führen den Grenzübergang $z \to w$ durch.

Aus den Entwicklungen

$$\left.\begin{array}{l} \wp'(z) - \wp'(w) = \wp''(w)(z - w) + \cdots \\ \wp(z) - \wp(w) = \wp'(w)(z - w) + \cdots \end{array}\right\} + \text{höhere Potenzen von } (z - w)$$

folgt

$$\lim_{z \to w} \frac{\wp'(z) - \wp'(w)}{\wp(z) - \wp(w)} = \frac{\wp''(w)}{\wp'(w)}$$

und daher (für $2z \notin L$):

4.2 Ergänzungsformel oder Verdoppelungsformel.

$$\wp(2z) = \frac{1}{4} \left[\frac{\wp''(z)}{\wp'(z)} \right]^2 - 2\wp(z).$$

Den Ausdruck $[\wp''(z)/\wp'(z)]^2$ kann man mit der Differentialgleichung der $\wp$-Funktion umformen, $\wp'^2 = 4\wp^3 - g_2\wp - g_3$, $2\wp'' = 12\wp^2 - g_2$. Man erhält dann eine explizite Formel für $\wp(2z)$ als rationale Funktion von $\wp(z)$:

$$\wp(2z) = \frac{(\wp^2(z) + \frac{1}{4}g_2)^2 + 2g_3\wp(z)}{4\wp^3(z) - g_2\wp(z) - g_3}.$$

Geometrische Form des Additionstheorems

Das Additionstheorem 4.1 besitzt eine geometrische Deutung, welche zu einem tieferen Verständnis führt und außerdem einen neuen einfachen und durchsichtigen Beweis erlaubt.

Zunächst eine kurze Vorbereitung. Eine Teilmenge $G \subset P^2\mathbb{C}$ heißt *Gerade*, wenn es zwei verschiedene Punkte $[z_0, z_1, z_2]$, $[w_0, w_1, w_2]$ gibt, so dass G aus allen Punkten der Form

$$P := [\lambda z_0 + \mu w_0, \lambda z_1 + \mu w_1, \lambda z_2 + \mu w_2], \quad (\lambda, \mu) \in \mathbb{C}^2 - \{(0,0)\},$$

besteht. Die Zuordnung

$$P^1\mathbb{C} \longrightarrow G, \quad [\lambda, \mu] \longmapsto P,$$

liefert eine Bijektion zwischen $P^1\mathbb{C}$ und der Geraden G. Offenbar sind je zwei verschiedene Punkte aus $P^2\mathbb{C}$ in genau einer Geraden enthalten.

Der Torus $\mathbb{C}/L$ ist als Faktorgruppe der additiven Gruppe $\mathbb{C}$ selbst eine additive Gruppe. Wir übertragen diese Gruppenstruktur mittels der Bijektion $\mathbb{C}/L \to \widetilde{X}(g_2, g_3)$ zu einer Gruppenstruktur auf der elliptischen Kurve, diese Bijektion ist dann ein Gruppenisomorphismus. Wir schreiben die Gruppenverknüpfung auf $\widetilde{X}(g_2, g_3)$ wieder als Addition. Eine geometrische Form des Additionstheorems besagt:

4.3 Theorem. *Drei paarweise verschiedene Punkte a, b, c auf der elliptischen Kurve $\widetilde{X}(g_2, g_3)$ haben genau dann die Summe Null, wenn sie auf einer Geraden liegen.*

Anmerkung. Man kann sich überlegen, dass eine Gerade mit der elliptischen Kurve genau drei Schnittpunkte hat, wenn man diese mit geeigneten Vielfachheiten rechnet. (Berührungspunkte sind mehrfach zu rechnen.) Liegen umgekehrt drei Punkte $a, b, c \in \widetilde{X}(g_2, g_3)$ auf einer Geraden, so summieren sie sich zu 0. Durch Theorem 4.3 ist das Gruppengesetz in $\widetilde{X}(g_2, g_3)$ also vollständig beschrieben.

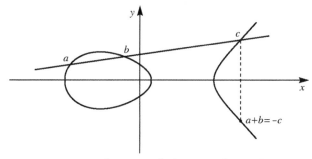

Beweis von 4.3. Drei Punkte $[a_0, a_1, a_2]$, $[b_0, b_1, b_2]$ und $[c_0, c_1, c_2]$ liegen genau dann auf einer Geraden, wenn die Vektoren (a_0, a_1, a_2), (b_0, b_1, b_2), (c_0, c_1, c_2) linear abhängig sind. Dies ist gleichbedeutend damit, dass die Determinante der aus den drei Vektoren gebildeten Matrix verschwindet. Eine Gerade hat mit der elliptischen Kurve offensichtlich höchstens 3 Punkte gemeinsam. Zu je zwei verschiedenen Kurvenpunkten a, b gibt es also höchstens einen weiteren Kurvenpunkt c, welcher von a, b verschieden ist und so, dass a, b, c auf einer Geraden liegen. Die den Punkten a, b, c entsprechenden Punkte auf dem Torus seien $[u], [v], [w]$. Wir nehmen an, dass u, v, w und $u + v$ keine Gitterpunkte sind. (Wenn dies nicht der Fall ist, braucht man eine kleine Sonderbetrachtung, die wir übergehen.) Die drei Punkte liegen genau dann auf einer Geraden, falls

$$\det \begin{pmatrix} 1 & \wp(w) & \wp'(w) \\ 1 & \wp(v) & \wp'(v) \\ 1 & \wp(u) & \wp'(u) \end{pmatrix} = 0$$

gilt: Die in 4.3 formulierte Bedingung besagt $u + v + w \equiv 0 \bmod L$. Das es nach der Vorbemerkung nur einen einzigen dritten Punkt $c = [1, \wp(w), \wp'(w)]$ mit dieser Eigenschaft geben kann, ist Satz 4.3 gleichbedeutend mit:

4.4 Satz. *Es gilt*

$$\det \begin{pmatrix} 1 & \wp(u + v) & -\wp'(u + v) \\ 1 & \wp(v) & \wp'(v) \\ 1 & \wp(u) & \wp'(u) \end{pmatrix} = 0.$$

Man kann den Exkurs über projektive Kurven unbeachtet lassen, wenn man mit dieser Form von 4.3 zufrieden ist.

Wir zeigen zunächst, wie man das Additionstheorem 4.1 aus 4.4 folgern kann, und geben anschließend einen eleganten Beweis von 4.4 und damit des Additionstheorems. Wir betrachten die drei Punkte

$$(x_1, y_1) = (\wp(u), \wp'(u)),$$
$$(x_2, y_2) = (\wp(v), \wp'(v)),$$
$$(x_3, y_3) = (\wp(u + v), -\wp'(u + v)).$$

Dabei können wir annehmen, dass x_1, x_2 und x_3 paarweise verschieden sind. Aus dem Verschwinden der Determinante folgt, dass diese drei Punkte auf einer Geraden $y = mx + b$ liegen. Die Steigung der Geraden ist

$$m = \frac{\wp'(v) - \wp'(u)}{\wp(v) - \wp(u)}.$$

Aus der algebraischen Differentialgleichung der $\wp$-Funktion folgt, dass x_1, x_2 und x_3 Nullstellen des kubischen Polynoms

$$4X^3 - g_2 X - g_3 - (mX + b)^2$$

sind. Da sie paarweise verschieden sind, gibt es keine weiteren Nullstellen. Durch Koeffizientenvergleich bei den quadratischen Termen erhält man für ihre Summe

$$x_1 + x_2 + x_3 = \frac{m^2}{4}.$$

Dies ist genau das Additionstheorem in der analytischen Form.   □

Ein eleganter Beweis des Additionstheorems

Wir geben nun einen direkten Beweis des Additionstheorems in der Fassung 4.4. Dabei machen wir einen Vorgriff auf das ABEL'sche Theorem (V.6.1), allerdings nur auf die einfache Richtung dieses Theorems. Sie besagt:

Sei $a_1, \ldots, a_n$ ein Vertretersystem modulo L der Nullstellen einer nichtkonstanten elliptischen Funktion und $b_1, \ldots, b_m$ ein Vertretersystem der Polstellen, wobei jede der Stellen so oft hingeschrieben sei, wie ihre Vielfachheit angibt. Es gilt dann $m = n$ und

$$(a_1 + \cdots + a_n) - (b_1 + \cdots + b_n) \in L.$$

Zum Beweis von 4.4 wählen wir nun zwei feste Punkte u und v, welche beide nicht in L liegen und so, dass $\wp(u)$ und $\wp(v)$ verschieden sind. Wir betrachten dann die elliptische Funktion

$$f(z) = \det \begin{pmatrix} 1 & \wp(z) & \wp'(z) \\ 1 & \wp(v) & \wp'(v) \\ 1 & \wp(u) & \wp'(u) \end{pmatrix}.$$

Diese Funktion hat die Form $A + B\wp(z) + C\wp'(z)$ mit einer von 0 verschiedenen Konstanten C. Sie hat in den Gitterpunkten Pole dritter Ordnung und sonst keine Pole. Sie ist also eine elliptische Funktion der Ordnung 3. Sie hat Nullstellen in den Punkten $z = u$ und $z = v$. Nach dem ABEL'schen Theorem liegt die dritte Nullstelle bei $z = -(u + v)$.   □

Man kann auch umgekehrt die geometrische Form des Additionstheorems aus der analytischen zurückgewinnen (Man vergleiche Aufgabe 2 zu diesem Paragraphen).

Übungsaufgaben zu V.4

1. Man führe den angedeuteten direkten Beweis für das Additionstheorem 4.1 in Einzelheiten durch.

2. Man leite die geometrische Form des Additionstheorems aus der analytischen Form ab.

3. Sei $L \subset \mathbb{C}$ ein Gitter mit der Eigenschaft $g_2(L) = 8$ und $g_3(L) = 0$. Der Punkt $(2,4)$ liegt auf der affinen Kurve $y^2 = 4x^3 - 8x$. Sein Doppeltes der in der elliptischen Kurve eingeführten Addition ist der Punkt $(\frac{9}{4}, -\frac{21}{4})$.

   Anleitung. Man bringe die Tangente an $(2,4)$ mit der Kurve zum Schnitt.

4. In den Bezeichnungen aus dem Beweis von Satz 4.4 gilt

$$y_3 = \frac{(x_3 - x_2)y_1 - (x_3 - x_1)y_2}{x_1 - x_2}.$$

   Dies kann als Additionstheorem für $\wp'$ aufgefaßt werden.

5. **Additionstheorem für beliebige elliptische Funktionen**

   Ist f eine elliptische Funktion, so gibt es ein von 0 verschiedenes Polynom P in drei Unbestimmten mit komplexen Koeffizienten, so dass

$$P(f(z), f(w), f(z + w)) \equiv 0$$

   gilt.

   Anleitung. Wir benutzen einige einfache Tatsachen aus der elementaren Algebra, insbesondere die in der Aufgabe 5 aus §3 erwähnten Tatsachen über Körpererweiterungen.

   Eine Funktion

$$F : \mathbb{C} \times \mathbb{C} \to \mathbb{C}$$

   heißt analytisch, falls sie stetig und in jeder der beiden Variablen analytisch ist. Die Menge all dieser Funktionen bildet einen kommutativen nullteilerfreien Ring $\mathcal{O}(\mathbb{C} \times \mathbb{C})$ mit Einselement. Wir betrachten seinen Quotientenkörper Ω. Er dient als Ersatz für den Begriff der meromorphen Funktion zweier Variabler, welchen wir erst im zweiten Band einführen werden. Man betrachte den Unterkörper, welcher (über $\mathbb{C}$) von den fünf „Funktionen"

$$\wp(z), \ \wp(w), \ f(z), \ f(w) \ \text{und} \ f(z + w)$$

   erzeugt wird. Dieser Körper ist algebraisch über dem Körper $\mathbb{C}(\wp(z), \wp(w))$. Hierzu benutze man, dass die Eigenschaft „algebraisch" für Körpererweiterungen transitiv ist.

5. Elliptische Integrale

Unter einem *elliptischen Integral erster Gattung* versteht man ein Integral

$$\int_a^z \frac{dt}{\sqrt{P(t)}},$$

wobei P ein Polynom dritten oder vierten Grades ohne mehrfache Nullstelle sei.

Der Wert eines solchen Integrals hängt sowohl von der Wahl der Wurzel als auch von der Wahl einer Verbindungskurve von a nach z ab.

5.1 Theorem. *Zu jedem Polynom $P(t)$ dritten oder vierten Grades ohne mehrfache Nullstelle existiert eine nichtkonstante elliptische Funktion f mit folgender Eigenschaft:*

Ist $D \subset \mathbb{C}$ eine offene Teilmenge, auf welcher f umkehrbar ist*), und ist

$$g : f(D) \longrightarrow \mathbb{C}$$

die Umkehrfunktion von f, so gilt (nach geeigneter Wahl der Wurzel)

$$\boxed{g'(z) = 1/\sqrt{P(z)}.}$$

Kurz und bündig aber unpräzise:

Die Umkehrfunktion eines elliptischen Integrals (erster Gattung) ist eine elliptische Funktion.

Wir wollen dieses Theorem in diesem Paragraphen bis auf eine Lücke, welche wir erst in den Paragraphen 7 und 8 schließen werden, beweisen.

In einem ersten Schritt reduziert man 5.1 auf Polynome dritten Grades, sogar auf solche, deren quadratischer Term verschwindet.

Wir nehmen an, wir hätten für ein festes Polynom P eine elliptische Funktion f mit der in 5.1 angebenen Eigenschaft gefunden. Wir betrachten irgendeine komplexe Matrix

$$M = \begin{pmatrix} a & b \\ c & d \end{pmatrix}$$

mit Determinante 1 und bilden die neue elliptische Funktion

---

*) Man kann für D eine kleine offene Umgebung eines beliebigen Punktes $a \in \mathbb{C}$ mit $f(a) \neq \infty$, $f'(a) \neq 0$ nehmen.

$$\widetilde{f} = \frac{df - b}{-cf + a}.$$

Offenbar ist

$$\widetilde{g}(z) := g\left(\frac{az + b}{cz + d}\right)$$

eine lokale Umkehrfunktion von $\widetilde{f}$. Es gilt

$$\widetilde{g}'(z) = 1/\sqrt{Q(z)},$$

mit

$$Q(z) = (cz + d)^4 P\left(\frac{az + b}{cz + d}\right).$$

Dies ist wieder ein Polynom.

5.2 Bemerkung. *Sei P ein Polynom dritten oder vierten Grades ohne mehrfache Nullstelle. Es existiert eine Matrix M der Determinante 1, so dass das Polynom*

$$\boxed{Q(z) = (cz + d)^4 P\left(\frac{az + b}{cz + d}\right)}$$

ein Polynom dritten Grades ohne quadratisches Glied ist.

Beweis. Wir nehmen zunächst an, das Polynom habe den Grad 4 und schreiben es in der Form $P(X) = C(X - e_1)(X - e_2)(X - e_3)(X - e_4)$, $e_4 \neq 0$. Anwendung der Matrix

$$M = \begin{pmatrix} e_4 & 0 \\ 1 & e_4^{-1} \end{pmatrix}$$

führt P in ein Polynom dritten Grades ohne mehrfache Nullstelle über. Man kann also annehmen, dass P vom Grad 3 ist. Anwendung einer Matrix

$$N = \begin{pmatrix} 1 & b \\ 0 & 1 \end{pmatrix}$$

mit geeignetem b bringt den quadratischen Term zum Verschwinden.   □

Zum Beweis von Theorem 5.1 genügt es also anzunehmen, dass

$$P(t) = at^3 + bt + c.$$

Es ist sicherlich keine Einschränkung der Allgemeinheit, wenn wir $a = 4$ annehmen. Um mit klassischen Bezeichnungen in Einklang zu kommen, verwenden wir die Bezeichnungen

$$a = 4 ; \quad b = -g_2 ; \quad c = -g_3$$

und erhalten die sogenannte WEIERSTRASS'sche Normalform

$$P(t) = 4t^3 - g_2 t - g_3.$$

Dieses Polynom hat genau dann keine mehrfache Nullstelle, falls die *Diskriminante*

$$\Delta := g_2^3 - 27 g_3^2$$

von 0 verschieden ist. Schreibt man nämlich P in der Form

$$P(t) = 4(t - e_1)(t - e_2)(t - e_3),$$

so zeigt eine einfache Rechnung

$$g_2^3 - 27 g_3^2 = 16(e_1 - e_2)^2 (e_1 - e_3)^2 (e_2 - e_3)^2.$$

5.3 Annahme. *Es existiert ein Gitter $L \subset \mathbb{C}$ mit der Eigenschaft*

$$g_2 = g_2(L) , \quad g_3 = g_3(L).$$

In §8 werden wir beweisen, dass diese Annahme stets erfüllt ist.

5.4 Theorem. *Sei $L \subset \mathbb{C}$ ein Gitter. Im Falle*

$$P(t) = 4t^3 - g_2 t - g_3, \quad g_2 = g_2(L), \quad g_3 = g_3(L),$$

hat die Weierstraß'sche $\wp$-Funktion zum Gitter L

$$f(z) := \wp(z)$$

die in 5.1 angegebene Eigenschaft.

Der Beweis ergibt sich unmittelbar aus der *algebraischen Differentialgleichung* der $\wp$-Funktion (3.4)

$$\wp'^2 = 4\wp^3 - g_2 \wp - g_3.$$

Für eine lokale Umkehrfunktion g von $\wp$ folgt nämlich

$$g'(t)^2 = \frac{1}{\wp'(g(t))^2} = \frac{1}{4\wp^3(g(t)) - g_2\wp(g(t)) - g_3} = \frac{1}{P(t)} . \qquad \square$$

Die Theorie der elliptischen Integrale war ursprünglich eine rein reelle Theorie. Um der historischen Entwicklung gerecht zu werden, wollen wir Theorem 5.1 im Spezialfall reeller Polynome präzisieren:

Sei $P(t)$ ein Polynom dritten oder vierten Grades mit reellen Koeffizienten. Wir nehmen an, dass $P(t)$ keine mehrfache (komplexe) Nullstelle hat. Wir

wollen (o. B. d. A.) annehmen, dass der höchste Koeffizient positiv ist. Es gilt
dann

$$P(x) > 0 \text{ für hinreichend großes } x, \text{ etwa für } x > x_0.$$

Für $x > x_0$ können wir dann die *positive Wurzel*

$$\sqrt{P(x)} > 0$$

betrachten und das uneigentliche Integral

$$E(x) = -\int_x^\infty \frac{dt}{\sqrt{P(t)}} \quad \text{für} \quad x > x_0$$

bilden. Dieses konvergiert absolut, da das Integral

$$\int_1^\infty t^{-s}\,dt$$

für $s > 1$ konvergiert. Die Funktion $E(x)$ ist streng monoton wachsend, da
der Integrand positiv ist. Wir können daher die Umkehrfunktion von $E(x)$
betrachten. Diese ist auf einem gewissen reellen Intervall definiert.

Aus 5.4 folgt

5.5 Theorem. *Die Umkehrfunktion des elliptischen Integrals*

$$E(x) = -\int_x^\infty \frac{dt}{\sqrt{P(t)}}, \quad x > x_0,$$

$$P(t) = 4t^3 - g_2 t - g_3,$$

$$g_2 = g_2(L), \quad g_3 = g_3(L) \quad (L \subset \mathbb{C} \text{ ein Gitter}),$$

*ist in die komplexe Ebene fortsetzbar und stellt dort eine elliptische Funktion
dar, nämlich die Weierstraß'sche $\wp$-Funktion zum Gitter L.*

Dies bedeutet konkret:

$$\boxed{-\int_{\wp(u)}^\infty \frac{dt}{\sqrt{P(t)}} = u}$$

(wobei u in einem gewissen reellen Intervall variiert, $\wp(u)$ variiert dann in
(t_0, ∞)).

Anwendung der Theorie der elliptischen Funktionen auf elliptische Integrale

Wir haben gezeigt, dass sich $\wp(u_1 + u_2)$ durch eine Formel aus $\wp(u_1)$ und $\wp(u_2)$ berechnen lässt. In diese Formel gehen nur rationale Operationen und Quadratwurzelziehen ein.

Es existiert eine „Formel" $x = x(x_1, x_2)$, in der (neben den Konstanten g_2 und g_3) nur rationale Operationen und Quadratwurzelziehen auftreten, so dass

$$\int\limits_{x_1}^{\infty} \frac{dt}{\sqrt{P(t)}} + \int\limits_{x_2}^{\infty} \frac{dt}{\sqrt{P(t)}} = \int\limits_{x}^{\infty} \frac{dt}{\sqrt{P(t)}}$$

gilt.

Diese Formel wurde allgemein erstmals von EULER (1753) bewiesen und heißt das *Euler'sche Additionstheorem.* In dem Spezialfall $P(t) = t^4 - 1$, $x_1 = x_2$, wurde sie im Jahre 1718 von dem italienischen Mathematiker FAGNANO bewiesen. Bringt man $P(t)$ in die WEIERSTRASS'sche Normalform und wendet dann die Verdoppelungsformel der $\wp$-Funktion an, so erhält man FAGNANOS Verdoppelungsformel

$$2 \int\limits_{0}^{x} \frac{dt}{\sqrt{1 - t^4}} = \int\limits_{0}^{y} \frac{dt}{\sqrt{1 - t^4}}$$

mit

$$y = y(x) = \frac{2x\sqrt{1 - x^4}}{1 + x^4}.$$

Dieses spezielle elliptische Integral lässt sich im übrigen als Bogenlänge der klassischen Lemniskate (vgl. Aufgabe 6c) aus I.1), die angegebenen Formeln als Verdoppelungsformeln für den Lemniskatenbogen deuten.

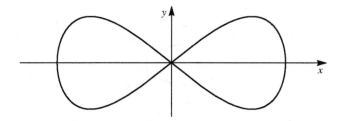

Die Verdoppelungsformel impliziert, dass man einen Lemniskatenbogen mit Zirkel und Lineal verdoppeln kann.

Wir weisen noch einmal darauf hin, dass wir noch nicht bewiesen haben, dass jedes Zahlenpaar (g_2, g_3) mit von 0 verschiedener Diskriminante $\Delta = g_2^3 - 27g_3^2$ von einem Gitter L stammt. Dies wird am Ende von §8 mit funktionentheoretischen Mitteln bewiesen werden. Wir wollen an dieser Stelle lediglich plausibel machen, wie aus dem Polynom $P(X) = 4X^3 - g_2X - g_3$ ein Gitter bzw. ein Torus entspringt. Dazu erinnern wir daran, dass dem Polynom P eine projektive Kurve $\widetilde{X}(P)$ zugeordnet wurde (s. Anhang zu §3). Wir wollen versuchen, anschaulich klar zu machen, dass diese Kurve topologisch ein Torus ist. Dazu betrachten wir die Projektion des affinen Teils der Kurve auf die erste Koordinate. Diese liefert eine stetige Abbildung der projektiven Kurve auf den eindimensionalen projektiven Raum, also die Riemann'sche Zahlkugel, $p : \widetilde{X}(P) \longrightarrow \overline{\mathbb{C}}$. Aus der Tatsache, dass das Polynom den Grad 3 hat, folgert man, dass es vier Punkte auf der Kugel gibt, welche genau einen Urbildpunkt, alle anderen Punkte jedoch genau zwei Urbildpunkte haben. Man sagt, dass die Kurve die Zahlkugel zweiblättrig mit vier Verzweigungspunkten überlagert. Man teilt die vier Punkte in zwei Paare auf und verbindet die beiden Punkte jedes Paars mit einer Kurve. Die Bilder der beiden Kurven seien disjunkt. Man betrachtet dann das Komplement der Bilder der beiden Kurven in der Kugel. Dies ist also eine zweifach geschlitzte Kugel. Man muss sich nun überlegen, dass das Urbild der geschlitzten Kugel bezüglich p in zwei Zusammenhangskomponenten zerfällt, welche beide durch p topologisch auf die geschlitzte Kugel abgebildet werden. Die projektive Kurve kann also aus zwei Exemplaren der geschlitzten Kugel gewonnen werden, indem man diese längs der Schlitze, wie im folgenden Bild skizziert, richtig zusammenheftet. Das Resultat ist ein Torus.

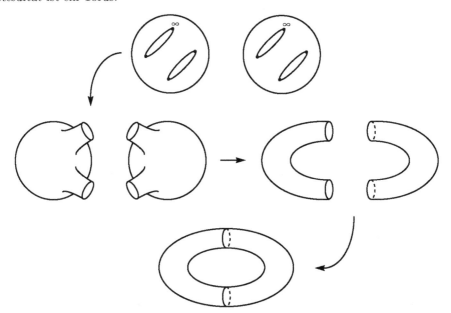

In der Theorie der RIEMANN'schen Flächen werden wir das angedeutete Verfahren exakt durchführen und so einen neuen Zugang zur Theorie der elliptische Funktionen erhalten.

Übungsaufgaben zu V.5

1. Die Nullstellen e_1, e_2 und e_3 des Polynoms $4X^3 - g_2 X - g_3$ sind genau dann reell, wenn g_2 und g_3 reell sind und die Diskriminante $\Delta = g_2^3 - 27 g_3^2$ nicht negativ ist.

2. Die folgende Aufgabe ist mit den bisherigen Mitteln so gerade zu bewältigen:

   Sei $L \subset \mathbb{C}$ ein Gitter und $P(t) = 4t^3 - g_2 t - g_3$ das zugehörige kubische Polynom. Gegeben sei eine geschlossene Kurve $\alpha : [0,1] \to \mathbb{C}$ in der Ebene, auf der keine Nullstelle des Polynoms liegt. Gegeben sei außerdem noch eine stetige Funktion $h : [0,1] \to \mathbb{C}$ mit den Eigenschaften

   $$h(t)^2 = \frac{1}{P(\alpha(t))} \quad \text{und} \quad h(0) = h(1).$$

   Man nennt die Zahl

   $$\int_0^1 h(t)\alpha'(t)\,dt = \int_0^1 \frac{\alpha'(t)}{\sqrt{P(\alpha(t))}}\,dt$$

   eine Periode des elliptischen Integrals $\int 1/\sqrt{P(z)}\,dz$. Man zeige, dass die Perioden des elliptischen Integrals in L liegen. (Man kann sogar zeigen, dass L genau aus den Perioden des elliptischen Integrals besteht.)

   Diese Tatsache eröffnet einen Zugang zu dem Problem, dass jedes Paar (g_2, g_3) komplexer Zahlen mit von 0 verschiedener Diskriminante $\Delta = g_2^3 - 27 g_3^2$ von einem Gitter kommt. Wir werden diesen Weg erst wieder im zweiten Band im Zusammenhang mit der Theorie der RIEMANN'schen Flächen aufgreifen. In diesem Band werden wir einen anderen Beweis geben (s. V.8.9).

   Eine detaillierte Analyse liefert in konkreten Fällen explizite Formeln für eine Basis von L:

   Die Nullstellen e_1, e_2 und e_3 des Polynoms $4X^3 - g_2 X - g_3$ seien reell und paarweise verschieden und so geordnet, dass $e_2 > e_3 > e_1$ gilt. Die beiden Integrale

   $$\omega_1 = 2i \int_{-\infty}^{e_1} \frac{1}{\sqrt{-4t^3 + g_2 t + g_3}}\,dt \quad \text{und} \quad \omega_2 = 2 \int_{e_2}^{\infty} \frac{1}{\sqrt{4t^3 - g_2 t - g_3}}\,dt$$

   bilden eine Basis des Gitters L.

3. Man beweise mit Hilfe der Verdoppelungsformel der WEIERSTRASS'schen $\wp$-Funktion die FAGNANO'sche Verdoppelungsformel für den Lemniskatenbogen

   $$2\int_0^x \frac{1}{\sqrt{1-t^4}}\,dt = \int_0^y \frac{1}{\sqrt{1-t^4}}\,dt \quad \text{mit} \quad y = 2x\frac{\sqrt{1-x^4}}{1+x^4}.$$

4. *Man zeige:* Die Rektifikation einer Ellipse mit der Gleichung

   $$\frac{x^2}{a^2} + \frac{y^2}{b^2} = 1 \quad (0 < b \le a)$$

   führt auf ein Integral vom Typ

   $$\int \frac{1 - k^2 x^2}{\sqrt{(1-x^2)(1-k^2 x^2)}}\,dx.$$

Welche Bedeutung hat dabei k? Der gesamte Umfang der Ellipse ist

$$U = 4a \int_0^1 \frac{1 - k^2 x^2}{\sqrt{(1 - x^2)(1 - k^2 x^2)}} \, dx = 4a \int_0^{\pi/2} \sqrt{1 - k^2 \sin^2 t} \, dt.$$

(Dies ist ein sogenanntes elliptisches Integral zweiter Gattung. Von elliptischen Integralen spricht man allgemein, wenn der Integrand das Produkt einer rationalen Funktion mit einer Quadratwurzel eines Polynoms dritten oder vierten Grades ohne mehrfache Nullstelle ist. Der Begriff „elliptische Funktion" hat seine historische Wurzel darin, dass die Berechnung von Ellipsenbögen auf solche Integrale führt.)

6. Das Abel'sche Theorem

Wir wollen uns mit der Frage beschäftigen, unter welchen Bedingungen eine elliptische Funktion zu vorgegebenen Pol- und Nullstellen existiert.

Es ist nützlich, zunächst den viel einfacheren Fall der *rationalen* Funktionen

$$f(z) = \frac{P(z)}{Q(z)}, \quad Q \not\equiv 0 \quad (P, Q \text{ Polynome}),$$

zu behandeln. (Rationale Funktionen sind als meromorphe Funktionen

$$f : \overline{\mathbb{C}} \longrightarrow \overline{\mathbb{C}}$$

auf der Zahlkugel aufzufassen, und jede meromorphe Funktion auf $\overline{\mathbb{C}}$ ist eine rationale Funktion.) Die rationale Funktion

$$f(z) = z - a \quad (a \in \mathbb{C})$$

hat in $z = a$ eine Nullstelle und in $z = \infty$ einen Pol erster Ordnung. Da sich jede rationale Funktion in der Form

$$f(z) = C \frac{(z - a_1)^{\nu_1} \cdots (z - a_n)^{\nu_n}}{(z - b_1)^{\mu_1} \cdots (z - b_m)^{\mu_m}}$$

schreiben lässt, folgt allgemein:

Eine rationale Funktion hat auf $\overline{\mathbb{C}}$ gleich viele Null- und Polstellen, wenn man jede so oft rechnet, wie ihre Vielfachheit angibt.

Diese Bedingung ist auch hinreichend für die Existenz einer rationalen Funktion:

Sei $M \subset \overline{\mathbb{C}}$ eine endliche Menge von Punkten. Jedem $a \in M$ sei eine ganze Zahl ν_a zugeordnet. Es gelte

$$\sum_{a \in M} \nu_a = 0.$$

Die rationale Funktion

$$f(z) = \prod_{\substack{a \in M \\ a \neq \infty}} (z - a)^{\nu_a}$$

hat in $a \in M$ eine Nullstelle bzw. Polstelle der Ordnung ν_a (je nachdem ob ν_a positiv oder negativ ist). Durch diesen Ansatz hat jedenfalls $f(z)$ im Endlichen ($z \neq \infty$) das geforderte Pol- und Nullstellenverhalten. Die Gradbedingung

$$\sum_{a \in M} \nu_a = 0$$

garantiert das richtige Verhalten auch in $z = \infty$.

Wir behandeln nun den Fall der *elliptischen Funktionen*. Wir wissen, dass eine elliptische Funktion gleichviele Pole wie Nullstellen hat (mit Vielfachheiten gerechnet). Aber diese Bedingung ist nicht hinreichend, weil z. B. keine elliptische Funktion der Ordnung 1 existiert.

Wir wollen eine elliptische Funktion f mit vorgegebenen Nullstellen $a_1, \ldots, a_n$ und Polstellen $b_1, \ldots, b_m$ konstruieren. Dabei setzen wir (im Folgenden stillschweigend) voraus, dass kein a_j mit einem b_k modulo L äquivalent ist. Es ist hingegen zugelassen, dass Punkte a_j (bzw. b_j) mehrfach auftreten. Die Funktion f soll dann eine entsprechende mehrfache Nullstelle (bzw. Polstelle) haben. Im einzelnen ist also zu fordern

$$\begin{aligned} f(z) = 0 &\iff z \equiv a_j \mod L \text{ für ein } j, \\ f(z) = \infty &\iff z \equiv b_j \mod L \text{ für ein } j. \end{aligned}$$

Die Nullstellenordnung von f in a_j ist gleich der Anzahl aller k mit

$$a_k \equiv a_j \mod L.$$

Entsprechendes gelte für die Pole.

6.1 Abel'sches Theorem (N. H. ABEL, 1826). *Eine elliptische Funktion zu vorgegebenen Nullstellen $a_1, \ldots, a_n$ und Polstellen $b_1, \ldots, b_m$ existiert dann und nur dann, wenn $m = n$ und die Abel'sche Relation*

$$\boxed{a_1 + \cdots + a_n \equiv b_1 + \cdots + b_n \mod L}$$

gilt.

Beweis. Wir wissen bereits, dass $m = n$ gelten muss (1.7). Wir zeigen zunächst, dass die Kongruenzbedingung notwendig ist, nehmen also die Existenz einer elliptischen Funktion mit dem angegebenen Verhalten an. Wir wählen einen Punkt $a \in \mathbb{C}$, so dass die verschobene Grundmasche

$$\mathcal{F}_a = \{z = a + t_1\omega_1 + t_2\omega_2; \quad 0 \le t_1, t_2 \le 1\}$$

den Nullpunkt nicht enthält und auf ihrem Rand weder Pole noch Nullstellen von f liegen. Da die Kongruenzbedingung aus 6.1 sich nicht ändert, wenn man die Punkte a_j und b_j modulo L abändert, können wir

$$a_j, b_j \in \overset{\circ}{\mathcal{F}}_a \ (= \text{Inneres von } \mathcal{F}_a)$$

annehmen.

Wir betrachten nun das Integral

$$I = \frac{1}{2\pi i} \int\limits_{\partial \mathcal{F}_a} \zeta \frac{f'(\zeta)}{f(\zeta)} \, d\zeta.$$

Der Integrand hat Pole erster Ordnung in den Stellen $a_1, \ldots, a_n, \ b_1, \ldots, b_n$. Die Residuensumme ist offenbar (s. III.6.4)

$$I = a_1 + \cdots + a_n - b_1 - \cdots - b_n.$$

Wir müssen $I \in L$ zeigen. Dazu vergleichen wir die Integrale zweier gegenüberliegender Seiten. Wir sind fertig, wenn wir

$$\frac{1}{2\pi i} \left[\int\limits_{a}^{a+\omega_1} + \int\limits_{a+\omega_1+\omega_2}^{a+\omega_2} \right] \in L$$

(entsprechend, wenn man ω_1 und ω_2 vertauscht) zeigen können. Es gilt allgemein

$$\int\limits_{a+\omega_1+\omega_2}^{a+\omega_2} g(\zeta) \, d\zeta = - \int\limits_{a+\omega_2}^{a+\omega_1+\omega_2} g(\zeta) \, d\zeta = - \int\limits_{a}^{a+\omega_1} g(\zeta + \omega_2) \, d\zeta.$$

Im Spezialfall

$$g(z) = \frac{z f'(z)}{f(z)}$$

gilt

$$g(z) - g(z + \omega_2) = -\omega_2 \frac{f'(z)}{f(z)}.$$

Daher erhält man (bei analoger Rechnung für die beiden anderen Seiten)

$$I = -\frac{\omega_2}{2\pi i} \int\limits_{a}^{a+\omega_1} \frac{f'(\zeta)}{f(\zeta)} \, d\zeta + \frac{\omega_1}{2\pi i} \int\limits_{a}^{a+\omega_2} \frac{f'(\zeta)}{f(\zeta)} \, d\zeta.$$

Da ω_1 und ω_2 in L enthalten sind, läuft das ganze darauf hinaus,

$$\frac{1}{2\pi i} \int\limits_a^{a+\omega} \frac{f'(\zeta)}{f(\zeta)}\, d\zeta \in \mathbb{Z} \quad \text{für} \quad \omega \in L$$

zu zeigen.

Die Funktion $f(z)$ hat nach Voraussetzung auf der Verbindungsstrecke zwischen a und $a+\omega$ keinen Pol und keine Nullstelle. Daher existiert ein offenes Rechteck (insbesondere ein Elementargebiet), welches die Strecke enthält und in welchem $f(z)$ analytisch und ohne Nullstellen ist. In diesem Gebiet können wir

$$f(z) = e^{h(z)}$$

mit einer analytischen Funktion h schreiben (II.2.9). Diese ist eine Stammfunktion von f'/f. Es gilt also

$$\int\limits_a^{a+\omega} \frac{f'(\zeta)}{f(\zeta)}\, d\zeta = h(a+\omega) - h(a).$$

Wegen

$$e^{h(a+\omega)} = f(a+\omega) = f(a) = e^{h(a)}$$

können sich $h(a+\omega)$ und $h(a)$ nur um ein ganzzahliges Vielfaches von $2\pi i$ unterscheiden, was zu beweisen war. $\square$

Wir kommen nun zu dem (schwierigeren) Beweis der

Umkehrung. Die Bedingung aus 6.1 sei erfüllt. Wir konstruieren eine passende elliptische Funktion f.

(*Nebenbei.* Die Funktion f ist bis auf einen konstanten Faktor eindeutig bestimmt, da der Quotient zweier elliptischer Funktionen mit demselben Null- und Polstellenverhalten nach dem ersten LIOUVILLE'schen Satz konstant ist.)

Die Konstruktion beruht auf folgendem

6.2 Hilfssatz. *Es existiert (zu gegebenem Gitter $L \subset \mathbb{C}$) eine analytische Funktion*

$$\sigma : \mathbb{C} \longrightarrow \mathbb{C}$$

mit folgenden Eigenschaften:

1) $\sigma(z+\omega) = e^{az+b}\sigma(z)$, $\omega \in L$. *Dabei sind a, b gewisse komplexe Zahlen, welche von ω abhängen dürfen ($a = a_\omega$, $b = b_\omega$), nicht aber von z.*
2) σ *hat eine Nullstelle z_0 erster Ordnung, und jede andere Nullstelle von σ ist modulo L mit z_0 äquivalent.*

Da der Faktor e^{az+b} von 0 verschieden ist, sind mit z_0 auch alle äquivalenten Punkte $z_0 + \omega$ Nullstellen erster Ordnung von $\sigma(z)$.

Wir zeigen nun, wie aus diesem Hilfssatz das ABEL'sche Theorem folgt, und geben danach zwei verschiedene Existenzbeweise für $\sigma(z)$.

Konstruktion von $f(z)$ mittels $\sigma(z)$.

Wir können und wollen annehmen, dass

$$a_1 + \cdots + a_n = b_1 + \cdots + b_n$$

(und nicht nur „$\equiv$ mod L") gilt, indem wir einen der Punkte — etwa a_1 — durch einen modulo L äquivalenten ersetzen. Wir bilden dann die Funktion

$$f(z) = \frac{\prod_{j=1}^n \sigma(z_0 + z - a_j)}{\prod_{j=1}^n \sigma(z_0 + z - b_j)}.$$

Diese Funktion hat wegen 6.2,2) das gewünschte Pol- und Nullstellenverhalten. Sie ist aber auch *elliptisch*! Denn wegen 6.2,1) gilt

$$f(z + \omega) = \frac{\prod_{j=1}^n e^{a(z_0 + z - a_j) + b}}{\prod_{j=1}^n e^{a(z_0 + z - b_j) + b}} f(z).$$

Der rechts auftretende Faktor ist wegen der Voraussetzung $a_1 + \cdots + a_n = b_1 + \cdots + b_n$ identisch Eins! $\square$

Erster Existenzbeweis für σ (nach Weierstraß).

Als Beispiel zum WEIERSTRASS'schen Produktsatz hatten wir schon eine ganze Funktion σ konstruiert, die Nullstellen erster Ordnung genau in den Punkten von L hat. Wir wiederholen kurz die Konstruktion.

Es ist naheliegend, ein WEIERSTRASSprodukt

$$\sigma(z) = z \prod_{\substack{\omega \in L \\ \omega \neq 0}} \left(1 - \frac{z}{\omega}\right) e^{P_\omega(z)}$$

anzusetzen. Da die Reihe

$$\sum_{\omega \neq 0} |\omega|^{-3}$$

konvergiert, kann man die konvergenzerzeugenden Polynome $P_\omega(z)$ in der Form

$$P_\omega(z) = P\left(\frac{z}{\omega}\right)$$

mit einem festen Polynom P ansetzen. Dieses hat man so zu wählen, dass die ersten drei TAYLORkoeffizienten von

$$1 - (1 - z)e^{P(z)}$$

verschwinden (dass die Taylorreihe also mit Cz^3 beginnt). Dann gilt nämlich

$$\left|1 - \left(1 - \frac{z}{\omega}\right)e^{P_\omega(z)}\right| \leq \text{Const.}\, |\omega|^{-3},$$

wobei die Konstante unabhängig von z gewählt werden kann, wenn z in einem Kompaktum variiert. Das unendliche Produkt konvergiert dann normal.

Offenbar hat das Polynom

$$P(z) = z + \frac{1}{2}z^2$$

die gewünschte Eigenschaft. Halten wir fest:

Das unendliche Produkt

$$\sigma(z) := z \prod_{\substack{\omega \in L \\ \omega \neq 0}} \left(1 - \frac{z}{\omega}\right) \cdot \exp\left(\frac{z}{\omega} + \frac{z^2}{2\omega^2}\right)$$

konvergiert in $\mathbb{C}$ normal und stellt daher eine ganze ungerade Funktion σ dar. Diese Funktion verschwindet in den Gitterpunkten in erster Ordung und hat außerhalb von L keine Nullstellen.

Als nächstes beweisen wir das Transformationsverhalten

$$\sigma(z + \omega) = e^{az+b}\sigma(z) \qquad (\omega \in L).$$

Da $\sigma(z)$ und $\sigma(z + \omega)$ dieselben Nullstellen haben, ist jedenfalls $\sigma(z+\omega)/\sigma(z)$ eine in ganz $\mathbb{C}$ analytische Funktion ohne Nullstellen und daher von der Form $e^{h(z)}$ mit einer ganzen Funktion $h(z)$ (II.2.9):

$$\sigma(z + \omega) = \sigma(z)e^{h(z)}.$$

Unsere Behauptung lautet

$$h'' = 0.$$

Eine einfache Rechnung zeigt

$$h'(z) = \frac{\sigma'(z + \omega)}{\sigma(z + \omega)} - \frac{\sigma'(z)}{\sigma(z)}.$$

Die Behauptung lautet also

$$\left(\frac{\sigma'}{\sigma}\right)'(z + \omega) = \left(\frac{\sigma'}{\sigma}\right)'(z),$$

mit anderen Worten:

$$\left(\frac{\sigma'}{\sigma}\right)' \quad \text{ist eine elliptische Funktion.}$$

Die „logarithmische Ableitung"

$$\frac{\sigma'(z)}{\sigma(z)} \quad (= \text{„}(\log \circ \sigma)'(z)\text{"})$$

berechnet sich zu

$$\frac{\sigma'(z)}{\sigma(z)} = \frac{1}{z} + \sum_{\omega \in L - \{0\}} \left[\frac{-1/\omega}{1 - z/\omega} + \frac{1}{\omega} + \frac{z}{\omega^2} \right].$$

Nochmaliges Ableiten ergibt das Negative der WEIERSTRASS'schen $\wp$-Funktion!

$$\boxed{\left(\frac{\sigma'}{\sigma} \right)'(z) = -\wp(z).}$$

Die σ-Funktion steht also in engem Zusammenhang mit der $\wp$-Funktion.

Zweiter Existenzbeweis für σ.

Zunächst muss das Gitter L präpariert werden. Wir setzen

$$\tau = \pm \frac{\omega_2}{\omega_1}$$

und richten das Vorzeichen so ein, dass τ in der oberen Halbebene liegt. Sei $f(z)$ eine elliptische Funktion zum Gitter L. Dann ist $g(z) = f(\omega_1 z)$ eine elliptische Funktion zum Gitter $\mathbb{Z} + \mathbb{Z}\tau$ und umgekehrt. Es ist daher keine Einschränkung der Allgemeinheit, wenn wir von vornherein

$$\boxed{\omega_1 = 1 \text{ und } \omega_2 = \tau, \ \operatorname{Im} \tau > 0,}$$

annehmen.

Schlüssel für die zweite Konstruktion ist die *Thetareihe*

$$\boxed{\vartheta(\tau, z) := \sum_{n=-\infty}^{\infty} e^{\pi \mathrm{i}(n^2 \tau + 2nz)},}$$

welche wir zu festem τ als Funktion von z betrachten. Wir stellen den Beweis ihrer normalen Konvergenz für einen Moment zurück und leiten — Konvergenz vorausgesetzt — ihre Transformationseigenschaften ab.

Es gilt

1) $\vartheta(\tau, z + 1) = \vartheta(\tau, z)$ (wegen $e^{2\pi \mathrm{i}n} = 1$),

2) $\displaystyle \vartheta(\tau, z + \tau) = \sum_{n=-\infty}^{\infty} e^{\pi \mathrm{i}(n^2 \tau + 2n\tau + 2nz)}$

$$= e^{-\pi \mathrm{i}\tau} \sum_{n=-\infty}^{\infty} e^{\pi \mathrm{i}[(n+1)^2 \tau + 2nz]}.$$

Da mit n auch $n + 1$ alle ganzen Zahlen durchläuft, erhalten wir

$$\vartheta(\tau, z + \tau) = e^{-\pi i(\tau + 2z)} \vartheta(\tau, z).$$

Damit haben wir für die Erzeugenden $\omega = \omega_1$ und $\omega = \omega_2$ ein Transformationsgesetz der Art

$$\vartheta(\tau, z + \omega) = e^{a_\omega z + b_\omega} \vartheta(\tau, z)$$

bewiesen. Es folgt dann durch iterierte Anwendung für beliebige ω.

Es lohnt sich also, die Konvergenz zu untersuchen.

Konvergenzbeweis. Sei

$$\tau = u + iv \quad (v > 0) \quad \text{und} \quad z = x + iy.$$

Dann gilt

$$\left| e^{\pi i(n^2 \tau + 2nz)} \right| = e^{-\pi(n^2 v + 2ny)}.$$

Wenn z in einem vorgegebenen Kompaktum variiert (also y beschränkt bleibt), gilt

$$n^2 v + 2ny \geq \frac{1}{2} n^2 v \text{ mit Ausnahme höchstens endlich vieler } n.$$

Die Reihe

$$\sum_{n=-\infty}^{\infty} q^{n^2}, \quad q = e^{-\frac{\pi}{2}v} < 1.$$

konvergiert aber, denn die durch $n > 0$ und $n < 0$ definierten Teilreihen sind Teilreihen der *geometrischen Reihe*.

Die normale Konvergenz ist damit bewiesen, $\vartheta(\tau, z)$ ist eine ganze Funktion mit dem gewünschten Transformationsverhalten.

Wir müssen noch zeigen, dass $\vartheta(\tau, z)$ modulo L genau eine Nullstelle hat. Dazu betrachten wir eine verschobene Grundmasche $\mathcal{F}_a$, auf deren Rand keine Nullstelle von $\vartheta(\tau, z)$ liegt, und zeigen

$$\frac{1}{2\pi i} \int_{\partial \mathcal{F}_a} \frac{\vartheta'(\tau, \zeta)}{\vartheta(\tau, \zeta)} \, d\zeta = 1.$$

Da der Integrand die Periode 1 hat, heben sich die Integrale der linken und rechten Randkante gegenseitig auf. Um die Integrale über die obere und die untere Randkante zu vergleichen, beachten wir, dass für

$$g(z) = \frac{\vartheta'(\tau, z)}{\vartheta(\tau, z)} \quad (= „(\log \circ \vartheta)'(\tau, z)")$$

gilt:

$$g(z + \tau) - g(z) = -2\pi i.$$

Hieraus folgt

$$\int\limits_{a}^{a+1} g(\zeta)\,d\zeta + \int\limits_{a+1+\tau}^{a+\tau} g(\zeta)\,d\zeta = \int\limits_{a}^{a+1} [g(\zeta) - g(\zeta + \tau)]\,d\zeta = 2\pi i.$$

Wir erhalten

$$\frac{1}{2\pi i} \int\limits_{\partial \mathcal{F}_a} g(\zeta)\,d\zeta = 1,$$

wie behauptet.   □

Man kann die Nullstelle nebenbei bemerkt konkret angeben, denn es gilt offenbar

$$\vartheta\left(\tau, \frac{1+\tau}{2}\right) = 0.$$

Die Nullstellen von ϑ sind also genau die mit $(1 + \tau)/2$ äquivalenten Punkte (modulo $\mathbb{Z} + \mathbb{Z}\tau$).

Anmerkung. Wir haben hier die Funktion ϑ bei festem Parameter $\tau \in \mathbb{H}$ betrachtet. Variiert man jedoch das Gitter $L_\tau := \mathbb{Z} + \mathbb{Z}\tau$ (vergl. §7), dann kann man ϑ als Funktion auf $\mathbb{H} \times \mathbb{C}$ auffassen. Mit den analytischen Eigenschaften dieser Funktion (speziell als Funktion von τ) werden wir uns in VI.4 ausführlich beschäftigen.

Historische Notiz. Man kann die Theorie der elliptischen Funktionen vollständig auf der Thetareihe $\vartheta(\tau, z)$ anstelle von $\wp(z)$ aufbauen. Dies war der historisch erste Zugang von ABEL (1827/28) und JACOBI (ab 1828).

Übungsaufgaben zu V.6

1. Sei $\sigma(z) = \sigma(z; L)$ die WEIERSTRASS'sche σ-Funktion zum Gitter $L = \mathbb{Z}\omega_1 + \mathbb{Z}\omega_2$. Die Funktion

$$\zeta(z) := \zeta(z; L) := \frac{\sigma'(z)}{\sigma(z)}$$

heißt *Weierstraß'sche ζ-Funktion* zum Gitter L (nicht zu verwechseln mit der RIEMANN'schen ζ-Funktion!). Es ist dann $-\zeta'(z) = \wp(z)$ die WEIERSTRASS'sche $\wp$-Funktion zum Gitter L.

Wir nehmen $\mathrm{Im}(\omega_2/\omega_1) > 0$ an. Man zeige: Mit $\eta_\nu := \zeta(z + \omega_\nu) - \zeta(z)$ für $\nu = 1, 2$ gilt die

$$\boxed{\begin{array}{c} \textsc{Legendre}\text{'sche Relation} \\[4pt] \eta_1\omega_2 - \eta_2\omega_1 = 2\pi i. \end{array}}$$

Anleitung. Man betrachte ein geeignetes nullstellenzählendes Integral.

2. Man kann die Existenz von ζ auch anders erhalten: Durch

$$\xi(z) := -\frac{1}{z} - \sum_{\substack{\omega \in L \\ \omega \neq 0}} \left(\frac{1}{z-\omega} + \frac{1}{\omega} + \frac{z}{\omega^2}\right)$$

wird eine (ungerade) Stammfunktion von $\wp$ definiert. (Es ist $\xi(z) = -\zeta(z)$.)

3. Man beweise, dass die Nullstellen der Thetareihe $\vartheta(\tau, z)$ genau in den zu $\frac{1+\tau}{2}$ mod $L_\tau = \mathbb{Z} + \mathbb{Z}\tau$ äquivalenten Punkten liegen.

4. Für $z, a \in \mathbb{C} - L$ gilt

$$\wp(z) - \wp(a) = -\frac{\sigma(z+a)\sigma(z-a)}{\sigma(z)^2\sigma(a)^2}$$

und

$$\wp'(a) = -\frac{\sigma(2a)}{\sigma(a)^4}.$$

5. **Konstruktion elliptischer Funktionen mit vorgegebenen Hauptteilen**

   Sei f eine elliptische Funktion zum Gitter L. Wir wählen ein Repräsentantensystem mod L $b_1, \ldots, b_n$ der Pole von f und betrachten die Hauptteile von f in den Polen,

$$\sum_{\nu=1}^{l_j} \frac{a_{\nu,j}}{(z-b_j)^\nu}.$$

   Nach dem zweiten Liouville'schen Satz gilt dann

$$\sum_{j=1}^{n} a_{1,j} = 0.$$

   Man zeige:

   a) Seien $c_1, \ldots, c_n \in \mathbb{C}$ vorgegebene Zahlen und $b_1, \ldots, b_n$ mod L inäquivalente Punkte. Die mit Hilfe der Weierstrass'sche ζ-Funktion zum Gitter L gebildete Funktion

$$h(z) := \sum_{j=1}^{n} c_j \zeta(z - b_j)$$

   ist genau dann elliptisch, wenn $\sum_{j=1}^{n} c_j = 0$ gilt.

   b) Seien $b_1, \ldots, b_n$ paarweise mod L inäquivalente komplexe Zahlen und $l_1, \ldots, l_n$ vorgegebene natürliche Zahlen. Sind $a_{\nu,j}$ $(1 \leq j \leq n, 1 \leq \nu \leq l_j)$ komplexe Zahlen mit $\sum a_{1,j} = 0$ und $a_{l_j,j} \neq 0$ für alle j, dann gibt es eine elliptische

Funktion zum Gitter L, deren Pole mod L gerade die Punkte $b_1, \ldots, b_n$ sind und deren Hauptteile durch

$$\sum_{\nu=1}^{l_j} \frac{a_{\nu,j}}{(z - b_j)^\nu}$$

gegeben sind.

6. Sei $L \subset \mathbb{C}$ ein Gitter, $b_1, b_2 \in \mathbb{C}$ mit $b_1 - b_2 \notin L$. Man gebe eine elliptische Funktion zum Gitter L an, die in b_1 und b_2 Pole hat und deren Hauptteile durch

$$\frac{1}{z - b_1} + \frac{2}{(z - b_1)^2} \quad \text{und} \quad \frac{-1}{z - b_2}$$

gegeben sind.

7. Wir interessieren uns für alternierende $\mathbb{R}$-bilineare Abbildungen

$$A : \mathbb{C} \times \mathbb{C} \longrightarrow \mathbb{R}.$$

Man zeige:

a) Jede Abbildung A dieser Art ist von der Form

$$A(z, w) = h \, \text{Im} \, (z\bar{w})$$

mit einer eindeutig bestimmten reellen Zahl h. Es gilt $h = A(1, i)$.

b) Sei $L \subset \mathbb{C}$ ein Gitter. Man nennt A eine *Riemann'sche Form* auf L, falls h positiv ist und falls A auf $L \times L$ nur ganzzahlige Werte annimmt. Ist

$$L = \mathbb{Z}\omega_1 + \mathbb{Z}\omega_2, \quad \text{Im} \, \frac{\omega_2}{\omega_1} > 0,$$

so wird durch

$$A(t_1\omega_1 + t_2\omega_2, s_1\omega_1 + s_2\omega_2) := \det \begin{pmatrix} t_1 & s_1 \\ t_2 & s_2 \end{pmatrix}$$

eine RIEMANN'sche Form auf L definiert.

c) Eine nichtkonstante analytische Funktion $\Theta : \mathbb{C} \to \mathbb{C}$ heißt *Thetafunktion* zum Gitter $L \subset \mathbb{C}$, falls sie einer Gleichung vom Typ

$$\Theta(z + \omega) = e^{a_\omega z + b_\omega} \cdot \Theta(z)$$

für alle $z \in \mathbb{C}$ und alle $\omega \in L$ genügt. Dabei seien a_ω und b_ω Konstanten, die nur von L, aber nicht von z abhängen. Die WEIERSTRASS'sche σ-Funktion zum Gitter L ist also eine Thetafunktion in diesem Sinne.

Man zeige, dass eine Riemann'sche Form A auf L existiert, so dass

$$A(\omega, \lambda) = \frac{1}{2\pi i}(a_\omega \lambda - \omega a_\lambda) \quad \text{für} \quad \omega, \lambda \in L$$

gilt.

Anleitung. Um die Ganzzahligkeit von A auf $L \times L$ zu beweisen, zeige man, dass $A(\omega, \lambda)$ im Falle $\text{Im} \, (\lambda/\omega) > 0$ gleich der Anzahl der Nullstellen von Θ im Parallelogramm

$$P = P(\omega, \lambda) = \{s\omega + t\lambda; \quad 0 \le s, t < 1\}$$

ist (vgl. Aufgabe 1).

Man kann allgemeiner RIEMANN'sche Formen zu Gittern $L \subset \mathbb{C}^n$ betrachten. Darunter versteht man alternierende Bilinearformen, welche Realteile positiv definiter Hermite'scher Formen sind und welche auf $L \times L$ nur ganzzahlige Werte annehmen. Im Gegensatz zum Fall $n = 1$ stellt im Falle $n > 1$ die Existenz von RIEMANN'schen Formen eine starke Einschränkung an das Gitter dar. Wir werden hierauf im zweiten Band ausführlich zurückkommen.

7. Die elliptische Modulgruppe

In diesem Abschnitt wollen wir nicht ein festes Gitter betrachten, sondern die *Mannigfaltigkeit aller Äquivalenzklassen* von Gittern. Dabei mögen zwei Gitter

$$L \subset \mathbb{C}, \quad L' \subset \mathbb{C},$$

äquivalent heißen $(L \sim L')$, wenn sie durch eine Drehstreckung auseinander hervorgehen, wenn es also eine komplexe Zahl a mit

$$L' = aL \quad (a \neq 0)$$

gibt. Die elliptischen Funktionen bezüglich L und L' entsprechen sich dann umkehrbar eindeutig mittels der Zuordnungen

$$f(z) \longmapsto f(a^{-1}z), \quad g(z) \longmapsto g(az).$$

Äquivalente Gitter sind „im wesentlichen" gleich.

Jedes Gitter $L' \subset \mathbb{C}$ ist äquivalent zu einem der Form

$$L = \mathbb{Z} + \mathbb{Z}\tau, \quad \tau \in \mathbb{H}, \quad \text{d.h.} \quad \operatorname{Im}\tau > 0.$$

Wann sind zwei Gitter

$$L = \mathbb{Z} + \mathbb{Z}\tau \quad \text{und} \quad L' = \mathbb{Z} + \mathbb{Z}\tau', \quad \tau, \tau' \in \mathbb{H},$$

äquivalent? Nach Definition genau dann, wenn es eine komplexe Zahl $a \neq 0$ mit der Eigenschaft

$$\mathbb{Z} + \mathbb{Z}\tau' = a(\mathbb{Z} + \mathbb{Z}\tau)$$

gibt. Dann muss insbesondere

$$\tau' = a(\alpha\tau + \beta) \quad \text{und}$$
$$1 = a(\gamma\tau + \delta)$$

mit ganzen α, β, γ und δ gelten. Dividiert man die beiden Ausdrücke, so folgt

$$\boxed{\tau' = \frac{\alpha\tau + \beta}{\gamma\tau + \delta}\,.}$$

Der Punkt τ' geht also aus τ durch eine spezielle MÖBIUStransformation hervor. Bevor wir diese Analyse zu Ende führen, wollen wir ganz allgemein die Abbildungen

$$\tau \longmapsto \frac{\alpha\tau + \beta}{\gamma\tau + \delta}\,, \quad \operatorname{Im}\tau > 0,$$

für reelle α, β, γ und δ untersuchen. Wir nehmen an, dass γ oder δ von 0 verschieden ist. Dann ist

$$\gamma\tau + \delta \neq 0.$$

Wir berechnen den Imaginärteil von τ':

$$\begin{aligned}
\operatorname{Im}\left(\frac{\alpha\tau + \beta}{\gamma\tau + \delta}\right) &= \frac{1}{2\mathrm{i}}\left[\frac{\alpha\tau + \beta}{\gamma\tau + \delta} - \frac{\alpha\overline{\tau} + \beta}{\gamma\overline{\tau} + \delta}\right]\\
&= \frac{1}{2\mathrm{i}}\frac{(\gamma\overline{\tau} + \delta)(\alpha\tau + \beta) - (\alpha\overline{\tau} + \beta)(\gamma\tau + \delta)}{|\gamma\tau + \delta|^2}\,.
\end{aligned}$$

Wir bezeichnen mit

$$D = \alpha\delta - \beta\gamma$$

die Determinante der Matrix $\begin{pmatrix} \alpha & \beta \\ \gamma & \delta \end{pmatrix}$ und erhalten

7.1 Hilfssatz. *Seien α, β, γ und δ vier reelle Zahlen, so dass γ oder δ von 0 verschieden ist. Ist τ ein Punkt in der oberen Halbebene, so gilt*

$$\operatorname{Im}\left(\frac{\alpha\tau + \beta}{\gamma\tau + \delta}\right) = \frac{D \cdot \operatorname{Im}\tau}{|\gamma\tau + \delta|^2}\,.$$

Für uns ist nur der Fall von Interesse, dass auch τ' in der oberen Halbebene liegt, dies bedeutet

$$\alpha\delta - \beta\gamma > 0.$$

Bezeichnung.

$$\mathrm{GL}_+(2,\mathbb{R}) := \left\{ M = \begin{pmatrix} \alpha & \beta \\ \gamma & \delta \end{pmatrix};\quad \alpha,\beta,\gamma,\delta \in \mathbb{R},\ \alpha\delta - \beta\gamma > 0 \right\}.$$

Diese Menge von Matrizen ist eine Gruppe, d. h.

a) $E = \begin{pmatrix} 1 & 0 \\ 0 & 1 \end{pmatrix} \in \mathrm{GL}_+(2,\mathbb{R})$.

b) Mit

$$M = \begin{pmatrix} \alpha & \beta \\ \gamma & \delta \end{pmatrix} \quad \text{und} \quad N = \begin{pmatrix} \alpha' & \beta' \\ \gamma' & \delta' \end{pmatrix}$$

ist auch das Matrizenprodukt

$$M \cdot N = \begin{pmatrix} \alpha\alpha' + \beta\gamma' & \alpha\beta' + \beta\delta' \\ \gamma\alpha' + \delta\gamma' & \gamma\beta' + \delta\delta' \end{pmatrix}$$

in $GL_+(2, \mathbb{R})$ enthalten.

c) Mit M ist auch die inverse Matrix

$$M^{-1} = \frac{1}{\det M} \begin{pmatrix} \delta & -\beta \\ -\gamma & \alpha \end{pmatrix}$$

in $GL_+(2, \mathbb{R})$ enthalten.

Jedem Element $M \in GL_+(2, \mathbb{R})$ ist also eine analytische Abbildung der oberen Halbebene in sich zugeordnet. Dem Produkt zweier Matrizen entspricht hierbei die Hintereinanderausführung der Abbildungen. Dies kann man leicht nachrechnen, wurde aber auch schon in Kapitel III im Anhang zu §5 bemerkt. Wir erhalten insbesondere, dass diese Selbstabbildungen der oberen Halbebene konform sind, die Umkehrabbildung wird durch die inverse Matrix geliefert. Fassen wir zusammen:

7.2 Satz. *Sei*

$$M = \begin{pmatrix} \alpha & \beta \\ \gamma & \delta \end{pmatrix} \quad reell, \quad \alpha\delta - \beta\gamma > 0.$$

Die Substitution

$$\tau \longmapsto M\tau := \frac{\alpha\tau + \beta}{\gamma\tau + \delta}$$

definiert eine konforme Selbstabbildung der oberen Halbebene $\mathbb{H}$. Es gilt

a) $$E\tau = \tau, \quad E = \begin{pmatrix} 1 & 0 \\ 0 & 1 \end{pmatrix},$$

b) $$M(N\tau) = (M \cdot N)\tau, \quad M, N \in GL_+(2, \mathbb{R}).$$

Die Umkehrabbildung ist durch die inverse Matrix

$$M^{-1} = \frac{1}{\alpha\delta - \beta\gamma} \begin{pmatrix} \delta & -\beta \\ -\gamma & \alpha \end{pmatrix}$$

gegeben. Zwei Matrizen definieren genau dann dieselbe Abbildung, falls sie sich um einen skalaren Faktor unterscheiden.

Da die obere Halbebene $\mathbb{H}$ durch die Abbildung

$$\tau \longmapsto \frac{\tau - i}{\tau + i}$$

auf den Einheitskreis konform abgebildet werden kann und da die konformen Selbstabbildungen des Einheitskreises bekannt sind (III.3.10), kann man leicht beweisen, dass jede konforme Selbstabbildung der oberen Halbebene von dem in 7.2 beschriebenen Typ ist (s. Aufgabe 6 aus V.7).

Nach diesem Exkurs über gebrochen lineare Substitutionen kehren wir zu unserem Äquivalenzproblem

$$\mathbb{Z} + \mathbb{Z}\tau' = a(\mathbb{Z} + \mathbb{Z}\tau)$$

zurück. Die Inklusion „⊂" ist gleichbedeutend mit der Existenz einer *ganzen* Matrix M mit der Eigenschaft

$$\begin{pmatrix} \tau' \\ 1 \end{pmatrix} = aM \cdot \begin{pmatrix} \tau \\ 1 \end{pmatrix}.$$

Die umgekehrte Inklusion ist äquivalent mit der Existenz einer *ganzen* Matrix N mit

$$a \begin{pmatrix} \tau \\ 1 \end{pmatrix} = N \cdot \begin{pmatrix} \tau' \\ 1 \end{pmatrix},$$

also

$$\begin{pmatrix} \tau \\ 1 \end{pmatrix} = N \cdot M \cdot \begin{pmatrix} \tau \\ 1 \end{pmatrix}.$$

Da τ und 1 über $\mathbb{R}$ linear unabhängig sind, folgt

$$NM = E,$$

also insbesondere

$$\det N \cdot \det M = 1.$$

Da die beiden Determinanten *ganze Zahlen* sind, folgt

$$\det M = \pm 1,$$

Nach Hilfssatz 7.1 ist die Determinante positiv. Es folgt dann sogar

$$\det M = +1.$$

7.3 Definition. *Die **elliptische Modulgruppe***

$$\Gamma = \mathrm{SL}(2, \mathbb{Z}) := \{M = \begin{pmatrix} \alpha & \beta \\ \gamma & \delta \end{pmatrix}; \quad \alpha, \beta, \gamma, \delta \text{ ganz}, \quad \alpha\delta - \beta\gamma = 1\}$$

besteht aus allen ganzen 2×2-Matrizen der Determinante 1.

dass Γ eine Gruppe ist, folgt aus der Formel

$$M^{-1} = \begin{pmatrix} \delta & -\beta \\ -\gamma & \alpha \end{pmatrix}.$$

Wir haben gezeigt: Wenn die Gitter $\mathbb{Z} + \mathbb{Z}\tau$ und $\mathbb{Z} + \mathbb{Z}\tau'$ ($\operatorname{Im}\tau$, $\operatorname{Im}\tau' > 0$) äquivalent sind, so existiert eine Matrix

$$M \in \Gamma, \quad \tau' = M\tau.$$

Umgekehrt folgt hieraus die Äquivalenz der beiden Gitter:

Man schreibe die Beziehung

$$\tau' = \frac{\alpha\tau + \beta}{\gamma\tau + \delta}$$

in der Form

$$\begin{pmatrix} \tau' \\ 1 \end{pmatrix} = \begin{pmatrix} \alpha & \beta \\ \gamma & \delta \end{pmatrix} \begin{pmatrix} a\tau \\ a \end{pmatrix} \qquad (a = (\gamma\tau + \delta)^{-1}).$$

Halten wir fest:

7.4 Satz. *Zwei Gitter der Form*

$$\mathbb{Z} + \mathbb{Z}\tau \quad und \quad \mathbb{Z} + \mathbb{Z}\tau' \quad mit \quad \operatorname{Im}\tau > 0 \quad und \quad \operatorname{Im}\tau' > 0$$

sind dann und nur dann äquivalent, wenn eine Matrix $M \in \Gamma$ mit der Eigenschaft $\tau' = M\tau$ existiert.

Wir nennen zwei Punkte τ und τ' der oberen Halbebene *äquivalent*, wenn es eine Substitution $M \in \Gamma$ gibt, welche τ in τ' überführt ($\tau' = M\tau$). Es ist klar, dass hierdurch eine Äquivalenzrelation definiert wird.

Bezeichnungen.

$$\begin{aligned} \mathbb{H} &= \{\tau \in \mathbb{C}; \; \operatorname{Im}\tau > 0\} &&\text{(obere Halbebene)}, \\ [\tau] &= \{M\tau; \; M \in \Gamma\} &&\text{(Bahn eines Punktes } \tau \in \mathbb{H} \\ & &&\text{bei dieser Äquivalenzrelation),} \\ \mathbb{H}\big/_{\Gamma} &= \{[\tau]; \; \tau \in \mathbb{H}\} &&\text{(Gesamtheit aller Bahnen)}. \end{aligned}$$

Wir haben gezeigt, dass die Äquivalenzklassen von Gittern $L \subset \mathbb{C}$ umkehrbar eindeutig den Punkten von $\mathbb{H}/\Gamma$ entsprechen.

Bedeutung der Mannigfaltigkeit $\mathbb{H}/\Gamma$.

Es ist unser Ziel zu zeigen, dass zu jedem Paar komplexer Zahlen

$$(g_2, g_3), \quad g_2^3 - 27g_3^2 \neq 0,$$

ein Gitter $L \subset \mathbb{C}$ mit der Eigenschaft

$$g_2 = g_2(L), \quad g_3 = g_3(L)$$

existiert.

Die Größen $g_2(L), g_3(L)$ ändern sich, wenn man L durch ein äquivalentes Gitter ersetzt, und zwar gilt allgemein für $a \in \mathbb{C}^\bullet$

$$G_k(aL) = a^{-k} G_k(L),$$

insbesondere also

$$g_2(aL) = a^{-4} g_2(L) \quad \text{und} \quad g_3(aL) = a^{-6} g_3(L).$$

Wir hätten gerne einen Ausdruck, welcher nur von der Äquivalenzklasse eines Gitters abhängt.

Wir führen die folgenden *Bezeichnungen* ein:

1) $\Delta := g_2^3 - 27 g_3^2$ nennt man *Diskriminante*,

2) $j := \dfrac{g_2^3}{g_2^3 - 27 g_3^2}$ heißt *absolute Invariante* (nach F. KLEIN, 1879).

Es gilt

$$\Delta(aL) = a^{-12} \Delta(L)$$

und daher

$$\boxed{j(aL) = j(L) \quad (a \in \mathbb{C}^\bullet).}$$

Wir nehmen einmal an, es sei bereits bewiesen, dass zu jeder komplexen Zahl $j \in \mathbb{C}$ ein Gitter $L \subset \mathbb{C}$ mit

$$j(L) = j$$

existiert. Wir zeigen, dass man dann ein Gitter zu vorgegebenem (g_2, g_3) mit $\Delta \neq 0$ konstruieren kann:

Zunächst existiert nach Voraussetzung ein Gitter L mit

$$j(L) = \frac{g_2^3}{g_2^3 - 27 g_3^2}.$$

Da jede komplexe Zahl eine 12te Wurzel besitzt, finden wir eine Zahl $a \in \mathbb{C}$ mit der Eigenschaft

$$\Delta(aL) = a^{-12} \Delta(L) = \Delta = g_2^3 - 27 g_3^2.$$

Da sich j nicht ändert, folgt

$$g_2(aL)^3 = g_2^3 \quad \text{und} \quad g_3^2(aL) = g_3^2.$$

Ersetzt man L durch $\mathrm{i}L$, so ändert sich $g_2(L)$ nicht ($\mathrm{i}^4 = 1$), aber $g_3(L)$ ändert sein Vorzeichen. Wir können also

$$g_2(L)^3 = g_2^3 \quad \text{und} \quad g_3(L) = g_3$$

annehmen. Multipliziert man L mit einer 6ten Einheitswurzel ($\zeta^6 = 1$), so ändert sich $g_3(L)$ nicht mehr, aber

$$g_2(\zeta L) = \zeta^{-4} g_2(L).$$

Wenn ζ alle 6ten Einheitswurzeln durchläuft ($e^{2\pi i \nu/6}$, $0 \leq \nu \leq 5$), so durchläuft ζ^{-4} offensichtlich die drei dritten Einheitswurzeln. Nach geeigneter Wahl von ζ gilt daher

$$g_2(\zeta L) = g_2 \quad (\text{und} \quad g_3(\zeta L) = g_3).$$

Unser Problem ist also — wie behauptet — auf die Frage zurückgeführt, ob jede komplexe Zahl die absolute Invariante eines Gitters ist. Wir wollen diese Frage funktionentheoretisch angreifen und fassen daher die EISENSTEINreihen, die Diskriminante und die absolute Invariante als Funktionen auf der oberen Halbebene auf. Wir definieren also für $\tau \in \mathbb{H}$:

$$G_k(\tau) = G_k(\mathbb{Z} + \mathbb{Z}\tau)$$

und analog

$$g_2(\tau), \quad g_3(\tau), \quad \Delta(\tau), \quad j(\tau).$$

Dies sind Funktionen auf der oberen Halbebene.

Die Invarianzaussage

$$j(L) = j(aL)$$

ist äquivalent mit der Invarianz von $j(\tau)$ unter der Modulgruppe

$$\boxed{j\left(\frac{\alpha\tau + \beta}{\gamma\tau + \delta}\right) = j(\tau) \text{ für } \begin{pmatrix} \alpha & \beta \\ \gamma & \delta \end{pmatrix} \in \Gamma.}$$

Im nächsten Paragraphen werden wir mit *funktionentheoretischen* Mitteln unter wesentlicher Ausnutzung der obigen Invarianzbedingung zeigen, dass die j-Funktion

$$j : \mathbb{H} \longrightarrow \mathbb{C}$$

surjektiv ist.

Wir beschließen diesen Abschnitt, indem wir die expliziten Formeln für G_k als Funktionen von τ angeben:

$$\boxed{G_k(\tau) = \sum_{\substack{(c,d) \in \mathbb{Z} \times \mathbb{Z} \\ (c,d) \neq (0,0)}} (c\tau + d)^{-k} \quad (k \geq 4)}$$

und hieraus abgeleitet

$$
\begin{aligned}
g_2(\tau) &= 60 G_4(\tau), \\
g_3(\tau) &= 140 G_6(\tau), \\
\Delta(\tau) &= g_2^3(\tau) - 27 g_3^2(\tau), \\
j(\tau) &= \frac{g_2^3(\tau)}{\Delta(\tau)}.
\end{aligned}
$$

Übungsaufgaben zu V.7

1. Die elliptische Modulgruppe $\Gamma = \mathrm{SL}(2,\mathbb{Z})$ wird von den beiden Matrizen

$$
S := \begin{pmatrix} 0 & -1 \\ 1 & 0 \end{pmatrix} \quad \text{und} \quad T := \begin{pmatrix} 1 & 1 \\ 0 & 1 \end{pmatrix}
$$

erzeugt (vgl. VI.1.9).

Anleitung. Man betrachte die von den beiden Matrizen S und T erzeugte Untergruppe Γ_0 und zeige, dass eine Matrix $M \in \mathrm{SL}(2,\mathbb{Z})$ in Γ_0 enthalten ist, wenn einer ihrer vier Einträge 0 ist. Danach schließe man indirekt und betrachte eine Matrix $M = \begin{pmatrix} a & b \\ c & d \end{pmatrix} \in \Gamma$, welche nicht in Γ_0 enthalten ist und so dass $\mu = \min\{|a|, |b|, |c|, |d|\}$ minimal ist. Durch Multiplikation dieser Matrix von rechts oder von links mit einer Matrix aus Γ_0 lässt sich die positive Zahl μ verkleinern.

2. Man stelle die Matrix $M = \begin{pmatrix} 4 & 9 \\ 11 & 25 \end{pmatrix} \in \Gamma$ in der Form

$$
M = S T^{q_1} S T^{q_2} \dots S T^{q_n}, \quad q_\nu \in \mathbb{Z}, \ 1 \le \nu \le n,
$$

mit $S = \begin{pmatrix} 0 & -1 \\ 1 & 0 \end{pmatrix}$ und $T = \begin{pmatrix} 1 & 1 \\ 0 & 1 \end{pmatrix}$ dar. Ist eine solche Darstellung eindeutig?

3. Bestimme alle Matrizen $M \in \Gamma$, die

   a) mit S vertauschbar sind, d.h. für die $MS = SM$ gilt,

   b) mit $ST = \begin{pmatrix} 0 & -1 \\ 1 & 1 \end{pmatrix}$ vertauschbar sind.

4. Man bestimme die kleinste natürliche Zahl n mit

$$
(ST)^n = E = \begin{pmatrix} 1 & 0 \\ 0 & 1 \end{pmatrix}.
$$

5. *Man zeige:*

   a) Im Gitter $L_{\mathrm{i}} = \mathbb{Z} + \mathbb{Z}\mathrm{i}$ gilt $g_3(\mathrm{i}) = 0$ und $g_2(\mathrm{i}) \in \mathbb{R}^\bullet$, speziell $\Delta(\mathrm{i}) = g_2^3(\mathrm{i}) > 0$.

b) Für das Gitter $L_\omega = \mathbb{Z} + \mathbb{Z}\omega$, $\omega := e^{2\pi i/3}$, gilt $g_2(\omega) = 0$ und $g_3(\omega) \in \mathbb{R}^\bullet$, speziell $\Delta(\omega) = -27g_3^2(\omega)$.

6. Jede konforme Selbstabbildung der oberen Halbebene ist von der Gestalt

$$\tau \longmapsto \frac{a\tau + b}{c\tau + d}, \quad \begin{pmatrix} a & b \\ c & d \end{pmatrix} \in GL_+(2, \mathbb{R}).$$

Man kann sogar erreichen, dass die Determinante $ad - bc$ gleich 1 ist. Die Matrix ist dann bis auf das Vorzeichen eindeutig bestimmt, d. h. $\mathrm{Aut}(\mathbb{H}) = SL(2, \mathbb{R})/\{\pm E\}$.

Anleitung. Man benutze, dass man die konformen Selbstabbildungen von $\mathbb{E}$ kennt (III.3.10) und die Tatsache, dass die obere Halbebene und der Einheitskreis konform äquivalent sind. Da bereits die Gruppe aller affinen Transformationen $\tau \mapsto a\tau + b$, $a > 0$, b reell, auf der oberen Halbebene transitiv operiert, genügt es, den Stabilisator eines Punktes zu bestimmen. Es genügt beispielsweise zu zeigen, dass sich jede konforme Selbstabbildung der oberen Halbebene, welche den Punkt i festlässt, durch eine spezielle orthogonale Matrix

$$\begin{pmatrix} a & b \\ c & d \end{pmatrix} = \begin{pmatrix} \cos\varphi & -\sin\varphi \\ \sin\varphi & \cos\varphi \end{pmatrix}$$

darstellen lässt.

8. Die Modulfunktion j

Wir wissen, dass die sogenannte *Eisensteinreihe*

$$G_k(\tau) = {\sum}'(c\tau + d)^{-k}, \quad \mathrm{Im}\,\tau > 0,$$

für $k \geq 3$ absolut konvergiert. Der Strich am Summenzeichen deute an, dass über alle Paare $(c, d) \neq (0, 0)$ ganzer Zahlen summiert wird.

Aus der Theorie der $\wp$-Funktion wissen wir, dass die Diskriminante

$$\Delta(\tau) = g_2^3(\tau) - 27g_3^2(\tau)$$
$$(g_2 = 60G_4, \quad g_3 = 140G_6)$$

in der oberen Halbebene keine Nullstelle hat. Außer dieser Tatsache wollen wir im Folgenden von der Theorie der elliptischen Funktionen nichts mehr benutzen.

Wir zeigen nun, dass die G_k *analytische Funktionen* in $\mathbb{H}$ sind.

8.1 Hilfssatz. *Seien* $C, \delta > 0$ *reelle Zahlen. Es existiert eine reelle Zahl* $\varepsilon > 0$ *mit der Eigenschaft*

$$|c\tau + d| \geq \varepsilon\,|ci + d| = \varepsilon\,\sqrt{c^2 + d^2}$$

für alle $\tau \in \mathbb{H}$ *mit*

$$|\operatorname{Re}\tau| \le C, \quad \operatorname{Im}\tau \ge \delta$$

und alle

$$(c,d) \in \mathbb{R} \times \mathbb{R}.$$

Beweis. Für $(c,d) = (0,0)$ ist die Behauptung trivial (und uninteressant). Wir können daher $(c,d) \ne (0,0)$ annehmen. Da sich die behauptete Ungleichung nicht ändert, wenn man (c,d) durch (tc,td) ersetzt, können wir sogar

$$c^2 + d^2 = 1$$

annehmen. Die Ungleichung lautet dann

$$|c\tau + d| \ge \varepsilon \qquad (c^2 + d^2 = 1).$$

Es gilt

$$|c\tau + d|^2 = (c(\operatorname{Re}\tau) + d)^2 + (c\,\operatorname{Im}\tau)^2$$

und daher

$$|c\tau + d| \ge |c\tilde{\tau} + d|\,; \quad \tilde{\tau} = \operatorname{Re}\tau + \mathrm{i}\delta.$$

Die Funktion

$$f(c,d,u) = |c(u + \mathrm{i}\delta) + d|$$

ist positiv und nimmt auf dem durch

$$c^2 + d^2 = 1\,, \quad |u| \le C,$$

definierten Kompaktum im $\mathbb{R}^3$ ein positives Minimum ε an. $\square$

Aus Hilfssatz 2.1 folgt nun, dass die EISENSTEINreihe in den angegebenen Bereichen gleichmäßig konvergiert. Sie stellt insbesondere eine analytische Funktion dar.

8.2 Satz. *Die Eisensteinreihe vom „Gewicht" $k \ge 3$*

$$G_k(\tau) = {\sum_{}}'(c\tau + d)^{-k}$$

definiert eine analytische Funktion auf der oberen Halbebene. Insbesondere sind die Funktionen

$$g_2(\tau) = 60G_4(\tau), \qquad\qquad g_3(\tau) = 140G_6(\tau),$$
$$\Delta(\tau) = g_2(\tau)^3 - 27g_3(\tau)^2, \qquad j(\tau) = g_2^3(\tau)/\Delta(\tau)$$

analytisch in $\mathbb{H}$.

Als nächstes bestimmen wir das Transformationsverhalten von G_k unter der elliptischen Modulgruppe. An sich folgt dies aus „$G_k(aL) = a^{-k}G_k(L)$", aber wir wollen ja von elliptischen Funktionen keinen Gebrauch mehr machen.

8.3 Bemerkung. *Es gilt*

$$G_k \left(\frac{\alpha\tau + \beta}{\gamma\tau + \delta} \right) = (\gamma\tau + \delta)^k G_k(\tau) \quad \text{für} \quad \begin{pmatrix} \alpha & \beta \\ \gamma & \delta \end{pmatrix} \in \Gamma.$$

Beweis. Eine einfache Rechnung zeigt

$$c \frac{\alpha\tau + \beta}{\gamma\tau + \delta} + d = \frac{c'\tau + d'}{\gamma\tau + \delta}$$

mit

$$c' = \alpha c + \gamma d , \quad d' = \beta c + \delta d. \qquad \square$$

Mit (c,d) durchläuft auch (c',d') alle von $(0,0)$ verschiedenen Paare ganzer Zahlen. Dies sieht man am besten in der Matrixschreibweise

$$\begin{pmatrix} c' \\ d' \end{pmatrix} = \begin{pmatrix} \alpha & \gamma \\ \beta & \delta \end{pmatrix} \begin{pmatrix} c \\ d \end{pmatrix}, \quad \begin{pmatrix} c \\ d \end{pmatrix} = \begin{pmatrix} \delta & -\gamma \\ -\beta & \alpha \end{pmatrix} \begin{pmatrix} c' \\ d' \end{pmatrix}.$$

Die EISENSTEINreihen sind insbesondere periodisch

$$G_k(\tau + 1) = G_k(\tau) \quad \left(\begin{pmatrix} 1 & 1 \\ 0 & 1 \end{pmatrix} \tau = \tau + 1 \right).$$

Sie verschwinden, wie wir schon bemerkt haben, für ungerades k: Die Substitution $(c,d) \to (-c,-d)$ zeigt $G_k(\tau) = (-1)^k G_k(\tau)$.

8.4 Bemerkung. *Es gilt für gerade $k \geq 4$*

$$\lim_{\operatorname{Im}\tau \to \infty} G_k(\tau) = 2\zeta(k) = 2 \sum_{n=1}^{\infty} n^{-k} .$$

Beweis. Wegen der Periodizität von $G_k(z)$ ist es ausreichend, den Grenzübergang in dem Bereich

$$|\operatorname{Re}\tau| \leq \frac{1}{2} , \quad \operatorname{Im}\tau \geq 1,$$

zu vollziehen. Da in diesem Bereich die EISENSTEINreihe gleichmäßig konvergiert (8.1), kann man den Grenzübergang gliedweise vollziehen. Offensichtlich ist

$$\lim_{\operatorname{Im}\tau \to \infty} (c\tau + d)^{-1} = 0 \quad \text{für} \quad c \neq 0.$$

Es folgt

$$\lim_{\operatorname{Im}\tau \to \infty} G_k(\tau) = \sum_{d \neq 0} d^{-k} = 2 \sum_{d=1}^{\infty} d^{-k}. \qquad \square$$

Für die Diskriminante $\Delta(\tau)$ erhält man aus 8.4

$$\lim_{\mathrm{Im}\,\tau \longrightarrow \infty} \Delta(\tau) = [60 \cdot 2\zeta(4)]^3 - 27 \cdot [140 \cdot 2\zeta(6)]^2.$$

Die Werte der ζ-Funktion in den geraden natürlichen Zahlen haben wir berechnet (III.7.14). Es gilt

$$\zeta(4) = \sum_{n=1}^{\infty} n^{-4} = \frac{\pi^4}{90},$$

$$\zeta(6) = \sum_{n=1}^{\infty} n^{-6} = \frac{\pi^6}{945}.$$

Hieraus folgt

8.5 Hilfssatz. *Es gilt*

$$\lim_{\mathrm{Im}\,\tau \longrightarrow \infty} \Delta(\tau) = 0.$$

Aus den bisherigen Resultaten über die EISENSTEINreihen erhält man

8.6 Satz. *Die j-Funktion ist eine analytische Funktion in der oberen Halbebene. Sie ist invariant unter der elliptischen Modulgruppe:*

$$j\left(\frac{\alpha\tau + \beta}{\gamma\tau + \delta}\right) = j(\tau) \quad \text{für} \quad \begin{pmatrix} \alpha & \beta \\ \gamma & \delta \end{pmatrix} \in \Gamma.$$

Es gilt

$$\lim_{\mathrm{Im}\,\tau \longrightarrow \infty} |j(\tau)| = \infty.$$

Allein aus den in 8.6 formulierten Eigenschaften werden wir auf die *Surjektivität* von $j : \mathbb{H} \to \mathbb{C}$ schließen.

Man sollte sich vor Augen halten, dass nichtkonstante elliptische Funktionen $f : \mathbb{C} \to \overline{\mathbb{C}}$, also unter einem Gitter $L \subset \mathbb{C}$ invariante meromorphe Funktionen, ebenfalls surjektiv sind. Die Theorie der *Modulfunktionen* (unter Γ invariante Funktionen auf der oberen Halbebene) ist jedoch in zweierlei Hinsicht komplizierter:

1) Die Gruppe $\Gamma = \mathrm{SL}(2, \mathbb{Z})$ ist *nicht kommutativ.*

2) Es gibt keinen kompakten Bereich $K \subset \mathbb{H}$, so dass jeder Punkt aus $\mathbb{H}$ durch eine Modulsubstitution in K transformiert werden kann (sonst wäre $j(\tau)$ konstant, wie der Beweis des 1. LIOUVILLE'schen Satzes zeigt).

Wir konstruieren nun ein Analogon zur Grundmasche eines Gitters.

8.7 Satz. *Zu jedem Punkt τ der oberen Halbebene existiert eine Modulsubstitution $M \in \Gamma$, so dass $M\tau$ in der „Modulfigur" (auch Fundamentalbereich der Modulgruppe genannt)*

$$\mathcal{F} = \left\{ \tau \in \mathbb{H}; \quad |\tau| \geq 1, \ |\operatorname{Re}\tau| \leq 1/2 \right\}$$

enthalten ist.

Zusatz. *Man kann sogar erreichen, dass M in der von den beiden Matrizen*

$$T := \begin{pmatrix} 1 & 1 \\ 0 & 1 \end{pmatrix}, \quad S := \begin{pmatrix} 0 & -1 \\ 1 & 0 \end{pmatrix}$$

erzeugten Untergruppe enthalten ist.

(Wir werden später sehen, dass die volle Modulgruppe von diesen beiden speziellen Matrizen erzeugt wird, vergl. VI.1.9 und Aufgabe 1 aus V.7.)

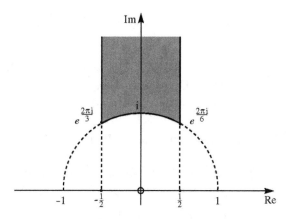

Beweis. Wir erinnern an die Formel

$$\operatorname{Im} M\tau = \frac{\operatorname{Im}\tau}{|c\tau + d|^2}.$$

Wenn (c, d) irgendeine Folge von Paaren ganzer Zahlen durchläuft, wobei kein Paar doppelt auftreten soll, so gilt

$$|c\tau + d| \longrightarrow \infty.$$

Es existiert also eine Matrix $M_0 \in \Gamma = \operatorname{SL}(2, \mathbb{Z})$, so dass

$$\operatorname{Im} M_0\tau \geq \operatorname{Im} M\tau \quad \text{für alle} \quad M \in \Gamma$$

gilt. Wir setzen

$$\tau_0 = M_0\tau.$$

Da sich der Imaginärteil von τ_0 nicht ändert, wenn man τ_0 durch

$$\tau_0 + n = \left[\begin{pmatrix} 1 & n \\ 0 & 1 \end{pmatrix} M_0 \right] \tau \qquad (n \in \mathbb{Z})$$

ersetzt, können wir

$$|\operatorname{Re} \tau_0| \le \frac{1}{2}$$

annehmen. Wir nutzen die Ungleichung

$$\operatorname{Im} M_0 \tau \ge \operatorname{Im} M\tau$$

speziell für

$$M = \begin{pmatrix} 0 & -1 \\ 1 & 0 \end{pmatrix} \cdot M_0$$

aus und erhalten

$$\operatorname{Im} \tau_0 \ge \operatorname{Im} \begin{pmatrix} 0 & -1 \\ 1 & 0 \end{pmatrix} \tau_0 = \frac{\operatorname{Im} \tau_0}{|\tau_0|^2} .$$

Hieraus folgt

$$|\tau_0| \ge 1.$$

Wenn man den Beweis analysiert, so sieht man, dass man die Gruppe $\mathrm{SL}(2, \mathbb{Z})$ durch die von T und S erzeugte Untergruppe ersetzen kann. $\square$

Wir beweisen nun die Surjektivität der j-Funktion.

8.8 Theorem. *Die j-Funktion nimmt jeden Wert aus $\mathbb{C}$ an.*

8.9 Folgerung. *Zu je zwei komplexen Zahlen g_2 und g_3 mit $g_2^3 - 27g_3^2 \ne 0$ existiert ein Gitter $L \subset \mathbb{C}$ mit der Eigenschaft*

$$g_2 = g_2(L), \quad g_3 = g_3(L).$$

Beweis vom 8.8. Nach dem Satz über die Gebietstreue ist $j(\mathbb{H})$ ein offener Teil von $\mathbb{C}$. Wir werden zeigen, dass $j(\mathbb{H})$ auch abgeschlossen in $\mathbb{C}$ ist. Hieraus folgt dann $j(\mathbb{H}) = \mathbb{C}$, da $\mathbb{C}$ zusammenhängend ist. Wir wählen eine Folge von Punkten aus $j(\mathbb{H})$, welche gegen einen Punkt b konvergiert,

$$j(\tau_n) \to b \quad \text{für} \quad n \to \infty.$$

Wir können und wollen annehmen, dass alle τ_n im Fundamentalbereich $\mathcal{F}$ enthalten sind.

1. Fall: Es existiert eine Konstante $C > 0$, so dass

$$\operatorname{Im} \tau_n \le C \text{ für alle } n$$

gilt. Die Punktmenge

$$\{\tau \in \mathcal{F}; \quad \operatorname{Im} \tau \le C\}$$

ist offenbar kompakt. Nach Übergang zu einer Teilfolge kann man annehmen, dass (τ_n) konvergiert

$$\tau_n \to \tau \in \mathcal{F} \subset \mathbb{H}.$$

Aus der Stetigkeit von j folgt

$$b = j(\tau) \in j(\mathbb{H}).$$

2. Fall: Es existiert eine Teilfolge von (τ_n), deren Imaginärteile nach ∞ konvergieren. Die j-Werte dieser Teilfolge sind unbeschränkt! Daher kann $(j(\tau_n))$ nicht konvergieren.

Dieser Fall kann also gar nicht eintreten. Es gilt daher $b \in j(\mathbb{H})$. □

Wir werden im nächsten Kapitel sogar zeigen, dass die j-Funktion eine *bijektive* Abbildung

$$\mathbb{H}\big/_{\varGamma} \longrightarrow \mathbb{C}$$

liefert.

Übungsaufgaben zu V.8

1. Man bestimme einen Punkt $\tau \in \mathcal{F}$, der mod $\varGamma$ äquivalent ist zu $\frac{5i+6}{4i+5} \in \mathbb{H}$ bzw. $\frac{2}{17} + \frac{8}{17}i \in \mathbb{H}$.

2. Die Surjektivität von $j : \mathbb{H} \longrightarrow \mathbb{C}$ wurde im Text folgendermaßen begründet:

   a) $j(\mathbb{H})$ ist nach dem Satz von der Gebietstreue offen und nicht leer.

   b) $j(\mathbb{H})$ ist abgeschlossen (in $\mathbb{C}$).

   Daraus folgt, dass $j(\mathbb{H}) = \mathbb{C}$ ist, denn $\mathbb{C}$ ist zusammenhängend. Man führe die Details aus.

3. Die EISENSTEINreihen sind „reelle" Funktionen, $\overline{G_k(\tau)} = G_k(-\overline{\tau})$. Hieraus folgt

$$G_k\left(\frac{\alpha(-\overline{\tau}) + \beta}{\gamma(-\overline{\tau}) + \delta}\right) = (\gamma(-\overline{\tau}) + \delta)^k \overline{G_k(\tau)} \quad \text{und} \quad j\left(\frac{\alpha(-\overline{\tau}) + \beta}{\gamma(-\overline{\tau}) + \delta}\right) = \overline{j(\tau)}$$

für $\begin{pmatrix} \alpha & \beta \\ \gamma & \delta \end{pmatrix} \in \varGamma$.

Auf den Vertikalgeraden $\operatorname{Re} \tau = \pm\frac{1}{2}$ sind die EISENSTEINreihen und die j-Funktion reell. Liegt τ auf der Einheitskreislinie, $|\tau| = 1$, so gilt $j(\tau) = \overline{j(\tau)}$. Insbesondere ist die j-Funktion reell auf dem Rand der Modulfigur und auf der imaginären Achse.

4. Bei der folgenden Aufgabe darf benutzt werden, dass die FOURIERentwicklung der Diskriminante die Form

$$\Delta(\tau) = a_1 q + a_2 q^2 + \cdots, \quad a_1 \neq 0 \quad (q = e^{2\pi i \tau}),$$

hat (VI.2.8). Man zeige, dass es zu jeder reellen Zahl j einen Punkt τ auf dem Rand des Fundamentalbereichs oder der imaginären Achse gibt, so dass $j(\tau) = j$ gilt.

Anleitung. Man untersuche die Grenzwerte von $j(\tau)$, wenn der Imaginärteil von τ auf den beiden Vertikalgeraden $\operatorname{Re}\tau = -1/2$ bzw. $\operatorname{Re}\tau = 0$ nach unendlich strebt.

5. Es gilt
$$j(e^{\frac{2\pi i}{3}}) = 0, \quad j(i) = 1.$$

6. Man beweise den Zusatz von 8.7 im Detail:

Zu jedem $\tau \in \mathbb{H}$ gibt es ein M aus der von

$$T := \begin{pmatrix} 1 & 1 \\ 0 & 1 \end{pmatrix} \quad \text{und} \quad S := \begin{pmatrix} 0 & -1 \\ 1 & 0 \end{pmatrix}$$

erzeugten Untergruppe von $\mathrm{SL}(2, \mathbb{Z})$ mit

$$M\tau \in \mathcal{F}.$$

Kapitel VI. Elliptische Modulformen

Im Zusammenhang mit der Frage, welche komplexen Zahlen als absolute Invariante eines Gitters vorkommen, sind wir auf einen neuen Typ analytischer Funktionen gestoßen: Es handelt sich hierbei um auf der oberen Halbebene analytische Funktionen, welche unter *elliptischen Modulsubstitutionen* ein gewisses Transformationsverhalten haben, nämlich

$$f\left(\frac{az+b}{cz+d}\right) = (cz+d)^k f(z).$$

Funktionen mit diesem Transformationsverhalten nennt man *Modulformen*.

Wir werden sehen, dass die elliptische Modulgruppe von den beiden Substitutionen

$$z \longmapsto z+1 \quad \text{und} \quad z \longmapsto -\frac{1}{z}$$

erzeugt wird. Es genügt daher, das Transformationsverhalten unter diesen beiden Substitutionen nachzuprüfen. Man kann dies als eine Analogie zum Transformationsverhalten elliptischer Funktionen ansehen, welche ja unter zwei *Translationen* invariant sind. Im Gegensatz zu einem Translationsgitter ist jedoch die elliptische Modulgruppe *nicht* kommutativ. Die Theorie der Modulformen ist deshalb schwieriger als die der elliptischen Funktionen. Bereits bei der Konstruktion des Fundamentalbereichs der Modulgruppe — eines Analogons zur Grundmasche eines Gitters — war dies zu sehen.

In §2 werden wir zunächst ein Pendant zu den Sätzen von LIOUVILLE beweisen, die sogenannte $k/12$-Formel. Sie gibt Auskunft über die Anzahl der Nullstellen einer ganzen Modulform. Im Zusammenhang hiermit beweisen wir einige Struktursätze, die zunächst darin gipfeln, dass der Ring aller Modulformen von den EISENSTEINreihen G_4 und G_6 erzeugt wird. Der Körper der Modulfunktionen dagegen wird von der j-Funktion erzeugt.

In §4 lernen wir dann *Thetareihen* als neues Konstruktionsmittel für Modulformen kennen. Dank des Struktursatzes werden wir nichttriviale Identitäten zwischen analytischen Funktionen erhalten. Diese Identitäten haben interessante zahlentheoretische Anwendungen, welche wir in Kapitel VII weiter verfolgen werden.

Thetareihen sind i. a. keine Modulformen zur vollen Modulgruppe, sondern lediglich zu Untergruppen von endlichem Index. Wir werden so dazu geführt, den Begriff der Modulform zu verallgemeinern. In §5 wird der Begriff der Modulform zu Untergruppen der Modulgruppe auch *halbganzen Gewichts* präzisiert und in §6 studieren wir ein dann konkretes Beispiel dazu. Der volle Ring der Modulformen für IGUSA's Kongruenzgruppe $\Gamma[4,8]$ wird bestimmt. Dieser Ring wird von den drei JACOBI'schen Thetareihen erzeugt.

1. Die Modulgruppe und ihr Fundamentalbereich

Wir erinnern daran, dass die *elliptische Modulgruppe* $\Gamma = \mathrm{SL}(2,\mathbb{Z})$ auf der oberen Halbebene operiert:

$$\Gamma \times \mathbb{H} \longrightarrow \mathbb{H},$$

$$(M, z) \longmapsto Mz := \frac{az+b}{cz+d}.$$

Zwei Matrizen M und N definieren genau dann dieselbe Substitution, d. h.

$$Mz = Nz \quad \text{für alle} \quad z \in \mathbb{H},$$

wenn sie sich nur durch das Vorzeichen unterscheiden, $M = \pm N$.

In V.8 haben wir die „Modulfigur"

$$\mathcal{F} := \left\{ z \in \mathbb{H}; \quad |\mathrm{Re}\, z| \leq \frac{1}{2},\ |z| \geq 1 \right\}$$

eingeführt und

$$\mathbb{H} = \bigcup_{M \in \Gamma} M\mathcal{F}$$

bewiesen. Wir wollen in diesem Abschnitt mehr beweisen, nämlich, dass diese „Pflasterung" der oberen Halbebene „überlappungsfrei" ist, d. h. für $M, N \in \Gamma$, $M \neq \pm N$, haben $M\mathcal{F}$ und $N\mathcal{F}$ keine inneren Punkte gemeinsam, sondern höchstens Randpunkte.

Dazu müssen wir alle $M \in \Gamma$ mit der Eigenschaft $M\mathcal{F} \cap \mathcal{F} \neq \emptyset$ bestimmen. dass dies nur endlich viele sind, folgt aus dem

1.2 Hilfssatz. *Sei* $\delta > 0$ *und*

$$\mathcal{F}(\delta) := \left\{ z \in \mathbb{H}; \quad |x| \leq \delta^{-1},\ y \geq \delta \right\}.$$

Es existieren nur endlich viele $M \in \Gamma$ *mit der Eigenschaft*

$$M\mathcal{F}(\delta) \cap \mathcal{F}(\delta) \neq \emptyset.$$

1.2$_1$ Folgerung. *Zu je zwei Kompakta $K, \widetilde{K} \subset \mathbb{H}$ existieren nur endlich viele $M \in \Gamma$ mit*

$$M(K) \cap \widetilde{K} \neq \emptyset,$$

(denn es gilt $K \cup \widetilde{K} \subset \mathcal{F}(\delta)$, δ geeignet).

1.2$_2$ Folgerung. *Sei $p \in \mathbb{H}$ und K ein Kompaktum in $\mathbb{H}$. Es existieren nur endlich viele Elemente*

$$M \in \Gamma \quad \text{mit} \quad Mp \in K.$$

Insbesondere ist die Punktmenge $\{Mp; \ M \in \Gamma\}$, also die Bahn von p unter Γ, diskret in $\mathbb{H}$.

1.2$_3$ Folgerung. *Der **Stabilisator***

$$\Gamma_p = \big\{ M \in \Gamma; \quad Mp = p \big\}$$

ist für jeden Punkt $p \in \mathbb{H}$ eine endliche Gruppe.

Beweis von Hilfssatz 1.2. Wenn $c = 0$ ist, so ist $z \mapsto Mz$ eine Translation. Da aber die Realteile von z und Mz beschränkt sind, gibt es nur endlich viele solcher Translationen. Wir können also $c \neq 0$ annehmen. Seien

$$y = \operatorname{Im} z \geq \delta \quad \text{und} \quad \frac{y}{|cz + d|^2} = \operatorname{Im}(Mz) \geq \delta.$$

Dann gilt

$$y \geq \delta(cx + d)^2 + \delta c^2 y^2 \geq \delta c^2 y^2$$

und daher

$$\frac{1}{\delta c^2} \geq y \geq \delta.$$

Hieraus folgt zunächst, dass nur endlich viele ganze c, und danach, dass auch nur endlich viele ganze d diese Ungleichung erfüllen können. Die in 1.2 formulierte Bedingung wird mit M auch von M^{-1} erfüllt. Es folgt, dass a, c und d in einer endlichen Menge variieren. Die Determinantenbedingung $ad - bc = 1$ zeigt, dass auch b (und dann M) einer endlichen Menge angehören muss.

$\qquad\qquad\qquad\qquad\qquad\qquad\qquad\qquad\qquad\qquad\qquad\qquad\qquad\qquad$ □

Als nächstes wollen wir alle Matrizen $M \in \Gamma$ bestimmen, welche die rechte untere Ecke ϱ von $\mathcal{F}$,

$$\varrho := e^{\pi i/3} = \frac{1}{2} + \frac{i}{2}\sqrt{3},$$

festlassen. Es gilt $\varrho^2 = -\overline{\varrho} = \varrho - 1$ und $\varrho^3 = -1$.

1.3 Hilfssatz. *Es gibt genau sechs Matrizen*

$$M \in \Gamma \quad mit \quad M\varrho = \varrho,$$

nämlich

$$\pm \begin{pmatrix} 1 & 0 \\ 0 & 1 \end{pmatrix}, \; \pm \begin{pmatrix} 1 & -1 \\ 1 & 0 \end{pmatrix}, \; \pm \begin{pmatrix} 0 & -1 \\ 1 & -1 \end{pmatrix}.$$

Folgerung. *Die Gleichungen*

$$M\varrho = \varrho^2, \quad M\varrho^2 = \varrho, \quad M\varrho^2 = \varrho^2,$$

haben auch jeweils sechs Lösungen in Γ, nämlich

1) $(M\varrho = \varrho^2):$ $\pm \begin{pmatrix} 0 & 1 \\ -1 & 0 \end{pmatrix}, \; \pm \begin{pmatrix} 1 & 0 \\ -1 & 1 \end{pmatrix}, \; \pm \begin{pmatrix} 1 & -1 \\ 0 & 1 \end{pmatrix},$

2) $(M\varrho^2 = \varrho \;):$ $\pm \begin{pmatrix} 0 & 1 \\ -1 & 0 \end{pmatrix}, \; \pm \begin{pmatrix} 1 & 1 \\ 0 & 1 \end{pmatrix}, \; \pm \begin{pmatrix} 1 & 0 \\ 1 & 1 \end{pmatrix}.$

3) $(M\varrho^2 = \varrho^2):$ $\pm \begin{pmatrix} 1 & 0 \\ 0 & 1 \end{pmatrix}, \; \pm \begin{pmatrix} 0 & -1 \\ 1 & 1 \end{pmatrix}, \; \pm \begin{pmatrix} -1 & -1 \\ 1 & 0 \end{pmatrix}.$

Die Folgerung ergibt sich, indem man

$$\varrho^2 = \begin{pmatrix} 0 & -1 \\ 1 & 0 \end{pmatrix} \varrho$$

beachtet. Hieraus folgt beispielsweise

$$M\varrho = \varrho^2 \iff \begin{pmatrix} 0 & -1 \\ 1 & 0 \end{pmatrix} M\varrho = \varrho. \qquad\qquad \square$$

Beweis von 1.3. Sei $M = \begin{pmatrix} a & b \\ c & d \end{pmatrix} \in \Gamma$. Aus der Gleichung

$$\frac{a\varrho + b}{c\varrho + d} = \varrho \quad oder \quad a\varrho + b = c\varrho^2 + d\varrho$$

folgt mittels $\varrho^2 = -\overline{\varrho} = \varrho - 1$

$$a\varrho + b = -c\overline{\varrho} + d\varrho = c\varrho - c + d\varrho,$$
$$a = c + d, \; b = -c,$$

also

$$M = \begin{pmatrix} d - b & b \\ -b & d \end{pmatrix}.$$

Die Determinantenbedingung ergibt

$$b^2 - bd + d^2 = 1.$$

Die einzigen ganzzahligen Lösungen dieser Gleichung sind

$$(b,d) = \pm(0,1),\ \pm(1,0),\ \pm(1,1). \qquad\qquad \square$$

Nach dieser Vorbereitung können wir nun die an $\mathcal{F}$ angrenzenden transformierten Bereiche bestimmen:

1.4 Satz. *Sei $M \in \Gamma$ eine Modulmatrix mit der Eigenschaft*

$$R(M) := M\mathcal{F} \cap \mathcal{F} \neq \emptyset.$$

Dann liegt einer der folgenden Fälle vor:

I. $\qquad M = \pm E \qquad\qquad (R(M) = \mathcal{F}).$

II. 1) $\quad M = \pm \begin{pmatrix} 1 & 1 \\ 0 & 1 \end{pmatrix} \qquad (R(M)$ *ist die rechte Vertikalkante von* $\mathcal{F}).$

$\quad$ 2) $\quad M = \pm \begin{pmatrix} 1 & -1 \\ 0 & 1 \end{pmatrix} \qquad (R(M)$ *ist die linke Vertikalkante von* $\mathcal{F}).$

III. $\qquad M = \pm \begin{pmatrix} 0 & -1 \\ 1 & 0 \end{pmatrix} \qquad (R(M)$ *ist der Kreisbogen von* $\mathcal{F}).$

IV. *In den restlichen Fällen besteht $R(M)$ aus einem einzigen Punkt, und zwar ist dieser Punkt*

$$\varrho = \frac{1}{2} + \frac{i}{2}\sqrt{3} \ \ oder \ \ \varrho^2 = -\overline{\varrho} = \varrho - 1 = -\frac{1}{2} + \frac{i}{2}\sqrt{3}.$$

Es gibt vier Fälle, nämlich

1) $\quad M\varrho\ \ = \varrho$ $\quad\Big\}\quad (R(M) = \{\varrho\}),$
2) $\quad M\varrho^2 = \varrho$

3) $\quad M\varrho^2 = \varrho^2$ $\quad\Big\}\quad (R(M) = \{\varrho^2\}).$
4) $\quad M\varrho\ \ = \varrho^2$

Die Liste der betreffenden Matrizen findet sich in Hilfssatz 1.3 und seiner Folgerung.

Beweis. Wir können wieder annehmen, dass der linke untere Eintrag c von M von 0 verschieden ist. Ist z ein Punkt aus dem Fundamentalbereich, so gilt offenbar $|cz + d| \geq 1$ für alle zweiten Zeilen von Modulmatrizen (sogar für alle von $(0,0)$ verschiedener Paare ganzer Zahlen). Wenn auch Mz in $\mathcal{F}$ enthalten ist, so gilt $|-cMz + a| \geq 1$. Dies bedeutet $|cz + d| \leq 1$. Wenn also z und Mz beide in $\mathcal{F}$ enthalten sind, so folgt $|cz + d| = 1$ für dieses M. Aus $(cx + d)^2 + c^2y^2 = 1$ in Verbindung mit der in $\mathcal{F}$ gültigen Ungleichung $y \geq \frac{\sqrt{3}}{2}$ folgt, dass c und d nur die Werte 0 und ± 1 annehmen können. Da man M durch M^{-1} ersetzten kann, nimmt auch a nur diese Werte an. Dasselbe gilt für b, wie man aus der Determinantenbedingung ableitet. Schreibt man alle Modulmatrizen mit Einträgen 0 und ± 1 nieder, so sieht man, dass alle diese Matrizen in der in 1.4 angegebenen Liste vorkommen.   □

Wir geben einige offensichtliche Folgerungen aus Satz 1.4 an.

1.4₁ Folgerung. *Zwei verschiedene Punkte a und b aus $\mathcal{F}$ sind genau dann äquivalent (modulo Γ), falls sie auf dem Rand von $\mathcal{F}$ liegen und falls*

$$b = -\overline{a}$$

gilt, d. h. es gibt zwei Fälle:

1) a) $\operatorname{Re} a = -\dfrac{1}{2}$ *und* $b = a + 1$,

                            b) $\operatorname{Re} a = +\dfrac{1}{2}$ *und* $b = a - 1$

(a und b liegen sich auf den beiden Vertikalkanten von $\mathcal{F}$ gegenüber).

2) $|a| = |b| = 1$ *und* $b = -\overline{a}$

(a und b liegen sich einander gegenüber auf der Kreislinie von $\mathcal{F}$).

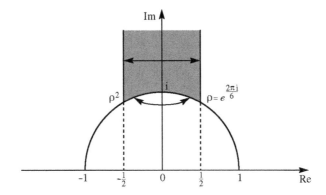

1.4₂ Folgerung. *Seien M und N mit $M \neq \pm N$ zwei Elemente aus Γ. Die Bereiche $M\mathcal{F}$ und $N\mathcal{F}$ haben höchstens Randpunkte gemeinsam. Insbesondere sind innere Punkte von $\mathcal{F}$ inäquivalent.*

Ein Bereich $N\mathcal{F}$ heißt *Nachbarbereich* von $M\mathcal{F}$ (M und N beide in Γ), falls sie voneinander verschieden sind (d. h. $M \neq \pm N$) und $M\mathcal{F} \cap N\mathcal{F} \neq \emptyset$ ist.

Es ist nützlich, sich die Gestalt der Nachbarbereiche von $\mathcal{F}$ vor Augen zu führen.

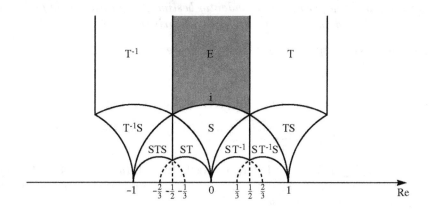

1.4₃ Definition. *Ein Punkt* $p \in \mathbb{H}$ *heißt* **elliptischer** *Fixpunkt von* $\Gamma =$ $SL(2, \mathbb{Z})$*, falls der Stabilisator*

$$\Gamma_p = \left\{ M \in \Gamma; \quad Mp = p \right\}$$

ein Element $\neq \pm E$ *enthält. Die Ordnung des Fixpunkts ist*

$$e = e(p) = \frac{1}{2} \# \Gamma_p.$$

Der Faktor $1/2$ wird angebracht, weil M und $-M$ dieselbe Abbildung bewirken, e ist insbesondere eine natürliche Zahl. Sei $p \in \mathbb{H}$ und $M \in \Gamma$. Der Stabilisator des Punktes Mp entsteht aus dem Stabilisator von p offenbar durch Konjugation mit M,

$$\boxed{\Gamma_{Mp} = M\Gamma_p M^{-1}.}$$

Aus der in 1.4 angegebenen Tabelle liest man unmittelbar ab:

1.4₄ Folgerung. *Es gibt genau zwei* Γ*-Äquivalenzklassen elliptischer Fixpunkte. Sie werden repräsentiert durch die beiden Fixpunkte* i *(*$e(\mathrm{i}) = 2$*) und* ϱ *(*$e(\varrho) = 3$*). Es gibt insbesondere nur elliptische Fixpunkte der Ordnung 2 und 3.*

Man kann sich allgemein fragen, wann eine Matrix $M \in SL(2, \mathbb{R})$ einen Fixpunkt in $\mathbb{H}$ hat.

1.5 Bemerkung. *Eine Matrix* $M \in SL(2, \mathbb{R})$*,* $M \neq \pm E$*, hat dann und nur dann einen Fixpunkt in* $\mathbb{H}$*, falls*

$$|\sigma(M)| < 2 \qquad (\sigma := \mathrm{Spur})$$

gilt, und dieser ist gegebenenfalls eindeutig bestimmt. Man nennt eine Matrix $M \in \mathrm{SL}(2,\mathbb{R})$ mit dieser Eigenschaft auch **elliptisch.**

Beweis. Die Fixpunktgleichung $Mz = z$ bedeutet

$$cz^2 + (d-a)z - b = 0.$$

Diese quadratische Gleichung hat im Fall $c \neq 0$ die Lösungen

$$z = \frac{a - d \pm \sqrt{(a-d)^2 + 4bc}}{2c} = \frac{a - d \pm \sqrt{(a+d)^2 - 4(ad-bc)}}{2c}.$$

Im Falle $(a+d)^2 \geq 4$ sind ihre Lösungen reell. Im Fall $(a+d)^2 < 4$ liegt genau eine in der oberen Halbebene, die andere ist dazu konjugiert komplex und liegt daher in der unteren Halbebene. $\square$

1.6 Bemerkung. *Sei $M \in \mathrm{SL}(2,\mathbb{R})$ eine Matrix endlicher Ordnung, d. h. $M^h = E$ für geeignetes $h \in \mathbb{N}$. Dann hat M einen Fixpunkt in $\mathbb{H}$.*

Beweis. Zu jeder 2×2-Matrix M existiert eine invertierbare komplexe 2×2-Matrix Q mit der Eigenschaft

$$QMQ^{-1} = \begin{pmatrix} a & b \\ 0 & d \end{pmatrix} \qquad (\text{Jordan'sche Normalform}),$$

wobei $a = d$ gilt, falls b von 0 verschieden ist. Wenn M endliche Ordnung hat, so sind a und d Einheitswurzeln (außerdem ist $b = 0$). Aus der Determinantenbedingung folgt $d = a^{-1} = \overline{a}$. Für eine Einheitswurzel $a \neq \pm 1$ gilt aber

$$\left| a + a^{-1} \right| = |2\operatorname{Re} a| < 2.   \square$$

Aus 1.5 und 1.6 folgt in Verbindung mit 1.2_3:

1.7 Satz. *Für $M \in \Gamma$ sind äquivalent:*

a) *M hat einen Fixpunkt in $\mathbb{H}$.*
b) *M ist von endlicher Ordnung, $M^h = E$.*
c) *M ist elliptisch oder $M = \pm E$.*

> *Die elliptischen Fixpunkte sind also genau die Fixpunkte der elliptischen Substitutionen aus Γ.*

Die Klassifikation elliptischer Fixpunkte liefert nun ein rein gruppentheoretisches Resultat:

1.8 Satz. *Ist $M \in \Gamma$, $M \neq \pm E$, ein Element endlicher Ordnung, so ist M konjugiert zu einer der Matrizen*

$$\pm \begin{pmatrix} 1 & -1 \\ 1 & 0 \end{pmatrix}, \quad \pm \begin{pmatrix} 0 & -1 \\ 1 & -1 \end{pmatrix}, \quad \pm \begin{pmatrix} 0 & -1 \\ 1 & 0 \end{pmatrix}.$$

Ein anderes gruppentheoretisches Resultat, welches man mit Hilfe des Fundamentalbereichs der Modulgruppe beweisen kann, ist

1.9 Satz. *Die elliptische Modulgruppe wird von den beiden Matrizen*

$$T = \begin{pmatrix} 1 & 1 \\ 0 & 1 \end{pmatrix} \quad und \quad S = \begin{pmatrix} 0 & -1 \\ 1 & 0 \end{pmatrix}$$

erzeugt.

Zum Beweis wählen wir einen inneren Punkt a von $\mathcal{F}$. Sei $M \in \mathrm{SL}(2, \mathbb{Z})$. Aus V.8.7$_1$ folgt, dass es eine Matrix N der von den beiden Matrizen erzeugten Untergruppe gibt, so dass $NM(a)$ in $\mathcal{F}$ enthalten ist. Es folgt $NM = \pm E$. Da die negative Einheitsmatrix in der Untergruppe enthalten ist,

$$\begin{pmatrix} 0 & -1 \\ 1 & 0 \end{pmatrix}^2 = - \begin{pmatrix} 1 & 0 \\ 0 & 1 \end{pmatrix},$$

folgt die Behauptung.   □

Übungsaufgaben zu VI.1

1. Man bestimme alle Matrizen $M = \begin{pmatrix} a & b \\ c & d \end{pmatrix} \in \mathrm{SL}(2, \mathbb{R})$ mit Fixpunkt i.

    Ergebnis.

    $$M \, \mathrm{i} = \mathrm{i} \iff M \in \mathrm{SO}(2, \mathbb{R}) := \{ M \in \mathrm{SL}(2, \mathbb{R}); \quad M' M = E \}.$$

2. Man zeige:

    a) Die Gruppe $\mathrm{SL}(2, \mathbb{R})$ operiert auf der oberen Halbebene $\mathbb{H}$ transitiv, d. h. zu je zwei Punkten $z, w \in \mathbb{H}$ gibt es ein $M \in \mathrm{SL}(2, \mathbb{R})$ mit $w = Mz$.

    Anleitung. Es genügt, $w = \mathrm{i}$ anzunehmen. Man kommt dann mit $c = 0$ aus.

    b) Die Abbildung

    $$\mathrm{SL}(2, \mathbb{R}) \big/ \mathrm{SO}(2, \mathbb{R}) \longrightarrow \mathbb{H},$$

    $$M \cdot \mathrm{SO}(2, \mathbb{R}) \longmapsto M \, \mathrm{i},$$

    ist bijektiv (sogar topologisch, wenn man die linke Seite mit der Quotiententopologie versieht).

3. Sei $M \in \mathrm{SL}(2, \mathbb{R})$ und l eine ganze Zahl mit der Eigenschaft $M^l \neq \pm E$. Die Matrix M ist genau dann elliptisch, wenn M^l elliptisch ist.

4. Sei $G \subset \mathrm{SL}(2, \mathbb{R})$ eine endliche Untergruppe, deren Elemente einen gemeinsamen Fixpunkt in $\mathbb{H}$ besitzen. (Man kann zeigen, dass jede endliche, allgemeiner jede kompakte Untergruppe diese Eigenschaft besitzt.) Man zeige, dass G zyklisch ist.

2. Die $k/12$-Formel und die Injektivität der j-Funktion

Sei

$$f : U_C \longrightarrow \mathbb{C}$$

eine analytische Funktion auf einer oberen Halbebene

$$U_C = \left\{\, z \in \mathbb{H}; \quad \mathrm{Im}\, z > C \,\right\}, \quad C > 0.$$

Wir nehmen an, dass f periodisch ist,

$$f(z + N) = f(z), \quad N \neq 0,\ N \in \mathbb{R}.$$

Sie gestattet daher eine FOURIERentwicklung (III.5.4)

$$f(z) = \sum_{n=-\infty}^{\infty} a_n e^{2\pi i n z / N},$$

welche einer LAURENTentwicklung

$$g(q) = \sum_{n=-\infty}^{\infty} a_n q^n \quad \left(q = e^{\frac{2\pi i z}{N}} \right)$$

in der gelochten Kreisscheibe um 0 vom Radius $e^{-2\pi C / N}$ entspricht.

Sprechweise. Die Funktion f ist

a) *außerwesentlich singulär* in $i\infty$, falls g außerwesentlich singulär in 0 ist,

b) *regulär* in $i\infty$, falls g eine hebbare Singularität im Nullpunkt hat.

Man definiert dann

$$f(i\infty) := g(0) \quad (= a_0).$$

Diese Begriffe hängen nicht von der Wahl von N ab. (Wenn f nicht konstant ist, so ist die Menge der reellen Perioden eine zyklische Gruppe.)

2.1 Definition. *Eine **meromorphe Modulform** vom Gewicht $k \in \mathbb{Z}$ ist eine meromorphe Funktion*

$$f : \mathbb{H} \longrightarrow \overline{\mathbb{C}}$$

mit folgenden Eigenschaften:

a) $f(Mz) = (cz + d)^k f(z)$ *für alle* $M = \begin{pmatrix} a & b \\ c & d \end{pmatrix} \in \Gamma$.

   Insbesondere gilt $f(z + 1) = f(z)$.

b) *Es existiert eine Zahl $C > 0$, so dass $f(z)$ im Bereich $\operatorname{Im} z > C$ keine Singularität hat.*

c) *f hat eine außerwesentliche Singularität bei* $\mathrm{i}\infty$.

Da die negative Einheitsmatrix $-E$ in Γ enthalten ist, folgt aus dem Transformationsverhalten a) insbesondere

$$f(z) = (-1)^k f(z),$$

d. h.

> Jede Modulform ungeraden Gewichts k verschwindet identisch.

Eine meromorphe Modulform f gestattet also eine FOURIERentwicklung

$$f(z) = \sum_{n=-\infty}^{\infty} a_n q^n, \quad q := e^{2\pi \mathrm{i} z},$$

wobei nur für endlich viele $n < 0$ die Koeffizienten von 0 verschieden sind. Wenn f von 0 verschieden ist, so ist

$$\operatorname{ord}(f; \mathrm{i}\infty) := \min \{ n;\ a_n \neq 0 \} \quad (= \operatorname{ord}(g; 0))$$

wohldefiniert.

2.2 Bemerkung. *Eine meromorphe Modulform $f \neq 0$ hat modulo $\mathrm{SL}(2, \mathbb{Z})$ nur endlich viele Pole und Nullstellen in $\mathbb{H}$. Die Ordnung $\operatorname{ord}(f; a)$, $a \in \mathbb{H}$, hängt nur von der Γ-Äquivalenzklasse von a ab.*

Beweis. Nach Voraussetzung existiert eine Konstante C, so dass die Funktion f im Bereich „$\operatorname{Im} z > C$" keine Pole hat. Wählt man C genügend groß, so hat sie dort auch keine Nullstellen, da sich die Nullstellen einer analytischen Funktion nicht gegen eine außerwesentliche Singularität häufen können, wenn die Funktion in einer Umgebung der Singularität nicht identisch verschwindet. Der abgeschnittene Fundamentalbereich $\{ z \in \mathcal{F};\ \operatorname{Im} z \leq C \}$ ist offenbar kompakt, kann also nur endlich viele Pole und Nullstellen enthalten. Diese enthalten ein Repräsentantensystem modulo Γ. $\qquad \square$

2.3 Theorem ($k/12$-Formel). *Sei f eine von der Nullfunktion verschiedene meromorphe Modulform vom Gewicht k. Dann gilt*

$$\sum_a \frac{1}{e(a)} \operatorname{ord}(f; a) + \operatorname{ord}(f; i\infty) = \frac{k}{12}.$$

Dabei durchlaufe a ein Repräsentantensystem (modulo Γ) aller Pole und Nullstellen von f, und es sei

$$e(a) = \frac{1}{2}\#\Gamma_a = \begin{cases} 3, & \text{falls } a \sim \varrho \bmod \Gamma, \\ 2, & \text{falls } a \sim i \bmod \Gamma, \\ 1, & \text{sonst.} \end{cases}$$

Man kann die $k/12$-Formel als ein Analogon des Satzes von LIOUVILLE ansehen, welcher besagt, dass eine nichtkonstante elliptische Funktion gleich viele Polstellen wie Nullstellen hat. In der Tat kann man ja Satz 2.3 im wichtigen *Spezialfall $k = 0$* folgendermaßen aussprechen:

Die Funktion f hat in $\mathbb{H}/\Gamma \cup \{i\infty\}$ gleich viele Nullstellen wie Pole, wenn man sie mit Vielfachheit rechnet und wenn man die Punkte $a \in \mathbb{H}$ mit der Gewichtung $1/e(a)$ versieht.

Beweis von Satz 2.3. Wir nehmen zunächst einmal der Einfachheit halber an, dass außer möglicherweise in i, ϱ und ϱ^2 keine Nullstellen und Pole von f auf dem Rand des Fundamentalbereiches $\mathcal{F}$ liegen. Wir wählen die Zahl $C > 0$ so groß, dass $f(z)$ für $\operatorname{Im} z > C$ keine Pole und Nullstellen hat. Wir können dann das Integral

$$\frac{1}{2\pi i} \int_\alpha g(\zeta)\, d\zeta, \quad g(z) := \frac{f'(z)}{f(z)},$$

längs der Kontur α

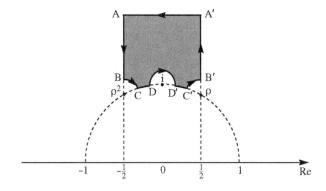

betrachten. Der Radius der kleinen Kreise um ϱ^2, i und ϱ sei $\varepsilon > 0$. Wir werden später den Grenzübergang $\varepsilon \to 0$ vollziehen. Wenn ε klein genug gewählt ist, so ist das Integral gleich

$$\sum_{\substack{a \bmod \Gamma \\ a \not\sim i, \varrho \bmod \Gamma}} \operatorname{ord}(f; a).$$

Auswertung des Integrals

1) *Die Vertikalkanten*

Mit f ist auch g eine periodische Funktion. Die Integrale über die Vertikalkanten heben sich daher gegenseitig auf.

2) *Die Integrale von C nach D und D' nach C'.*

Die beiden Bögen werden durch die Transformation $z \mapsto -z^{-1}$ ineinander überführt. Es ist daher naheliegend, das Transformationsverhalten von $g(z) = f'(z)/f(z)$ unter dieser Substitution zu ermitteln. Aus

$$f(-1/z) = z^k f(z)$$

folgt

$$f'(-1/z) \cdot z^{-2} = z^k f'(z) + k z^{k-1} f(z)$$

und daher

$$g(-1/z) = z^2 g(z) + kz.$$

Bezeichnet

$$\beta : [0, 1] \longrightarrow \mathbb{C}$$

eine Parametrisierung des Kreisbogens von C nach D, so parametrisiert

$$\widetilde{\beta}(t) = -\beta(t)^{-1}$$

den Kreisbogen von C' nach D'. Es folgt also

$$\int_C^D g(\zeta)\, d\zeta = \int_0^1 g(\beta(t))\beta'(t)\, dt,$$

$$\int_{D'}^{C'} g(\zeta)\, d\zeta = -\int_0^1 g(\widetilde{\beta}(t))\widetilde{\beta}'(t)\, dt$$

$$= -\int_0^1 g(\beta(t))\beta'(t)\, dt - k \int_0^1 \frac{\beta'(t)}{\beta(t)}\, dt.$$

Damit ist

$$\frac{1}{2\pi i}\left[\int_C^D g(\zeta)\,d\zeta + \int_{D'}^{C'} g(\zeta)\,d\zeta\right] = -\frac{k}{2\pi i}\left(\operatorname{Log} D - \operatorname{Log} C\right).$$

Wir sind nun am Grenzübergang $\varepsilon \to 0$ interessiert. Der Grenzwert ist

$$-\frac{k}{2\pi i}\left(\operatorname{Log} i - \operatorname{Log}(\varrho^2)\right) = \frac{k}{12}.$$

3) *Integration von A nach A'*

Die FOURIERentwicklung von g

$$g(z) = \sum a_n e^{2\pi i n z}$$

gewinnt man aus der von f mittels $f \cdot g = f'$. Der konstante FOURIERkoeffizient von g ist offenbar gleich

$$a_0 = 2\pi i\,\operatorname{ord}(f; i\infty).$$

Es folgt

$$\int_A^{A'} g(\zeta)\,d\zeta = 2\pi i \cdot \operatorname{ord}(f; i\infty) + \sum_{n \neq 0} a_n \underbrace{\int_A^{A'} e^{2\pi i n \zeta}\,d\zeta}_{= 0}.$$

Es fehlen nur noch die Integrale über die kleinen Kreise.

4) *Das Integral von B nach C*

Die Funktion $g(z)$ hat in $z = \varrho^2$ eine Entwicklung

$$g(z) = b_{-1}(z + \overline{\varrho})^{-1} + b_0 + b_1(z + \overline{\varrho}) + \cdots,$$
$$b_{-1} = \operatorname{ord}(f; \varrho^2).$$

Der Grenzwert des Integrals ($\varepsilon \to 0$) über $g(z) - b_{-1}(z + \overline{\varrho})^{-1}$ ist 0. Benutzt man die Formel

$$\int \frac{d\zeta}{\zeta - a} = i\alpha$$

(Das Integral wird über ein Kreissegment um Mittelpunkt a und Öffnungswinkel α im Bogenmaß erstreckt),

so folgt

$$\frac{1}{2\pi i}\lim_{\varepsilon \to 0}\int_B^C g(\zeta)\,d\zeta = -\frac{1}{6}\operatorname{ord}(f; \varrho^2).$$

Entsprechend zeigt man

$$\frac{1}{2\pi i} \lim_{\varepsilon \to 0} \int_{C'}^{B'} g(\zeta)\, d\zeta = -\frac{1}{6} \operatorname{ord}(f; \varrho)$$

und

$$\frac{1}{2\pi i} \lim_{\varepsilon \to 0} \int_{D}^{D'} g(\zeta)\, d\zeta = -\frac{1}{2} \operatorname{ord}(f; i).$$

Beachtet man noch $\operatorname{ord}(f; \varrho) = \operatorname{ord}(f; \varrho^2)$, so folgt schließlich die behauptete $k/12$-Formel.

Wir haben bisher angenommen, dass außer möglicherweise bei ϱ^2, i und ϱ keine Nullstellen oder Pole von f auf dem Rand von $\mathcal{F}$ liegen. Wenn dies der Fall sein sollte, so betrachtet man eine wie im Bild angedeutete modifizierte Integrationslinie.

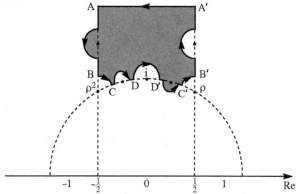

Damit ist Theorem 2.3 vollständig bewiesen. □

Folgerungen aus der $k/12$-Formel

Wir behandeln zunächst einige Anwendungen auf *ganze* Modulformen. Eine meromorphe Modulform heißt *ganz*, falls sie in allen Punkten aus $\mathbb{H} \cup \{i\infty\}$ regulär ist:

2.4 Definition. *Eine (ganze) Modulform vom Gewicht $k \in \mathbb{Z}$ ist eine analytische Funktion $f : \mathbb{H} \to \mathbb{C}$ mit folgenden Eigenschaften:*

a) $f(Mz) = (cz + d)^k f(z)$ *für alle* $M = \begin{pmatrix} a & b \\ c & d \end{pmatrix} \in \Gamma$.

b) f *ist in Bereichen der Art „$\operatorname{Im} z \geq C > 0$" beschränkt.*

Die Bedingung b) ist nach dem RIEMANN'schen Hebbarkeitssatz äquivalent mit der Regularität von f in $i\infty$.

Eine meromorphe Modulform ist genau dann ganz, wenn

$$\operatorname{ord}(f;a) \geq 0 \quad \text{für alle} \quad a \in \mathbb{H} \cup \{i\infty\}$$

gilt. Aus der $k/12$-Formel folgt unmittelbar

2.5 Satz. *Jede ganze Modulform negativen Gewichts verschwindet identisch.*
Jede ganze Modulform vom Gewicht 0 ist konstant.

Der zweite Teil dieser Aussage ergibt sich durch Anwendung der $k/12$-Formel
auf $f(z) - f(\mathrm{i})$.

2.5₁ Folgerung. *Eine (ganze) Modulform vom Gewicht k, $k \in \mathbb{N}$ ($k \neq 0$) hat*
mindestens eine Nullstelle in $\mathbb{H} \cup \{i\infty\}$.

Hätte f keine Nullstelle, so wäre auch $1/f$ eine ganze Modulform, und f oder
$1/f$ hätte negatives Gewicht.

Ist $f \neq 0$ eine ganze Modulform vom Gewicht k und ist $a \in \mathbb{H} \cup \{i\infty\}$ eine
Nullstelle von f, so folgt aus der $k/12$-Formel

$$\frac{k}{12} \geq \frac{\operatorname{ord}(f;a)}{e(a)} \geq \frac{1}{3},$$

wobei wir ergänzend $e(i\infty) = 1$ definiert haben. Hieraus ergibt sich

2.6 Satz. *Es gibt keine ganze Modulform $f \neq 0$ vom Gewicht 2.*

Beispiele für ganze Modulformen sind die EISENSTEINreihen

$$G_k(z) = \sum_{\substack{(c,d) \in \mathbb{Z} \times \mathbb{Z} \\ (c,d) \neq (0,0)}} (cz + d)^{-k}, \quad k \geq 3.$$

Im Falle $k \in \mathbb{N}$, $k \geq 4$, $k \equiv 0 \bmod 2$ gilt (V.8.4)

$$G_k(i\infty) = 2\zeta(k).$$

2.7 Satz.

1) *Die Eisensteinreihe G_4 verschwindet in ϱ in erster Ordnung. Sie hat außer*
   ϱ (und den Γ-äquivalenten Punkten) keine weitere Nullstelle in $\mathbb{H} \cup \{i\infty\}$.
2) *Die Eisensteinreihe G_6 verschwindet in i in erster Ordnung. Sie hat außer*
   i (und den Γ-äquivalenten Punkten) keine weitere Nullstelle in $\mathbb{H} \cup \{i\infty\}$.

Der *Beweis* ergibt sich unmittelbar aus der $k/12$-Formel.

2.7₁ Folgerung. *Die Funktionen G_4^3 und G_6^2 sind $\mathbb{C}$-linear unabhängig.*

Die eine Funktion ist also kein konstantes Vielfaches der anderen. Natürlich kann man eine Linearkombination von G_4^3 und G_6^2 finden, welche in i∞ verschwindet. Wir kennen bereits eine solche, nämlich die Diskriminante

$$\Delta = g_2^3 - 27g_3^2 \text{ mit } g_2 = 60G_4 \text{ und } g_3 = 140G_6.$$

Aus der Theorie der elliptischen Funktionen wissen wir, dass Δ keine Nullstelle in $\mathbb{H}$ hat. Dies können wir nun — ohne die Theorie der elliptischen Funktionen — neu beweisen. Aus 2.7$_1$ folgt zunächst, dass Δ nicht identisch verschwindet. Aus der $k/12$-Formel folgt, dass die einzige Nullstelle von Δ in i∞ liegt. Wir erhalten darüber hinaus, dass Δ in i∞ in erster Ordnung verschwindet.

2.8 Satz. *Sei $f \neq 0$ eine ganze Modulform (z. B. $f = \Delta$) vom Gewicht 12, welche in i∞ verschwindet. Dann hat f in i∞ eine Nullstelle erster Ordnung und sonst keine weitere Nullstelle in $\mathbb{H}$.*

Wir wissen, dass die j-Funktion eine surjektive Abbildung

$$\hat{j}: \mathbb{H}\big/_\Gamma \longrightarrow \mathbb{C}$$

induziert. Wir sind jetzt in der Lage, auch die Injektivität dieser Abbildung zu beweisen.

2.9 Theorem. *Die j-Funktion definiert eine bijektive Abbildung*

$$\hat{j}: \mathbb{H}\big/_\Gamma \longrightarrow \mathbb{C}.$$

Beweis. Sei $b \in \mathbb{C}$. Wir müssen zeigen, dass die Funktion $f(z) = j(z) - b$ genau eine Nullstelle modulo Γ in $\mathbb{H}$ hat. Wir wissen (wegen 2.8) $\mathrm{ord}(f; \mathrm{i}\infty) = -1$. Die Behauptung folgt hieraus und aus der $k/12$-Formel. $\square$

Wir sprechen Theorem 2.9 noch einmal in der Sprache der elliptischen Funktionen aus:

Zu jeder komplexen Zahl j existiert eine und nur eine Äquivalenzklasse ähnlicher Gitter mit absoluter Invariante j.

Geometrisch sollte man sich $\mathbb{H}/\Gamma$ so vorstellen, dass man im Fundamentalbereich äquivalente Randpunkte identifiziert. Stellt man sich den Fundamentalbereich als Raute mit Ecken ϱ^2, i, ϱ und der fehlenden Ecke i∞ vor, so hat man die beiden unteren und die beiden oberen anliegenden Kanten miteinander zu verheften. Das entstehende Gebilde ist offenbar topologisch eine Ebene. Wir werden später $\mathbb{H}/\Gamma$ mit einer Struktur als *Riemann'sche Fläche* versehen. Die Abbildung $\hat{j}$ erweist sich dann als *konform*.

2.10 Definition. *Eine Modulfunktion ist eine meromorphe Modulform vom Gewicht 0.*

Beispielsweise ist j eine Modulfunktion. Die Gesamtheit der Modulfunktionen bildet offensichtlich einen Körper, den wir mit $K(\Gamma)$ bezeichnen. Jede konstante Funktion ist eine Modulfunktion, der Körper der komplexen Zahlen ist also in natürlicher Weise als Unterkörper in $K(\Gamma)$ eingebettet. Jedes Polynom in einer Modulfunktion ist selbst eine Modulfunktion, allgemeiner ist jede rationale Funktion in einer Modulfunktion eine Modulfunktion. Bei den elliptischen Funktionen wurde dieser Sachverhalt genauer erläutert (s. V.3).

2.11 Theorem. *Der Körper der Modulfunktionen wird von der absoluten Invarianten j erzeugt, mit anderen Worten: Jede Modulfunktion ist eine rationale Funktion in j,*

$$\boxed{K(\Gamma) = \mathbb{C}(j).}$$

Beweis. Sei f eine Modulfunktion. Durch die Gleichung

$$R\big(j(z)\big) := f(z)$$

wird tatsächlich eine Funktion $R : \mathbb{C} \to \overline{\mathbb{C}}$ wohldefiniert, denn aus $j(z) = j(w)$ folgt wegen der „Bijektivität" von $\hat{j}$ (2.9), dass z und w modulo Γ äquivalent sind. Da f unter Γ invariant ist, folgt $f(z) = f(w)$. Sei $a \in \mathbb{H}$ ein Punkt, in dem die Ableitung von j nicht verschwindet. Wenn außerdem $f(a)$ endlich ist, so folgt aus dem Satz für umkehrbare Funktionen, dass R in einer offenen Umgebung von $j(a)$ analytisch ist. Aus der bekannten Information über die Reihenentwicklung von j schließt man, dass eine Konstante $C > 0$ existiert mit der Eigenschaft $j'(z) \neq 0$ für $\mathrm{Im}\, z \geq C$. Insbesondere besitzt die Ableitung von j im Fundamentalbereich nur endlich viele Nullstellen (s. Aufgabe 1 zu diesem Abschnitt). Da f im Fundamentalbereich nur endlich viele Pole haben kann, folgt nun, dass die Funktion R im Komplement einer endlichen Punktmenge analytisch ist. Mittels des Satzes von CASORATI-WEIERSTRASS schließt man, dass diese Ausnahmepunkte keine wesentlichen Singularitäten sein können. (Man betrachte zu einem beliebigen Punkt $a \in \mathbb{H}$, $f(a) \neq \infty$, eine offene Umgebung $U \subset \mathbb{H}$. Diese wird nach dem Satz von der Gebietstreue III.3.3 auf eine offene Umgebung $V = j(U)$ abgebildet. Wählt man U klein genug, so ist $f(U)$ nicht dicht in $\mathbb{C}$. Insbesondere ist $R(V) = f(U)$ nicht dicht in $\mathbb{C}$.) Ersetzt man f durch $1/f$, so erhält man, dass R in $\mathbb{C}$ meromorph ist. Ein analoger Schluss zeigt, dass R auch in ∞ meromorph ist. Die Funktion R ist also meromorph auf der ganzen Zahlkugel und daher rational (s. III.A6). $\square$

Der Körper der Modulfunktionen (zur vollen elliptischen Modulgruppe) ist isomorph zum Körper der rationalen Funktionen, also zum Körper der meromorphen Funktionen auf der RIEMANN'schen Zahlkugel. Dies hängt damit zusammen, dass der Quotientenraum $\mathbb{H}/\Gamma$ nach Hinzufügung eines unendlich fernen Punktes mit der Zahlkugel identifiziert werden kann.

Für einen anderen Beweis von Satz 2.11 vergleiche man Aufgabe 6 aus VI.3.

Übungsaufgaben zu VI.2

1. Die Ableitung einer Modulfunktion ist eine meromorphe Modulform vom Gewicht 2.

2. Sind f und g ganze Modulformen vom Gewicht k, so ist $f'g - g'f$ eine ganze Modulform vom Gewicht $2k + 2$.

3. Die Nullstellen von j' sind genau die zu i oder ϱ modulo Γ äquivalenten Punkte.

   Bei den folgenden drei Aufgaben werden einige topologische Grundbegriffe verwendet, insbesondere der Begriff der Quotiententopologie.

4. Versieht man $\mathbb{H}/\Gamma$ (s. V.7) mit der Quotiententopologie (eine Teilmenge in $\mathbb{H}/\Gamma$ heiße offen, falls ihr volles Urbild in $\mathbb{H}$ offen ist), dann induziert die j-Funktion eine topologische Abbildung

$$\mathbb{H}\!\big/_{\!\Gamma} \longrightarrow \mathbb{C}.$$

5. Man zeige ohne Verwendung der j-Funktion, dass $\mathbb{H}/\Gamma$ zur Ebene $\mathbb{C}$ topologisch äquivalent ist.

   Anleitung. Man studiere die Randäquivalenzen im Fundamentalbereich.

6. Sei $\widehat{\Gamma}$ die Gruppe aller Selbstabbildungen der oberen Halbebene der Form

$$z \longmapsto Mz \qquad \text{bzw.}$$
$$z \longmapsto M(-\overline{z}) \ \text{ mit } \ M \in \Gamma = \mathrm{SL}(2,\mathbb{Z}).$$

   Man zeige, dass der Quotientenraum $\mathbb{H}/\widehat{\Gamma}$ zu einer abgeschlossenen Halbebene topologisch äquivalent ist.

3. Die Algebra der Modulformen

Für $k \in \mathbb{Z}$ bezeichnen wir mit $[\Gamma, k]$ den Vektorraum aller *ganzen* Modulformen vom Gewicht k und mit $[\Gamma, k]_0$ den Unterraum der *Spitzenformen*, das sind diejenigen $f \in [\Gamma, k]$, welche in der Spitze i∞ verschwinden:

$$f(\mathrm{i}\infty) := \lim_{\mathrm{Im}\, z \to \infty} f(z) = 0.$$

Offenbar gilt:

a) Ist $f_1 \in [\Gamma, k_1]$, $f_2 \in [\Gamma, k_2]$, dann ist $f_1 f_2 \in [\Gamma, k_1 + k_2]$.

b) Das Produkt einer Spitzenform mit einer beliebigen ganzen Modulform ist eine Spitzenform.

Der Unterraum $[\Gamma, k]_0$ der Spitzenformen hat höchstens die Kodimension 1, d. h.

3.1 Bemerkung. *Ist $g \in [\Gamma, k]$ eine Nichtspitzenform, so gilt*

$$[\Gamma, k] = [\Gamma, k]_0 \oplus \mathbb{C}g.$$

Beweis. Ist $f \in [\Gamma, k]$, so ist

$$h := f - \frac{f(\mathrm{i}\infty)}{g(\mathrm{i}\infty)} g$$

eine Spitzenform, und es gilt

$$f = h + Cg \quad \text{mit} \quad C = \frac{f(\mathrm{i}\infty)}{g(\mathrm{i}\infty)} \in \mathbb{C}. \qquad \square$$

Wir werden sehen, dass $[\Gamma, k]$ stets endlichdimensional ist. Für die Bestimmung einer Basis von $[\Gamma, k]$ ist die *Existenz einer Spitzenform $f \neq 0$ vom Gewicht 12* von grundsätzlicher Bedeutung. Aus der $k/12$-Formel folgt, dass eine solche Modulform in $\mathrm{i}\infty$ notwendig eine Nullstelle der Ordnung 1 hat und in der oberen Halbebene keine weiteren Nullstellen besitzt (2.8). Für die Konstruktion einer solchen Spitzenform gibt es viele Möglichkeiten. Eine kennen wir bereits, die Diskriminante Δ hat diese Eigenschaft, andere werden wir noch kennenlernen. Halten wir fest:

3.2 Satz. *Es existiert eine Modulform $\Delta \neq 0$ vom Gewicht 12, die in der oberen Halbebene keine Nullstellen besitzt, in $\mathrm{i}\infty$ jedoch eine Nullstelle (notwendig erster Ordnung). Δ ist also eine Spitzenform. Ein solches Δ ist bis auf einen konstanten Faktor eindeutig bestimmt. Eine mögliche Darstellung ist*

$$\boxed{\Delta = (60G_4)^3 - 27(140G_6)^2.}$$

Die Bedeutung der Spitzenform vom Gewicht 12 zeigt sich in

3.3 Satz. *Die Multiplikation mit Δ vermittelt einen Isomorphismus*

$$[\Gamma, k - 12] \longrightarrow [\Gamma, k]_0,$$
$$f \longmapsto f \cdot \Delta.$$

Beweis. Da Δ nicht verschwindet, ist diese Abbildung injektiv. Ist andererseits $g \in [\Gamma, k]_0$, dann ist

$$f := \frac{g}{\Delta} \in [\Gamma, k - 12],$$

denn f hat das richtige Transformationsverhalten, ist in der oberen Halbebene analytisch, da Δ dort keine Nullstelle hat, und ist auch in $\mathrm{i}\infty$ regulär, da Δ dort nur eine Nullstelle erster Ordnung hat. $\qquad \square$

Vorstufe für den angestrebten Struktursatz ist eine offensichtliche Folgerung aus der $k/12$-Formel (s. 2.6).

Jede ganze Modulform vom Gewicht 2 verschwindet identisch.

3.4 Theorem (Struktursatz). *Die Monome*

$$\left\{ G_4^\alpha G_6^\beta;\ \alpha, \beta \in \mathbb{N}_0,\ 4\alpha + 6\beta = k \right\}$$

bilden eine Basis von $[\Gamma, k]$*. Jede Modulform* $f \in [\Gamma, k]$ *ist also eindeutig als Linearkombination*

$$f = \sum_{\substack{\alpha, \beta \geq 0 \\ 4\alpha + 6\beta = k}} C_{\alpha\beta} G_4^\alpha G_6^\beta$$

darstellbar.

Zusatz. *Die Dimension des Vektorraums der Modulformen ist endlich, und es gilt*

$$\dim_{\mathbb{C}}[\Gamma, k] = \begin{cases} \left[\frac{k}{12}\right], & \text{falls } k \equiv 2 \bmod 12, \\ \left[\frac{k}{12}\right] + 1, & \text{falls } k \not\equiv 2 \bmod 12. \end{cases}$$

Beweis. Wir zeigen zunächst durch Induktion nach k, dass $[\Gamma, k]$ von den angegebenen Monomen erzeugt wird. Als Induktionsbeginn kann $k = 0$ gewählt werden, da jede Modulform vom Gewicht 0 konstant ist (2.5). Sei nun f eine von 0 verschiedene Modulform vom Gewicht $k > 0$. Es gilt dann $k \geq 4$. Jede gerade Zahl $k \geq 4$ lässt sich in der Form $k = 4\alpha + 6\beta$ mit nicht negativen ganzen Zahlen schreiben. Es existiert eine Konstante C, so dass $f - CG_4^\alpha G_6^\beta$ eine Spitzenform ist. Diese lässt sich nach 3.3 in der Form

$$f - CG_4^\alpha G_6^\beta = \Delta \cdot g$$

mit einer Modulform g kleineren Gewichts schreiben. Da wir durch vollständige Induktion schließen wollen, können wir annehmen, dass g eine Linearkombination von Monomen in G_4 und G_6 mit den entsprechenden Gewichten ist. Man erhält dann eine Darstellung von f als Linearkombination von Monomen in G_4 und G_6.

Eine einfache kombinatorische Überlegung zeigt, dass die Anzahl der Monome gleich der im Zusatz angegebenen Zahl ist. Die lineare Unabhängigkeit der Monome und die angegebene Dimensionsformel sind also äquivalent. Die Dimensionsformel folgt aber ebenfalls durch Induktion nach k, denn es gilt $\dim_{\mathbb{C}}[\Gamma, 0] = 1$, $\dim_{\mathbb{C}}[\Gamma, 2] = 0$ und

$$\dim_{\mathbb{C}}[\Gamma, k] = 1 + \dim_{\mathbb{C}}[\Gamma, k - 12] \quad \text{für } k \geq 4.$$

Die angegebene Dimensionsformel genügt derselben Rekursion. $\qquad\square$

Wir geben noch einen zweiten — von der $k/12$-Formel unabhängigen — Beweis für $[\Gamma, 2] = \{0\}$. Gäbe es nämlich eine nicht verschwindende Modulform $f \in [\Gamma, 2]$, so folgte

$$f^2 \in [\Gamma, 4], \quad \text{also} \quad f^2 = a\, G_4 \quad \text{mit} \quad a \in \mathbb{C}^{\bullet},$$

$$f^3 \in [\Gamma, 6], \quad \text{also} \quad f^3 = b\, G_6 \quad \text{mit} \quad b \in \mathbb{C}^{\bullet}.$$

Damit wären aber G_4^3 und G_6^2 linear abhängig im Widerspruch zum Nichtverschwinden von Δ (2.7_1).

Man kann den Struktursatz auch ringtheoretisch formulieren, indem man die direkte Summe aller Vektorräume von Modulformen einführt,

$$\mathcal{A}(\Gamma) := \bigoplus_{k \geq 0} [\Gamma, k].$$

Auf dieser direkten Summe lässt sich in naheliegender Weise eine Ringstruktur, genauer eine Struktur als $\mathbb{C}$-Algebra einführen.

3.5 Theorem. *Die Abbildung*

$$X \longmapsto G_4, \quad Y \longmapsto G_6,$$

induziert einen Algebrenisomorphismus des Polynomrings in zwei Unbestimmten X, Y auf die Algebra der Modulformen,

$$\mathbb{C}[X, Y] \xrightarrow{\sim} \mathcal{A}(\Gamma).$$

Übungsaufgaben zu VI.3

1. Sei $f : \mathbb{H} \to \mathbb{C}$ eine ganze Modulform ohne Nullstelle (in $\mathbb{H}$). Dann ist f konstantes Vielfaches einer Potenz der Diskriminante Δ.

2. Sei $d_k = \dim_{\mathbb{C}}[\Gamma, k]$ die Dimension des Vektorraumes der (ganzen) Modulformen vom Gewicht k. Zu jedem d_k-Tupel komplexer Zahlen $a_0, a_1, \ldots, a_{d_k - 1}$ existiert genau eine Modulform vom Gewicht k, deren erste d_k FOURIERkoeffizienten gerade die vorgegebenen Zahlen sind.

   Anleitung. Wenn die ersten d_k FOURIERkoeffizienten einer Modulform verschwinden, so ist sie durch Δ^{d_k} teilbar, d. h. der Quotient ist wieder eine ganze Modulform.

3. Es gibt kein vom Nullpolynom verschiedenes Polynom $P \in \mathbb{C}[X]$ mit der Eigenschaft $P(j) = 0$.

   Man leite hieraus einen neuen Beweis dafür ab, dass die EISENSTEINreihen G_4 und G_6 algebraisch unabhängig sind, d. h. die Monome $G_4^{\alpha} G_6^{\beta}$, $4\alpha + 6\beta = k$, sind für jedes k linear unabhängig.

4. Zu jedem Punkt $a \in \mathbb{H}$ existiert eine ganze Modulform (sogar vom Gewicht 12), die in a verschwindet, die aber nicht identisch verschwindet.

   Anleitung. Man benutze die Kenntnis der Nullstellen von Δ.

5. Jede meromorphe Modulform ist als Quotient zweier ganzer Modulformen darstellbar.

6. Mit Hilfe der vorangehenden Aufgabe und dem Struktursatz für die Algebra der Modulformen (3.4) leite man einen weiteren Beweis dafür ab, dass jede Modulfunktion eine rationale Funktion von j ist.

4. Modulformen und Thetareihen

Im Prinzip haben wir alle (ganzen) Modulformen im vorhergehenden Abschnitt bestimmt. Es gibt jedoch andere Konstruktionsmöglichkeiten für Modulformen. Der Darstellungssatz liefert dann nichttriviale Identitäten zwischen analytischen Funktionen. Wir wollen in diesem Abschnitt einige dieser Identitäten herleiten. Solche Identitäten haben oft zahlentheoretische Bedeutung. In VII.1 werden wir auf einige zahlentheoretische Anwendungen näher eingehen.

Die Jacobi'sche Thetatransformationsformel

4.1 Hilfssatz. *Die beiden Reihen*

$$\sum_{n=-\infty}^{\infty} e^{\pi i (n+w)^2 z} \quad und \quad \sum_{n=-\infty}^{\infty} e^{\pi i n^2 z + 2\pi i n w}$$

konvergieren für $(z, w) \in \mathbb{H} \times \mathbb{C}$ *normal. Sie stellen insbesondere bei festem* z *analytische Funktionen in* w *dar und umgekehrt.*

Die zweite dieser beiden Reihen haben wir schon in V.6 im Zusammenhang mit dem ABEL'schen Theorem kennengelernt. Dort wurde sie mit

$$\vartheta(z, w) := \sum_{n=-\infty}^{\infty} e^{\pi i n^2 z + 2\pi i n w}.$$

bezeichnet. Allerdings wurde damals die Notation (τ, z) anstelle von (z, w) verwendet, und der Punkt τ war dabei ein fester Parameter. Jetzt interessiert uns $\vartheta(z, w)$ vor allem als Funktion von z bei festem w. In V.6 wurde auch die Konvergenz der Thetareihe bei festem ersten Argument bewiesen. Ein analoger Schluss liefert auch die normale Konvergenz in beiden Variablen.

4.2 Jacobi'sche Thetatransformationsformel (C. G. J. JACOBI, 1828).

Für $(z, w) \in \mathbb{H} \times \mathbb{C}$ *gilt die Formel*

$$\sqrt{\frac{z}{i}} \sum_{n=-\infty}^{\infty} e^{\pi i (n+w)^2 z} = \sum_{n=-\infty}^{\infty} e^{\pi i n^2 (-1/z) + 2\pi i n w}.$$

Dabei ist die Quadratwurzel aus z/i *durch den Hauptzweig des Logarithmus definiert.*

Beweis. Die Funktion

$$f(w) := \sum_{n=-\infty}^{\infty} e^{\pi i z (n+w)^2} \quad (z \text{ fest})$$

hat offenbar die Periode 1 und gestattet daher eine FOURIERentwicklung

$$f(w) = \sum_{m=-\infty}^{\infty} a_m e^{2\pi i m w}$$

mit

$$a_m = \int_0^1 \sum_{n=-\infty}^{\infty} e^{\pi i z (n+w)^2 - 2\pi i m w} \, du.$$

Dabei sei $w = u + iv$. Der Imaginärteil v von w kann dabei beliebig gewählt werden. Wir werden über ihn noch geeignet verfügen. Wegen der lokal gleichmäßigen Konvergenz darf man Summe und Integral vertauschen. Anschließende Substitution $u \mapsto u - n$ zeigt

$$a_m = \int_{-\infty}^{\infty} e^{\pi i (z w^2 - 2 m w)} \, du.$$

Durch quadratische Ergänzung erhält man

$$z w^2 - 2 m w = z \left(w - \frac{m}{z} \right)^2 - z^{-1} m^2,$$

also

$$a_m = e^{-\pi i m^2 z^{-1}} \int_{-\infty}^{\infty} e^{\pi i z (w - m/z)^2} \, du.$$

Nun wählen wir den Imaginärteil v von w so, daß $w - m/z$ reell wird. Nach einer Translation von u erhält man dann

$$a_m = e^{\pi i m^2 (-1/z)} \int_{-\infty}^{\infty} e^{\pi i z u^2} \, du.$$

Es bleibt das Integral zu berechnen. Wir müssen die Formel

$$\int_{-\infty}^{\infty} e^{\pi i z u^2}\, du = \sqrt{\frac{z}{i}}^{-1}$$

beweisen. Da beide Seiten analytische Funktionen in z darstellen, genügt es, sie für rein imaginäre $z = iy$ zu beweisen. Die Substitution

$$t = u \cdot \sqrt{y}$$

führt die Berechnung auf das bekannte Integral

$$\int_{-\infty}^{\infty} e^{-\pi t^2}\, dt = 1$$

zurück.   □

Spezialisiert man die JACOBI'sche Thetatransformationsformel, so erhält man

4.3 Satz. *Die Funktion*

$$\vartheta(z) = \sum_{n=-\infty}^{\infty} e^{\pi i n^2 z}$$

stellt eine analytische Funktion dar. Sie genügt den Transformationsformeln

a) $$\vartheta(z + 2) = \vartheta(z) \quad und$$

b) $$\vartheta\left(-\frac{1}{z}\right) = \sqrt{\frac{z}{i}}\, \vartheta(z).$$

Die Thetareihe $\vartheta(z)$ hat nur die Periode 2. Um zu einer Modulform zu gelangen, betrachten wir neben ϑ auch $\widetilde{\vartheta}(z) = \vartheta(z + 1)$,

$$\widetilde{\vartheta}(z) = \sum_{n=-\infty}^{\infty} (-1)^n \exp \pi i n^2 z.$$

Die Funktion $\widetilde{\vartheta}$ ist ein spezieller Wert der JACOBI'schen Thetafunktion $\vartheta(z, w)$, nämlich

$$\widetilde{\vartheta}(z) = \vartheta(z, 1/2).$$

Man erhält aus 4.2 eine Transformatinsformel für $\widetilde{\vartheta}$, nämlich

$$\widetilde{\vartheta}\left(-\frac{1}{z}\right) = \sqrt{\frac{z}{i}}\, \widetilde{\widetilde{\vartheta}}(z)$$

mit

$$\widetilde{\widetilde{\vartheta}}(z) := \sum_{n=-\infty}^{\infty} e^{\pi i (n+1/2)^2 z}.$$

Halten wir fest:

4.4 Bemerkung (C. G. J. JACOBI 1833/36, 1838). *Die drei Thetareihen*

$$\vartheta(z) = \sum_{n=-\infty}^{\infty} \exp \pi i n^2 z,$$

$$\widetilde{\vartheta}(z) = \sum_{n=-\infty}^{\infty} (-1)^n \exp \pi i n^2 z \quad \text{und}$$

$$\widetilde{\widetilde{\vartheta}}(z) = \sum_{n=-\infty}^{\infty} \exp \pi i (n+1/2)^2 z$$

genügen den Transformationsformeln

$$\vartheta(z+1) = \widetilde{\vartheta}(z), \quad \widetilde{\vartheta}(z+1) = \vartheta(z), \quad \widetilde{\widetilde{\vartheta}}(z+1) = e^{\pi i/4}\widetilde{\widetilde{\vartheta}}(z),$$

$$\vartheta\left(-\frac{1}{z}\right) = \sqrt{\frac{z}{i}}\vartheta(z), \quad \widetilde{\vartheta}\left(-\frac{1}{z}\right) = \sqrt{\frac{z}{i}}\widetilde{\widetilde{\vartheta}}(z), \quad \widetilde{\widetilde{\vartheta}}\left(-\frac{1}{z}\right) = \sqrt{\frac{z}{i}}\widetilde{\vartheta}(z).$$

Aus diesen Transformationsformeln folgt, dass sich die Funktion

$$f(z) = \left(\vartheta(z)\,\widetilde{\vartheta}(z)\widetilde{\widetilde{\vartheta}}(z)\right)^8$$

unter den beiden Substitutionen

$$z \longmapsto z+1 \quad \text{und} \quad z \longmapsto -\frac{1}{z}$$

wie die Diskriminante transformiert, die Funktion $f(z)/\Delta(z)$ ist also invariant unter diesen beiden Substitutionen. Sie ist dann sogar invariant unter der vollen Modulgruppe, da diese von den beiden speziellen Substitutionen erzeugt wird. D. h.: Die Funktion f transformiert sich wie eine Modulform vom Gewicht 12. Sie ist sogar eine Modulform, da alle drei Thetareihen im Bereich $\text{Im } z \geq 1$ beschränkt sind. Weil die Reihe $\widetilde{\widetilde{\vartheta}}(z)$ für $\text{Im } z \to \infty$ gegen 0 konvergiert, ist die Funktion f darüberhinaus eine Spitzenform. Wir erhalten

4.5 Satz. *Es gilt*

$$\Delta(z) = C\left(\vartheta(z)\,\widetilde{\vartheta}(z)\,\widetilde{\widetilde{\vartheta}}(z)\right)^8$$

mit einer geeigneten Konstanten C.

Zusatz. *Wir werden später für die Konstante den Wert*

$$C = \frac{(2\pi)^{12}}{2^8}$$

ermitteln.

Ein Zusammenhang zwischen der Diskriminante und Pentagonalzahlen

Ein ganze Zahl der Form

$$\frac{3n^2 + n}{2}, \quad n \in \mathbb{Z},$$

heißt *Pentagonalzahl*. Die ersten Pentagonalzahlen sind $0, 1, 2, 5, 7, 12, 15, 22$.

4.6 Satz. *Es gilt*

$$\Delta(z) = Ce^{2\pi i z}\left(\sum_{n=-\infty}^{\infty} (-1)^n e^{\pi i z(3n^2+n)}\right)^{24}.$$

Es wird sich zeigen, dass die Konstante C *den Wert* $(2\pi)^{12}$ *hat.*

Beweis von Satz 4.6. Die rechte Seite hat die Periode 1 und verschwindet in $i\infty$ in erster Ordnung. Es genügt daher zu zeigen, dass sich die rechte Seite wie eine Modulform vom Gewicht 12 transformiert. Dazu betrachtet man

$$f(z) := \sum_{n=-\infty}^{\infty} (-1)^n e^{\pi i z(3n^2+n)}.$$

Diese Reihe kann mit der JACOBI'schen Thetareihe in Verbindung gebracht werden, und zwar gilt

$$f(z) = \vartheta\left(3z, \frac{1}{2} + \frac{z}{2}\right) \quad \text{und damit} \quad f\left(-\frac{1}{z}\right) = \vartheta\left(-\frac{3}{z}, \frac{1}{2} - \frac{1}{2z}\right).$$

Mit Hilfe der Thetatransformationsformel zeigt man mittels einer kleinen Rechnung

$$f\left(-\frac{1}{z}\right) = \sqrt{\frac{z}{3i}}\, e^{\frac{\pi i}{12z}} \sum_{u=-\infty}^{\infty} e^{\pi i z\frac{u^2}{12} - \pi i\frac{u}{6}}, \quad u = 2n+1,\ n \in \mathbb{Z}.$$

Da die rechte Seite unter $u \mapsto -u$ invariant ist, gilt

$$f\left(-\frac{1}{z}\right) = \sqrt{\frac{z}{3i}}\, e^{\frac{\pi i}{12z}} \sum_{u=-\infty}^{\infty} e^{\pi i z\frac{u^2}{12}} \left\{\frac{e^{\frac{-\pi i u}{6}} + e^{\frac{\pi i u}{6}}}{2}\right\},$$

wobei u alle *ungeraden* ganzen Zahlen durchläuft. Der Ausdruck

$$\frac{1}{2}\left(e^{-\frac{\pi i u}{6}} + e^{\frac{\pi i u}{6}}\right) = \cos\left(\frac{\pi u}{6}\right)$$

kann leicht durch Fallunterscheidung berechnet werden. Da u ungerade ist, gilt

$$u \equiv \pm 1 \quad \text{oder} \quad \equiv 3 \bmod 6.$$

Man sieht leicht, dass der Ausdruck im Falle $u \equiv 3 \bmod 6$ verschwindet. Da die Summanden sich nicht ändern, wenn man u durch $-u$ ersetzt, genügt es über die Nebenklasse $u \equiv 1 \bmod 6$ zu summieren und die Summe dann zu verdoppeln. Man substituiert nun $u = 6\nu + 1$ und beachtet

$$\cos\left(\frac{\pi u}{6}\right) = \cos\left(\frac{\pi}{6} + \pi\nu\right) = \frac{\sqrt{3}}{2}(-1)^{\nu}.$$

Eine einfache Rechnung zeigt nun

$$f\left(-\frac{1}{z}\right) = \sqrt{\frac{z}{i}}\, e^{\left(\frac{\pi i z}{12} + \frac{\pi i}{12 z}\right)} f(z),$$

woraus sich die Behauptung ergibt. $\square$

Die bisher betrachteten Thetareihen sind Spezialfälle eines allgemeineren Typs von Thetareihen, welche man *quadratischen* Formen bzw. *Gittern* zuordnen kann.

Quadratische Formen

Wir bezeichnen im Folgenden mit

$$A = A^{(n,m)} = \begin{pmatrix} a_{11} & \cdots & a_{1m} \\ \vdots & & \vdots \\ a_{n1} & \cdots & a_{nm} \end{pmatrix}$$

eine Matrix von n Zeilen und m Spalten. Im Fall $m = n$ schreibt man auch einfach $A = A^{(n)}$ und nennt A eine n-reihige Matrix,

$$A' = \begin{pmatrix} a_{11} & \cdots & a_{n1} \\ \vdots & & \vdots \\ a_{1m} & \cdots & a_{nm} \end{pmatrix}$$

ist die zu A transponierte Matrix.

Seien $S = S^{(n)}$ und $A = A^{(n,m)}$. Dann ist die Matrix

$$S[A] := A'SA$$

m-reihig. Wenn S symmetrisch ist ($S = S'$), so ist auch $S[A]$ symmetrisch. Es gilt die Rechenregel

$$S[AB] = S[A][B] \quad (S = S^{(n)},\ A = A^{(n,m)},\ B = B^{(m,p)}).$$

Ist z speziell ein n-reihiger Spaltenvektor, so ist

$$S[z] = \sum_{1 \le \mu, \nu \le n} s_{\mu\nu} z_\mu z_\nu$$

eine 1×1-Matrix, die wir mit einer Zahl identifizieren. Die Funktion $z \mapsto S[z]$ ist die der Matrix S zugeordnete quadratische Form. Eine symmetrische Matrix ist durch die ihr zugeordnete quadratische Form eindeutig bestimmt.

Eine reelle symmetrische Matrix $S = S^{(n)}$ heißt *positiv definit* — oder auch einfach *positiv* —, falls $S[x]$ für alle von 0 verschiedenen reellen Spalten x positiv ist. Wir benutzen aus der linearen Algebra zwei einfache Eigenschaften positiver Matrizen ohne Beweis:

Ist S eine (reelle symmetrische) positive Matrix, so existiert eine positive Zahl δ mit der Eigenschaft

$$S[x] \ge \delta(x_1^2 + \cdots + x_n^2).$$

Jede positive Matrix S lässt sich in der Form $S = A'A$ mit einer invertierbaren reellen (quadratischen) Matrix schreiben. Man kann erreichen, dass die Determinante von A positiv ist.

Natürlich ist auch jede Matrix dieser Form positiv definit. Allgemeiner gilt:

Ist $S = S^{(n)}$ eine positive Matrix und $A = A^{(n,m)}$ eine reelle Matrix vom Rang m, so ist auch die Matrix $S[A]$ positiv.

Jeder positiven Matrix $S = S^{(n)}$ kann eine Thetareihe zugeordnet werden,

$$\vartheta(S; z) = \sum_{g \in \mathbb{Z}^n} \exp \pi i S[g] z.$$

Diese Reihe hat zahlentheoretische Bedeutung, wenn S ganz ist, denn dann ist $\vartheta(S; z)$ eine periodische Funktion mit Periode 2, deren FOURIERentwicklung die Gestalt

$$\vartheta(S; z) = \sum_{m=0}^{\infty} A(S, m) e^{\pi i m z}$$

hat, wobei

$$A(S, m) := \#\{ g \in \mathbb{Z}^n; \quad S[g] = m \}$$

die Anzahl der Darstellungen einer natürlichen Zahl m durch die quadratische Form S bezeichne. Wir werden in den Übungsaufgaben zu diesem Abschnitt und in Kapitel VII zahlentheoretische Anwendungen der Theorie der Modulformen für diese Darstellungsanzahlen erhalten.

Im Falle der Einheitsmatrix $S = E = E^{(n)}$ zerfällt diese Thetareihe formal in ein CAUCHYprodukt von n Thetareihen $\vartheta(z)$,

$$\vartheta(E; z) = \vartheta(z)^n.$$

Die Konvergenz von $\vartheta(E; z)$ folgt hieraus mittels des CAUCHY'schen Multiplikationssatzes. Da es zu beliebigem positiven S eine positive Zahl δ mit der

Eigenschaft $S[x] \geq \delta E[x]$ für alle reellen Spalten x gibt, folgt die Konvergenz der Thetareihe allgemein. Wie schon im Falle der Reihe $\vartheta(z)$ werden wir allgemeiner die Reihe

$$f(z,w) := \sum_{g \in \mathbb{Z}^n} \exp \pi \mathrm{i} S[g+w]z, \quad z \in \mathbb{H},\ w \in \mathbb{C}^n,$$

betrachten. Im Falle der Matrix $S = (1)$ ist dies genau die JACOBI'sche Thetareihe.

Die JACOBI'sche Thetatransformationsformel gestattet folgende Verallgemeinerung:

4.7 Verallgemeinerte Thetatransformationsformel. *Sei $S = S^{(n)}$ eine positive Matrix. Es gilt*

$$\sqrt{\frac{z}{\mathrm{i}}}^n \sqrt{\det S} \sum_{g \in \mathbb{Z}^n} e^{\pi \mathrm{i} S[g+w]z} = \sum_{g \in \mathbb{Z}^n} e^{\pi \mathrm{i}\left\{S^{-1}[g](-1/z)+2g'w\right\}}.$$

Beide Reihen konvergieren in $\mathbb{H} \times \mathbb{C}^n$ normal.

Beweis. Mit Hilfe einer Abschätzung $S[x] \geq \delta E[x]$ führt man den Konvergenzbeweis leicht auf den Fall der JACOBI'schen Thetafunktion zurück. Für den Beweis der Transformationsformel betrachten wir wieder die Funktion $f(w) = f(z,w)$ bei festem z. Sie ist stetig als Funktion von w und analytisch in jeder Variablen w_j, $1 \leq j \leq n$. Außerdem hat sie die Periode 1 in jeder Variablen. Jede Funktion mit diesen Eigenschaften kann man in eine absolut konvergente FOURIERreihe

$$f(w) = \sum_{h \in \mathbb{Z}^n} a_h e^{2\pi \mathrm{i} h'w} \quad (h'w = h_1 w_1 + \cdots + h_n w_n)$$

entwickeln. Der FOURIERkoeffizient kann mittels der Formel

$$a_h = \int_0^1 \cdots \int_0^1 f(w) e^{-2\pi \mathrm{i} h'w}\, du_1 \ldots du_n$$

berechnet werden. Dabei ist $w = u + iv$ mit festem aber beliebigem v. Das FOURIERintegral hängt nicht von der Wahl von v ab.

Wir haben diesen Entwicklungssatz nur im Falle $n = 1$ bewiesen. Aber das reicht für unsere Zwecke aus, denn man kann folgendermaßen vorgehen. Man entwickelt zunächst f in eine FOURIERreihe in der Variablen w_1. Die FOURIERkoeffizienten hängen dann noch von $w_2, \ldots w_n$ ab. Ihre Darstellung durch das FOURIERintegral zeigt, dass sie stetig in $\mathbb{C}^{n-1}$ sind und analytisch in den verbleibenden Variablen w_j, $2 \leq j \leq n$, sind. Man kann dann die FOURIERkoeffizienten wieder in FOURIERreihen nach w_2 entwickeln. Mehrfache

Anwendung führt genau auf obige FOURIERreihe mit der angegebenen Koeffizientenformel, jedoch mit einer Einschränkung: Die FOURIERreihe muss in folgender Form geklammert sein:

$$\sum_{h_1=-\infty}^{\infty} \left\{ \cdots \left\{ \sum_{h_n=-\infty}^{\infty} a_h e^{2\pi i h' w} \right\} \cdots \right\}.$$

Die Klammern kann man weglassen, wenn die ungeklammerte Reihe absolut konvergiert. In dem bei uns vorliegenden Fall folgt dies unmittelbar aus der expliziten Berechnung der FOURIERkoeffizienten.

Die FOURIERintegrale werden wie im Fall der JACOBI'schen Thetafunktion berechnet. Wir können uns daher kurz fassen:

Man sieht zunächst

$$a_h = \int_{-\infty}^{\infty} \cdots \int_{-\infty}^{\infty} e^{\pi i \{S[w]z - 2h'w\}} \, du_1 \ldots du_n.$$

Dem Prinzip der quadratischen Ergänzung (babylonische Identität) ist folgende Formel nachgebildet:

$$S[w]z - 2h'w = S[w - z^{-1}S^{-1}h]z - S^{-1}[h]z^{-1}.$$

Dank des Prinzips der analytischen Fortsetzung können wir annehmen, dass $z = iy$ rein imaginär ist. Wir setzen dann

$$v = y^{-1}S^{-1}h$$

und erhalten

$$a_h = e^{-\pi S^{-1}[h]y^{-1}} \int_{-\infty}^{\infty} \cdots \int_{-\infty}^{\infty} e^{-\pi S[u]y} du_1 \ldots du_n.$$

Für die Berechnung des Integrals ist es zweckmäßig, die Integraltransformation

$$u \longmapsto y^{-1/2}A^{-1}u \quad (S = A'A)$$

durchzuführen. Ihre Determinante ist $y^{-n/2} \det A^{-1}$. Aus der Transformationsformel für n-fache Integrale folgt

$$\int_{-\infty}^{\infty} \cdots \int_{-\infty}^{\infty} e^{-\pi S[u]y} \, du_1 \ldots du_n$$

$$= y^{-n/2} \left| \det A^{-1} \right| \int_{-\infty}^{\infty} \cdots \int_{-\infty}^{\infty} e^{-\pi(u_1^2 + \cdots + u_n^2)} \, du_1 \ldots du_n$$

$$= y^{-n/2} \sqrt{\det S^{-1}} \left[\int_{-\infty}^{\infty} e^{-\pi u^2} \, du \right]^n.$$

Damit ist 4.7 bewiesen.   □

Als wichtigen Spezialfall der JACOBI'schen Thetatransformationsformel erhalten wir

4.8 Satz. *Es gilt die Thetatransformationsformel*

$$\vartheta(S^{-1}; -z^{-1}) = \sqrt{\frac{z}{i}}^{\,n} \sqrt{\det S} \, \vartheta(S; z).$$

An dieser Formel stört noch, dass neben $z \mapsto z^{-1}$ auch der Übergang $S \mapsto S^{-1}$ zu vollziehen ist. Unter speziellen Voraussetzungen ist dies jedoch nicht nötig:

Eine invertierbare Matrix $U = U^{(n)}$ heißt *unimodular*, falls sowohl U als auch U^{-1} ganzzahlig sind. Es gilt dann $\det U = \pm 1$, und nach der CRAMER'schen Regel ist jede ganze Matrix mit dieser Eigenschaft unimodular. Die Menge all dieser Matrizen bildet die unimodulare Gruppe $GL(n, \mathbb{Z})$.

Zwei positive n-reihige Matrizen S und T heißen *(unimodular) äquivalent*, falls es eine unimodulare Matrix U mit der Eigenschaft $T = S[U]$ gibt. Dies ist offensichtlich eine Äquivalenzrelation, die Äquvalenzklassen nennt man auch *unimodulare Klassen*.

Ist U eine unimodulare Matrix, so durchläuft mit g auch Ug alle ganzen Spaltenvektoren der richtigen Reihenzahl. Hieraus folgt: Sind S und T äquivalente positive Matrizen, so gilt

$$\vartheta(T; z) = \vartheta(S; z).$$

Wenn S selbst unimodular ist, so sind S und S^{-1} äquivalent, denn es gilt $S = S^{-1}[S]$. Die Thetatransformationsformel besagt in diesem Fall

$$\vartheta(S; -z^{-1}) = \sqrt{\frac{z}{i}}^{\,n} \vartheta(S; z).$$

Wir möchten Thetareihen mit der Periode 1 betrachten. Dazu müssen wir positive Matrizen mit der Eigenschaft

$$g \text{ ganz} \implies S[g] \text{ gerade}$$

betrachten. Man nennt symmetrische Matrizen mit dieser Eigenschaft auch *gerade*. Eine symmetrische Matrix ist genau dann gerade, falls sie ganz ist und falls ihre Diagonalelemente gerade sind. Dies folgt aus der Formel

$$S[g] = \sum_{\nu=1}^{n} s_{\nu\nu} g_\nu^2 + 2 \sum_{1 \le \mu < \nu \le n} s_{\mu\nu} g_\mu g_\nu.$$

4.9 Satz. *Sei $S = S^{(n)}$ eine positive gerade und unimodulare Matrix mit durch 8 teilbarer Reihenzahl n. Dann ist $\vartheta(S;z)$ eine (ganze) elliptische Modulform vom Gewicht $n/2$.*

Jedenfalls hat $\vartheta(S;z)$ unter den beiden Erzeugenden der elliptischen Modulgruppe das richtige Transformationsverhalten. Insbesondere ist $\vartheta(S;z)/G_{n/2}$ eine unter diesen Erzeugenden invariante (meromorphe) Funktion. Sie ist dann sogar invariant unter der vollen Modulgruppe. $\vartheta(S;z)$ transformiert sich also unter der vollen Modulgruppe wie eine Modulform. Die Beschränktheit im Bereich $y \ge 1$ und damit die Regularität in $i\infty$ sind klar. □

Es lässt sich übrigens zeigen, dass positive gerade und unimodulare Matrizen nur bei durch 8 teilbarer Reihenzahl existieren können (s. Aufgabe 11). Ein Beispiel einer solchen Matrix im Falle $n = 8m$ ist

$$S_n = \begin{pmatrix} 2m & 1 & 1 & \dots & 1 & 1 & 1 \\ 1 & 2 & 1 & \dots & 1 & 1 & 2 \\ 1 & 1 & 2 & \dots & 1 & 1 & 2 \\ \vdots & \vdots & \vdots & & \vdots & \vdots & \vdots \\ 1 & 1 & 1 & \dots & 2 & 1 & 2 \\ 1 & 1 & 1 & \dots & 1 & 2 & 2 \\ 1 & 2 & 2 & \dots & 2 & 2 & 4 \end{pmatrix}.$$

Im Falle $n = 16$ erhalten wir zwei positive gerade und unimodulare Matrizen, nämlich S_{16} und

$$S_8 \oplus S_8 = \begin{pmatrix} S_8 & 0 \\ 0 & S_8 \end{pmatrix}.$$

Es lässt sich zeigen, dass die beiden nicht unimodular äquivalent sind.

Da die Vektorräume der Modulformen vom Gewicht 4 und 8 jeweils eindimensional sind, erhalten wir wieder nichttriviale Identitäten.

4.10 Satz. *Es gelten die Identitäten*

$$G_4(z) = 2\zeta(4)\,\vartheta(S_8;z),$$
$$G_8(z) = 2\zeta(8)\,\vartheta(S_{16};z) = 2\zeta(8)\,\vartheta(S_8 \oplus S_8;z).$$

Die konstanten Faktoren ergeben sich durch Vergleich der konstanten Fourierkoeffizienten. Für die Thetareihen sind diese 1. □

Wir werden sehen, dass diese und ähnliche Identitäten zahlentheoretische Bedeutung haben.

Positive Matrizen und Gitter

Eine Teilmenge $L \subset \mathbb{R}^n$ heißt *Gitter*, falls es eine invertierbare reelle Matrix $A = A^{(n)}$ gibt, so dass

$$L = A\mathbb{Z}^n = \{ Ag; \quad g \in \mathbb{Z}^n \}$$

gilt. Die Matrix A ist nicht eindeutig bestimmt.

Die beiden Gitter $A\mathbb{Z}^n \subset \mathbb{R}^n$ und $B\mathbb{Z}^n \subset \mathbb{R}^n$ sind genau dann gleich, falls es eine unimodulare Matrix U mit der Eigenschaft $B = AU$ gibt.

Gitter sind diskrete Untergruppen von $\mathbb{R}^n$, die eine Basis des $\mathbb{R}^n$ enthalten. Hiervon gilt auch die Umkehrung, wie wir im zweiten Band beweisen werden. Wir nennen zwei Gitter L und L' *kongruent*, wenn es eine reelle orthogonale Matrix

$$Q = Q^{(n)}, \quad Q'Q = E \quad \text{(Einheitsmatrix)},$$

mit der Eigenschaft $L = QL'$ gibt. Die beiden Gitter $A\mathbb{Z}^n \subset \mathbb{R}^n$ und $B\mathbb{Z}^n \subset \mathbb{R}^n$ sind also genau dann kongruent, wenn es eine unimodulare Matrix U und eine orthogonale Matrix Q mit der Eigenschaft $B = QAU$ gibt. Wir betrachten die positiven Matrizen $S = A'A$ und $T = B'B$. Es gilt $T = S[U]$. Damit erhalten wir:

Die Zuordnung $A \longmapsto S = A'A$ definiert eine Bijektion zwischen den Kongruenzklassen von Gittern und den unimodularen Klassen positiver Matrizen.

Es gilt übrigens $S[g] = \langle Ag, Ag \rangle$, wobei $\langle z, w \rangle = \sum z_j w_j$ die Standardbilinearform auf dem $\mathbb{C}^n$ bezeichne. Ersetzt man $h := Ag$, so erhält man für die Thetareihe $\vartheta(S; z)$ folgende Darstellung in der Gittersprache:

$$\vartheta(S; z) = \vartheta(L; z) := \sum_{h \in L} e^{\pi i \langle h, h \rangle z}.$$

Wir nehmen nun an, dass S ganz ist. Der n-te FOURIERkoeffizient dieser Thetareihe ist offensichtlich gleich der Anzahl $A_L(n)$ aller Gittervektoren $h \in L$ mit mit der Eigenschaft $n = \langle h, h \rangle$. Dieser Ausdruck ist das Quadrat der euklidischen Länge von h. Halten wir noch einmal fest:

Die Darstellungsanzahl $A(S, n)$ einer natürlichen Zahl n durch die quadratische Form S ist gleich der Anzahl $A_L(n)$ aller Vektoren mit der euklidischen Länge $\sqrt{n}$ eines assoziierten Gitters L .

Ein Gitter heißt vom Typ II, falls die Determinante einer erzeugenden Matrix 1 ist und falls das euklidische Sklarprodukt eines Gittervektors mit sich selbst stets gerade ist. Dies bedeutet, dass die assoziierten quadratischen Formen gerade und unimodular sind.

Der Gitterbegriff hat wegen seiner höheren Flexibilität manchmal Vorteile. Nach der angegebenen Charakterisierung ist jede Gruppe L,

$$q\mathbb{Z}^n \subset L \subset (1/q)\,\mathbb{Z}^n \quad q \in \mathbb{N},$$

ein Gitter, beispielsweise ist

$$L_n = \{x \in \mathbb{R}^n; \quad 2x_\nu \in \mathbb{Z}, \ x_\mu - x_\nu \in \mathbb{Z}, \ \sum_{\nu=1}^{n} x_\nu \in 2\mathbb{Z}\}$$

ein Gitter im n-dimensionalen Raum. Es ist genau dann vom Typ II, falls n durch 8 teilbar ist. Die Kongruenzklasse dieses Gitters entspricht im Falle $n = 8m$ genau der unimodularen Klasse von S_n , womit diese Matrix etwas durchsichtiger erklärt wird.

Übungsaufgaben zu VI.4

1. Seien f und g zwei elliptische Modulformen vom Gewicht k. Die Funktion $h(z) = f(z)\overline{g(z)}y^k$ ist Γ-invariant.

2. Sei f eine Spitzenform vom Gewicht k. Die Funktion
$$h(z) = |f(z)|y^{k/2}$$
nimmt ein Maximum in der oberen Halbebene an.

   Anleitung. Wegen Aufgabe 1 genügt es zu zeigen, dass $h(z)$ im Fundamentalbereich ein Maximum annimmt. Dies folgt aus $\lim_{y\to\infty} h(z) = 0$.

3. Sei
$$f(z) = \sum_{n=1}^{\infty} a_n e^{2\pi i n z}$$
eine Spitzenform vom Gewicht k. Man beweise eine Abschätzung
$$|a_n| \le C n^{k/2} \qquad \text{(E. HECKE, 1927)}$$
mit einer geeigneten Konstanten C.

   Anleitung. Man benutze die Integraldarstellung für die FOURIERkoeffizienten und nutze die Abschätzung
$$|f(z)| \le C' y^{-k/2}$$
speziell für $y = 1/n$ aus.

   Nach der von P. DELIGNE 1974 bewiesenen RAMANUJAN-PETERSSON-Vermutung gilt sogar
$$|a_n| \le C(\varepsilon) n^{(k-1)/2+\varepsilon} \quad \text{für jedes } \varepsilon > 0.$$

4. Bei dieser Aufgabe verwenden wir die Formel für die FOURIERkoeffizienten der EISENSTEINreihen, welche wir in VII.1 ableiten werden,
$$G_k(z) = 2\zeta(k) + \frac{2 \cdot (2\pi i)^k}{(k-1)!} \sum_{n=1}^{\infty} \sigma_{k-1}(n) e^{2\pi i n z}.$$
Sei $L \subset \mathbb{R}^m$, $m \equiv 0 \bmod 8$, ein Gitter vom Typ II und für $n \in \mathbb{N}_0$
$$A_L(n) = \#\{x \in L; \quad \langle x, x \rangle = n\}.$$
Es gilt
$$A_L(2n) \sim -\frac{m}{B_{m/2}} \sum_{d|n} d^{m/2-1},$$
d. h. der Quotient der beiden Seiten konvergiert für $n \to \infty$ gegen 1.

   In den Fällen $m = 8$ und $m = 16$ gilt das Gleichheitszeichen, allgemein jedoch nicht. Umso bemerkenswerter ist folgender Satz von C. L. SIEGEL [Si2]: Für natürliche Zahlen n gilt
$$\sum_L \frac{A_L(n)}{e(L)} = \sum_L \left(\frac{1}{e(L)}\right) \frac{-m}{B_{m/2}} \sum_{d|n} d^{m/2-1}.$$

Dabei durchlaufe L ein Vertretersystem der Kongruenzklassen aller Typ-II-Gitter. $e(L)$ ist die Ordnung der Automorphismengruppe von L. (Ein Automorphismus von L ist eine orthogonale Abbildung von $\mathbb{R}^n$ auf sich, welche L in sich überführt.)

Die Anzahl dieser Klassen ist 1 im Falle $m = 8$; 2 im Falle $m = 16$; 24 im Falle $m = 24$ und mindestens 80 Millionen im Falle $m = 32$ (vgl. [CS]).

5. Ist f eine beliebige Modulform vom Gewicht k, so gilt für die FOURIERkoeffizienten a_n eine Abschätzung vom Typ
$$|a_n| \le C n^{k-1} \qquad \text{(E. HECKE, 1927)}.$$

6. Man bestimme die Anzahl aller ganzzahligen orthogonalen Matrizen ($U'U = E$) beliebiger Reihenzahl.

7. Am Ende des Abschnittes wurde das Gitter L_n definiert.

    a) Man zeige, dass das Gitter L_n genau dann vom Typ II ist, wenn n durch 8 teilbar ist.
    b) Man bestimme im Falle $n \equiv 0 \bmod 8$ die Minimalvektoren von L_n, das sind die Vektoren $a \in L$ mit $\langle a, a \rangle = 2$.
    c) Indem man die Winkel zwischen den Minimalvektoren studiert, zeige man, dass die Gitter L_{16} und $L_8 \times L_8$ nicht kongruent sind. (Dennoch stimmen die Gitterpunktanzahlen $A_L(n)$ überein!)

8. Seien a und b reelle Zahlen. Die Thetareihe — ein sogenannter *Thetanullwert* —
$$\vartheta_{a,b}(z) := \sum_{n=-\infty}^{\infty} e^{\pi i \left((n+a)^2 z + 2bn \right)}$$

verschwindet genau dann identisch, wenn $a - 1/2$ und $b - 1/2$ beide ganz sind. In allen anderen Fällen hat sie keine Nullstelle in der oberen Halbebene.

Anleitung. Man drücke sie durch die JACOBI'sche Thetareihe $\vartheta(z, w)$ aus und benutze, dass deren Nullstellen bekannt sind (V.6, Aufgabe 3).

9. Die Thetareihen (s. Aufgabe 7) $\vartheta_{a,b}$ ändern sich höchstens um einen konstanten Faktor, wenn man a und b um eine ganze Zahl abändert. Man leite aus der JACOBI'schen Thetatransformationsformel die Thetatransformationsformel
$$\vartheta_{a,b}\left(-\frac{1}{z}\right) = e^{2\pi i a b} \sqrt{\frac{z}{i}}\, \vartheta_{b,-a}(z)$$
ab.

10. Sei n eine natürliche Zahl. Wir betrachten alle Paare ganzer Zahlen
$$(a, b), \quad 0 \le a, b < 2n,$$
mit Ausnahme des Paares $(a, b) = (n, n)$ und bilden die Funktion
$$\Delta_n(z) = \prod_{\substack{(a,b) \ne (n,n) \\ 0 \le a, b < 2n}} \vartheta_{\left(\frac{a}{2n}, \frac{b}{2n}\right)}(z).$$

Man zeige, dass eine geeignete Potenz von Δ_n eine Modulform zur vollen Modulgruppe ist.

Anleitung. Das endliche System von Thetareihen wird bis auf elementare Faktoren nach Anwendung von den Erzeugenden der Modulgruppe permutiert.

Man folgere mittels Aufgabe 1 aus §3

$$\Delta_n(z)^{24} = C\Delta(z)^{4n^2-1}.$$

Man bestimme die Konstante C.

11. Sei $S = S^{(n)}$ eine positive gerade und unimodulare Matrix. Es gilt $n \equiv 0 \bmod 8$. *Anleitung.* Man benutze die Relation

$$w := 1 - \frac{1}{z} = \left(\frac{1}{1-z} - 1\right)^{-1}$$

und berechne $\vartheta(S; w)$ auf zwei Weisen durch iterierte Anwendung der Formeln

$$\vartheta(S; z+1) = \vartheta(S; z), \quad \vartheta(S; -1/z) = \sqrt{\frac{z}{\mathrm{i}}}^n \vartheta(S; z).$$

Man erhält die Formel

$$\sqrt{z/\mathrm{i}}^n = \sqrt{z/(\mathrm{i}(1-z))}^n \sqrt{(z-1)/\mathrm{i}}^n.$$

Wertet man diese Gleichung für $z = \mathrm{i}$ aus, so folgt

$$1 = e^{2\pi \mathrm{i} n/8}, \quad \text{also} \quad n \equiv 0 \bmod 8.$$

5. Modulformen zu Kongruenzgruppen

Wir wollen den Begriff der Modulform in zweierlei Hinsicht verallgemeinern. Zum einen soll die Modulgruppe $SL(2, \mathbb{Z})$ durch eine Untergruppe von endlichem Index ersetzt werden, zum anderen sollen auch Formen *halbganzen Gewichts* betrachtet werden. Beispiele für solche Modulformen sind die Thetareihen $\vartheta(S, z)$ zu beliebigen rationalen positiv definiten Matrizen S (auch ungerader Reihenzahl).

Eine Untergruppe H einer Gruppe G hat *endlichen Index*, falls es endlich viele Elemente $g_1, \ldots, g_h \in G$ mit

$$G = Hg_1 \cup \cdots \cup Hg_h$$
$$(\Longleftrightarrow G = g_1^{-1}H \cup \cdots \cup g_h^{-1}H)$$

gibt. Man kann erreichen, dass diese Zerlegung disjunkt ist. Die Zahl h ist dann eindeutig bestimmt und heißt *Index* von H in G.

Fundamentales Beispiel für eine Untergruppe von endlichem Index in der elliptischen Modulgruppe ist die *Hauptkongruenzgruppe der Stufe q* ($\in \mathbb{N}$).

$$\Gamma[q] := \left\{ M = \begin{pmatrix} a & b \\ c & d \end{pmatrix} \in SL(2, \mathbb{Z}); \quad a \equiv d \equiv 1 \bmod q, \, b \equiv c \equiv 0 \bmod q \right\}.$$

Sie ist der Kern des natürlichen Homomorphismus

$$\mathrm{SL}(2, \mathbb{Z}) \longrightarrow \mathrm{SL}(2, \mathbb{Z}/q\mathbb{Z}).$$

Da die Zielgruppe $\mathrm{SL}(2, \mathbb{Z}/q\mathbb{Z})$ endlich ist, ist $\Gamma[q]$ sogar ein *Normalteiler von endlichem Index* in $\mathrm{SL}(2, \mathbb{Z})$. Deswegen gilt

$$N\Gamma[q]N^{-1} = \Gamma[q] \quad \text{für} \quad N \in \Gamma[1] = \mathrm{SL}(2, \mathbb{Z}).$$

5.1 Definition. *Eine Untergruppe $\Gamma \subset \mathrm{SL}(2, \mathbb{Z})$ heißt* **Kongruenzgruppe**, *falls sie eine geeignete Hauptkongruenzgruppe umfasst,*

$$\Gamma[q] \subset \Gamma \subset \Gamma[1].$$

Kongruenzgruppen sind Untergruppen von endlichem Index in $\mathrm{SL}(2, \mathbb{Z})$. Es gibt jedoch Untergruppen von endlichem Index, welche keine Kongruenzgruppen sind. Von Bedeutung für die Theorie der Modulformen haben sich nur die *Kongruenzgruppen* erwiesen. Da $\Gamma[q]$ ein Normalteiler ist, erhalten wir:

5.2 Bemerkung. *Sei Γ eine Kongruenzgruppe. Für jedes $L \in \Gamma[1]$ ist die konjugierte Gruppe $L\Gamma L^{-1}$ ebenfalls eine Kongruenzgruppe.*

Spitzen von Kongruenzgruppen

Eine *Spitze* κ einer Kongruenzgruppe Γ ist definitionsgemäß ein Element von $\mathbb{Q} \cup \{i\infty\}$.

Die Gruppe $\mathrm{SL}(2, \mathbb{Z})$ operiert nicht nur auf $\mathbb{H}$, sondern auch auf der Menge der Spitzen vermöge der Formel

$$\kappa \longmapsto \frac{a\kappa + b}{c\kappa + d}$$

mit den üblichen Konventionen für das Rechnen mit $i\infty$:

$$\frac{ai\infty + b}{ci\infty + d} := \frac{a}{c} \quad (:= i\infty, \text{ falls } c = 0),$$

$$\frac{a\kappa + b}{c\kappa + d} := i\infty, \quad \text{falls } \kappa \neq i\infty \text{ und } c\kappa + d = 0$$
$$(\text{dann ist } a\kappa + b \neq 0).$$

Zwei Spitzen heißen äquivalent bezüglich Γ, falls sie durch eine Substitution aus Γ ineinander überführt werden können. Die Äquivalenzklassen bezüglich dieser Äquivalenzrelation nennt man auch *Spitzenklassen*.

5.3 Hilfssatz. *Die Gruppe $\mathrm{SL}(2, \mathbb{Z})$ operiert auf der Menge der Spitzen transitiv, d. h. zu jeder Spitze κ existiert ein*

$$A \in \mathrm{SL}(2, \mathbb{Z}) \quad mit \quad A\kappa = \mathrm{i}\infty.$$

Folgerung. *Sei Γ eine Kongruenzgruppe. Die Menge der Spitzenklassen*

$$(\mathbb{Q} \cup \{\mathrm{i}\infty\})/\Gamma$$

ist endlich.

Beweis von Hilfssatz 5.3. Sei

$$\kappa = \frac{a}{b}, \ a, b \in \mathbb{Z}, \ b \neq 0, \ \mathrm{ggT}(a, b) = 1.$$

Wir wählen eine Matrix

$$A = \begin{pmatrix} x & y \\ -b & a \end{pmatrix} \in \mathrm{SL}(2, \mathbb{Z}).$$

Eine solche existiert, da wegen der Teilerfremdheit von a und b die Gleichung $ax + by = 1$ ganzzahlig lösbar ist. Offenbar gilt $A\kappa = \mathrm{i}\infty$.

Zum Beweis der Folgerung schreibe man

$$\mathrm{SL}(2, \mathbb{Z}) = \Gamma A_1 \cup \cdots \cup \Gamma A_h.$$

Offensichtlich enthält die Menge

$$\{ A_1 \mathrm{i}\infty, \ldots, A_h \mathrm{i}\infty \}$$

ein Repräsentantensystem aller Spitzenklassen. Natürlich können in dieser Menge noch äquvalente Spitzen auftreten. Die Anzahl der Spitzenklassen ist also höchstens gleich dem Index von Γ in $\Gamma[1]$.

Wir werden im zweiten Band sehen, dass der Quotientenraum $\mathbb{H}/\Gamma$ eine Struktur als RIEMANN'sche Fläche hat. Diese RIEMANN'sche Fläche kann durch Hinzufügen endlich vieler Punkte — und zwar genau der Spitzenklassen — zu einer *kompakten* RIEMANN'schen Fläche vervollständigt werden.

Multiplikatorsysteme

Wir wollen Modulformen auch halbganzes Gewichts

$$k = \frac{r}{2}, \quad r \in \mathbb{Z},$$

definieren. Dazu müssen wir die Quadratwurzel von $cz + d$ definieren. Wir definieren in diesem Zusammenhang die Quadratwurzel $\sqrt{a}$ aus einer von 0 verschiedenen komplexen Zahl a durch den *Hauptwert des Logarithmus*

$$\sqrt{a} := e^{\frac{1}{2} \operatorname{Log} a}.$$

Offenbar ist $\sqrt{a}$ durch die beiden Bedingungen

a) $\operatorname{Re} \sqrt{a} \geq 0$,

b) $\sqrt{a} = \mathrm{i}\sqrt{|a|}$, falls a negativ reell,

ausgezeichnet. Die Funktion

$$z \longmapsto \sqrt{cz+d} \qquad ((c,d) \in \mathbb{R} \times \mathbb{R} - \{(0,0)\})$$

ist in der oberen Halbebene analytisch, da $cz+d$ im Falle $c \neq 0$ niemals negativ reell wird.

Bezeichnung.

$$I_r(M,z) := (cz+d)^{r/2} := \sqrt{cz+d}^{\,r}, \quad r \in \mathbb{Z}.$$

5.4 Bemerkung. *Es gilt*

$$I_r(MN,z) = w_r(M,N)I_r(M,Nz)I_r(N,z).$$

Dabei ist $w_r(M,N)$ ein Zahlensystem, das nur die Werte ± 1 annimmt. Es hängt von r nur modulo 2 ab, also nur davon, ob r gerade ist oder nicht. Nur für gerade r ist das Zahlensystem identisch 1.

Beweis. Eine triviale Rechnung zeigt, dass die angegebene Formel für gerade r mit $w_r = 1$ richtig ist. Sie folgt dann auch für ungerade r durch Wurzelziehen. Das Vorzeichen w_r kommt wegen der Zweideutigkeit der Quadratwurzel ins Spiel. Beispielsweise gilt

$$w_1(-S,-S) = \frac{I_1(-E,\mathrm{i})}{I_1(-S,\mathrm{i})^2} = \frac{\sqrt{-1}}{\sqrt{-\mathrm{i}}^2} = \frac{\mathrm{i}}{-\mathrm{i}} = -1 \quad \text{für} \quad S := \begin{pmatrix} 0 & -1 \\ 1 & 0 \end{pmatrix}.$$

(Nach unserer Konvention der Auswahl der Wurzel ist $\sqrt{-1} = \mathrm{i}$ und nicht etwa $= -\mathrm{i}$).

5.5 Definition. *Ein Multiplikatorsystem vom Gewicht $r/2$, $r \in \mathbb{Z}$,* [*)] *bezüglich einer Kongruenzgruppe Γ ist eine Abbildung, welche jedem $M \in \Gamma$ eine Einheitswurzel*

$$v(M) \in \mathbb{C}, \quad v(M)^l = 1,$$

einer von M unabhängigen Ordnung $l \in \mathbb{N}$ zuordnet, so dass

$$I(M,z) = v(M)I_r(M,z)$$

ein Automorphiefaktor ist, d. h.

$$I(MN,z) = I(M,Nz)I(N,z) \quad (M,N \in \Gamma).$$

Außerdem soll $I(-E,z) = 1$ gelten, falls die negative Einheitsmatrix in Γ enthalten ist.

[*)] Es kommt nur auf die Restklasse von r modulo 2 an.

Äquivalent zu der Automorphieeigenschaft ist

$$v(MN) = w_r(M, N)v(M)v(N).$$

Wenn r gerade ist, so bedeutet dies, dass v ein Charakter, also ein Homomorphismus von Γ in die multiplikative Gruppe der komplexen Zahlen ist.

Die Bedeutung der Multiplikatorsysteme zeigt sich in folgender Beobachtung:

Sei $f : \mathbb{H} \to \mathbb{C}$ eine Funktion mit dem Transformationsverhalten

$$f(Mz) = I(M, z)f(z)$$

für alle M aus einer gewissen Menge $\mathcal{M} \subset \Gamma$. Es gilt dann für alle M aus der von $\mathcal{M}$ erzeugten Untergruppe von Γ.

Beispiele

1) r ist gerade.

Wie schon erwähnt, bedeutet die Automorphieeigenschaft einfach, dass v ein Charakter ist,

$$v(MN) = v(M)v(N).$$

Der wichtigste Fall ist der des *Hauptcharakters* ($v \equiv 1$). Nach Voraussetzung können Multiplikatorsysteme nur endlich viele Werte annehmen. Der Kern des Charakters v

$$\Gamma_0 = \left\{\, M \in \Gamma; \quad v(M) = 1 \,\right\}$$

ist also eine Untergruppe von endlichem Index in Γ.

2) r ist ungerade.

Sei Γ_ϑ die von

$$\begin{pmatrix} 1 & 2 \\ 0 & 1 \end{pmatrix} \quad \text{und} \quad \begin{pmatrix} 0 & -1 \\ 1 & 0 \end{pmatrix}$$

erzeugte Untergruppe von $\mathrm{SL}(2, \mathbb{Z})$. Wir werden im Anhang zu diesem Abschnitt zeigen, dass Γ_ϑ aus allen Matrizen

$$\begin{pmatrix} a & b \\ c & d \end{pmatrix} \in \mathrm{SL}(2, \mathbb{Z}), \quad a + b + c + d \ \text{gerade},$$

besteht. Insbesondere enthält Γ_ϑ die Kongruenzgruppe $\Gamma[2]$ und ist mithin selbst eine Kongruenzgruppe.

Wir haben eine Formel

$$\vartheta(Mz) = v_\vartheta(M)\sqrt{cz + d}\,\vartheta(z) \qquad \left(v_\vartheta(M)^8 = 1\right)$$

für die beiden Erzeugenden der Thetagruppe bewiesen. Eine solche folgt dann automatisch für alle $M \in \Gamma_\vartheta$. Die Abbildung

$$\Gamma_\vartheta \longrightarrow \mathbb{C}^\bullet, \quad M \longmapsto v_\vartheta(M),$$

ist notwendigerweise ein Multiplikatorsystem vom Gewicht $1/2$. Dieses ist festgelegt durch die speziellen Werte

$$v_\vartheta \begin{pmatrix} 1 & 2 \\ 0 & 1 \end{pmatrix} = 1 , \quad v_\vartheta \begin{pmatrix} 0 & -1 \\ 1 & 0 \end{pmatrix} = e^{-\pi i/4}.$$

Man nennt dieses Multiplikatorsystem das *Thetamultiplikatorsystem*. Es ist nicht ganz leicht, eine geschlossene Formel für v_ϑ zu finden (s. [Ma3]).

Sei nun v ein beliebiges *Multiplikatorsystem nicht ganzen Gewichts* bezüglich der Kongruenzgruppe Γ. Der Charakter v/v_ϑ nimmt nur endlich viele Werte an. Es existiert daher eine Untergruppe $\Gamma_0 \subset \Gamma \cap \Gamma_\vartheta$ von endlichem Index, so dass die Einschränkung von v und v_ϑ auf Γ_0 übereinstimmen, d. h.

$$v(M) = v_\vartheta(M) \quad \text{für alle } M \in \Gamma_0 .$$

Wir haben bereits erwähnt, dass eigentlich nur die Kongruenzgruppen interessant für die Theorie der Modulformen sind. Aus demselben Grund sind auch nur Multiplikatorsysteme v mit folgender Eigenschaft von Interesse:

1) *r sei gerade*: Es existiert eine Kongruenzgruppe $\Gamma_0 \subset \Gamma$, so dass v auf Γ_0 trivial (d. h. der Hauptcharakter) ist.

2) *r sei ungerade*: Es existiert eine Kongruenzgruppe $\Gamma_0 \subset \Gamma \cap \Gamma_\vartheta$, so dass die Einschränkung von v auf Γ_0 mit dem Thetamultiplikatorsystem übereinstimmt.

Das konjugierte Multiplikatorsystem

Wir verwenden (für $r \in \mathbb{Z}$) die *modifizierte* PETERSSON'sche Bezeichnung

$$(f|M)(z) = (f\underset{r}{|}M)(z) := \sqrt{cz+d}^{\,-r} f(Mz).$$

Dabei sei f irgendeine Funktion auf der oberen Halbebene und $M \in \mathrm{SL}(2,\mathbb{Z})$ eine Modulmatrix. Es gilt (5.5)

$$f|MN = w_r(M,N)(f|M)|N.$$

Die Nützlichkeit der PETERSSON'schen Bezeichnung liegt in folgender einfacher

5.6 Bemerkung. *Ein System von l-ten Einheitswurzeln $\{\, v(M)\,\}_{M \in \Gamma}$ ist genau dann eine Multiplikatorsystem vom Gewicht $r/2$, falls es eine Funktion f auf der oberen Halbebene gibt, welche nicht identisch verschwindet und welche der Transformationsformel*

$$f\underset{r}{|}M = v(M)f$$

genügt.

Beweis. 1) Es existiere eine Funktion mit der angegebenen Eigenschaft. Man wähle einen Punkt a, in welchem die Funktion nicht verschwindet, und nutze die Gleichung $(f|M)(a) = v(M)f(a)$ aus.

2) Wir wählen einen Punkt a im Innern des Fundamentalbereichs der vollen Modulgruppe aus. Aus der Gleichung $Ma = Na$ $(M, N \in \Gamma)$ folgt dann $M = \pm N$. Man betrachtet dann die Funktion f auf der oberen Halbebene, welche nur in den Punkten der Form Ma, $M \in \Gamma$, von Null verschieden ist und in ihnen den Wert $f(Ma) = I(M, a)$ annimmt. Natürlich ist die so konstruierte Funktion unstetig. $\qquad\Box$

Seien v ein Multiplikatorsystem vom Gewicht $r/2$ bezüglich der Kongruenzgruppe Γ und $f : \mathbb{H} \to \mathbb{C}$ eine Funktion mit der Transformationseigenschaft

$$f|M = v(M)f \quad \text{für alle} \quad M \in \Gamma.$$

Wir wollen zeigen, dass die Funktion $\tilde{f} := f|L^{-1}$ für beliebiges $L \in \mathrm{SL}(2, \mathbb{Z})$ ein analoges Transformationsverhalten bezüglich der zu Γ konjugierten Gruppe $\tilde{\Gamma} := L\Gamma L^{-1}$ hat: Sei $\tilde{M} \in \tilde{\Gamma}$, d. h. $\tilde{M} = LML^{-1}$, $M \in \Gamma$. Dann gilt

$$\begin{aligned}
\tilde{f}|\tilde{M} &= (f|L^{-1})|\tilde{M} = w_r(L^{-1}, \tilde{M})f|L^{-1}\tilde{M} \\
&= w_r(L^{-1}, \tilde{M})f|ML^{-1} \\
&= w_r(L^{-1}, \tilde{M})w_r(M, L^{-1})(f|M)|L^{-1} \\
&= v(M)w_r(L^{-1}, \tilde{M})w_r(M, L^{-1})\tilde{f} = \tilde{v}(\tilde{M})\tilde{f}
\end{aligned}$$

mit

$$\tilde{v}(\tilde{M}) = v(L^{-1}\tilde{M}L)w_r(L^{-1}, \tilde{M})w_r(L^{-1}\tilde{M}L, L^{-1}).$$

Aus 5.6 folgt nun:

5.7 Bemerkung. *Sei v ein Multiplikatorsystem vom Gewicht $r/2$ bezüglich einer Kongruenzgruppe Γ. Sei $L \in \mathrm{SL}(2, \mathbb{Z})$ beliebig. Durch*

$$\tilde{v}(M) = v(L^{-1}ML)w_r(L^{-1}, M)w_r(L^{-1}ML, L^{-1})$$

*wird ein Multiplikatorsystem vom Gewicht $r/2$ bezüglich der zu Γ konjugierten Gruppe $\tilde{\Gamma} = L\Gamma L^{-1}$ definiert, das sogenannte **konjugierte** Multiplikatorsystem.*

Zusatz. *Ist $f : \mathbb{H} \to \mathbb{C}$ eine Funktion mit dem Transformationsverhalten*

$$f|M = v(M)f \quad \text{für} \quad M \in \Gamma,$$

so genügt $\tilde{f} = f|L^{-1}$ dem Transformationsverhalten

$$\tilde{f}|M = \tilde{v}(M)\tilde{f} \quad \text{für} \quad M \in \tilde{\Gamma}.$$

Der Begriff der Regularität (Meromorphie) in einer Spitze

Sei v ein Multiplikatorsystem vom Gewicht $r/2$ bezüglich einer Kongruenz-gruppe Γ und $f : \mathbb{H} \to \overline{\mathbb{C}}$ eine meromorphe Funktion mit der Eigenschaft $f|M = v(M)f$ für alle $M \in \Gamma$. Es existiert eine ganze Zahl $q \neq 0$ mit
$$\begin{pmatrix} 1 & q \\ 0 & 1 \end{pmatrix} \in \Gamma \quad \text{und} \quad f(z+q) = v\begin{pmatrix} 1 & q \\ 0 & 1 \end{pmatrix} f(z).$$

Da v nur Einheitswurzeln als Werte hat, gilt
$$v\begin{pmatrix} 1 & q \\ 0 & 1 \end{pmatrix}^l = 1$$

für eine geeignete natürliche Zahl l. Es folgt die Existenz einer Zahl $N \neq 0$ (z. B. $N = lq$) mit der Eigenschaft $f(z + N) = f(z)$. Wegen 5.7 sind auch die transformierten Funktionen $f|L^{-1}$ periodisch. Damit können wir, wie in §2 ausgeführt, davon sprechen, dass $f|L^{-1}$ in $i\infty$ regulär bzw. außerwesentlich singulär ist. Wir werden sehen (5.9), dass diese Bedingungen nur von der Spitzenklasse von $L^{-1}(i\infty)$ abhängen.

Der Begriff der Modulform

5.8 Definition. *Es seien Γ eine Kongruenzgruppe und v ein Multiplikatorsystem vom Gewicht $r/2$, $r \in \mathbb{Z}$. Eine* **meromorphe Modulform** *vom Gewicht $r/2$ zum Multiplikatorsystem v ist eine meromorphe Funktion*
$$f : \mathbb{H} \longrightarrow \overline{\mathbb{C}}$$

mit folgenden Eigenschaften:

1) $f|_r M = v(M)f$ *für alle $M \in \Gamma$.*

2) *Zu jedem $L \in \mathrm{SL}(2, \mathbb{Z})$ existiert eine Zahl $C > 0$, so dass*
$$\widetilde{f} := f|_r L^{-1}$$

in der Halbebene Im $z > C$ analytisch ist und eine außerwesentliche Singularität bei $i\infty$ hat.

Zusatz. *Ist f sogar eine analytische Funktion $f : \mathbb{H} \to \mathbb{C}$, und ist $f|L^{-1}$ sogar regulär in $i\infty$ (für alle $L \in \mathrm{SL}(2, \mathbb{Z})$), so nennt man f eine **(ganze) Modulform**. Sie heißt **Spitzenform**, falls überdies*
$$(f|L^{-1})(i\infty) = 0 \quad \text{für alle} \quad L \in \mathrm{SL}(2, \mathbb{Z})$$

gilt.

Tatsächlich braucht man die in 5.8 formulierten Bedingungen nur für endlich viele L nachzuprüfen.

5.9 Bemerkung. *Sei $\mathcal{L}$ eine Menge von Matrizen $L \in \mathrm{SL}(2, \mathbb{Z})$, so dass $L^{-1}(i\infty)$ ein Vertretersystem der Γ-Äquivalenzklassen von Spitzen durchläuft. Es genügt in Definition 5.8, die Matrizen $L \in \mathcal{L}$ zu betrachten. Im Falle der vollen Modulgruppe genügt es insbesondere, $L = E$ zu nehmen. Definition 5.8 steht also im Einklang mit der Definition 2.4.*

Beweis. Seien $M^{-1}(i\infty)$ und $N^{-1}(i\infty)$ zwei Γ-äquivalente Spitzen. Es existieren dann eine Translationsmatrix $P = \pm \begin{pmatrix} 1 & b \\ 0 & 1 \end{pmatrix}$ und eine Matrix $L \in \Gamma$ mit $M = PNL$.

Die beiden Funktionen $f|M^{-1}$ und $f|N^{-1}$ unterscheiden sich bis auf einen konstanten Faktor nur um eine Translation im Argument. $\qquad\square$

Bezeichnungen.

$\{\Gamma, r/2, v\}$ Menge aller meromorphen Modulformen,
$\cup$
$[\Gamma, r/2, v]$ Menge aller ganzen Modulformen,
$\cup$
$[\Gamma, r/2, v]_0$ Menge aller Spitzenformen.

Ist r gerade und v das triviale Multiplikatorsystem, so lässt man v in der Bezeichnung einfach weg und schreibt beispielsweise

$$[\Gamma, r/2] := [\Gamma, r/2, v].$$

Schließlich schreibt man noch

$$K(\Gamma) := \{\Gamma, 0\}.$$

Die Elemente von $K(\Gamma)$ sind Γ-invariant und heißen *Modulfunktionen*. Offenbar bildet die Menge aller Modulfunktionen einen *Körper*, welcher die konstanten Funktionen enthält. Unmittelbar klar aufgrund von 5.9 ist folgende

5.10 Bemerkung. *Sei $L \in \mathrm{SL}(2, \mathbb{Z})$ eine Modulmatrix. Die Zuordnung*

$$f \underset{r}{\longmapsto} f|L^{-1}$$

definiert Isomorphismen

$$\{\Gamma, r/2, v\} \xrightarrow{\sim} \{\widetilde{\Gamma}, r/2, \widetilde{v}\},$$
$$[\Gamma, r/2, v] \xrightarrow{\sim} [\widetilde{\Gamma}, r/2, \widetilde{v}],$$
$$[\Gamma, r/2, v]_0 \xrightarrow{\sim} [\widetilde{\Gamma}, r/2, \widetilde{v}]_0.$$

Dabei sei

$$\widetilde{\Gamma} = L\Gamma L^{-1}$$

die zu Γ konjugierte Gruppe und $\widetilde{v}$ das zu v konjugierte Multiplikatorsystem im Sinne von 5.7.

Außerdem gilt. Sei $f : \mathbb{H} \to \overline{\mathbb{C}}$ eine Funktion mit dem Transformationsverhalten

$$f|M = v(M)f \quad \text{für alle} \ \ M \in \Gamma.$$

und seien Γ_0, Γ mit $\Gamma_0 \subset \Gamma$ Kongruenzgruppen. Genau dann ist f meromorphe Modulform (ganze Modulform, Spitzenform) bezüglich der Gruppe Γ, wenn dies bezüglich der Gruppe Γ_0 der Fall ist.

Als eine einfache Anwendung dieser Bemerkung beweisen wir

5.11 Satz. *Jede (ganze) Modulform negativen Gewichts zu einer Kongruenzgruppe Γ verschwindet. Jede Modulform vom Gewicht 0 ist konstant.*

Beweis. Wir zerlegen $\mathrm{SL}(2, \mathbb{Z})$ nach Nebenklassen

$$\mathrm{SL}(2, \mathbb{Z}) = \bigcup_{\nu=1}^{k} \Gamma M_\nu$$

und ordnen einer Funktion

$$f \in [\Gamma, r/2, v]$$

die Symmetrisierung

$$F = \prod_{\nu=1}^{k} f|M_\nu$$

zu. Offensichtlich ist F eine Modulform vom Gewicht $kr/2$ zur vollen Modulgruppe, und eine geeignete Potenz von F hat das triviale Multiplikatorsystem. Wenn k negativ ist, so verschwindet F identisch, da Satz 5.11 für die volle Modulgruppe bewiesen wurde. Es folgt, dass ein $f|M_\nu$ und somit f selbst identisch verschwindet. Im Falle $k = 0$ muss man eine kleine Modifikation anbringen. Man ersetzt $f(z)$ durch $f(z) - f(i\infty)$ und kann daher o. B. d. A. annehmen, dass f in $i\infty$ verschwindet. Dann ist aber F eine Spitzenform vom Gewicht Null, die nach den Resultaten über die volle Modulgruppe identisch verschwindet.

□

Genaue Beschreibung der Fourierentwicklung

Sei Γ eine Kongruenzgruppe und

$$f \in \{\, \Gamma, r/2, v \,\}$$

eine von 0 verschiedene meromorphe Modulform. Es existiert eine *kleinste natürliche Zahl $R > 0$*, so dass die Substitution $z \mapsto z + R$ in Γ enthalten ist, d. h. entweder $\begin{pmatrix} 1 & R \\ 0 & 1 \end{pmatrix} \in \Gamma$ oder $-\begin{pmatrix} 1 & R \\ 0 & 1 \end{pmatrix} \in \Gamma$. Aus dem Transformationsverhalten für f folgt $f(z + R) = \varepsilon f(z)$ mit einer Einheitswurzel ε,

$$\varepsilon = e^{2\pi i \nu / l}, \quad 0 \le \nu < l, \quad \text{ggT}(\nu, l) = 1.$$

Mit $N = lR$ gilt insbesondere

$$f(z + N) = f(z)$$

und daher

$$f(z) = \sum_{n=-\infty}^{\infty} a_n e^{2\pi i n z / N}.$$

Aus der Gleichung

$$f(z + R) = \varepsilon f(z)$$

folgt nun

$$a_n e^{2\pi i R n / N} = e^{2\pi i \nu / l} a_n.$$

Äquivalent hierzu ist

$$a_n \ne 0 \implies n \equiv \nu \bmod l.$$

Definiert man $b_n := a_{\nu + ln}$, so bekommt die FOURIERentwicklung die Form

$$f(z) e^{-2\pi i \nu z / l} = \sum_{n=-\infty}^{\infty} b_n e^{2\pi i n z / R}.$$

Man sieht auch, dass im Falle $\nu \ne 0$ (d. h. $\varepsilon \ne 1$) f zwangsweise in dem von uns definierten Sinne in $i\infty$ verschwinden muss,

$$f(i\infty) := \lim_{y \to \infty} f(z) = 0.$$

5.12 Definition. *Sei $f \in \{\, \Gamma, r/2, v \,\}$, $f \not\equiv 0$. Die Ordnung von f in $i\infty$ ist*

$$\operatorname{ord}_\Gamma(f; i\infty) = \min\{n; \ b_n \ne 0\}.$$

Dieser Begriff hat Tücken. Es gilt zwar

$$\operatorname{ord}_\Gamma(f; i\infty) \geq 0 \iff f \text{ regulär in } i\infty,$$

aber die Konklusion

$$\operatorname{ord}_\Gamma(f; i\infty) > 0 \implies f(i\infty) = 0$$

gilt nur in der einen Richtung.

Der Begriff der Ordnung in $i\infty$ hat folgenden Vorteil:
Sei $N \in \mathrm{SL}(2, \mathbb{Z})$; $N(i\infty) = i\infty$. Dann gilt

$$\operatorname{ord}_\Gamma(f; i\infty) = \operatorname{ord}_{N\Gamma N^{-1}}(f|_r N^{-1}; i\infty).$$

Folgerung. *Sei κ eine Spitze von Γ und*

$$N \in \mathrm{SL}(2, \mathbb{Z}); \quad N\kappa = i\infty.$$

Die Definition

$$\operatorname{ord}_\Gamma(f; [\kappa]) := \operatorname{ord}_{N\Gamma N^{-1}}(f|_r N^{-1}; i\infty)$$

hängt nur von der Γ-Äquivalenzklasse von κ ab.

Wir wollen diese Probleme, die vom Standpunkt der RIEMANN'schen Flächen aus darin bestehen, einer beliebigen Modulform einen Divisor zuzuordnen, an dieser Stelle nicht weiter vertiefen. Wir werden statt dessen im zweiten Band die Theorie der RIEMANN'schen Flächen verwenden, um folgende Probleme zu lösen:

1) Die Zuordnung eines „Divisors" zu einer Modulform und die Verallgemeinerung der $k/12$-Formel auf beliebige Kongruenzgruppen.

2) Der Beweis der Endlichdimensionalität von $[\Gamma, r/2, v]$ und die Berechnung der Dimension (in vielen Fällen).

3) Die (grobe) Bestimmung der Struktur des Körpers $K(\Gamma)$ der Modulfunktionen.

Ebenfalls im zweiten Band werden wir folgenden Satz zeigen:

Sei $S = S^{(r)}$ eine positiv definite rationale Matrix. Die Thetareihe

$$\vartheta(S; z) = \sum_{g \in \mathbb{Z}^r} e^{\pi i S[g] z}$$

ist eine Modulform bezüglich einer geeigneten Kongruenzgruppe. Genauer gilt: Es existiert eine natürliche Zahl q mit der Eigenschaft

$$\vartheta(S; z) \in [\Gamma[2q], r/2, v_\vartheta^r].$$

In diesem Band werden wir in §6 ein nichttriviales Beispiel einer Kongruenzgruppe detailliert behandeln.

Anhang zu VI5. Die Thetagruppe

Wir wollen in diesem Anhang ein wichtiges Beispiel einer Kongruenzgruppe, die sogenannte Thetagruppe genauer untersuchen.

Es gibt modulo 2 genau sechs verschiedene ganze Matrizen mit ungerader Determinante, nämlich

$$\begin{pmatrix} 1 & 0 \\ 0 & 1 \end{pmatrix}, \quad \begin{pmatrix} 0 & 1 \\ 1 & 0 \end{pmatrix}, \quad \begin{pmatrix} 1 & 1 \\ 0 & 1 \end{pmatrix}, \quad \begin{pmatrix} 1 & 0 \\ 1 & 1 \end{pmatrix}, \quad \begin{pmatrix} 0 & 1 \\ 1 & 1 \end{pmatrix}, \quad \begin{pmatrix} 1 & 1 \\ 1 & 0 \end{pmatrix}.$$

Die ersten beiden bilden eine Gruppe bezüglich der Matrizenmultiplikation. Hieraus folgt

A5.1 Bemerkung. *Die Menge aller Matrizen $M \in \mathrm{SL}(2, \mathbb{Z})$ mit der Eigenschaft*

$$M \equiv \begin{pmatrix} 1 & 0 \\ 0 & 1 \end{pmatrix} \text{ oder } \begin{pmatrix} 0 & 1 \\ 1 & 0 \end{pmatrix} \quad \mathrm{mod}\, 2$$

bildet eine Untergruppe von $\mathrm{SL}(2, \mathbb{Z})$.

Man nennt diese Untergruppe auch die Thetagruppe Γ_ϑ. Ein Blick auf obige sechs Matrizen zeigt, dass man Γ_ϑ durch die Bedingung

$$a + b + c + d \equiv 0 \,\mathrm{mod}\, 2$$

oder durch

$$ab \equiv cd \equiv 0 \,\mathrm{mod}\, 2$$

definieren kann.

Wir führen eine Punktmenge $\widetilde{\mathcal{F}}_\vartheta$ ein, welche für die Thetagruppe eine ähnliche Rolle spielt, wie der Fundamentalbereich $\mathcal{F}$ für die volle Modulgruppe, nämlich

$$\widetilde{\mathcal{F}}_\vartheta = \left\{ z \in \mathbb{H}; \quad |z| \geq 1, \ |x| \leq 1 \right\}.$$

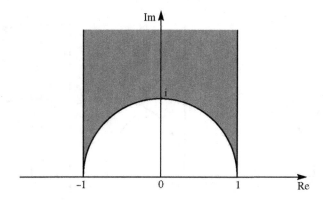

A5.2 Hilfssatz. *Die Menge $\widetilde{\mathcal{F}}_\vartheta$ ist eine Fundamentalmenge der Thetagruppe,*

$$\mathbb{H} = \bigcup_{M \in \Gamma_\vartheta} M\widetilde{\mathcal{F}}_\vartheta.$$

Die Thetagruppe enthält die beiden Matrizen

$$\begin{pmatrix} 1 & 2 \\ 0 & 1 \end{pmatrix} \quad \text{und} \quad \begin{pmatrix} 0 & -1 \\ 1 & 0 \end{pmatrix}.$$

Sei Γ_0 die von diesen beiden Gruppen erzeugte Untergruppe von Γ_ϑ.

Es gilt sogar mehr:

Zu jedem Punkt $z \in \mathbb{H}$ existiert eine Matrix $M \in \Gamma_0$ mit der Eigenschaft $Mz \in \widetilde{\mathcal{F}}_\vartheta$.

Der Beweis verläuft genauso wie im Falle des gewöhnlichen Fundamentalbereichs (V.8.7).   □

Wir wollen die Fundamentalmenge $\widetilde{\mathcal{F}}_\vartheta$ stärker mit dem Fundamentalbereich $\mathcal{F}$ der vollen Modulgruppe in Verbindung bringen und betrachten hierzu den Bereich

$$\mathcal{F}_\vartheta = \mathcal{F} \cup \begin{pmatrix} 1 & 1 \\ 0 & 1 \end{pmatrix} \mathcal{F} \cup \begin{pmatrix} 1 & 1 \\ 0 & 1 \end{pmatrix}\begin{pmatrix} 0 & -1 \\ 1 & 0 \end{pmatrix} \mathcal{F}.$$

Offenbar ist der Bereich $\begin{pmatrix} 0 & -1 \\ 1 & 0 \end{pmatrix} \mathcal{F}$ durch die Ungleichungen

$$|z| \leq 1, \quad |z \pm 1| \geq 1$$

charakterisiert.

Wir definieren

$$S := \begin{pmatrix} 0 & -1 \\ 1 & 0 \end{pmatrix} \quad T := \begin{pmatrix} 1 & 1 \\ 0 & 1 \end{pmatrix}.$$

In der folgenden Abbildung sind die Bereiche $S\mathcal{F}$ und $\mathcal{F}_\vartheta$ dargestellt:

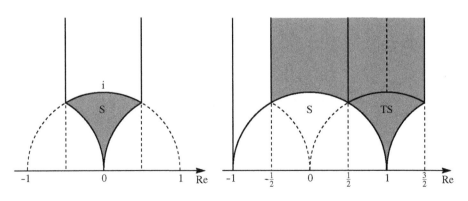

Verschiebt man den durch „$x \geq 1$" definierten Teil von $\mathcal{F}_\vartheta$ mittels der Translation $z \mapsto z - 2$ nach links, so erhält man aus $\mathcal{F}_\vartheta$ genau den Bereich $\widetilde{\mathcal{F}}_\vartheta$. Es folgt also

A5.3 Hilfssatz. *Der Bereich*

$$\mathcal{F}_\vartheta = \mathcal{F} \cup \begin{pmatrix} 1 & 1 \\ 0 & 1 \end{pmatrix} \mathcal{F} \cup \begin{pmatrix} 1 & 1 \\ 0 & 1 \end{pmatrix} \begin{pmatrix} 0 & -1 \\ 1 & 0 \end{pmatrix} \mathcal{F}$$

ist eine Fundamentalmenge der Thetagruppe,

$$\mathbb{H} = \bigcup_{M \in \Gamma_\vartheta} M \mathcal{F}_\vartheta.$$

Wir haben in Wirklichkeit mehr bewiesen, $\mathcal{F}_\vartheta$ ist sogar eine Fundamentalmenge der Untergruppe Γ_0. Wir zeigen jetzt jedoch die Gleichheit der beiden Gruppen.

A5.4 Satz. *Die Thetagruppe Γ_ϑ wird von den beiden Matrizen* $\begin{pmatrix} 1 & 2 \\ 0 & 1 \end{pmatrix}$ *und* $\begin{pmatrix} 0 & -1 \\ 1 & 0 \end{pmatrix}$ *erzeugt.*

Beweis. Wir bemerken zunächst, dass die negative Einheitsmatrix in Γ_0 enthalten ist:

$$\begin{pmatrix} 0 & -1 \\ 1 & 0 \end{pmatrix}^2 = -\begin{pmatrix} 1 & 0 \\ 0 & 1 \end{pmatrix}.$$

Sei nun $M \in \Gamma_\vartheta$. Wir betrachten einen inneren Punkt a des Fundamentalbereichs $\mathcal{F}$ und finden nach A5.2 eine Matrix $N \in \Gamma_0$ mit der Eigenschaft

$$NM(a) \in \mathcal{F}_\vartheta.$$

Es gibt nun drei Möglichkeiten:

1) $NM(a) \in \mathcal{F}$. In diesem Falle gilt wegen 1.4

$$M = \pm N^{-1}$$

und daher $M \in \Gamma_0$.

2) $NM(a) \in \begin{pmatrix} 1 & 1 \\ 0 & 1 \end{pmatrix} \mathcal{F}$. Jetzt folgt

$$\begin{pmatrix} 1 & -1 \\ 0 & 1 \end{pmatrix} NM = \pm E.$$

Dieser Fall kann aber gar nicht eintreten, da $\begin{pmatrix} 1 & -1 \\ 0 & 1 \end{pmatrix}$ *nicht* in Γ_ϑ enthalten ist.

3) Der dritte Fall verläuft analog zum zweiten, da auch

$$\begin{pmatrix} 1 & 1 \\ 0 & 1 \end{pmatrix} \begin{pmatrix} 0 & -1 \\ 1 & 0 \end{pmatrix} = \begin{pmatrix} 1 & -1 \\ 1 & 0 \end{pmatrix}$$

nicht in Γ_ϑ enthalten ist. $\square$

Weitere Eigenschaften der Thetagruppe

Mit Hilfe obiger Liste der sechs mod 2 verschiedenen ganzen Matrizen mit ungerader Determinante zeigt man leicht folgende Eigenschaft der Thetagruppe:

A5.5 Satz. *Es gilt*

1) $$\Gamma = \Gamma_\vartheta \cup \Gamma_\vartheta \begin{pmatrix} 1 & 1 \\ 0 & 1 \end{pmatrix} \cup \Gamma_\vartheta \begin{pmatrix} 1 & -1 \\ 1 & 0 \end{pmatrix}$$

Die Thetagruppe ist also eine Untergruppe vom Index 3 von $\Gamma = \mathrm{SL}(2,\mathbb{Z})$.

2) $$\Gamma_\vartheta = \Gamma[2] \cup \Gamma[2] \cdot \begin{pmatrix} 0 & -1 \\ 1 & 0 \end{pmatrix}$$

*Die Hauptkongruenzgruppe der Stufe 2 ist eine Untergruppe vom Index 2 in
Γ_ϑ.*

3) *Es gilt*

a) $\tilde{\Gamma}_\vartheta := \begin{pmatrix} 1 & 1 \\ 0 & 1 \end{pmatrix} \Gamma_\vartheta \begin{pmatrix} 1 & -1 \\ 0 & 1 \end{pmatrix}$

$$= \left\{ M \in \Gamma; \quad M \equiv \begin{pmatrix} 1 & 0 \\ 0 & 1 \end{pmatrix} \text{ oder } \begin{pmatrix} 1 & 0 \\ 1 & 1 \end{pmatrix} \mod 2 \right\}.$$

b) $\tilde{\tilde{\Gamma}}_\vartheta := \begin{pmatrix} 0 & -1 \\ 1 & 1 \end{pmatrix} \Gamma_\vartheta \begin{pmatrix} 1 & 1 \\ -1 & 0 \end{pmatrix}$

$$= \left\{ M \in \Gamma; \quad M \equiv \begin{pmatrix} 1 & 0 \\ 0 & 1 \end{pmatrix} \text{ oder } \begin{pmatrix} 1 & 1 \\ 0 & 1 \end{pmatrix} \mod 2 \right\}.$$

*Insbesondere ist Γ_ϑ kein Normalteiler von Γ, denn die drei konjugierten
Gruppen Γ_ϑ, $\tilde{\Gamma}_\vartheta$ und $\tilde{\tilde{\Gamma}}_\vartheta$ sind paarweise verschieden.*

4) *Es gilt*

$$\Gamma_\vartheta \cap \tilde{\Gamma}_\vartheta \cap \tilde{\tilde{\Gamma}}_\vartheta = \Gamma[2].$$

Wir ziehen noch eine interessante Folgerung für die Kongruenzgruppe der Stufe
2.

A5.6 Satz. *Die Hauptkongruenzgruppe* $\Gamma[2]$ *wird von den drei Matrizen*

$$\begin{pmatrix} 1 & 2 \\ 0 & 1 \end{pmatrix}, \quad \begin{pmatrix} 1 & 0 \\ 2 & 1 \end{pmatrix} \quad und \quad -\begin{pmatrix} 1 & 0 \\ 0 & 1 \end{pmatrix}$$

erzeugt.

Beweis. Sei Γ_0 die von den drei Matrizen erzeugte Untergruppe zu $\Gamma[2]$. Es genügt offenbar

$$\Gamma_\vartheta \overset{!}{=} \mathcal{M} := \Gamma_0 \cup \Gamma_0 \begin{pmatrix} 0 & -1 \\ 1 & 0 \end{pmatrix}$$

zu zeigen. Dies bedeutet zweierlei:

1) Die Erzeugenden $\begin{pmatrix} 1 & 2 \\ 0 & 1 \end{pmatrix}$ und $\begin{pmatrix} 0 & -1 \\ 1 & 0 \end{pmatrix}$ von Γ_ϑ sind in $\mathcal{M}$ enthalten.

Dies ist trivial.

2) $\mathcal{M}$ ist eine Gruppe.

Dies folgt aus der offensichtlichen Beziehung

$$\Gamma_0 \begin{pmatrix} 0 & -1 \\ 1 & 0 \end{pmatrix} = \begin{pmatrix} 0 & -1 \\ 1 & 0 \end{pmatrix} \Gamma_0$$

und aus

$$\begin{pmatrix} 0 & -1 \\ 1 & 0 \end{pmatrix}^2 = -\begin{pmatrix} 1 & 0 \\ 0 & 1 \end{pmatrix}. \qquad \square$$

Übungsaufgaben zu VI.5

1. Die Gruppe $\mathrm{SL}(2, R)$ lässt sich für jeden assoziativen Ring mit Einselement 1_R definieren. Man zeige, dass sie im Falle $R = \mathbb{Z}/q\mathbb{Z}$ von den beiden Matrizen

$$\begin{pmatrix} 0_R & -1_R \\ 1_R & 0_R \end{pmatrix} \quad und \quad \begin{pmatrix} 1_R & 1_R \\ 0_R & 1_R \end{pmatrix}$$

   erzeugt wird.

2. Der natürliche Homomorphismus

$$\mathrm{SL}(2, \mathbb{Z}) \longrightarrow \mathrm{SL}(2, \mathbb{Z}/q\mathbb{Z})$$

   ist surjektiv. Insbesondere gilt

$$[\Gamma : \Gamma[q]] = \#\,\mathrm{SL}(2, \mathbb{Z}/q\mathbb{Z}).$$

3. Sei p eine Primzahl. Die Gruppe $\mathrm{GL}(2, \mathbb{Z}/p\mathbb{Z})$ besteht aus $(p^2 - 1)(p^2 - p)$ Elementen.

   Anleitung. Wieviele erste Spalten gibt es? Wie oft lässt sich eine Spalte zu einer invertierbaren Matrix ergänzen?

Man folgere, dass die Gruppe $\mathrm{SL}(2, \mathbb{Z}/p\mathbb{Z})$ aus $(p^2 - 1)p$ Elementen besteht.

4. Seien p eine Primzahl und m eine natürliche Zahl. Der Kern des natürlichen Homomorphismus

$$\mathrm{GL}(2, \mathbb{Z}/p^m\mathbb{Z}) \longrightarrow \mathrm{GL}(2, \mathbb{Z}/p^{m-1}\mathbb{Z})$$

ist isomorph zur additiven Gruppe der 2×2-Matrizen mit Einträgen aus $\mathbb{Z}/p\mathbb{Z}$. Man folgere

$$\# \mathrm{GL}(2, \mathbb{Z}/p^m\mathbb{Z}) = p^{4m-3}(p^2 - 1)(p - 1),$$
$$\# \mathrm{SL}(2, \mathbb{Z}/p^m\mathbb{Z}) = p^{3m-2}(p^2 - 1).$$

5. Seien q_1 und q_2 zwei teilerfremde natürliche Zahlen. Der Chinesische Restsatz besagt, dass der natürliche Homomorphismus $\mathbb{Z}/q_1 q_2\mathbb{Z} \to \mathbb{Z}/q_1\mathbb{Z} \times \mathbb{Z}/q_2\mathbb{Z}$ ein Isomorphismus ist. Man folgere, dass der natürliche Homomorphismus

$$\mathrm{GL}(2, \mathbb{Z}/q_1 q_2\mathbb{Z}) \longrightarrow \mathrm{GL}(2, \mathbb{Z}/q_1\mathbb{Z}) \times \mathrm{GL}(2, \mathbb{Z}/q_2\mathbb{Z})$$

ein Isomorphismus ist.

6. Man leite mittels der Aufgaben 2, 4 und 5 die Indexformel

$$\left[\Gamma : \Gamma[q] \right] = q^3 \prod_{p \mid q} \left(1 - \frac{1}{p^2} \right)$$

ab.

7. Eine Teilmenge $\mathcal{F}_0 \subset \mathbb{H}$ heißt Fundamentalbereich einer Kongruenzgruppe Γ_0, falls die folgenden zwei Bedingungen erfüllt sind:

a) Es gibt eine Teilmenge $S \subset \mathcal{F}_0$ vom LEBESGUE-Maß 0, so dass $\mathcal{F}_0 - S$ offen ist und je zwei Punkte aus $\mathcal{F}_0 - S$ bezüglich Γ_0 inäquivalent sind.

b) Es gilt

$$\mathbb{H} = \bigcup_{M \in \Gamma_0} M\mathcal{F}_0.$$

Sei

$$\Gamma = \bigcup_{\nu=1}^{h} \Gamma_0 M_\nu$$

die Zerlegung der vollen Modulgruppe in Rechtsnebenklassen nach Γ_0 und sei $\mathcal{F}$ die gewöhnliche Modulfigur. Dann ist

$$\mathcal{F}_0 = \bigcup_{\nu=1}^{h} M_\nu \mathcal{F}$$

ein Fundamentalbereich von Γ_0.

8. Das (invariante) Volumen

$$v(\mathcal{F}_0) := \int_{\mathcal{F}_0} \frac{dx\,dy}{y^2}$$

ist von der Wahl eines Fundamentalbereichs unabhängig, hängt also nur von der Gruppe Γ_0 ab. Es gilt

$$v(\mathcal{F}_0) = [\varGamma : \varGamma_0] \cdot \frac{\pi}{3} \, .$$

Anleitung. Sei T die Vereinigung von S mit der Menge aller Punkte aus $\mathcal{F}_0$, welche zu einem Randpunkt des gewöhnlichen Fundamentalbereichs der Modulgruppe bezüglich $\mathrm{SL}(2, \mathbb{Z})$ äquivalent sind. Man „zertrümmere" die offene Menge $\mathcal{F}_0 - T$ mit Hilfe eines Quadratnetzes in abzählbar viele disjunkte Mengen, so dass sich jedes Trümmerstück mittels einer geeigneten Modulsubstituion in das Innere des gewöhnlichen Fundamentalbereichs der Modulgruppe transformieren lässt.

9. Sei $\varGamma_0$ ein Normalteiler von endlichem Index in der vollen Modulgruppe. Die Faktorgruppe G operiert auf dem Körper der Modulfunktionen $K(\varGamma_0)$ durch

$$f(z) \longmapsto f^g(z) := f(Mz).$$

Dabei sei $M \in \varGamma$ ein Repräsentant von $g \in G$. Der Fixkörper ist

$$K(\varGamma) = K(\varGamma_0)^G.$$

Insbesondere ist $K(\varGamma_0)$ algebraisch über $K(\varGamma)$.

10. Aus Aufgabe 9 folgt, dass je zwei Modulfunktionen zu einer beliebigen Untergruppe der Modulgruppe von endlichem Index algebraisch abhängig sind.

Nebenbei. Aus dem Satz vom primitiven Element folgt die Existenz einer Modulfunktion f mit der Eigenschaft

$$K(\varGamma_0) = \mathbb{C}(j)[f].$$

Es lässt sich zeigen, dass die Abbildung

$$\mathbb{H}/\varGamma_0 \longrightarrow \mathbb{C} \times \overline{\mathbb{C}},$$

$$[z] \longmapsto (j(z), f(z)),$$

injektiv ist und dass das Bild eine algebraische Kurve ist, genauer, ihr Durchschnitt mit $\mathbb{C} \times \mathbb{C}$ ist eine affine Kurve. Dies werden wir erst im zweiten Band mit Hilfe der Theorie der RIEMANN'schen Flächen beweisen.

11. Sei q eine natürlich Zahl. Man zeige, dass

$$\varGamma_0[q] := \left\{ M = \begin{pmatrix} a & b \\ c & d \end{pmatrix} \in \mathrm{SL}(2, \mathbb{Z}), \quad c \equiv 0 \bmod q \right\},$$

$$\varGamma^0[q] := \left\{ M = \begin{pmatrix} a & b \\ c & d \end{pmatrix} \in \mathrm{SL}(2, \mathbb{Z}), \quad b \equiv 0 \bmod q \right\}$$

Kongruenzgruppen sind. Die beiden Gruppen sind in der vollen Modulgruppe konjugiert.

Es gilt

$$\widetilde{\varGamma}_\vartheta = \varGamma^0[2], \quad \widetilde{\widetilde{\varGamma}}_\vartheta = \varGamma_0[2].$$

12. Sei p eine Primzahl. Die Gruppe $\varGamma_0[p]$ besitzt genau zwei Spitzenklassen, welche durch 0 und $i\infty$ repräsentiert werden können.

6. Ein Ring von Thetafunktionen

Die **Thetagruppe**

$$\Gamma_\vartheta = \left\{ \begin{pmatrix} a & b \\ c & d \end{pmatrix} \in \mathrm{SL}(2, \mathbb{Z}); \quad a + b + c + d \quad \text{gerade} \right\}$$

wird, wie wir wissen, von den beiden Matrizen

$$\begin{pmatrix} 1 & 2 \\ 0 & 1 \end{pmatrix} \qquad \begin{pmatrix} 0 & -1 \\ 1 & 0 \end{pmatrix}$$

erzeugt. Aus den wohlbekannten Formeln

$$\vartheta(z + 2) = \vartheta(z); \quad \vartheta\left(-\frac{1}{z}\right) = \sqrt{\frac{z}{i}} \vartheta(z)$$

folgt, dass sich die Thetareihe

$$\vartheta(z) := \sum_{n=-\infty}^{\infty} \exp \pi i n^2 z$$

wie eine Modulform vom Gewicht $1/2$ bezüglich eines gewissen Multiplikatorsystems v_ϑ transformiert. Wir werden keine allgemeinen expliziten Formeln für v_ϑ benötigen.

Mit Hilfe des in A5.5 angegebenen Vertretersystems der Nebenklassen von Γ_ϑ in Γ zeigt man:

6.1 Hilfssatz. *Die Thetagruppe besitzt zwei Spitzenklassen, welche durch* $i\infty$ *und* 1 *repräsentiert werden können.*

Die Thetareihe $\vartheta(z)$ besitzt drei konjugierte Formen: Neben ϑ selbst handelt es sich um die beiden Formen

$$\widetilde{\vartheta}(z) = \sum_{n=-\infty}^{\infty} (-1)^n \exp \pi i n^2 z,$$

$$\widetilde{\widetilde{\vartheta}}(z) = \sum_{n=-\infty}^{\infty} \exp \pi i (n + 1/2)^2 z,$$

welche wir schon in §4 kennengelernt haben. Wir erinnern an die Transformationsformeln aus 4.4

$$\vartheta(z + 1) = \widetilde{\vartheta}(z), \quad \widetilde{\vartheta}(z + 1) = \vartheta(z), \quad \widetilde{\widetilde{\vartheta}}(z + 1) = e^{\pi i/4} \widetilde{\widetilde{\vartheta}}(z),$$

$$\widetilde{\vartheta}\left(-\frac{1}{z}\right) = \sqrt{\frac{z}{i}} \widetilde{\widetilde{\vartheta}}(z) \quad \text{und} \quad \widetilde{\widetilde{\vartheta}}\left(-\frac{1}{z}\right) = \sqrt{\frac{z}{i}} \widetilde{\vartheta}(z).$$

Die drei Reihen sind in i∞ regulär, ϑ ist infolgedessen in den beiden Spitzen von Γ_ϑ regulär und daher eine (ganze) Modulform vom Gewicht 1/2. Die beiden anderen konjugierten Formen sind dann ebenfalls (ganze) Modulformen vom Gewicht 1/2 zu den entsprechenden konjugierten Multiplikatorsystemen, d. h.

$$\vartheta \in \left[\Gamma_\vartheta, 1/2, v_\vartheta\right],$$

$$\widetilde{\vartheta} \in \left[\widetilde{\Gamma}_\vartheta, 1/2, \widetilde{v}_\vartheta\right], \quad \widetilde{\Gamma}_\vartheta = \begin{pmatrix} 1 & 1 \\ 0 & 1 \end{pmatrix} \Gamma_\vartheta \begin{pmatrix} 1 & -1 \\ 0 & 1 \end{pmatrix},$$

$$\widetilde{\widetilde{\vartheta}} \in \left[\widetilde{\widetilde{\Gamma}}_\vartheta, 1/2, \widetilde{\widetilde{v}}_\vartheta\right], \quad \widetilde{\widetilde{\Gamma}}_\vartheta = \begin{pmatrix} 0 & 1 \\ -1 & 0 \end{pmatrix} \widetilde{\Gamma}_\vartheta \begin{pmatrix} 0 & -1 \\ 1 & 0 \end{pmatrix}.$$

Die Werte der drei konjugierten Multiplikatorsysteme berechnet man für jede vorgegebene Matrix aus einer der konjugierten Gruppen am einfachsten dadurch, indem man diese Matrix durch die Erzeugenden der vollen Modulgruppe ausdrückt und obigen Formelsatz anwendet.

Der Durchschnitt der drei Konjugierten der Thetagruppe ist die Hauptkongruenzgruppe der Stufe 2,

$$\Gamma_\vartheta \cap \widetilde{\Gamma}_\vartheta \cap \widetilde{\widetilde{\Gamma}}_\vartheta = \Gamma[2]$$

$$:= \text{Kern} \left(\text{SL}(2, \mathbb{Z}) \longrightarrow \text{SL}(2, \mathbb{Z}/2\mathbb{Z})\right).$$

Wir wissen, dass die Hauptkongruenzgruppe der Stufe 2 von den drei Matrizen

$$\begin{pmatrix} 1 & 2 \\ 0 & 1 \end{pmatrix}, \quad \begin{pmatrix} 1 & 0 \\ 2 & 1 \end{pmatrix}, \quad \begin{pmatrix} -1 & 0 \\ 0 & -1 \end{pmatrix},$$

erzeugt wird.

Die drei konjugierten Multiplikatorsysteme stimmen jedoch auf $\Gamma[2]$ nicht überein. Dies geschieht erst auf einer kleineren Gruppe, nämlich auf der von J.-I. IGUSA eingeführten Gruppe

$$\Gamma[4,8] = \left\{ \begin{pmatrix} a & b \\ c & d \end{pmatrix} \in \Gamma; \ a \equiv d \equiv 1 \ \text{mod} \, 4; \ b \equiv c \equiv 0 \ \text{mod} \, 8 \right\}.$$

Die von dieser und der negativen Einheitsmatrix erzeugte Gruppe bezeichnen wir mit $\widetilde{\Gamma}[4,8]$. Es gilt

$$\widetilde{\Gamma}[4,8] = \left\{ \begin{pmatrix} a & b \\ c & d \end{pmatrix} \in \Gamma; \ a \equiv d \equiv 1 \ \text{mod} \, 2; \ b \equiv c \equiv 0 \ \text{mod} \, 8 \right\}.$$

Die beiden Gruppen definieren dieselben Transformationsgruppen.

6.2 Hilfssatz (J. IGUSA). *Die Gruppe $\Gamma[4,8]$ ist ein Normalteiler in der vollen Modulgruppe. Die Gruppe*

$$\Gamma[2]\big/\widetilde{\Gamma}[4,8]$$

ist isomorph zur Gruppe

$$\mathbb{Z}/4\mathbb{Z} \times \mathbb{Z}/4\mathbb{Z}.$$

Der Isomorphismus wird durch die Korrespondenz

$$\begin{pmatrix} 1 & 2 \\ 0 & 1 \end{pmatrix} \longleftrightarrow (1,0), \qquad \begin{pmatrix} 1 & 0 \\ 2 & 1 \end{pmatrix} \longleftrightarrow (0,1),$$

hergestellt.

Folgerung. *Die drei Multiplikatorsysteme v_ϑ, $\widetilde{v}_\vartheta$ und $\widetilde{\widetilde{v}}_\vartheta$ stimmen auf der Gruppe $\Gamma[4,8]$ überein. Sie nehmen auf dieser Gruppe nur die Werte ±1 an. Gerade Potenzen von ihnen sind insbesondere trivial.*

Beweis von 6.2. Jedes Element von $\Gamma[2]$ kann in der Form

$$M = \pm \begin{pmatrix} 1 & 2 \\ 0 & 1 \end{pmatrix}^x \begin{pmatrix} 1 & 0 \\ 2 & 1 \end{pmatrix}^y K$$

mit einem Element der K der Kommutatorgruppe von $\Gamma[2]$ geschrieben werden. Wie man mit Hilfe der Erzeugenden leicht nachrechnet, ist K in $\Gamma[4,8]$ enthalten. Es folgt, dass M genau dann in $\Gamma[4,8]$ enthalten ist, wenn das Plus-Zeichen gilt und x und y beide durch 4 teilbar sind.

Wir können nun den Homomorphismus

$$\mathbb{Z} \times \mathbb{Z} \longrightarrow \Gamma[2]\big/\widetilde{\Gamma}[4,8],$$

$$(a,b) \longmapsto \begin{pmatrix} 1 & 2 \\ 0 & 1 \end{pmatrix}^a \begin{pmatrix} 1 & 0 \\ 2 & 1 \end{pmatrix}^b,$$

betrachten. Man rechnet leicht nach, dass sein Kern genau $4\mathbb{Z} \times 4\mathbb{Z}$ ist.

Zum Beweis der Folgerung muss man beachten, dass sich je zwei der drei Multiplikatorsysteme lediglich um einen Charakter unterscheiden. Charaktere sind auf Kommutatoren trivial. Daher muss man nur noch verifizieren, dass die drei Multiplikatoren auf den beiden Basiselementen übereinstimmen. □

6.3 Theorem. *Der Vektorraum $[\Gamma[4,8], r/2, v_\vartheta^r]$ wird von den Monomen*

$$\vartheta^\alpha \widetilde{\vartheta}^\beta \widetilde{\widetilde{\vartheta}}^\gamma, \quad \alpha + \beta + \gamma = r, \quad \alpha,\ \beta,\ \gamma \in \mathbb{N}_0,$$

erzeugt. Es gilt die Jacobi'sche Thetarelation

$$\boxed{\vartheta^4 = \widetilde{\vartheta}^4 + \widetilde{\widetilde{\vartheta}}^4.}$$

Infolgedessen braucht man für die Erzeugung nur Monome mit der Nebenbedingung $\alpha \leq 4$ zu betrachten. Diese sind sogar linear unabhängig, bilden also eine Basis. Insbesondere gilt

$$\dim_{\mathbb{C}} \left[\Gamma[4,8], r/2, v_\vartheta^r \right] = \begin{cases} 3, & \text{falls } r = 1; \\ 6, & \text{falls } r = 2; \\ 10, & \text{falls } r = 3; \\ 4r - 2, & \text{falls } r \geq 4. \end{cases}$$

Man kann Theorem 6.3 eleganter formulieren, indem man den graduierten Ring von Modulformen

$$\mathcal{A}(\Gamma[4,8]) = \bigoplus_{r \in \mathbb{Z}} \left[\Gamma[4,8], r/2, v_\vartheta^r \right]$$

betrachtet. Theorem 6.3 besagt:

6.3′ Struktursatz. *Es gilt*

$$\mathcal{A}(\Gamma[4,8]) = \mathbb{C} \left[\vartheta, \widetilde{\vartheta}, \widetilde{\widetilde{\vartheta}} \right].$$

Definierende Relation ist die Jacobi'sche Thetarelation

$$\vartheta^4 = \widetilde{\vartheta}^4 + \widetilde{\widetilde{\vartheta}}^4.$$

Ist $\mathbb{C}[X, Y, Z]$ der Polynomring in drei Unbestimmten und

$$\mathbb{C}[X, Y, Z] \longrightarrow \mathcal{A}(\Gamma[4,8]), \quad X \longmapsto \vartheta, \quad Y \longmapsto \widetilde{\vartheta}, \quad Z \longmapsto \widetilde{\widetilde{\vartheta}},$$

der Einsetzungshomomorphismus, so ist dieser surjektiv und sein Kern wird von $X^4 - Y^4 - Z^4$ erzeugt.

Theorem 6.3 ist ein Spezialfall sehr viel tieferer Resultate von J. IGUSA (s. [Ig1, Ig2]). Abweichend von IGUSA wollen wir einen ganz elementaren Beweis dieses Theorems darlegen, welcher ohne weiteres im Rahmen eines einführenden Seminars in die Theorie der Modulformen behandelt werden kann.

Zum Beweis dieses Satzes nutzen wir aus, dass die endliche *abelsche* Gruppe

$$G = \left. \Gamma[2] \middle/ \widetilde{\Gamma}[4,8] \right.$$

auf dem Vektorraum $[\Gamma[4,8], r/2, v_\vartheta^r]$ vermöge

$$f(z) \longmapsto f^M(z) := v_\vartheta^{-r}(M)(cz + d)^{-r/2} f(Mz)$$

operiert. Wir erläutern kurz, was dies bedeutet:

Sei G eine Gruppe und V ein Vektorraum über dem Körper der komplexen Zahlen $\mathbb{C}$. Man sagt, dass G auf V (linear) *operiert*, falls eine Abbildung

$$V \times G \longrightarrow V,$$

$$(f, a) \longmapsto f^a,$$

mit folgenden Eigenschaften gegeben ist:

1) $f^e = f$ (e das neutrale Element von G),

2) $(f^a)^b = f^{ab}$ für alle $f \in V$, $a, b \in G$,

3) $(f + g)^a = f^a + g^a$, $(\lambda f)^a = \lambda f^a$ für alle $f, g \in V$, $a \in G$, $\lambda \in \mathbb{C}$.

Sei nun

$$\chi : G \longrightarrow \mathbb{C}^{\bullet}$$

ein Charakter, also ein Homomorphismus von G in die multiplikative Gruppe der von Null verschiedenen komplexen Zahlen. Wir definieren einen Teilraum V^χ von V. Er bestehe aus allen Elementen

$$f \in V \ \text{ mit } \ f^a = \chi(a)f \ \text{ für alle } \ a \in G.$$

Wegen 3) ist V^χ ein Untervektorraum.

6.4 Bemerkung. *Sei G eine endliche **abelsche** Gruppe, die auf dem $\mathbb{C}$-Vektorraum V linear operiert, dann gilt*

$$V = \bigoplus_{\chi \in \widehat{G}} V^\chi,$$

wobei $\widehat{G}$ die Gruppe der Charaktere von G bezeichnet.

Beweis. Sei $f \in V$. Das Element

$$f^\chi := \sum_{a \in G} \chi(a)^{-1} f^a$$

ist offensichtlich in V^χ enthalten, denn es gilt

$$(f^\chi)^b = \sum \chi(a)^{-1} f^{ab} = \sum \chi(b)\chi(b)^{-1}\chi(a)^{-1} f^{ab}$$
$$= \sum \chi(b)\chi(ab)^{-1} f^{ab} = \chi(b)f^\chi.$$

Behauptung. Es gilt

$$f = \frac{1}{\#G} \sum_{\chi \in \widehat{G}} f^\chi,$$

wobei χ alle Charaktere von G durchläuft.

Der Beweis ergibt sich unmittelbar aus der Formel

$$\sum_{\chi \in \widehat{G}} \chi(a) = \begin{cases} 0, & \text{falls } a \neq e \\ \#G, & \text{falls } a = e. \end{cases}$$

Diese wohlbekannte Formel für endliche abelsche Gruppen folgt beispielsweise aus dem Hauptsatz für endliche abelsche Gruppen.

Ist

$$f = \sum_{\chi} h^{\chi}, \quad h^{\chi} \in V^{\chi},$$

irgendeine Zerlegung von f in Eigenformen, so folgt aus obigen Charakterrelationen

$$h^{\chi} = \frac{1}{\#G} \sum_{a \in G} \chi(a)^{-1} f^{a},$$

die Darstellung ist also eindeutig. □

Wir werden Bemerkung 6.4 nur im Fall

$$G = \mathbb{Z}/4\mathbb{Z} \times \mathbb{Z}/4\mathbb{Z}$$

anwenden. Hier ist die Formel trivial, da man die Charaktere explizit hinschreiben kann:

Da jedes Element von G die Ordnung 1, 2 oder 4 hat, können die Charaktere nur die Werte 1, -1, i oder $-$i annehmen. Offenbar kann man diese Werte auf den beiden Erzeugenden $(1, 0)$ und $(0, 1)$ von G beliebig vorgeben und erhält somit 16 Charaktere von G.

Wir können daher $[\Gamma[4, 8], r/2, v_{\vartheta}^{r}]$ nach den 16 Charakteren dieser Gruppe zerlegen, d. h. es gilt

$$[\Gamma[4, 8], r/2, v_{\vartheta}^{r}] = \bigoplus_{v} [\Gamma[2], r/2, v v_{\vartheta}^{r}].$$

Hierbei durchläuft v alle 16 Charaktere von $\Gamma[2]$ mit der Eigenschaft

$$v(\pm M) = 1 \quad \text{für} \quad M \in \Gamma[4, 8].$$

Diese Charaktere sind durch ihre Werte auf den Matrizen

$$\begin{pmatrix} 1 & 2 \\ 0 & 1 \end{pmatrix} \quad \text{und} \quad \begin{pmatrix} 1 & 0 \\ 2 & 1 \end{pmatrix}$$

bestimmt und können auf ihnen beliebige vierte Einheitswurzeln als Werte annehmen. Wir kodieren sie durch Zahlenpaare $[a, b]$,

$$a = v\begin{pmatrix} 1 & 2 \\ 0 & 1 \end{pmatrix} \quad \text{und} \quad b = v\begin{pmatrix} 1 & 0 \\ 2 & 1 \end{pmatrix}.$$

Da sich zwei Multiplikatorsysteme desselben Gewichts $r/2$ nur um einen Charakter unterscheiden, unterscheiden sich die drei fundamentalen Multiplikatorsysteme nur um einen der 16 Charaktere. Eine einfache Rechnung zeigt

$$\widetilde{v}_{\vartheta}/v_{\vartheta} = [1, -\mathrm{i}], \quad \widetilde{\widetilde{v}}_{\vartheta}/v_{\vartheta} = [\mathrm{i}, 1].$$

Als nächstes nutzen wir aus, dass die Gruppe $\Gamma[2]$ in Γ Normalteiler ist. Dies bedeutet, dass die Zuordnung $f \mapsto f|N^{-1}$ einen Isomorphismus

$$[\Gamma[2], r/2, v v_\vartheta^r] \longrightarrow [\Gamma[2], r/2, v^{(N,r)} v_\vartheta^r]$$

bewirkt. Dabei ist die Zuordnung $v \mapsto v^{(N,r)}$ für jedes $r \in \mathbb{Z}$ und jedes $N \in \Gamma$ eine Permutation der 16 Charaktere. Diese Permutation hängt natürlich nur von $r \bmod 4$ ab. Wir erhalten also vier Darstellungen der Modulargruppe

$$\mathrm{SL}(2, \mathbb{Z}/2\mathbb{Z}) \quad (\cong S_3)$$

in der Gruppe der Permutationen der 16 Charaktere. Es ist leicht, diese Permutationen explizit zu berechnen. Mit Hilfe der Formel

$$v^{(N,r)} = v^N \left(\frac{v_\vartheta^N}{v_\vartheta} \right)^r, \quad v_\vartheta^N(M) := v_\vartheta(NMN^{-1}),$$

kann man $v^{(N,r)}$ für konkrete N berechnen. Eine kleine Rechnung, welche dem Leser überlassen bleibe, zeigt beispielsweise:

6.5 Hilfssatz.

1) *Im Fall* $N = \begin{pmatrix} 1 & 1 \\ 0 & 1 \end{pmatrix}$ *gilt*

$$[a, b]^{(N,r)} = [a, (-\mathrm{i})^r a b^{-1}].$$

2) *Im Fall* $N = \begin{pmatrix} -1 & 0 \\ 1 & -1 \end{pmatrix}$ *gilt*

$$[a, b]^{(N,r)} = [\mathrm{i}^r a^{-1} b, b].$$

Die beiden angegebenen Matrizen erzeugen $\mathrm{SL}(2, \mathbb{Z})$, denn es gilt

$$\begin{pmatrix} 0 & -1 \\ 1 & 0 \end{pmatrix} = \begin{pmatrix} 1 & 1 \\ 0 & 1 \end{pmatrix} \begin{pmatrix} -1 & 0 \\ 1 & -1 \end{pmatrix} \begin{pmatrix} 1 & 1 \\ 0 & 1 \end{pmatrix}.$$

6.6 Hilfssatz. *Die drei Basisthetareihen ϑ, $\widetilde{\vartheta}$ und $\widetilde{\widetilde{\vartheta}}$ haben keine Nullstellen in der oberen Halbebene.*

Beweis. Die achte Potenz ihres Produkts ist bis auf einen konstanten Faktor die Diskriminante. □

Eine anderer Beweis ergibt sich aus der Tatsache, dass die Nullstellen der JACOBI'schen Thetafunktion $\vartheta(z, w)$ als Funktion von w bekannt sind. Sie liegen genau in den zu $\frac{z+1}{2}$ äquivalenten Punkten bezüglich des Gitters $\mathbb{Z} + z\mathbb{Z}$. Einen dritten direkten Beweis werden wir in VII.1 kennenlernen.

6.7 Hilfssatz. *Die Gruppe $\Gamma[2]$ besitzt drei Spitzenklassen, nämlich die durch $\mathrm{i}\infty$, 0 und 1 repräsentierten.*

Der Beweis erfolgt ähnlich wie der von 6.1 und kann übergangen werden.   □

Die Thetareihe $\widetilde{\widetilde{\vartheta}}$ besitzt in $i\infty$ eine Nullstelle der Ordnung 1, wobei die Ordnung in dem Parameter $q := e^{\pi i z/4}$ gemessen wird. Da jede Modulform aus $[\Gamma[4,8], r/2, v_\vartheta^r]$ die Periode 8 hat, also eine Entwicklung nach Potenzen von q zulässt, erhalten wir:

6.8 Hilfssatz. *Die Zuordnung $f \mapsto f \cdot \widetilde{\widetilde{\vartheta}}$ definiert einen Isomorphismus von $[\Gamma[2], r/2, vv_\vartheta^r]$ auf den Unterraum aller in $i\infty$ verschwindenden Formen aus*

$$[\Gamma[2], (r+1)/2, v^* v_\vartheta^{r+1}], \quad v^* = v \frac{\widetilde{\widetilde{\vartheta}}_\vartheta}{v_\vartheta}.$$

Zwangsnullstellen

Wir nehmen

$$v \begin{pmatrix} 1 & 2 \\ 0 & 1 \end{pmatrix} \neq 1$$

an. Alle Formen aus $[\Gamma[2], r/2, vv_\vartheta^r]$ verschwinden dann zwangsweise in der Spitze $i\infty$, wie man aus der Gleichung

$$f(z+2) = v \begin{pmatrix} 1 & 2 \\ 0 & 1 \end{pmatrix} f(z)$$

durch Grenzübergang $y \to \infty$ zeigt.

6.9 Definition. *Wir benutzen im weiteren folgende Sprechweise:*
1) *Eine Form f aus*

$$[\Gamma[2], r/2, vv_\vartheta^r]$$

*hat eine **Zwangsnullstelle** in $i\infty$, falls*

$$v \begin{pmatrix} 1 & 2 \\ 0 & 1 \end{pmatrix} \neq 1.$$

2) *Sei $N \in \mathrm{SL}(2, \mathbb{Z})$ eine Modulmatrix. Die Form f hat eine Zwangsnullstelle in der Spitze $N^{-1}(i\infty)$, falls die transformierte Form $f|N^{-1}$ eine Zwangsnullstelle in $i\infty$ hat.*

6.10 Bemerkung. *Wenn die Form $f \in [\Gamma[2], r/2, v_\vartheta^r]$ eine Zwangsnullstelle in einer Spitze hat, so ist eine der drei Modulformen*

$$f/\vartheta, \quad f/\widetilde{\vartheta}, \quad f/\widetilde{\widetilde{\vartheta}}$$

eine (auch in den Spitzen reguläre) Modulform.

Aus Hilfssatz 6.5 folgt

6.11 Satz. *Nur in dem Fall $r \equiv 0 \bmod 4$ und $v = 1$ haben die Formen aus $[\Gamma[2], r/2, vv_\vartheta^r]$ keine Zwangsnullstelle in irgendeiner Spitze.*

Wir beweisen nun durch Induktion nach r, dass der Raum $[\Gamma[2], r/2, vv_\vartheta^r]$ von den Potenzprodukten $\vartheta^\alpha \, \widetilde{\vartheta}^\beta \, \widetilde{\widetilde{\vartheta}}^\gamma$ erzeugt wird.

Wenn eine Zwangsnullstelle vorliegt, so kann man durch eine der drei Basisformen dividieren und gelangt in einen (isomorphen) Raum kleineren Gewichts. Wenn keine Zwangsnullstelle vorliegt, ist r durch 4 teilbar und v trivial. In diesem Falle liegt ϑ^r in dem Raum. Die Differenz einer gegebenen Form aus dem Raum und einem konstanten Vielfachen von ϑ^r verschwindet in der Spitze $i\infty$. Man kann daher durch $\widetilde{\widetilde{\vartheta}}$ dividieren und die Induktionsvoraussetzung anwenden.

Eine leichte Verfeinerung dieser Schlussweise liefert auch die definierenden Relationen:

Offensichtlich verschwindet $\vartheta^4 - \widetilde{\vartheta}^4$ in $i\infty$ in mindestens vierter Ordnung und kann daher durch $\widetilde{\widetilde{\vartheta}}^4$ geteilt werden. Der Quotient ist eine Modulform vom Gewicht 0, mithin konstant. Auf diesem Weg beweist man die JACOBI'sche Thetarelation

$$\vartheta^4 = \widetilde{\vartheta}^4 + \widetilde{\widetilde{\vartheta}}^4.$$

Daher ist jede Modulform aus $[\Gamma[4, 8], r/2, v_\vartheta^r]$ Linearkombination von Monomen

$$\vartheta^\alpha \widetilde{\vartheta}^\beta \widetilde{\widetilde{\vartheta}}^\gamma, \quad \alpha + \beta + \gamma = r, \quad 0 \le \alpha \le 3.$$

Die Anzahl dieser Monome ist $\begin{cases} 3, & \text{falls } r = 1, \\ 4r - 2, & \text{falls } r \ge 2. \end{cases}$

Andererseits liefert obiger Induktionsbeweis auch die Dimension der 16 Konstituenten von $[\Gamma[4, 8], r/2, v_\vartheta^r]$. Summiert man sie auf, so erhält man genau die Anzahl der Monome. Diese bilden daher eine Basis. Wir überlassen die Einzelheiten dieser Rechnung dem Leser.

Übungsaufgaben zu VI.6

1. Man zeige, dass die Menge $\Gamma[q, 2q]$ aller Matrizen

$$\begin{pmatrix} a & b \\ c & d \end{pmatrix} \in \Gamma[q], \quad \frac{ab}{q} \equiv \frac{cd}{q} \equiv 0 \bmod 2,$$

für jede natürliche Zahl eine Kongruenzgruppe ist.

2. Die Gruppe $\mathrm{SL}(2, \mathbb{Z}/2\mathbb{Z})$ und die symmetrische Gruppe S_3 haben beide sechs Elemente. Da je zwei nicht kommutative Gruppen der Ordnung 6 isomorph sind, müssen $\mathrm{SL}(2, \mathbb{Z}/2\mathbb{Z})$ und S_3 isomorph sein. Man gebe einen Isomorphismus explizit an.

   Anleitung. Man hat eine natürliche Operation von $\mathrm{SL}(2, \mathbb{Z})$ auf den drei Basisthetareihen.

3. Es gibt eine Kongruenzgruppe, die in der vollen elliptischen Modulgruppe den Index 2 hat.

4. Man bestimme alle Kongruenzgruppen der Stufe 2, d. h. alle Untergruppen Γ mit $\Gamma[2] \subset \Gamma \subset \Gamma[1]$. Man gebe in jedem Fall ein Vertretersystem der Nebenklassen von $\Gamma[1]$ nach Γ und von Γ nach $\Gamma[2]$ an.

5. Ein Monom $\vartheta^\alpha \, \widetilde{\vartheta}^\beta \, \widetilde{\widetilde{\vartheta}}^\gamma$, $\alpha + \beta + \gamma = r$, ist genau dann eine Modulform bezüglich der Thetagruppe zum Multiplikatorsystem v_ϑ^r, wenn $\beta \equiv \gamma \equiv 0 \bmod 8$ gilt. Man zeige, dass diese Monome eine Basis von $\left[\Gamma_\vartheta, r/2, v_\vartheta^r\right]$ bilden. Insbesondere ist der graduierte Ring

$$\mathcal{A}(\Gamma_\vartheta) = \bigoplus_{r \in \mathbb{Z}} \left[\Gamma_\vartheta, r/2, v_\vartheta^r\right]$$

   ein Polynomring, welcher von den zwei algebraisch unabhängigen Modulformen

$$\vartheta, \quad (\widetilde{\vartheta}\,\widetilde{\widetilde{\vartheta}})^8$$

   erzeugt wird. Es folgt

$$\dim_{\mathbb{C}} \left[\Gamma_\vartheta, r/2, v_\vartheta^r\right] = 1 + \left[\frac{r}{8}\right].$$

6. Man drücke die EISENSTEINreihen G_4 und G_6 als Polynome in ϑ^4, $\widetilde{\vartheta}^4$ und $\widetilde{\widetilde{\vartheta}}^4$ aus.

   Anleitung. Das Polynom ist homogen vom Grad 2 oder 3. Allzuviele Möglichkeiten gibt es nicht, wenn man ins Spiel bringt, wie sich die drei Thetareihen unter den Erzeugenden der Modulgruppe transformieren.

7. Im Spezialfall der Gruppe $\Gamma[4, 8]$ reichen die vorliegenden Mittel aus, um folgende (nicht ganz einfache) Aufgabe zu lösen.

   Die Abbildung

$$\mathbb{H}\big/ \Gamma[4, 8] \longrightarrow \mathbb{C} \times \mathbb{C},$$

$$[z] \longmapsto \left(\frac{\widetilde{\widetilde{\vartheta}}(z)}{\vartheta(z)}, \frac{\widetilde{\vartheta}(z)}{\vartheta(z)}\right),$$

   ist injektiv. Ihr Bild ist aufgrund der JACOBI'schen Thetarelation in der durch $X^4 + Y^4 = 1$ definierten affinen Kurve enthalten. Das Komplement des Bildes besteht aus genau den 8 Punkten, welche durch $XY = 0$ definiert sind.

Kapitel VII. Analytische Zahlentheorie

In der analytischen Zahlentheorie findet sich eine der schönsten Anwendungen der Funktionentheorie. In dem vorliegenden Kapitel behandeln wir einige ausgesuchte Perlen.

Wir haben bereits in VI.4 gesehen, dass quadratische Formen bzw. Gitter zur Konstruktion von Modulformen dienen können. Die FOURIERkoeffizienten der Thetareihen zu quadratischen Formen bzw. Gittern haben zahlentheoretische Bedeutung. Sie sind als Darstellungsanzahlen quadratischer Formen bzw. als Gitterpunktanzahlen zu interpretieren. Dank der allgemeinen Struktursätze für Modulformen kann man Thetareihen mit EISENSTEINreihen in Verbindung bringen. Wir werden die FOURIERkoeffizienten der EISENSTEINreihen berechnen und auf diesem Wege zahlentheoretische Anwendungen erhalten. In §1 werden wir insbesondere die Anzahl der Darstellungen einer natürlichen Zahl als Summe von vier und von acht Quadraten ganzer Zahlen auf rein funktionentheoretischem Weg ableiten.

Ab dem zweiten Paragraphen befassen wir uns mit DIRICHLETreihen, insbesondere der RIEMANN'schen ζ-Funktion. Zwischen Modulformen und DIRICHLETreihen besteht ein Zusammenhang (§3). Wir beweisen HECKE's Satz, dass zwischen DIRICHLETreihen mit Funktionalgleichung und FOURIERreihen mit einem gewissen Transformationsverhalten unter der Substitution $z \mapsto -1/z$ unter geeigneten Wachstumsbedingungen eine umkehrbar eindeutige Beziehung besteht. Diese wird über die MELLINtransformation der Γ-Funktion gewonnen. Als Anwendung erhalten wir insbesondere die analytische Fortsetzung der ζ-Funktion in die Ebene und ihre Funktionalgleichung.

Die Paragraphen 4, 5 und 6 enthalten einen Beweis des *Primzahlsatzes* mit einer schwachen Form für das Restglied. Wir haben versucht, den Primzahlsatz mit möglichst geringen Mitteln abzuleiten. Aus diesem Grunde haben wir die Tatsachen über die ζ-Funktion, soweit sie benötigt werden, noch einmal zusammengestellt und einfache Beweise gegeben. Man kommt mit weniger aus, als in §3 bewiesen wurde, beispielsweise benötigt man nicht die analytische Fortsetzung der ζ-Funktion in die volle Ebene und ihre Funktionalgleichung. Es genügt die Fortsetzung ein Stück über die Vertikalgerade $\mathrm{Re}\, s = 1$ hinaus; und dies geht einfacher. Die Funktionalgleichung kommt erst bei den feineren Restgliedabschätzungen ins Spiel, worauf wir hier aber nicht eingehen wollen. Wir verweisen auf die Spezialliteratur ([Lan, Pr, Sch]).

1. Summen von vier und acht Quadraten

Sei k eine natürliche Zahl. Wir interessieren uns dafür, wie oft man eine natürliche Zahl n als Summe von k Quadraten ganzer Zahlen schreiben kann:

$$A_k(n) := \#\{x = (x_1, \ldots, x_k) \in \mathbb{Z}^k; \quad x_1^2 + \cdots + x_k^2 = n\}.$$

Wir werden diese Anzahlen in den Fällen $k = 4$ und $k = 8$ bestimmen, und zwar gilt für positives n

$$A_4(n) = 8 \sum_{\substack{4\nmid d,\, d\mid n \\ 1 \le d \le n}} d$$

und

$$A_8(n) = 16 \sum_{\substack{d\mid n \\ 1 \le d \le n}} (-1)^{n-d} d^3.$$

Der Beweis wird auf funktionentheoretischem Wege erbracht. Durch formales Potenzieren erhält man

$$\left(\sum_{m=-\infty}^{\infty} q^{m^2} \right)^k = \sum_{n=0}^{\infty} A_k(n) q^n.$$

Wir werden zunächst die Funktion

$$\left(\sum_{m=-\infty}^{\infty} q^{m^2} \right)^k$$

(sie konvergiert für $|q| < 1$) durch funktionentheoretische Eigenschaften charakterisieren und die Charakterisierung benutzen, um sie in den Fällen $k = 4$ und $k = 8$ mit Hilfe von EISENSTEINreihen auszudrücken. Obige Formeln für die Darstellungsanzahlen sind eine unmittelbare Folgerung aus diesen funktionentheoretischen Identitäten. Der Fall $k = 4$ ist wesentlich schwieriger als der Fall $k = 8$, da in diesem Fall die EISENSTEINreihe (vom Gewicht 2) nicht absolut konvergiert.

Die zahlentheoretischen Identitäten werden sich aus Identitäten zwischen Modulformen und zwar zwischen Thetareihen und EISENSTEINreihen ergeben. Wir werden die benötigten Identitäten mit möglichst geringen Mitteln ableiten und insbesondere von dem relativ schwierigen Struktursatz VI.6.3 keinen Gebrauch machen.

Die Fourierentwicklung der Eisensteinreihen

Wir erinnern an die Partialbruchentwicklungen des Kotangens und des Negativen seiner Ableitung:

$$\pi \cot \pi z = \frac{1}{z} + \sum_{n=1}^{\infty} \left[\frac{1}{z+n} + \frac{1}{z-n} \right],$$

$$\frac{\pi^2}{(\sin \pi z)^2} = \sum_{n=-\infty}^{\infty} \frac{1}{(z+n)^2}.$$

Die beiden Reihen konvergieren in $\mathbb{C} - \mathbb{Z}$ normal.

Die beiden Reihen sind analytische Funktionen in der oberen Halbebene und haben die Periode 1. Sie müssen sich daher in FOURIERreihen entwickeln lassen.

1.1 Hilfssatz. *Mit* $q = e^{2\pi i z}$, $\mathrm{Im}\, z > 0$, *gilt*

$$\sum_{n=-\infty}^{\infty} \frac{1}{(z+n)^2} = (2\pi i)^2 \sum_{n=1}^{\infty} n q^n.$$

Beweis. Es ist

$$\pi \cot \pi z = \pi \frac{\cos \pi z}{\sin \pi z} = \pi i \frac{q+1}{q-1} = \pi i - \frac{2\pi i}{1-q} = \pi i - 2\pi i \sum_{n=0}^{\infty} q^n.$$

Differenziert man diese Reihe nach z, so ergibt sich

$$\frac{\pi^2}{(\sin \pi z)^2} = (2\pi i)^2 \sum_{n=1}^{\infty} n q^n,$$

was zu beweisen war. $\qquad \square$

Durch iteriertes Ableiten nach z erhält man:

1.2 Folgerung. *Für natürliche Zahlen* $k \geq 2$ *gilt*

$$(-1)^k \sum_{n=-\infty}^{\infty} \frac{1}{(z+n)^k} = \frac{1}{(k-1)!} (2\pi i)^k \sum_{n=1}^{\infty} n^{k-1} q^n.$$

Wir formen die EISENSTEINreihe

$$G_k(z) = \sum_{(c,d)\neq(0,0)} \frac{1}{(cz+d)^k} \quad (k \geq 4,\ k \equiv 0 \bmod 2)$$

um:

$$G_k(z) = 2\zeta(k) + 2 \sum_{c=1}^{\infty} \left\{ \sum_{d=-\infty}^{\infty} \frac{1}{(cz+d)^k} \right\}.$$

Aus 1.2 folgt (man ersetze z durch cz und n durch d)

$$G_k(z) = 2\zeta(k) + \frac{2(2\pi i)^k}{(k-1)!} \sum_{c=1}^{\infty} \sum_{d=1}^{\infty} d^{k-1} q^{cd}.$$

Wir behaupten nun, dass die Reihe

$$\sum_{c=1}^{\infty}\sum_{d=1}^{\infty} d^{k-1} q^{cd} \quad (|q| < 1)$$

für $k \geq 2$, also auch für $k = 2$, in $\mathbb{H}$ normal konvergiert. Zunächst formen wir die Reihe um, indem wir alle Terme zu festem cd zusammenfassen. Man erhält dann die Reihe

$$\sum_{n=1}^{\infty} \left\{ \sum_{\substack{d|n \\ 1 \leq d \leq n}} d^{k-1} \right\} q^n.$$

Diese Reihe konvergiert für $|q| < 1$ wegen der trivialen Abschätzung

$$\sum_{\substack{d|n \\ 1 \leq d \leq n}} d^{k-1} \leq n \cdot n^{k-1} = n^k.$$

Da man diese Umformung auch für $|q|$ anstelle von q lesen kann, ist sie nach dem Umordnungssatz für absolut konvergente Reihen erlaubt.

Dieselben Umformungen zeigen nun umgekehrt, dass die Reihen

$$G_k(z) := \sum_{c=-\infty}^{\infty} \left\{ \sum_{\substack{d=-\infty \\ d \neq 0,\ \text{falls}\ c=0}}^{\infty} (cz + d)^{-k} \right\}$$

für $k \geq 2$, also auch im Falle $k = 2$, konvergieren. Wir haben also auch eine EISENSTEINreihe G_2 vom Gewicht 2 definiert, allerdings ist die angegebene Klammerung notwendig! Diese Reihe kann keine Modulform sein, da ja jede Modulform vom Gewicht 2 identisch verschwindet. Wir werden sie detailliert untersuchen.

Bezeichnung. $\qquad \sigma_k(n) := \displaystyle\sum_{\substack{d|n \\ 1 \leq d \leq n}} d^k \quad$ mit $\quad k \in \mathbb{N}_0$ und $n \in \mathbb{N}$.

1.3 Satz (Fourierentwicklung der Eisensteinreihen). *Für gerades $k \in \mathbb{N}$ gilt*

$$G_k(z) := \sum_{c=-\infty}^{\infty} \left\{ \sum_{\substack{d=-\infty \\ d \neq 0,\ \text{falls}\ c=0}}^{\infty} (cz + d)^{-k} \right\}$$

$$= 2\zeta(k) + \frac{2 \cdot (2\pi i)^k}{(k-1)!} \sum_{n=1}^{\infty} \sigma_{k-1}(n) q^n.$$

Die auftretenden Reihen konvergieren normal.

Die Eisensteinreihe G_2

Da die Reihe

$$\sum_{(c,d)\neq(0,0)} |cz+d|^{-2}$$

nicht konvergiert, müssen wir mit Umordnungen, wie sie etwa beim Beweis von

$$G_k\left(-\frac{1}{z}\right) = z^k G_k(z), \ k > 2,$$

benutzt wurden, vorsichtig sein. Es wird sich in der Tat herausstellen, dass diese Formel für $k = 2$ falsch ist. Wir erhalten ein interessantes Beispiel einer *bedingt konvergenten* Reihe. Wir müssen bei Umordnungen größte Vorsicht walten lassen!

Es gilt

$$G_2\left(-\frac{1}{z}\right) = \sum_{c=-\infty}^{\infty} \left\{ \sum_{\substack{d=-\infty \\ d\neq 0 \text{ falls } c=0}}^{\infty} \left(\frac{-c}{z}+d\right)^{-2} \right\}$$

$$= z^2 \sum_{c=-\infty}^{\infty} \left\{ \sum_{\substack{d=-\infty \\ d\neq 0 \text{ falls } c=0}}^{\infty} (-c+dz)^{-2} \right\}.$$

Nun kann man in der inneren Summe d durch $-d$ ersetzen und erhält

$$G_2\left(-\frac{1}{z}\right) = z^2 \sum_{c=-\infty}^{\infty} \left\{ \sum_{\substack{d=-\infty \\ d\neq 0 \text{ falls } c=0}}^{\infty} (dz+c)^{-2} \right\}.$$

Indem man die Symbole c und d vertauscht, erhält man

$$G_2\left(-\frac{1}{z}\right) = z^2 G_2^*(z)$$

mit

$$G_2^*(z) = \sum_{d=-\infty}^{\infty} \left\{ \sum_{\substack{c=-\infty \\ c\neq 0 \text{ falls } d=0}}^{\infty} (cz+d)^{-2} \right\}.$$

Diese Reihe entsteht aus $G_2(z)$, indem man die Summationen vertauscht. Aber daraus kann man wegen der fehlenden absoluten Konvergenz nun nicht schließen, dass $G_2(z)$ und $G_2^*(z)$ übereinstimmen.

Tatsächlich gilt

1.4 Satz.
$$G_2^*(z) = G_2(z) - \frac{2\pi i}{z}.$$

Folgerung.

$$\boxed{G_2\left(-\frac{1}{z}\right) = z^2 G_2(z) - 2\pi i z.}$$

Die Grundidee für den folgenden raffinierten Beweis von 1.4 stammt von G. EISENSTEIN [Eis], s. auch [Hu1, Hu2] oder [Se], S. 95/96. Es werden die Reihen

$$H(z) = \sum_{c=-\infty}^{\infty} \left\{ \sum_{\substack{d=-\infty \\ c^2+d(d-1)\neq 0}}^{\infty} \frac{1}{(cz+d)(cz+d-1)} \right\},$$

$$H^*(z) = \sum_{d=-\infty}^{\infty} \left\{ \sum_{\substack{c=-\infty \\ c\neq 0, \ \text{falls } d\in\{0,1\}}}^{\infty} \frac{1}{(cz+d)(cz+d-1)} \right\}$$

eingeführt.

Es gilt

$$H(z) - G_2(z) = \sum_{c=-\infty}^{\infty} \left\{ \sum_{\substack{d=-\infty \\ d\neq 0 \ \text{und} \ d\neq 1, \ \text{falls } c=0}}^{\infty} \frac{1}{(cz+d)^2(cz+d-1)} \right\} - 1.$$

Nun unterscheiden sich

$$\frac{1}{(cz+d)^2(cz+d-1)} \quad \text{und} \quad \frac{1}{(cz+d)^3}$$

nicht so sehr, denn man findet bei festem z ein $\varepsilon > 0$, so dass

$$\frac{\varepsilon}{|cz+d|^2|cz+d-1|} \leq \frac{1}{|cz+d|^3} \quad \text{oder äquivalent} \quad \varepsilon \leq \left|1 - \frac{1}{cz+d}\right|.$$

Die Reihe $\sum_{(c,d)\neq(0,0)} |cz+d|^{-3}$ konvergiert, wie wir wissen. Damit ist zunächst einmal die Konvergenz von $H(z)$ bewiesen. Da man in der Formel für die Differenz $H(z) - G_2(z)$ nun c und d vertauschen kann, folgt

$$H(z) - G_2(z) = H^*(z) - G_2^*(z)$$

oder

1.5 Hilfssatz. *Es gilt*

$$G_2(z) - G_2^*(z) = H(z) - H^*(z).$$

Die beiden Reihen $H(z)$ und $H^*(z)$ werden nun getrennt aufsummiert, und zwar zeigen wir

1.6 Hilfssatz. *Es gilt*

a) $$H(z) = 2,$$

b) $$H^*(z) = 2 - 2\pi i/z.$$

Für die Summation der beiden Reihen wird die Formel

$$\frac{1}{(cz+d)(cz+d-1)} = \frac{1}{cz+d-1} - \frac{1}{cz+d}$$

benutzt. Bei der Summation verwenden wir mehrmals das folgende einfache Prinzip: Sei $a_1, a_2, \ldots$ eine konvergente Folge komplexer Zahlen. Dann gilt

$$\sum_{n=1}^{\infty} (a_n - a_{n+1}) = a_1 - \lim_{n \to \infty} a_n \quad \text{(Teleskopsumme)}.$$

Aus diesem Prinzip folgt sofort

$$\sum_{\substack{d=-\infty \\ c^2+d(d-1)\neq 0}}^{\infty} \left(\frac{1}{cz+d-1} - \frac{1}{cz+d} \right) = \begin{cases} 0, & \text{falls } c \neq 0 \\ 2, & \text{falls } c = 0, \end{cases}$$

und hieraus $H(z) = 2$.

Etwas mühseliger ist die Summation von $H^*(z)$. Es ist

$$H^*(z) = \sum_{d=-\infty}^{\infty} \left\{ \sum_{\substack{c=-\infty \\ c\neq 0,\ \text{falls } d\in\{0,1\}}}^{\infty} \left[\frac{1}{cz+d-1} - \frac{1}{cz+d} \right] \right\}$$

$$= \lim_{N \to \infty} \sum_{d=-N+1}^{N} \left\{ \sum_{\substack{c=-\infty \\ c\neq 0,\ \text{falls } d\in\{0,1\}}}^{\infty} \left[\frac{1}{cz+d-1} - \frac{1}{cz+d} \right] \right\}$$

$$= \lim_{N \to \infty} \left\{ \sum_{d=-N+1}^{-1} \sum_{c=-\infty}^{\infty} \left[\frac{1}{cz+d-1} - \frac{1}{cz+d} \right] \right.$$

$$\left. + \sum_{d=2}^{N} \sum_{c=-\infty}^{\infty} \left[\frac{1}{cz+d-1} - \frac{1}{cz+d} \right] \right.$$

$$+ \sum_{\substack{c=-\infty \\ c \neq 0}}^{\infty} \left[\frac{1}{cz-1} - \frac{1}{cz} \right] + \sum_{\substack{c=-\infty \\ c \neq 0}}^{\infty} \left[\frac{1}{cz} - \frac{1}{cz+1} \right] \Bigg\}$$

$$= \lim_{N \to \infty} \sum_{c=-\infty, c \neq 0}^{\infty} \left[\frac{1}{cz-N} - \frac{1}{cz+N} \right] + 2.$$

Die Reihe

$$\sum_{c=-\infty, c \neq 0}^{\infty} \left[\frac{1}{cz-N} - \frac{1}{cz+N} \right]$$

kann man mit der Partialbruchentwicklung des Kotangens in Verbindung bringen, und zwar ergibt eine einfache Umformung

$$\sum_{\substack{c=-\infty \\ c \neq 0}}^{\infty} \left[\frac{1}{cz-N} - \frac{1}{cz+N} \right] = \frac{2}{z} \cdot \sum_{c=1}^{\infty} \left[\frac{1}{c-N/z} - \frac{1}{c+N/z} \right]$$

$$= \frac{2}{z} \left[\pi \cot\left(-\pi \frac{N}{z} \right) + \frac{z}{N} \right].$$

Wir müssen den Limes $N \to \infty$ vollziehen und beachten hierzu

$$\frac{2\pi}{z} \lim_{N \to \infty} \cot\left(-\pi \frac{N}{z} \right) = \frac{2\pi}{z} \lim_{N \to \infty} i \frac{e^{-2\pi i N/z}+1}{e^{-2\pi i N/z}-1} = -\frac{2\pi i}{z}.$$

Hieraus ergibt sich die Behauptung.   □

Eine funktionentheoretische Charakterisierung von ϑ^r

Die Thetareihe

$$\vartheta(z) = \sum_{n=-\infty}^{\infty} e^{\pi i n^2 z}$$

konvergiert in der oberen Halbebene und stellt dort eine analytische Funktion dar. Wir stellen die im Folgenden benötigten Eigenschaften zusammen (vgl. VI.6):

1.7 Bemerkung. *Die Thetareihe $\vartheta(z)$ hat die Eigenschaften*

a) $\qquad\qquad \vartheta(z+2) = \vartheta(z), \quad \vartheta\left(-\frac{1}{z} \right) = \sqrt{\frac{z}{i}}\, \vartheta(z),$

b) $\qquad\qquad \lim_{y \to \infty} \vartheta(z) = 1,$

c) $\qquad\qquad \lim_{y \to \infty} \sqrt{\frac{z}{i}}^{-1} \vartheta\left(1 - \frac{1}{z} \right) e^{-\frac{\pi i z}{4}} = 2.$

Beweis. Die Transformationsformel a) ist ein Spezialfall der JACOBI'schen Thetatransformationsformel. Die Eigenschaft b) ist trivial, und c) folgt mit Hilfe der Transformationsformel

$$\vartheta\left(1 - \frac{1}{z}\right) = \sqrt{\frac{z}{i}} \sum_{n=-\infty}^{\infty} e^{\pi i z \left(n + \frac{1}{2}\right)^2},$$

ebenfalls einer unmittelbaren Folgerung aus der JACOBI'schen Thetatransformationsformel (VI.4.2).   □

Das ergibt eine *funktionentheoretische Charakterisierung* von ϑ^r:

1.8 Satz.   *Sei $r \in \mathbb{Z}$ und $f : \mathbb{H} \to \mathbb{C}$ eine analytische Funktion mit den Eigenschaften*

a) $$f(z + 2) = f(z), \quad f\left(-\frac{1}{z}\right) = \sqrt{\frac{z}{i}}^r f(z),$$

b) $$\lim_{y \to \infty} f(z) \ \text{existiert},$$

c) $$\lim_{y \to \infty} \sqrt{\frac{z}{i}}^{-r} f\left(1 - \frac{1}{z}\right) e^{-\frac{\pi i r z}{4}} \ \text{existiert}.$$

Dann gilt

$$f(z) = \text{const.} \cdot \vartheta(z)^r.$$

(Die Konstante ist natürlich $\lim_{y \to \infty} f(z)$).

Zum Beweis betrachten wir die Funktion

$$h(z) = \frac{f(z)}{\vartheta(z)^r}.$$

Wir wissen (und werden weiter unten noch einmal sehen), dass die Thetafunktion $\vartheta(z)$ keine Nullstelle in der oberen Halbebene hat. Die Funktion h ist also in der oberen Halbebene analytisch. Dank 1.7 folgt Satz 1.8 einfach aus

1.9 Satz.   *Gegeben sei eine analytische Funktion $h : \mathbb{H} \to \mathbb{C}$ mit der Eigenschaft*

$$h(z + 2) = h(z), \quad h(-1/z) = h(z).$$

Die beiden Grenzwerte

$$a := \lim_{y \to \infty} h(z) \ \text{und} \ b := \lim_{y \to \infty} h(1 - 1/z)$$

mögen existieren. Dann ist h konstant.

Beweis von 1.9 und 1.8. Die Bedingungen a), b) und c) besagen, dass h eine ganze Modulform vom Gewicht 0 bezüglich der Thetagruppe ist. Daher ist h konstant.   □

Wegen der schönen zahlentheoretischen Anwendungen dieses Satzes skizzieren wir einen direkten Beweis, sowie auch der Tatsache, dass die Thetareihe keine Nullstelle in der oberen Halbebene hat:

Mit

$$\Gamma_\vartheta = \left\langle \begin{pmatrix} 1 & 2 \\ 0 & 1 \end{pmatrix}, \begin{pmatrix} 0 & -1 \\ 1 & 0 \end{pmatrix} \right\rangle$$

wird die von den beiden Matrizen $\begin{pmatrix} 1 & 2 \\ 0 & 1 \end{pmatrix}$ und $\begin{pmatrix} 0 & -1 \\ 1 & 0 \end{pmatrix}$ erzeugte Untergruppe von $\mathrm{SL}(2, \mathbb{Z})$ bezeichnet. Wir haben diese Untergruppe im Anhang zu VI.5 eingeführt. Dort wurde gezeigt, dass diese Gruppe gleich der durch $a + b + c + d \equiv 0 \bmod 2$ definierten Untergruppe von $\mathrm{SL}(2, \mathbb{Z})$ ist. Da wir von diesem Satz keinen Gebrauch machen müssen, definieren wir hier die Thetagruppe als die von den beiden angegebenen Substitutionen erzeugte Gruppe.

Ebenfalls im Anhang zu VI.5 haben wir den Bereich

$$\mathcal{F}_\vartheta := \mathcal{F} \cup \begin{pmatrix} 1 & 1 \\ 0 & 1 \end{pmatrix} \mathcal{F} \cup \begin{pmatrix} 1 & 1 \\ 0 & 1 \end{pmatrix} \begin{pmatrix} 0 & -1 \\ 1 & 0 \end{pmatrix} \mathcal{F}$$

eingeführt und in wenigen Zeilen gezeigt:

Zu jedem Punkt $z \in \mathbb{H}$ existiert ein $M \in \Gamma_\vartheta$ mit $Mz \in \mathcal{F}_\vartheta$.

Dies sind die Mittel, die man braucht, um Satz 1.9 zu beweisen:

Man betrachtet die Funktion

$$H(z) = \big(h(z) - a\big)\big(h(z) - b\big).$$

Diese ist ebenfalls analytisch und invariant unter $z \mapsto z + 2$ und $z \mapsto -1/z$. Aus der Voraussetzung folgt

$$\lim_{y \to \infty} H(z) = 0, \quad \lim_{\substack{z \to 1 \\ z \in \mathcal{F}_\vartheta}} H(z) = 0.$$

Insbesondere nimmt $|H(z)|$ ein Maximum in $\mathcal{F}_\vartheta$ an. Andererseits ist $H(z)$ invariant unter der Thetagruppe Γ_ϑ. Es folgt, dass $|H(z)|$ ein Maximum in ganz $\mathbb{H}$ annimmt. Nach dem Maximumprinzip ist $H(z)$ konstant. Weil die Konstante 0 sein muss, nimmt h nur die beiden Werte a und b an. Da h stetig und $\mathbb{H}$ zusammenhängend ist, kann h nur einen der beiden Werte annehmen und ist daher konstant.

Wir geben noch einen direkten Beweis dafür, dass ϑ in der oberen Halbebene keine Nullstelle hat. Wegen der Transformationsformeln genügt es zu zeigen, dass $\vartheta(z)$ in dem Bereich $\mathcal{F}_\vartheta$ keine Nullstelle hat. Dies wiederum bedeutet, dass die drei Funktionen

$$\vartheta(z), \quad \vartheta(z + 1) \quad \text{und} \quad \vartheta\left(1 - \frac{1}{z}\right)$$

keine Nullstelle in $\mathcal{F}$ haben:

Zieht man aus der Thetareihe ϑ den zu $n = 0$ gehörigen Term 1 heraus und schätzt den Rest durch die Betragsreihe ab, so folgt

$$|\vartheta(z) - 1| \leq 2 \sum_{n=1}^{\infty} e^{-\pi n^2 y} \leq 2 \sum_{n=1}^{\infty} e^{-\frac{\pi}{2}\sqrt{3} n^2}$$

$$\leq 2 \sum_{n=1}^{\infty} e^{-\frac{\pi}{2}\sqrt{3} n} = \frac{2 e^{-\frac{\pi}{2}\sqrt{3}}}{1 - e^{-\frac{\pi}{2}\sqrt{3}}} = 0,14\ldots < 0,2.$$

(Die beiden tiefsten Punkte der Modulfigur $\mathcal{F}$ sind $\pm\frac{1}{2} + \frac{i}{2}\sqrt{3}$.)

Bei der zweiten Reihe schließt man analog, ebenso bei der dritten Reihe, bis auf von 0 verschiedene Faktoren ist $\sqrt{z/i}^{-1} \vartheta(1 - 1/z)$ gleich

$$\sum_{n=-\infty}^{\infty} e^{\pi i z(n^2+n)} = 2 \sum_{n=0}^{\infty} e^{\pi i z(n^2+n)} = 2 \cdot (1 + e^{2\pi i z} + \cdots). \qquad \square$$

Darstellungen einer natürlichen Zahl als Summe von acht Quadraten

Wir werden nun mit Hilfe der Eisensteinreihe G_4 eine in der oberen Halbebene analytische Funktion $f(z)$ konstruieren, welche die charakteristischen Eigenschaften von $\vartheta^8(z)$ hat. Dies sind die beiden Transformationsformeln

$$f(z + 2) = f(z), \quad f(-1/z) = z^4 f(z)$$

und die Existenz der Grenzwerte

a)
$$\lim_{y\to\infty} f(z)$$

und

b)
$$\lim_{y\to\infty} z^{-4} f(1 - 1/z) e^{-2\pi i z}.$$

Man könnte daran denken, dass G_4 selbst diese charakterisierenden Eigenschaften hat. Jedenfalls gelten die Transformationsformeln, und es existiert der Limes

$$\lim_{y\to\infty} G_4(z) = 2\zeta(4),$$

wie man beispielsweise aus der q-Entwicklung abliest. Aber wie steht es mit dem Grenzwert in b)?

Es ist

$$G_4\left(1 - \frac{1}{z}\right) = G_4\left(-\frac{1}{z}\right) = z^4 G_4(z),$$

also

$$z^{-4} G_4\left(1 - \frac{1}{z}\right) e^{-2\pi i z} = G_4(z) e^{-2\pi i z}.$$

Hiervon existiert der Grenzwert für $y \to \infty$ nicht, denn einerseits hat G_4 einen von 0 verschiedenen Grenzwert, und andererseits wächst

$$\left| e^{-2\pi i z} \right| = e^{2\pi y}$$

über alle Grenzen für $y \to \infty$. Also muss man nach etwas anderem suchen. Zunächst bemerken wir:

1.10 Hilfssatz. *Die Funktion*

$$g_k(z) := G_k\left(\frac{z+1}{2}\right), \quad k > 2,$$

genügt den Transformationsformeln

$$g_k(z+2) = g_k(z), \quad g_k(-1/z) = z^k g_k(z).$$

(Uns interessiert der Fall $k = 4$.)

Beweis. Die Periodizität ist klar, da die Eisensteinreihen die Periode 1 haben. Wir wenden uns der zweiten Formel zu. Mittels der Formel

$$\frac{-\frac{1}{z}+1}{2} = A\left(\frac{z+1}{2}\right) \quad \text{mit} \quad A = \begin{pmatrix} 1 & -1 \\ 2 & -1 \end{pmatrix} \in \mathrm{SL}(2, \mathbb{Z})$$

erhält man

$$g_k\left(-\frac{1}{z}\right) = \left(2 \cdot \frac{z+1}{2} - 1\right)^k g_k(z) = z^k g_k(z). \qquad \square$$

(Diese Vereinfachung des Beweises gegenüber früheren Auflagen verdanken wir einer Mitteilung von J. Elstrodt.)

Sollte vielleicht $g_4(z)$ die charakteristischen Eigenschaften von $\vartheta^8(z)$ haben? Die Transformationsformeln sind ja erfüllt, und außerdem existiert

$$\lim_{y \to \infty} g_4(z) = 2\zeta(4).$$

Aber wieder ist die Bedingung b) verletzt, denn es gilt ja

$$g_4\left(1 - \frac{1}{z}\right) = G_4\left(-\frac{1}{2z}\right) = (2z)^4 G_4(2z),$$

und das gleiche Argument wie bei G_4 selbst zeigt, dass der Grenzwert b) nicht existiert. Man kann nun aber Linearkombinationen

$$f(z) := a\, G_4(z) + b\, G_4\left(\frac{z+1}{2}\right), \quad a, b \in \mathbb{C},$$

bilden. Diese haben jedenfalls die gewünschten Transformationsformeln

$$f(z+2) = f(z), \quad f\left(-\frac{1}{z}\right) = z^4 f(z),$$

und der Grenzwert

$$\lim_{y\to\infty} f(z) = 2(a+b)\zeta(4)$$

existiert. Die Idee besteht nun darin, die Konstanten a und b so einzurichten, dass der Grenzwert b) existiert. Die bisherigen Rechnungen ergeben jedenfalls

$$z^{-4} f\left(1 - \frac{1}{z}\right) e^{-2\pi i z} = e^{-2\pi i z} \cdot \left(a\, G_4(z) + 16b\, G_4(2z)\right).$$

Alles, was wir nun wissen müssen, ist, dass G_4 eine Potenzreihe in $q = e^{2\pi i z}$ ist:

$$G_4(z) = a_0 + a_1 q + a_2 q^2 + \cdots.$$

Es folgt

$$z^{-4} f\left(1 - \frac{1}{z}\right) e^{-2\pi i z} = q^{-1}\left[a_0(a + 16b) + \quad \text{höhere Potenzen von } q\right].$$

Wir stellen nun an die Konstanten a und b die Bedingung

$$a + 16b = 0$$

und erhalten eine Potenzreihenentwicklung

$$z^{-4} f\left(1 - \frac{1}{z}\right) e^{-2\pi i z} = c_0 + c_1 q + \cdots,$$

da der Faktor q^{-1} von den höheren Potenzen absorbiert wird. Nun gilt

$$y \to \infty \iff q \to 0,$$

somit existiert der gewünschte Grenzwert b).

Das bedeutet

$$a = -16b \implies f(z) = \text{const.}\, \vartheta^8(z).$$

Wir hätten gerne, dass die Konstante gleich 1 ist, und betrachten dazu noch einmal den Limes für $y \to \infty$. Die Bedingung lautet (wegen $\lim_{y\to\infty} \vartheta(z) = 1$)

$$2(a+b)\zeta(4) = 1.$$

Zusammen mit der Gleichung $a + 16b = 0$ ermittelt man nun die Werte

$$b = -\frac{1}{30\zeta(4)} \quad \text{und} \quad a = \frac{16}{30\zeta(4)}.$$

Mit diesen beiden Zahlenwerten hat man nun

$$\vartheta^8(z) = a\,G_4(z) + b\,G_4\left(\frac{z+1}{2}\right)$$

bewiesen. Bekanntlich gilt

$$\zeta(4) = \frac{\pi^4}{90}.$$

(Nebenbei: Dies kann man mit Hilfe obiger Formel erneut beweisen, indem man etwa den ersten Koeffizienten in der q-Entwicklung vergleicht.)

Unser Resultat lautet nun

1.11 Theorem. *Es gilt*

$$\vartheta^8(z) = \frac{3}{\pi^4}\left(16G_4(z) - G_4\left(\frac{z+1}{2}\right)\right).$$

Trägt man für die EISENSTEINreihen die q-Entwicklung 1.3 ein, so folgt

$$1 + \sum_{n=1}^{\infty} A_8(n)e^{\pi i n z} = 1 + 16^2 \sum_{n=1}^{\infty} \sigma_3(n)e^{2\pi i n z} - 16\sum_{n=1}^{\infty} \sigma_3(n)(-1)^n e^{\pi i n z}.$$

1.12 Theorem (C. G. J. JACOBI, 1829). *Für $n \in \mathbb{N}$ gilt*

$$A_8(n) = 16\sum_{d|n}(-1)^{n-d}d^3.$$

Für ungerade n liest man die Formel direkt ab, gerade n erfordern eine kleine Umformung, die wir übergehen. $\square$

Darstellungen einer natürlichen Zahl als Summe von vier Quadraten

Wir wollen nun mit Hilfe der EISENSTEINreihe

$$G_2(z) = \sum_c \left\{ \sum_{d \neq 0,\, \text{falls } c=0} (cz+d)^{-2} \right\}$$

eine Funktion f konstruieren, welche die charakteristischen Eigenschaften von ϑ^4 hat. Das entscheidende Transformationsverhalten ist

$$f\left(-\frac{1}{z}\right) = \sqrt{\frac{z}{i}}^{\,4} f(z) = -z^2 f(z).$$

Eine Linearkombination der Form $f(z) = a\, G_2\left(\frac{z+1}{2}\right) + b\, G_2(z)$ anzusetzen, wäre aussichtslos, man käme damit höchstens auf Funktionen mit dem Transformationsverhalten

$$f\left(-\frac{1}{z}\right) = z^2 f(z).$$

Aber ein anderer Ansatz führt zum Ziel, nämlich

$$f(z) = a\, G_2(z/2) + b\, G_2(2z).$$

Jedenfalls hat f die Periode 2, denn es gilt

$$G_2(z+1) = G_2(z) \implies f(z+2) = f(z).$$

Wir kennen außerdem die Transformationsformel (1.4, Folgerung)

$$G_2\left(-\frac{1}{z}\right) = z^2 G_2(z) - 2\pi i z.$$

Hieraus ergibt sich

$$f\left(-\frac{1}{z}\right) = a\, G_2\left(-\frac{1}{2z}\right) + b\, G_2\left(-\frac{1}{z/2}\right)$$

$$= a(2z)^2 G_2(2z) - 4\pi i\, az + b\left(\frac{z}{2}\right)^2 G_2\left(\frac{z}{2}\right) - \pi i\, bz$$

Wir unterwerfen nun a und b der Bedingung

$$b = -4a$$

und erhalten dann

$$f\left(-\frac{1}{z}\right) = z^2\left(4a\, G_2(2z) + \frac{b}{4} G_2\left(\frac{z}{2}\right)\right) = -z^2\left(a\, G_2\left(\frac{z}{2}\right) + b\, G_2(2z)\right)$$

$$= -z^2 f(z),$$

also genau das, was wir haben wollten.

Für die Funktion f ergibt sich daher

$$f(z) = a\big(G_2(z/2) - 4G_2(2z)\big).$$

Wir müssen nun noch die Existenz der beiden Grenzwerte

$$\lim_{y \to \infty} f(z) \quad \text{und} \quad \lim_{y \to \infty} z^{-2} f\left(1 - \frac{1}{z}\right) e^{-\pi i z}$$

beweisen. Die Existenz des ersten Grenzwertes ist trivial, denn es ist (1.4, Folgerung)

$$\lim_{y \to \infty} G_2(z) = 2\zeta(2),$$

wie man etwa an der q–Entwicklung abliest. Die Konstante a ist notwendigerweise gleich

$$a = -\frac{1}{6\zeta(2)}.$$

Wir müssen nun $f(1 - 1/z)$, also insbesondere

a) $$G_2\left(2 - \frac{2}{z}\right) \quad \text{und}$$

b) $$G_2\left(\frac{1 - 1/z}{2}\right)$$

untersuchen. Wir haben dabei nichts in der Hand als die Formeln

$$G_2(z + 1) = G_2(z) \quad \text{und} \quad G_2\left(-\frac{1}{z}\right) = z^2 G_2(z) - 2\pi i\, z.$$

Teil a) ist einfach, denn es ist

$$G_2\left(2 - \frac{2}{z}\right) = G_2\left(-\frac{2}{z}\right) = \left(\frac{z}{2}\right)^2 G_2\left(\frac{z}{2}\right) - \pi i\, z.$$

b) ist etwas trickreich. Man beachte zunächst, dass die Matrix $\begin{pmatrix} 1 & -1 \\ 2 & -1 \end{pmatrix}$ die Determinante 1 hat. Daher liegt mit z auch $(z - 1)(2z - 1)^{-1}$ in der oberen Halbebene. Eine einfache Rechnung zeigt nun

$$G_2\left(\frac{z - 1}{2z - 1}\right) = \left(\frac{2z - 1}{z - 1}\right)^2 G_2\left(-\frac{2z - 1}{z - 1}\right) + 2\pi i\, \frac{2z - 1}{z - 1}.$$

Beachtet man

$$-\frac{2z - 1}{z - 1} = -2 - \frac{1}{z - 1},$$

so folgt

$$G_2\left(\frac{z-1}{2z-1}\right) = \left(\frac{2z-1}{z-1}\right)^2 G_2\left(-\frac{1}{z-1}\right) + 2\pi i \frac{2z-1}{z-1}$$

$$= (2z-1)^2 G_2(z-1) - 2\pi i \frac{(2z-1)^2}{z-1} + 2\pi i \frac{2z-1}{z-1}$$

$$= (2z-1)^2 G_2(z) - 2\pi i (4z-2).$$

In dieser Gleichung ersetzt man z durch $z/2 + 1/2$ und erhält

$$G_2\left(\frac{-1/z+1}{2}\right) = z^2 G_2\left(\frac{z}{2}+\frac{1}{2}\right) - 4\pi i z.$$

Zusammenfassend ergibt sich

$$z^{-2} f\left(1-\frac{1}{z}\right) = z^{-2} a\left[z^2 G_2\left(\frac{z}{2}+\frac{1}{2}\right) - 4\pi i z - z^2 G_2\left(\frac{z}{2}\right) + 4\pi i z\right]$$

$$= a\left[G_2\left(\frac{z}{2}+\frac{1}{2}\right) - G_2\left(\frac{z}{2}\right)\right].$$

Wir wissen, dass sich $G_2(z)$ als Potenzreihe in $e^{2\pi i z}$ schreiben lässt, hieraus folgt, dass sich $G(z/2 + 1/2)$ und $G_2(z/2)$ als Potenzreihen in $h := e^{\pi i z}$ schreiben lassen, und zwar beide mit denselben 0-ten Koeffizienten ($2\zeta(2)$). Es folgt also

$$z^{-2} f(1 - 1/z) = a_1 h + a_2 h^2 + \cdots$$

mit nicht weiter interessierenden Entwicklungskoeffizienten $a_1, a_2, \ldots$.

Beachtet man

$$y \to \infty \iff h \to 0,$$

so folgt

$$z^{-2} f(1 - 1/z) h^{-1} \to a_1 \quad \text{für} \quad y \to \infty.$$

Genau die Existenz dieses Grenzwertes war noch zu beweisen. Wir haben damit endgültig

$$f(z) = \frac{1}{6\zeta(2)} \cdot \left(4 G_2(2z) - G_2\left(\frac{z}{2}\right)\right) = \vartheta^4(z)$$

gezeigt. Entweder man weiß

$$\zeta(2) = \frac{\pi^2}{6}$$

oder ermittelt es aus den bewiesenen Identitäten durch Vergleich der ersten Fourierkoeffizienten. Es folgt somit

1.13 Theorem. *Es gilt*

$$\vartheta^4(z) = \frac{4 G_2(2z) - G_2(z/2)}{\pi^2}.$$

Hieraus ziehen wir die uns interessierenden zahlentheoretischen Konsequenzen.

1.14 Theorem (C. G. J. JACOBI, 24. 4. 1828). *Für $n \in \mathbb{N}$ gilt*

$$A_4(n) = \#\left\{ x \in \mathbb{Z}^4 ; \quad x_1^2 + x_2^2 + x_3^2 + x_4^2 = n \right\} = 8 \sum_{\substack{4 \nmid d \mid n \\ 1 \leq d \leq n}} d.$$

Der Beweis ergibt sich einfach aus 1.13, indem man die q-Entwicklung 1.3 von G_2 einsetzt und die Koeffizienten vergleicht.

1.15 Folgerung (J. L. LAGRANGE, 1770). *Jede natürliche Zahl ist als Summe von vier Quadraten ganzer Zahlen darstellbar.*

Übungsaufgaben zu VII.1

1. Die Funktion $f(z) = j'(z)\Delta(z)$ ist eine *ganze* Modulform (vgl. VI.2, Aufgabe 1). Man schreibe sie als Polynom in G_4 und G_6.

2. Die Funktion $G'_{12}\Delta - G_{12}\Delta'$ ist eine Modulform vom Gewicht 26 (VI.2, Aufgabe 3). Man drücke sie als Polynom in G_4 und G_6 aus.

3. Man schreibe G_{12} als Polynom in G_4 und G_6, indem man den Struktursatz 3.4 und die Formeln für die FOURIERkoeffizienten der EISENSTEINreihen verwendet und vergleiche das Resultat mit der Rekursionsformel aus Aufgabe 6 in V.3.

4. Wieviele Vektoren x mit der Eigenschaft $\langle x, x \rangle = 10$ existieren im Gitter L_8 (s. VI.4)? Man führe die Rechnung auf zweierlei Weisen durch:

   a) direkt,

   b) über die Identität $G_4(z) = 2\zeta(4)\vartheta(L_8; z)$.

5. Die FOURIERkoeffizienten $\tau(n)$ von

$$\frac{\Delta(z)}{(2\pi)^{12}} = \tau(1)q + \tau(2)q^2 + \cdots$$

   sind ganz rational. Ebenso sind die FOURIERkoeffizienten $c(n)$ von

$$1728j(z) = 1/q + c(0) + c(1)q + c(2)q^2 + \cdots$$

   ganz rational. Man berechne einige Koeffizienten explizit und verifiziere

$$(2\pi)^{-12}\Delta(z) = q - 24q^2 + 252q^3 - 1472q^4 + 4830q^5 - 6048q^6 + \cdots,$$

$$1728j(z) = 1/q + 744 + 196\,884q + 21\,493\,760q^2 + 864\,299\,970q^3 + \cdots.$$

Die RAMANUJANvermutung besagt

$$|\tau(n)| \leq C n^{11/2+\varepsilon} \quad \text{für jedes } \varepsilon > 0 \ (C = C(\varepsilon)).$$

Sie wurde von H. PETERSSON auf beliebige Spitzenformen verallgemeinert. Wir haben schon in den Aufgaben zu VI.4 darauf hingewiesen, dass diese Vermutung von P. DELIGNE bewiesen wurde. Es gilt übrigens sogar

$$|\tau(n)| \leq n^{11/2} \sigma_0(n).$$

6. Die DEDEKIND'sche η-Funktion ist definiert durch

$$\eta(z) = e^{\frac{\pi i z}{12}} \prod_{n=1}^{\infty} \left(1 - e^{2\pi i n z}\right).$$

Man beweise, dass dieses Produkt in der oberen Halbebene normal konvergiert und dort eine analytische Funktion darstellt. Man berechne die logarithmische Ableitung und zeige

$$\frac{\eta'(z)}{\eta(z)} = \frac{i}{4\pi} G_2(z).$$

Aus der Transformationsformel

$$G_2(-1/z) = z^2 G_2(z) - 2\pi i z$$

schließe man, dass die beiden Funktionen

$$\eta\left(-\frac{1}{z}\right) \quad \text{und} \quad \sqrt{\frac{z}{i}}\, \eta(z)$$

dieselbe logarithmische Ableitung haben. Sie stimmen also bis auf einen konstanten Faktor überein. Dieser ist 1, wie man durch Spezialisieren ($z = i$) zeigt. Es folgt

$$\boxed{\eta\left(-\frac{1}{z}\right) = \sqrt{\frac{z}{i}}\, \eta(z).}$$

Außerdem gilt trivialerweise

$$\boxed{\eta(z+1) = e^{\frac{2\pi i}{24}} \eta(z).}$$

7. Man beweise die Identität

$$\boxed{\Delta(z) = (2\pi)^{12} \eta^{24}(z).}$$

8. Man beweise für $|q| < 1$ die Identität

$$\boxed{\sum_{n=-\infty}^{\infty} (-1)^n q^{\frac{n(3n+1)}{2}} = \prod_{n=1}^{\infty} (1 - q^n).}$$

Anleitung. Man wende VI.4.6 und die vorhergehende Aufgabe an.

9. Unter einer Partition der natürlichen Zahl n verstehen wir hier ein k-Tupel

$(x_1, \ldots x_k)$ (k beliebig) natürlicher Zahlen mit den Eigenschaften

$$n = x_1 + x_2 + \cdots x_k, \quad x_1 < x_2 < \cdots < x_n.$$

Sei A_n die Anzahl aller Partitionen mit geradem k und B_n diejenige mit ungeradem k. (Die Summe $A_n + B_n$ ist also die Summe aller Partitionen.) Man zeige

$$\prod_{n=1}^{\infty}(1 - q^n) = \sum_{n=0}^{\infty}(A_n - B_n)q^n.$$

Hieraus und aus der vorhergehenden Aufgabe folgt das berühmte *Euler'sche Pentagonalzahlentheorem* (L. EULER, 1754/55)

$$A_n = B_n \qquad \text{für} \ \ n \neq \frac{3m^2 + m}{2},$$

$$A_n = B_n + 1 \qquad \text{für} \ \ n = \frac{3m^2 + m}{2}, \ m \ \text{gerade},$$

$$A_n = B_n - 1 \qquad \text{für} \ \ n = \frac{3m^2 + m}{2}, \ m \ \text{ungerade}.$$

2. Dirichletreihen

Eine (gewöhnliche) DIRICHLETreihe ist eine zunächst formale Reihe der Form

$$\sum_{n=1}^{\infty} a_n n^{-s}, \ a_n \in \mathbb{C}, \ s \in \mathbb{C}.$$

Setzt man dabei alle Koeffizienten $a_n = 1$, so erhält man die berühmteste aller DIRICHLETreihen, die RIEMANN'sche ζ-Funktion

$$\zeta(s) := \sum_{n=1}^{\infty} n^{-s}.$$

Wir wissen, dass diese für $\text{Re}(s) > 1$ absolut konvergiert.

2.1 Definition. *Eine Dirichletreihe*

$$D(s) = \sum_{n=1}^{\infty} a_n n^{-s}, \ a_n \in \mathbb{C}, \ s \in \mathbb{C},$$

heißt (irgendwo absolut) **konvergent**, *falls eine komplexe Zahl s_0 existiert, so dass die Reihe*

$$\sum_{n=1}^{\infty} \left| a_n n^{-s_0} \right|$$

im üblichen Sinne konvergiert.

Wir folgen der historischen Konvention (RIEMANN, LANDAU) in der Bezeichnung der komplexen Variablen und setzen

$$s = \sigma + it, \ s_0 = \sigma_0 + it_0, \ \dots$$

Es gilt

$$\left| n^{-s} \right| = \left| e^{-s \log n} \right| = \left| e^{-(\sigma + it) \log n} \right| = n^{-\sigma}$$

und

$$n^{-\sigma} \leq n^{-\sigma_0} \ \text{für} \ \sigma \geq \sigma_0.$$

Wenn also die DIRICHLETreihe in s_0 absolut konvergiert, so konvergiert sie in der Halbebene $\sigma \geq \sigma_0$ absolut und gleichmäßig (sogar ihre Betragsreihe).

2.2 Definition. *Eine rechte Halbebene*

$$\{ s \in \mathbb{C}; \ \ \sigma > \tilde{\sigma} \}$$

heißt **Konvergenzhalbebene** *einer Dirichletreihe, falls die Reihe für alle s aus dieser Halbebene absolut konvergiert. Hierbei ist auch der Fall*

$$\tilde{\sigma} = -\infty$$

zugelassen. Die Konvergenzhalbebene entartet dann zur vollen komplexen Ebene.

Die Vereinigung aller Konvergenzhalbebenen ist selbst eine Konvergenzhalbebene: $\{ s \in \mathbb{C}; \ \sigma > \sigma_0 \}$. Sie ist die größte aller Konvergenzhalbebenen und wird daher auch *die* Konvergenzhalbebene (genauer die Halbebene der *absoluten Konvergenz*) genannt.

Sei also $\{ s \in \mathbb{C}; \ \sigma > \sigma_0 \}$ die Konvergenzhalbebene. Dann konvergiert $D(s)$ für alle s mit $\sigma > \sigma_0$, aber für kein s mit $\sigma < \sigma_0$ absolut. Über das Verhalten auf der Vertikalgeraden $\sigma = \sigma_0$ kann man ohne weitere Überlegungen nichts sagen. Man nennt σ_0 auch die *Konvergenzabszisse* (genauer die absolute Konvergenzabszisse) von $D(s)$. Natürlich stellt $D(s)$ in ihrer Konvergenzhalbebene eine analytische Funktion dar. Die Konvergenzhalbebene der RIEMANN'schen ζ-Funktion ist

$$\text{Re}(s) > \sigma_0 = 1.$$

2.3 Definition. *Eine Folge $a_1, a_2, a_3, \dots$ komplexer Zahlen wächst* **höchstens polynomial,** *falls es Konstanten $C > 0$ und N gibt, so dass*

$$|a_n| \leq C \, n^N$$

für alle n gilt.

2.4 Bemerkung. *Die Folge $a_1, a_2, a_3, \dots$ wachse höchstens polynomial. Dann konvergiert die zugehörige Dirichletreihe $D(s)$ (und umgekehrt). Genauer gilt für die Konvergenzabszisse mit den obigen Bezeichnungen $\sigma_0 \leq 1 + N$.*

Beispiel. Im Fall der ζ-Funktion kann man $N = 0$ nehmen.
Der *Beweis* ergibt sich aufgrund der Abschätzung

$$\left|a_n n^{-s}\right| \leq C\, n^{-(\sigma-N)}$$

unmittelbar aus dem Konvergenzverhalten der RIEMANN'schen ζ-Funktion.

Ähnlich wie im Falle von Potenzreihen sind die Koeffizienten einer DIRICH-LETreihe durch die von der Reihe dargestellte Funktion eindeutig bestimmt.

2.5 Eindeutigkeitssatz. *Sei*

$$D(s) = \sum_{n=1}^{\infty} a_n n^{-s}, \ a_n \in \mathbb{C}, \ s \in \mathbb{C},$$

eine Dirichletreihe, die in einer Konvergenzhalbebene identisch verschwindet. Dann gilt

$$a_n = 0 \quad \text{für alle } n.$$

Beweis. Wir schließen indirekt: Sei k der kleinste Index, so dass a_k nicht verschwindet. Es gilt

$$D(s)k^s = \sum_{n=k}^{\infty} a_n \left(\frac{n}{k}\right)^{-s} = a_k + \cdots$$

und daher

$$\lim_{\sigma \to \infty} D(\sigma)k^\sigma = a_k = 0. \qquad \square$$

DIRICHLETreihen können dazu dienen, *multiplikative Eigenschaften* von Zahlenfolgen in funktionentheoretischer Form auszudrücken. Sei

$$D(s) = \sum_{n=1}^{\infty} a_n n^{-s}$$

eine DIRICHLETreihe. Für irgendeine nichtleere Menge $A \subset \mathbb{N}$ natürlicher Zahlen betrachten wir die Teilreihe

$$D_A(s) = \sum_{n \in A} a_n n^{-s}.$$

2.6 Hilfssatz. *Seien $A, B \subset \mathbb{N}$ zwei nichtleere Mengen natürlicher Zahlen und (a_n) eine Folge komplexer Zahlen. Die folgenden beiden Bedingungen seien erfüllt:*

1) *Die Multiplikationsabbildung*

$$A \times B \longrightarrow \mathbb{N}, \quad (a,b) \longmapsto ab,$$

sei injektiv.

2) $a_{n \cdot m} = a_n \cdot a_m$ *für* $n \in A$, $m \in B$.

Ist C das Bild von $A \times B$ bei der Multiplikationsabbildung, so gilt

$$D_C(s) = D_A(s) \cdot D_B(s)$$

in der Konvergenzhalbebene von $D(s)$.

Durch Induktion nach N folgt aus obigem Hilfssatz

$$D_C(s) = D_{A_1}(s) \cdot \ldots \cdot D_{A_N}(s),$$

falls die Multiplikationsabbildung

$$A_1 \times \ldots \times A_N \longrightarrow C,$$
$$(n_1, \ldots, n_N) \longmapsto n_1 \cdot \ldots \cdot n_N,$$

bijektiv ist und

$$a_{n_1 \cdot \ldots \cdot n_N} = a_{n_1} \cdot \ldots \cdot a_{n_N}$$

gilt. Der Beweis des Hilfssatzes ist eine triviale Folgerung des CAUCHY'schen Multiplikationssatzes

$$\sum_{\mu \in A} a_\mu \mu^{-s} \sum_{\nu \in B} b_\nu \nu^{-s} = \sum_{(\mu,\nu) \in A \times B} a_{\mu\nu}(\mu\nu)^{-s} = \sum_{n \in C} a_n n^{-s}.$$

Ein wichtiger Spezialfall besagt:

Sei

$$p_1 = 2; \ p_2 = 3; \ p_3 = 5; \ \ldots$$

die Folge der Primzahlen. Wir bezeichnen mit

$$A_n := \left\{ p_n^\nu; \quad \nu = 0, 1, 2, \ldots \right\}$$

die Menge der Potenzen der n-ten Primzahl. Die Multiplikation

$$A_1 \times \ldots \times A_N \longrightarrow \mathbb{N},$$
$$(n_1, \ldots, n_N) \longmapsto n_1 \cdot \ldots \cdot n_N,$$

ist injektiv. Bezeichnet man mit B die Menge aller natürlichen Zahlen, welche keine der Primzahlen $p_1, \ldots, p_N$ als Primfaktor haben, so wird die Abbildung

$$A_1 \times \ldots \times A_N \times B \longrightarrow \mathbb{N},$$
$$(n_1, \ldots, n_N, m) \longmapsto n_1 \cdot \ldots \cdot n_N \cdot m,$$

sogar bijektiv. Dies ist gerade der *Satz von der eindeutigen Primfaktorzerlegung*. Wir nehmen nun an, dass die Koeffizienten der DIRICHLETreihe der Bedingung

$$a_{n \cdot m} = a_n \cdot a_m$$

für beliebige teilerfremde n, m genügen, d. h. für $(n, m) = 1$. Außerdem fordern wir $a_1 = 1$, was lediglich bedeutet, dass $D(s)$ nicht identisch verschwindet. Dann folgt aus dem Hilfssatz

$$D(s) = \prod_{n=1}^{N} \left(\sum_{\nu=0}^{\infty} a_{p_n^\nu} p_n^{-\nu s} \right) D_B(s).$$

Aus der Bedingung $(n, p_1 \cdot \ldots \cdot p_N) = 1$ folgt $n = 1$ oder $n \geq N$. Wir erhalten

$$\lim_{N \to \infty} D_B(s) = 1$$

und somit

$$D(s) = \lim_{N \to \infty} \prod_{n=1}^{N} \left(\sum_{\nu=0}^{\infty} a_{p_n^\nu} p_n^{-\nu s} \right).$$

Es liegt die Frage nahe, ob es sich hierbei um absolut konvergente Produkte im Sinne von IV.1.4 handelt, ob also

$$\sum_{n=1}^{\infty} \left| \sum_{\nu=0}^{\infty} a_{p_n^\nu} p_n^{-\nu s} - 1 \right| \leq \sum_{n=1}^{\infty} \sum_{\nu=1}^{\infty} \left| a_{p_n^\nu} p_n^{-\nu s} \right|$$

konvergiert. Tatsächlich entsteht diese Reihe einfach durch Umordnen einer Teilreihe von

$$\sum_{n=1}^{\infty} \left| a_n n^{-s} \right|.$$

Wir erhalten also einen auf L. EULER (1737) zurückgehenden

2.7 Satz. *Sei*

$$D(s) = \sum_{n=1}^{\infty} a_n n^{-s}$$

eine (irgendwo absolut) konvergente Dirichletreihe, deren Koeffizienten das folgende multiplikative Verhalten haben mögen:

$$a_1 = 1 \quad und \quad a_{n \cdot m} = a_n \cdot a_m \quad für \quad (n, m) = 1.$$

Dann gilt

$$D(s) = \prod_{p \text{ prim}} D_p(s) \quad mit \quad D_p(s) := \sum_{n=0}^{\infty} a_{p^n} p^{-ns}.$$

Das Produkt ist über die Folge aller Primzahlen zu erstrecken und konvergiert in der Konvergenzhalbebene von $D(s)$ normal.

Speziell lässt sich dieser Satz auf die RIEMANN'sche ζ-Funktion anwenden. Es gilt

$$\zeta_p(s) = \sum_{\nu=0}^{\infty} p^{-\nu s} = \frac{1}{1 - p^{-s}} \qquad \text{(geometrische Reihe)}$$

in der Konvergenzhalbebene. Somit ergibt sich die *Euler'sche Produktentwicklung* der ζ-Funktion in der Halbebene $\sigma > 1$.

2.8 Satz (L. EULER, 1737). *Es gilt*

$$\boxed{\zeta(s) = \prod_{p \text{ prim}} (1 - p^{-s})^{-1} \qquad (\sigma > 1).}$$

Insbesondere hat $\zeta(s)$ in der Konvergenzhalbebene keine Nullstelle.

Übungsaufgaben zu VII.2

1. Wir haben in diesem Abschnitt die Konvergenzhalbebene $\sigma > \sigma_0$ einer DIRICHLETreihe

$$D(s) = \sum_{n=1}^{\infty} a_n n^{-s}$$

eingeführt, genauer handelte es sich hierbei um die Halbebene der *absoluten* Konvergenz. Man zeige, dass es auch eine rechte Halbebene der gewöhnlichen Konvergenz

$$\{s \in \mathbb{C}; \quad \operatorname{Re} s > \sigma_1\} \quad (\sigma_1 \geq -\infty)$$

gibt, wenn die Reihe in mindestens einem Punkt (möglicherweise bedingt) konvergiert. In dieser Halbebene konvergiert $D(s)$ normal und stellt dort eine analytische Funktion dar. Sie konvergiert für kein s mit $\sigma < \sigma_1$.

Anleitung. Man mache von der ABEL'schen partiellen Summation Gebrauch.

Zusatz. Wenn die DIRICHLETreihe in mindestens einem Punkt bedingt konvergiert (wenn also σ_1 existiert), so konvergiert sie auch in mindestens einem Punkt absolut, d. h. es existiert σ_0, und es gilt

$$\sigma_0 \geq \sigma_1 \geq \sigma_0 - 1.$$

Man gebe ein Beispiel für den Fall $\sigma_0 = 1$, $\sigma_1 = 0$ an.

2. Die FOURIERkoeffizienten der normierten EISENSTEINreihe

$$\frac{(k-1)!}{2(2\pi i)^k} G_k(z) = \sum_{n=0}^{\infty} a(n) e^{2\pi i n z}, \quad k \geq 4,$$

genügen den Gleichungen

a) $a(n)a(m) = a(nm), \ \text{falls} \ (n, m) = 1,$

b) $a(p^{\nu+1}) = a(p)a(p^{\nu}) - p^{k-1}a(p^{\nu-1}).$

Man folgere

$$\sum_{n=1}^{\infty} a(n)n^{-s} = \prod_{p} \sum_{\nu=0}^{\infty} a(p^{\nu})p^{-\nu s}$$

$$= \prod_{p} \frac{1}{(1 - p^{-s})(1 - p^{k-1-s})}$$

$$= \zeta(s)\zeta(s + 1 - k) \ \text{für} \ \sigma > k.$$

3. Sei p eine Primzahl. Zu jeder ganzen Zahl ν, $1 \leq \nu < p$, existiert eine eindeutig bestimmte ganze Zahl μ, $1 \leq \mu < p$, so dass die Matrix

$$\begin{pmatrix} 1 & \nu \\ 0 & p \end{pmatrix} \begin{pmatrix} 0 & 1 \\ -1 & 0 \end{pmatrix} \begin{pmatrix} 1 & \mu \\ 0 & p \end{pmatrix}^{-1}$$

ganz und damit in der Modulgruppe enthalten ist. Die Zuordnung $\nu \mapsto \mu$ ist eine Permutation der Ziffern $1, \ldots p - 1$.

Anleitung. Durch direkte Rechnung erhält man als Bedingung für μ die Kongruenz

$$\nu\mu \equiv -1 \bmod p.$$

Man benutze, dass $\mathbb{Z}/p\mathbb{Z}$ ein Körper ist.

4. Sei f eine elliptische Modulform (zur vollen Modulgruppe) vom Gewicht k. Die Funktion

$$(T(p)f)(z) := p^{k-1}f(pz) + \frac{1}{p}\sum_{\nu=0}^{p-1} f\left(\frac{z+\nu}{p}\right)$$

ist für jede Primzahl p wieder eine Modulform vom Gewicht k. Wir erhalten also für jedes p einen Operator (eine lineare Abbildung)

$$T(p) : [\Gamma, k] \longrightarrow [\Gamma, k].$$

Anleitung. Die Periodizität von $T(p)f$ ist sehr einfach. Für das Transformations-verhalten unter der Involution $z \mapsto -1/z$ verwende man Aufgabe 3.

Die Operatoren $T(p)$ wurden von E. HECKE (1935) eingeführt (vgl. [He3]). Diese HECKEoperatoren haben sich für tiefergehende Untersuchungen in der Theorie der Modulformen als fundamental erwiesen.

5. Sei

$$f(z) = \sum_{n=0}^{\infty} a(n)e^{2\pi inz}$$

eine Modulform vom Gewicht k und sei

$$T(p)f(z) = \sum_{n=0}^{\infty} b(n)e^{2\pi inz}$$

ihr Bild unter $T(p)$. Wir definieren ergänzend

$$a(n) := 0 \ \text{für nicht ganz rationale Zahlen} \ n.$$

Man zeige:
$$b(n) = a(pn) + p^{k-1}a(n/p).$$

6. Man folgere aus der expliziten Kenntnis der FOURIERkoeffizienten der EISEN-STEINreihen, dass die EISENSTEINreihen Eigenformen aller $T(p)$ sind, d. h.
$$T(p)G_k = \lambda_k(p)G_k, \quad \lambda_k(p) \in \mathbb{C}.$$

7. Sei $f \in [\Gamma, k]$, $f(z) = \sum_{n=0}^{\infty} a(n)e^{2\pi i n z}$ eine Eigenform *aller* Operatoren $T(p)$,
$$T(p)f = \lambda(p)f.$$
Die Form f sei normiert, d. h. $a(1) = 1$. Man zeige $a(p) = \lambda(p)$.

Mit Hilfe von Aufgabe 5 folgere man
$$a(n) = a(pm) + p^{k-1}a(n/p)$$
und leite hieraus die Relationen

$$\begin{aligned}
a(p)a(p^{\nu}) &= a(p^{\nu+1}) + p^{k-1}a(p^{\nu-1}), \\
a(m)a(n) &= a(mn), \quad \text{falls } (m, n) = 1,
\end{aligned}$$

ab.

Tipp. Die zweite Relation braucht man nur für Primzahlpotenzen $m = p^{\nu}$ zu beweisen. Dies geschieht durch Induktion nach ν unter Ausnutzung der ersten Relation.

8. Sei $f \in [\Gamma, k]$ eine normierte Eigenform *aller* $T(p)$. (Normiert bedeutet $a(1) = 1$.) Wir betrachten die DIRICHLETreihen
$$D(s) = \sum_{n=1}^{\infty} \frac{a(n)}{n^s},$$
$$D_p(s) = \sum_{\nu=0}^{\infty} \frac{a(p^{\nu})}{p^{\nu s}}.$$

Man zeige, dass diese Reihen für $\sigma > k$ (sogar für $\sigma > k/2 + 1$, falls f Spitzenform ist) absolut konvergieren. Mit Hilfe der Relationen aus Aufgabe 7 zeige man
$$D(s) = \prod_p D_p(s) \quad \text{mit} \quad D_p(s) = \frac{1}{1 - a(p)p^{-s} + p^{k-1-2s}}.$$

Im nächsten Abschnitt werden wir sehen, dass die DIRICHLETreihen $D(s)$ sich in die ganze Ebene meromorph fortsetzen lassen und dort einer gewissen einfachen Funktionalgleichung genügen.

9. Die Operatoren $T(p)$ führen Spitzenformen in Spitzenformen über, infolgedessen ist die Diskriminante $\Delta(z)$ Eigenform aller $T(p)$. Als Spezialfall von Aufgabe 8 erhält man (für $\sigma > 7$)
$$\sum_{n=1}^{\infty} \frac{\tau(n)}{n^s} = \prod_p \frac{1}{1 - \tau(p)p^{-s} + p^{11-2s}}.$$

Dabei ist $\tau(n)$ die RAMANUJAN'sche τ-Funktion, d. h. $\tau(n)$ ist der n-te FOURIERkoeffizient von $\Delta/(2\pi)^{12}$. Die mit obiger Produktdarstellung äquivalenten Relationen für $\tau(n)$ waren von S. RAMANUJAN (1916) vermutet und von L. J. MORDELL (1917) bewiesen worden.

Die in VII.1 Aufgabe 5 formulierte RAMANUJANvermutung ist übrigens gleichbedeutend mit der Aussage, dass die beiden Nullstellen des Polynoms

$$1 - \tau(p)X + p^{11}X^2$$

konjugiert komplex sind.

10. Sei $f \in [\Gamma, k]_0$ eine Spitzenform, p eine Primzahl und $\widetilde{f} = T(p)f$. Die Funktionen

$$g(z) = |f(z)| y^{k/2} \quad \text{und} \quad \widetilde{g}(z) = \left|\widetilde{f}(z)\right| y^{k/2}$$

nehmen Maxima m, $\widetilde{m}$ in $\mathbb{H}$ an (s. Aufgabe 2 in VI.4). Man zeige

$$\widetilde{m} \leq p^{\frac{k}{2}-1}(1+p)m.$$

Wir nehmen nun an, dass f eine nicht identisch verschwindende Eigenform von $T(p)$ zum Eigenwert $\lambda(p)$ ist. Man zeige

$$|\lambda(p)| \leq p^{\frac{k}{2}-1}(1+p).$$

Ist andererseits $f \in [\Gamma, k]$ eine Nichtspitzenform mit der Eigenschaft $T(p)f = \lambda(p)f$, so folgt aus Aufgabe 5

$$\lambda(p) = 1 + p^{k-1}.$$

Man folgere hieraus (J. ELSTRODT, 1984, vgl. [El]):

Die Eisensteinreihe G_k, $k \geq 4$, $k \equiv 0 \bmod 2$, ist bis auf einen konstanten Faktor die einzige Nichtspitzenform, welche Eigenform wenigstens eines Heckeoperators ist.

3. Dirichletreihen mit Funktionalgleichungen

Wir wollen nun eine Brücke zwischen DIRICHLETreihen mit Funktionalgleichung und Modulformen schlagen. Wir folgen dabei im wesentlichen der von E. HECKE (1936) in seiner klassischen Arbeit „Über die Bestimmung DIRICHLET'scher Reihen durch ihre Funktionalgleichung" (vgl. [He2]) vorgezeichneten Linie.

3.1 Definition. *Sei $R(s)$ eine meromorphe Funktion in der komplexen Ebene. Die Funktion heißt in einem vorgegebenen Vertikalstreifen*

$$a \leq \sigma \leq b$$

***abklingend**, falls es zu jedem $\varepsilon > 0$ eine Zahl $C > 0$ mit der Eigenschaft*

$$|R(s)| \leq \varepsilon \quad \text{für} \quad a \leq \sigma \leq b, \ |t| \geq C,$$

gibt.

Wir sind insbesondere an Funktionen interessiert, welche in jedem Vertikalstreifen abklingen. Die Konstante C darf natürlich von a, b abhängen.

Wir betrachten nun drei Parameter, nämlich zwei positive reelle Zahlen

$$\lambda > 0 \quad \text{und} \quad k > 0,$$

sowie ein Vorzeichen ε,

$$\varepsilon = \pm 1.$$

Wir ordnen diesen Parametern zwei Räume von Funktionen zu, nämlich

a) einen Raum $\{\lambda, k, \varepsilon\}$ von DIRICHLETreihen,

b) einen Raum $[\lambda, k, \varepsilon]$ von FOURIERreihen.

Beide Räume werden sich als isomorph erweisen.

3.2 Definition. *Der Raum*

$$\{\lambda, k, \varepsilon\} \qquad (\lambda > 0, \; k > 0, \; \varepsilon = \pm 1)$$

bestehe aus der Menge der Dirichletreihen

$$D(s) = \sum_{n=1}^{\infty} a_n n^{-s}$$

mit folgenden Eigenschaften:

1) *Die Dirichletreihe konvergiert (irgendwo).*

2) *Die durch die Dirichletreihe in ihrer Konvergenzhalbebene dargestellte Funktion ist als meromorphe Funktion in die ganze Ebene fortsetzbar. Sie ist außerhalb von $s = k$ analytisch und hat in $s = k$ höchstens einen Pol erster Ordnung (d. h. eine hebbare Singularität oder einen Pol erster Ordnung).*

3) *Es gilt die Funktionalgleichung*

$$R(s) = \varepsilon R(k - s) \quad \text{mit} \quad R(s) := \left(\frac{2\pi}{\lambda}\right)^{-s} \Gamma(s) D(s).$$

4) *Die meromorphe Funktion $R(s)$ klingt in jedem Vertikalstreifen ab.*

Anmerkung. Die Funktion

$$s \cdot (s - k) \cdot R(s)$$

ist in der rechten Halbebene $\sigma > 0$ analytisch. Aufgrund der Funktionalgleichung ist sie bis aufs Vorzeichen invariant unter $s \mapsto k - s$. Sie ist daher eine *ganze* Funktion.

Als nächstes definieren wir den korrespondierenden Raum von FOURIERreihen. Es handelt sich um FOURIERreihen der Periode λ.

3.3 Definition. *Der Raum*

$$[\lambda, k, \varepsilon] \qquad (\lambda > 0, \ k > 0, \ \varepsilon = \pm 1)$$

bestehe aus der Menge aller Fourierreihen

$$f(z) = \sum_{n=0}^{\infty} a_n e^{\frac{2\pi i n z}{\lambda}}$$

mit folgenden Eigenschaften:

1) *Die Folge* (a_n) *wächst höchstens polynomial. Insbesondere konvergiert* $f(z)$ *in der oberen Halbebene und stellt dort eine analytische Funktion dar.*

2) *Es gilt die Funktionalgleichung*

$$f\left(-\frac{1}{z}\right) = \varepsilon \left(\frac{z}{i}\right)^k f(z),$$

wobei $(z/i)^k$ *durch den Hauptwert des Logarithmus definiert sei.*

3.4 Theorem (E. HECKE, 1936). *Die Zuordnung*

$$f(z) = \sum_{n=0}^{\infty} a_n e^{\frac{2\pi i n z}{\lambda}} \longmapsto D(s) = \sum_{n=1}^{\infty} a_n n^{-s}$$

definiert einen Isomorphismus

$$[\lambda, k, \varepsilon] \xrightarrow{\sim} \{\lambda, k, \varepsilon\}.$$

Das Residuum von D *bei* $s = k$ *ist*

$$\mathrm{Res}(D; k) = a_0 \varepsilon \left(\frac{2\pi}{\lambda}\right)^k \Gamma(k)^{-1}.$$

Insbesondere ist D *genau dann eine ganze Funktion, wenn* a_0 *verschwindet.*

Vorbemerkung zum Beweis. Auf der rechten Seite der Zuordnung gehen nur die Koeffizienten a_n für positive n ein, auf der linken dagegen auch noch a_0. Dies wird insbesondere bei der Konstruktion der Umkehrabbildung zu beachten sein. Jedenfalls ist die Zuordnung injektiv, denn in ihrem Kern liegen nur konstante Funktionen und diese genügen nicht dem Transformationsverhalten.

Beweis des Theorems.

Erster Teil. Sei $f \in [\lambda, k, \varepsilon]$. Um die analytische Fortsetzbarkeit und die Funktionalgleichung für $D(s)$ zu beweisen, müssen wir einen funktionentheoretischen Übergang von $f(z)$ zu $D(s)$ schaffen. Dieser wird durch das Γ-Integral

$$\Gamma(s) := \int_0^{\infty} t^{s-1} e^{-t} \, dt \qquad (\mathrm{Re}\, s > 0)$$

ermöglicht. Ersetzt man die Integrationsvariable

$$t \longmapsto \frac{2\pi n}{\lambda} t,$$

so erhält man

$$\left(\frac{2\pi}{\lambda}\right)^{-s} \Gamma(s) n^{-s} = \int_0^\infty t^{s-1} e^{-\frac{2\pi n}{\lambda} t} \, dt.$$

Multipliziert man diese Gleichung mit a_n und summiert über n, so erhält man

$$R(s) = \left(\frac{2\pi}{\lambda}\right)^{-s} \Gamma(s) D(s) = \sum_{n=1}^\infty a_n \left[\int_0^\infty t^{s-1} e^{-\frac{2\pi n}{\lambda} t} \, dt \right].$$

Diese Entwicklung ist in einer rechten Halbebene gültig (nämlich im Durchschnitt der Konvergenzhalbebene von $D(s)$ mit der Konvergenzhalbebene des Γ-Integrals).

Wir wollen nun Summation und Integration vertauschen. Dazu darf man wegen des polynomialen Folgenwachstums a_n durch eine Potenz n^K ersetzen; außerdem t^{s-1} durch t^{k-1}. Da jetzt alle auftretenden Terme positiv sind, folgt die Behauptung aus dem aus der LEBESGUE'schen Integrationstheorie bekannten Satz von B. LEVI über die Vertauschbarkeit von Integration und Summation bei monotoner Konvergenz. Will man diesen Satz vermeiden, so muss man eine kleine konkrete Abschätzung vornehmen und das uneigentliche Integral durch ein eigentliches approximieren, um die gewohnte Vertauschung von eigentlichem Integral mit gleichmäßiger Konvergenz anwenden zu können. Wir überlassen diese dem Leser und weisen nur darauf hin, dass eine ähnliche Schwierigkeit bei dem Beweis der Analytizität des Γ-Integrals auftrat.

Nach der Vertauschung von Integration und Summation erhalten wir den angekündigten analytischen Zusammenhang von $f(z)$ und $D(s)$:

$$R(s) = \int_0^\infty t^s [f(\mathrm{i}t) - a_0] \frac{dt}{t}.$$

Wie bei der Γ-Funktion handelt es sich hier um ein i. a. beidseitig uneigentliches Integral. Wir spalten es daher auf in zwei Teilintegrale

$$R_\infty(s) = \int_1^\infty t^s [f(\mathrm{i}t) - a_0] \frac{dt}{t} \quad \text{und} \quad R_0(s) = \int_0^1 t^s [f(\mathrm{i}t) - a_0] \frac{dt}{t},$$

so dass also gilt

$$R(s) = R_0(s) + R_\infty(s).$$

Das Integral $R_\infty(s)$ konvergiert in der ganzen Ebene und stellt eine ganze Funktion dar. Dies liegt daran, dass der Ausdruck $f(\mathrm{i}t) - a_0$ für $t \to \infty$ exponentiell abklingt, denn

$$\mathrm{e}^{\frac{2\pi t}{\lambda}}[f(\mathrm{i}t) - a_0]$$

bleibt für $t \to \infty$ beschränkt (weil eine Potenzreihe in der Nähe des Nullpunkts beschränkt bleibt).

Etwas schwieriger ist das Verhalten von $f(\mathrm{i}t)$ bei $t \to 0$ zu untersuchen. Hier hilft die Funktionalgleichung für $f(\mathrm{i}t)$,

$$f\left(\frac{\mathrm{i}}{t}\right) = \varepsilon t^k f(\mathrm{i}t),$$

welche die Rollen von ∞ und 0 vertauscht. Es ist daher naheliegend, in dem Integral $R_0(s)$ die Substitution $t \mapsto 1/t$ durchzuführen und dann die Funktionalgleichung einzusetzen. Das Resultat ist

$$R_0(s) = \int\limits_1^\infty t^{-s}[\varepsilon t^k f(\mathrm{i}t) - a_0]\,\frac{dt}{t}\,.$$

Eine kleine Umformung ergibt

$$R_0(s) = \varepsilon \int\limits_1^\infty t^{k-s}[f(\mathrm{i}t) - a_0]\,\frac{dt}{t} + \varepsilon a_0 \int\limits_1^\infty t^{k-s}\,\frac{dt}{t} - a_0 \int\limits_1^\infty t^{-s}\,\frac{dt}{t}\,.$$

Das erste der drei Integrale ist durch R_∞ auszudrücken, die beiden anderen kann man berechnen. Es ergibt sich

$$R_0(s) = \varepsilon R_\infty(k - s) - a_0 \left[\frac{\varepsilon}{k - s} + \frac{1}{s}\right]$$

und damit

$$R(s) = R_\infty(s) + \varepsilon R_\infty(k - s) - a_0 \left[\frac{\varepsilon}{k - s} + \frac{1}{s}\right].$$

Da $R_\infty(s)$ bereits als ganze Funktion erkannt ist, bedeutet diese Darstellung eine meromorphe Fortsetzung von $R(s)$ (und damit von $D(s)$) in die Ebene. Die Funktionalgleichung für $R(s)$ ist aus dieser Darstellung unmittelbar evident, ebenso die Lage der Pole. Aus der Intergraldarstellung folgt unmittelber die Beschränktheit von $R(s)$ in Vertikalstreifen. Durch partielle Integration ($u(t) = f(\mathrm{i}t - a0)$, $v(t) = t^{s-1}$) zeigt man leicht, dass $R_\infty(s)$ und damit $R(s)$ sogar in jedem Vertikalstreifen abklingt (vgl. auch Hilfssatz 6.10).

Zweiter Teil. Wir müssen die Umkehrabbildung

$$\{\lambda, k, \varepsilon\} \longrightarrow [\lambda, k, \varepsilon]$$

konstruieren. Es liegt nahe, dies durch Umkehrung der Integraldarstellung von $R(s)$ zu bewerkstelligen. Da diese auf dem Γ-Integral beruhte, benötigen wir eine Umkehrformel für das Γ-Integral. Eine solche ist unter dem Namen MELLIN-Integral bekannt, welches wir nun herleiten wollen. Bevor wir dies tun, machen wir noch auf eine asymptotische Eigenschaft von $\Gamma(s)$ bei $\operatorname{Im} s \to \infty$ aufmerksam. Sie ergibt sich aus der STIRLING'schen Formel. Wie wir bereits wissen, ist die Γ-Funktion in endlichen Vertikalstreifen — weg von den Polen — beschränkt. Eine wesentlich schärfere Aussage erhält man aus der STIRLING'schen Formel, in welcher als wesentlicher Term die Funktion

$$s^{s-\frac{1}{2}} = e^{(s-\frac{1}{2})\operatorname{Log} s} \quad (\operatorname{Log} s \text{ der Hauptwert})$$

auftritt. Wir wollen diese Funktion in einem Vertikalstreifen $a \leq \sigma \leq b$ weg von den Polen, also unter der zusätzlichen Voraussetzung $|t| \geq 1$ untersuchen. Wegen der Rechenregel $\Gamma(\bar{s}) = \overline{\Gamma(s)}$ genügt es, sich auf die obere Halbebene, genauer also auf $t \geq 1$ zu beschränken. Schreibt man

$$\operatorname{Log} s = \log|s| + i\operatorname{Arg} s$$

und benutzt

$$\lim_{t\to\infty} \operatorname{Arg} s = \frac{\pi}{2} \quad (\text{in dem Vertikalstreifen}),$$

so kann man das asymptotische Verhalten von

$$\left|s^{s-\frac{1}{2}}\right| = e^{\operatorname{Re}\left[(s-\frac{1}{2})\operatorname{Log} s\right]}$$

leicht überblicken, denn es gilt

$$\operatorname{Re}\left[\left(s-\frac{1}{2}\right)\operatorname{Log} s\right] = \left(\sigma - \frac{1}{2}\right)\log|s| - t\operatorname{Arg} s.$$

Wir erhalten also, dass die Γ-Funktion in endlichen Vertikalstreifen für $|t| \to \infty$ stark (exponentiell) abklingt. Genauer gilt

3.5 Hilfssatz. *Sei ε eine beliebig kleine positive Zahl, $0 < \varepsilon < \pi/2$. In jedem Vertikalstreifen*

$$a \leq \sigma \leq b; \quad |t| \geq 1,$$

genügt die Γ-Funktion einer Abschätzung

$$|\Gamma(s)| \leq C e^{-(\pi/2-\varepsilon)|t|}$$

mit einer geeigneten positiven Zahl $C = C(a, b, \varepsilon)$.

Sei nun σ irgendeine reelle Zahl, welche den Polen der Γ-Funktion ausweicht. Wir betrachten das uneigentliche Integral

$$\int\limits_{-\infty}^{\infty} \frac{\Gamma(\sigma + \mathrm{i}t)}{z^{\sigma+\mathrm{i}t}}\, dt.$$

Dabei sei wiederum

$$z^{\sigma+\mathrm{i}t} = \mathrm{e}^{(\sigma+\mathrm{i}t)\,\mathrm{Log}\, z}$$

durch den Hauptwert des Logarithmus definiert. Benutzt man das asymptotische Verhalten der Γ-Funktion auf einem Vertikalstreifen und beachtet dabei

$$\left| z^{\sigma+\mathrm{i}t} \right| = \mathrm{e}^{\sigma\, \log|z| - t\, \mathrm{Arg}\, z},$$

so folgt die absolute Konvergenz des Integrals unter der Voraussetzung

$$|\mathrm{Arg}\, z| < \frac{\pi}{2},$$

also in der rechten Halbebene $\mathrm{Re}\, z > 0$.

Wir lassen nun speziell σ die Folge der Zahlen

$$-\frac{1}{2}, \; -\frac{3}{2}, \; -\frac{5}{2}, \cdots$$

durchlaufen. Mit Hilfe der Funktionalgleichung und dem daraus resultierenden Abklingverhalten der Funktion $\Gamma(z)$ für $\mathrm{Re}(z) \to -\infty$ schließt man

$$\lim_{k\to\infty} \int\limits_{-\infty}^{\infty} \frac{\Gamma(\frac{1}{2} - k + \mathrm{i}t)}{z^{\frac{1}{2}-k+\mathrm{i}t}}\, dt = 0.$$

Aus dem Residuensatz folgt nun leicht für $\sigma > 0$

$$\mathrm{i} \int\limits_{-\infty}^{\infty} \frac{\Gamma(\sigma + \mathrm{i}t)}{z^{\sigma+\mathrm{i}t}}\, dt = 2\pi\mathrm{i} \sum_{n=0}^{\infty} \mathrm{Res}\left(\frac{\Gamma(s)}{z^s}\, ; \, s = -n \right) = 2\pi\mathrm{i} \sum_{n=0}^{\infty} \frac{(-z)^n}{n!}.$$

Insgesamt erhalten wir die MELLIN'sche Umkehrformel für das Γ-Integral.

3.6 Hilfssatz (H. MELLIN, 1910). *Unter den Voraussetzungen*

$$\sigma > 0 \quad und \quad \mathrm{Re}\, z > 0$$

gilt die

Mellin'sche Umkehrformel

$$\mathrm{e}^{-z} = \frac{1}{2\pi} \int\limits_{-\infty}^{\infty} \frac{\Gamma(\sigma + \mathrm{i}t)}{z^{\sigma+\mathrm{i}t}}\, dt.$$

Mit Hilfe dieser Formel kommen wir nun zu dem angekündigten funktionentheoretischen Übergang von $D(s)$ zu $f(z)$. Wir gehen also von der DIRICHLETreihe
$D(s)$ aus und bilden mit einer noch zu bestimmenden Konstanten a_0 die Funktion

$$f(z) := \sum_{n=0}^{\infty} a_n e^{\frac{2\pi i n z}{\lambda}}.$$

Sie konvergiert nach 2.4 in der oberen Halbebene und es gilt

$$f(iy) - a_0 = \frac{1}{2\pi} \sum_{n=1}^{\infty} a_n \int_{-\infty}^{\infty} \frac{\Gamma(s)}{\left(\frac{2\pi}{\lambda} n y\right)^s} \, dt$$

mit $s = \sigma + it$, $\sigma > 0$. Man zeigt nun leicht mit Hilfe des asymptotischen Verhal-
tens der Γ-Funktion auf Vertikalgeraden die Vertauschbarkeit von Summation
und Integration und erhält unmittelbar die gewünschte Formel

$$f(iy) - a_0 = \frac{1}{2\pi} \int_{-\infty}^{\infty} \frac{R(s)}{y^s} \, dt, \quad \sigma > \sigma_0,$$

$(\sigma_0 = $ Konvergenzabszisse von $D(s))$.

Unser Ziel ist es, aus der Funktionalgleichung für $R(s)$ (s. 3.2) die gewünschte
Funktionalgleichung für $f(iy)$ abzuleiten. Nach der Wachstumsvoraussetzung
klingt $R(s)$ in jedem Vertikalstreifen der komplexen Ebene ab. Wir können daher die Abszisse σ beliebig verschieben, auch in den negativen Bereich, worauf
lediglich beim Überschreiten der Pole $\sigma = 0$ und $\sigma = k$ Residuen aufzunehmen
sind. Wir wollen die Abszisse σ nach $k - \sigma$ verschieben. Da wir dabei beide
Pole überschreiten, folgt

$$f(iy) - a_0 = \frac{1}{2\pi} \int_{-\infty}^{\infty} \frac{R(k-s)}{y^{k-s}} \, dt + \operatorname{Res}\left(\frac{R(s)}{y^s}; s = 0\right) + \operatorname{Res}\left(\frac{R(s)}{y^s}; s = k\right).$$

Wir verfügen jetzt über die Konstante a_0:

$$a_0 := -\operatorname{Res}\left(\frac{R(s)}{y^s}; s = 0\right) = -\operatorname{Res}(R(s); s = 0).$$

Benutzt man die Funktionalgleichung $R(k - s) = \varepsilon R(s)$, so ergibt sich nun
unmittelbar

$$f\left(\frac{i}{y}\right) = \varepsilon y^k f(iy)$$

und durch analytische Fortsetzung

$$f\left(-\frac{1}{z}\right) = \varepsilon\left(\frac{z}{\mathrm{i}}\right)^{k} f(z). \qquad\qquad \square$$

Einige *Beispiele.*

1) Wir untersuchen die Schar

$$\left[2, \frac{1}{2}, 1\right],$$

also Funktionen mit dem Transformationsverhalten

$$f(z+2) = f(z) \quad \text{und} \quad f\left(-\frac{1}{z}\right) = \sqrt{\frac{z}{\mathrm{i}}}\, f(z).$$

Eine solche Funktion ist $\vartheta(z)$. Wir behaupten

3.7 Satz. *Es gilt:*

$$\left[2, \frac{1}{2}, 1\right] = \mathbb{C} \cdot \vartheta(z).$$

Beweis. Wir benutzen die Resultate über die Bestimmung der Modulformen halbganzen Gewichts zur Thetagruppe (s. VI, Anhang 5), welche ja von

$$z \longmapsto z+2 \quad \text{und} \quad z \longmapsto -\frac{1}{z}$$

erzeugt wird. Der Vektorraum $[\Gamma_{\vartheta}, 1/2, v_{\vartheta}]$ ist eindimensional. Dies folgt beispielsweise aus dem allgemeinen Struktursatz VI.6.3. Wir müssen daher nur zeigen, dass jedes Element $f \in [2, 1/2, 1]$ in diesem Vektorraum enthalten, d. h. in allen Spitzen der Thetagruppe*) regulär ist. Dazu steht uns noch die Information zur Verfügung, dass in der FOURIERentwicklung

$$f(z) = \sum_{n=0}^{\infty} a_n \mathrm{e}^{\pi \mathrm{i} n z}$$

die Koeffizienten höchstens polynomial wachsen. In den beiden nächsten Hilfssätzen wird gezeigt, dass sich hieraus die Regularität in allen Spitzen ergibt.

3.8 Hilfssatz. *Die Zuordnung*

$$(a_n)_{n \geq 0} \longmapsto f(z) = \sum_{n=0}^{\infty} a_n \mathrm{e}^{\frac{2\pi \mathrm{i} n}{\lambda} z}$$

stiftet eine Bijektion zwischen

1) *der Menge aller Folgen* $(a_n)_{n \geq 0}$ *mit höchstens polynomialem Wachstum,*

---

*) Die Thetagruppe besitzt zwei Spitzenklassen.

2) *der Menge aller in der oberen Halbebene analytischen Funktionen $f(z)$ mit den Eigenschaften*

   a) $f(z + \lambda) = f(z)$,

   b) *$f(z)$ ist im Bereich $y \geq 1$ beschränkt,*

   c) *es gibt positive Konstanten A, B mit der Eigenschaft*

$$|f(z)| \leq A \left(\frac{1}{y}\right)^B \quad \text{für } y \leq 1.$$

   (f wächst also höchstens polynomial bei Annäherung an die reelle Achse und zwar gleichmäßig in x).

Beweis. Es gilt
$$|f(z)| \leq \sum_{n=0}^{\infty} |a_n| e^{-\frac{2\pi n y}{\lambda}}.$$

Da (a_n) nach Voraussetzung höchstens polynomial wächst, können wir $|a_n|$ durch n^K mit einer geeigneten natürlichen Zahl K abschätzen. Die Funktion

$$\sum_{n=0}^{\infty} n^K q^n, \quad |q| < 1,$$

ist eine rationale Funktion in q, wie man durch mehrfache Differentiation der geometrischen Reihe (induktiv nach K) zeigt. Ihre Polordnung in $q = 1$ ist $b := K + 1$. Es gilt dann

$$\left| \sum_{n=0}^{\infty} n^K q^n \right| \leq \frac{C}{|q - 1|^b} \quad \text{für } |q - 1| \leq 1$$

mit einer geeigneten Konstanten $C > 0$. Ersetzt man nun $q \mapsto e^{-\frac{2\pi y}{\lambda}}$, so folgt

$$|f(z)| \leq \frac{C}{\left| e^{-\frac{2\pi y}{\lambda}} - 1 \right|^b} \quad \text{für } 0 < y < 1.$$

Dieser Ausdruck wächst höchstens polynomial in $1/y$ (für $y \to 0$).

3.9 Hilfssatz. *Sei*
$$f(z) = \sum_{n=0}^{\infty} a_n e^{\frac{2\pi i n z}{\lambda}}$$

*eine Fourierreihe, deren Koeffizienten a_n höchstens polynomial wachsen. Die durch $f(z)$ dargestellte Funktion habe das Transformationsverhalten einer Modulform aus $[\Gamma, r/2, v]$ bezüglich irgendeiner Kongruenzgruppe und zu einem beliebigen Multiplikatorsystem v. Dann ist $f(z)$ eine Modulform, sie ist also in **allen** Spitzen regulär!*

Beweis. Wir müssen zeigen, dass $f(z)$ in den Spitzen regulär ist, d. h. dass

$$g(z) = (cz + d)^{-r/2} f(Mz) \qquad (M \in \mathrm{SL}(2, \mathbb{Z}))$$

für $y \geq 1$ beschränkt bleibt. Nach Voraussetzung ist f in der Spitze i∞ regulär. Wir können daher annehmen, dass $M(\mathrm{i}\infty)$ von i∞ verschieden ist. Wir wissen, dass $g(z)$ eine periodische Funktion ist. Als Periode können wir λ annehmen. Es gibt dann eine FOURIERentwicklung

$$g(z) = \sum_{n=-\infty}^{\infty} b_n \mathrm{e}^{\frac{2\pi\mathrm{i}nz}{\lambda}}.$$

Die Behauptung lautet:

$$b_{-n} = \int_0^1 g(\lambda z)\mathrm{e}^{2\pi\mathrm{i}nz}\, dx = 0 \quad \text{für} \quad n > 0.$$

Wir wollen in dem Integral den Grenzübergang $y \to \infty$ vornehmen. Da der Exponentialterm stark abklingt, genügt es zu zeigen, dass $g(z)$ höchstens polynomial wächst. Dies folgert man leicht aus der Definition von $g(z)$ in Verbindung mit Hilfssatz 3.8. Man beachte, dass der Imaginärteil von Mz für $z \to \mathrm{i}\infty$ gegen 0 konvergiert.

Aus dem Hauptresultat erhalten wir nun

$$\dim\left\{2, \frac{1}{2}, 1\right\} = 1.$$

Dies bedeutet eine Charakterisierung der korrespondierenden DIRICHLETreihen

$$1 + 2\sum_{n=1}^{\infty} \mathrm{e}^{\frac{2\pi\mathrm{i}n^2 z}{2}} \longmapsto 2\sum_{n=1}^{\infty} (n^2)^{-s} = 2\zeta(2s).$$

Wir erhalten nun die berühmte Funktionalgleichung der RIEMANN'schen ζ-Funktion und ihre eindeutige Charakterisierung durch diese Funktionalgleichung.

3.10 Theorem (B. RIEMANN, 1859). *Die Riemann'sche ζ-Funktion*

$$\zeta(s) = \sum_{n=1}^{\infty} n^{-s} \qquad (\sigma > 1)$$

ist in die ganze komplexe Ebene meromorph fortsetzbar; sie ist außerhalb $s = 1$ analytisch und hat in $s = 1$ einen Pol erster Ordnung mit dem Residuum 1. Definiert man

$$\xi(s) := \pi^{-s/2}\Gamma\left(\frac{s}{2}\right)\zeta(s),$$

so gilt die Funktionalgleichung

$$\xi(s) = \xi(1 - s).$$

Die Funktion $\xi(s)$ ist eine meromorphe Funktion, welche in jedem Vertikal-streifen abklingt.

Umgekehrt gilt (E. HECKE, 1936):

Zusatz. *Sei $D(s)$ eine in einer rechten Halbebene $\sigma > \sigma_0$ analytische Funktion mit folgenden Eigenschaften:*

1) *$D(2s)$ ist in $\sigma > \sigma_0$ in eine Dirichletreihe entwickelbar.*

2) *$D(s)$ ist in ganz $\mathbb{C}$ meromorph fortsetzbar und hat in $s = 1$ einen Pol erster Ordnung mit Residuum 1.*

3) *$D(s)$ genügt der Funktionalgleichung*

$$R(s) = R(1 - s) \quad mit \quad R(s) := \pi^{-s/2} \Gamma\left(\frac{s}{2}\right) D(s).$$

4) *$R(s)$ klingt in jedem Vertikalstreifen ab.*

Dann stimmt $D(s)$ mit der Riemann'schen ζ-Funktion überein.

Die erste eindeutige Charakterisierung der RIEMANN'schen ζ-Funktion durch ihre Funktionalgleichung und Wachstumsbedingungen stammt bereits von H. HAMBUR-GER (1921, 1922), allerdings unter modifizierten Voraussetzungen. Insbesondere wurde die stärkere Voraussetzung verwendet, dass sich die Funktion $D(s)$ selbst und nicht nur $D(2s)$ in eine DIRICHLETreihe entwickeln lässt. Die Funktionalgleichung wurde ursprünglich von Riemann (1859) in der (äquivalenten) Form

$$\zeta(1 - s) = 2^{1-s} \pi^{-s} \cos \frac{\pi s}{2} \Gamma(s) \zeta(s)$$

angegeben. Aus dieser Formel kann man die trivialen Nullstellen $\zeta(-2k) = 0$ ($k \in \mathbb{N}$) ablesen.

Übungsaufgaben zu VII.3

1. Sei D eine in der ganzen Ebene meromorphe Funktion, welche in jedem Vertikal-streifen von endlicher Ordnung ist und sich in einer geeigneten rechten Halbebene in eine DIRICHLETreihe entwickeln lässt. Es existiere eine natürliche Zahl k, so dass sie der Funktionalgleichung

$$R(s) = (-1)^k R(2k - s) \quad mit \quad R(s) = (2\pi)^{-s} \Gamma(s) D(s)$$

genügt. $D(s)$ sei außerhalb $s = 2k$ analytisch und besitze in $s = 2k$ höchstens einen Pol erster Ordnung. Man zeige, dass D im Falle $k = 1$ verschwindet. In den Fällen $k = 2, 3, 4$ gilt

$$D(s) = C\zeta(s)\zeta(s + 1 - 2k), \ C \in \mathbb{C}.$$

2. Sei D eine in der ganzen Ebene meromorphe Funktion, welche in jedem Vertikal-streifen von endlicher Ordnung ist und sich in einer geeigneten rechten Halbebene

in eine DIRICHLETreihe entwickeln lässt. Es existiere eine natürliche Zahl r, so dass sie der Funktionalgleichung

$$R(s) = R(r/2 - s) \quad \text{mit} \quad R(s) = \pi^{-s}\Gamma(s)D(s)$$

genügt. $D(s)$ sei außerhalb $s = r/2$ analytisch und besitze in $s = r/2$ höchstens einen Pol erster Ordnung. Man zeige, dass im Falle $r < 8$ diese DIRICHLETreihe bis auf einen konstanten Faktor die Form

$$D_r(s) = \sum_{n=1}^{\infty} A_r(n)n^{-s}$$

hat, wobei $A_r(n)$ die Anzahl der Darstellungen von n als Summe von r Quadraten ist.

Im Falle $r = 1$ gilt $D_1(s) = 2\zeta(2s)$. Die DIRICHLETreihe $D_2(s)$ kann man auch in der Form

$$\zeta_K(s) := D_2(s) = \sum_{a \in \mathbb{Z} + i\mathbb{Z}} |a|^{-2s}$$

schreiben. (Dies ist die Zetafunktion des GAUSS'schen Zahlkörpers $K = \mathbb{Q}(\sqrt{-1})$.)

3. Sei D eine in der ganzen Ebenen meromorphe Funktion, welche sich in einer geeigneten rechten Halbebene in eine DIRICHLETreihe $D(s) = \sum_{n=1}^{\infty} a_n n^{-s}$ entwickeln lässt. Es gelte

$$a_1 = 1 \quad \text{und} \quad \lim_{n \to \infty} \frac{a_n}{n^{11}} = 0.$$

Die Funktion D genüge der Funktionalgleichung

$$R(s) = R(12 - s) \quad \text{mit} \quad R(s) = (2\pi)^{-s}\Gamma(s)D(s).$$

Man zeige, dass a_n mit der RAMANUJAN'schen τ-Funktion übereinstimmt, $a_n = \tau(n)$ (s. Aufgabe 5 aus VII.1).

4. Man verifiziere die Identitäten

$$f(z) := \sum_{n=-\infty}^{\infty} (-1)^n(n + 1/2)e^{\pi i z(n+1/2)^2} = 2\sum_{n=0}^{\infty}(-1)^n(n + 1/2)e^{\pi i z(n+1/2)^2}$$

$$= 4\sum_{n=-\infty}^{\infty}(n + 1/4)e^{4\pi i z(n+1/4)^2} = -\frac{1}{4\pi}\frac{\partial\vartheta(4z, w)}{\partial w}\bigg|_{w=1/4}$$

und leite aus der JACOBI'schen Thetatransformationsformel VI.4.2 die Identität

$$f\left(-\frac{1}{z}\right) = \left(\frac{z}{i}\right)^{3/2} f(z)$$

ab. Es gilt also $f \in [8, 3/2, 1]$.

5. Sei

$$\chi(n) = \begin{cases} 0 & \text{falls } n \text{ gerade,} \\ 1 & \text{falls } n \equiv 1 \bmod 4, \\ -1 & \text{falls } n \equiv 3 \bmod 4. \end{cases}$$

Man folgere aus der vorhergehenden Aufgabe, dass die DIRICHLETreihe

$$L(s) = \sum_{n=1}^{\infty} \chi(n)n^{-s} \quad (\sigma > 1)$$

sich in die ganze Ebene analytisch fortsetzen lässt. Sie genügt dort der Funktionalgleichung

$$R(s) = R(1-s) \quad \text{mit} \quad R(s) = \left(\frac{\pi}{4}\right)^{-s/2} \Gamma\left(\frac{s+1}{2}\right) L(s)$$

6. Man leite aus den Aufgaben 2 und 5 die Identität

$$\boxed{\zeta_K(s) = 4\zeta(s)L(s)}$$

ab. Diese hat folgende zahlentheoretische Anwendungen:

a) Die Anzahl der Darstellungen einer natürlichen Zahl n als Summe von zwei Quadraten ganzer Zahlen ist gegeben durch

$$\boxed{A_2(n) := 4\sum_{d|n}\chi(d) = 4\sum_{\substack{d|n \\ d\equiv 1 \bmod 4}} 1 - 4\sum_{\substack{d|n \\ d\equiv 3 \bmod 4}} 1.}$$

Man kann sie auch als Identität von Potenzreihen folgendermaßen schreiben:

$$\boxed{\left(\sum_{n=-\infty}^{\infty} e^{\pi i n^2 z}\right)^2 = 1 + 4\sum_{n=0}^{\infty}(-1)^n \frac{e^{\pi i(2n+1)z}}{1 - e^{\pi i(2n+1)z}}.}$$

b) Es gilt

$$L(s) = \prod_{p \text{ prim}}\left(1 - \frac{\chi(p)}{p^s}\right)^{-1}.$$

Man folgere aus Aufgabe 6, dass die Funktion $L(s)$ in $s = 1$ keine Nullstelle hat und hieraus:

Es gibt unendlich viele Primzahlen p mit der Eigenschaft $p \equiv 1 \bmod 4$ bzw. $p \equiv 3 \bmod 4$.

Dies ist ein Spezialfall des DIRICHLET'schen Primzahlsatzes, der besagt, dass es in jeder arithmetischen Progression $\{a + kb, \ k \in \mathbb{N}\}$ unendlich viele Primzahlen gibt, falls a und b teilerfremd sind. Man kann diesen Spezialfall auch sehr einfach direkt beweisen, die hier verwendete Methode ist als Hinweis auf einen allgemeinen Beweis dieses Satzes zu sehen. Auch der allgemeine Beweis beruht darauf zu zeigen, dass eine DIRICHLETreihe der Form

$$L(s) = \sum_{n=1}^{\infty}\chi(n)n^{-s}$$

bei $s = 1$ von 0 verschieden ist. Dabei ist χ ein beliebiger DIRICHLETcharakter. Die Formel aus Aufgabe 6 besitzt ebenfalls eine Verallgemeinerung. An die Stelle des GAUSS'schen Zahlkörpers tritt ein beliebiger imaginär quadratischer Zahlkörper.

4. Die Riemann'sche ζ-Funktion und Primzahlen

Die Theorie der Primzahlverteilung basiert auf der *Riemann'schen ζ-Funktion*

$$\zeta(s) := \sum_{n=1}^{\infty} n^{-s} \qquad (n^s := \exp(s \log n)).$$

Diese Reihe konvergiert, wie wir wissen, in der Halbebene $\operatorname{Re} s > 1$ normal und stellt in dieser Halbebene eine analytische Funktion dar. Der Zusammenhang mit den Primzahlen ergibt sich aus der *Euler'schen Produktentwicklung* der ζ-Funktion (L. EULER, 1737): Für $\operatorname{Re}(s) > 1$ gilt (vgl. 2.8)

$$\zeta(s) = \prod_{p \in \mathbb{P}} (1 - p^{-s})^{-1} \quad \left(:= \prod_{\nu=1}^{\infty} (1 - p_\nu^{-s})^{-1} \right),$$

wobei $\mathbb{P} := \{p_1, p_2, p_3, \ldots\}$ die Menge der Primzahlen in ihrer natürlichen Reihenfolge bezeichne, $p_1 = 2$, $p_2 = 3$, $p_3 = 5, \ldots$.

Der Vollständigkeit halber skizzieren wir noch einmal einen direkten Beweis: Mit Hilfe der geometrischen Reihe

$$(1 - p^{-s})^{-1} = \sum_{\nu=0}^{\infty} p^{-\nu s}$$

zeigt man mittels des CAUCHY'schen Multiplikationssatzes

$$\prod_{k=1}^{m} (1 - p_k^{-s})^{-1} = \prod_{k=1}^{m} \sum_{\nu=0}^{\infty} \frac{1}{p_k^{\nu s}} = \sum_{\nu_1, \ldots, \nu_m = 0}^{\infty} (p_1^{\nu_1} \cdots p_m^{\nu_m})^{-s}.$$

Aus der Tatsache, dass sich jede natürliche Zahl eindeutig in Primfaktoren zerlegen lässt (Fundamentalsatz der elementaren Zahlentheorie), folgt

$$\prod_{k=1}^{m} (1 - p_k^{-s})^{-1} = \sum_{n \in \mathcal{A}(m)} n^{-s},$$

hierbei bezeichne $\mathcal{A}(m)$ die Menge aller natürlichen Zahlen, die keinen von $p_1, \ldots, p_m$ verschiedenen Primteiler besitzen.

Zu jeder natürlichen Zahl N existiert eine natürliche Zahl m, so dass $\{1, \ldots, N\}$ in $\mathcal{A}_m$ enthalten ist. Hieraus folgt

$$\lim_{m \to \infty} \prod_{k=1}^{m} (1 - p_k^{-s})^{-1} = \sum_{n=1}^{\infty} n^{-s}.$$

Aus der Abschätzung

$$\sum_p \left|1 - (1 - p^{-s})^{-1}\right| \leq \sum_p \sum_m \left|p^{-ms}\right| \leq \sum_{n=1}^{\infty} \left|n^{-s}\right|$$

folgt, dass das EULERprodukt für $\mathrm{Re}(s) > 1$ normal konvergiert. $\qquad\square$

Die ζ-Funktion hat in der durch $\mathrm{Re}(s) > 1$ definierten Konvergenzhalbebene keine Nullstelle, da keiner der Faktoren des EULERprodukts dort eine Nullstelle hat.

Wir formulieren noch einmal (vgl. 2.8) die grundlegenden Konvergenzeigenschaften der ζ-Funktion und ihre Entwickelbarkeit in ein EULERprodukt in der Konvergenzhalbebene.

4.1 Satz. *Die Reihe*

$$\zeta(s) := \sum_{n=1}^{\infty} n^{-s}$$

konvergiert in der Halbebene $\{s \in \mathbb{C}; \quad \mathrm{Re}(s) > 1\}$ *normal und stellt dort eine analytische Funktion dar, die* **Riemann'sche ζ-Funktion**. *Sie besitzt in dieser Halbebene eine Darstellung als (normal konvergentes) Eulerprodukt*

$$\boxed{\zeta(s) = \prod_{p \in \mathbb{P}} (1 - p^{-s})^{-1}.}$$

Insbesondere gilt

$$\zeta(s) \neq 0 \quad \textit{für} \quad \mathrm{Re}(s) > 1.$$

Die logarithmische Ableitung der Riemann'schen ζ-Funktion

Die Ableitung von $s \mapsto 1 - p^{-s}$ ist $(\log p)p^{-s}$, die logarithmische Ableitung daher

$$\frac{(\log p)p^{-s}}{1 - p^{-s}} = (\log p) \sum_{\nu=1}^{\infty} p^{-\nu s}.$$

Es folgt

$$-\frac{\zeta'(s)}{\zeta(s)} = \sum_p (\log p) \sum_{\nu=1}^{\infty} p^{-\nu s}.$$

Die Doppelreihe konvergiert wegen $|p^{-\nu s}| = p^{-\nu \, \mathrm{Re}(s)}$ absolut. Ordnet man nach festen Potenzen $n = p^{\nu}$ um, so erhält man

4.2 Hilfssatz. *In der Konvergenzhalbebene* $\operatorname{Re}(s) > 1$ *gilt:*

$$-\frac{\zeta'(s)}{\zeta(s)} = \sum_{n=1}^{\infty} \Lambda(n) n^{-s} \ mit$$

$$\Lambda(n) = \begin{cases} \log p, & falls\ n = p^{\nu}\ (p\ prim), \\ 0 & sonst. \end{cases}$$

Es ist unser Ziel, das asymptotische Verhalten der *summatorischen Funktion*

$$\psi(x) := \sum_{n \le x} \Lambda(n)$$

mit funktionentheoretischen Methoden zu bestimmen. Man nennt $\Lambda(n)$ auch *Mangoldt'sche Funktion* und ψ *Tschebyscheff-Funktion.*

Bei den auftretenden Restgliedabschätzungen ist es zweckmäßig, die LANDAU'schen Symbole „O" und „o" zu verwenden.

Seien $f, g : [x_0, \infty[\to \mathbb{C}$ Funktionen. Die Bezeichnung

$$\boxed{f(x) = O\big(g(x)\big)}$$

bedeute:

Es gibt eine Konstante $K > 0$ und ein $x_1 > x_0$, so dass

$$|f(x)| \le K\,|g(x)|\ \textit{für alle } x \ge x_1.$$

Insbesondere gilt

$$f(x) = O(1) \iff f \text{ ist beschränkt für } x \ge x_1,\ x_1\ \text{geeignet}.$$

Die Bezeichnung

$$f(x) = o(g(x))$$

bedeute:

Zu jedem $\varepsilon > 0$ existiert eine Zahl $x(\varepsilon) \ge x_0$, so dass

$$|f(x)| \le \varepsilon\,|g(x)|\ \textit{für } x \ge x(\varepsilon).$$

Insbesondere gilt

$$f(x) = o(1) \iff \lim_{x \to \infty} f(x) = 0.$$

Ist schließlich $h(x)$, $x > x_0$, eine dritte Funktion, so schreiben wir

$$f(x) = h(x) + O\big(g(x)\big) \quad \text{anstelle von} \quad f(x) - h(x) = O\big(g(x)\big),$$
$$f(x) = h(x) + o\big(g(x)\big) \quad \text{anstelle von} \quad f(x) - h(x) = o\big(g(x)\big).$$

4.3 Hilfssatz. *Ist*

$$\Theta(x) := \sum_{\substack{p \in \mathbb{P} \\ p \le x}} \log p,$$

dann gilt

$$\psi(x) = \Theta(x) + O\big((\log x)\sqrt{x}\big).$$

Man nennt $\Theta(x)$ die *Tschebyscheff'sche Thetafunktion*.

Beweis. Da man jeden Term $\log p$ durch $\log x$ abschätzen kann, genügt es

$$\#\big\{\,(\nu,p)\,; \quad 2 \le \nu\,,\ p^\nu \le x\,\big\} = O(\sqrt{x})$$

zu zeigen. Wegen

$$p^\nu \le x \Rightarrow p \le \sqrt[\nu]{x} \ \text{ und } \ \nu \le \frac{\log x}{\log p} \le \frac{\log x}{\log 2}$$

kann man obige Anzahl durch

$$\sum_{2 \le \nu \le \frac{\log x}{\log 2}} \sqrt[\nu]{x} = \sqrt{x} + \sum_{3 \le \nu \le \frac{\log x}{\log 2}} \sqrt[\nu]{x}$$

abschätzen. Den zweiten Term auf der rechten Seite schätzen wir durch

$$\frac{\log x}{\log 2} \sqrt[3]{x} = O(\sqrt{x})$$

ab. Wir benutzen dabei, dass

$$\log x = O(x^\varepsilon) \quad \text{für jedes} \quad \varepsilon > 0$$

ist.   □

Ziel der folgenden Abschnitte ist es, folgenden *Primzahlsatz* zu beweisen:

4.4 Theorem. *Es gilt*

$$\boxed{\Theta(x) = \sum_{\substack{p \le x \\ p \in \mathbb{P}}} \log p = x + o(x).}$$

4.4₁ Bemerkung. *Wegen* $\log x \cdot \sqrt{x} = o(x)$ *und Hilfssatz 4.3 ist Theorem 4.4 äquivalent mit*

$$\psi(x) = \sum_{n \le x} \Lambda(n) = x + o(x).$$

Der Primzahlsatz wird üblicherweise in einer etwas anderen Form ausge-
sprochen:

4.5 Theorem. *Sei* $\pi(x) := \#\{\, p \in \mathbb{P}; \quad p \le x \,\}$. *Es gilt der*

Primzahlsatz

$$\lim_{x \to \infty} \left(\pi(x) \Big/ \frac{x}{\log x} \right) = 1.$$

Obwohl die Umformulierung ohne funktionentheoretische Relevanz ist, wollen
wir die Standardform 4.5 der Vollständigkeit halber kurz aus 4.4 ableiten.

Wir zeigen: Theorem 4.4 $\Rightarrow$ Theorem 4.5

Wir definieren $r(x)$ durch

$$\sum_{p \le x} \log p = x(1 + r(x))$$

(also $r(x) \to 0$ für $x \to \infty$ nach 4.4).

Es gilt trivialerweise

$$\sum_{p \le x} \log p \le \pi(x) \log x$$

und daher

$$\pi(x) \ge \frac{x}{\log x} (1 + r(x)).$$

Etwas schwieriger ist die

Abschätzung von $\pi(x)$ *nach oben.*

Wir wählen eine Zahl q, $0 < q < 1$. Aus der trivialen Abschätzung $\pi(x^q) \le x^q$ ergibt
sich für $x > 1$

$$\sum_{p \le x} \log p \ge \sum_{x^q \le p \le x} \log p \ge \log(x^q) \cdot \#\{\, p; \quad x^q \le p \le x \,\}$$

$$= q \log(x)(\pi(x) - \pi(x^q)) \ge q \log(x)(\pi(x) - x^q).$$

Hieraus folgt

$$\pi(x) \le \frac{x}{\log x} (1 + r(x))q^{-1} + x^q.$$

Diese Ungleichung wird für geeignetes q ausgewertet, nämlich für $q = 1 - 1/\sqrt{\log x}$
$(x \ge 2)$. Es folgt

$$\pi(x) \le \frac{x}{\log x} (1 + R(x))$$

mit

$$R(x) = -1 + (1 + r(x)) \left(1 - \frac{1}{\sqrt{\log x}} \right)^{-1} + (\log x) x^{-1/\sqrt{\log x}}.$$

Offensichtlich gilt $R(x) \to 0$ für $x \to \infty$.

Anhang. Restgliedabschätzungen

Es erhebt sich die Frage, ob man über die qualitative Aussage $r(x) = o(1)$ explizite Restgliedabschätzungen finden kann. Tatsächlich ergibt unsere funktionentheoretische Methode folgende

4.6 Restgliedabschätzungen. *Es existiert eine natürliche Zahl N, so dass*

$$\Theta(x) = x(1 + r(x)), \qquad r(x) = O(1/\sqrt[N]{\log x})$$

$$\pi(x) = \frac{x}{\log x}(1 + R(x)), \quad R(x) = O(1/\sqrt[N]{\log x})$$

gilt. (Wir werden $N = 128$ erhalten).

Mit anderen Methoden kann man beweisen, dass $N = 1$ gewählt werden kann. Es gilt sogar

$$\frac{C_1}{\log x} \leq R(x) \leq \frac{C_2}{\log x} \quad (C_1, C_2 \text{ geeignet}) .$$

Bessere asymptotische Formeln für $\pi(x)$ erhält man, wenn man $x/\log x$ durch den *Integrallogarithmus*

$$\mathrm{Li}(x) := \int\limits_2^x \frac{1}{\log t}\, dt$$

ersetzt. Man zeigt leicht (durch partielle Integration)

$$\mathrm{Li}(x) = \frac{x}{\log x}\left(1 + s(x)\right), \quad s(x) = O(1/\log x).$$

Im Primzahlsatz 4.5, 4.6 kann man daher $x/\log x$ durch $\mathrm{Li}(x)$ ersetzen. Es zeigt sich nun, dass $\pi(x)$ durch $\mathrm{Li}(x)$ *besser* approximiert wird, und zwar gilt (vergl. etwa [Pr] oder [Sch])

$$\pi(x) = \mathrm{Li}(x) + O(x\exp(-C\sqrt{\log x}))$$

mit einer positiven Konstanten C.

Vermutet wird eine noch viel bessere Restgliedabschätzung, nämlich

Vermutung. *Es gilt*

$$\pi(x) = \mathrm{Li}(x) + O\left(\sqrt{x}\log x\right).$$

Äquivalent mit dieser Vermutung ist die

Riemann'sche Vermutung

$\zeta(s) \neq 0$ für $\mathrm{Re}(s) > \frac{1}{2}$.

Diese 1859 von B. RIEMANN aufgestellte Vermutung konnte trotz großer Anstrengungen bis heute nicht entschieden werden. Man weiß, dass unendlich viele Nullstellen auf der kritischen Geraden $\sigma = 1/2$ liegen.

Das folgende Bild zeigt die analytische Landschaft von $\zeta(s)^{-1}$, die Nullstellen von ζ erscheinen als Polstellen.

Die Abbildung macht die ersten sechs nichttrivialen Nullstellen $\varrho_n = \frac{1}{2} + \mathrm{i}t_n$ der ζ-Funktion mit $t_n > 0$ deutlich: Die Imaginärteile liegen bei

$$t_1 = 14,134725\ldots; \qquad t_2 = 21,022040\ldots;$$
$$t_3 = 25,010856\ldots; \qquad t_4 = 30,424878\ldots;$$
$$t_5 = 32,935057\ldots; \qquad t_6 = 37,586176\ldots;$$

Der Pol der ζ-Funktion bei $s = 1$ erscheint in der Abbildung als das (einzige) absolute Minimum von $|1/\zeta(s)|$. Der „Kühlturm" links verdeutlicht die triviale Nullstelle der ζ-Funktion bei $s = -2$.

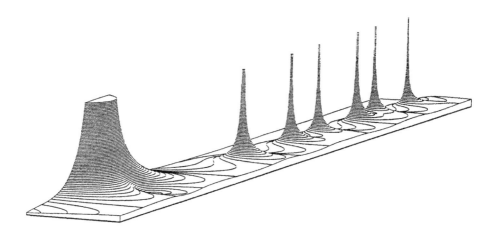

Vielleicht war es B. RIEMANN's Absicht, den Primzahlsatz über seine Vermutung zu beweisen. Der Primzahlsatz wurde schließlich unabhängig von J. HADAMARD und C. DE LA VALLÉE-POUSSIN 1896 bewiesen. Beide Beweise stützen sich auf eine Abschwächung der RIEMANN'schen Vermutung:

> *Die ζ-Funktion hat keine Nullstelle auf der Geraden $\sigma = 1$.*

Im nächsten Abschnitt werden wir diese Aussage beweisen. Um hieraus den Primzahlsatz abzuleiten, benötigt man einen sogenannten TAUBERsatz. Er gestattet Aussagen für das asymptotische Verhalten summatorischer Funktionen von Koeffizienten gewisser DIRICHLETreihen. Im letzten Abschnitt werden wir einen TAUBERsatz beweisen, welcher auch eine schwache Form für das Restglied im Primzahlsatz liefert.

In seiner berühmten Arbeit [Ri2] hat B. RIEMANN sechs Behauptungen über die ζ-Funktion aufgestellt, von denen eine noch unbewiesen ist. Für weitere historische Bemerkungen zur Geschichte des Primzahlsatzes und der RIEMANN'schen Vermutung vergleiche man auch die Ausführungen am Schluss dieses Kapitels.

Übungsaufgaben zu VII.4

1. Die MÖBIUS'sche μ-Funktion werde durch die Gleichung

$$\frac{1}{\zeta(s)} = \prod_p (1 - p^{-s}) = \sum_{n=1}^{\infty} \frac{\mu(n)}{n^s}$$

definiert. Man zeige

$$\mu(n) = \begin{cases} 1, & \text{falls } n = 1, \\ (-1)^k, & \text{falls } n = p_1 \cdots p_k \\ & \text{das Produkt } k \text{ \textit{verschiedener} Primzahlen } p_j \text{ ist,} \\ 0, & \text{sonst.} \end{cases}$$

2. Ist $a : \mathbb{N} \to \mathbb{C}$ irgendeine Folge komplexer Zahlen und

$$A(x) := \sum_{n \leq x} a(n) \quad (A(0) = 0)$$

ihre *summatorische Funktion*, so gilt für jede stetig differenzierbare Funktion $f : [x, y] \to \mathbb{C}, \, 0 < y < x$, die

> *Abel'sche Identität*
>
> $$\sum_{y < n \leq x} a(n) f(n) = A(x) f(x) - A(y) f(y) - \int_y^x A(t) f'(t) \, dt.$$

3. Wenn einer der folgenden Grenzwerte existiert, so existieren auch die anderen, und alle Grenzwerte sind gleich:

$$\lim_{x \to \infty} \frac{\psi(x)}{x}, \quad \lim_{x \to \infty} \frac{\Theta(x)}{x}, \quad \lim_{x \to \infty} \frac{\pi(x)}{x / \log(x)}.$$

4. Für $\mathrm{Re}\, s > 2$ gilt

$$\frac{\zeta(s-1)}{\zeta(s)} = \sum_{n=1}^{\infty} \frac{\varphi(n)}{n^s}.$$

Dabei ist

$$\varphi(n) = \#(\mathbb{Z}/n\mathbb{Z})^*.$$

$\varphi(n)$ ist also gleich der Anzahl der primen Restklassen mod n. Die hierdurch definierte Funktion $\varphi : \mathbb{N} \to \mathbb{N}$ heißt EULER'sche φ-Funktion.

5. Man zeige, dass die Reihe

$$\sum_{p \text{ prim}} \frac{1}{p}$$

divergiert.

Anleitung. Man nehme an, die Reihe konvergiert und folgere dann, dass die Reihe

$$\sum \log(1 - p^{-s})$$

für $1 \leq \sigma \leq 2$ gleichmäßig konvergiert. Hieraus würde folgen, dass $\zeta(\sigma), \, \sigma > 1$, bei Annäherung an $\sigma = 1$ beschränkt bleibt.

6. Man zeige $\zeta(\sigma) < 0$ für $0 < \sigma < 1$.

7. Ist p_n die n-te Primzahl in der natürlichen Reihenfolge, so ist die Aussage des Primzahlsatzes 4.5 äquivalent mit

$$\lim_{n \to \infty} \frac{p_n}{n \log n} = 1.$$

5. Die analytische Fortsetzung der ζ-Funktion

Wir formulieren die Eigenschaften der RIEMANN'schen ζ-Funktion, die wir zum Beweis des Primzahlsatzes benötigen, in folgendem

5.1 Satz.

I.   *Die Funktion $s \mapsto (s-1)\zeta(s)$ lässt sich auf eine offene Menge, welche die abgeschlossene Halbebene $\{\, s \in \mathbb{C}; \quad \mathrm{Re}(s) \geq 1 \,\}$ enthält, analytisch fortsetzen. Sie hat den Wert 1 bei $s = 1$, d. h. ζ hat einen Pol erster Ordnung mit Residuum 1 bei $s = 1$.*

II. *Abschätzungen in der Halbebene $\{s \in \mathbb{C}; \quad \mathrm{Re}(s) \geq 1\}$*

1) *nach oben: Es existiert für jedes $m \in \mathbb{N}_0$ eine Konstante C_m, so dass die m-te Ableitung der Abschätzung*

$$\left| \zeta^{(m)}(s) \right| \leq C_m \, |t| \quad \text{für} \ |t| \geq 1 \ \text{und} \ \sigma > 1 \qquad (s = \sigma + \mathrm{i}t)$$

genügt.

2) *nach unten: Es existiert eine Konstante $\delta > 0$ mit der Eigenschaft*

$$|\zeta(s)| \geq \delta \, |t|^{-4} \quad \text{für} \ |t| \geq 1 \ \text{und} \ \sigma > 1.$$

Die ζ-Funktion hat insbesondere auf der durch $\mathrm{Re}(s) = 1$ definierten Geraden keine Nullstelle. (Wir wissen bereits, dass ζ für $\mathrm{Re}(s) > 1$ keine Nullstelle hat.)

Der Beweis von Satz 5.1 erfolgt durch eine Reihe von Hilfssätzen (5.2–5.5).

Zu I.: Wir haben an anderer Stelle (vgl. 3.10) viel mehr bewiesen: Die Funktion $s \mapsto (s-1)\zeta(s)$ besitzt eine analytische Fortsetzung in ganz $\mathbb{C}$ und genügt einer Funktionalgleichung. Für den Primzahlsatz mit schwachem Restglied ist dieser Satz jedoch nicht notwendig. Da sich die Fortsetzung von ζ ein Stück über die Gerade $\mathrm{Re}(s) = 1$ hinaus viel leichter bewerkstelligen lässt, wollen wir einen einfachen Beweis hierfür aufnehmen.

5.2 Hilfssatz. *Für* $t \in \mathbb{R}$ *sei*

$$\beta(t) := t - [t] - 1/2 \quad \left([t] := \max\{\, n \in \mathbb{Z}\,,\ n \leq t \,\}\right).$$

Dann gilt $\beta(t+1) = \beta(t)$ *und* $|\beta(t)| \leq \frac{1}{2}$.

Das Integral

$$F(s) := \int_1^\infty t^{-s-1}\beta(t)\,dt$$

konvergiert für $\mathrm{Re}(s) > 0$ *absolut und stellt dort eine analytische Funktion* F *dar. Es gilt für* $\mathrm{Re}(s) > 1$

(∗)
$$\zeta(s) = \frac{1}{2} + \frac{1}{s-1} - sF(s).$$

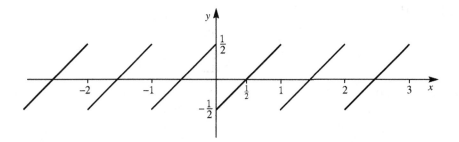

Bemerkung. Definiert man $\zeta(s)$ für $\mathrm{Re}(s) > 0$ durch die rechte Seite von (∗), so hat man ζ in die Halbebene $\mathrm{Re}(s) > 0$ meromorph fortgesetzt. Die einzige Singularität ist ein Pol erster Ordnung bei $s = 1$, und wir erhalten einen neuen Beweis für

$$\lim_{s \to 1}(s-1)\zeta(s) = \mathrm{Res}(\zeta; 1) = 1.$$

Beweis von Hilfssatz 5.2. Aus der Abschätzung

$$\left|t^{-s-1}\beta(t)\right| \leq t^{-\sigma-1} \qquad (\sigma = \mathrm{Re}(s))$$

ergibt sich die Konvergenz des Integrals für $\mathrm{Re}(s) > 0$ und die Analytizität von F. (Man vergleiche die entsprechende Argumentation bei der Γ-Funktion.)

Durch partielle Integration beweist man für beliebige natürliche Zahlen $n \in \mathbb{N}$ die Formel

$$\int_n^{n+1} \beta(t)\frac{d}{dt}\left(t^{-s}\right)dt = \frac{1}{2}\left((n+1)^{-s} + n^{-s}\right) - \int_n^{n+1} t^{-s}dt.$$

Summiert man diese Formel von $n = 1$ bis $n = N - 1$, $N \geq 2$, auf, so folgt mittels einer kleinen Rechnung

$$\sum_{n=1}^{N} n^{-s} = \frac{1}{2} + \frac{1}{2}N^{-s} + \int_{1}^{N} t^{-s}dt - s\int_{1}^{N} t^{-s-1}\beta(t)\,dt$$

$$= \frac{1}{2} + \frac{1}{2}N^{-s} + \frac{N^{1-s}-1}{1-s} - s\int_{1}^{N} t^{-s-1}\beta(t)\,dt$$

$$= \frac{1}{2} + \frac{1}{2}N^{-s} + \frac{N^{1-s}}{1-s} + \frac{1}{s-1} - s\int_{1}^{N} t^{-s-1}\beta(t)\,dt.$$

Vollzieht man den Grenzübergang $N \to \infty$ und beachtet

$$N^{-s},\ N^{1-s} \to 0 \quad \text{für}\ \ N \to \infty \quad (\text{wegen}\ \sigma > 1),$$

so folgt die in Hilfssatz 5.2 behauptete Identität.

Zu II.1) *Abschätzung nach oben.*

Im Bereich $\sigma \geq 2$ ist ζ überhaupt beschränkt:

$$|\zeta(s)| = \left|\sum n^{-s}\right| \leq \sum n^{-\sigma} \leq \zeta(2).$$

Dasselbe Argument zeigt, dass auch die Ableitungen von ζ in diesem Bereich beschränkt sind, da man die ζ-Reihe gliedweise ableiten darf. Wir können daher $1 < \sigma \leq 2$ annehmen. Es genügt

$$\left|\zeta^{(m)}(s)\right| \leq C_m\,|s| \quad (1 < \sigma \leq 2,\ |t| \geq 1),$$

zu zeigen. Wir benutzen hierzu die Integraldarstellung des Hilfssatzes 5.2. (Genausogut kann man die Integraldarstellung aus §3 benutzen.)

Da man die Ableitung von $sF(s)$ mit Hilfe der Produktformel als Linearkombinationen von $F^{(\nu)}(s)$ und $sF^{(\mu)}(s)$ ausdrücken kann, genügt es zu zeigen, dass jede Ableitung von F in dem durch $1 < \sigma \leq 2$ definierten Streifen beschränkt ist. Es gilt

$$F^{(m)}(s) = \int_{1}^{\infty} (-\log t)^m t^{-s-1}\beta(t)\,dt.$$

Benutzt man eine Abschätzung

$$|\log(t)| \leq C_m' t^{\frac{1}{2m}}\ (|t| \geq 1), \quad C_m'\ \text{geeignet},$$

in Verbindung mit $|\beta(t)| \leq 1$, so folgt

$$\left|F^{(m)}(s)\right| \leq C_m' \int_{1}^{\infty} t^{-\frac{3}{2}}dt < \infty.$$

Anmerkung. Obiger Beweis zeigt die Beschränktheit von $F^{(m)}(s)$ sogar in Bereichen $0 < \delta \leq \sigma$.

In der Abschätzung II 1) aus Satz 5.1 kann man also „$\sigma > 1$" durch „$\sigma \geq \delta > 0$" ersetzen. Benutzt man die Integraldarstellung aus §3, so kann man auch noch die Voraussetzung „$\delta > 0$" fallen lassen. Natürlich kann man auch „$|t| > 1$" durch „$|t| \geq \varepsilon > 0$" ersetzen.

Zu II.2) *Abschätzung nach unten.*

Man benötigt eine einfache Ungleichung.

5.3 Hilfssatz. *Sei a eine komplexe Zahl vom Betrag* 1. *Es gilt*

$$\mathrm{Re}(a^4) + 4\,\mathrm{Re}(a^2) + 3 \geq 0.$$

Beweis. Aus der binomischen Formel

$$(a + \overline{a})^4 = a^4 + \overline{a}^4 + 4(a^2 + \overline{a}^2) + 6$$

folgt

$$\mathrm{Re}(a^4) + 4\,\mathrm{Re}(a^2) + 3 = 8(\mathrm{Re}\,a)^4 \quad \text{(für } a\overline{a} = 1\text{).}$$ $\square$

Nutzt man diese Ungleichung 5.3 für $a = n^{-it/2}$ aus, so folgt

$$\mathrm{Re}(n^{-2it}) + 4\,\mathrm{Re}(n^{-it}) + 3 \geq 0.$$

Multipliziert man diese Ungleichung mit $n^{-\sigma}$ und mit einer nichtnegativen reellen Zahl b_n, so folgt, nach Summation über n:

5.4 Hilfssatz. *Sei b_1, b_2, b_3, . . . eine Folge nichtnegativer Zahlen, so dass die Reihe*

$$D(s) = \sum_{n=1}^{\infty} b_n n^{-s} \quad (\sigma > 1)$$

konvergiert. Dann gilt

$$\mathrm{Re}\,D(\sigma + 2it) + 4\,\mathrm{Re}\,D(\sigma + it) + 3D(\sigma) \geq 0.$$

Folgerung. Sei

$$Z(s) := e^{D(s)},$$

dann gilt

$$|Z(\sigma + it)|^4\,|Z(\sigma + 2it)|\,|Z(\sigma)|^3 \geq 1.$$

Wir wollen zeigen, dass sich dieser Hilfssatz auf $\zeta(s) = Z(s)$ anwenden lässt, und betrachten hierzu

$$b_n = \begin{cases} 1/\nu & \text{falls } n = p^\nu,\ p \text{ prim,} \\ 0 & \text{sonst.} \end{cases}$$

Es gilt dann

$$D(s) = \sum_p \sum_\nu \frac{1}{\nu} p^{-\nu s} = \sum_p -\log(1 - p^{-s})$$

und daher

$$e^{D(s)} = \prod_p (1 - p^{-s})^{-1} = \zeta(s). \qquad \qquad \square$$

Wir erhalten also nach einer trivialen Umschreibung

5.5 Hilfssatz. *Für $\sigma > 1$ gilt*

$$\left| \frac{\zeta(\sigma + it)}{\sigma - 1} \right|^4 |\zeta(\sigma + 2it)| \, [\zeta(\sigma)(\sigma - 1)]^3 \geq (\sigma - 1)^{-1}.$$

Hieraus folgt unmittelbar, dass ζ keine Nullstelle auf der Geraden $\mathrm{Re}(s) = 1$ haben kann:

Wäre nämlich $\zeta(1 + it) = 0$ für ein $t \neq 0$, so konvergierte die linke Seite der obigen Ungleichung für $\sigma \to 1_+$ gegen den endlichen Wert

$$|\zeta'(1 + it)|^4 \, |\zeta(1 + 2it)|,$$

die rechte Seite jedoch gegen ∞.

Die nun folgenden feineren Untersuchungen ergeben darüberhinaus die Abschätzung II.2) aus Satz 5.1 von $|\zeta(s)|$ nach unten.

Wir können uns dabei wieder auf den Streifen $1 < \sigma \leq 2$ beschränken, da für $\sigma > 2$ die Funktion $|\zeta(s)|$ sogar durch eine positive Konstante nach unten beschränkt ist

$$|\zeta(s)| \geq 1 - |\zeta(s) - 1| \geq 1 - \sum_{n=2}^\infty n^{-2} > 0.$$

Um eine Abschätzung von $|\zeta(s)|$, $1 < \sigma \leq 2$, nach unten zu erhalten, schreiben wir die Ungleichung 5.5 um:

$$|\zeta(s)| \geq (\sigma - 1)^{3/4} \, |\zeta(\sigma + 2it)|^{-1/4} \, [\zeta(\sigma)(\sigma - 1)]^{-3/4}.$$

Die Funktion $\sigma \mapsto \zeta(\sigma)(\sigma - 1)$ ist auf dem durch $1 \leq \sigma \leq 2$ definierten Intervall stetig und hat dort keine Nullstelle. Ihr Betrag ist daher nach unten durch eine positive Konstante beschänkt. Nutzt man die bereits bewiesene Abschätzung

$$|\zeta(\sigma + it)| \leq C_0 \, |t| \qquad (|t| \geq 1)$$

aus, so folgt

$$(*) \qquad \qquad |\zeta(s)| \geq A(\sigma - 1)^{3/4} \, |t|^{-1/4} \qquad (1 < \sigma \leq 2, \ |t| \geq 1)$$

mit einer geeigneten Konstante A.

Mit einer genügend kleinen Zahl ε, $0 < \varepsilon < 1$, über die wir noch verfügen werden, definieren wir

$$\sigma(t) := 1 + \varepsilon \, |t|^{-5} \qquad (\in \,]0,1[\ \text{ für } \ |t| \geq 1).$$

Wir beweisen nun die behauptete Ungleichung $|\zeta(s)| \geq \delta \, |t|^{-4}$ getrennt für $\sigma \geq \sigma(t)$ und $\sigma \leq \sigma(t)$.

1. Fall. $\sigma \geq \sigma(t)$. Aus der Definition von $\sigma(t)$ und der Abschätzung (*) ergibt sich unmittelbar

$$|\zeta(\sigma + \mathrm{i}t)| \geq A(\varepsilon \, |t|^{-5})^{3/4} \, |t|^{-1/4} = A\varepsilon^{3/4} \, |t|^{-4} \, .$$

2. Fall. $\sigma \leq \sigma(t)$. Es gilt

$$\zeta(\sigma + \mathrm{i}t) = \zeta(\sigma(t) + \mathrm{i}t) - \int_{\sigma}^{\sigma(t)} \zeta'(x + \mathrm{i}t) \, dx$$

und daher

$$|\zeta(\sigma + \mathrm{i}t)| \geq |\zeta(\sigma(t) + \mathrm{i}t)| - \left| \int_{\sigma}^{\sigma(t)} \zeta'(x + \mathrm{i}t) \, dx \right| .$$

Benutzt man die bereits bewiesene Abschätzung von $|\zeta'(s)|$ nach oben, so folgt mit einer weiteren (von ε unabhängigen) Konstanten B

$$\begin{aligned} |\zeta(\sigma + \mathrm{i}t)| &\geq |\zeta(\sigma(t) + \mathrm{i}t)| - B(\sigma(t) - 1) \, |t| \\ &\geq A(\sigma(t) - 1)^{3/4} \, |t|^{-1/4} - B(\sigma(t) - 1) \, |t| \\ &= (A\varepsilon^{3/4} - B\varepsilon) \, |t|^{-4} \, . \end{aligned}$$

Verfügt man über ε so, dass $\delta := A\varepsilon^{3/4} - B\varepsilon > 0$, so folgt die behauptete Abschätzung. $\qquad\qquad\qquad\qquad\qquad\qquad\qquad\qquad\qquad\qquad\qquad\qquad\qquad\Box$

Übungsaufgaben zu VII.5

1. Man zeige, dass die RIEMANN'sche ζ-Funktion in der punktierten Ebene $\mathbb{C} - \{1\}$ die LAURENTentwicklung

$$\zeta(s) = \frac{1}{s - 1} + \gamma + a_1(s - 1) + a_2(s - 1)^2 + \ldots$$

besitzt. Hierbei sei γ die EULER-MASCHERONI'sche Konstante (vgl. IV.1.9 oder Aufg. 3 aus IV.1).

2. Eine weitere elementare Methode für die Fortsetzung der ζ-Funktion in die Halbebene $\sigma > 0$ ergibt sich aus der Betrachtung von

$$P(s) := (1 - 2^{1-s})\zeta(s) = \sum_{n=1}^{\infty} \frac{(-1)^{n-1}}{n^s},$$

$$Q(s) := (1 - 3^{1-s})\zeta(s) = \sum_{n \not\equiv 0 \bmod 3} \frac{1}{n^s} - 2 \sum_{n \equiv 0 \bmod 3} \frac{1}{n^s}.$$

Man zeige, dass $P(s)$ und $Q(s)$ in der Halbebene $\sigma > 0$ konvergieren, und folgere daraus, dass sich die ζ-Funktion in die Halbebene $\sigma > 0$ mit Ausnahme eines einfachen Pols bei $s = 1$ analytisch fortsetzen lässt und dass $\mathrm{Res}(\zeta; 1) = 1$ ist.

3. Die Funktionalgleichung der ζ-Funktion lässt sich in der Form

$$\zeta(1 - s) = 2(2\pi)^{-s} \Gamma(s) \cos\left(\frac{\pi s}{2}\right) \zeta(s)$$

schreiben.

Man folgere: In der Halbebene $\sigma \leq 0$ hat $\zeta(s)$ genau die Nullstellen $s = -2k$, $k \in \mathbb{N}$. Alle weiteren Nullstellen der ζ-Funktion liegen im Streifen $0 < \mathrm{Re}\, s < 1$.

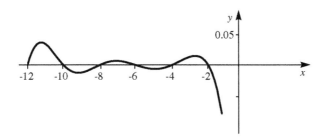

4. Die Funktion

$$\Phi(s) := s(s - 1)\pi^{-s/2} \Gamma(s/2)\zeta(s)$$

hat die folgenden Eigenschaften:

a) Φ ist eine ganze Funktion.

b) $\Phi(s) = \Phi(1 - s)$.

c) Φ ist auf den Geraden $t = 0$ und $\sigma = 1/2$ reell.

d) $\Phi(0) = \Phi(1) = 1$.

e) Die Nullstellen von Φ liegen im *kritischen Streifen* $0 < \sigma < 1$. Ferner liegen die Nullstellen symmetrisch zur reellen Achse und zur *kritischen Geraden* $\sigma = 1/2$.

5. Der folgende Spezialfall des HECKE'schen Satzes stammt bereits von B. RIEMANN (1859):

$$\xi(s) := \pi^{-s/2}\Gamma\left(\frac{s}{2}\right)\zeta(s) = \sum_{n=-\infty}^{\infty}\int_0^\infty e^{-\pi n^2 t}t^{s/2}\,\frac{dt}{t}$$

$$= \frac{1}{2}\int_1^\infty (\vartheta(\mathrm{i}t)-1)(t^{s/2}+t^{(1-s)/2})\,\frac{dt}{t} - \frac{1}{s} - \frac{1}{1-s}.$$

Man leite diesen Spezialfall noch einmal direkt ab und folgere die Aussagen über die analytische Fortsetzbarkeit und die Funktionalgleichung.

6. Für $\sigma > 1$ gilt die Integraldarstellung (B. RIEMANN, 1859)

$$\Gamma(s)\cdot\zeta(s) = \int_0^\infty \frac{t^{s-1}e^{-t}}{1-e^{-t}}\,dt.$$

7. Auf B. RIEMANN (1859) geht eine weiterer Beweis für die analytische Fortsetzbarkeit der ζ-Funktion und ihre Funktionalgleichung zurück.

Man betrachte den im Bild skizzierten uneigentlichen Schleifenweg $\gamma = \gamma_1\oplus\gamma_2\oplus\gamma_3$:

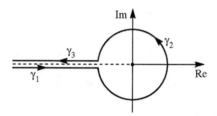

(RIEMANN hat den an der imaginären Achse gespiegelten Weg betrachtet.) Die beiden Kurven γ_1 und γ_2 verlaufen beide auf der reellen Geraden. Man sagt, dass γ_1 am unteren und γ_3 am oberen Ufer verläuft. Für die Integration „längs des oberen Ufers" γ_3 definieren wir z^{s-1} über den Hauptwert des Logarithmus von z. Für die Integration längs der beiden anderen Kurven definieren wir ihn so, dass $\gamma(t)^{s-1}$ stetig bleibt. Dies bedeutet, dass z^{s-1} längs des unteren Ufers nicht durch den Hauptwert $\mathrm{Log}\,z$ sondern über $\mathrm{Log}\,z - 2\pi\mathrm{i}$ zu definieren ist. (Das Integral längs γ ist streng genommen als Summe von drei Integralen zu definieren.) Man zeige, dass durch das Integral

$$I(s) = \frac{1}{2\pi\mathrm{i}}\int_\gamma \frac{z^{s-1}e^z}{1-e^z}\,dz$$

eine ganze Funktion definiert wird. Es gilt zunächst für $\sigma > 1$

$$\zeta(s) = \Gamma(1-s)I(s).$$

Diese Gleichung benutze man zur Definition von $\zeta(s)$ für den Fall, dass $\sigma \le 1$ ist.

6. Ein Taubersatz

6.1 Theorem. *Gegeben sei eine Folge $a_1, a_2, a_3, \ldots$ nichtnegativer reeller Zahlen, so dass die Dirichletreihe*

$$D(s) := \sum_{n=1}^{\infty} a_n n^{-s}$$

für $\mathrm{Re}(s) > 1$ konvergiert. Es gelte:

I. *Die Funktion $s \mapsto (s-1)D(s)$ lässt sich auf eine offene Menge, welche die abgeschlossene Halbebene $\{ s \in \mathbb{C}; \ \ \mathrm{Re}(s) \geq 1 \}$ enthält, analytisch fortsetzen, D hat bei $s = 1$ einen Pol erster Ordnung mit dem Residuum*

$$\varrho = \mathrm{Res}(D; 1).$$

II. *Es mögen folgende Abschätzungen gelten:*

Es existieren Konstanten C, κ mit der Eigenschaft

$$|D(s)| \leq C \, |t|^{\kappa} \quad und \quad |D'(s)| \leq C \, |t|^{\kappa} \quad \text{für } \sigma > 1, \, |t| \geq 1.$$

Dann gilt

$$\sum_{n \leq x} a_n = \varrho x (1 + r(x))$$

$$\text{mit } \ r(x) = O\left(1/ \sqrt[N]{\log x} \right), \quad N = N(\kappa) \in \mathbb{N} \ \ \text{geeignet.}$$

(Man kann beispielsweise $N(\kappa) = 2^{[\kappa]+2}$ wählen.)

6.2 Bemerkung. *Die Dirichletreihe*

$$D(s) = -\zeta'(s)/\zeta(s) = \sum_{n=1}^{\infty} \Lambda(n) n^{-s},$$

mit
$$\Lambda(n) := \begin{cases} \log p, & \textit{falls } n = p^{\nu} \ (p \textit{ prim}), \\ 0 & \textit{sonst,} \end{cases}$$

erfüllt die Voraussetzungen von Theorem 6.1,

denn die Koeffizienten $\Lambda(n)$ sind nichtnegative reelle Zahlen, die Reihe konvergiert für $\mathrm{Re}(s) > 1$. Die Funktion $s \mapsto (s-1)D(s)$ lässt sich auf eine offene Umgebung der Halbebene $\{s \in \mathbb{C}; \ \mathrm{Re}\, s \geq 1\}$ analytisch fortsetzen, da dies für die RIEMANN'sche ζ-Funktion richtig ist und da ζ im Bereich $\mathrm{Re}(s) > 1$ keine Nullstelle hat (auch nicht auf der Vertikalgeraden $\mathrm{Re}(s) = 1$).

Die Abschätzungen für $D(s)$ und $D'(s)$ ergeben sich unmittelbar aus den Abschätzungen aus 5.1 für die RIEMANN'sche ζ-Funktion. (Man kann $\kappa = 5$ nehmen, also $N(\kappa) = 2^7 = 128$.)

Halten wir fest:

Aus dem Taubersatz 6.1 folgt in Verbindung mit den Resultaten 2.1 über die Riemann'sche ζ-Funktion der Primzahlsatz.

Zum Beweis des TAUBERsatzes ist es nützlich, die „höheren" summatorischen Funktionen, die durch

$$A_k(x) = \frac{1}{k!} \sum_{n \leq x} a_n (x-n)^k \qquad (k = 0, 1, 2, \ldots)$$

definiert sind, zu betrachten. Es gilt

$$A'_{k+1}(x) = A_k(x), \qquad A_{k+1}(x) = \int_1^x A_k(t)\, dt$$

und

$$A_0(x) = A(x) = \sum_{n \leq x} a_n.$$

Wir werden nun das asymptotische Verhalten von $A_k(x)$ *für alle* k (nicht nur für $k = 0$) bestimmen, und zwar werden wir die folgenden beiden Hilfssätze beweisen:

Wir definieren $r_k(x)$ durch

$$A_k(x) = \varrho \frac{x^{k+1}}{(k+1)!} \big(1 + r_k(x)\big).$$

6.3 Hilfssatz. *Sei $k \geq 0$. Aus*

$$r_{k+1}(x) = O\left(1/\sqrt[N]{\log x}\right)$$

folgt

$$r_k(x) = O\left(1/\sqrt[2N]{\log x}\right).$$

6.4 Hilfssatz. *Im Falle $k > \kappa + 1$ gilt*

$$r_k(x) = O(1/\log x).$$

Die beiden Hilfssätze implizieren

$$r_k(x) = O\left(1/\sqrt[N_k]{\log x}\right) \text{ mit}$$

$$N_k := \begin{cases} 1 & \text{für } k > \kappa + 1, \\ 2^{[\kappa]+2-k} & \text{für } k \leq \kappa + 1. \end{cases}$$

Im Falle $k = 0$ ist dies der TAUBERsatz 6.1.

Beweis von Hilfssatz 6.3. Da die Funktion $x \mapsto A_k(x)$ *monoton wachsend*[*)] ist, gilt

$$cA_k(x) \leq \int_x^{x+c} A_k(t)\, dt \quad \text{für } c > 0.$$

Wir verwenden diese Ungleichung für $c = hx$, $x \geq 1$, mit einer noch zu bestimmenden Zahl $h = h(x)$, $0 < h < 1$. Die rechte Seite ist gleich

$$A_{k+1}(x + hx) - A_{k+1}(x) =$$
$$\frac{\varrho}{(k+2)!}\left[(x+hx)^{k+2}\left(1 + r_{k+1}(x+hx)\right) - x^{k+2}\left(1 + r_{k+1}(x)\right)\right].$$

Es folgt

$$1 + r_k(x) \leq \frac{(1+h)^{k+2}\left(1 + r_{k+1}(x+hx)\right) - \left(1 + r_{k+1}(x)\right)}{h(k+2)}.$$

Mit

$$\varepsilon(x) := \sup_{0 \leq \xi \leq 1} \left| r_{k+1}(x + \xi x) \right|$$

erhalten wir

$$r_k(x) \leq \frac{(1+h)^{k+2}\left(1 + \varepsilon(x)\right) - \left(1 - \varepsilon(x)\right)}{h(k+2)} - 1$$
$$= \frac{\left[(1+h)^{k+2} + 1\right]\varepsilon(x)}{h(k+2)} + \frac{(1+h)^{k+2} - \left[1 + (k+2)h\right]}{h(k+2)}.$$

Wir wählen nun speziell $h = h(x) = \sqrt{\varepsilon(x)}$. Diese Größe ist für hinreichend große x kleiner als 1. Offenbar ist h und daher auch $(1+h)^{k+2} + 1$ nach oben beschränkt. Der erste Term in der Abschätzung für r_k wird daher bis auf einen konstanten Faktor nach oben durch $\varepsilon(x)/h = \sqrt{\varepsilon(x)}$ abgeschätzt. Der zweite Term ist ein Polynom in h, dessen konstanter Koeffizient verschwindet. Er kann daher bis auf einen konstanten Faktor durch $h = \sqrt{\varepsilon(x)}$ abgeschätzt werden. Offenbar ist

$$\varepsilon(x) = O\left(1/\sqrt[N]{\log x}\right).$$

Es gilt also mit einer (von k abhängigen) Konstanten K

$$r_k(x) \leq K\sqrt{\varepsilon(x)}.$$

[*)] Wenn man vom Wachstumsverhalten einer Funktion auf das ihrer Ableitung schließen will, muss man wissen, dass die Ableitung nicht allzusehr schwankt, beispielsweise, dass sie monoton ist.

Für eine O-Abschätzung von $r_k(x)$ braucht man eine Abschätzung des Betrags, also auch eine entsprechende Abschätzung von r_k nach unten. Mittels der Abschätzung

$$cA_k(x) \geq \int_{x-c}^{x} A_k(t)\,dt = A_{k+1}(x) - A_{k+1}(x-c) \quad \text{für } 0 < c < x$$

erhält man auf demselben Wege

$$r_k(x) \geq -K\sqrt{\varepsilon(x)} \quad \text{(nach eventueller Vergrößerung von } K\text{)}.$$

Es folgt

$$r_k(x) = O\big(\sqrt{\varepsilon(x)}\big), \quad \text{also } r_k(x) = O\left(1/\sqrt[2N]{\log x}\right). \qquad \square$$

Den Rest dieses Abschnittes widmen wir uns dem

Beweis von Hilfssatz 6.4. (Damit ist dann der TAUBERsatz 6.1 und als Folge auch der Primzahlsatz bewiesen.) Zunächst bemerken wir:

6.5 Bemerkung. *Seien $k \geq 1$ ganz, $x > 0$ und $\sigma > 1$. Dann konvergiert das Integral*

$$\int_{\sigma-i\infty}^{\sigma+i\infty} \frac{|x^{s+k}|}{|s(s+1)\cdots(s+k)|}\,ds.$$

Dabei definieren wir das uneigentliche Integral längs der Geraden $\operatorname{Re}(s) = \sigma$ allgemein durch

$$\int_{\sigma-i\infty}^{\sigma+i\infty} f(s)\,ds := i \int_{-\infty}^{\infty} f(\sigma + it)\,dt.$$

Der Beweis von 6.5 ist trivial, da man den Integranden bis auf einen konstanten Faktor durch $1/\sigma^2$ abschätzen kann.

Auf der Vertikalgeraden $\operatorname{Re} s = \sigma$ wird die Reihe $D(s)$ durch die von t unabhängige Reihe

$$\sum_{n=1}^{\infty} |a_n|\, n^{-\sigma}$$

majorisiert. Wegen 6.5 folgt mit Hilfe des LEBESGUE'schen Grenzwertsatzes

6.6 Folgerung. *Das Integral*

$$\int_{\sigma-i\infty}^{\sigma+i\infty} \frac{D(s)x^{s+k}}{s(s+1)\cdots(s+k)}\,ds \quad (k \in \mathbb{N},\ x > 0)$$

konvergiert absolut für $\sigma > 1$. Man darf Integration mit Summation vertauschen. Das Integral ist also gleich

$$\sum_{n=1}^{\infty} a_n x^k \int_{\sigma-i\infty}^{\sigma+i\infty} \frac{(x/n)^s}{s(s+1)\cdots(s+k)}\, ds.$$

Übungsaufgabe. Man beweise die Vertauschbarkeit ohne den LEBESGUE'schen Grenzwertsatz, indem man das Integral durch eigentliche Integrale approximiert.

Wir berechnen nun das in der Summe in der Folgerung 6.6 auftretende Integral.

6.7 Hilfssatz.   *Für $k \in \mathbb{N}$ und $\sigma > 0$[*)] gilt*

$$\frac{1}{2\pi i} \int_{\sigma-i\infty}^{\sigma+i\infty} \frac{a^s}{s(s+1)\cdots(s+k)}\, ds = \begin{cases} 0 & \textit{für } 0 < a \leq 1, \\ \frac{1}{k!}(1-1/a)^k & \textit{für } a \geq 1. \end{cases}$$

Beweis. Sei

$$f(s) = \frac{a^s}{s(s+1)\cdots(s+k)}\,.$$

1) $(0 < a \leq 1)$ Das Integral von $f(s)$ längs des Integrationsweges $\gamma := \gamma_1 \oplus \gamma_2$

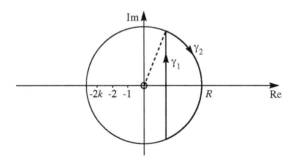

verschwindet nach dem CAUCHY'schen Integralsatz. Wegen „$0 < a \leq 1$" ist die Funktion a^s auf der Integrationskontur gleichmäßig in R beschränkt. Grenzübergang $R \to \infty$ zeigt

$$\int_{\sigma-i\infty}^{\sigma+i\infty} f(s)\, ds = 0.$$

[*)] Wir benötigen nur den Fall $\sigma > 1$.

2) $(a \geq 1)$. Hier muss man die Integrationskontur $\tilde{\gamma} = \tilde{\gamma}_1 \oplus \tilde{\gamma}_2$

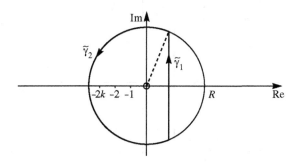

verwenden, da auf dieser Kontur a^s (wegen $a \geq 1$) gleichmäßig in R beschränkt ist. Aus dem Residuensatz folgt

$$\frac{1}{2\pi i} \int\limits_{\sigma - i\infty}^{\sigma + i\infty} = \sum_{\nu=0}^{k} \mathrm{Res}(f; -\nu) = \sum_{\nu=0}^{k} \frac{(-1)^\nu a^{-\nu}}{\nu!(k-\nu)!} = \frac{1}{k!}(1 - 1/a)^k. \qquad \square$$

Aus 6.6 und 6.7 ergibt sich nun eine „funktionentheoretische Formel" für die (verallgemeinerte) summatorische Funktion im Falle $k \geq 1$.

6.8 Hilfssatz. *Im Falle $k \geq 1$ gilt für $\sigma > 1$*

$$A_k(x) = \frac{1}{2\pi i} \int\limits_{\sigma - i\infty}^{\sigma + i\infty} \frac{D(s)x^{s+k}}{s(s+1)\cdots(s+k)}\, ds.$$

Wir nutzen den Hilfssatz für ein festes σ, etwa $\sigma = 2$ aus. Die Abschätzung

$$|D(s)| \leq C\, |t|^{\kappa} \qquad (|t| \geq 1,\ 1 < \sigma \leq 2)$$

gilt aus Stetigkeitsgründen natürlich auch für $\sigma = 1$. Es folgt bei festem x

$$\left| \frac{D(s)x^{s+k}\, ds}{s(s+1)\cdots(s+k)} \right| \leq \mathrm{Const}\, |t|^{\kappa-k-1} \qquad (|t| \geq 1,\ 1 \leq \sigma \leq 2),$$

$$\leq \mathrm{Const}\, |t|^{-2}, \quad \text{falls } k > \kappa + 1$$

Mit Hilfe des CAUCHY'schen Integralsatzes können wir daher die Integrationskontur ($\mathrm{Re}(s) = 2$) nach $\mathrm{Re}(s) = 1$ verschieben, wenn wir um die Singularität bei $s = 1$ einen „Umweg" machen.

Ist also L die Integrationslinie

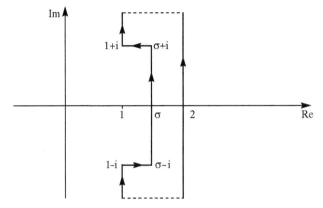

so erhalten wir

6.9 Hilfssatz. *Im Falle $k > \kappa + 1$ gilt*

$$A_k(x) = \frac{1}{2\pi i} \int_L \frac{D(s)x^{s+k}}{s(s+1)\cdots(s+k)}\, ds$$

$$\left(\int_L := \int_{1-i\infty}^{1-i} + \int_{1-i}^{\sigma-i} + \int_{\sigma-i}^{\sigma+i} + \int_{\sigma+i}^{1+i} + \int_{1+i}^{1+i\infty} \right).$$

Als nächstes schätzen wir die beiden uneigentlichen Integrale von $1 - i\infty$ bis $1 - i$ und $1 + i$ bis $1 + i\infty$ ab. Dazu benutzen wir

6.10 Hilfssatz (B. RIEMANN, H. LEBESGUE). *Sei*

$$I =]a, b[, \quad -\infty \le a < b \le \infty,$$

ein (nicht notwendig endliches) Intervall und $f : I \to \mathbb{C}$ eine Funktion mit folgenden Eigenschaften:

a)   *f ist beschränkt.*
b)   *f ist stetig differenzierbar.*
c)   *f und f' sind absolut integrierbar (von a bis b).*

Dann ist auch die Funktion $t \mapsto f(t)x^{it}$ ($x > 0$) absolut integrierbar, und es gilt

$$\int_a^b f(t)x^{it}\, dt = O(1/\log x).$$

Beweis. Wir wählen Folgen

$$a_n \to a, \ b_n \to b, \quad a < a_n < b_n < b.$$

Es ist

$$\int\limits_a^b f(t)x^{it}\,dt = \lim_{n\to\infty} \int\limits_{a_n}^{b_n} f(t)x^{it}\,dt$$

$$= \frac{1}{i\log x}\lim_{n\to\infty}\left(\Big[f(t)x^{it}\Big]_{a_n}^{b_n} - \int\limits_{a_n}^{b_n} f'(t)x^{it}\,dt\right).$$

Nach Voraussetzung ist $f(t)$ beschränkt und $\big|f'(t)x^{it}\big| = |f'(t)|$ integrierbar. Es folgt

$$\left|\int\limits_a^b f(t)x^{it}\,dt\right| \leq \text{Const}\,\left|\frac{1}{\log x}\right|. \qquad \square$$

Aus Hilfssatz 6.10 erhalten wir unmittelbar

$$\frac{1}{2\pi i}\int\limits_{1+i}^{1+i\infty} \frac{D(s)x^{s+k}}{s(s+1)\cdots(s+k)}\,ds = O(x^{k+1}/\log x),$$

entsprechend für das Integral von $1 - i\infty$ bis $1 - i$. Die beiden uneigentlichen Integrale liefern also in Hilfssatz 6.4 lediglich einen Beitrag zum Restglied $r_k(x)$!

Wir wenden unser Augenmerk nun dem Integral über die vertikale Strecke von $\sigma - i$ bis $\sigma + i$ zu (momentan ist noch $\sigma > 1$).

Aus Hilfssatz 6.10 folgt

$$\frac{1}{2\pi i}\int\limits_{\sigma-i}^{\sigma+i} \frac{D(s)x^{s+k}}{s(s+1)\cdots(s+k)}\,ds = O\left(x^{k+1}\frac{x^{\sigma-1}}{\log x}\right).$$

Leider ist $x^{\sigma-1}/\log x$ nicht von der Größenordnung $O(1/\log x)$, sofern $\sigma > 1$.

> Es gilt jedoch
>
> $$x^{\sigma-1}/\log x = O\left(\frac{1}{\log x}\right), \text{ falls } \sigma \leq 1.$$

Was liegt nun näher, als die Integrationskontur weiter nach links zu verschieben?

Wir wissen ja, dass $s \mapsto (s-1)D(s)$ auf eine offene Menge, welche die Halbebene $\{\,s \in \mathbb{C},\ \mathrm{Re}(s) \geq 1\,\}$ enthält, analytisch fortsetzbar ist.

Es existiert eine Zahl σ, $0 < \sigma < 1$, so dass das abgeschlossene Rechteck mit den Eckpunkten $\sigma - i$, $2 - i$, $2 + i$ und $\sigma + i$

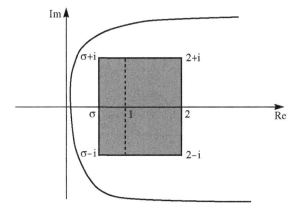

ganz in dieser offenen Menge enthalten ist. Nach dem Residuensatz gilt

$$\int_E * = \int_F * + \mathrm{Res}\left(\frac{D(s)x^{s+k}}{s(s+1)\cdots(s+k)}\,;\,s=1\right).$$

Dabei sind E bzw. F die Integrationslinien.

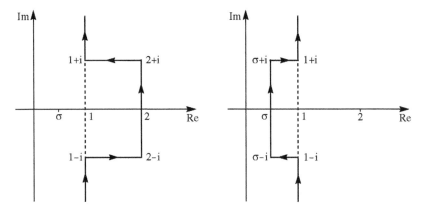

Da $D(s)$ einen Pol erster Ordnung mit Residuum ϱ bei $s = 1$ besitzt, berechnet sich obiges Residuum zu

$$\frac{\varrho}{(k+1)!}\,x^{k+1}.$$

Das ist genau der Hauptterm in der asymptotischen Formel für $A_k(x)$ in dem zu beweisenden Hilfssatz 6.4. Alle anderen Terme müssen im Restglied „verschwinden". Für das Integral von $\sigma - \mathrm{i}$ bis $\sigma + \mathrm{i}$ wurde dies bereits gezeigt (unter Benutzung von $\sigma \le 1$). Wir müssen also noch die beiden Integrale über die waagerechte Strecke von $\sigma + \mathrm{i}$ bis $1 + \mathrm{i}$ und von $\sigma - \mathrm{i}$ bis $1 - \mathrm{i}$ behandeln. Wir zeigen beispielsweise

$$\int\limits_{\sigma+i}^{1+i} \frac{D(s)x^{s+k}}{s(s+1)\cdots(s+k)}\, ds = O(x^{k+1}/\log x).$$

Das Integral kann bis auf einen konstanten Faktor abgeschätzt werden durch

$$O\left(x^k \int\limits_{\sigma}^{1} x^t\, dt\right) = O(x^{k+1}/\log x).$$

Damit ist der TAUBERsatz und somit auch der Primzahlsatz vollständig bewiesen. □

Eine kurze Geschichte des Primzahlsatzes

Schon EUKLID (um 300 v. u. Z.) war geläufig, dass es unendlich viele Primzahlen gibt und dass diese die „Bausteine" der natürlichen Zahlen sind. In seinen *Elementen* (Band IX, §20) findet sich der Satz: *„Es gibt mehr Primzahlen als jede vorgelegte Anzahl von Primzahlen."* Der Beweis von EUKLID ist so einfach wie genial, dass er sich heute noch fast unverändert in den meisten Lehrbüchern über elementare Zahlentheorie findet.

Nach EUKLID findet man in der mathematischen Literatur lange Zeit nichts über die Verteilung der Primzahlen innerhalb der natürlichen Zahlen. Erst als EULER (1737) neue Beweise für die Unendlichkeit der Menge der Primzahlen gab, war dies ein Anstoß, die quantitative Verteilung der Primzahlen näher zu untersuchen. EULER zeigte, dass die Reihe $\sum 1/p$ über die Reziproken der Primzahlen divergiert. Einer seiner Beweise nutzt die EULER'sche Identität (VII.2.8)

$$\sum_{n=1}^{\infty} \frac{1}{n^s} = \prod_{p \in \mathbb{P}} \left(1 - p^{-s}\right)^{-1} \quad \text{für reelle } s > 1.$$

EULER war damit der erste, der Methoden der Analysis verwendete, um ein arithmetisches Resultat zu erhalten. Diese Vermischung der Methoden bereitete damals vielen Mathematikern Unbehagen. Erst als es 100 Jahre später (1837) P. G. L. DIRICHLET gelang, den nach ihm benannten Primzahlsatz über die Anzahl von Primzahlen in arithmetischen Progressionen nach dem Vorbild von EULER ebenfalls mit reell-analytischen Methoden zu beweisen, wurden analytische Methoden in der Arithmetik allgemein akzeptiert. In der Zwischenzeit hatten C. F. GAUSS (1792/1793), also schon als Fünfzehnjähriger!) und A.-M. LEGENDRE (1798, 1808) nach einer „einfachen" Funktion $f(x)$ gesucht, welche die *Primzahlanzahlfunktion*

$$\pi(x) := \#\{\, p \in \mathbb{P};\ p \le x \,\}$$

in der Weise gut approximiert, dass der relative Fehler für $x \to \infty$ beliebig klein wird, d. h.

$$\lim_{x \to \infty} \frac{\pi(x) - f(x)}{f(x)} = 0.$$

Durch Auswertung von Primzahltabellen in Logarithmentafeln kamen sie auf Vermutungen, die damit äquivalent sind, dass

$$f(x) = \operatorname{Li} x := \int_2^x \frac{dt}{\log t} \quad \text{bzw.} \quad f(x) = \frac{x}{\log x}$$

solche Funktionen sind, doch beweisen konnten sie dies nicht. Jedoch waren sie in der Lage, die schon von EULER gemachte Feststellung, dass es „unendlich viel weniger Primzahlen als ganze Zahlen" gibt, zu beweisen. Das bedeutet in der Sprache von $\pi(x)$:

$$\boxed{\lim_{x \to \infty} \frac{\pi(x)}{x} = 0.}$$

Einen bedeutenden Fortschritt in der Theorie der Primzahlverteilung stellten die Arbeiten von P. L. TSCHEBYSCHEFF aus den Jahren um 1850 dar. Er konnte zeigen, dass für hinreichend große x die Abschätzung

$$\boxed{0,92129 \ldots \frac{x}{\log x} < \pi(x) < 1,10555 \ldots \frac{x}{\log x}}$$

gilt, d. h. $\pi(x)$ hat die Größenordnung $x/\log x$. Sein Beweis verwendet nur Methoden aus der elementaren Zahlentheorie. Darüberhinaus konnte er unter Verwendung der ζ-Funktion (allerdings nur für reelle s) folgendes zeigen: Falls

$$l := \lim_{x \to \infty} \frac{\pi(x)}{x/\log x}$$

existiert, dann ist $l = 1$.

Der Primzahlsatz selbst wurde erst 1896 fast zeitgleich und unabhängig voneinander von J. HADAMARD und C. DE LA VALLÉE-POUSSIN bewiesen. Beim Beweis verwendeten beide wesentlich (neben von HADAMARD entwickelten Methoden für ganz transzendente Funktionen), dass die von B. RIEMANN 1859 in seiner berühmten Arbeit „Ueber die Anzahl der Primzahlen unter einer gegebenen Grösse" für *komplexe* Argumente eingeführte ζ-Funktion in bestimmten Bereichen, welche die abgeschlossene Halbebene $\operatorname{Re} s \geq 1$ enthalten, keine Nullstelle hat.

RIEMANN hat den Primzahlsatz zwar nicht bewiesen, aber er hat den Zusammenhang zwischen $\pi(x)$ bzw. $\psi(x)$ und den nichttrivialen Nullstellen der ζ-Funktion erkannt, indem er „explizite Formeln" für $\psi(x)$ angegeben hat. Eine dieser Formeln ist äquivalent zu

$$\psi(x) = x - \sum_{\varrho} \frac{x^{\varrho}}{\varrho} - \frac{\zeta'(0)}{\zeta(0)} - \frac{1}{2}\log\big(1 - x^{-2}\big).$$

Dabei durchläuft ϱ alle nichttrivialen Nullstellen der ζ-Funktion. Aus dieser Formel wird plausibel, dass man den Primzahlsatz in der Form $\psi(x) \sim x$ mit einer expliziten Restgliedabschätzung finden kann, wenn man eine Zahl $\sigma_0 < 1$ findet, so dass alle Nullstellen im Bereich $\sigma \leq \sigma_0$ liegen. Leider ist die Existenz einer solchen Schranke bis heute nicht bewiesen. Die berühmte RIEMANN'sche Vermutung besagt mehr, nämlich dass man $\sigma_0 = 1/2$ wählen kann. Dies bedeutet wegen der Funktionalgleichung, dass alle nichttrivialen Nullstellen auf der kritischen Geraden $\sigma = 1/2$ liegen. Eine bessere Schranke als $\sigma_0 = 1/2$ kann es nicht geben, da man weiß (G. H. HARDY, 1914), dass auf der kritischen Geraden unendlich viele Nullstellen liegen. A. SELBERG konnte 1942 für die Anzahl $M(T)$ aller Nullstellen ϱ auf der kritischen Geraden mit $0 < \operatorname{Im} \varrho < T$, $T \geq T_0$, die Abschätzung

$$M(T) > AT \log T$$

mit einer positiven Konstanten A beweisen. Bereits 1905 hatte VON MANGOLDT eine von RIEMANN vermutete asymptotische Formel für die Anzahl $N(T)$ aller Nullstellen ϱ der ζ-Funktion im kritischen Streifen $0 < \sigma < 1$ mit $0 < \operatorname{Im} \varrho < T$ bewiesen:

$$N(T) = \frac{T}{2\pi} \log \frac{T}{2\pi} - \frac{T}{2\pi} + O(\log T).$$

Hieraus und aus dem SELBERG'schen Resultat folgt, dass ein echter Bruchteil aller nichttrivialen Nullstellen auf der kritischen Geraden liegt. J. B. CONREY bewies 1989, dass mindestens $2/5$ dieser Nullstellen auf der kritischen Geraden liegen.

Nebenbei bemerkt gelangen A. SELBERG und P. ERDŐS 1948 (publiziert 1949) „elementare" Beweise des Primzahlsatzes — also solche, die keine Methoden der komplexen Analysis verwenden.

Mit Computereinsatz konnte man die RIEMANN'sche Vermutung für mehrere Billionen Nullstellen bestätigen. Alle bekannten Nullstellen sind übrigens einfach.

Ein allgemeiner Beweis der Riemann'schen Vermutung steht jedoch nach wie vor aus.

Übungsaufgaben zu VII.6

1. Sei $\mu(n)$ die MÖBIUS'sche μ-Funktion. Man zeige

$$\sum_{n \leq x} \mu(n) = o(x).$$

   Anleitung. Man wende den TAUBERsatz auf

$$\zeta^{-1}(s) + \zeta(s) = \sum ((\mu(n) + 1)n^{-s}$$

   an.

2. Man zeige

$$\frac{1}{2\pi i} \int\limits_{2-i\infty}^{2+i\infty} \frac{y^s}{s^2}\, ds = \begin{cases} 0, & \text{falls } 0 < y < 1, \\ \log y, & \text{falls } y \geq 1. \end{cases}$$

3. Für alle $x \geq 1$ und $c > 1$ gilt

$$\frac{1}{x} \sum_{n \leq x} \Lambda(n)(x - n) = -\frac{1}{2\pi i} \int\limits_{c-i\infty}^{c+i\infty} \frac{x^s}{s(s+1)} \frac{\zeta'(s)}{\zeta(s)}\, ds.$$

4. Man beweise folgende Verallgemeinerung des HECKE'schen Satzes:

   Sei $f : \mathbb{H} \to \mathbb{C}$ eine analytische Funktion. Wir nehmen an, dass sich sowohl $f(z)$ als auch

$$g(z) := \left(\frac{z}{i}\right)^{-k} f\left(-\frac{1}{z}\right)$$

   in eine FOURIERreihe entwickeln lassen, deren Koeffizienten höchstens polynomial wachsen,

$$f(z) = \sum_{n=0}^{\infty} a_n e^{\frac{2\pi i n z}{\lambda}}, \quad g(z) = \sum_{n=0}^{\infty} b_n e^{\frac{2\pi i n z}{\lambda}}.$$

   Man zeige, dass sich die beiden DIRICHLETreihen

$$D_f(s) = \sum_{n=1}^{\infty} a_n n^{-s}, \quad D_g(s) = \sum_{n=1}^{\infty} b_n n^{-s}$$

   in die Ebene meromorph fortsetzen lassen und der Relation

$$R_f(s) = R_g(k - s) \quad \text{mit} \quad R_f(s) = \left(\frac{2\pi}{\lambda}\right)^{-s} \Gamma(s) D_f(s) \quad (\text{analog } R_g)$$

   genügen. Die Funktionen $(s - k)D_f(s)$ und $(s - k)D_g(s)$ sind ganz, und es gilt

$$\operatorname{Res}(D_f; k) = a_0 \left(\frac{\lambda}{2\pi}\right)^k \Gamma(k)^{-1}, \quad \operatorname{Res}(D_g; k) = b_0 \left(\frac{\lambda}{2\pi}\right)^k \Gamma(k)^{-1}.$$

   Beispiele sind Modulformen zu beliebigen Kongruenzgruppen.

5. Sei $S = S^{(r)}$ eine symmetrische, rationale, positiv definite Matrix. Die EPSTEIN'sche ζ-Funktion

$$\zeta_S(s) := \sum_{g \in \mathbb{Z}^r - \{0\}} S[g]^{-s} \quad (\sigma > r/2)$$

ist in die ganze Ebene mit Ausnahme eines Poles erster Ordnung bei $s = r/2$ fortsetzbar. Es gilt die Funktionalgleichung

$$R(S; s) = \left(\sqrt{\det S}\right)^{-1} R\left(S^{-1}; \frac{r}{2} - s\right) \quad \text{mit} \quad R(S; s) = \pi^{-s}\Gamma(s)\zeta_S(s).$$

Das Residuum im Pol ist

$$\text{Res}(\zeta_S; r/2) = \frac{\pi^{r/2}}{\sqrt{\det S}\,\Gamma(r/2)}.$$

Anleitung. Man wende die Thetatransformationsformel und Aufgabe 4 an. Die Zahl λ ist so zu bestimmen, dass $2\lambda S$ und $2\lambda S^{-1}$ gerade sind.

Anmerkung. Die EPSTEIN'sche ζ-Funktion kann auch für beliebige *reelle* $S > 0$ gebildet werden, ist dann aber i. a. keine gewöhnliche DIRICHLETreihe mehr. Die Aussagen über analytische Fortsetzbarkeit, Funktionalgleichung und Residuum sind trotzdem gültig. Der Beweis kann wieder mit der HECKE'schen Methode erbracht werden.

6. Man zeige, dass aus der Aussage des Primzahlsatzes — etwa in der Form

$$\psi(x) = x + o(x) \quad —$$

folgt, dass $\zeta(1 + it) \neq 0$ ist für alle $t \in \mathbb{R}^\bullet$.
Der Primzahlsatz und die Aussage „$\zeta(1+it) \neq 0$ für alle $t \in \mathbb{R}^\bullet$" sind also letztlich gleichwertig.

7. Zum Schluss eine Kuriosität:

Eine recht triviale asymptotische Aussage erhält man für die summatorische Funktion

$$A_r(1) + A_r(2) + \cdots + A_r(n) \sim V_r n^{r/2},$$

wobei V_r das Volumen der r-dimensionalen Einheitskugel bezeichne. Legt man um jeden Gitterpunkt g in der r-dimensionalen Kugel vom Radius $\sqrt{n}$ einen Würfel der Kantenlänge 1 mit Mittelpunkt g, so erhält man eine am Rand etwas gestörte Pflasterung der Kugel vom Radius $\sqrt{n}$. Man folgere nun aus den Sätzen von HECKE und TAUBER die bekannte Formel für das Volumen der Einheitskugel

$$V_r = \frac{\pi^{r/2}}{\Gamma\left(\frac{r}{2} + 1\right)}.$$

Lösungshinweise zu den Übungsaufgaben

Lösungen der Übungsaufgaben zu I.1

1. Ist eine komplexe Zahl z in der Normalform $z = a + ib$, $a, b \in \mathbb{R}$, gegeben, so ist $a = \operatorname{Re} z$ und $b = \operatorname{Im} z$. Hat sie nicht diese Gestalt, so muss man sie häufig in diese Form bringen:

$$\frac{i - 1}{i + 1} = \frac{i - 1}{i + 1} \cdot \frac{-i + 1}{-i + 1} = \frac{2i}{2} = i,$$

also ist

$$\operatorname{Re} \frac{i - 1}{i + 1} = 0, \quad \operatorname{Im} \frac{i - 1}{i + 1} = 1.$$

Ähnlich zeigt man

$$\frac{3 + 4i}{1 - 2i} = -1 + 2i.$$

Wegen $i^4 = 1$ nimmt i^n nur die Werte $1, i, -1, -i$ an, je nachdem n von der Form $4k, 4k + 1, 4k + 2, 4k + 3$ ist. Wegen

$$\varrho := \frac{1 + i}{\sqrt{2}} = \cos \frac{\pi}{4} + i \sin \frac{\pi}{4}$$

ist ϱ eine achte Einheitswurzel. Der Wert von ϱ^n hängt also nur von n modulo 8 ab. Berechnet man die Werte für $n = 0$ bis $n = 7$, so erhält man die Realteile 1, $\sqrt{2}/2$, 0, $-\sqrt{2}/2$, -1, $-\sqrt{2}/2$, 0, $\sqrt{2}/2$.

Man behandelt analog die sechste Einheitswurzel $(1 + i\sqrt{3})/2$.

Die Zahl $(1 - i)/\sqrt{2}$ ist ebenfalls eine achte Einheitswurzel. Die Summe über alle achten Einheitswurzeln ist 0.

Der Wert des letzten Ausdrucks ist 2.

2. Der Betrag ist immer leicht auszurechnen, man benutzt die Formel $|z| = \sqrt{z\bar{z}}$. Das Argument ist häufig schwieriger zu berechnen, da man Winkelfunktionen umkehren muss. Eine allgemeine geschlossene Formel wird in Aufgabe 21 aus I.2 angegeben. Beispielsweise ist für reelle positive a

$$\operatorname{Arg} \frac{1 + ia}{1 - ia} = \arccos \frac{1 - a^2}{1 + a^2} = 2 \arctan a.$$

3. Ein einfacher Beweis, welcher auf der Ungleichung $|\operatorname{Re} z| \leq |z|$ beruht, ergibt sich aus

$$|z + w|^2 = (z + w)(\overline{z} + \overline{w}) = |z|^2 + 2\operatorname{Re}(z\overline{w}) + |w|^2$$
$$\leq |z|^2 + 2|z||w| + |w|^2 = (|z| + |w|)^2.$$

Das Gleichheitszeichen gilt, wenn $z\overline{w}$ reell und nicht negativ ist.

4. Alle Behauptungen ergeben sich durch direktes Nachrechnen. Es ist beispielsweise

$$\langle z, w\rangle^2 + \langle iz, w\rangle^2 = (\operatorname{Re}(z\overline{w}))^2 + (-\operatorname{Im}(z\overline{w}))^2 = |z\overline{w}|^2 = |z|^2|w|^2,$$

da $\langle iz, w\rangle = -\operatorname{Im}(z\overline{w})$ gilt.

Die Formel

$$\frac{\langle z, w\rangle}{|z||w|} + i\frac{\langle iz, w\rangle}{|z||w|} = \frac{\overline{z}w}{|z||w|}$$

zeigt, dass $\omega(z, w)$ nichts anderes ist als der Hauptwert des Arguments von w/z.

5. Man gehe aus von der Doppelsumme

$$\sum_{\nu=1}^{n}\sum_{\mu=1}^{n}|z_\nu\overline{w}_\mu - z_\mu\overline{w}_\nu|^2 = \sum_{\nu=1}^{n}\sum_{\mu=1}^{n}(z_\nu\overline{w}_\mu - z_\mu\overline{w}_\nu)(\overline{z}_\nu w_\mu - \overline{z}_\mu w_\nu),$$

zerlege sie in 4 Doppelsummen, welche sich als Produkte von einfachen Summen schreiben lassen.

6. a) G_0 stellt eine Gerade dar, G_+ und G_- sind die angrenzenden Halbebenen.

   b) K ist eine Kreislinie.

   c) L ist eine Lemniskate, welche wie ∞ aussieht.

7. Der Ansatz $c = a + ib = z^2 = (x + iy)^2$ führt auf $x^2 - y^2 = a$ und $2xy = b$. Zusammen mit $x^2 + y^2 = |c|$ erhält man $2x^2 = |c| + a$ und $2y^2 = |c| - a$. Hierdurch sind x und y bis auf das Vorzeichen bestimmt. Es gibt also im Prinzip 4 Möglichkeiten, welche durch die Bedingung $2xy = b$ eingegrenzt werden. xy muss dasselbe Vorzeichen wie b haben. Man erhält die Lösungen

$$z = \pm\left(\sqrt{\tfrac{1}{2}(|c| + a)} + i\varepsilon\sqrt{\tfrac{1}{2}(|c| - a)}\right), \quad \varepsilon = \begin{cases} 1, & \text{falls } b \geq 0, \\ -1, & \text{falls } b < 0. \end{cases}$$

Zur Lösung der quadratischen Gleichung $z^2 + \alpha z + \beta = 0$ verwende man die auf die Babylonier zurückgehende Identität

$$z^2 + \alpha z + \beta = \left(z + \frac{\alpha}{2}\right)^2 + \frac{4\beta - \alpha^2}{4}.$$

8. Siehe Satz 1.7.

9. Die Lösungen sind $z_\nu = e^{i\left(\frac{\pi}{6} + \frac{2\pi}{3}\nu\right)}$, $\quad \nu = 0, 1, 2$.

10. Wenn die Koeffizienten reell sind, gilt $P(\overline{z}) = \overline{P(z)}$.

11. a) Es gilt $\operatorname{Im}\dfrac{-1}{z} = \operatorname{Im}\dfrac{-\overline{z}}{z\overline{z}} = \dfrac{\operatorname{Im} z}{|z|^2}$.

   b) Man verifiziere die Gleichungen mittels der Formel $|w|^2 = w\overline{w}$.

12. Nach Quadrieren sind die Ungleichungen trivial.

13. Ist $z = x + iy \in \mathbb{C}$, so muss $\varphi(z) = x + \varphi(i)y = x \pm jy$ gelten, wobei j eine imaginäre Einheit in $\widetilde{\mathbb{C}}$ ist, und durch diese Formel wird tatsächlich ein Isomorphismus definiert. Im Spezialfall $\widetilde{\mathbb{C}} = \mathbb{C}$ erhält man die Automorphismen $z \mapsto z$ und $z \mapsto \overline{z}$, welche $\mathbb{R}$ elementweise festlassen.

Ist φ ein Automorphismus des Körpers der reellen Zahlen, so muss zunächst $\varphi(1)$ ein neutrales Element bezüglich der Multiplikation sein. Es folgt $\varphi(1) = 1$. Hieraus folgt $\varphi(x) = x$ für alle rationalen Zahlen x. Ein Automorphismus von $\mathbb{R}$ führt Quadrate in Quadrate und damit positive Zahlen in positive Zahlen über. Ist x eine beliebige reelle Zahl, so gilt für jedes Paar rationaler Zahlen a, b mit $a < x < b$ auch $a = \varphi(a) < \varphi(x) < \varphi(b) = b$. Hieraus folgt $\varphi(x) = x$.

14. Der Schnittpunkt der Geraden durch -1 und z mit der imaginären Achse berechnet sich zu
$$i\lambda = \frac{iy}{1+x}.$$
Bringt man umgekehrt die Gerade durch $i\lambda$ und -1 mit der Einheitskreislinie zum Schnitt, so erhält man den Schnittpunkt
$$x = \frac{1-\lambda^2}{1+\lambda^2}, \quad y = \frac{2\lambda}{1+\lambda^2}.$$

15. a) Schreibt man z in Polarkoordinaten, $z = re^{i\varphi}$, so ist
$$\frac{1}{\overline{z}} = \frac{1}{r}e^{i\varphi}.$$
Der Punkt $1/\overline{z}$ liegt also auf der Geraden durch 0 und z und hat den Betrag $1/r$. Hieraus leitet man folgende geometrische Konstruktion ab. Sei $0 < |z| < 1$. Man errichte auf der Geraden durch 0 und z in z das Lot und schneide es mit der Einheitskreislinie. Die Tangenten in den Schnittpunkten schneiden sich in $1/\overline{z}$ (vgl. die rechte Abbildung auf Seite 8).

b) Man konstruiere $1/\overline{z}$ und spiegele an der reellen Achse.

16. a) Trivialerweise gilt $ab \in W(n)$ und $a^{-1} \in W(n)$ für $a, b \in W(n)$.

b) Man kann $\zeta = \exp(2\pi i/n)$ nehmen. Die Zuordnung $n \mapsto \zeta^n$ ist ein surjektiver Homomorphismus $\mathbb{Z} \to W(n)$ mit Kern $n\mathbb{Z}$.

Genau dann ist ζ^d eine primitive n-te Einheitswurzel, wenn n und d teilerfremd sind. Die Anzahl der primitiven n-ten Einheitswurzeln ist also
$$\varphi(n) := \#\{d; \ 1 \le d \le n, \ \mathrm{ggT}(d, n) = 1\}.$$

17. Man verifiziere, dass $\mathcal{C}$ bezüglich Addition und Multiplikation von Matrizen abgeschlossen ist. Daher ist $\mathcal{C}$ ein Ring. Die Abbildung
$$\mathbb{C} \longrightarrow \mathcal{C}, \quad a + ib \longmapsto \begin{pmatrix} a & -b \\ b & a \end{pmatrix}$$
ist ein Isomorphismus.

Man kann unabhängig von der Kenntnis von $\mathbb{C}$ nachrechnen, dass $\mathcal{C}$ die Axiome für „den" Körper der komplexen Zahlen erfüllt.

18. Der Restklassenring $K := \mathbb{R}[X]/(X^2 + 1)$ ist ein Körper, da $X^2 + 1$ ein Primelement in $\mathbb{R}[X]$ ist. Dies muss man beweisen. Bezeichnet man mit 1_K das Bild der

Eins und mit i_K das Bild von X in K, so gilt $K = \mathbb{R}1_K + \mathbb{R}i_K$. Die Bedingungen für einen Körper komplexer Zahlen sind nun offensichtlich. Beispielsweise gilt $i_K^2 = -1_K$.

19. Man rechnet wie in Aufgabe 17 direkt nach, dass $\mathcal{H}$ ein Ring ist. Einheitselement ist die Einheitsmatrix. Die Formel

$$\begin{pmatrix} z & -w \\ \overline{w} & \overline{z} \end{pmatrix}^{-1} = \frac{1}{|z|^2 + |w|^2} \begin{pmatrix} \overline{z} & w \\ -\overline{w} & z \end{pmatrix}$$

zeigt, dass $\mathcal{H}$ ein Schiefkörper ist.

20. Die Bilinearität ist klar. Man muss also nur die Nullteilerfreiheit zeigen. Dazu verwende man die Konjugation $\overline{(z,w)} := (\overline{z}, -w)$ auf $\mathcal{C}$. Eine einfache Rechnung zeigt $\overline{u}(uv) = \mu(u)v$, wobei $\mu(u)$ die Summe der Quadrate der 8 reellen Komponenten in Bezug auf die naheliegende $\mathbb{R}$-Basis ist. Im Falle $uv = 0$ gilt also $v = 0$ oder $\mu(u) = 0$. Im letzteren Fall gilt $u = 0$.

Lösungen der Übungsaufgaben zu I.2

1. Vollzieht man auf beiden Seiten den Grenzübergang $n \to \infty$, so sieht man, dass als mögliche Grenzwerte nur ± 1 in Frage kommen. Liegt z_0 in der rechten Halbebene $x_0 > 0$, so liegen auch alle z_n in der rechten Halbebene, wie man leicht durch Induktion nach n sieht. Entsprechendes gilt, wenn z_0 in der linken Halbebene liegt. Ein Sonderfall liegt vor, wenn z_0 auf der imaginären Achse liegt. Dann liegen auch alle nachfolgenden z_n auf der imaginären Achse, wenn sie von 0 verschieden sind. Die Folge kann nicht gegen ± 1 konvergieren. Wird (für rein imaginäres z_0) ein Folgenglied z_n gleich 0, so ist z_{n+1} nicht mehr definiert. Wir nehmen nun o.B.d.A. an, dass der Startwert z_0 in der rechten Halbebene liegt. Die angegebene Hilfsfolge (w_n) erfüllt die Rekursion $w_{n+1} = w_n^2$. Wegen $|w|_0 < 1$ ist (w_n) eine Nullfolge. Aus $|z_n + 1| \geq 1$ folgt, dass z_n gegen 1 konvergiert.

2. Man reduziert auf den Fall $a = 1$ (Aufgabe 1).

3. Für eine CAUCHYfolge (z_n) sind auch (x_n) und (y_n) CAUCHYfolgen.

4. a) Einfache Abschätzungen zeigen

$$|\exp(z) - 1| \leq \sum_{\nu=1}^{\infty} \frac{|z|^\nu}{\nu!} = \exp(|z|) - 1 = |z| \left(1 + \sum_{\nu=1}^{\infty} \frac{|z|^\nu}{(\nu+1)!}\right)$$

$$\leq |z| \sum_{\nu=0}^{\infty} \frac{|z|^\nu}{\nu!} = |z| \exp|z|.$$

   b) Man schätze den Reihenrest mittels der geometrischen Reihe ab.

5. Wir lösen exemplarisch die Gleichung $\cos z = a$. Sie bedeutet eine quadratische Gleichung für $q = \exp(iz)$, nämlich $q^2 - 2aq + 1 = 0$. Man erhält die Lösungen

$$z \equiv -i \log(a \pm \sqrt{a^2 - 1}) \bmod 2\pi.$$

Für konkrete Werte von a kann man die Wurzel gemäß Aufgabe 7 aus §1 in Real- und Imaginärteil aufspalten.

6. Die Aussage a) ist trivial. Die restlichen Behauptungen folgen hieraus und den entsprechenden Eigenschaften für cos und sin.

7. Die Aussage a) gilt, da die Koeffizienten in den definierenden Potenzreihen reell sind. Die Aussage b) folgt mittels Aufgabe 6a) aus dem üblichen Additionstheorem.

Die Ungleichung $|\sin z| \leq 1$ ist gleichbedeutend mit $|y| \leq \operatorname{Arsinh} |\cos x|$. Für n kann man $[\log 20\,000] + 1$ nehmen.

8. Man drücke sin und cos durch die Exponentialfunktion aus.

9. Die Umkehrabbildung ist gegeben durch
$$a_0 = S_0, \quad a_n = S_n - S_{n-1} \ (n \geq 1).$$

10. Es gilt
$$\sum_{\nu=0}^{n} a_\nu = b_0 - b_{n+1}.$$

11. Die Konvergenz folgt mit Hilfe das Quotientenkriteriums. Die angegebene Funktionalgleichung ist gleichbedeutend mit
$$\sum_{\nu=0}^{n} \binom{\alpha}{\nu} \binom{\beta}{n-\nu} = \binom{\alpha+\beta}{n}.$$

Dieses Additionstheorem beweist man durch Induktion nach n.

12. Man differenziere die geometrische Reihe k-mal.

13. Man trage die Summendarstellung von A_ν auf der rechten Seite ein und streiche überflüssige Terme.

14. Man wende ABEL'sche partielle Summation an (Aufgabe 13).

15. Aus der Voraussetzung folgt zunächst, dass (A_n) und (b_n) konvergieren. Insbesondere gilt b). Wir wollen zeigen, dass die Reihe in a) sogar absolut konvergiert. Da die Folge (A_n) beschränkt ist, genügt es zu zeigen, dass die Reihe $\sum |b_n - b_{n+1}|$ konvergiert. Wegen der Monotonie der Folge (b_n) kann man die Betragsstriche weglassen. Die Behauptung folgt dann unmittelbar aus der Konvergenz von (b_n).

16. Wir nehmen an, dass $\sum a_n$ absolut konvergiert. Mit
$$A_n = \sum_{k=0}^{n} a_k, \quad B_n = \sum_{k=0}^{n} b_k, \quad C_n = \sum_{k=0}^{n} c_k,$$
gilt
$$C_n = a_0 B_n + a_1 B_{n-1} + \cdots + a_n B_0 = \sum_{j=0}^{n} a_j B_{n-j}$$
und daher mit $B = \lim B_n$

$$|A_n B - C_n| \le \sum_{j=0}^{n} |a_j| \, |B - B_{n-j}|.$$

Sei $\varepsilon > 0$ beliebig vorgegeben. Da die Reihe (A_n) absolut konvergiert, existiert ein N mit der Eigenschaft $\sum_{j>N} |a_j| < \varepsilon$. Da die Reihe (B_n) konvergiert, ist die Folge $(B - B_n)$ beschränkt, $|B - B_n| \le M$. Für $n > N$ folgt

$$|A_n B - C_n| \le \sum_{j=0}^{N} |a_j| \, |B - B_{n-j}| + C\varepsilon.$$

Ist n hinreichend groß, so folgt mit $M' = M + \sum_{j=0}^{\infty} |a_j|$

$$|A_n B - C_n| \le M'\varepsilon.$$

17. Man kann o.B.d.A. $S = 0$ annehmen. Zu gegebenem $\varepsilon > 0$ wähle man eine natürliche Zahl N mit der Eigenschaft $|S_n| \le \varepsilon$ für $n > N$. Aus der Formel

$$\sigma_n = \frac{S_0 + \cdots + S_N}{n+1} + \frac{S_{N+1} + \cdots + S_n}{n+1}$$

folgt

$$|\sigma_n| \le \frac{|S_0| + \cdots + |S_N|}{n+1} + \varepsilon \frac{n-N}{n+1}$$

und hieraus die Behauptung.

18. Man ersetze in der geometrischen Summenformel

$$\sum_{\nu=0}^{n} q^n = \frac{1 - q^{n+1}}{1 - q}$$

den Wert q durch $\exp(\pi i \varphi)$ und zerlege in Real- und Imaginärteil.

19. Aus der angegebenen Hilfsformel folgt

$$\frac{z^n - 1}{z - 1} = \prod_{\nu=1}^{n-1} (z - \zeta^\nu), \quad z \ne 1.$$

Grenzübergang $z \to 1$ ergibt

$$\prod_{\nu=1}^{n-1} (1 - \zeta^\nu) = n.$$

Dies ist bis auf eine kleine Umformung die behauptete Formel, man ersetze in ihr $\sin z = (\exp(iz) - \exp(-iz))/2i$.

20. Wir beschränken uns auf b):

$$\left(i(i-1)\right)^i = e^{3\pi/4} e^{i \log \sqrt{2}}, \quad i^i (i-1)^i = e^{-5\pi/4} e^{i \log \sqrt{2}}.$$

Die Beträge der beiden Zahlen sind also verschieden.

21. Es genügt, sich auf den Fall $|z| = 1$ zu beschränken. Dann ist $|x| \le 1$, und es existiert ein $\alpha \in [0, \pi]$ mit $\cos \alpha = x$, d.h. $\alpha = \arccos x$. Es folgt $\sin \alpha = \pm y$. Im Falle $z = -1$ ist $\alpha = \pi$ und man hat $\operatorname{Arg} z = \pi$. Im Falle $z \ne -1$ hat man zu unterscheiden, ob z in der abgeschlossenen oberen oder in der unteren Halbebene liegt. Im ersten Fall ist $\operatorname{Arg} z = \alpha$, im zweiten Fall ist $\operatorname{Arg} z = -\alpha$.

22. Die ganze Zahl $k(z, w)$ ist so zu bestimmen, dass die rechte Seite im Streifen $-\pi < y \leq \pi$ enthalten ist.

23. Es wird die Formel $\left(e^z\right)^z = e^{\left(z^2\right)}$ (für $z = 1 + 2\pi i n$) verwendet, welche allgemein falsch ist.

Lösungen der Übungsaufgaben zu I.3

Die Übungsaufgaben 1 bis 5, 7 und 8 dienen lediglich als Erinnerung an aus der reellen Analysis bekannte Tatsachen. Wenn man zu ihrer Lösung Hilfe braucht, so konsultiere man einschlägige Lehrbücher der Analysis.

6. Für den ersten Teil der Aufgabe nutzt man die Identität

$$\exp z - \left(1 + \frac{z}{n}\right)^n = \frac{z}{n} \left(\frac{\exp(z/n) - 1}{z/n} - 1\right) \sum_{\nu=0}^{n-1} \exp\left(\frac{z}{n}\right)^{n-1-\nu} \left(1 + \frac{z}{n}\right)^{\nu}.$$

Hieraus folgert man leicht die Abschätzung

$$\left|\exp z - \left(1 + \frac{z}{n}\right)^n\right| \leq |z| \left|\frac{\exp(z/n) - 1}{z/n} - 1\right| \exp|z|.$$

Der auftretende Quotient konvergiert gegen die Ableitung von $\exp$ an der Stelle 0, also gegen 1. Der gesamte Ausdruck konvergiert somit gegen 0.

Derselbe Beweis liefert auch die Verallgemeinerung.

9. Wenn es eine solche Funktion gibt, gilt

$$1 = f(1)^2 = f(1)f(1) = f(1 \cdot 1) = f(1).$$

Wegen

$$-1 = f(-1)^2 = f(-1)f(-1) = f((-1)(-1)) = f(1)$$

erhält man den Widerspruch $-1 = 1$.

10. Es genügt, a) zu beweisen. Sei $a \in \mathbb{C}$, $a \neq 0$, fest. Die Funktion

$$g(z) := \frac{f(a)f(z)}{f(az)} \quad (z \neq 0)$$

nimmt nur die Werte ± 1 an. Sie ist aus Stetigkeitsgründen konstant. Der Wert dieser Konstanten ist $g(1) = f(1) = \pm 1$. Da man f durch $-f$ ersetzen kann, dürfen wir annehmen, dass $f(1) = +1$ gilt. Es folgt $f(a)f(z) = f(az)$, und wir können die vorhergehende Aufgabe anwenden.

11. Man wende Aufgabe 10 auf die Funktion $f(z) = \sqrt{|z|} \exp(i\varphi(z)/2)$ an.

12. Man wende Aufgabe 10 auf die Funktion $f(z) = \exp(l(z)/2)$ an.

13. Man schließt wie in Aufgabe 9.

14. Man vergleiche mit Aufgabe 10.

Lösungen der Übungsaufgaben zu I.4

1. Wir beweisen exemplarisch die Produktregel. Nach Voraussetzung gilt
$$f(z) = f(a) + \varphi(z)(z-a), \quad g(z) = g(a) + \psi(z)(z-a)$$
   mit in a stetigen Funktionen φ, ψ mit den Funktionswerten $\varphi(a) = f'(a)$, $\psi(a) = g'(a)$. Durch Produktbildung folgt $f(z)g(z) = f(a)g(a) + \chi(z)(z-a)$ mit
$$\chi(z) = \varphi(z)g(a) + f(a)\psi(z) + \varphi(z)\psi(z)(z-a).$$
   Die Funktion χ ist in a stetig mit dem Funktionswert
$$\chi(a) = \varphi(a)g(a) + f(a)\psi(a) = f'(a)g(a) + f(a)g'(a).$$

2. Alle Funktionen sind stetig. Die Funktion $f(z) = z \operatorname{Re} z$ ist nur im Nullpunkt komplex differenzierbar und hat dort die Ableitung 0. Die Funktion $f(z) = \overline{z}$ ist nirgends komplex differenzierbar. Dies sieht man, indem man den Differenzenquotienten auf Parallelen zu den Koordinatenachsen einschränkt. Die Funktion $f(z) = z\overline{z}$ ist nur im Nullpunkt komplex differenzierbar und hat dort die Ableitung 0. Die letzte Funktion aus a) ist nirgends komplex differenzierbar.

   Die komplexe Differenzierbarkeit der Exponentialfunktion führt man mittels der Funktionalgleichung auf die komplexe Differenzierbarkeit im Nullpunkt zurück. Man führt die Behauptung auf den Fall der reellen Exponentialfunktion mit Hilfe der Abschätzung
$$\left| \frac{\exp z - 1}{z} \right| \leq \frac{\exp |z| - 1}{|z|}$$
   zurück. Diese ergibt sich unmittelbar über die Potenzreihe.

3. Wir nehmen an, dass f nur reelle Werte annimmt. Der Differenzenquotient
$$\frac{f(a+h) - f(a)}{h}$$
   ist reell bzw. rein imaginär, je nachdem ob h reell oder rein imaginär ist. Die Ableitung ist somit sowohl reell als auch rein imaginär und damit 0. Es folgt nun auch, dass die partiellen Ableitungen von f nach x und y verschwinden. Die Funktion f ist damit konstant, wie aus der reellen Analysis bekannt.

4. Die Behauptung ergibt sich direkt mittels des Differenzenquotienten.

5. Seien $z, a \in D\ z \neq a$. Wir setzten $b = f(a)$ und $w = f(z)$. Es gilt
$$\frac{f(z) - f(a)}{z - a} = \frac{w - b}{g(w) - g(b)} = \frac{1}{\frac{g(w) - g(b)}{w - b}}.$$
   Wir nehmen den Grenzübergang $z \to a$ vor. Wegen der Stetigkeit von f gilt $w \to b$, und es folgt die Behauptung.

6. Der Logarithmus ist Umkehrfunktion der Exponentialfunktion. Man wende die Aufgaben 2b) und 5) aus I.4 an.

Lösungen der Übungsaufgaben zu I.5

1. Die CAUCHY-RIEMANN'schen Differentialgleichungen sind für $f(z) = z \operatorname{Re} z$ nur im Nullpunkt erfüllt, für $f(z) = \overline{z}$ nirgends, für $f(z) = z\overline{z}$ nur im Nullpunkt, für $f(z) = z/|z|$ $(z \neq 0)$ nirgends und für $f(z) = \exp z$ in der komplexen Ebene.

2. Die CAUCHY-RIEMANN'schen Differentialgleichungen sind nur auf den Koordinatenachsen erfüllt. Insbesondere gibt es keine nicht leere offene Menge, auf der sie erfüllt sind.

3. Man benutze die Formeln aus den Übungsaufgaben zu I.2.

4. Die Funktion f ist offenbar außerhalb des Nullpunkts analytisch. Sie ist in keiner Umgebung des Nullpunkts beschränkt, wie man sieht, wenn man $z = \varepsilon(1 + \mathrm{i})$ betrachtet. Sie kann also nicht in der ganzen Ebene analytisch sein. Dennoch existieren die partiellen Ableitungen in 0. Sie sind 0, die CAUCHY-RIEMANN'schen Differentialgleichungen sind also in ganz $\mathbb{C}$ erfüllt. Der Grund liegt darin, dass die Einschränkung von f auf die beiden Achsen bei Annäherung an 0 rapide abklingt.

5. Man hat jede zweite der zehnten Einheitswurzeln zu betrachten,

$$a_j = \exp(2\pi\mathrm{i}(2j + 1)/10), \qquad 0 \le j < 5,$$

und dann die Ebene längs der Halbstrahlen ta_j $(t \ge 1, 0 \le j < 5)$ zu schlitzen.

6. Die Teilaufgaben a) und b) folgen aus den CAUCHY-RIEMANN'schen Differentialgleichungen in Verbindung mit Bemerkung 5.5. Um Teil c) zu beweisen, betrachte man mit $f = u + \mathrm{i}v$ die konstante Funktion $|f|^2 = u^2 + v^2$. Wir können annehmen, dass diese Konstante von 0 verschieden ist. Man differenziert diesen Ausdruck nach x und y und erhält unter Verwendung der CAUCHY-RIEMANN'schen Differentialgleichungen das Gleichungssystem

$$uu_x - vu_y = 0, \quad uu_y + vu_x = 0.$$

Hieraus folgt $u_x = u_y = 0$.

7. Die gesuchten Funktionen sind $z^3 + 1$, $1/z$, $z \exp z$ und $\sqrt{z}$ (Hauptzweig).

8. Aus der Kettenregel folgt

$$\frac{\partial U}{\partial r} = \frac{\partial u}{\partial x} \cos \varphi + \frac{\partial u}{\partial y} \sin \varphi.$$

Nochmalige Anwendung der Kettenregel liefert

$$\frac{\partial^2 U}{\partial r^2} = \left(\frac{\partial^2 u}{\partial x^2} \cos \varphi + \frac{\partial^2 u}{\partial x \partial y} \sin \varphi \right) \cos \varphi + \left(\frac{\partial^2 u}{\partial x \partial y} \cos \varphi + \frac{\partial^2 u}{\partial y^2} \sin \varphi \right) \sin \varphi.$$

Zweimalige Anwendung der Kettenregel in Verbindung mit der Produktregel liefert

$$\frac{\partial^2 U}{\partial \varphi^2} = -r \sin \varphi \left[-\frac{\partial^2 u}{\partial x^2} r \sin \varphi + \frac{\partial^2 u}{\partial x \partial y} r \cos \varphi \right] - \frac{\partial u}{\partial x} r \cos \varphi +$$

$$r \cos \varphi \left[-\frac{\partial^2 u}{\partial x \partial y} r \sin \varphi + \frac{\partial^2 u}{\partial y^2} r \cos \varphi \right] - \frac{\partial u}{\partial y} r \sin \varphi.$$

Die behauptete Formel folgt durch Zusammenfassen.

9. Unter Benutzung der vorhergehenden Aufgabe zeigt man, dass $u(x, y) = a \log r + b$ mit reellen Konstanten a, b die einzigen Lösungen sind.

10. Man muss ähnlich wie in Aufgabe 8 mehrfach die Kettenregel anwenden.

11. Man differenziere $f(z) \exp(-Cz)$.

12. Wenn die Funktion χ differenzierbar ist, so folgt leicht

$$\chi'(x) = C\chi(x) \quad \text{mit} \quad C = \chi'(0).$$

Nach der vorhergehenden Aufgabe gilt $\chi(x) = A \exp(Cx)$. Dieser Ausdruck soll für alle x den Betrag 1 haben und der angegebenen Funktionalgleichung genügen. Dies ist nur möglich, wenn $A = 1$ gilt und wenn C rein imaginär ist.

Die Differenzierbarkeit von χ folgt aus dem Hauptsatz der Differential- und Integralrechnung mit Hilfe der Formel

$$\chi(x) \int_0^a \chi(t)\, dt = \int_0^a \chi(x + t)\, dt = \int_0^{x+a} \chi(t)\, dt - \int_0^x \chi(t)\, dt,$$

wobei man a so wählt, dass das Integral auf der linken Seite von 0 verschieden ist.

14. Das Bild ist der geschlitzte Kreisring

$$f(D) = \{\, w \in \mathbb{C}; \quad 1 < |w| < \exp b, \quad -\pi < \operatorname{Arg} w < \pi \,\}.$$

15. Setzt man $z = r \exp(\mathrm{i}\varphi)$, $f = u + \mathrm{i}v$, so folgt

$$u = \frac{1}{2}\left(r + \frac{1}{r}\right) \cos \varphi, \quad v = \frac{1}{2}\left(r - \frac{1}{r}\right) \sin \varphi.$$

Daher ist das Bild der Kreislinie C_r für $r \neq 1$ eine Ellipse mit Brennpunkten ± 1 und den Halbachsen $\frac{1}{2}(r + \frac{1}{r})$ bzw. $\frac{1}{2}|r - \frac{1}{r}|$. Im Fall $r = 1$ entartet die Ellipse in das Intervall $[-1, 1]$.

Analog rechnet man aus, dass das Bild der Halbgeraden ein Ast der Hyperbel

$$\frac{u^2}{\cos^2 \varphi} - \frac{v^2}{\sin^2 \varphi} = 1$$

ist.

Die Funktion f bildet sowohl D_1 als auch D_2 bijektiv, sogar konform, auf die geschlitzte Ebene $\mathbb{C} - [-1, 1]$ ab.

16. a) Wir wissen, dass $\sin$ surjektiv ist. Wegen der Periodizitätseigenschaften nimmt $\sin$ alle Werte schon im Bereich $-\pi/2 \leq \operatorname{Re} z \leq \pi/2$ an. Die beiden Randgeraden werden auf $]-\infty, -1]$ bzw. $[1, \infty[$ abgebildet. Man rechnet leicht nach, dass im Innern des Streifens nur reelle Werte angenommen werden, welche in $]-1, 1[$ liegen.

b) Man benutzt die Darstellung

$$\tan z = \mathrm{i}\frac{1 - \exp(2\mathrm{i}z)}{1 + \exp(2\mathrm{i}z)}.$$

Der Tangens setzt sich also aus den vier Abbildungen

$$z \mapsto 2\mathrm{i}z, \quad \exp z, \quad \frac{1-z}{1+z}, \quad \mathrm{i}z$$

zusammen. Man rechnet die Bilder nacheinander aus und erhält die 4 Gebiete

$$-\pi < \operatorname{Im} z < \pi, \quad \mathbb{C}_-, \quad \mathbb{C} - \{\, t \in \mathbb{R},\ |t| \geq 1 \,\}, \quad \mathbb{C} - \{\, \mathrm{i}t,\ t \in \mathbb{R},\ |t| \geq 1 \,\}.$$

Alle vier Abbildungen sind konform.

Die Umkehrabbildung erhält man, indem man jede der vier Abbildungen einzeln umkehrt.

17. Wenn z in der oberen Halbebene liegt, so liegt z näher bei i als bei $-\mathrm{i}$. Insbesondere ist $f(z)$ im Einheitskreis enthalten. Ähnlich zeigt man, dass $g(w) := \mathrm{i}\frac{1+w}{1-w}$ in der oberen Halbebene enthalten ist, wenn w im Einheitskreis liegt. Die beiden Abbildungen kehren sich gegenseitig um.

18. Die Eigenschaft $b)$ sei erfüllt. Indem man T mit einer geeigneten Drehstreckung zusammensetzt, kann man annehmen, dass $T(1) = 1$ gilt. Das Dreieck mit den Ecken 0, 1, i muss auf ein Dreieck mit denselben Winkeln abgebildet werden. Da der rechte Winkel des Dreiecks erhalten bleibt, muss $T(\mathrm{i})$ rein imaginär sein. Da auch die Winkel mit 45 Grad erhalten bleiben, muss $T(\mathrm{i}) = \pm\mathrm{i}$ gelten. Aus Orientierungsgründen muss das Pluszeichen gelten, T ist also die Identität.

19. Zunächst einmal wird in der Aufgabe stillschweigend von der einfachen Tatsache Gebrauch gemacht, dass sich jedes reelle Polynom $u : \mathbb{R} \times \mathbb{R} \to \mathbb{R}$ eindeutig zu einem komplexen Polynom $\mathbb{C} \times \mathbb{C} \to \mathbb{C}$ fortsetzen lässt. Diese Fortsetzung wird wieder mit u bezeichnet. Erst nach dieser Vorüberlegung ist f definiert. Es ist klar, dass f analytisch ist. Es muss nur gezeigt werden, dass $\operatorname{Re} f(x+\mathrm{i}y) = u(x,y)$ gilt. Zum Beweis kann man man von der Tatsache Gebrauch machen, dass jede harmonische Funktion u in $\mathbb{C}$ Realteil einer analytischen Funktion ist. Der Beweis zeigt, dass diese analytische Funktion ein Polynom in z ist, wenn u ein Polynom in x und y ist. Man kann sich daher auf den Fall

$$u(x,y) = \operatorname{Re}(x+\mathrm{i}y)^n = \sum_{\nu+2\mu=n} (-1)^\mu \binom{n}{\nu} x^\nu y^{2\mu}$$

beschränken. Die Behauptung reduziert sich dann auf eine elementare Summenformel für Binomialkoeffizienten.

20. Dies ist nichts anderes als eine Umschreibung der CAUCHY-RIEMANN'schen Differentialgleichungen 5.3.

21. Die CAUCHY-RIEMANN'schen Differentialgleichungen sind nur in ± 1 erfüllt.

Lösungen der Übungsaufgaben zu II.1

1. Eine mögliche Parameterdarstellung auf dem Parameterintervall $[0,4]$ ist

$$\alpha(t) = \mathrm{i}^k + \left(\mathrm{i}^{k+1} - \mathrm{i}^k\right)(t-k), \quad k \leq t \leq k+1, \ k = 0,1,2,3.$$

Das Kurvenintegral berechnet sich zu

$$\sum_{k=0}^{3} \int_{k}^{k+1} \frac{i-1}{1+(i-1)(t-k)} \, dt = 4i \int_{0}^{1} \frac{2}{(2t-1)^2 + 1} \, dt = 2\pi i.$$

2. α stellt einen vom Punkt $z = 1$ zum Punkt $z = -1$ in der oberen Halbebene verlaufenden Halbkreisbogen dar. β ist ein Streckenzug von 1 über $-i$ nach -1. Das Kurvenintegral hat den Wert πi bzw. $-\pi i$.

3. Mit Hilfe der Substitutionsregel erhält man

$$\int_{\alpha \circ \varphi} f(\eta) \, d\eta = \int_{a}^{b} f((\alpha \circ \varphi)(t)\alpha'(\varphi(t))\varphi'(t) \, dt = \int_{\varphi(a)}^{\varphi(b)} f(\alpha(s))\alpha'(s) ds$$

$$= \int_{c}^{d} f(\alpha(s))\alpha'(s) ds = \int_{\alpha} f(\zeta) \, d\zeta.$$

4. Das Bild von α hat die Form einer liegenden Acht.

5. Der Integrand besitzt die Stammfunktion $F(z) = \frac{1}{2}\exp(z^2)$. Daher ist der Wert beider Kurvenintegrale gleich $F(1+i) - F(0)$.

6. Eine Stammfunktion ist $-\cos z$. Der Wert des Integrals ist $1 - \cos(-1+i)$.

7. Eine solche affine Abbildung ist

$$\varphi(t) = \frac{d-c}{b-a}t + \frac{cb-ad}{b-a}.$$

8. Man schreibt $\left|e^{iz^2}\right| = e^{-R^2 \sin 2t}$ und benutzt die Abschätzung

$$\sin(2t) \geq \frac{4}{\pi}t \quad \text{für} \quad 0 \leq t \leq \frac{\pi}{4}.$$

9. Durch Aufspalten in Real- und Imaginärteil kann man den Satz auf die bekannte Approximation des reellen Integrals durch RIEMANN'sche Summen zurückführen.

10. Die angegebene Formel erhält man sofort nach Zerlegen in Real- und Imaginärteil.

11. Der orientierte Winkel zwischen zwei „Vektoren" $z, w \in \mathbb{C}^\bullet$ ist nichts anderes als das Argument $\text{Arg}(w/z)$. Sei nun $z = \alpha'(0)$, $w = \beta'(0)$. Aus der Kettenregel folgt $(f \circ \alpha)'(0) = f'(a)\alpha'(0)$, $(f \circ \beta)'(0) = f'(a)\beta'(0)$. Es ist daher

$$\text{Arg}\left(\frac{(f \circ \beta)'(0)}{(f \circ \alpha)'(0)}\right) = \text{Arg}\left(\frac{\beta'(0)}{\alpha'(0)}\right).$$

Lösungen der Übungsaufgaben zu II.2

1. Die Teilmengen b), c), e) und f) sind Gebiete.

2. Wenn sich je zwei Punkte durch einen Polygonzug verbinden lassen, ist D bogenweise zusammenhängend und nach 2.2 zusammenhängend. Zum Beweis der

Umkehrung wähle man einen festen Punkt $a \in D$ und betrachte die Teilmenge $U \subset D$ aller Punkte, welche sich innerhalb D durch einen Streckenzug mit a verbinden lassen. Die Funktion $f : D \to \mathbb{C}$, welche auf U den Wert 1 und im Komplement den Wert 0 annimmt, ist auf jeder Kreisscheibe in D konstant, also insbesondere lokal konstant. Wenn D zusammenhängend ist, folgt $U = D$.

3. Man kann leicht je zwei Punkte durch einen Streckenzug, welcher aus nicht mehr als zwei Strecken besteht, verbinden.

   Ist $f : D' \to \mathbb{C}$ eine lokal konstante Funktion, so kann man sie nach dem ersten Teil zu einer lokal konstanten Funktion auf ganz D fortsetzen.

4. Man kann nach einer Translation und Streckung annehmen, dass der abgeschlossene Einheitskreis in D enthalten ist. Man rechnet nach, dass das Integral von -1 bis $+1$ längs der reellen Achse reell, längs der Kreislinie jedoch imaginär ist.

5. Die Integrale a) und b) sind 0. Die Abschätzung c) folgt aus der Standardabschätzung 1.5,2) wegen $|4 + 3z| \geq 4 - 3|z| \geq 1$. In Wahrheit gilt mehr. Das Integral ist 0.

6. Der Wert ist $2\pi i$.

7. Man zerlegt die Kurve α und entsprechend β, $\alpha = \alpha^+ \oplus \alpha^-$, $\alpha^+ = \alpha|[0, 1/2]$, $\alpha^- = \alpha|[1/2, 1]$ und zeigt mit Hilfe des CAUCHY'schen Integralsatzes, dass schon die Integrale längs der Teilkurven übereinstimmen. Dazu schlitze man die Ebene längs der positiven bzw. negativen imaginären Achse.

   Die Formel in b) erhält man aus a) und 1.7.

8. Die Aussagen sind evident.

9. Nur der Bereich b) ist ein Sterngebiet. Bei allen drei Gebieten handelt es sich um „Sichelbereiche". Um zu entscheiden, ob ein Sichelbereich ein Sterngebiet ist, muss man die Tangenten von den beiden Ecken an den konkaven Randkreis legen. Ein Sterngebiet liegt vor, wenn sich diese innerhalb des Sichelbereichs schneiden. Der Schnittpunkt ist dann ein möglicher Sternmittelpunkt. Alle möglichen Sternmittelpunkte sind gegebenenfalls das Kompaktum, welches von einem Mittelstück das konvexen Randkreises und Stücken der beiden Tangenten berandet wird.

10. Der Sichelbereich wird durch die konforme Abbildung $z \mapsto 1/(1 - z)$ auf einen (konvexen) Parallelstreifen abgebildet.

11. Man schreibt das Kurvenintegral über f in der Parameterdarstellung und benutzt

$$\operatorname{Im} \frac{R + re^{it}}{(R - re^{it})\, e^{it}} i e^{it} = \frac{R^2 - r^2}{R^2 - 2Rr\cos t + r^2}.$$

Der Wert des Integrals ergibt sich über die Partialbruchzerlegung. Für das zweite Integral verwendet man anstelle von f die Funktion $1/(R - z)$.

12. Sei $Q(z) = P(z) - a_n z^n$. Aus der Dreiecksungleichung folgt für $|z| \geq \varrho$

$$|Q(z)| \leq \left(\sum_{\nu=0}^{n-1} |a_\nu| \right) |z|^{n-1} \leq \frac{|a_n|}{2} |z|^n.$$

Nochmalige Anwendung der Dreiecksungleichung liefert

$$|a_n| \, |z|^n - |Q(z)| \le |P(z)| \le |a_n| \, |z|^n + |Q(z)| \, .$$

Beide Ungleichungen zusammen ergeben die Behauptung.

13. Die Standardabschätzung für Kurvenintegrale in Verbindung mit dem Wachstumslemma liefert

$$2\pi \le 2\pi R \frac{2 \, |a_0|}{R \, |a_n| \, R^n} \, .$$

Diese Ungleichung ist jedoch für große R falsch.

14. Der Betrag von $f(z)$ klingt auf α_2 und α_4 exponentiell gegen 0 ab für $|R| \to \infty$. Die Bogenlänge der beiden Vertikalkanten ist konstant a. Die Standardabschätzung liefert das gewünschte Grenzwertverhalten.

Nimmt man den Realteil von $I(a)$, so ergibt sich die Folgerung.

15. Man trage die Parameterdarstellung des Kurvenintegrals ein und benutze

$$e^{i(t+\pi)} = -e^{it} \quad \text{sowie} \quad f(e^{i(t+\pi)}) = f(e^{it}) \, .$$

16. a) Die Funktion $\widetilde{l}(z) - l(z)$ nimmt nur Werte aus $2\pi i \mathbb{Z}$ an. Aus Stetigkeits- und Zusammenhangsgründen ist sie konstant.

   b) Da dies eine lokale Aussage ist, kann man annehmen, dass in D ein analytischer Zweig des Logarithmus existiert und dass dieser als Ableitung $1/z$ hat. Man wende etwa den Satz über implizite Funktionen (oder Aufgabe 5 aus I.4) an. Die Funktion l unterscheidet sich wegen a) von dieser analytischen Funktion um eine additive Konstante.

   c) Die eine Richtung wurde bereits in b) gezeigt. Sei l eine Stammfunktion von $1/z$. Man kann nach Abändern um eine additive Konstante annehmen, dass l auf einer kleinen nicht leeren offenen Menge ein Zweig des Logarithmus ist. Die Gleichung $\exp(l(z)) = z$ gilt dann auf ganz D.

   d) Der Hauptwert des Logarithmus entstand durch Umkehren der Einschränkung der Exponentialfunktion auf den Streifen $-\pi < y < \pi$. Schränkt man stattdessen die Exponentialfunktion auf den Streifen $0 < y < 2\pi$ ein, so erhält man einen analytischen Zweig des Logarithmus, welcher in der längs der positiven reellen Achse geschlitzten Ebene analytisch ist. Dieser Zweig und der Hauptwert stimmen in der oberen Halbebene überein. In der unteren unterscheiden sie sich um $2\pi i$.

17. Mit Hilfe des Cauchy'schen Integralsatzes und der angegebenen Abschätzung zeigt man leicht, dass das Integral von $\exp(iz^2)$ längs der positiven reellen Achse gleich dem Integral längs des Strahls $t \exp(\pi i/4)$, $t \ge 0$, ist. Auf diesem Halbstrahls ist aber $\exp(iz^2)$ bis auf den konstanten Faktor $(1 + i)/\sqrt{2}$ gleich der reellen Funktion $\exp(-t^2)$.

Lösungen der Übungsaufgaben zu II.3

1. Die Werte der Integrale a)-d) sind 0, $\pi\mathrm{i}/\sqrt{2}$, $e^2\pi\mathrm{i}$, 0. Zur Berechnung der Integrale b) und d) ist es zweckmäßig, eine Partialbruchzerlegung vorzunehmen. Das Integral e) ist 0 im Falle $|b| > r$ und $2\pi\mathrm{i}\sin b$ im Falle $|b| < r$.

2. Die Werte sind
$$\frac{-\mathrm{i}e^{\mathrm{i}}}{2}, \quad \frac{\mathrm{i}e^{-\mathrm{i}}}{2}, \quad \frac{-\mathrm{i}e^{\mathrm{i}}}{2} + \frac{\mathrm{i}e^{-\mathrm{i}}}{2}, \quad 2.$$

3. Die Werte der Integrale sind
$$2\pi\mathrm{i}n, \quad 2\pi\mathrm{i}(-1)^m \begin{pmatrix} n+m-2 \\ n-1 \end{pmatrix} \frac{1}{(b-a)^{n+m-1}}.$$

4. Den Wert des Integrals erhält man über die Aufspaltung $\frac{1}{1+z^2} = \frac{1}{2\mathrm{i}}\left(\frac{1}{z-\mathrm{i}} - \frac{1}{z+\mathrm{i}}\right)$. Für die Abschätzung verwende man die Standardmethode 1.5,2).

5. Der Wert des Integrals ist $-2\pi\mathrm{i}$.

6. Die Funktion g ist nach Voraussetzung beschränkt und daher konstant. Aus $0 = g' = f' \exp(f)$ folgt, dass f konstant ist, da $\mathbb{C}$ zusammenhängend ist.

7. Aus der Periodizität folgt, dass f schon alle seine Werte auf dem kompakten Parallelogramm $\{t\omega + t'\omega'; \ 0 \le t, t' \le 1\}$ annimmt. Als stetige Funktion ist f dort und damit überhaupt beschränkt. f ist nach dem Satz von LIOUVILLE konstant.

8. Man schreibe P in der Form $P(z) = C\prod(z-\zeta_\nu)$ und verwende die Produktformel für die logarithmische Ableitung.

   Zum Beweis des Satzes von GAUSS-LUCAS kann man annehmen, dass die Nullstelle ζ von P' nicht gleichzeitig eine Nullstelle von P ist. Sei
$$m_\nu = \frac{1}{|\zeta - \zeta_\nu|^2} \quad \text{und} \quad m = \sum_{\nu=1}^n \frac{1}{m_\nu}.$$
   Aus der Formel für P'/P folgt
$$\zeta = \sum_{\nu=1}^n \lambda_\nu \zeta_\nu \quad \text{mit} \quad \lambda_\nu = \frac{m_\nu}{m}.$$

9. Man kann nach eventueller Kürzung annehmen, dass P und Q keine gemeinsame Nullstelle haben. Sei s eine Nullstelle der Ordnung n von Q. Man ziehe von R den Partialbruch $C(z-s)^{-n}$ mit einer noch zu bestimmenden Konstanten C ab. Diese bestimme man so, dass der Zähler von
$$\frac{P(z)}{Q(z)} - \frac{C}{(z-s)^n} = \frac{P(z) - CQ_1(z)}{Q(z)} \quad \text{mit} \quad Q_1(z) = \frac{Q(z)}{(z-s)^n}$$
   in s verschwindet. Dies ist möglich, da das Polynom Q_1 in s nicht verschwindet. Danach kann man Zähler und Nenner durch $z - s$ teilen und kommt mit einem naheliegenden Induktionsbeweis zum Ziel.

   Wenn die Koeffizienten reell sind, benutze man $2R(z) = R(z) + \overline{R(\overline{z})}$ und erhält R als Linearkombination eines Polynoms mit reellen Koeffizienten sowie von Partialbrüchen $(z-a)^{-n} + (z-\overline{a})^{-n}$. Diese sind für reelle z reell.

10. Eine einfache algebraische Umformung ergibt im Fall $m = 1$

$$\frac{F_1(z) - F_1(a)}{z - a} - \frac{1}{2\pi i} \int\limits_\alpha \frac{\varphi(\zeta)}{(\zeta - a)^2} \, d\zeta = \frac{z - a}{2\pi i} \int\limits_\alpha \frac{\varphi(\zeta)}{(\zeta - a)^2(\zeta - z)} \, d\zeta.$$

Dieser Ausdruck strebt gegen 0 für $z \to a$. Den allgemeinen Fall erhält man durch Induktion nach m unter Benutzung der Identität

$$\frac{1}{(\zeta - z)^m} = \frac{1}{(\zeta - z)^{m-1}(\zeta - a)} + \frac{z - a}{(\zeta - z)^m(\zeta - a)}.$$

11. Nach dem Satz von MORERA genügt es zu zeigen, dass das Integral von f über jeden Dreiecksweg verschwindet, sofern die ganze Dreiecksfläche in D enthalten ist. Indem man das Dreieck in Teildreiecke zerlegt, kann man annehmen, dass das Dreieck entweder in der abgeschlossenen oberen oder unteren Halbebene enthalten ist. Mittels eines einfachen Approximationsarguments, bei welchem die Stetigkeit von f ausgenutzt wird, kann man annehmen, dass das Dreieck sogar in der offenen oberen oder unteren Halbebene enthalten ist. Jetzt kann man den CAUCHY'schen Integralsatz für Dreieckswege anwenden.

12. Die Funktion $\widetilde{f}$ ist offenbar stetig und ihre Einschränkungen auf D_+ bzw. D_- sind analytisch. Man kann Aufgabe 11 anwenden.

13. Die Aufgabe ist eine einfache Anwendung der LEIBNIZ'schen Regel.

14. Die Stetigkeit von φ ist lediglich in den Diagonalpunkten (a, a) kritisch. Man wähle ein $r > 0$, so dass die abgeschlossene Kreisscheibe um a in D enthalten ist. Wenn z und ζ ($z \neq \zeta$) im Innern dieser Kreisscheibe liegen, so gilt nach der CAUCHY'schen Integralformel

$$\frac{f(\zeta) - f(z)}{\zeta - z} = \frac{1}{2\pi i} \oint\limits_{|\eta - a| = r} \frac{f(\eta) \, d\eta}{(\eta - \zeta)(\eta - z)}.$$

Man kann unter dem Integralzeichen den Grenzübergang $\zeta \to a$, $z \to a$ vornehmen und erhält nach der verallgemeinerten CAUCHY'schen Integralformel $f'(a)$.

Zum Beweis des zweiten Teils kann man annehmen, dass D eine Kreisscheibe ist. Nach dem ersten Teil und nach 2.7_1 besitzt die Funktion $f(\zeta) := \varphi(\zeta, z)$ eine Stammfunktion und ist nach 3.4 analytisch.

15. Aus der Gleichung $f^2 + g^2 = (f + ig)(f - ig)$ folgt, dass $f + ig$ keine Nullstelle hat. Es gilt daher $f + ig = e^{ih}$ mit einer ganzen Funkion h und als Folge $f - ig = e^{-ih}$. Man löse die beiden letzten Gleichungen nach f und g auf.

16. Wenn das Bild von f nicht dicht ist, liegt es im Komplement einer Kreisscheibe $U_r(a)$. Man betrachte $1/(f(z) - a)$.

Lösungen der Übungsaufgaben zu III.1

1. Da Stetigkeit eine lokale Aussage ist, kann man annehmen, dass die Reihe gleichmäßig konvergiert und dann die Standardmethode der reellen Analysis anwenden.

2. Die Behauptung folgt aus 1.3 durch Induktion nach k.

3. Nach dem HEINE-BOREL'schen Überdeckungssatz genügt es, zu jedem Punkt $a \in D$ eine ε-Umgebung zu konstruieren, in welcher die Ableitungen (simultan) beschränkt sind. Man wählt ε so klein, dass die abgeschlossene Kreisscheibe vom Radius 2ε noch in D enthalten ist und erhält für $z \in U_\varepsilon(a)$ mittels der verallgemeinerten CAUCHY'schen Integralformel die Abschätzung

$$\left| f_n'(z) \right| = \frac{1}{2\pi} \left| \oint_{|\zeta - a| = 2\varepsilon} \frac{f_n(\zeta)\, d\zeta}{(\zeta - z)^2} \right| \le \frac{1}{2\pi} 4\pi\varepsilon \frac{M(\overline{U_\varepsilon(a)})}{\varepsilon^2}.$$

4. Im Bereich $|z| \le r < 1$ wird das allgemeine Reihenglied durch $(1 - r)^{-1} r^{2\nu}$ majorisiert.

5. Schon im Nullpunkt konvergiert die Reihe nicht absolut (harmonische Reihe).

   Da das allgemeine Reihenglied gegen 0 strebt, darf man für die weitere Konvergenzuntersuchung je zwei aufeinanderfolgende Reihenglieder zusammenfassen. Fasst man das erste mit dem zweiten, dritte mit dem vierten, u.s.w. zusammen, so erhält man eine neue Reihe, welche auf einem Kompaktum $K \subset \mathbb{C} - \mathbb{N}$ durch die Reihe mit allgemeinem Glied $C(K) n^{-2}$ majorisiert wird.

6. Es handelt sich um eine teleskopische Reihe (s. Aufgabe 10 aus I.2) mit dem Grenzwert $1/(1 - z)$.

7. Wenn die Reihe konvergiert, muss zunächst einmal die Folge $\sin(nz)/2^n$ beschränkt sein. Wenn z in der oberen Halbebene liegt, bedeutet dies, dass $\exp(ny)/2^n$ beschränkt ist. Dies ist äquivalent mit $y \le \log 2$.

   Die Zusatzfrage ist aus einem ähnlichen Grund zu verneinen. Die Reihe konvergiert nur für reelle z.

8. Das Integral über f_r verschwindet nach dem CAUCHY'schen Integralsatz. Für $r = 1 - 1/n$ erhält man eine Folge, welche nach dem Satz von der gleichmäßigen Stetigkeit auf dem abgeschlossenen Einheitskreis gleichmäßig gegen f konvergiert.

Lösungen der Übungsaufgaben zu III.2

1. Die Konvergenzradien sind 0, e, e und $1/b$.

2. Man muss zeigen, dass die Folge $(n c_n \varrho'^n)$ für jedes $0 < \varrho' < \varrho$ beschränkt ist, sofern die Folge $(c_n \varrho^n)$ beschränkt ist. Die Folge $n(\varrho'/\varrho)^n$ ist beschränkt, da die Folge $\sqrt[n]{n}$ gegen 1 konvergiert und somit $\sqrt[n]{n}\varrho'/\varrho$ für fast alle n kleiner als 1 ist.

   Im zweiten Teil ist die Stetigkeit der Reihe $\sum c_n \varphi_n(z)$ zu zeigen. Tatsächlich konvergiert sie nach dem ersten Teil normal, denn in einem Bereich $|z| \le \varrho < r$ ist sie durch $\sum n|c_n| \varrho^n$ zu majorisieren.

3. Die folgenden Reihen mit Konvergenzradius 1 können genommen werden
   a) $\sum n^{-2} z^n$,   b) $\sum z^n$.

c) Die Reihe $\sum n^{-1} z^{2n}$ konvergiert für $z = \pm i$ und divergiert für $z = \pm 1$.

4. Die Beispiele a), b) aus Aufgabe 3 können genommen werden.

5. Wir beschränken uns auf c). Man erhält die TAYLORentwicklung mittels der Partialbruchzerlegung

$$\frac{1}{z^2 - 5z + 6} = \frac{1}{z - 3} - \frac{1}{z - 2}$$

und der geometrischen Reihe (und nicht etwa durch direktes Ableiten).

6. Wir behandeln stellvertretend eine Richtung von a). Wenn der angegebene Grenzwert existiert, gilt für jedes vorgegebene reelle $\alpha > 1/R$ die Ungleichung $|a_n| \le |a_0| \alpha^n$ mit Ausnahme endlich vieler n. Für beliebiges ρ, $0 < \varrho < 1/\alpha$ ist daher $(a_n \rho^n)$ beschränkt, sogar eine Nullfolge. Der Konvergenzradius ist also mindestens $\frac{1}{\alpha}$ und daher mindestens R, da α beliebig nahe an $1/R$ gewählt werden kann.

7. Nach dem allgemeinen Entwicklungssatz ist der Konvergenzradius mindestens r, er kann natürlich nicht größer sein.

   Als Beispiel für b) kann man den auf $D = \mathbb{C}_-$ definierten Hauptwert des Logarithmus nehmen. Für a nehme man einen Punkt im linken oberen Quadranten ($\operatorname{Im} a > 0, \operatorname{Re} a < 0$). Offensichtlich ist der Konvergenzradius gleich $r = |a|$. Die Konvergenzkreisscheibe enthält ein Stück der unteren Halbebene.

8. Dies ist eine triviale Folge aus dem Identitätssatz.

9. Über einen Potenzreihenansatz findet man die Lösungen

$$e^{z^2/2} \quad \text{bzw.} \quad \frac{5e^{2z} - 2z - 1}{4}.$$

10. Der Konvergenzradius ist gleich dem minimalen Betrag einer Nullstelle von cos, also $\pi/2$. Die Koeffizienten können rekursiv berechnet werden: Es ist $E_0 = 1$ und

$$E_{2n} = -\sum_{\nu=0}^{n-1} (-1)^{n-\nu} \binom{2n}{2\nu} E_{2\nu} \quad (n \ge 1).$$

Ihre Ganzzahligkeit folgt aus dieser Formel durch Induktion.

11. Der Konvergenzradius ist $\pi/2$. Die ersten 6 Koeffizienten sind $0, 1, 0, 1/3, 0, 2/15$.

12. a) Jeder Randpunkt sei regulär. Nach dem HEINE-BOREL'schen Überdeckungssatz gibt es ein $\varepsilon > 0$ und zu jedem Randpunkt ϱ eine analytische Funktion g_ϱ in $U_\varepsilon(\varrho)$, welche in $U_\varepsilon(\varrho) \cap D$ mit P übereinstimmt. Die Funktionen g_ϱ und g'_ϱ stimmen im Durchschnitt $U_\varepsilon(\varrho) \cap U_\varepsilon(\varrho')$ überein. Folgedessen existiert eine analytische Fortsetzung von P auf den Bereich $D \cup \bigcup_\varrho U_\varepsilon(\varrho)$. Dieser Bereich enthält eine Kreisscheibe vom Radius $R > r$, der Konvergenzradius von P wäre mindestens R.

   b) Vergleich mit der geometrischen Reihe zeigt, dass der Konvergenzradius mindestens 1 ist. Er kann natürlich nicht größer sein. Sei ζ eine 2^k-te Einheitswurzel für irgendeine natürliche Zahl. Die Potenzreihe ist auf der Strecke

$t\zeta$, $0 \le t < 1$ offenbar unbeschränkt. Daher ist ζ ein singulärer Randpunkt. Da die Menge dieser Einheitswurzeln dicht auf der Einheitskreislinie liegt, sind alle Randpunkte singulär.

13. Die angegebene Reihe hat Konvergenzradius ∞, wie ein Vergleich mit der Exponentialreihe zeigt. Die Differentialgleichung rechnet man unmittelbar nach. Sie liefert eine Rekursionsformel für die TAYLORkoeffizienten.

14. Man vergleiche mit der Exponentialreihe.

15. Man integriert die Doppelreihe

$$\frac{1}{z} f(z)\overline{f(z)} = \frac{1}{z} \sum_{n,m} a_n \overline{a_m} z^n \overline{z}^m$$

gliedweise über die Kreislinie vom Radius ϱ. Die Terme mit $m \ne n$ verschwinden. Triviale Abschätzung des Integrals liefert das gewünschte Resultat. Die CAUCHY'sche Ungleichung, welche man mit der Standardabschätzung einfacher direkt beweisen könnte, erhält man, indem man in der GUTZMER'schen Reihe alle Glieder bis auf eines streicht.

16. Im Falle $m = 0$ ist dies der Satz von LIOUVILLE, II.3.7. Der Beweis des allgemeinen Falles geht analog. Man beweist mit Hilfe der verallgemeinerten CAUCHY'schen Integralformel, dass die $(n+1)$-te Ableitung von f verschwindet. Man kann auch Aufgabe 15 anwenden.

17. Man setze f als Potenzreihe an und sieht sofort, dass der Koeffizient $a_0 = 0$, der Koeffizient $a_1 = \pm 1$ ist. Indem man eventuell f durch $g(z) = -f(z)$ ersetzt, kann man $a_1 = 1$ annehmen. Man zeigt jetzt leicht durch Induktion nach n, dass alle a_n, $n \ge 1$, verschwinden. Man erhält $f(z) = \pm z$ als einzige Lösungen.

18. Man kann des Quotientenkriterium verwenden.

Lösungen der Übungsaufgaben zu III.3

1. Die Potenzreihenentwicklung P von $\sin \frac{1}{1-z}$ hat im Konvergenzkreis $|z| < 1$ unendlich viele Nullstellen. Sie stimmt also mit der Potenzreihe $Q \equiv 0$ in unendlich vielen Punkten überein.

2. a) Da sich die Nullstellen von $f_1(z) - 2z$ gegen 0 häufen würden, müsste $f_1(z) = 2z$ gelten. Diese Funktion hat aber nicht beide geforderte Eigenschaften. Es gibt also kein f_1.

   b) $f_2(z) = z^2$ erfüllt die Forderungen.

   c) Der n-te TAYLORkoeffizient wäre $n!$. Die Potenzreihe hat aber den Konvergenzradius 0.

   d) Die Reihe $f_4(z) = \sum z^n/n^2$ hat die gewünschte Eigenschaft.

3. Die Ableitungen im Nullpunkt sind alle reell.

4. Die Aufgabe soll nocheinmal klarstellen, dass „diskret in" in unserer Terminologie ein relativer Begriff ist. Die Menge der Stammbrüche ist diskret in $\mathbb{C}^{\bullet}$, jedoch nicht in $\mathbb{C}$. Die Eigenschaft b) kann man auch so aussprechen: Eine Teilmenge $M \subset D$ ist genau dann diskret in D, wenn sie in D abgeschlossen ist und wenn die von D auf M induzierte Topologie die diskrete Topologie ist.

5. Es genügt zu zeigen, dass es eine Folge von kompakten Mengen gibt, welche D ausschöpft, $D = \bigcup_n K_n$. Man überlegt sich leicht, dass D die Vereinigung aller Kreisscheiben $K \subset D$ ist, welche rationalen Radius haben und deren Mittelpunkte rationalen Real- und Imaginärteil haben. Das System dieser Kreise ist abzählbar.

6. Die Nullstellenmenge ist diskret. Man benutze Aufgabe 5.

7. Die Funktion f verschwindet auf dem Wertevorrat von g. Dieser ist offen, wenn g nicht konstant ist.

8. Aus dem Maximumprinzip folgt $|f(z)/g(z)| \le 1$ und $|g(z)/f(z)| \le 1$, also $|f(z)/g(z)| = 1$. Nach dem Satz von der Gebietstreue muss f/g konstant sein.

9. Man wende Hilfssatz 3.8 auf die Funktion $f \circ g^{-1}$ an.

10. Die Maxima sind e, 2, $\sqrt{5}$, 3. Die Funktion d) ist nicht analytisch.

11. Man kann annehmen, dass D eine Kreisscheibe ist. Dann ist u Realteil einer analytischen Funktion. Deren Wertevorrat ist nach dem Satz von der Gebietstreue offen. Projiziert man diesen Wertevorrat auf die reelle Achse, so erhält man ein offenes Intervall.

12. Da der Abschluss kompakt ist, existiert ein Maximum. Im Innern kann es nicht angenommen werden, es sei denn, f ist konstant.

13. Wegen Hilfssatz 3.9 kann man annehmen, dass einer der beiden Punkte Null ist, also $f(0) = 0$. Nach dem SCHWARZ'schen Lemma gilt $|f(z)/z| \le 1$. Die Funktion $g(z) = f(z)/z$ besitzt ein Betragsmaximum, wenn f einen von 0 verschiedenen Fixpunkt hat und ist dann nach dem Maximumprinzip konstant.

14. Ist $b \in \mathbb{C}$ ein Randpunkt des Wertevorrats eines Polynoms P, so existiert eine Folge (a_n), so dass $P(a_n) \to b$. Nach dem Wachstumslemma ist die Folge (a_n) beschränkt und kann als konvergent angenommen werden, $a_n \to a$. Wegen $P(a) = b$ liegt b im Wertevorrat von P. Dieser ist also abgeschlossen und nach dem Satz von der Gebietstreue offen, aus Zusammenhangsgründen also ganz $\mathbb{C}$.

15. Man schließt indirekt und betrachtet die analytische Funktion $g = 1/f$. Nach Voraussetzung gilt $|g(a)| > |g(z)|$ für alle z aus dem Rand der Kreisscheibe. Man erhält einen Widerspruch mit Hilfe der CAUCHY'schen Integralformel für g.

Ist f eine nicht konstante analytische Funktion auf einem Gebiet $D \supset \overline{U}_r(a)$, so existiert $\varepsilon > 0$ mit mit $|f(z) - f(a)| \ge 2\varepsilon$ für $|z - a| = r$. Man zeigt mit mittels des ersten Teils, dass $U_\varepsilon(f(a))$ im Bild von f liegt.

16. Man bestätigt a) durch einfaches Nachrechnen. Man beweist b), indem man das Schwarz'sche Lemma auf $\varphi_{f(a)} \circ f \circ \varphi_a$ anwendet.

17. Sei f eine ganze Funktion, deren Betrag durch C beschränkt ist. Für beliebiges $a \in \mathbb{C}$ und $r > 0$ wende man das Schwarz'sche Lemma auf die Funktion $\frac{1}{2C}(f(rz + a) - f(z))$ an. Nach Grenzübergang $r \to \infty$ folgt $f'(a) = 0$.

Lösungen der Übungsaufgaben zu III.4

1. a) Aus α) folgt nach dem Hebbarkeitssatz β) und trivialerweise auch γ). Wenn γ) erfüllt ist, so folgt aus dem Hebbarkeitssatz zunächst, dass $g(z) := (z - a)f(z)$ eine hebbare Singularität hat. Mittels der Potenzreihenentwicklung zeigt man, dass g durch $z - a$ teilbar ist.

    b) Wenn der Limes existiert, so besitzt g in a eine hebbare Singularität, und man kann den Zusatz zu 4.4 anwenden.

2. Man verwende den Zusatz zu 4.4.

3. Wie in den beiden vorhergehenden Aufgaben verwende man die Charakterisierung der Ordnung aus dem Zusatz zu 4.4.

4. Die Funktionen b),c) und d) haben hebbare Singularitäten im Nullpunkt.

5. Die Polordnungen sind $2, 7, 3$.

6. Sei U eine beliebig kleine punktierte Umgebung von a. Wenn a eine wesentliche Singularität von f ist, so ist $f(U)$ dicht in $\mathbb{C}$. Es folgt, dass der Abschluss von $\exp(f(U))$ gleich dem Abschluss von $\exp(\mathbb{C})$, also ganz $\mathbb{C}$ ist. Wenn f einen Pol hat, existiert nach dem Satz von der Gebietstreue ein $r > 0$, so dass der Bereich $B = \{z;\ |z| > r\}$ in $f(U)$ enthalten ist. Die Exponentialfunktion nimmt aus Periodizitätsgründen jeden ihrer Werte schon in B an.

7. Man schreibe f (und analog g) in der Form $f(z) = (z - a)^k f_0(z)$. Aus der TAYLOR'schen Formel folgt $f_0(a) = f^{(k)}(a)/k!$.

8. Die Singularitäten liegen in $1 + 4\mathbb{Z}$. Außer der Stellen $z = 1$ und $z = -3$, wo es sich um hebbare Singularitäten handelt, liegen Pole erster Ordnung vor.

9. Man benutze partielle Integration mit $u = \sin^2(x)$ und $v = -1/x$. Wegen $u' = \sin(2x)$ wird man auf das bekannte DIRICHLETintegral $\int_0^\infty \frac{\sin x}{x}\,dx = \frac{\pi}{2}$ geführt.

10. Mittels der Formel $\sin^2 2x = 4(\sin^2 x - \sin^4 x)$ führt man das Integral auf das Integral in der vorhergehenden Aufgabe zurück.

Lösungen der Übungsaufgaben zu III.5

1. Mittels der geometrischen Reihe erhält man

$$\frac{z}{1 + z^2} = \frac{1}{2}\frac{1}{z - \mathrm{i}} + \frac{1}{2}\sum_{n=0}^\infty (-1)^n \frac{(z - \mathrm{i})^n}{(2\mathrm{i})^{n+1}}.$$

In $z = i$ liegt ein Pol erster Ordnung vor.

2. Mittels der Partialbruchzerlegung $f(z) = 1/(1-z) - 1/(2-z)$ erhält man

$$\frac{1}{(z-1)(z-2)} = \sum_{n=0}^{\infty} (1 - 2^{-n-1}) z^n, \qquad 0 < |z| < 1,$$

$$= -\sum_{n=1}^{\infty} z^{-n} - \sum_{n=0}^{\infty} \frac{z^n}{2^{n+1}}, \qquad 1 < |z| < 2,$$

$$= \sum_{n=2}^{\infty} (2^{n-1} - 1) z^{-n}, \qquad 2 < |z| < \infty.$$

Die Entwicklung um die Punkte $a = 1$ und $a = 2$ erhält man analog.

3. Man benutze die Partialbruchzerlegung

$$\frac{1}{z(z-1)(z-2)} = \frac{1}{2z} + \frac{-1}{z-1} + \frac{1}{2(z-2)}.$$

4. Die Identität gilt nur für $|z| < 1$ und $|1/z| < 1$, also auf der leeren Menge.

5. Die rationale Funktion lässt sich in einer Umgebung des Nullpunkts in eine Potenzreihe P entwickeln. Wertet man die Relation $(1 - z - z^2)P(z) = 1$ aus, so sieht man, dass die Koeffizienten von P denselben Relationen genügen wie die Koeffizienten f_n. Sie stimmen daher mit diesen überein.

Die explizite Formel für f_n erhält man aus der Partialbruchzerlegung

$$\frac{1}{1 - z - z^2} = \frac{1}{\sqrt{5}} \left(\frac{1}{z - \omega_2} - \frac{1}{z - \omega_1} \right) \quad \text{mit } \omega_{1|2} = \frac{-1 \pm \sqrt{5}}{2}$$

mittels der geometrischen Reihe.

6. Die Aussage ist klar für das Polynom $P(z) = z^m$ und folgt dann allgemein. Man wende 4.6 an.

7. a) Die Funktion f ist invariant gegenüber $z \mapsto -1/z$ und ebenfalls invariant gegenüber $z \mapsto -z$ und $w \mapsto -w$.

   b) Die Formel ergibt sich aus der Integraldarstellung der LAURENTkoeffizienten (Zusatz zu 5.2), indem man die Parameterdarstellung des Kurvenintegrals benutzt.

   c) Substituiert man im Integral für die LAURENTkoeffizienten die Integrationsvariable ζ durch $2\zeta/w$, so erhält man mit Integration über die Einheitskreislinie

$$J_n(w) = \frac{1}{2\pi i} \left(\frac{z}{2} \right)^n \oint \zeta^{-n-1} \exp \left(\zeta - \frac{w^2}{4\zeta} \right) d\zeta.$$

Mittels der Exponentialreihe erhält man hieraus

$$J_n(w) = \frac{1}{2\pi i} \sum_{m=0}^{\infty} \frac{(-1)^m}{m!} \left(\frac{w}{2} \right)^{n+2m} \oint \frac{e^\zeta}{\zeta^{n+m+1}} d\zeta.$$

Das Integral hat den Wert $2\pi i/(n+m)!$. Dies sieht man, indem man die Potenzreihenentwicklung von e^ζ einträgt und gliedweise integriert.

d) Man verifiziert die Differentialgleichung durch gliedweises Ableiten der Reihe.

8. Die Funktion $z \mapsto 1/z$ bildet die Kreisscheibe (um 0) vom Radius r auf das Komplement der Kreisscheibe vom Radius $1/r$ ab. In diesem Komplement sind horizontale Parallelstreifen der Breite 2π enthalten. Die Exponentialfunktion nimmt in solchen Parallelstreifen schon jeden ihrer Werte an.

9. Sonst wäre das Integral der Funktion $1/z$ über eine Kreislinie um den Nullpunkt gleich 0.

10. In der oberen Halbebene gilt mit $q = e^{2\pi i z}$, $\operatorname{Im} z > 0$:

$$\pi \cot \pi z = \pi \, \frac{\cos \pi z}{\sin \pi z} = \pi i \, \frac{q+1}{q-1} = \pi i - \frac{2\pi i}{1-q} = \pi i - 2\pi i \sum_{n=0}^{\infty} q^n.$$

Lösungen der Übungsaufgaben zum Anhang zu III.4 und III.5

1. Das Wesentliche ist, dass man die Summe $f+g$ und das Produkt fg von meromorphen Funktionen f, g erst einmal streng definiert. Dies ist für endliche Gebiete $D \subset \mathbb{C}$ durchgeführt worden. Wenn ∞ im Definitionsbereich enthalten sein sollte, so definiert man $(f+g)(\infty)$ und $(f \cdot g)(\infty)$ am besten dadurch, dass man im Definitionsbereich die Substitution $z \mapsto 1/z$ durchführt und sich dadurch auf den bereits behandelten Fall $z = 0$ anstelle $z = \infty$ berufen kann.

2. Dies wurde übrigens beim Beweis von A2 (Invertieren einer meromorphen Funktion) stillschweigend benutzt. Zunächst mache man sich klar, dass D nach Herausnahme einer diskreten Menge (in unserem Fall der Polstellenmenge) zusammenhängend bleibt. Folgedessen können sich die Nullstellen nach dem gewöhnlichen Identitätssatz nirgends im Komplement der Polstellenmenge häufen. Auch die Pole selbst können keine Häufungspunkte von Nullstellen sein, da bei Annäherung an einen Pol die Funktionswerte über alle Grenzen wachsen.

3. Hebbarkeit bedeutet die Beschränktheit von $f(z)$ für $|z| \geq C$, C hinreichend groß. Ein Pol liegt vor, falls $\lim_{|z| \to \infty} |f(z)| = \infty$ gilt. Eine wesentliche Singularität liegt vor, falls der Bereich $|z| \geq C$ $(z \neq \infty)$ für beliebig große C durch f auf eine dichte Teilmenge von $\mathbb{C}$ abgebildet wird.

4. Man verifiziert die Formeln durch direkte Rechnung.

5. Das Innere des Einheitskreises wird nach dem Satz von der Gebietstreue auf einen *offenen* Teil der Ebene abgebildet. Das Äußere des Einheitskreises wird wegen der Injektivität auf das Komplement dieser offenen Menge abgebildet. Daher ist ∞ keine wesentliche Singularität von f. Somit ist f ganz rational, d.h. ein Polynom. Wegen der Injektivität ist der Grad 1.

6. Die einzigen Lösungen sind $f(z) = z$ und $f(z) = -z + b$ mit einer Konstanten b. Aus der Funktionalgleichung folgt, dass f injektiv ist. Nach der vorhergehenden Aufgabe ist f ein lineares Polynom.

7. Jede meromorphe Funktion auf ganz $\overline{\mathbb{C}}$ ist rational (Satz A6). Wenn eine rationale Funktion bijektiv ist, so hat sie genau eine Nullstelle und genau einen Pol. In einer gekürzten Darstellung als Quotient zweier Polynome können Nenner und Zähler höchstens den Grad 1 haben. Nun folgen a) und b) aus Satz A9.

8. Die Fixpunktgleichung ist eine quadratische Gleichung, $az + b = (cz + d)z$.

9. Wenn a, b, c von ∞ verschieden sind, leistet das Doppelverhältnis das Gewünschte. Allgemein definiere man das Doppelverhältnis durch einen naheliegenden Grenzübergang.

10. Der Satz ist klar für Translationen und Drehstreckungen, also für obere Dreiecksmatrizen. Er ist auch klar für die Substitution $z \mapsto 1/z$. Dies sieht man für die Kreisgleichung $(z - a)\overline{(z - a)} = r^2$ und die Geradengleichung $az + b\overline{z} = c$ unmittelbar durch Einsetzen. Eine beliebiges M lässt sich aus den beiden Typen zusammensetzen: Wenn M selbst keine obere Dreiecksmatrix ist, so ist $\alpha := M\infty$ von ∞ verschieden. Die Matrix $N = \begin{pmatrix} 1 & \alpha \\ 0 & 1 \end{pmatrix}\begin{pmatrix} 0 & 1 \\ 1 & 0 \end{pmatrix}$ hat ebenfalls die Eigenschaft $N\infty = \alpha$. Folgedessen gilt $M = NP$ mit einer oberen Dreiecksmatrix P.

11. Dies folgt aus Aufgabe 9, wenn man benutzt, dass drei Punkte in genau einer verallgemeinerten Kreislinie enthalten sind.

12. Man unterscheide, je nachdem, ob M einen oder zwei Fixpunkte hat. Im ersten Fall wähle man A so, dass der Fixpunkt in ∞ abgebildet wird. Die Matrix AMA^{-1} hat dann den Fixpunkt ∞ und hat die Wirkung $z \mapsto az + b$. Da sie *nur* den Fixpunkt ∞ hat, muss a gleich 1 sein. Die zugehörige Matrix ist eine obere Dreiecksmatrix mit gleichen Diagonalelementen. Wenn zwei verschiedene Fixpunkte vorhanden sind, kann man diese nach 0 und ∞ werfen. Die Matrix wird dann eine Diagonalmatrix.

13. Eine Dreiecksmatrix, welche keine Diagonalmatrix ist und welche gleiche Diagonalelemente hat, ist nicht von endlicher Ordnung. Wegen Aufgabe 12 kann man daher annehmen, dass M eine Diagonalmatrix ist.

Lösungen der Übungsaufgaben zu III.6

1. Wir behandeln exemplarisch e). Bei $z = 1$ liegt ein Pol zweiter Ordnung vor. Das Residuum ist gleich dem ersten TAYLORkoeffizienten von $\exp(z)$ an der Stelle $z = 1$, also e.

2. Die Ableitung von F ist 0. Mithin ist F konstant und insbesondere $F(1) = F(0)$. Es folgt, dass $G(1)$ ein ganzzahliges Vielfaches von $2\pi i$ ist. Die Umlaufzahl ist gerade $G(1)/2\pi i$.

3. a) Die Funktion $\chi(\alpha, z)$ ist stetig und nimmt nur ganze Werte an.

   b) Die Formeln ergeben sich unmittelbar aus der Definition des Kurvenintegrals.

   c) Die Funktion

$$h(z) = \chi(\alpha; 1/z) = \frac{1}{2\pi i} \int\limits_{\alpha} \frac{z}{\zeta z - 1}\, d\zeta$$

ist zunächst analytisch in der Menge aller $z \neq 0$, so dass $1/z$ nicht im Bild von α liegt. Sie ist analytisch in den Nullpunkt durch 0 fortsetzbar. Da sie lokal konstant ist, muss sie in einer vollen Umgebung des Nullpunkts verschwinden.

d) Dies wurde schon beim Beweis von c) gezeigt.

e) Aus der gegebenen Anleitung folgert man, dass es zwei (möglicherweise verschiedene) Logarithmen l_1 und l_2 von $\alpha(0) = \alpha(1)$ gibt, so dass $2\pi i \chi(\alpha; a) = l_1 - l_2$ gilt.

4. a) Man führt in der Integraldarstellung die Substitution $\zeta \mapsto 1/\zeta$ durch. Diese gewinnt man leicht über die Parameterdarstellung des Kurvenintegrals.

   b) Die Funktion $f(z) = z$ hat im Nullpunkt eine hebbare Singularität und dort sogar eine Nullstelle!

5. Man wähle R in 4a) so groß, dass alle Pole von f den Betrag $< R$ haben. Die Behauptung folgt aus dem Residuensatz und aus 4a).

6. Die Integrale können mit dem Residuensatz berechnet werden. Man verwendet zweckmäßigerweise die Geschlossenheitsrelation aus Aufgabe 5. Im Falle a) ist das Residuum in ∞ gleich 0, an der Stelle $z = 3$ gleich $(3^{13} - 1)^{-1}$. Mit Hilfe der Geschlossenheitsrelation folgt, dass das Integral den Wert $-2\pi i(3^{13} - 1)^{-1}$ hat.

7. Da fg höchstens einen Pol erster Ordnung hat, kann man die Formel 6.4 1) anwenden.

8. Eine LAURENTreihe, deren Koeffizient a_{-1} verschwindet, kann gliedweise integriert werden.

9. Gliedweise Differentiation einer LAURENTreihe liefert eine LAURENTreihe, für welche der Koeffizient a_{-1} verschwindet.

10. Die Transformationsformel erhält man, indem man die Parameterdefinition des Kurvenintegrals einsetzt und die gewöhnliche Substitutionsregel anwendet. Die Residuenformel ist ein Spezialfall.

Lösungen der Übungsaufgaben zu III.7

1. Im ersten Beispiel liegt eine Nullstelle im Innern des Einheitskreises, keine liegt auf dem Rand. Die anderen drei Nullstellen liegen außerhalb. Dies zeigt man, indem man den Satz von ROUCHÉ 7.7 auf $f(z) = -5z$ und $g(z) = 2z^4 + 2$ anwendet. Bei der zweiten Gleichung existieren 3 Lösungen mit $|z| > 1$. Die dritte Gleichung hat 4 Lösungen in dem Kreisring.

Die numerische Lage der Lösungen relativ zu den Kreisen vom Radius eins bzw. zwei ist wie folgt:

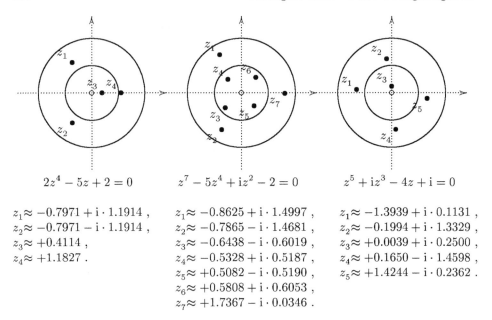

$$2z^4 - 5z + 2 = 0 \qquad z^7 - 5z^4 + iz^2 - 2 = 0 \qquad z^5 + iz^3 - 4z + i = 0$$

$z_1 \approx -0.7971 + i \cdot 1.1914$,	$z_1 \approx -0.8625 + i \cdot 1.4997$,	$z_1 \approx -1.3939 + i \cdot 0.1131$,
$z_2 \approx -0.7971 - i \cdot 1.1914$,	$z_2 \approx -0.7865 - i \cdot 1.4681$,	$z_2 \approx -0.1994 + i \cdot 1.3329$,
$z_3 \approx +0.4114$,	$z_3 \approx -0.6438 - i \cdot 0.6019$,	$z_3 \approx +0.0039 + i \cdot 0.2500$,
$z_4 \approx +1.1827$.	$z_4 \approx -0.5328 + i \cdot 0.5187$,	$z_4 \approx +0.1650 - i \cdot 1.4598$,
	$z_5 \approx +0.5082 - i \cdot 0.5190$,	$z_5 \approx +1.4244 - i \cdot 0.2362$.
	$z_6 \approx +0.5808 + i \cdot 0.6053$,	
	$z_7 \approx +1.7367 - i \cdot 0.0346$.	

2. Man orientiere sich an dem Beispiel 2) auf S. 173.

3. Man wendet den Satz von ROUCHÉ 7.7 mit $f(z) = z - \lambda$ und $g(z) = \exp(-z)$ an. Als Integrationslinie nimmt man das Rechteck mit den Ecken $-iR$, $R - iR$, $R + iR$, iR für beliebig großes R. Für hinreichend großes R gilt die Ungleichung $|g(z)| < |f(z)|$ auf der Integrationslinie.

4. Die Funktion $|\exp(z)|$ hat auf einer vorgegebenen Kreisscheibe $|z| \leq R$ ein positives Minimum m. Da die Exponentialreihe gleichmäßig auf jedem Kompaktum konvergiert, existiert eine natürliche Zahl n_0 mit
$$|e_n(z) - \exp(z)| < m \leq |\exp(z)| \quad \text{für} \quad n \geq n_0 \quad \text{und} \quad |z| \leq R.$$
Insbesondere ist $e_n(z)$ für $n \geq n_0$ und $|z| \leq R$ von 0 verschieden.

5. Man wende den Satz von ROUCHÉ 7.7 auf das Funktionenpaar $(f(z), -z^n)$ an.

6. Die einzige Singularität das Integranden in $\overline{U}_\varrho(a)$ ist in $\zeta = f^{-1}(w)$. Das Residuum ist
$$\lim_{\zeta \to f^{-1}(w)} (\zeta - f^{-1}(w)) \frac{\zeta f'(\zeta)}{f(\zeta) - f(f^{-1}(w))} = \frac{f^{-1}(w) f'(f^{-1}(w))}{f'(f^{-1}(w))} = f^{-1}(w).$$

7. Man orientiere sich an dem Beweis für die Partialbruchentwicklung des Kotangens 7.13 und betrachte das Integral von g bzw. h über die Kontur Q_N. Der Grenzwert dieses Integrals verschwindet für $N \to \infty$. Die Behauptung folgt aus dem Residuensatz. Die Singularitäten von g bzw. h liegen in ganzen Zahlen $n \in \mathbb{Z}$. Die Residuen sind $f(n)$ bzw. $(-1)^n f(n)$.

8. Man wende Aufgabe 8 auf die Funktion $f(z) = 1/z^2$ an.

9. Für das erste Integral muss man nach Satz 7.9 die Residuen der rationalen Funktion

$$\frac{z^6 + 1}{z^3(2z - 1)(z - 2)}$$

im Einheitskreis bestimmen. Im Nullpunkt liegt ein Pol dritter Ordnung mit Residuum 21/8 vor, im Punkt 1/2 ein Pol erster Ordnung mit Residuum $-65/24$. Der Pol bei $z = 2$ liegt außerhalb des Einheitskreises. Man erhält

$$\int_0^{2\pi} \frac{\cos 3t}{5 - 4\cos t}\, dt = \frac{\pi}{12}.$$

Mit derselben Methode erhält man

$$\int_0^{\pi} \frac{1}{(a + \cos t)^2}\, dt = \frac{1}{2} \int_0^{2\pi} \frac{1}{(a + \cos t)^2}\, dt = \frac{\pi a}{(a^2 - 1)\sqrt{a^2 - 1}}.$$

Bei den Aufgaben 10)-13) verifiziert man die angegebenen Resultate mit den Standardmethoden.

14. Sei $\zeta = \exp(2\pi i/5)$. In dem Kreissektor, welcher von den beiden Halbgeraden und dem Kreisbogen zwischen r, $r > 1$, und $r\zeta$ begrenzt wird, hat $(1 + z^5)^{-1}$ genau eine Singularität, nämlich $\eta = \exp(\pi i/5)$. Es ist $\zeta = \eta^2$. Das Residuum von $(1 + z^5)^{-1}$ in $z = \eta$ ist $(5\eta^4)^{-1} = -\eta/5$. Da das Integral über den Kreisbogen für $r \to \infty$ gegen 0 konvergiert, folgt aus dem Residuensatz, dass die Differenz der beiden Integrale längs der beiden Halbgeraden gleich dem $2\pi i$-fachen dieses Wertes ist. Man erhält also

$$\int_0^{\infty} \frac{1}{1 + x^5}\, dx - \zeta \int_0^{\infty} \frac{1}{1 + x^5}\, dx = -\frac{2\pi i}{5}\eta.$$

Die Formel bleibt gültig, wenn man 5 durch eine ungerade Zahl > 1 ersetzt.

15. Die Integrale sind an beiden Grenzen uneigentlich. Um den Residuensatz anwenden zu können, muss ein geeigneter Logarithmuszweig definiert werden. Man nimmt $\log z = \log |z| + i\varphi$ mit $-\pi/2 < \varphi < 3\pi/2$. Dieser Zweig ist in der längs der negativen imaginären Achse geschlitzten Ebene analytisch. In diesem Gebiet verläuft der folgende Integrationsweg α: Man wählt $0 < \varepsilon < r$. Der Integrationsweg wird zusammengesetzt aus der Strecke von $-r$ bis $-\varepsilon$, dem Halbkreis in der oberen Halbebene von $-\varepsilon$ bis ε und der Strecke von ε bis r. Aus dem Residuensatz folgt mit Standardabschätzungen

$$\lim_{r \to \infty} \int_\alpha \frac{(\log z)^2}{1 + z^2}\, dz = -\frac{\pi^3}{4}.$$

Nun nutzt man $\log(-x) = \log x + \pi i$ für $x > 0$ aus. Vollzieht man den Grenzübergang $\varepsilon \to 0$, so erhält man

$$2 \int\limits_0^\infty \frac{(\log x)^2}{1 + x^2}\, dx + 2\pi\mathrm{i} \int\limits_0^\infty \frac{\log x}{1 + x^2}\, dx - \pi^2 \int\limits_0^\infty \frac{dx}{1 + x^2} = -\frac{\pi^3}{4}.$$

Der Wert des dritten Integrals ist bekanntlich $\pi/2$.

16. Da der Integrand eine gerade Funktion von x ist, braucht man nur das Integral von $-\infty$ bis ∞ zu bestimmen. Man betrachte den Imaginärteil der Formel aus Satz 7.1.

17. Die Funktion $f(z)$ hat einen Pol erster Ordnung bei $z = a/2$ und dies ist die einzige Singularität, welche von der Integrationskurve umlaufen wird. Das Residuum ist $\frac{1}{2\mathrm{i}\sqrt{\pi}}$. Der Wert des Kurvenintegrals von f ist das $2\pi\mathrm{i}$-fache dieses Werts, also $\sqrt{\pi}$. Die Summe der Integrale über die beiden horizontalen Linien ergibt $\int_{-R}^R \exp(-t^2)\, dt$. Die beiden Integrale von a nach $R + a$ und von $-R$ nach $-R + a$ konvergieren gegen 0 für $R \to \infty$.

18. Wir setzen $f(z) = \dfrac{\exp(2\pi\mathrm{i}z^2/n)}{\exp(2\pi\mathrm{i}z) - 1}$. Der Residuensatz angewendet auf f und α liefert in jedem der beiden Fälle die Gauß'sche Summe G_n. Man berechnet nun das Integral auf andere Weise, indem man R nach unendlich gehen läßt. Zunächst sieht man leicht, dass die Beiträge der beiden Horizontalen gegen Null gehen, da der Integrand auf ihnen genügend stark abklingt. Die Integrale längs der beiden Schräglinien bzw. Vertikalen kann man mittels

$$f(z + n) - f(z) = \exp\left(\frac{2\pi\mathrm{i}}{n} z^2\right)\bigl(\exp(2\pi\mathrm{i}z) + 1\bigr)$$

zu einem Integral zusammenfassen. Da der Intergrand keine Singularität hat, kann man im ersten Fall über die Gerade at, $-\infty < t < \infty$, integrieren (also $\varepsilon = 0$ setzen), im zweiten Fall kann man den Halbkreis durch durch eine Strecke ersetzen. Schreibt man nun die Integrale in der Parameterdarstellung explizit hin, so stößt man im wesentlichen auf das Gauß'sche Fehlerintegral (Aufgabe 17 in Verbindung mit Aufgabe 14 aus II.2).

19. Das Integral über f längs der Kontur von r über $r + \mathrm{i}r$ und über $-r + \mathrm{i}r$ nach $-r$ geht für $r \to \infty$ gegen 0, wie man mit Standardabschätzungen zeigt. Dank des Residuensatzes muss man daher nur noch die Integrale über die vielen Halbkreise

$$\delta_\varepsilon : [0, 1], \quad \delta(t) = p + \varepsilon \exp(\pi\mathrm{i}(1 - t)),$$

verstehen. Dazu schreibt man

$$f(z) = \frac{c}{z - p} + h(z), \quad c := \operatorname{Res}(f; p)$$

mit einer Funktion h, welche in einer Umgebung von p analytisch ist. Integriert man die rechte Seite über den Halbkreis, so ergibt der erste Term $-\pi c$, wie man in expliziter Parametrisierung leicht nachrechnet. Das Integral über den zweiten Term geht gegen 0 für $\varepsilon \to 0$.

Lösungen der Übungsaufgaben zu IV.1

1. Das Produkt a) divergiert. Das Produkt b) konvergiert. Der Wert ist 1/2, was man aus den Partialprodukten

$$\prod_{\nu=2}^{N} \left(1 - \frac{1}{\nu^2}\right) = \prod_{\nu=2}^{N} \frac{(\nu-1)(\nu+1)}{\nu^2} = \frac{1}{2}\frac{N+1}{N}$$

ablesen kann. Das Produkt c) konvergiert ebenfalls. Das N-te Partialprodukt ist $\frac{1}{3}(1 + \frac{2}{N})$. Der Wert des Produkts ist also 1/3. Das letzte Produkt konvergiert ebenfalls und zwar gegen 2/3. Das N-te Partialprodukt ist $\frac{2}{3}(1 + \frac{1}{N(N+1)})$.

2. Die zugehörige Reihe ist eine Teilreihe der geometrischen Reihe und konvergiert für $|z| < 1$. Der Wert ergibt sich aus der Formel

$$(1-z)\prod_{\nu=0}^{n} \left(1 + z^{2^\nu}\right) = 1 - z^{2^{n+1}}.$$

3. Die Monotonie folgt aus der trivialen Ungleichung $\log(1 + 1/n) > 1/(1+n)$, die Beschränkung durch 0 mittels $\int_1^x \frac{dt}{t}$, indem man die Summe über $1/\nu$ als Integral über eine Treppenfunktion deutet.

4. Man orientiere sich am Beweis von 1.9 und verwende die dort angegebene Umformung von G_n.

5. Nach der STIRLING'schen Formel ist der Grenzwert gleich

$$\lim_{n\to\infty} \frac{(z+n)^{z+n-1/2}e^{-(z+n)}}{n^z n^{n-1/2}e^{-n}} = e^{-z} \lim_{n\to\infty} \left(1 + \frac{z}{n}\right)^n = 1.$$

6. Aus a) folgert man zunächst, dass $g = f/\Gamma$ eine ganze Funktion mit Periode 1 ist. Wegen b) und Aufgabe 5 gilt

$$\frac{g(z)}{g(1)} = \frac{g(z+n)}{g(n)} = \lim_{n\to\infty} \frac{g(z+n)}{g(n)} = 1.$$

7. Die Formel folgt aus der LEGENDRE'schen Verdoppelungsformel 1.12 in Kombination mit derm Ergänzungssatz durch die Spezialisierung $z = 1/3$.

8. Die beiden Formeln folgen aus dem Ergänzungssatz 1.11 mittels

$$\Gamma(iy)\Gamma(1 - iy) = -iy\Gamma(iy)\Gamma(-iy), \quad \Gamma(-iy) = \overline{\Gamma(iy)},$$
$$\Gamma(1/2 + iy)\Gamma(1/2 - iy) = \Gamma(1/2 + iy)\Gamma(1 - (1/2 + iy)).$$

9. dass g ein Polynom vom Grad höchstens zwei ist, folgt z.B. aus den Produktentwicklungen für $\Gamma(z), \Gamma(z + 1/2)$ und $\Gamma(2z)$. Die Konstanten ermittelt man durch Spezialisierung auf $z = 1$ und $z = 1/2$.

10. Man muss den Hilfssatz auf $g := f/\Gamma$ anwenden. Zum Beweis des Hilfssatzes zeigt man, dass die Ableitung der logarithmischen Ableitung $h(z) = (g'/g)'(z)$ verschwindet. Sie genügt der Funktionalgleichung $4h(2z) = h(z) + h(z + 1/2)$. Ihr Maximum $M \geq 0$ auf ganz $\mathbb{R}$ existiert wegen der Periodizität und genügt der Ungleichung $2M \leq M$. Es folgt $M = 0$ und daher $h = 0$.

11. Die Funktionalgleichung und die Beschränktheit im Vertikalstreifen sind evident. Die Normierungskonstante kann man mit Hilfe der STIRLING'schen Formel oder Aufgabe 19 aus I.2 ablesen.

12. a) Da das Integral an beiden Grenzen uneigentlich ist, müssen Konvergenz und Stetigkeit begründet werden. Zunächst ist das eigentliche Integral

$$B_n(z,w) = \int\limits_{1/n}^{1-1/n} t^{z-1}(1-t)^{w-1}\, dt$$

stetig. Man orientiere sich nun an der Untersuchung der Γ-Funktion an der unteren Grenze und zeige, dass B_n in dem angegebenen Bereich lokal gleichmäßig gegen B konvergiert.

b) Man verwende die Argumentation aus a)

c) Die Funktionalgleichung folgt durch partielle Integration. Im Falle $z = 1$ besitzt der Integrand eine einfache Stammfunktion.

d) Die Voraussetzung der Beschränktheit in einem geeigneten Vertikalstreifen ist offensichtlich. Normierung und Funktionalgleichung folgen aus c).

e) Man substituiere $s = t/(1-t)$.

f) Man substituiere $t = \sin^2 \varphi$.

13. Sei allgemeiner $\mu_n(r)$ das Volumen einer n-dimensionalen Kugel vom Radius r. Eine einfache Integraltransformation zeigt $\mu_n(r) = r^n \mu_n(1)$. Aus dem Satz von FUBINI für mehrfache Integrale folgt

$$\mu_n(1) = \int\limits_{-1}^{1} \mu_{n-1}(\sqrt{1-t^2})\, dt.$$

Hieraus folgt die Rekursionsformel. Das auftretende Integral wird nach der Variablensubstitution $t = \sqrt{x}$ ein Betaintegral und damit ein Gammaintegral.

14. a) Die Singularitäten von ψ sind die Null- und Polstellen der Gammafunktion. Man benutze die Rechenregel III.6.4,3).

Es ist nun geschickt, gleich e) zu beweisen. Dazu wende man den Zusatz zu 1.7 an. Die Aussagen c), f), g) sind eine unmittelbare Folge. Für c) benutze man die Partialbruchentwicklung des Kotangens. Die letzte Aussage g) ist wegen $\log \Gamma(x)' = \psi(x)$ klar. Für positives x ist $\Gamma(x)$ positiv, und man kann problemlos logarithmieren.

15. Wir können $f(1) = 1$ annehmen. Wegen der Funktionalgleichung genügt es, die Identität $f(x) = \Gamma(x)$ für $0 < x < 1$ zu zeigen. Zweimalige Anwendung der logarithmischen Konvexität führt auf die Einschließung

$$n!(n+x)^{x-1} \le f(n+x) \le n!n^{x-1},$$

woraus sich mittels der Funktionalgleichung

$$\frac{n!n^x}{x(x+1)\cdots(x+n)}\left(1+\frac{x}{n}\right)^x \le f(x) \le \frac{n!n^x}{x(x+1)\cdots(x+n)}\left(1+\frac{x}{n}\right)$$

ergibt. Die Behauptung ergibt sich durch Grenzübergang $n \to \infty$. Man verifiziert leicht, dass Γ tatsächlich logarithmisch konvex ist (vgl. 14g)).

16. Man erhält die Identität, indem man $\Gamma(n - \alpha)$ nach iterierter Anwendung der Funktionalgleichung in $\Gamma(-\alpha)$ überführt. Die asymptotische Formel folgt mittels Aufgabe 5.

17. Zunächst einmal muss klar gestellt werde, dass $w^{-z} := \exp(-z \log w)$ über den Hauptwert des Logarithmus definiert ist. Der Integrand ist auf dem ganzen Integrationsweg stetig. Außerdem gilt bei dieser Wahl des Logarithmus

$$\left| w^{-z} e^w \right| \leq e^{\pi |y|} |w|^{-x} e^{\operatorname{Re} w}.$$

Der Integrand klingt also für $\operatorname{Re} w \to -\infty$ rapide ab, die absolute Konvergenz des Integrals ist somit klar. Indem man das Integral analog zum EULER'schen Gammaintegral durch eigentliche Integrale approximiert, sieht man, dass das Integral eine ganze Funktion ist. Eine Besonderheit ist der Fall $z = -n$, $n \in \mathbb{N}$. In diesem Fall ist der Integrand eine ganze Funktion in w und man erhält aus dem CAUCHY'schen Integralsatz den Wert 0 für das HANKELintegral an der Stelle $z = -n$, $n \in \mathbb{N}_0$. Mittels des Residuensatzes erhält man den Wert $2\pi i$ an der Stelle $z = 1$.

Es ist günstiger, eine Variante der HANKEL'schen Formel zu beweisen, nämlich

$$\Gamma(z) = \frac{1}{2i \sin \pi z} \int\limits_{\gamma_{r,\varepsilon}} w^{z-1} e^w \, dw.$$

Die rechte Seite ist analytisch für $x > 0$, da dort die Nullstellen des Sinus von Nullstellen des Integrals kompensiert werden.

Die beiden Darstellungen sind wegen des Ergänzungssatzes äquivalent. Man beweist nun die charakterisierenden Eigenschaften der Gammafunktion für das zweite HANKELintegral:

Mittels partieller Integration beweist man die Funktionalgleichung. Die Beschränktheit im Streifen $1 \leq x \leq 2$ folgt aus der angegebenen Abschätzung des Integranden sowie Standardabschätzungen des Sinus. Die Normierung ergibt sich über die erste Darstellung.

Lösungen der Übungsaufgaben zu IV.2

1. Die Formel für die Ableitung ergibt sich durch Anwenden der Produktformel. Die Ableitung des Exponenten ist nach der geometrischen Summenformel gleich $(z^k - 1)/(z - 1)$. Aus der Formel für die Ableitung E_k' liest man ab, dass E_k reelle nicht negative Entwicklungskoeffizienten hat. Der Vorfaktor z^k sorgt dafür, dass die ersten k verschwinden. Die Aussage b) für E_k gewinnt man durch gliedweise Integration.

Zum Beweis von c) betrachte man die ganze Funktion

$$f(z) = \frac{1 - E_k(z)}{z^{k+1}} = \sum_{n=0}^{\infty} c_n z^n \quad \text{mit} \quad c_n \geq 0.$$

Schätzt man die Reihe durch ihre Betragsreihe ab, so folgt wegen $c_n \geq 0$ die Abschätzung $|f(z)| \leq f(1) = 1$ für $|z| \leq 1$.

2. Man trage in der Produktentwicklung des Sinus $z = 1/2$ ein und bilde den Kehrwert.

3. a) Man benutze die Produktentwicklung des Sinus sowie die Gleichung

$$2 \cos \pi z \sin \pi z = \sin 2\pi z.$$

   b) Man benutze Teil a) sowie das Additionstheorem

$$\cos \frac{\pi}{4} \left(\cos \frac{\pi}{4} z - \sin \frac{\pi}{4} z \right) = \cos \left(\frac{\pi}{4} z + \frac{\pi}{4} \right).$$

4. Man konstruiere zunächst eine ganze Funktion α, welche genau in den Polen von f eine Nullstelle oder einen Pol hat, je nachdem ob das Residuum positiv oder negativ ist. Die Vielfachheit sei genau durch das Residuum gegeben. Eine solche Funktion verschafft man sich in naheliegender Weise als Quotient zweier WEIERSTRASSprodukte. Die Funktion $f - \alpha'/\alpha$ ist ganz. Wenn es gelingt, sie in der Form β'/β zu schreiben, ist man fertig, denn dann gilt $f = (\alpha\beta)'/(\alpha\beta)$. Man kann also von vornherein annehmen, dass f eine ganze Funktion ist. Dann besitzt f eine Stammfunktion F und $\exp F$ löst das Problem.

5. a) Man schließt indirekt und nimmt an, dass endlich viele Funktionen $f_1, \ldots, f_n$ existieren, welche das Ideal erzeugen. Es gibt eine natürliche Zahl m, so dass alle f_j in $m\mathbb{Z}$ verschwinden. Dann müsste jede Funktion aus dem Ideal in $m\mathbb{Z}$ verschwinden. Es lassen sich jedoch leicht Funktionen angeben, deren genaue Nullstellenmenge $2m\mathbb{Z}$ ist.

   b) Die Funktionen mit genau einer Nullstelle, wobei diese noch von erster Ordnung sein muss, sind prim bzw. unzerlegbar.

   c) Genau die Funktionen ohne Nullstelle sind invertierbar.

   d) Nur die Funktionen mit endlich vielen Nullstellen sind Produkte von endlich vielen Primelementen. Die ganze Funktion $\sin \pi z$ lässt sich nicht als Produkt endlich vieler Primelemente darstellen.

   e) Durch Induktion nach der Anzahl der Erzeugenden reduziert man die Behauptung auf den Fall eines Ideals, welches von zwei Elementen f, g erzeugt wird. Mit Hilfe des WEIERSTRASS'schen Produktsatzes konstruiert man eine ganze Funktion α, welche genau in den gemeinsamen Nullstellen von f und g verschwindet, wobei die Vielfachheit das Minimum der Vielfachheiten von f und g sei. Ziel ist es zu zeigen, dass f und g das Hauptideal α erzeugen. Äquivalent hierzu ist, dass f/α und g/α das Einheitsideal erzeugen. Man kann also von vornherein annehmen, dass f und g keine gemeinsame Nullstelle haben. Findet man eine Funktion h, so dass die im Ansatz angegebene Funktion A keinen Pol hat, ist man fertig, denn dann gilt $Af + Bg = 1$ mit $B = -h$. Man muss also h so konstruieren, dass $1 + hg$ in den Nullstellen s von f in genügend großer Ordnung verschwindet. Dies beinhaltet Gleichungen für endlich viele TAYLORkoeffizienten von h, welche sich wegen $g(s) \neq 0$ induktiv lösen lassen.

Lösungen der Übungsaufgaben zu IV.3

1. Sei h eine Lösung des angegebenen MITTAG-LEFFLERproblems. Man bestimmt für jede natürliche Zahl N in der Kreisscheibe $|z| < N$ die analytische Funktion g_N so, dass die logarithmische Ableitung von

$$f_N = \exp(g_N(z)) \prod_{s_n \leq N} (z - s_n)^{m_n} \quad (|z| \leq N)$$

gleich h in der Kreisscheibe ist. Dies ist eine Bedingung an die Ableitung von g_N. Man kann g_N noch um eine additive Konstante abändern und damit erreichen, dass alle f_N in einem festem Punkt a, in dem f_1 von 0 verschieden ist, übereinstimmen. Dann stimmen aber f_{N+1} und f_N in ganz $|z| < N$ überein. Die Funktionenfolge f_N verschmilzt somit zu einer ganzen Funktion.

2. Man verwende die Partialbruchzerlegung des Kotangens in der Form

$$\pi \cot \pi z = \frac{1}{z} + \sum_{n=1}^{\infty} \frac{2z}{z^2 - n^2}.$$

3. Man benutze die Partialbruchentwicklungen des Tangens und des Kotangens sowie die Formeln

$$\cot \pi z + \tan \frac{\pi}{2} z = \frac{1}{\sin z}, \quad \cos \pi z = \sin \pi \left(\frac{1}{2} - z \right).$$

Die Formel für $\pi/4$ erhält man durch Spezialisieren auf $z = 0$.

4. Eine Lösung ist die Partialbruchreihe

$$\sum_{n=1}^{\infty} \left(\frac{\sqrt{n}}{z - \sqrt{n}} + 1 + \frac{z}{\sqrt{n}} + \frac{z^2}{n} \right).$$

5. Der Ansatz ist $f = gh$ mit einem WEIERSTRASSprodukt g und einer Partialbruchreihe h. Wir wählen einen festen Punkt $s \in S$ und nehmen der Einfachheit halber an, dass es der Nullpunkt ist. Wir wollen f so konstruieren, dass die ersten LAURENTkoeffizienten gleich $a_N, a_{N+1}, \ldots, a_M$ sind. Alle Koeffizienten unterhalb N sollen verschwinden. Dabei kann man M positiv sein. Es ist natürlich $M > N$. Die Funktion g wird so konstruiert, dass ihre Ordnung M' im Nullpunkt mindestens gleich $M+1$ ist. Dies ist nur eine Bedingung, wenn M nicht negativ ist. Die Funktion h wird so konstruiert, dass sie einen Pol der Ordnung $N - M'$ im Nullpunkt erhält. Man kann ihre LAURENTkoeffizienten $c_{N-M'}, \ldots, c_{-1}$ vorgeben. Bezeichnet man die TAYLORkoeffizienten von g mit $b_{M'}, b_{M'+1}, \ldots$, so erhält man für die Koeffizienten c_ν Bedingungen

$$\sum_{\mu+\nu=n} c_\mu b_\nu = a_n \quad \text{für} \quad N \leq n \leq M.$$

In der Summe taucht der Term $b_{M'} c_n$ auf. Alle anderen Terme sind mit c_ν, $\nu < n - M'$, behaftet. Es handelt sich also um ein lineares Gleichungssystem in Dreiecksform, welches man induktiv auflösen kann (wegen $b_{M'} \neq 0$).

Lösungen der Übungsaufgaben zu IV.4

1. Durch die Zuordnung $z \mapsto 1/z$ wird D auf ein beschränktes Gebiet abgebildet. Eine analytische Abbildung von $\mathbb{C}^{\bullet}$ auf ein beschränktes Gebiet ist nach dem RIEMANN'schen Hebbarkeitssatz auf ganz $\mathbb{C}$ analytisch fortsetzbar und nach dem Satz von LIOUVILLE konstant. Eine konforme Abbildung kann es also nicht geben.

2. Die konforme Abbildung erfolgt durch eine Streckung, $z \mapsto rz$.

3. Durch $z \mapsto (1-z)/(1+z)$ wird der Einheitskreis konform auf die rechte Halbebene abgebildet. Diese wird durch $w \mapsto w^2$ auf die geschlitzte Ebene abgebildet.

4. Die Abbildung φ lässt sich aus vier konformen Abbildungen zusammensetzen: Die Abbildung $w = z^2$ bildet den Viertelkreis auf die obere Hälfte des Einheitskreises ab. Diese wird durch $z \mapsto \frac{1+z}{1-z}$ konform auf den Quadranten $\operatorname{Re} z > 0$, $\operatorname{Im} z > 0$ abgebildet. Der Quadrant wird durch $z \mapsto z^2$ auf die obere Halbebene und diese schließlich durch $z \mapsto \frac{z-\mathrm{i}}{z+\mathrm{i}}$ auf den Einheitskreis abgebildet.

5. Das Gebiet D wird von einem Hyperbelast mit der Gleichung $xy = 1$ begrenzt. Das Bild dieses Hyperbelastes unter der Abbildung $z \mapsto z^2 = x^2 - y^2 + 2\mathrm{i}xy$ ist die Gerade $\operatorname{Im} w = 2$. Der Bildpunkt von $2 + 2\mathrm{i} \in D$ ist $8\mathrm{i}$. Es folgt, dass D durch f auf die Halbebene $\operatorname{Re} w > 2$ konform abgebildet wird.

6. Ist $\varphi : D \to D^*$ eine konforme Selbstabbildung, so definiert $\gamma \mapsto \varphi\gamma\varphi^{-1}$ einen Isomorphismus von $\operatorname{Aut} D$ auf $\operatorname{Aut} D^*$.

7. Ist ψ eine zweite konforme Selbstabbildung mit der angegebenen Eigenschaft, so ist $\psi\varphi^{-1}$ eine konforme Selbstabbildung des Einheitskreises mit Fixpunkt 0 und somit die Multiplikationsabbildung mit eine komplexen Zahl ζ vom Betrage eins. Diese ist 1, wenn sie positiv ist.

8. Die Funktion φ ist in ganz $\mathbb{C}$ mit Ausnahme der beiden Nullstellen des Nenners $\pm\sqrt{-1}$ analytisch. Man rechnet leicht $\varphi(z_0) = 0$ und $\varphi'(z_0) > 0$ nach. Ähnlich wie in Aufgabe 4 setzt man φ durch einfache bekannte konforme Abbildungen zusammen,

$$z_1 = \mathrm{i}z, \quad z_2 = \frac{1 + z_1}{1 - z_2} = z_2, \quad z_3 = z_2^2, \quad \varphi(z) = \frac{z_3 - \mathrm{i}}{z_3 + \mathrm{i}}.$$

Aus dieser Darstellung liest man ab, dass D konform auf den Einheitskreis abgebildet wird. Der Abschluss von D wird aus Stetigkeitsgründen auf den abgeschlossenen Einheitskreis abgebildet. Nach dem Maximumprinzip muss der Rand auf den Rand abgebildet werden. Es ist zu zeigen, dass φ auf dem Rand injektiv ist. Verfolgt man die Abbildung des Randes gemäß der Zerlegung in Einzelabbildungen, so sieht man, dass $\partial D - \{\mathrm{i}, -\mathrm{i}\}$ topologisch auf $\partial\mathbb{E} - \{\mathrm{i}, -\mathrm{i}\}$ abgebildet wird. Wegen $\varphi(\pm\mathrm{i}) = \pm\mathrm{i}$ wird der Rand von D sogar bijektiv auf die Einheitskreislinie abgebildet. Die Abbildung φ bildet also $\overline{D}$ stetig und bijektiv auf $\overline{\mathbb{E}}$ ab. Da es sich um kompakte Mengen handelt, ist auch die Umkehrabbildung stetig.

9. Sei $w_n = f(z_n)$. Die Behauptung lautet, dass jeder Häufungswert dieser Folge vom Betrag 1 ist. Wenn dies nicht der Fall ist, existiert ein Häufungswert $w \in \mathbb{E}$. Nach Übergang zu einer Teilfolge können wir annehmen, dass w_n gegen w konvergiert. Da f topologisch ist, muss $z_n = f^{-1}(w_n)$ gegen $z = f^{-1}(w)$ konvergieren.

Ein Beispiel ist die geschlitzte Ebene $D = \mathbb{C}_-$. Als Abbildungsfunktion nehme man $w = (\mathrm{i}\sqrt{z} + \mathrm{i})(\mathrm{i}\sqrt{z} - \mathrm{i})^{-1}$. Die Bildfolge von $-1 + (-1)^n\mathrm{i}/n$ hat zwei Häufungspunkte.

10. Man betrachtet die Kette von Transformationen

$$z_1 = -\mathrm{i}z, \quad z_2 = z_1^2, \quad ,z_3 = z_2^2 - 1, \quad z_4 = \sqrt{z_3}, \quad z_5 = \mathrm{i}z_4, \quad z_6 = \frac{z_5 - \mathrm{i}}{z_5 + \mathrm{i}}.$$

Die konformen Abbildungen von D auf die obere Halbebene bzw. den Einheitskreis werden durch $z \mapsto z_5$ bzw. $z \mapsto z_6$ geliefert.

11. Es ist lediglich zu zeigen, dass durch die Transformation $z \mapsto (z - \lambda)(z - \overline{\lambda})^{-1}$ eine konforme Abbildung von der oberen Halbebene auf den Einheitskreis definiert wird, da man dann wie beim Beweis von III.3.10 argumentieren kann. Bei dieser Transformation werden offenbar reelle z auf den Rand des Einheitskreises abgebildet. Nach dem Satz von der Gebietstreue kann diese Transformation die obere Halbebene nur auf das Innere oder auf das Äußere des Einheitskreises abbilden. Der zweite Fall ist leicht auszuschließen, da λ auf 0 abgebildet wird.

Lösungen der Übungsaufgaben zu den Anhängen A, B und C

1. Da zwei Unterteilungen eine gemeinsame Verfeinerung besitzen, muss man nur den Fall behandeln, dass zu einer vorgegebenen Unterteilung ein weiterer Punkt hinzugenommen wird. Dieser Punkt und die beiden Nachbarpunkte liegen in einer Kreisscheibe, welche ganz im Definitionsbereich D enthalten ist. Die Aussage ist nun zurückgeführt auf den CAUCHY'schen Integralsatz für Dreieckswege.

2. Man führt die Behauptung auf folgende Aussage zurück. Sei $\beta : [0,1] \to \mathbb{C}^\bullet$ eine Kurve, deren Anfangs- und Endpunkt $a = \beta(0)$ und $b = \beta(1)$ auf der reellen Achse liegen und welche außer a und b keinen weiteren Punkt mit der reellen Achse gemeinsam hat. Die Kurve ist dann ganz in der oberen oder unteren abgeschlossenen Halbebene enthalten. Der Wert des Integrals $\int_\beta dz/z$ ist $\log b - \log a$, wobei allerdings die Werte des Logarithmus genau festgelegt werden müssen. Wenn die Kurve in der oberen Halbebene verläuft, so nimmt man den Hauptwert des Logarithmus, denn dieser ist stetig in der abgeschlossenen oberen Halbebene. Verläuft die Kurve in der unteren Halbebene, so nimmt man für log diejenige stetige Funktion auf der abgeschlossenen unteren Halbebene, welche auf der offenen unteren Halbebene mit dem Hauptwert übereinstimmt. Sie unterscheidet sich auf der negativen reellen Achse von dem Hauptwert um $2\pi\mathrm{i}$. Für den Wert des Integrals mache man sich ein Tabelle, je nachdem β in der oberen oder unteren Halbebene verläuft und je nachdem welche der Punkte a, b auf der negativen reellen Achse liegen. Das Umlaufintegral von α ist eine endliche Summe von Integralen diesen Typs.

3. Seien $\alpha, \beta : [0,1] \to D$ zwei nicht notwendig geschlossene Kurven mit demselben Anfangspunkt a und Endpunkt b in einem einfach zusammenhängenden Gebiet. Die geschlossene Kurve

$$\gamma(t) = \begin{cases} \alpha(2t) & 0 \le 2t \le 1, \\ \beta(2 - 2t) & 1 \le 2t \le 2 \end{cases}$$

ist nach Voraussetzung nullhomotop. Es gibt also eine stetige Schar γ_s von Kurven alle mit demselben Anfangs-und Endpunkt a, durch welche $\gamma = \gamma_0$ in die konstante Kurve $\gamma_1(t) = a$ deformiert wird. Die entsprechende Homotopie sei $H(t, s) = \gamma_s(t)$. Wir bilden nun das Einheitsintervall stetig auf den Rand des Homotopiequadrats $[0, 1] \times [0, 1]$ ab,

$$\varphi : [0, 1] \longrightarrow \partial([0, 1] \times [0, 1]),$$

$$\varphi(s) := \begin{cases} (0, 4s) & 0 \le 4s \le 1, \\ (2s - 1/2, 1) & 1 \le 4s \le 3, \\ (1, 4 - 4s) & 3 \le 4s \le 4 \end{cases}$$

und benutzen diese, um eine Homotopie G zu konstruieren, welche α in β (unter Festhaltung des Anfangspunkts a und des Endpunkts b) deformiert:

$$G(t, s) = H\big((1 - t)\varphi(s) + t(1/2, 0)\big).$$

4. Man kann die Behauptung leicht auf den Fall einer einzigen Kurve zurückführen, indem man einen festen Punkt a aus D wählt, diesen mit dem Basispunkt von α_1 verbindet, danach α_1 durchläuft, danach zu a in umgekehrter Richtung nach a zurückläuft und von dort aus zur Kurve α_2, u.s.w.

5. Bei der Anwendung des Satz von MORERA wird lediglich die Unabhängigkeit eines Doppelintegrals von der Integrationsreihenfolge verwendet. Dieses Argument ist strukturell einfacher als die Anwendung des LEIBNIZ'schen Kriteriums, wo eine Ableitung im Spiel ist.

6. Die Beweisschritte finden sich an verschiedenen Stellen im Text.

Lösungen der Übungsaufgaben zu V.1

1. Die Behauptung folgt unmittelbar aus der bekannten Tatsache, dass es zu jeder reellen Zahl x eine ganze Zahl n mit $0 \le x - n \le 1$ gibt.

2. Die Gruppeneigenschaft ist klar. Zum Beweis der Diskretheit betrachte man die Funktion $g(z) = f(z + a) - f(a)$ für ein festes a, welches kein Pol von f ist. Die Perioden sind Nullstellen dieser Funktion. Wenn sie einen Häufungspunkt in $\mathbb{C}$ besitzen, so ist dieser sicher kein Pol. Aus dem Identitätssatz folgt dann $g = 0$.

3. Der erste Teil ($L \cap \mathbb{R}\omega_1 = \mathbb{Z}\omega_1$) folgt leicht aus folgender Aussage: Sind a, b zwei von 0 verschiedene reelle Zahlen mit $|a| < |b|$, so existiert eine ganze Zahl n mit $|b - na| < |a|$. Im zweiten Teil ist zu zeigen, dass ein beliebiges Element $\omega \in L$ ganzzahlige Linearkombination von ω_1 und ω_2 ist. Jedenfalls gilt $\omega = t_1\omega_1 + t_2\omega_2$ mit reellen t_1, t_2. Nach ganzzahliger Abänderung von t_1, t_2 können wir $-1/2 \le t_1, t_2 \le 1/2$ annehmen. Wir wollen indirekt schließen und dürfen nach dem ersten Teil annehmen, dass t_1, t_2 beide von Null verschieden sind. Dann gilt

$$|\omega| < |t_1\omega_1| + |t_2\omega_2| \le \frac{1}{2}(|\omega_1| + |\omega_2|) \le \frac{1}{2}(|\omega_2| + |\omega_2|) = |\omega_2|$$

im Widerspruch zur Minimalität von $|\omega_2|$.

4. Die Anzahl der Minimalvektoren ist immer gerade, da mit a auch $-a$ ein Minimalvektor ist. Da das Problem gegenüber Drehstreckung invariant ist, können wir annehmen, dass 1 ein Minimalvektor ist. Sei ω ein nicht reeller Vektor minimaler Länge des gegebenen Gitters L. Wir wissen aus der Lösung der Aufgabe 3, dass L von 1 und ω erzeugt wird. Im Falle $|\omega| > 1$ sind die einzigen Minimalvektoren ± 1, ihre Anzahl ist also 2. Wir können somit $|\omega| = 1$ annehmen. Im Falle $\omega = \pm i$ gibt es genau vier Minimalvektoren $\pm 1, \pm i$. Wir wollen nun annehmen, dass mehr als 4 Minimalvektoren existieren. Dann ist der Realteil von ω von 0 verschieden. Ein weiterer Minimalvektor ist von der Form $n + m\omega$ mit ganzen n, m, welche beide von 0 verschieden sind. Aus der verschärften Dreiecksungleichung folgt $\big||n| - |m|\big| < |n + m\omega| = 1$ und hieraus $|n| = |m|$. Dabei muss sogar $|n| = |m| = 1$ gelten. Wir sehen somit, dass $1 + \omega$ oder $1 - \omega$ den Betrag 1 hat. Da ω selbst den Betrag 1 hat, folgt, dass der Realteil von ω gleich $\pm 1/2$ ist. Dann ist aber ω eine von ± 1 verschiedene sechste Einheitswurzel. Die Minimalvektoren sind in diesem Falle die sechsten Einheitswurzeln.

Beispiele für die drei Typen sind

$$\mathbb{Z} + 2i\mathbb{Z}, \quad \mathbb{Z} + i\mathbb{Z}, \quad \mathbb{Z} + e^{\frac{2\pi i}{3}}\mathbb{Z}.$$

5. Im Falle a) ist die Differenz, im Falle b) der Quotient eine ganze elliptische Funktion und somit konstant.

6. Es müssen Gleichungen

$$\omega_1' = a\omega_1 + b\omega_2, \quad \omega_2' = c\omega_1 + d\omega_2,$$
$$\omega_1 = \alpha\omega_1' + \beta\omega_2', \quad \omega_2 = \gamma\omega_1' + \delta\omega_2',$$

mit ganzen Koeffizienten bestehen. Man rechnet nach, dass die beiden Matrizen

$$M = \begin{pmatrix} a & b \\ c & d \end{pmatrix}, \quad N = \begin{pmatrix} \alpha & \beta \\ \gamma & \delta \end{pmatrix}$$

zueinander invers sind. Das Produkt ihrer Determinanten ist 1. Sie müssen aus Ganzheitsgründen ± 1 sein. Ist umgekehrt M eine ganze Matrix mit Determinante ± 1, so ist ihre Inverse ebenfalls ganz.

7. Schreibt man $\omega_1 = x_1 + iy_1$, $\omega_2 = x_2 + iy_2$, so erscheint die Grundmasche als lineares Bild eines Einheitsquadrats. Das Volumen ist gleich dem Betrag der transformierenden Matrix, also $|x_1 y_2 - x_2 y_1|$ im Einklang mit der Behauptung. Die Invarianz folgt aus Aufgabe 6.

8. Eine Untergruppe von $\mathbb{R}$, welche nicht dicht ist, besitzt keinen einzigen Häufungspunkt. Wenn das Gitter $\mathbb{Z} + \sqrt{2}\mathbb{Z}$ diskret wäre, würde eine Zahl a mit $\mathbb{Z} + \sqrt{2}\mathbb{Z} = a\mathbb{Z}$ existieren und $\sqrt{2}$ wäre als Folge hiervon rational.

9. Der Grad von P_ω ist unabhängig von ω nach oben beschränkt, da das Gitter endlich erzeugt ist. Eine genügend hohe Ableitung von f ist daher eine ganze elliptische Funktion und somit konstant.

10. Die Funktion f'/f ist elliptisch. Ihre Pole sind die Nullstellen von f. Die Residuen an diesen Stellen sind gleich den Nullstellenordnungen, insbesondere positiv. Aus dem dritten LIOUVILLE'schen Satz folgt, dass f'/f kein Pole haben kann, mithin konstant ist. Man wende jetzt Aufgabe 11 aus I.5 an.

Lösungen der Übungsaufgaben zu V.2

1. Bis auf einen konstanten Faktor handelt es sich um die $(n-2)$-te Ableitung der $\wp$-Funktion.

2. Ist ω eine Periode von $\wp$, so folgt speziell $\wp(0) = \wp(\omega)$ und ω ist ein Pol von $\wp$.

3. Dies folgt aus $f(\omega/2) = f(\omega/2 - \omega) = f(-\omega/2) = -f(\omega/2)$.

4. Ist l die Anzahl der modulo L paarweise verschiedenen Pole (ausnahmsweise nicht mit Vielfachheit gerechnet), so ist $n = m + l$, da sich beim Ableiten die Ordnung eines Pols um 1 erhöht. Die Eckwerte $l = 1$ bzw. $l = m$ werden realisiert durch die $\wp$-Funktion bzw. durch $\wp'^{-1}$.

5. Die behauptete Bijektivität folgt aus Satz 2.10. Die $\widehat{\varGamma}$-invarianten meromorphen Funktionen sind genau die geraden elliptischen Funktionen. Im nächsten Abschnitt wird gezeigt (3.2), dass sie rational durch $\wp$ ausdrückbar sind. Ein anderer Beweis kann mit der angegebenen Bijektion geführt werden. Die geraden elliptischen Funktionen können als Funktionen auf $\overline{\mathbb{C}}$ aufgefasst werden. Man kann sich überlegen, dass diese Funktionen meromorph sind. Die meromorphen Funktionen auf $\overline{\mathbb{C}}$ sind aber genau die rationalen Funktionen (III.A6).

   Nach Definition der Quotiententopologie ist die angegebene bijektive Abbildung stetig. Eine stetige bijektive Abbildung zwischen *kompakten* topologischen Räumen ist topologisch.

6. Sei $L \subset \mathbb{C}$ ein Gitter. Dann ist

$$L_{\mathbb{Q}} := \{\, a\omega; \quad a \in \mathbb{Q},\ \omega \in L \,\}$$

   ein zweidimensionaler $\mathbb{Q}$-Vektorraum. Sind $L' \subset L$ zwei ineinander liegende Gitter, so müssen die erzeugten $\mathbb{Q}$-Vektorräume aus Dimensionsgründen übereinstimmen. Sowohl die Bedingung a) als auch die Bedingung b) impliziert daher, dass die von L und L' erzeugten $\mathbb{Q}$-Vektorräume übereinstimmen. Wir zeigen, dass aus dieser Bedingung umgekehrt folgt, dass sowohl a) als auch b) richtig ist. Zum Beweis kann man annehmen, dass L und L' in $\mathbb{Q}^2$ enthalten sind. Ist allgemein $L \subset \mathbb{Q}^2$ ein rationales Gitter, so existiert eine natürliche Zahl n, so dass $n\mathbb{Z}^2 \subset L \subset (1/n)\mathbb{Z}^2$ gilt. Dies sieht man, indem man eine Gitterbasis (rational) durch die Einheitsvektoren ausdrückt. Damit sind a) und b) klar.

   Wenn die beiden Körper eine gemeinsame nicht konstante elliptische Funktion besitzen, so ist $L + L'$ ein Gitter.

7. Zieht man von einer vorgelegten Funktion der angegebenen Art ein geeignetes konstantes Vielfaches von $\wp$ ab, so kann man einen eventuellen Pol zweiter Ordnung beseitigen und erhält eine elliptische Funktion der Ordnung ≤ 1. Eine solche ist konstant.

Lösungen der Übungsaufgaben zu V.3

1. $\wp'^{-1} = \dfrac{\wp'}{4\wp^3 - g_2\wp - g_3}, \quad \wp'^{-2} = \dfrac{1}{4\wp^3 - g_2\wp - g_3}, \quad \wp'^{-3} = \dfrac{\wp'}{(4\wp^3 - g_2\wp - g_3)^2}.$

2. Man benutze Satz 3.2.

3. Am einfachsten ist es, zunächst Aufgabe 5 zu lösen. Durch Ableiten erhält man
$$\wp''(z) =$$
$$2\big((\wp(z) - e_1)(\wp(z) - e_2) + (\wp(z) - e_1)(\wp(z) - e_3) + (\wp(z) - e_2)(\wp(z) - e_3)\big).$$
Jetzt setze man $z = \omega_1/2$ ein und benutze $\wp(\omega_1/2) = e_1$.

4. Man wähle einen Punkt aus, in welchem f keinen Pol hat und in welchem die Ableitung von f nicht verschwindet. Im Bild $f(U)$ einer kleinen offenen Umgebung U dieses Punktes existiert dann die lokale Umkehrfunktion g. Es existiert eine kleine offene Menge V, welche keinen Gitterpunkt enthält und so, dass $\wp(V)$ in $f(U)$ enthalten ist. In diesem V ist die Funktion $h(z) = g(\wp(z))$ definiert. Aus der Gleichung $f(h(z)) = \wp(z)$ folgt $f'(h(z))h'(z) = \wp'(z)$. Quadriert man und nutzt man die Differentialgleichungen für f und $\wp$ aus, so folgt $h'(z)^2 = 1$. Die einzigen Lösungen dieser Gleichung sind $h(z) = \pm z - a$. Es folgt $f(\pm z - a) = \wp(z)$. Da $\wp$ gerade ist, kann man z durch $-z$ ersetzen, falls notwendig.

5. Aus der algebraischen Differentialgleichung der $\wp$-Funktion folgt, dass das Polynom $P(X) := 4X^3 - g_2X - g_3$ die Nullstellen e_1, e_2, e_3 hat. Hieraus ergibt sich $P(X) = 4(X - e_1)(X - e_2)(X - e_3)$.

6. Man differenziere die LAURENTreihe der $\wp$-Funktion gliedweise zweimal. Danach quadriere man sie mittels des CAUCHY'schen Multiplikationssatzes und nutze die Gleichung $2\wp''(z) = 12\wp(z)^2 - g_2$ aus.

7. Man zeigt der Reihe nach:

a) $\Rightarrow$ b): Man benutze Aufgabe 6.

b) $\Rightarrow$ c): Die LAURENTkoeffizienten sind reell.

c) $\Rightarrow$ d): Mit ω ist auch $\overline{\omega}$ ein Pol von $\wp$, da $\wp$ reell ist. Die Gitterpunkte sind genau die Pole von $\wp$.

d) $\Rightarrow$ a): In der Reihenentwicklung von G_n kommen nur Paare konjugiert komplexer Terme vor.

8. Rechteckige und rhombische Gitter sind trivialerweise reell. Wir zeigen die Umkehrung. Da mit ω auch $\omega + \overline{\omega}$ und $\omega - \overline{\omega}$ Gitterpunkte sind, findet man in einem reellen Gitter stets von 0 verschiedene Punkte auf der reellen und auf der imaginären Achse. Die von allen reellen und imaginären Punkten des Gitters erzeugte Untergruppe ist selbst ein Gitter L_0. Es wird von einem reellen Punkt ω_1 und einem rein imaginären Punkt ω_2 erzeugt. Wenn L und L_0 übereinstimmen, sind wir fertig. Andernfalls existiert ein Element $\omega \in L - L_0$. Wir können annehmen, dass ω in der von ω_1, ω_2 aufgespannten Masche enthalten ist. Aus der Formel $2\omega = (\omega + \overline{\omega}) + (\omega - \overline{\omega})$ folgt, dass 2ω in L_0 enthalten ist. Da ω weder reell, noch rein imaginär ist, folgt $2\omega = \omega_1 + \omega_2$. Das Gitter L wird von

$$\omega = \frac{1}{2}(\omega_1 + \omega_2) \quad \text{und} \quad \omega - \omega_2 = \frac{1}{2}(\omega_1 - \omega_2) = \overline{\omega}$$

erzeugt und ist damit rhombisch.

9. Ist t eine reelle Zahl, so gilt

$$\wp(t\omega_j) = \overline{\wp(t\overline{\omega_j})} = \overline{\wp(\pm t\omega_j)} = \overline{\wp(t\omega_j)}.$$

Daher nimmt $\wp$ auf dem Rand nur reelle Werte an, wobei die Gitterpunkte natürlich stillschweigend ausgeschlossen wurden. Auf den Mittelgeraden schließt man ähnlich, beispielsweise gilt für reelle t

$$\wp(\omega_1/2 + t\omega_2) = \overline{\wp(\overline{\omega_1/2 + t\omega_2})} = \overline{\wp(\omega_1/2 - t\omega_2)}$$
$$= \overline{\wp(-\omega_1/2 - t\omega_2)} = \overline{\wp(\omega_1/2 + t\omega_2)}.$$

10. Das Bild der Grundmasche ist die ganze Zahlkugel. Das Urbild der reellen Geraden einschließlich ∞ enthält nach Aufgabe 9 den Rand und die Mittellinien der Grundmasche. Da die $\wp$-Funktion jeden Wert genau zweimal modulo L annimmt, ist das Urbild von $\mathbb{C} - \mathbb{R}$ in der Grundmasche die Vereinigung der vier offenen Quadranten der Grundmasche, welche man durch Halbieren der beiden Seiten erhält. Die $\wp$-Funktion bildet die Vereinigung der beiden linken offenen Quadranten bijektiv auf $\mathbb{C} - \mathbb{R}$ ab. Als bijektive und analytische Abbildung ist diese Abbildung konform. Aus Zusammenhangsgründen ist das Bild eines einzelnen Quadranten genau eine der Halbebenen. Aus der LAURENTentwicklung von $\wp$ liest man ab, dass $\wp(t(1+i))$ für kleine positive t negativen Imaginärteil hat. Der linke untere Quadrant wird also konform auf die *untere* Halbebene abgebildet.

11. Der Körper der elliptischen Funktionen ist algebraisch über $\mathbb{C}(\wp)$.

12. Wenn man $\wp$ und $\wp'$ rational durch f ausdrücken kann, so existiert eine diskrete Teilmenge $S \subset \mathbb{C}$, so dass aus der Gleichung $f(z) = f(w)$ zumindest für $z, w \in \mathbb{C} - S$ folgt, dass $z \equiv w \bmod L$. Im Komplement der Menge $f(S)$ hätte jeder Punkt nur einen Urbildpunkt, f wäre eine elliptische Funktion der Ordnung 1.

Lösungen der Übungsaufgaben zu V.4

1. Wie am Anfang von §4 ausgeführt, muss man den geraden und ungeraden Anteil der Funktion $f(z) = \wp(z + a)$ getrennt behandeln. Wir behandeln den schwierigeren Fall des geraden Anteils. (Der ungerade Anteil ist $\wp'(a)\wp'(z)$.) Der Ansatz ist

$$\frac{\wp(z + a) + \wp(z - a)}{2}[\wp(z) - \wp(a)]^2 = A + B\wp(z) + C\wp(z)^2$$

mit zu bestimmenden Konstanten A, B, C (welche von a abhängen dürfen). Man vergleicht die LAURENTkoeffizienten zu z^{-4}, z^{-2}, z^0. (Ungerade Potenzen treten nicht auf.) Für die Rechnung benutzt man die Entwicklungen

$$\wp(z) = \frac{1}{z^2} + 3G_4 z^2 + \cdots$$

$$\wp(z)^2 = \frac{1}{z^4} + 6G_4 + \cdots$$

$$\wp(z) - \wp(a) = \frac{1}{z^2} - \wp(a) + 3G_4 z^2 + \cdots$$

$$[\wp(z) - \wp(a)]^2 = \frac{1}{z^4} - \frac{2\wp(a)}{z^2} + [\wp(a)^2 + 6G_4] + \cdots$$

$$\frac{\wp(z+a) + \wp(z-a)}{2} = \wp(a) + \frac{\wp''(a)}{2}z^2 + \frac{\wp^{(4)}(a)}{24}z^4 + \cdots.$$

Mit Hilfe von diesen Anfangstermen erhält man die Koeffizienten

$$C = \wp(a), \quad B = \frac{\wp''(a)}{2} - 2\wp(a)^2, \quad A = \frac{\wp^{(4)}(a)}{24} - \wp(a)\wp''(a) + \wp(a)^3.$$

Benutzt man die Formeln für die Ableitungen von $\wp$ aus §3, so vereinfachen sich die Darstellungen der Koeffizienten zu

$$C = \wp(a), \quad B = \wp(a)^2 - 15G_4, \quad A = -15G_4\wp(a) - 70G_6.$$

Herauskommen sollte

$$\frac{\wp(z+a) + \wp(z-a)}{2} = \frac{1}{4}\frac{\wp'(z)^2 + \wp'(a)^2}{\big(\wp(z) - \wp(a)\big)^2} - \wp(z) - \wp(a).$$

Mittels der algebraischen Differentialgleichung lassen sich die beiden Darstellungen ineinander überführen.

2. Ersetzt man in der analytischen Form 4.1 des Additionstheorems die Variable w durch $-w$ und anschließend z durch $z + w$, so erhält man die Relation

$$\left(\frac{\wp'(z) - \wp'(w)}{\wp(z) - \wp(w)}\right)^2 = \left(\frac{-\wp'(z+w) - \wp'(w)}{\wp(z+w) - \wp(w)}\right)^2.$$

Hieraus folgt mit einem von z und w unabhängigen Vorzeichen

$$\frac{\wp'(z) - \wp'(w)}{\wp(z) - \wp(w)} = \pm\frac{-\wp'(z+w) - \wp'(w)}{\wp(z+w) - \wp(w)}.$$

Spezialisiert man $w = -2z$, so erhält man, dass das Vorzeichen $+$ gilt. Diese Formel ist genau das Additionstheorem in der geometrischen Form 4.4.

3. Die Tangentengleichung ist $y = 5x - 6$. Die Gleichung $(5x - 6)^2 = 4x^3 - 8x$ hat die Lösungen 2 (doppelt) und 9/4.

4. Man entwickle die in Satz 4.4 auftretende Determinante nach der dritten Spalte.

5. Die Funktionen $f(z), f(w)$ sind in dem Körper $K = \mathbb{C}(\wp(z), \wp(w), \wp'(z), \wp'(w))$ enthalten. Nach dem Additionstheorem für die $\wp$-Funktion ist auch $\wp(z + w)$ in diesem Körper enthalten. Es folgt, dass auch $\wp'(z + w)$ und dann auch $f(z + w)$ in K enthalten ist. Dieser Körper ist algebraisch über $\mathbb{C}(\wp(z), \wp(w))$. Die drei Elemente $f(z), f(w), f(z + w)$ sind also algebraisch abhängig.

Lösungen der Übungsaufgaben zu V.5

1. Wenn die Nullstellen reell sind, sind natürlich auch die Koeffizienten reell. Sei nun P ein reelles Polynom dritten Grades. Betrachtet man den Kurvenverlauf, so sieht man, dass genau dann drei reelle Nullstellen vorhanden sind, wenn zwischen den beiden Punkten mit waagrechter Tangente eine Nullstelle liegt. Seien a, b die beiden Nullstellen der Ableitung (im vorliegenden Fall $\pm\sqrt{g_2/12}$), so bedeutet dies $P(a)P(b) \leq 0$. Dies führt ganau auf die Bedingung $\Delta \geq 0$.

2. Zunächst muss man sich überlegen, dass man die Kurve h bezüglich der $\wp$-Funktion zu einer Kurve $\beta : [0,1] \to \mathbb{C}$ mit $\wp(\beta(z)) = \alpha(z)$ liften kann. Das Argument ist ähnlich wie bei der Liftung unter $\exp$ im Beweis von Satz A8 im Anhang A aus Kapitel IV. Sei a der Anfangspunkt von β und b der Endpunkt von β. Da α geschlossen ist, gilt $b = \pm a + \omega$ mit einem Gitterelement ω. Aus Theorem 5.4 folgt nach eventueller Ersetzung von h durch $-h$ die Relation

$$\int_0^x \frac{\alpha'(t)}{\sqrt{P(\alpha(t))}} \, dt = \beta(x) - \beta(0)$$

zunächst für $0 < x \leq \varepsilon$ für geeignetes ε und dann nach dem Prinzip der analytischen Fortsetzung für alle x. Im Falle $x = 1$ erhält man speziell $b - a$. Dieses Element liegt im Gitter L, sofern in der Gleichung $b = \pm a + \omega$ das Pluszeichen gilt. dass dies tatsächlich der Fall ist, muss man aus der bislang noch nicht verwendeten Voraussetzung $h(0) = h(1)$ folgern.

3. Die Formel gilt für $0 < x < 1$. Es liegt in ihrer analytischen Natur, dass man sie nur für kleine x beweisen muss. Zum Beweis könnte man sich auf Bemerkung 5.2 stützen. Einfacher ist jedoch die Integraltransformation $t = s^{-1/2}$. Sie führt auf

$$\int_0^x \frac{1}{\sqrt{1-t^4}} \, dt = \int_y^\infty \frac{1}{\sqrt{4t^3 - 4t}} \, dt \quad \text{mit } y = x^{-2}.$$

Das Integral auf der rechten Seite ist in der Normalform ($g_2 = 4$ und $g_3 = 0$). Die Behauptung folgt nun leicht mittels des Additionstheorems der $\wp$-Funktion.

4. Wir parametrisieren die Ellipse durch

$$\alpha(t) = a \sin t + ib \cos t, \quad 0 \leq t \leq 2\pi.$$

Die Bogenlänge $l(\alpha)$ ist bekanntlich

$$\int_0^{2\pi} |\alpha'(t)| \, dt = \int_0^{2\pi} \sqrt{a^2 \cos^2 t + b^2 \sin^2 t} \, dt = 4a \int_0^{\pi/2} \sqrt{1 - k^2 \sin^2 t} \, dt.$$

Dabei ist

$$k = \frac{\sqrt{a^2 - b^2}}{a}$$

die sogenannte *Exzentrizität* der Ellipse. Substituiert man $x = \sin t$, so erhält man die andere angegebene Form des Integrals.

Lösungen der Übungsaufgaben zu V.6

1. Man betrachtet ein verschobenes Periodenparallelogramm, so dass der Nullpunkt in seinem Innern liegt. Das Integral von $\zeta(z)$ über den Rand in der üblichen Orientierung ergibt nach dem Residuensatz $2\pi i$. Man vergleicht nun die Integrale über gegenüberliegende Seiten und erhält aus der Formel $\zeta(z + \omega_j) = \zeta(z) + \eta_j$ die behauptete Identität.

2. Diese Funktion wurde bereits im IV.1 im Zusammenhang mit mit dem WEIERSTRASS'schen Produktsatz eingeführt. Sie kann auch als MITTAG-LEFFLER'sche Partialbruchreihe (IV.2) gedeutet werden.

3. Da in der Fundamentalmasche des Gitters L_τ genau eine Nullstelle liegt (§6), muss man nur zeigen, dass die Thetareihe in $z = \frac{1+\tau}{2}$ verschwindet. Dies sieht man, indem man in der Thetareihe den Summationsindex n durch $-1 - n$ ersetzt.

4. Auf beiden Seiten steht bei festem a eine elliptische Funktion mit denselben Nullstellen ($\pm a$) und Polstellen. Daher stimmen sie bis auf einen konstanten Faktor überein. Für die Normierung benutzt man die Beziehung $\lim_{z \to 0} z^2(\wp(z) - \wp(a)) = 1$. dass auf der rechten Seite dasselbe herauskommt, folgt aus den Relationen $\sigma(a) = -\sigma(-a)$ und $\lim_{z \to 0}(\sigma(z)/z) = 1$, welche unmittelbar aus der Definition folgen.

5. a) Da die Ableitung von ζ periodisch ist, gilt $\zeta(z + \omega) = \zeta(z) + \eta_\omega$ mit einer von z unabhängigen Zahl η_ω.

   b) Indem man von f eine Linearkombination von Ableitungen $\wp^{(m)}(z-a)$, $m \geq 0$, abzieht, kann man erreichen, dass nur Pole erster Ordnung vorhanden sind. Mit Hilfe von ζ (s. Teil a)) beseitigt man auch diese und erhält schließlich eine elliptische Funktion ohne Pole, also eine Konstante.

6. Die Lösung ist $f(z) = 2\wp(z - b_1) + \zeta(z - b_1) - \zeta(z - b_2)$.

7. a) Wegen der $\mathbb{R}$-Bilinearität ist A durch die Werte $A(1,1), A(1,i), A(i,1), A(i,i)$ eindeutig bestimmt. Da A alternierend ist, gilt $A(1,1) = A(i,i) = 0$ und $A(1,i) = -A(i,1)$. Daher ist A durch $h = A(1,i)$ festgelegt.

   b) Um h zu bestimmen, muss man 1 und i durch die Basis ausdrücken,
   $$1 = t_1\omega_1 + t_2\omega_2, \quad i = s_1\omega_1 + s_2\omega_2.$$
   Eine einfache Rechnung zeigt
   $$\operatorname{Im} \frac{\omega_2}{\omega_1} = \frac{1}{s_2^2 + t_2^2} \det \begin{pmatrix} t_1 & s_1 \\ t_2 & s_2 \end{pmatrix}.$$

   c) Im Falle $\Theta = \zeta$ wurde dies in Aufgabe 1 bewiesen. Der allgemeine Fall geht analog.

Lösungen der Übungsaufgaben zu V.7

1. Einer der Einträge von M sei 0. Nach eventueller Multiplikation von M mit S von rechts oder links oder von beiden Seiten kann man annehmen, dass $c = 0$ ist. Dann ist M oder $-M$ eine Potenz von T. Man benutze noch, dass das Quadrat von S die negative Einheitsmatrix ist.

   Seien nun alle Einträge von 0 verschieden, μ minimal. Man kann annehmen, dass $\mu = |c|$ gilt. Multipliziert man M von links mit T^x, so wird a durch $a + xc$ ersetzt. Nach dem euklidischen Algorithmus kann man $x \in \mathbb{Z}$ so finden, dass $|a + xc| < \mu$ im Widerspruch zur Wahl von μ gilt.

2. $M = ST^{-3}ST^{-4}ST^2$. Die Darstellung ist nicht eindeutig.

3. Nur die Potenzen von S bzw. ST sind mit S bzw. ST vertauschbar.

4. Die Ordnung ist $n = 6$.

5. Das Gitter $L = \mathbb{Z} + i\mathbb{Z}$ ist invariant gegenüber Multiplikation mit i. Es folgt $G_k(L) = G_k(iL) = i^k G(L)$. Insbesondere ist $G_{2k}(i) = 0$ für ungerade k, also $g_3(i) = 0$. Das Gitter $L = \mathbb{Z} + e^{\frac{2\pi i}{3}}\mathbb{Z}$ ist invariant gegenüber Multiplikation mit $e^{\frac{2\pi i}{3}}$. Man schließt $G_k(e^{\frac{2\pi i}{3}}) = 0$, falls k nicht durch 6 teilbar ist.

6. Die letzte entscheidende Aussage kann man ohne Rechnung folgendermaßen auf den Einheitskreis zurückführen. Zu jeder komplexen Zahl ζ vom Betrag 1 gibt es genau eine konforme Selbstabbildung des Einheitskreises, welche den Nullpunkt festlässt und welche die Ableitung ζ hat. Diese Eigenschaft überträgt sich auf $(\mathbb{H}, i)$ anstelle von $(\mathbb{E}, 0)$, da es eine konforme Abbildung von $\mathbb{H}$ auf $\mathbb{E}$ gibt, welche i in 0 überführt. Die Ableitung der angegebenen orthogonalen Matrix ist $(\cos\varphi + i\sin\varphi)^{-2}$. Jede komplexe Zahl vom Betrag 1 ist von dieser Form. Da M und $-M$ dieselbe Substitution liefern, muss man noch beachten, dass auch die negative Einheitsmatrix orthogonal ist.

Lösungen der Übungsaufgaben zu V.8

1. Der erste Punkt ist äquivalent mit i, der zweite mit $1/2 + 2i$.

2. Man sollte sich klar machen, dass die obere Halbebene zusammenhängend ist, in dem Sinne, dass sie außer der leeren Menge und sich selbst keine in $\mathbb{H}$ offenen und abgeschlossenen Teile enthält. Außerdem wird benutzt, dass eine Menge A genau dann abgeschlossen ist, wenn sie folgenabgeschlossen ist, wenn also der Grenzwert jeder in $\mathbb{H}$ konvergenten Folge schon in A enthalten ist.

3. Die behaupteten Formeln liest man unmittelbar aus der Definition (s. 8.2) der EISENSTEINreihe und aus den Transformationsformeln 8.3 ab. Insbesondere gilt
$$G_k(iy + 1/2) = \overline{G_k(iy - 1/2)} = \overline{G_k(iy + 1/2)}.$$

Die EISENSTEINreihen und j sind somit reell auf $\operatorname{Re}\tau = 0$ und $\operatorname{Re}\tau = 1/2$. Da die j-Funktion noch invariant unter $\tau \mapsto -1/\tau$ ist, und da auf dem Rand des Einheitskreises $-1/\tau = -\overline{\tau}$ gilt, folgt, dass j auch auf dem Rand des Einheitskreises reell ist.

4. Es gilt
$$\lim_{\operatorname{Im}\tau \to \infty} \Delta(\tau)/q = a_1.$$
Da $\Delta(\tau)$ und q auf der imaginären Achse reell sind, muss auch a_1 reell sein. Wenn a_1 positiv ist, folgt
$$\lim_{y \to \infty} j(\mathrm{i}y) = +\infty, \quad \lim_{y \to \infty} j(\mathrm{i}y + 1/2) = -\infty.$$
Die Behauptung folgt aus dem Zwischenwertsatz für stetige Funktionen. Im Falle $a_1 < 0$ würde man analog schließen. (Er tritt aber nicht ein.)

5. Man benutze Aufgabe 5 aus §7.

6. Der Beweis gilt wörtlich, wenn man $\Gamma = \mathrm{SL}(2,\mathbb{Z})$ durch die von den beiden Matrizen erzeugte Untergruppe ersetzt.

Lösungen der Übungsaufgaben zu VI.1

1. Es gilt
$$M\mathrm{i} = \mathrm{i} \Longleftrightarrow (a\mathrm{i}+b) = \mathrm{i}(c\mathrm{i}+d) \Longleftrightarrow a = d, \ b = -c.$$
Wegen der Formel
$$M^{-1} = \begin{pmatrix} d & -b \\ -c & a \end{pmatrix}$$
ist dies gleichbedeutend mit $M' = M^{-1}$.

2. a) Man kann $w = \mathrm{i}$ annehmen und benutzt die Formel
$$\mathrm{i} = \begin{pmatrix} \sqrt{y}^{-1} & 0 \\ 0 & \sqrt{y} \end{pmatrix} \begin{pmatrix} 1 & -x \\ 0 & 1 \end{pmatrix} z.$$

b) Die Wohldefiniertheit und Injektivität folgt aus Aufgabe 1, die Surjektivität aus 2a).

Die Abbildung ist stetig nach Definition der Quotiententopologie. Um nachzuweisen, dass sie topologisch ist, muss man zeigen, dass sie offen ist. Aus Transitivitätsgründen genügt es zu zeigen, dass das Bild einer Umgebung U von $E \in \mathrm{SL}(2,\mathbb{R})$ unter der Abbildung $M \mapsto M\mathrm{i}$ eine Umgebung von $\mathrm{i} \in \mathbb{H}$ enthält. Zum Beweis braucht man nur die Dreiecksmatrizen ($c = 0$) in U zu betrachten.

3. Eine Richtung ist trivial: Wenn M elliptisch ist, so besitzt M einen Fixpunkt und dieser ist auch Fixpunkt jeder Potenz von M. Die Umkehrung ist etwas schwieriger. Man muss sich zunächst überlegen, dass Eigenwerte elliptischer Matrizen stets den Betrag 1 haben. Dies zeigt beispielsweise die Eigenwertgleichung
$$(a - \lambda)(d - \lambda) - bc = 0$$

unter Verwendung von $ad - bc = 1$ und $|a + d| < 2$. Sei nun M^l elliptisch und von $\pm E$ verschieden. Wir betrachten einen Eigenwert ζ von M. Dann ist ζ^l ein Eigenwert von M^l. Dieser und damit auch ζ selbst hat den Betrag 1. Da die Eigenwerte der reellen Matrix M ein Paar konjugiert komplexer Zahlen bilden, sind ζ und $\overline{\zeta} = \zeta^{-1}$ die beiden Eigenwerte von M. Wegen

$$|\sigma(M^l)| = |\zeta^l + \overline{\zeta}^l| < 2$$

ist ζ von ± 1 verschieden. Es folgt

$$|\sigma(M)| = |\zeta + \overline{\zeta}| < 2$$

und M ist elliptisch.

4. Man kann annehmen, dass i der Fixpunkt ist. Die Behauptung lautet, dass jede endliche Untergruppe von $\mathrm{SO}(2, \mathbb{R})$ zyklisch ist. Diese Gruppe ist isomorph zur Gruppe S^1 der komplexen Zahlen vom Betrag 1, wie die Zuordnung

$$e^{i\varphi} \longmapsto \begin{pmatrix} \cos\varphi & \sin\varphi \\ -\sin\varphi & \cos\varphi \end{pmatrix}$$

zeigt. Die Gruppe S^1 ist isomorph zur Gruppe $\mathbb{R}/\mathbb{Z}$. Ist $G \subset S^1$ eine endliche Untergruppe, so ist ihr Urbild in $\mathbb{R}$ eine diskrete Untergruppe. Die Behauptung folgt nun aus der einfachen und bekannten Tatsache, dass jede diskrete Untergruppe von $\mathbb{R}$ zyklisch ist.

Lösungen der Übungsaufgaben zu VI.2

1. Aus $f(z) = f(Mz)$ folgt mittels der Kettenregel
$$f'(z) = f'(Mz)M'(z) = f'(Mz)(cz + d)^{-2}.$$

2. Es gilt $f'g - g'f = -f^2 \left(\dfrac{g}{f}\right)'$.

3. Eine analytische Funktion $f : D \to \mathbb{C}$ ist genau dann in einer geeigneten Umgebung eines Punktes $a \in U$ injektiv, falls ihre Ableitung in a nicht verschwindet (III.3). Die j-Funktion ist injektiv modulo $\mathrm{SL}(2, \mathbb{Z})$. Sie ist daher in einer kleinen Umgebung eines vorgegebenen Punktes $a \in \mathbb{H}$ genau dann injektiv, wenn dieser kein Fixpunkt der elliptischen Modulgruppe ist.

4. Eine bijektive Abbildung topologischer Räume ist genau dann topologisch, wenn sie stetig und offen ist. Nach Definition der Quotiententopologie definiert die j-Funktion eine stetige Abbildung von $\mathbb{H}/\Gamma$ auf $\mathbb{C}$. Die Offenheit folgt aus dem Satz von der Gebietstreue.

5. Nennt man zwei Punkte aus dem Fundamentalbereich äquivalent, wenn sie durch eine Modulsubstitution ineinander überführt werden können, so erhält man eine Äquivalenzrelation auf $\mathcal{F}$. Zunächst ist klar, dass der Quotientenraum von $\mathcal{F}$ nach dieser Äquivalenzrelation und $\mathbb{H}/\Gamma$ topologisch äquivalent sind. Die Äquivalenzen

innerhalb des Fundamentalbereichs kennen wir. Man kann den Fundamentalbereich topologisch auf ein Quadrat abbilden, dem eine Ecke fehlt. Je zwei angrenzende Kanten sind miteinander zu verheften. Aus der Topologie ist bekannt, dass man so aus einem abgeschlossenen Quadrat ein Modell der Kugel erhält. Lässt man eine Ecke weg, so erhält man ein Modell der Ebene.

Dies ist zugegebenermaßen trotz anschaulicher Evidenz nur mühselig in einen exakten Beweis umzusetzen. Insofern ist die Aufgabe unfair. Im zweiten Band werden wir im Zusammenhang mit der topologischen Klassifikation der Flächen ein Instrumentarium entwickeln, solche Fragen anzugehen.

6. Am einfachsten argumentiert man mit Hilfe der j-Funktion. Wegen $\overline{j(z)} = j(-\bar{z})$ ist der Quotientenraum topologisch äquivalent mit dem Quotientenraum von $\mathbb{C}$, den man erhält, wenn man w mit $\bar{w}$ identifiziert. Die obere und die untere Halbebene werden also längs der reellen Achse zusammengeklappt. (Im Gegensatz zur Aufgabe 5 ist es kein Problem, streng zu zeigen, dass das Resultat eine abgeschlossene Halbebene ist.)

Lösungen der Übungsaufgaben zu VI.3

1. Man schließt durch Induktion nach dem Gewicht. Als Induktionsbeginn kann das Gewicht 0 genommen werden. Bei dem Induktionsschritt nutzt man aus, dass jede Modulform positiven Gewichts ohne Nullstelle in der oberen Halbebene notwendig eine Spitzenform sein muss. Sie kann dann durch Δ geteilt werden.

2. Man studiert die Abbildung $[\Gamma, k] \longrightarrow \mathbb{C}^{d_k}$, bei welcher einer Modulform das Tupel der ersten d_k Entwicklungskoeffizienten zugeordnet wird. Die Behauptung lautet, dass diese Abbildung bijektiv ist. Da beide Seiten dieselbe Dimension haben, genügt es zu zeigen, dass sie injektiv ist. Ist f im Kern enthalten, so ist f/Δ^{d_k} eine ganze Modulform vom Gewicht $k - 12d_k$. Aus der Formel für d_k folgert man, dass in diesem Gewicht keine von 0 verschiedene ganze Modulform existiert.

3. Da j unendlich viele Werte annimmt, hat P unendlich viele Nullstellen. Dasselbe gilt (mit demselben Argument oder als Folge hiervon) für die Funktion G_4^3/G_6^2. Sei $\sum_{4\alpha+6\beta=k} C_{\alpha\beta} G_4^\alpha G_6^\beta$ eine nichttriviale lineare Relation. Indem man mit einem geeigneten festen Monom multipliziert, kann man erreichen, dass k durch 6 teilbar ist. Dividiert man durch $G_6^{k/6}$, so erhält man eine lineare Relation zwischen Potenzen von G_4^3/G_6^2.

4. Der Ansatz $G_4^3 - C\Delta$ führt zum Ziel.

5. Da eine meromorphe Modulform f nur endlich viele Pole im Fundamentalbereich hat, existiert nach Aufgabe 4 eine ganze Modulform h, so dass fh im Fundamentalbereich und damit in ganz $\mathbb{H}$ keinen Pol hat. Nimmt man in h eine geeignete Potenz der Diskriminante auf, so kann man erreichen, dass $g = hf$ auch in $i\infty$ regulär ist.

6. Man stelle eine vorgegebene Modulfunktion f gemäß Aufgabe 5 als Quotient $f = g/h$ zweier ganzer Modulformen g, h gleichen Gewichts dar. Man kann erreichen, dass das Gewicht von g und h durch 6 teilbar ist. Es sei $6k$. Wegen der Formel $g/h = (g/G_6^k)(h/G_6^k)^{-1}$ kann man $h = G_6^k$ annehmen. Drückt man g als Polynom in G_4 und G_6 aus, so sieht man, dass sich jede Modulfunktion als rationale Funktion in G_4^3/G_6^2 und damit in j ausdrücken lässt.

Lösungen der Übungsaufgaben zu VI.4

1. Man benutze das Transformationsverhalten für den Imaginärteil V.7.1.

2. Wenn f eine Spitzenform ist, so ist $\exp(-2\pi \mathrm{i}z)f(z)$ beschränkt in Bereichen $y \geq \delta > 0$.

3. Aus der Integraldarstellung

$$a_n = \int_0^1 f(z)e^{-2\pi \mathrm{i}n z}\, dx$$

folgt konkret

$$|a_n| \leq C' e^{2\pi} n^{k/2}.$$

4. Eine einfache Abschätzung zeigt, dass die rechte Seite in der behaupteten asymptotischen Formel größer als $\delta n^{m/2-1}$ mit geeignetem $\delta > 0$ ist. Die Differenz der beiden Seiten ist nach Aufgabe 3 von kleinerer Größenordnung, nämlich $O(n^{m/4})$. Wegen $m \geq 8$ gilt $m/4 < m/2 - 1$.

5. Zieht man von einer Modulform ein geeignetes konstantes Vielfaches der EISENSTEINreihe ab, so erhält man eine Spitzenform. Wegen Aufgabe 3 muss man die Behauptung nur für die EISENSTEINreihe beweisen. Sie folgt leicht aus der in Aufgabe 4 angegebenen Formel.

6. Die Zeilen orthogonaler Matrizen haben die euklidische Länge 1. Wenn sie ganzzahlig sind, so sind es bis aufs Vorzeichen Einheitsvektoren. Man bekommt alle ganzen orthogonalen U dadurch, dass man die n Einheitsvektoren in beliebiger Reihenfolge untereinander schreibt und beliebige Vorzeichen anbringt. Es gibt $2^n n!$ Möglichkeiten.

7. Man muss von folgendem Sachverhalt Gebrauch machen: Ist A eine ganze $n \times n$-Matrix mit von 0 verschiedener Determinante, so ist $L = A\mathbb{Z}^n$ ein Untergitter von $\mathbb{Z}^n$ vom Index $|\det A|$. Das Quadrat hiervon ist die GRAM'sche Determinante einer assoziierten quadratischen Form.

a) Man betrachtet zunächst $L \cap \mathbb{Z}^n$. Dies ist der Kern des Homomorphismus

$$\mathbb{Z}^n \longrightarrow \mathbb{Z}/2\mathbb{Z}, \quad x \longmapsto x_1 + \cdots + x_n \bmod 2,$$

und daher ein Untergitter vom Index 2 von $\mathbb{Z}^n$. Für ungerades n ist $L_n \subset \mathbb{Z}^n$, die Determinante einer GRAMmatrix also $2^2 = 4$. Wenn n gerade ist, liegt der

Vektor $e = (1/2, -1/2, \ldots, 1/2, -1/2)$ in L_n, und jeder Vektor a von L_n ist von der Form $a = b$ oder $a = e + b$ mit $b \in L_n \cap \mathbb{Z}^n$. Der Index von $L_n \cap \mathbb{Z}^n$ in L_n ist also 2, die Determinante einer GRAMmatrix somit 1. Das Gitter L_n ist also genau dann vom Typ II, wenn n gerade ist und wenn $\langle a, a \rangle$ für alle $a \in L_n$ gerade ist. Mit $a = e + b$ gilt offenbar $\langle a, a \rangle \equiv n/4 \bmod 2$. Das Gitter L_n ist also genau dann vom Typ II, wenn n durch 8 teilbar ist.

b) Es gibt zwei Typen von Minimalvektoren:

Die ganzen Minimalvektoren enthalten zweimal den Eintrag ± 1 und sonst lauter Nullen. Die nicht ganzen Minimalvektoren existieren nur im Falle $n = 8$. Sie enthalten nur $\pm 1/2$. Die Anzahl der positiven (negativen) Einträge muss gerade sein.

c) Einfacher als der Lösungshinweis ist folgendes Argument: L_8 und damit auch $L_8 \times L_8$ wird von Minimalvektoren erzeugt, L_{16} jedoch nicht.

8. Man drückt $\vartheta_{a,b}$ durch die JACOBI'sche Thetafunktion (V.6) aus,

$$\vartheta_{a,b}(z) = e^{\pi i a^2} \vartheta(z, b + za)$$

und nutzt aus, dass man deren Nullstellen kennt (Aufgabe 3 zu V.6). Wenn die Reihe verschwindet, so muss

$$b + za = \frac{\alpha}{2} + \frac{\beta}{2} z, \quad \alpha \equiv \beta \equiv 1 \bmod 2,$$

gelten. Genau dieser Fall wurde ausgeschlossen.

9. Wenn man b modulo 1 abändert, so ändert sich die Thetareihe überhaupt nicht. Die Abänderung $a \mapsto a + \alpha$, $\alpha \in \mathbb{Z}$, wälzt man auf den Summationsindex ab, $n \mapsto n - \alpha$. Die Reihe nimmt den Faktor $\exp(-2\pi i a b)$ auf.

Man drücke wie bei der Lösung von Aufgabe 8 den Thetanullwert durch die JACOBI'sche Thetareihe aus und wende die JACOBI'sche Thetatransformationsformel an.

10. Sei $\mathcal{M}$ die angegebene endliche Menge von Paaren (a, b). Man zeigt zunächst: Zu jeder Modulsubstitution M existiert eine bijektive Selbstabbildung $(a, b) \mapsto (\alpha, \beta)$ von $\mathcal{M}$ mit der Eigenschaft

$$\vartheta_{a,b}(Mz) = v(M, a, b)\sqrt{cz + d}\, \vartheta_{\alpha,\beta}(z)$$

mit einer achten Einheitswurzel $v(M, a, b)$. Dies braucht man nur für die Erzeugenden der Modulgruppe nachzuweisen. Für die Involution folgt es aus (beiden Teilen von) Aufgabe 9. Mit (a, b) ist ein geeignetes ganzzahliges Translat von $(b, -a)$ in $\mathcal{M}$ enthalten. Für die Translation ist die Behauptung elementar. Eine gewisse Potenz von $\Delta_n(z)$ ist eine Modulform ohne Nullstellen und daher nach Aufgabe 1 aus §3 ein konstantes Vielfaches einer Potenz der Diskriminante. Daher ist eine Potenz von $f = \Delta_n^{24}/\Delta^{4n^2-1}$ und damit f selbst konstant,

$$\Delta_n(z)^{24} = C\Delta(z)^{4n^2-1}.$$

Zur Ermittlung der Konstanten C fasse man beide Seiten als Potenzreihen in $\exp\left(\frac{\pi i z}{4n}\right)$ auf und vergleiche die niedrigsten Koeffizienten. Dabei benutze man, dass der niedrigste Koeffizient eines Produktes von Potenzreihen gleich dem Produkt der niedrigsten Einzelkoeffizienten ist. Man erhält so

$$C \cdot (2\pi)^{12(4n^2-1)} = \prod_{\substack{0 \leq b < 2n \\ b \neq n}} \left(1 + e^{-\pi i b/n}\right)^{24} = (2n)^{24}.$$

11. Beim Auswerten der Quadratwurzel muss man beachten, dass der Hauptwert zu nehmen ist, wie in der Thetainversionsformel gefordert. Demnach ist $\sqrt{1} = +1$ und

$$\sqrt{\frac{1}{1-i}} \cdot \sqrt{1+i} = \sqrt{\frac{1+i}{2}} \cdot \sqrt{1+i} = \frac{1+i}{\sqrt{2}} = e^{\pi i/4}.$$

Es ist $e^{2\pi i n/8} = 1$ genau dann, wenn 8 ein Teiler von n ist.

Lösungen der Übungsaufgaben zu VI.5

1. Sei G_q die von den beiden angegebenen Matrizen erzeugte Untergruppe. Es genügt zu zeigen, dass es zu jeder Matrix $M \in \mathrm{SL}(2, R)$ eine Matrix $N \in G_q$ gibt, so dass die erste Spalte von NM der erste Einheitsvektor ist, denn dann ist NM eine Translationsmatrix. Wir wollen voraussetzen, dass dieses Resultat im Falle $R = \mathbb{Z}$ ($q = 0$) bekannt ist. Seien $a, c \in \mathbb{Z}$ Repräsentanten der ersten Spalte von M. Aus der Determinantenbedingung folgt, dass (a, b, q) teilerfremd sind. Mit einem Schluss der elementaren Zahlentheorie zeigt man, dass schon a, c nach eventueller Abänderung modulo q teilerfremd sind. Dann lässt sich die aus a, c gebildete Spalte zu einer Matrix aus $\mathrm{SL}(2, \mathbb{Z})$ ergänzen und man nimmt für N ihre Inverse.

2. Man benutze die Aufgabe 1.

3. Der Ring $\mathbb{Z}/p\mathbb{Z}$ ist für Primzahlen p ein Körper. Es gibt $p^2 - 1$ von $(0, 0)$ verschiedene Paare. Um ein solches Paar zu einer invertierbaren Matrix zu ergänzen, muss man allen Paaren ausweichen, welche von diesem linear abhängig sind, also den p Vielfachen. Es gibt also $(p^2 - p)$ Ergänzungsmöglichkeiten.

Die Gruppe $\mathrm{SL}(2, R)$ ist der Kern des surjektiven Homomorphismus

$$\mathrm{GL}(2, R) \longrightarrow R^\times, \quad M \longmapsto \det M.$$

4. Der Kern des Homomorphismus

$$\mathbb{Z}/p^{m+1}\mathbb{Z} \longrightarrow \mathbb{Z}/p^m\mathbb{Z} \quad (m \geq 1)$$

besteht aus allen Elementen der Form ap^m, $a \in \mathbb{Z}/p^{m+1}\mathbb{Z}$. Die Zuordnung $ap^m \mapsto \overline{a}$, wobei $\overline{a}$ die Restklasse von a modulo p bezeichne, definiert einen Isomorphismus des Kerns auf $\mathbb{Z}/p\mathbb{Z}$. Diese Überlegungen übertragen sich auf die Gruppe $\mathrm{GL}(2)$, wenn man beachtet, dass eine 2×2-Matrix mit Koeffizienten aus $\mathbb{Z}/p^{m+1}\mathbb{Z}$ genau dann invertierbar ist, wenn ihr Bild in $\mathbb{Z}/p^m\mathbb{Z}$ invertierbar ist. Da man Invertierbarkeit mit Hilfe der Determinante testen kann, folgt dies daraus, dass ein Element aus $\mathbb{Z}/p^{m+1}\mathbb{Z}$ genau dann eine Einheit ist, wenn sein Bild in $\mathbb{Z}/p^m\mathbb{Z}$ eine Einheit ist.

Die angegebene Formel für die Ordnung von GL folgt nun durch Induktion nach m, die für SL hieraus mittels des Determinantenhomomorphismus.

5. Generell gilt $\mathrm{GL}(n, R_1) \times \mathrm{GL}(n, R_2) = \mathrm{GL}(n, R_1 \times R_2)$.

6. Man zerlege q in Primfaktoren und benutze die Aufgaben 3 bis 5.

7. Aus $\mathbb{H} = \bigcup_{M \in \Gamma} M\mathcal{F}$ folgt

$$\mathbb{H} = \bigcup_{M \in \Gamma_0} \bigcup_{\nu=1}^{h} MM_\nu\mathcal{F} = \bigcup_{M \in \Gamma_0} M\mathcal{F}_0.$$

Für S kann man die Vereinigung der Ränder der $M_\nu\mathcal{F}$ nehmen.

8. Sei f eine Funktion auf der oberen Halbebene, so dass das Integral

$$I(f) := \int_{\mathbb{H}} f(z)\frac{dxdy}{y^2}$$

im LEBESGUE'schen Sinne existiert. Aus der Transformationsformel für zweifache Integrale folgt

$$(*) \qquad I(f) = I(f^M) \quad \text{mit } f^M(z) = f(Mz) \quad (M \in \mathrm{SL}(2, \mathbb{R})).$$

Der Grund liegt darin, dass die in der allgemeinen Transformationsformel auftretende reelle Funktionaldeterminante von M gleich $|cz + d|^{-4}$ ist und sich genau gegen den Faktor weghebt, der bei der Transformation von y^{-2} entsteht. Ist speziell f die charakteristische Funktion einer Menge $A \subset \mathbb{H}$, so folgt $v(A) = v(M(A))$. Insbesondere folgt in den Bezeichnungen von Aufgabe 7

$$v(\mathcal{F}_0) = hv(\mathcal{F}) = [\Gamma : \Gamma_0]v(\mathcal{F}).$$

Eine elementare Rechnung zeigt, dass das Integral von y^{-2} über den Fundamentalbereich $\mathcal{F}$ erstreckt, genau den Wert $\pi/3$ hat.

Es bleibt die Invarianz des Integrals zu zeigen. Hierzu werden gewisse Grundkenntnisse über Integration benötigt:

Seien also $\mathcal{F}_0$ und $\mathcal{F}_0'$ zwei Fundamentalbereiche von Γ_0. Ausnahmemengen im Sinne von Aufgabe 7a) bezeichnen wir mit S_0 und S_0'. Wir wollen

$$\int_{\mathcal{F}_0} f(z)\frac{dxdy}{y^2} = \int_{\mathcal{F}_0'} f(z)\frac{dxdy}{y^2}$$

für eine gewisse Klasse von Γ_0-invarianten Funktionen f zeigen. Diese Klasse bestehe aus allen stetigen Γ_0-invarianten Funktionen mit folgenden beiden Eigenschaften:

a) Der Träger der Einschränkung von f auf $\mathcal{F}_0 - S_0$ ist kompakt.

b) Dasselbe gilt für $(\mathcal{F}_0', S_0')$ anstelle von $(\mathcal{F}_0, S_0)$.

Mit Hilfe einer Zertrümmerung reduziert man nun die Behauptung auf den Fall, dass der Träger von f in folgendem Sinne klein ist: Es existiert eine Substitution $M \in \Gamma_0$, so dass das Bild des Trägers von f unter M in $(\mathcal{F}_0', S_0')$ enthalten ist. In diesem Fall kann man (*) anwenden. Die Zertrümmerung konstruiert man mit

Hilfe eines Quadratenetzes wie in der Anleitung angedeutet, besser noch mit Hilfe der Technik der Zerlegung der Eins.

9. Zunächst operiert die volle Modulgruppe Γ auf $K(\Gamma_0)$. Da der Normalteiler Γ_0 trivial operiert, wird eine Operation der Faktorgruppe induziert. Aus der Algebra weiß man, dass ein Körper stets endlich algebraisch über dem Fixkörper einer endlichen Gruppe von Automorphismen ist.

10. Man benutze die Erläuterungen zu Aufgabe 11 aus V.3.

11. Modulo q handelt es sich um Gruppen von Dreiecksmatrizen. Die Konjugation kann durch die Involution S erfolgen. Der Zusammenhang mit der Thetagruppe im Falle $q = 2$ folgt aus A5.5.

12. Man überlegt sich zunächst, dass $\Gamma^0[p]$ in der vollen Modulgruppe den Index $p+1$ hat:

$$\mathrm{SL}(2, \mathbb{Z}) = \Gamma^0[p] \begin{pmatrix} 0 & -1 \\ 1 & 0 \end{pmatrix} \cup \bigcup_{\nu=0}^{p-1} \Gamma^0[p] \begin{pmatrix} 1 & \nu \\ 0 & 1 \end{pmatrix}.$$

Alle Translationsmatrizen führen zu einer Spitzenklasse.

Lösungen der Übungsaufgaben zu VI.6

1. Man hat zwei Fälle zu unterscheiden, je nachdem q gerade oder ungerade ist. Wenn q gerade ist, so kann $\Gamma[q, 2q]$ durch die Bedingungen $a \equiv d \equiv 0 \bmod q$ und $b \equiv c \equiv 0 \bmod 2q$ definiert werden. Es ist leicht nachzurechnen, dass hierdurch eine Gruppe definiert wird. Wenn q ungerade ist, so gilt $\Gamma[q, 2q] = \Gamma[q] \cap \Gamma[1, 2]$. Man muss also nur wissen, dass $\Gamma[1, 2]$ eine Gruppe ist. Dies ist aber genau die Thetagruppe.

2. Transformiert man die Thetafunktionen $\vartheta, \widetilde{\vartheta}, \widetilde{\widetilde{\vartheta}}$ mit einer Modulsubstitution $M \in \mathrm{SL}(2, \mathbb{Z})$, so wird das Tripel dieser drei Funktionen bis auf gewisse elementare Faktoren permutiert. Kodiert man die drei angegebenen Thetafunktionen in der angegebenen Reihenfolge mit den Ziffern $1, 2, 3$, so erhält man einen Homomorphismus $\mathrm{SL}(2, \mathbb{Z}) \to S_3$. Die Involution entspricht dabei der Transposition, welche 2 mit 3 vertauscht. Die Translation entspricht der Transposition, welche 1 mit 2 vertauscht. Da S_3 von diesen beiden Transpositionen erzeugt wird, ist der Homomorphismus surjektiv. Da die drei Thetareihen Modulformen zur $\Gamma[2]$ sind, ist diese Gruppe im Kern enthalten. Der induzierte Homomorphismus $\mathrm{SL}(2, \mathbb{Z}/2\mathbb{Z}) \to S_3$ ist surjektiv und daher ein Isomorphismus aus Ordnungsgründen. Beide Gruppen haben die Ordnung 6.

3. Man nehme das Urbild der alternierenden Gruppe A_3 bei dem in Aufgabe 2 beschriebenen Homomorphismus.

4. Die Zwischengruppen entsprechen genau den Untergruppen von $\mathrm{SL}(2, \mathbb{Z}/2\mathbb{Z})$. Da diese Gruppe die Ordnung 6 hat, gibt es nur Untergruppen von den Ordnungen 1, 2, 3 und 6. Es gibt genau eine Untergruppe der Ordnung 1, drei konjugierte

Untergruppen der Ordnung 2 und einen Normalteiler der Ordnung 3. Die Untergruppen der Ordnung 2 entsprechen in der Gruppe S_3 unter dem angegebenen Isomorphismus den von den drei Transpositionen erzeugten Gruppen. Es gibt also genau 6 Zwischengruppen $\Gamma[2] \subset \Gamma \subset \Gamma[1]$, nämlich $\Gamma[2]$ selbst, die drei Konjugierten der Thetagruppe, die angegebene Untergruppe vom Index 2 und die volle Modulgruppe.

5. Die Behauptung ist eine unmittelbare Folgerung aus Theorem 6.3, da man weiß, wie sich die drei Basisthetafunktionen unter den Erzeugenden von Γ_ϑ umsetzen.

6. Man verifiziert durch Überprüfen des Transformationsverhaltens und der konstanten Entwicklungskoeffizienten die Identitäten

$$G_4 = \zeta(4)(\vartheta^8 + \widetilde{\vartheta}^8 + \widetilde{\widetilde{\vartheta}}^8), \quad G_6 = \zeta(6)(\vartheta^4 + \widetilde{\vartheta}^4)(\vartheta^4 + \widetilde{\widetilde{\vartheta}}^4)(\widetilde{\vartheta}^4 - \widetilde{\widetilde{\vartheta}}^4).$$

7. Seien

$$K := \left\{ (X,Y) \in \mathbb{C} \times \mathbb{C}; \quad X^4 + Y^4 = 1, \ XY \neq 0 \right\}$$

und $f = \widetilde{\vartheta}/\vartheta$, $g = \widetilde{\widetilde{\vartheta}}/\vartheta$. Es ist zweckmäßig, die Funktion $h := f^8 g^8$ zu betrachten. Diese Funktion ist invariant unter der Thetagruppe. Sie besitzt keine Nullstelle und definiert daher eine Abbildung

$$h : \mathbb{H}/\Gamma_\vartheta \longrightarrow \mathbb{C}^\bullet.$$

Man zeigt zunächst, dass diese Abbildung bijektiv ist. Dies kann analog zur Bijektivität der j-Funktion dadurch bewiesen werden, dass man man eine zur $k/12$-Formel analoge Formel für die Thetagruppe ableitet. Man kann das Resultat auf die Bijektivität der j-Funktion mit einem ähnlichen Schluss, wie er nun folgt, zurückführen. Wir führen die Einzelheiten nicht aus und nehmen an, die Bijektivität von h sei bewiesen. Man betrachte das kommutative Diagramm

$$
\begin{array}{ccc}
\mathbb{H}/\Gamma[4,8] & \overset{(f,g)}{\longrightarrow} & K \quad (X,Y) \\
\downarrow & \downarrow & \uparrow \\
\mathbb{H}/\Gamma_\vartheta & \overset{h}{\longrightarrow} & \mathbb{C}^\bullet \quad X^8 Y^8
\end{array}
$$

und berechne die Anzahl der Urbildpunkte unter den beiden Vertikalpfeilen. Die behauptete Bijektivität ist eine unmittelbare Folgerung aus dieser Anzahlbestimmung.

Lösungen der Übungsaufgaben zu VII.1

1. Das Gewicht ist 14. Es muss daher $j'(z)\Delta(z) = C G_4(z)^2 G_6(z)$ mit einer Konstanten C gelten. Diese kann man durch Vergleich der konstanten Entwicklungskoeffizienten ermitteln. Dazu braucht man die FOURIERentwicklung der EISENSTEINreihen (1.3), vgl. auch Aufgabe 5 unten. Man erhält

$$C = -\frac{(2\pi i)^{13}}{1728 \cdot 8\zeta(4)^2 \zeta(6)}.$$

2. Es muss
$$G'_{12}\Delta - G_{12}\Delta' = AG_4^2 G_6^3 + BG_4^5 G_6$$
mit gewissen Konstanten A, B gelten. Diese können mittels der Entwicklungskoeffizienten der EISENSTEINreihen berechnet werden. Am besten geht man wie folgt vor: Da es sich um eine Spitzenform handelt, muss $G'_{12}\Delta - G_{12}\Delta' = C\Delta G_4^2 G_6$ gelten. Man muss nur C bestimmen, da man weiß, wie sich Δ in G_4 und G_6 schreibt. Vergleich des ersten Entwicklungskoeffizienten zeigt
$$\frac{2(2\pi i)^{25}}{11!} - 2\zeta(12)(2\pi i)^{13} = C(2\pi)^{12} \cdot 8\zeta(4)^2\zeta(6).$$

3. Sowohl der Struktursatz zusammen mit bekannten Werten der Zetafunktion als auch die Rekursionsformel aus Aufgabe 6 in V.3 führen zu der Formel
$$13 \cdot 11 G_{12} = 2 \cdot 3^2 G_4^3 + 5^2 G_6^2.$$

4. Über die Identität mit der EISENSTEINreihe erhält man für die Anzahl $240\sigma_3(5) = 30\,240$.

    Die Lösungen der Gleichung $x_1^2 + \cdots + x_8^2 = 10$ mit $x \in L_8$ (s. §4) sind:

    7 168 Lösungen, welche einmal ± 2, sechsmal ± 1 und einmal 0 enthalten.
    6 720 Lösungen, welche zweimal ± 2, zweimal ± 1 und viermal 0 enthalten.
    224 Lösungen, welche einmal ± 3, einmal ± 1 und sechsmal 0 enthalten.
    7 168 Lösungen, welche einmal $\pm 5/2$, einmal $\pm 3/2$ und sechsmal $\pm 1/2$ enthalten. Ein Vorzeichen ist durch die restlichen festgelegt.
    8 960 Lösungen, welche viermal $\pm 3/2$ und viermal $\pm 1/2$ enthalten. Ein Vorzeichen ist durch die restlichen festgelegt.

    Es gilt tatsächlich
    $$30\,240 = 7\,168 + 6\,720 + 224 + 7\,168 + 8\,960.$$

5. Trägt man die FOURIERentwicklungen der EISENSTEINreihen ein und benutzt man die Kongruenz
    $$5d^3 + 7d^5 \equiv 0 \bmod 12,$$
    so erhält man die Ganzzahligkeit der $\tau(n)$. Die Ganzzahligkeit der $c(n)$ ist eine Folge.

6. Die logarithmische Ableitung eines normal konvergenten Produkts ist gleich der Summe der logarithmischen Ableitungen der einzelnen Faktoren:
    $$\frac{\eta'(z)}{\eta(z)} = \frac{\pi i}{12} - \sum_{n=1}^{\infty} \frac{2\pi i n \exp 2\pi i n z}{1 - \exp 2\pi i n z}.$$

    Entwickelt man $\left(1 - \exp(2\pi i n z)\right)^{-1}$ in die geometrische Reihe, so erhält man $(4\pi)^{-1}G_2$ in der Form 1.3.

    Die beiden logarithmischen Ableitungen sind $\eta'(z)/\eta(z) + 1/(2z)$.

7. Aus Aufgabe 6 folgt, dass $\eta(z)^{24}$ eine Spitzenform vom Gewicht 12 ist.

8. Die 24. Potenzen der beiden Seiten stimmen jedenfalls überein. Der Quotient der beiden Seiten ist eine analytische Funktion, welche nur 24. Einheitswurzeln als Werte annehmen kann. Aus Stetigkeitsgründen ist er konstant. Die Konstante ist 1 $(q \to 0)$.

9. Zunächst einmal ist

$$\prod_{n=1}^{N}(1 - q^n) = \sum_{k=0}^{N} \sum_{1 \leq n_1 < \cdots < n_k \leq N} (-1)^k q^{n_1 + \cdots + n_k}.$$

Sortiert man nach festen $n_1 + \cdots + n_k$ und vollzieht man den Grenzübergang $N \to \infty$, so erhält man die behauptete Formel.

Lösungen der Übungsaufgaben zu VII.2

1. Zum Beweis der Aufgabe benötigt man die Abschätzung

$$\left| n^{-s} - m^{-s} \right| \leq \left| \frac{s}{\sigma} \right| \left| n^{-\sigma} - m^{-\sigma} \right|,$$

welche man unmittelbar aus der Integraldarstellung

$$n^{-s} - m^{-s} = s \int_{n}^{m} t^{-s}\, dt$$

ableitet, indem man den Vorfaktor s durch $|s|$ und den Integranden durch $t^{-\sigma}$ abschätzt.

Wir nehmen nun an, dass die DIRICHLETreihe in einem Punkt s_1 konvergiert. Wir müssen die Konvergenz in der Halbebene $\sigma > \sigma_1$ beweisen. Nach einer Variablentranslation dürfen wir wir $s_1 = 0$ annehmen. Die Reihe $\sum a_n$ konvergiert in diesem Falle. Wir wollen das CAUCHYkriterium für unendliche Reihen anwenden und müssen hierzu für (große) $m > n$

$$S(n, m) = \sum_{\nu=n}^{m} a_\nu \nu^{-s}$$

abschätzen. Abelsche partielle Summation liefert

$$S(n, m) = \sum_{\nu=n}^{m-1} A(n, \nu)(\nu^{-s} - (\nu + 1)^{-s}) + A(n, m)m^{-s}$$

mit

$$A(n, m) = \sum_{\nu=n}^{m} a_\nu.$$

Zu vorgegebenem $\varepsilon > 0$ kann man wegen der Konvergenz von $\sum a_n$ ein N finden, so dass $|A(n, m)| \leq \varepsilon$ für $m > n \geq N$. Mittels der eingangs formulierten Ungleichung erhält man

$$|S(n, m)| \leq \varepsilon \left(1 + \frac{|s|}{\sigma} \sum_{\nu=n}^{m-1} (\nu^{-\sigma} - (\nu + 1)^{-\sigma}) \right) = \varepsilon \left(1 + \frac{|s|}{\sigma}(n^{-\sigma} - m^{-\sigma}) \right).$$

Hieraus folgt die gleichmäßige Konvergenz in Bereichen, in denen $|s| / \sigma$ nach oben beschränkt ist.

Zusatz. Die Ungleichung $\sigma_0 \geq \sigma_1$ ist trivial. Wenn die Reihe in einem Punkt s konvergiert, so ist die Folge $(a_n n^{-s})$ beschränkt. Dann konvergiert die DIRICH-LETreihe im Punkt $s + 1 + \varepsilon$ für beliebiges positives ε absolut. Hieraus ergibt sich die zweite Ungleichung.

2. Man muss diese Relationen für die Teilerpotenzsummen $a(n) = \sigma_{k-1}(n)$ beweisen. Die Relation a) folgt aus der Tatsache, dass die Teiler von mn genau die Teiler von m und n sind und dass außer 1 kein gemeinsamer Teiler von m und n existiert.

   Für die Relation b) benutze man, dass die Teiler von p^ν gerade die p-Potenzen p^j, $j \leq \nu$, sind.

   Entwickelt man $(1 - p^{-s})^{-1}$ und $(1 - p^{k-1-s})^{-1}$ jeweils in eine geometrische Reihe und multipliziert die beiden miteinander, so erhält man eine Reihe der Form $\sum_{\nu=0}^{\infty} b(p^\nu) p^{-\nu s}$. Man rechnet direkt $b(p^\nu) = \sigma_{k-1}(p^\nu)$ nach. Der Rest ergibt sich analog zur Produktentwicklung der Zetafunktion.

3. Die Matrix berechnet sich zu
$$\begin{pmatrix} -\nu & \frac{\nu\mu + 1}{p} \\ -p & \mu \end{pmatrix}.$$

4. Man prüft das Transformationsverhalten unter den Erzeugenden nach. Bei der Translation $z \mapsto z + 1$ bleibt $f(pz)$ unverändert, die Terme in der Summe werden permutiert. Um das Verhalten unter der Involution zu bestimmen, schreibt man besser
$$(T(p)f)(z) = p^{k-1}f(pz) + \frac{1}{p}f\left(\frac{z}{p}\right) + \frac{1}{p}\sum_{\nu=1}^{p-1} f\left(\frac{z+\nu}{p}\right).$$

   Bis auf die notwendigen Vorfaktoren werden bei der Involution die beiden ersten Terme vertauscht, während die Terme der Summe wegen Aufgabe 3 permutiert werden.

5. Zum Beweis setze man die Formel aus Aufgabe 4 ein und verwende
$$\frac{1}{p}\sum_{\nu=0}^{p-1} e^{\frac{2\pi i n\nu}{p}} = \begin{cases} 1 & \text{falls } n \equiv 0 \bmod p, \\ 0 & \text{sonst.} \end{cases}$$

6. Die Behauptung besagt, dass die Entwicklungskoeffizienten der normierten EISEN-STEINREIHE einer Relation
$$a(pn) + p^{k-1}a(n/p) = \lambda(p)a(n)$$
genügen. Nach Aufgabe 2 gilt diese Relation tatsächlich und zwar mit den Eigenwerten $\lambda(p) = a(p)$. Wenn p und n teilerfremd sind, handelt es sich um die Relation a), andernfalls muss man noch die Relation b) benutzen.

7. Man wende Aufgabe 5 zunächst für $n = 1$ an, danach für beliebiges n.

8. Die Konvergenz folgt aus der Abschätzung $|a(n)| \leq Cn^{k-1}$ (Aufgabe 5 aus VI.4). Aus der Rekursionsformel für $a(p^\nu)$ aus Aufgabe 7 folgt durch Ausmultiplizieren
$$(1 - a(p)x + p^{k-1}x^2)\left(1 + \sum_{n=1}^{\infty} a(p^n)x^n\right) = 1.$$

Die auftretende Potenzreihe konvergiert für $|x| < 1$. Die Produktzerlegung $D(s) = \prod D_p(s)$ folgt aus der Relation $a(nm) = a(n)a(m)$ für teilerfremde n, m durch gliedweises Ausmultiplizieren. Ähnlich wie bei der Produktentwicklung der Zetafunktion ist das formale Ausmultiplizieren des unendlichen Produkts zu rechtfertigen.

9. Dass Spitzenformen durch $T(p)$ in Spitzenformen überführt werden, folgt unmittelbar aus der Definition (Aufgabe 4) durch Grenzübergang $y \to \infty$.

10. Aus der Formel für $T(p)$ (Aufgabe 4) folgt

$$\left| \widetilde{f}(z) \right| \le p^{k-1} |f(pz)| + \frac{1}{p} \sum_{\nu=0}^{p-1} \left| f\left(\frac{z + \nu}{p} \right) \right|$$

und hieraus

$$|\widetilde{g}(z)| \le p^{\frac{k}{2}-1} |g(pz)| + p^{\frac{k}{2}-1} \sum_{\nu=0}^{p-1} \left| g\left(\frac{z + \nu}{p} \right) \right|.$$

Es folgt $|\widetilde{g}(z)| \le p^{\frac{k}{2}-1}(1 + p)m$ und die gewünschte Abschätzung. Ist f eine nicht identisch verschwindende Eigenform, so gilt $\widetilde{m} = \lambda(p)m$. Es folgt die gesuchte Abschätzung für $\lambda(p)$.

Wenn man zwei Nichtspitzenformen hat, so kann man eine Linearkombination bilden, welche Spitzenform ist. Wenn die beiden Nichtspitzenformen Eigenformen eines $T(p)$ sind, so stimmen die Eigenwerte überein. Folgedessen ist auch die kombinierte Spitzenform eine Eigenform zu demselben Eigenwert $1 + p^{k-1}$. Sie muss daher Null sein, denn für $k \ge 4$ und beliebiges p gilt $p^{\frac{k}{2}-1} < 1 + p^{k-1}$.

Lösungen der Übungsaufgaben zu VII.3

1. Die Reihe liegt in dem Raum $\{1, 2k, (-1)^k\}$. Nach dem Hauptsatz 3.4 ist dieser isomorph zu $[1, 2k, (-1)^k]$. Dies ist der Raum der Modulformen vom Gewicht $2k$. Im Falle $k = 1$ verschwindet dieser, in den Fällen $k = 2, 3, 4$ ist er eindimensional und wird von der EISENSTEINreihe aufgespannt. Jetzt kann man sich auf Aufgabe 2 aus VII.2 stützen.

2. Der Beweis erfolgt ähnlich wie der von Aufgabe 1. Man muss neben 3.9 eine Charakterisierung von ϑ^k, $k < 8$, benutzen, wie sie sich etwa aus Aufgabe 5 in VI.6 ergibt.

3. Die Diskriminante ist bis auf einen konstanten Faktor die einzige Modulform vom Gewicht 12, deren Entwicklungskoeffizienten von der Größenordnung $O(n^{11})$ sind.

4. In der ersten Reihe stimmen die Teilreihen von 0 bis ∞ und -1 bis $-\infty$ überein, wie die Substitution $n \to -1-n$ zeigt. Die Terme mit geradem $n = 2m$ der zweiten Reihe ergeben die Terme von 0 bis ∞ der dritten Reihe. Entsprechend ergeben die Terme mit ungeradem $n = 2m + 1$ die Terme der dritten Reihe von -1 bis $-\infty$. Die Darstellung von f als Ableitung der JACOBI'schen Thetafunktion ausgewertet

an der Stelle $w = 1/4$ ist über die dritte Formel für f klar. Jetzt differenziere man die Thetatransformationsformel nach w und spezialisiere anschließend $w = 1/4$.

5. Man schreibt f in der Form

$$f(z) = \sum_{n=0}^{\infty} (-1)^n (2n+1) e^{\frac{2\pi i (2n+1)^2}{8}}$$

und erhält die assoziierte DIRICHLETreihe in der Form

$$D(s) = \sum_{n=0}^{\infty} (-1)^n (2n+1)(2n+1)^{-2s} = \sum_{n=0}^{\infty} (-1)^n (2n+1)^{1-2s} = L(2s-1).$$

Die Funktionalgleichung für $D \in \{8, 3/2, 1\}$ gemäß 3.2 ist identisch mit der gesuchten Funktionalgleichung für L.

6. Die Funktionalgleichung der RIEMANN'schen Zetafunktion und die Funktionalgleichung für $L(s)$ aus Aufgabe 5 in Verbindung mit der LEGENDRE'schen Relation IV.1.12 der Gammafunktion ergeben die gewünschte Funktionalgleichung für $\zeta(s)L(s)$. Der Normierungsfaktor ergibt sich durch Grenzübergang $\sigma \to \infty$.

Lösungen der Übungsaufgaben zu VII.4

1. Man definiert zunächst $\mu(n)$ durch die angegebenen Formeln. Die Konvergenz der DIRICHLETreihe mit Koeffizienten $\mu(n)$ für $\sigma > 1$ ist klar. Wegen der Eindeutigkeit der Entwicklung in DIRICHLETreihen lautet die Behauptung

$$\sum_{n=1}^{\infty} \frac{1}{n^s} \cdot \sum_{n=1}^{\infty} \frac{\mu(n)}{n^s} = 1.$$

Dies bedeutet, dass $C(N) = \sum_{n=1}^{N} \mu(n)$ im Falle $N = 1$ gleich 1 ist und im Falle $N > 1$ verschwindet. Wegen der offensichtlichen Relationen $\mu(nm) = \mu(n)\mu(m)$ und $C(nm) = C(n)C(m)$ für teilerfremde m, n kann man sich auf Primzahlpotenzen $N = p^m$ beschränken. Im Falle $m > 0$ besteht die Summe aus zwei Termen 1 und -1.

2. Wenn die behauptete Formel für die Intervalle $[x, y]$ und $[y, z]$ bewiesen ist, so gilt sie auch für das Intervall $[x, z]$. Aus diesem Grunde genügt es, die Formel für solche Intervalle zu beweisen, in deren Innerem keine natürliche Zahl enthalten ist. Dann ist die Funktion $A(t)$ im Innern dieses Intervalls konstant und die Behauptung leicht zu verifizieren.

3. In §4 wurde gezeigt, dass die ersten beiden Formen äquivalent sind und dass die dritte aus den ersten beiden folgt. Wenn man den Beweis genau analysiert, wird auch die Umkehrung klar.

4. Die Konvergenz der DIRICHLETreihe mit den Koeffizienten $\varphi(n)$ für $\sigma > 2$ folgt aus der trivialen Abschätzung $\varphi(n) \le n$. Die behauptete Identität

$$\sum_{n=1}^{\infty} nn^{-s} = \sum_{n=1}^{\infty} n^{-s} \sum_{n=1}^{\infty} \varphi(n)n^{-s}$$

ist äquivalent mit der bekannten Relation

$$\sum_{d|n} \varphi(d) = n.$$

5. Eine formale Rechnung, welche nachträglich gerechtfertigt wird, ergibt

$$\sum_{p} \log(1 - p^{-s}) = \sum_{p} p^{-s} + \sum_{p} \sum_{\nu \geq 2} \frac{1}{\nu} p^{-\nu s}.$$

Die Doppelreihe konvergiert sogar im Bereich $\sigma > 1/2$, wie ein Vergleich mit der Zetafunktion zeigt. Die erste Reihe auf der rechten Seite wird durch die nach Voraussetzung konvergente Reihe $\sum p^{-1}$ majorisiert. Insgesamt bleibt diese Reihe bei Annäherung an 1 beschränkt. Da sie ein Logarithmus der Zetafunktion ist, bliebe auch die Zetafunktion selbst bei Annäherung an 1 beschränkt.

6. Im Bereich $\sigma > 1$ gilt die Identität

$$(1 - 2^{1-s})\zeta(s) = \sum_{n=1}^{\infty} \frac{(-1)^{n-1}}{n^s}.$$

Nach dem LEIBNIZ'schen Konvergenzkriterium für alternierende Reihen konvergiert die rechte Seite für reelle $\sigma > 0$. Aus Aufgabe 1 von VII.2 folgt, dass durch die rechte Seite sogar eine analytische Funktion in $\sigma > 0$ definiert wird. Nach dem Prinzip der analytischen Fortsetzung gilt diese Identität auch in dieser Halbebene.

Die alternierende Reihe ist im Intervall $]\,0, 1[$ stets positiv, der Vorfaktor vor der Zetafunktion negativ.

7. Aus dem Primzahlsatz folgt zunächst leicht

$$\lim_{x \to \infty} \frac{\log \pi(x)}{\log x} = 1.$$

Setzt man in dieser Relation für x die n-te Primzahl p_n ein, so folgt wegen $\pi(p_n) = n$

$$\lim_{n \to \infty} \frac{n \log n}{p_n} = 1.$$

Sei nun umgekehrt diese Relation erfüllt. Zu vorgegebenem $x > 2$ betrachten wir die größte Primzahl p_n unterhalb x. Es gilt also $p_n \leq x < p_{n+1}$. Aus der Annahme folgt leicht

(∗) $$\lim_{x \to \infty} \frac{x}{n \log n} = \lim_{x \to \infty} \frac{x}{\pi(x) \log \pi(x)} = 1.$$

Durch Logarithmieren folgt

$$\lim_{x \to \infty} \left(\log \pi(x) + \log \log \pi(x) - \log x \right) = 0.$$

Dividiert man durch $\log \pi(x)$, so erhält man

$$\lim_{x \to \infty} \frac{\log x}{\log \pi(x)} = 1$$

und mit (∗) den Primzahlsatz.

Lösungen der Übungsaufgaben zu VII.5

1. Die LAURENTentwicklung existiert nach dem allgemeinen Entwicklungssatz 5.2 aus Kapitel III. Es bleibt zu zeigen, dass $\gamma := \lim_{s \to 1} \left(\zeta(s) - \frac{1}{s-1} \right)$ die EULER-MASCHERONI'sche Konstante γ (s.S. 198) ist. Nach Hilfssatz 5.2 gilt

$$\gamma = \frac{1}{2} - F(1) = \frac{1}{2} - \int\limits_1^\infty \frac{\beta(t)}{t^2}\, dt.$$

Die Behauptung folgt nun aus der Formel

$$\sum_{n=1}^N \frac{1}{n} - \log N = \frac{1}{2} + \frac{1}{2N} - \int\limits_1^N \frac{\beta(t)}{t^2}\, dt$$

durch Grenzübergang $N \to \infty$. Die benutzte Formel beweist man durch partielle Integration (vgl. mit dem Beweis von 5.2).

2. Die beiden Umformungen (im Konvergenzbereich $\sigma > 1$) sind klar. Die Reihe $\sum (-1)^{n-1} n^{-s}$ konvergiert nach dem LEIBNIZkriterium für alternierende Reihen zunächst für reelle $s > 0$. Nach Aufgabe 1 aus VII.2 konvergiert sie dann in der Halbebene $\sigma > 0$ und stellt dort eine analytische Funktion dar. Daher ist $\zeta(s)$ in den Bereich $\sigma > 0$ mit Ausnahme der Nullstellen von $1 - 2^{1-s}$ fortsetzbar. Mit Hilfe von $Q(s)$ zeigt man ähnlich die Fortsetzbarkeit in $\sigma > 0$, wobei jetzt die Nullstellen von $1 - 3^{1-s}$ auszuschließen sind. Die einzige gemeinsame Nullstelle ist $s = 1$. Das Residuum ist

$$\lim_{s \to 1} \frac{s-1}{1 - 2^{1-s}} \sum_{n=1}^\infty \frac{(-1)^{n-1}}{n}.$$

Der Wert der alternierenden Reihe ist bekanntlich $\log 2$, der gesamte Limes wird somit 1.

3. Aus der Funktionalgleichung in symmetrischer Form

$$\pi^{-\frac{1-s}{2}} \Gamma\left(\frac{1-s}{2} \right) \zeta(1-s) = \pi^{-\frac{s}{2}} \Gamma\left(\frac{s}{2} \right) \zeta(s)$$

und dem Ergänzungssatz für die Gammafunktion in der Form

$$\Gamma\left(\frac{1+s}{2} \right) \Gamma\left(\frac{1-s}{2} \right) = \frac{\pi}{\sin\left(\frac{\pi s}{2} + \frac{\pi}{2} \right)}$$

folgt

$$\zeta(1-s) = \Gamma\left(\frac{s}{2} \right) \Gamma\left(\frac{s+1}{2} \right) \pi^{-s-\frac{1}{2}} \sin\left(\frac{\pi s}{2} + \frac{\pi}{2} \right) \zeta(s).$$

Die Behauptung ergibt sich nun aus der Verdoppelungsformel (IV.1.12).

4. a) Der Pol von $\zeta(s)$ wird durch den Vorfaktor $s - 1$ kompensiert. Der Pol von $\Gamma(s/2)$ bei 0 durch den Vorfaktor s, die restlichen Pole durch die Nullstellen der Zetafunktion (Aufgabe 3).

   b) Dies ist die Funktionalgleichung der Zetafunktion, wenn man beachtet, dass der Vorfaktor $s(s-1)$ derselben Funktionalgleichung genügt.

c) Man zeige $\overline{\Phi(\overline{s})} = \Phi(s)$ und benutze die Funktionalgleichung.

d) Man benutze $\zeta(0) = -1/2$ sowie $\lim_{s \to 0} s\Gamma(s/2) = 2$.

e) Keiner der Faktoren hat eine Nullstelle im Bereich $\sigma \geq 1$, $s \neq 1$. Wegen d) hat also Φ in der abgeschlossenen Halbebene $\sigma \geq 1$ keine Nullstelle. Aus der Funktionalgleichung folgt, dass auch in $\sigma \leq -1$ keine Nullstelle vorhanden ist. Die Symmetrien folgen aus der Funktionalgleichung in Verbindung mit $\overline{\Phi(\overline{s})} = \Phi(s)$.

5. Man orientiere sich an dem ersten Teil des Beweises von Theorem 3.4.

6. Da die Funktion $t(1 - e^{-t})^{-1}$ nach oben beschränkt ist, folgt die Konvergenz des Integrals aus der des Gammaintegrals. Zum Beweis der Formel entwickle man $(1 - e^{-t})^{-1}$ in eine geometrische Reihe und integriere gliedweise, was sich leicht rechtfertigen lässt. Der n-te Term ergibt gerade $\Gamma(s)n^{-s}$.

7. Man benutze die HANKEL'sche Integraldarstellung der Gammafunktion (Aufgabe 17 aus IV.1) und gehe ähnlich wie in Aufgabe 6 vor.

Lösungen der Übungsaufgaben zu VII.6

1. In Aufgabe 1 aus VII.4 wurde die MÖBIUSfunktion und ihr Zusammenhang mit dem Inversen der Zetafunktion eingeführt. Die Voraussetzungen des TAUBER-satzes sind erfüllt:

   Zunächst sind die Koeffizienten $a_n := \mu(n) + 1$ tatsächlich nicht negativ. Zu I muss man neben der analytischen Fortsetzung der Zetafunktion benutzen, dass $\zeta(s)$ auf $\operatorname{Re} s = 1$ keine Nullstelle hat. II folgt aus den Abschätzungen 5.1 der Zetafunktion nach oben und unten. Das Residuum ϱ ist 1.

2. Man will den Residuensatz anwenden. Im Falle $0 < y \leq 1$ klingt der Integrand stark ab für $|\sigma| \to \infty$, $\sigma > 0$. Da in diesem Bereich der Integrand analytisch ist, verschwindet das Integral. Im Falle $y \geq 1$ hat man das Abklingen in $\sigma \leq 2$. Das Integral ist also gleich dem Residuum des Integranden an der Stelle $s = 0$. Dieses Residuum ist gleich $\log y$, wie man mittels der Reihenentwicklung $y^s = 1 + s \log y + \cdots$ zeigt.

3. Dies ist der Spezialfall $k = 0$ von 6.7. Man kann ihn nocheinmal direkt mit Hilfe der vorhergehenden Übungsaufgabe ableiten.

4. Der Beweis von 3.4 lässt sich problemlos übertragen.

5. Wie in Aufgabe 4 orientiere man sich am Beweis von 3.4. Die benötigte Theta-transformationsformel findet man in VI.4.8.

6. Der Beweis beruht auf der Formel

$$-\frac{\zeta'(s)}{\zeta(s)} = s \int\limits_1^\infty \frac{\psi(x)}{x^{s+1}} \, dx \quad \text{für} \quad \sigma > 1,$$

welche man mittels der ABEL'schen Identität aus Aufgabe 2 in VII.4 beweisen kann. Eine einfache Umformung ergibt

$$\Phi(s) := -\frac{\zeta'(s)}{s\zeta(s)} - \frac{1}{s-1} = \int\limits_1^\infty \frac{\psi(x) - x}{x^{s+1}}\, dx \quad \text{für } \sigma > 1.$$

Aus dem Primzahlsatz in der Form $\psi(x) = x + o(x)$ folgert man aus dieser Integraldarstellung für festes t

$$\lim_{\sigma \to 0} (\sigma - 1)\Phi(\sigma + \mathrm{i}t) = 0.$$

Hätte die Zetafunktion eine Nullstelle bei $s = 1 + \mathrm{i}t$, so hätte Φ an dieser Stelle einen Pol erster Ordnung im Widerspruch zu dieser Grenzwertaussage.

7. Die summatorische Funktion $S_r(n) := A_r(1) + \cdots + A_r(n)$ ist gleich der Anzahl der Gitterpunkte $g \in \mathbb{Z}^r$, welche in der (abgeschlossenen) Kugel vom Radius $\sqrt{n}$ enthalten sind. Man legt an jeden dieser Gitterpunkte einen Einheitswürfel $[g_1, g_1 + 1] \times \cdots \times [g_r, g_r + 1]$. Sei $V_r(n)$ die Vereinigung dieser Würfel. Das Volumen von $V_r(n)$ is gerade $S_r(n)$. Offenbar ist $V_r(n)$ in der Kugel vom Radius $\sqrt{n} + \sqrt{r}$ enthalten und enthält die Kugel vom Radius $\sqrt{n} - \sqrt{r}$. Asymptotisch sind die Volumina dieser Kugeln gleich dem Volumen der Kugel vom Radius $\sqrt{n}$, also $V_r \sqrt{n}^r$.

Nun betrachte man die EPSTEIN'sche Zetafunktion zur r-reihigen Einheitsmatrix E,

$$\zeta_E(s) = \sum (g_1^2 + \cdots + g_r^2)^{-s} = \sum_{n=1}^\infty A_n n^{-s}.$$

Die DIRICHLETreihe $D(s) := \zeta_E(s/2)$ erfüllt die Voraussetzungen des TAUBERsatzes mit (s. Aufgabe 5)

$$\varrho = \frac{\pi^{r/2}}{\Gamma(r/2)r/2} = \frac{\pi^{r/2}}{\Gamma(r/2 + 1)}.$$

Literatur

Die folgende Auswahl von Lehrbüchern erhebt keinen Anspruch auf Vollständigkeit. Weiterführende und ergänzende Literatur, Originalarbeiten und Literatur zur Geschichte der Funktionentheorie sowie Aufgabensammlingen und Repetitorien zur Funktionentheorie werden in getrennten Abschnitten zusammengestellt.

Lehrbücher zur Funktionentheorie

[Ah] Ahlfors, L. V.: *Complex Analysis*. 3rd edn. McCraw-Hill, New York 1979

[As] Ash, R. B.: *Complex Variables*. Academic Press, New York 1971

[BG] Berenstein, C. A., Gay, R.: *Complex Variables. An Introduction*. Graduate Texts in Mathematics, vol. 125. Springer, New York Berlin Heidelberg 1991

[Bi] Bieberbach, L.: *Lehrbuch der Funktionentheorie, Bd. I und II*. Teubner, Leipzig 1930, 1931 — Nachdruck bei Chelsea 1945, Johnson Reprint Corp. 1968

[BS] Behnke, H., Sommer, F.: *Theorie der analytischen Funktionen einer komplexen Veränderlichen*, 3. Aufl. Grundlehren der mathematischen Wissenschaften, Bd. 77. Springer, Berlin Heidelberg New York 1965, Studienausgabe der 3. Aufl. 1976

[Cara] Carathéodory, C.: *Funktionentheorie, Bd. I und II*, 2. Aufl. Birkhäuser, Basel Stuttgart 1960, 1961

[CH] Cartan, H.: *Elementare Theorie der analytischen Funktionen einer oder mehrerer komplexer Veränderlicher*. B I-Hochschultaschenbücher, Bd. 112/ 112a. Bibliographisches Institut, Mannheim Wien Zürich 1966

[Co1] Conway, J. B.: *Functions of One Complex Variable*, 2nd edn. 7th printing Graduate Texts in Mathematics, vol. 11. Springer, New York Heidelberg Berlin 1995

[Co2] Conway, J. B.: *Functions of One Complex Variable II*, corr. 2nd edn. Graduate Texts in Mathematics, vol. 159. Springer, New York Heidelberg Berlin 1995

[DR] Diederich, K., Remmert, R.: *Funktionentheorie I*. Heidelberger Taschenbücher, Bd. 103. Springer, Berlin Heidelberg New York 1972

[Din1] Dinghas, A.: *Vorlesungen über Funktionentheorie.* Grundlehren der mathematischen Wissenschaften, Bd. 110. Springer, Berlin Heidelberg New York 1961

[Din2] Dinghas, A.: *Einführung in die Cauchy-Weierstraß'sche Funktionentheorie.* B I-Hochschultaschenbücher, Bd. 48. Bibliographisches Institut, Mannheim Wien Zürich 1968

[FL] Fischer, W., Lieb, I.: *Funktionentheorie,* 9. Aufl. Vieweg-Studium, Aufbaukurs Mathematik, Vieweg, Braunschweig Wiesbaden 2005

[Gr] Greene, R.E., Krantz, St.G.: *Function Theory of one Complex Variable,* 2nd edition, AMS, Graduate Studies in Mathematics, vol. 40, Providence, Rhode Island 2002

[Hei] Heins, M.: *Complex Function Theory.* Academic Press, New York London 1968

[Ho] Howie, J.H.: *Complex Analysis,* Springer, London 2003

[HC] Hurwitz, A., Courant, R.: *Funktionentheorie. Mit einem Anhang von H. Röhrl,* 4.Aufl. Grundlehren der mathematischen Wissenschaften, Bd. 3. Springer, Berlin Heidelberg New York 1964

[J1] Jänich, K.: *Funktionentheorie. Eine Einführung,* 6. Aufl. Springer-Lehrbuch, Springer, Berlin Heidelberg New York 2004

[J2] Jänich, K.: *Analysis für Physiker und Ingenieure,* 4. Aufl. Springer-Lehrbuch, Springer, Berlin Heidelberg New York 2001

[Kne] Kneser, H.: *Funktionentheorie.* Vandenhoeck & Ruprecht, Göttingen 1966

[Kno] Knopp, K.: *Elemente der Funktionentheorie,* 9. Aufl. Sammlung Göschen, Nr. 2124
Funktionentheorie I, 13. Aufl. Sammlung Göschen, Nr. 2125
Funktionentheorie II, 13. Aufl. Sammlung Göschen Nr. 2126
Aufgabensammlung zur Funktionentheorie, Bd. 1, 8. Aufl., Bd. 2, 7. Aufl., Sammlung Göschen, Nr. 2127 und Nr. 878, de Gruyter, Berlin 1978, 1976, 1981, 1977, 1971

[La] Lang, S.: *Complex Analysis,* fourth edn, Graduate Texts in Mathematics, vol. 103. Springer, New York Berlin Heidelberg, Corr. 3rd corr. printing 2003

[Lo1] Lorenz, F.: *Funktionentheorie,* Spektrum Hochschultaschenbuch. Spektrum Akademischer Verlag, Heidelberg Berlin 1997

[LR] Levinson, N., Redheffer, R.N.: *Complex Variables.* Holden-Day, Inc. San Francisco 1970

[Ma1] Maaß, H.: *Funktionentheorie I.* Vorlesungsskript, Mathematisches Institut der Universität Heidelberg 1949

[Mar1] Markoushevich, A.I.: *Theory of Functions of a Complex Variable.* Prentice-Hall, Englewood Cliffs 1965/1967

[MH] Marsden, J.E., Hoffmann, M.J.: *Basic Complex Analysis,* 3rd edn. Freeman, New York 1998

[Mo] Moskowitz, M.A.: *A Course in Complex Analysis in One Variable,* World Scientific, New Jersey, London, Singapore, Hong Kong 2002

[Na] Narasimhan, R.: *Complex Analysis in One Variable*. Birkhäuser, Boston Basel Stuttgart 1985

[NP] Nevanlinna, R., Paatero, V.:*Einführung in die Funktionentheorie*. Birkhäuser, Basel Stuttgart 1965

[Os] Osgood, W. F.: *Lehrbuch der Funktionentheorie I, II_1, II_2*. Teubner, Leipzig 1925, 1929, 1932

[Pa] Palka, B. P.: *An Introduction to Complex Function Theory*. Undergraduate Texts in Mathematics, 2nd corr. printing, Springer, New York Berlin Heidelberg 1995

[Pe] Peschl, E.: *Funktionentheorie I*. B I-Hochschultaschenbücher, Bd. 131. Bibliographisches Institut, Mannheim Wien Zürich 1967

[Pri] Privalow, I. I.: *Einführung in die Funktionentheorie I, II, III*. Teubner, Leipzig 1967, 1966, 1965

[ReS] Remmert, R., Schumacher, G.: *Funktionentheorie I*, 5. Aufl. Springer-Lehrbuch, Springer, Berlin Heidelberg New York 2002

[Re2] Remmert, R.: *Funktionentheorie II*. 2. korr. Aufl. Springer-Lehrbuch, Springer, Berlin Heidelberg New York 1995

[Ru] Rudin, W.: *Real and Complex Analysis*, 2nd edn. Mc Graw-Hill, New York 1987

[Rü] Rühs, F.: *Funktionentheorie*, 2. Aufl. Deutscher Verlag der Wissenschaften, Berlin 1971

[SZ] Saks, S., Zygmund, A.: *Analytic Functions*. PWN, Warschau 1965

[Tr] Trapp, H. W.: *Funktionentheorie einer Veränderlichen*. Universitätsverlag Rasch, Osnabrück 1996

[Tu] Tutschke, W.: *Grundlagen der Funktionentheorie*. uni-text, Vieweg & Sohn, Braunschweig 1969

[Ve] Veech, W. A.: *A Second Course in Complex Analysis*. Benjamin, New York 1967

Weiterführende und ergänzende Literatur

[AS] Ahlfors, L., Sario, L.: *Riemann Surfaces*. Princeton University Press, Princeton NJ 1960

[Ap1] Apostol, T. M.: *Modular Functions and Dirichlet Series in Number Theorie*, 2nd edn. Graduate Texts in Mathematics, vol. 41. Springer, New York Berlin Heidelberg 1992. Corr. 2nd printing 1997

[Ap2] Apostol, T. M.: *Introduction to Analytic Number Theory*, 2nd edn. Undergraduate Texts in Mathematics, Springer, New York Heidelberg Berlin 1984. Corr. 5th printing 1998

[Bu] Burckel, R. B.: *An Introduction to Classical Complex Analysis, vol. I*. Birkhäuser, Basel Stuttgart 1979

[Ch1] Chandrasekharan, K.: *Introduction to Analytic Number Theory*. Grundlehren der mathematischen Wissenschaften, Bd. 148. Springer, Berlin Heidelberg New York 1968

[Ch2] Chandrasekharan, K.: *Elliptic Functions*. Grundlehren der mathematischen Wissenschaften, Bd. 281. Springer, Berlin Heidelberg New York 1985

[Ch3] Chandrasekharan, K.: *Arithmetical Functions*. Grundlehren der mathematischen Wissenschaften, Bd. 167. Springer, Berlin Heidelberg New York 1970

[CS]   Conway, J. H., Sloane, N. J. A.: *Sphere Packings, Lattices and Groups*. 2nd ed. Grundlehren der mathematischen Wissenschaften, Bd. 290. Springer, New York Berlin Heidelberg 1999

[DS]   Diamond, F., Shurman, J.: *A first Course in Modular Forms*, Graduate Texts in Mathematics, vol. 228, Springer 2005

[Die1] Dieudonné, J.: *Calcul infinitésimal*, 2ième édn. Collection Méthodes, Hermann, Paris 1980

[Ed]   Edwards, H. M.: *Riemann's Zeta-Funktion*. Clarendon Press, New York London 1974

[Fr1] Fricke, R.: *Die elliptischen Funktionen und ihre Anwendungen*, erster Teil: Teubner, Leipzig 1916, zweiter Teil. Teubner, Leipzig 1922. Nachdruck bei Johnson Reprint Corporation, New York London 1972

[Fo]   Forster, O.: *Riemann'sche Flächen*. Heidelberger Taschenbücher, Bd. 184. Springer, Berlin Heidelberg New York 1977. Englische Übersetzung: *Lectures on Riemann Surfaces*. Graduate Texts in Mathematics, vol. 81, Springer, Berlin Heidelberg New York 1981 (2nd corr. printing 1991)

[Ga]   Gaier, D.: *Konstruktive Methoden der konformen Abbildung*. Springer Tracts in Natural Philosophy, vol. 3. Springer, Berlin Heidelberg New York 1964

[Gu]   Gunning, R. C.: *Lectures on Modular Forms*. Annals of Mathematics Studies, No 48. Princeton University Press, Princeton, N. J., 1962

[He1] Hecke, E.: *Lectures on Dirichlet Series, Modular Functions and Quadratic Forms*. Vandenhoeck & Ruprecht, Göttingen 1983

[Hen] Henrici, P.: *Applied and computational complex analysis, vol. I, II, III*. Wiley, New York 1974, 1977, 1986

[Iv]   Ivic, A.: *The Riemann Zeta-Function*. Wiley, New York 1985

[JS]   Jones, G. A., Singerman, D.: *Complex Functions, an Algebraic and Geometric Viewpoint*. Cambridge University Press, Cambridge 1987

[Ko]   Koblitz, N.: *Introduction to Elliptic Curves and Modular Forms*, 2nd edn. Graduate Texts in Mathematics, vol. 97. Springer, New York Berlin Heidelberg 1993

[Ku]   Kunz, E.: *Algebra*. Vieweg Studium, Aufbaukurs Mathematik, 2. Aufl. Vieweg, Braunschweig Wiesbaden 1994

[Lan] Landau, E.: *Handbuch der Lehre von der Verteilung der Primzahlen, Bd. I, Bd. II*. Teubner, Leipzig 1909; 3rd edn. Chelsea Publishing Company, New York 1974

[Le]   Leutbecher, A.: *Vorlesungen zur Funktionentheorie I und II.* Mathematisches Institut der Technischen Universität München (TUM) 1990, 1991

[Lo2]   Lorenz, F.: *Einführung in die Algebra I*, 3. Aufl. Spektrum Hochschultaschenbuch. Spektrum Akademischer Verlag, Heidelberg Berlin 1996

[Ma2]   Maaß, H.: *Funktionentheorie II, III.* Vorlesungsskript, Mathematisches Institut der Universität Heidelberg 1949

[Ma3]   Maaß, H.: *Modular Functions of one Complex Variable.* Tata Institute of Fundamental Research, Bombay 1964. Überarbeitete Auflage: Springer, Berlin Heidelberg New York 1983

[Mu]   Mumford, D.: *Tata Lectures on Theta I.* Progress in Mathematics, vol. 28. Birkhäuser, Boston Basel Stuttgart 1983

[Ne1]   Nevanlinna, R.: *Uniformisierung*, 2. Aufl. Grundlehren der mathematischen Wissenschaften, Bd. 64. Springer, Berlin Heidelberg New York 1967

[Ne2]   Nevanlinna, R.: *Eindeutige analytische Funktionen*, 2. Aufl. Grundlehren der mathematischen Wissenschaften, Bd. 46. Springer, Berlin Heidelberg New York 1974 (reprint)

[Pa]   Patterson, S. T.: *An Introduction to the Theory of the Riemann Zeta-Function.* Cambridge University Press, Cambridge 1988

[Pf]   Pfluger, A.: *Theorie der Riemann'schen Flächen.* Grundlehren der mathematischen Wissenschaften, Bd. 89. Springer, Berlin Göttingen Heidelberg 1957

[Po]   Pommerenke, C.: *Boundary Behaviour of Conformal Maps,* Springer, Berlin Heidelberg 1992

[Pr]   Prachar, K.: *Primzahlverteilung*, 2. Aufl. Grundlehren der mathematischen Wissenschaften, Bd. 91. Springer, Berlin Heidelberg New York 1978

[Ra]   Rankin, R. A.: *Modular Forms and Functions.* Cambridge University Press, Cambridge, Mass., 1977

[Ro]   Robert, A.: *Elliptic Curves.* Lecture Notes in Mathematics, vol. 326 (2nd corr. printing). Springer, Berlin Heidelberg New York, 1986

[Sb]   Schoeneberg, B.: *Elliptic Modular Functions.* Grundlehren der mathematischen Wissenschaften, Bd. 203. Springer, Berlin Heidelberg New York 1974

[Sch]   Schwarz, W.: *Einführung in die Methoden und Ergebnisse der Primzahltheorie.* B I-Hochschultaschenbücher, Bd. 278/278a. Bibliographisches Institut, Mannheim Wien Zürich 1969

[Se]   Serre, J. P.: *A Course in Arithmetic.* Graduate Texts in Mathematics, vol. 7. Springer, New York Heidelberg Berlin 1973 (4th printing 1993)

[Sh]   Shimura, G.: *Introduction to Arithmetic Theory of Automorphic Functions.* Publications of the Mathematical Society of Japan 11. Iwanami Shoten, Publishers and Princeton University Press, Princeton, N.Y., 1971

[Si1]   Siegel, C. L.: *Vorlesungen über ausgewählte Kapitel der Funktionentheorie, Bd. I, II, III.* Vorlesungsausarbeitungen, Mathematisches Institut der Universität Göttingen 1964/65, 1965, 1965/66.

Englische Übersetzung: *Topics in Complex Function Theory, vol. I, II, III.* Intersc. Tracts in Pure and Applied Math., No 25. Wiley-Interscience, New York 1969, 1971, 1973

[Sil]   Silverman, J. H.: *Advanced Topics in the Arithmetic of Elliptic Curves.* Graduate Texts in Mathematics, vol. 151 Springer, New York Berlin Heidelberg 1994

[ST]   Silverman, J., Tate, J.: *Rational Points on Elliptic Curves.* Undergraduate Texts in Mathematics, Springer, New York Berlin Heidelberg 1992

[Sp]   Springer, G.: *Introduction to Riemann Surfaces.* Addison-Wesley, Reading, Massachusetts, USA 1957

[Ti]   Titchmarsh, E. C.: *The Theory of the Riemann Zeta-Function.* Clarendon Press, Oxford 1951

[We]   Weil, A.: *Elliptic Functions according to Eisenstein and Kronecker.* Ergebnisse der Mathematik und ihrer Grenzgebiete, Bd. 88. Springer, Berlin Heidelberg New York 1976

[WK]   Weierstraß, K.: *Einleitung in die Theorie der analytischen Funktionen.* Vorlesung, Berlin 1878. Vieweg, Braunschweig Wiesbaden 1988

[WH]   Weyl, H.: *Die Idee der Riemann'schen Fläche,* 4. Aufl. Teubner, Stuttgart 1964 (Neuauflage 1997, Herausgeber R. Remmert)

Literatur zur Geschichte der komplexen Zahlen und der Funktionentheorie

[Bel]   Belhoste, B.: *Augustin-Louis Cauchy. A Biography.* Springer, New York Berlin Heidelberg 1991

[CE]   Cartan, É.: *Nombres complexes.* Exposé, d'après l'article allemand de E. Study (Bonn). Encyclop. Sci. Math. édition francaise I 5, p. 329–468. Gauthier-Villars, Paris; Teubner, Leipzig 1909; s. auch E. Cartan: Œvres complètes II.1, p. 107–246, Gauthier-Villars, Paris 1953

[Die2] Dieudonné, J. (Hrsg.): *Geschichte der Mathematik 1700–1900.* Vieweg, Braunschweig Wiesbaden 1985

[Eb]   Ebbinghaus, H.-D. et al.: *Zahlen,* 3. Aufl. Springer-Lehrbuch, Springer, Berlin Heidelberg New York 1992

[Fr2]   Fricke, R.: *IIB3. Elliptische Funktionen.* Encyklopädie der mathematischen Wissenschaften mit Einschluss ihrer Anwendungen, Bd. II 2, Heft 2/3, S. 177–348. Teubner, Leipzig 1913

[Fr3]   Fricke, R.: *IIB4. Automorphe Funktionen mit Einschluss der elliptischen Funktionen.* Encyklopädie der mathematischen Wissenschaften mit Einschluss ihrer Anwendungen, Bd. II 2, Heft 2/3, S. 349–470. Teubner, Leipzig 1913

[Ge] Gericke, H.: *Geschichte des Zahlbegriffs*. B I-Hochschultaschenbücher, Bd. 172/172a. Bibliographisches Institut, Mannheim Wien Zürich 1970

[Hou] Houzel, C.: *Elliptische Funktionen und Abel'sche Integrale*. S. 422–540 in [Die2]

[Kl] Klein, F.: *Vorlesungen über die Entwicklung der Mathematik im 19. Jahrhundert, Teil 1 und 2*. Grundlehren der mathematischen Wissenschaften, Bd. 24 und 25. Springer, Berlin Heidelberg 1926. Nachdruck in einem Band 1979

[Mar2] Markouschevitsch, A. I.: *Skizzen zur Geschichte der analytischen Funktionen*. Hochschultaschenbücher für Mathematik, Bd. 16. Deutscher Verlag der Wissenschaften, Berlin 1955

[Neu] Neuenschwander, E.: *Über die Wechselwirkung zwischen der französischen Schule, Riemann und Weierstraß. Eine Übersicht mit zwei Quellenstudien*. Arch. Hist. Exact Sciences **24** (1981), 221–255

[Os] Osgood, W. F.: *Allgemeine Theorie der analytischen Funktionen a) einer und b) mehrerer komplexer Größen*. Enzyklopädie der Mathematischen Wissenschaften, Bd. II 2, S. 1–114. Teubner, Leipzig 1901–1921

[Pi] Pieper, H.: *Die komplexen Zahlen, Theorie, Praxis, Geschichte*. Deutsch Taschenbücher, Bd. 44. Harri Deutsch, Thun Frankfurt am Main 1985

[Re3] Remmert, R.: *Komplexe Zahlen*. Kap. 3 in [Eb]

[St] Study, E.: *Theorie der gemeinen und höheren complexen Grössen*. Enzyklopädie der Mathematischen Wissenschaften, Bd. I 1, S. 147–183. Teubner, Leipzig 1898–1904

[Ver] Verley, J. L.: *Die analytischen Funktionen*. S. 134–170 in [Die2]

In [ReS] und [Re2] finden sich viele Angaben zur Geschichte der Funktionentheorie.

Originalarbeiten

[Ab1] Abel, N. H.: *Mémoire sur une propriété générale d'une classe très étendue de fonctions transcendantes* (eingereicht am 30.10.1826, publiziert 1841). Œvres complètes de Niels Henrik Abel, tome premier, XII, p. 145–211. Grondahl, Christiania M DCCC LXXXI, Johnson Reprint Corporation 1973

[Ab2] Abel, N. H.: *Recherches sur les fonctions elliptiques*. Journal für die reine und angewandte Mathematik **2** (1827), 101–181 und **3** (1828), 160–190; s. auch Œvres complètes de Niels Henrik Abel, tome premier, XVI, p. 263–388. Grondahl, Christiania M DCCC LXXXI, Johnson Reprint Corporation 1973

[Ab3] Abel, N. H.: *Précis d'une théorie des fonctions elliptiques*. Journal für die reine und angewandte Mathematik **4** (1829), 236–277 und 309–370; s. auch Œvres complètes de Niels Henrik Abel, tome premier, XXVIII, p. 518–617. Grondahl, Christiania M DCCC LXXXI, Johnson Reprint Corporation 1973

[Apé] Apéry, R.: *Irrationalité de $\zeta(2)$ et $\zeta(3)$*, Astérisque 61, pp. 11–13, 1979

[BFK] Busam, R., Freitag, E., Karcher, W.: *Ein Ring elliptischer Modulformen.* Arch. Math. **59** (1992), 157–164

[Cau] Cauchy, A.-L.: *Abhandlungen über bestimmte Integrale zwischen imaginären Grenzen.* Ostwald's Klassiker der exakten Wissenschaften Nr. 112, Wilhelm Engelmann, Leipzig 1900; s. auch A.-L. Cauchy: Œuvres complètes 15, 2. Ser., p. 41–89, Gauthier-Villars, Paris 1882–1974
Die Originalarbeit unter dem Titel „*Mémoire sur les intégrales définies, prises entre des limites imaginaires*" ist 1825 erschienen.

[Dix] Dixon, J. D.: *A brief proof of Cauchy's integral theorem.* Proc. Am. Math. Soc. **29** (1971), 635–636

[Eis] Eisenstein, G.: *Genaue Untersuchung der unendlichen Doppelproducte, aus welchen die elliptischen Functionen als Quotienten zusammengesetzt sind, und der mit ihnen zusammenhängenden Doppelreihen (als eine neue Begründungsweise der Theorie der elliptischen Functionen, mit besonderer Berücksichtigung ihrer Analogie zu den Kreisfunctionen).* Journal für die reine und angewandte Mathematik (Crelle's Journal) **35** (1847), 153–274; s. auch G. Eisenstein: Mathematische Werke, Bd. I. Chelsea Publishing Company, New York, N. Y., 1975, S. 357–478

[El] Elstrodt, J.: *Eine Charakterisierung der Eisenstein-Reihe zur Siegel'schen Modulgruppe.* Math. Ann. **268** (1984), 473-474

[He2] Hecke, E.: *Über die Bestimmung Dirichlet'scher Reihen durch ihre Funktionalgleichung.* Math. Ann. **112** (1936), 664–699; s. auch E. Hecke: Mathematische Werke, 3. Aufl., S. 591–626. Vandenhoeck & Ruprecht, Göttingen 1983

[He3] Hecke, E.: *Die Primzahlen in der Theorie der elliptischen Modulfunktionen.* Kgl. Danske Videnskabernes Selskab. Mathematisk-fysiske Medelelser XIII, 10, 1935; s. auch E. Hecke: Mathematische Werke, S. 577–590. Vandenhoeck & Ruprecht, Göttingen 1983

[Hu1] Hurwitz, A.: *Grundlagen einer independenten Theorie der elliptischen Modulfunktionen und Theorie der Multiplikator-Gleichungen erster Stufe.* Inauguraldissertation, Leipzig 1881; Math. Ann. **18** (1881), 528–592; s. auch A. Hurwitz: Mathematische Werke, Band I Funktionentheorie, S. 1–66, Birkhäuser, Basel Stuttgart 1962

[Hu2] Hurwitz, A.: *Über die Theorie der elliptischen Modulfunktionen.* Math. Ann. **58** (1904), 343–460; s. auch A. Hurwitz: Mathematische Werke, Band I Funktionentheorie, S. 577–595, Birkhäuser, Basel Stuttgart 1962

[Ig1] Igusa, J.: *On the graded ring of theta constants.* Amer. J. Math. **86** (1964), 219–246

[Ig2] Igusa, J.: *On the graded ring of theta constants II.* Amer. J. Math. **88** (1966), 221–236

[Ja1] Jacobi, C. G. J.: *Suite des notices sur les fonctions elliptiques.* Journal für die reine und angewandte Mathematik **3** (1828), 303–310 und 403–404; s. auch C. G. J. Jacobi's Gesammelte Werke, I, S. 255–265, G. Reimer, Berlin 1881

[Ja2]   Jacobi, C. G. J.:   *Fundamenta Nova Theoriae Functionum Ellipticarum.*
        Sumptibus fratrum Bornträger, Regiomonti 1829; s. auch C. G. J. Jacobi's
        Gesammelte Werke, I, S. 49–239, G. Reimer, Berlin 1881

[Ja3]   Jacobi, C. G. J.:   *Note sur la décomposition d'un nombre donné en quatre*
        quarrés. C. G. J. Jacobi's Gesammelte Werke, I, S. 274, G. Reimer, Berlin 1881

[Ja4]   Jacobi, C. G. J.:   *Theorie der elliptischen Funktionen, aus den Eigenschaften*
        der Thetareihen abgeleitet. Nach einer Vorlesung von Jacobi in dessen Auf-
        trag ausgearbeitet von C. Borchardt. C. G. J. Jacobi's Gesammelte Werke, I,
        S. 497–538, G. Reimer, Berlin 1881

[Re4]   Remmert, R.:   *Wielandt's Characterisation of the Γ-function,* S. 265–268 in
        [Wi]

[Ri1]   Riemann, B.:   *Grundlagen für eine allgemeine Theorie der Functionen einer*
        veränderlichen complexen Grösse.   Inauguraldissertation, Göttingen 1851;
        s. auch B. Riemann: Gesammelte mathematische Werke, wissenschaftlicher
        Nachlass und Nachträge, collected papers, S. 35–77. Springer, Berlin Heidel-
        berg New York; Teubner, Leipzig 1990

[Ri2]   Riemann, B.:   *Ueber die Anzahl der Primzahlen unterhalb einer gegebenen*
        Grösse. Monatsberichte der Berliner Akademie, November 1859, S. 671–680;
        s. auch B. Riemann: Gesammelte mathematische Werke, wissenschaftlicher
        Nachlass und Nachträge, collected papers, S. 177–185. Springer, Berlin Hei-
        delberg New York, Teubner, Leipzig 1990

[Si2]   Siegel, C. L.:   *Über die analytische Theorie der quadratischen Formen.* Ann.
        Math. **36** (1935), 527–606; s. auch C. L. Siegel: Gesammelte Abhandlungen,
        Band I, S. 326–405. Springer, Berlin Heidelberg New York 1966

[Wi]   Wielandt, H.:   Mathematische Werke, vol 2, de Gruyter, Berlin New York 1996

Aufgabensammlungen
Repetitorien zur Funktionentheorie

Neben den unter den Lehrbüchern aufgeführten Knopp-Bändchen sei insbesondere
hingewiesen auf

[He]   Herz, A.:   *Repetitorium Funktionentheorie.* Vieweg, Lehrbuch Mathematik,
       2. überarbeitete und erweiterte Auflage 2003

[Sh]   Shakarchi, R.:   *Problems and Solutions for Complex Analysis.* Springer, New
       York Berlin Heidelberg 1995

[Ti]   Timmann, S.:   *Repetitorium der Funktionentheorie.* Verlag Binomi, Springe
       1998

sowie auf die klassische Aufgabensamlung

[PS]   Polya, G. Szegö, G.:   *Aufgaben und Lehrsätze aus der Analysis, 2. Band: Funk-*
       tionentheorie, Nullstellen, Polynome, Determinanten, Zahlentheorie. Sprin-
       ger, Berlin Heidelberg 1970 (1924)

Symbolverzeichnis

$\mathbb{N} = \{1, 2, \ldots\}$	Menge der natürlichen Zahlen
$\mathbb{N}_0 = \{0, 1, \ldots\}$	Menge der natürlichen Zahlen mit Null
$\mathbb{Z}$	Ring der ganzen Zahlen
$\mathbb{R}$	Körper der reellen Zahlen, Zahlengerade
$\mathbb{C}$	Körper der komplexen Zahlen, Zahlenebene
$\mathbb{C}_- = \mathbb{C} - \{x \in \mathbb{R};\ x \le 0\}$	längs der negativen reellen Achse geschlitzte Ebene
$\mathbb{C}^\bullet = \mathbb{C} - \{0\}$	punktierte Ebene
$\overline{\mathbb{C}} = \mathbb{C} \cup \{\infty\}$	Riemann'sche Zahlkugel
$P^n(\mathbb{C})$	n-dimensionaler projektiver Raum
$\mathbb{H}$	obere Halbebene
$\mathbb{E}$	Einheitskreisscheibe
S^1	Einheitskreislinie
$\mathcal{H}$	Hamilton'sche Quaternionen
$\mathcal{C}$	Cayley-Zahlen
$\operatorname{Re} z, \operatorname{Im} z$	Real- und Imaginärteil einer komplexen Zahl
$\operatorname{Re} f, \operatorname{Im} f$	Real- und Imaginärteil einer Funktion
$\bar{z}$	konjugiert komplexe Zahl
$|z|$	Betrag einer komplexen Zahl
$\operatorname{Arg} z\ (-\pi < \operatorname{Arg} z \le \pi)$	Hauptwert des Arguments
$\operatorname{Log} z = \log|z| + i \operatorname{Arg} z$	Hauptwert des Logarithmus
$\overline{A}$	Abschluss von A
$\mathring{D}$	Menge der inneren Punkte von D
$J(f; a) : \mathbb{C} = \mathbb{R}^2 \to \mathbb{C} = \mathbb{R}^2$	Jacobi-Abbildung von f in a
$\Delta = \partial_1^2 + \partial_2^2$	Laplace-Operator
$\int_\alpha f$	Kurvenintegral von f längs der Kurve α
$l(\alpha)$	Länge der stückweise glatten Kurve α
$\alpha \oplus \beta$	Zusammensetzung zweier Kurven
α^-	Rückwärts durchlaufene (reziproke) Kurve
$\langle z_1, z_2, z_3 \rangle$	Dreiecksweg
$U_r(a), \overline{U}_r(a)$	offene bzw. abgeschlossen Kreisscheibe um a vom Radius r
$\oint f$	Integral von f längs einer Kreislinie
$\mathcal{O}(D)$	Ring der in D analytischen Funktionen
$\mathcal{R}$	Ringgebiet

$\mathcal{R}(a; r, R)$	Ringgebiet mit Mittelpunkt a und Radien $r < R$
$\chi(\alpha; a)$	Umlaufzahl der geschlossenen Kurve α um a.
$\mathrm{Res}(f; a)$	Residuum von f in a
$\mathrm{Int}(\alpha)$	Inneres der geschlossenen Kurve α
$\mathrm{Ext}(\alpha)$	Äußeres der geschlossenen Kurve α
S^2	Einheitssphäre im $\mathbb{R}^3$
$\mathfrak{M}$	Gruppe der Möbiustransformationen
$\mathrm{GL}(2, \mathbb{C})$	Gruppe der invertierbaren komplexen 2×2-Matrizen
$\mathrm{Aut}(D)$	Gruppe der konformen Selbstabbildungen
$\mathcal{M}(D)$	Körper der meromorphen Funktionen auf einem Gebiet D
$\mathrm{DV}(z, a, b, c)$	Doppelverhältnis
$\Gamma(z),\ \Gamma(s)$	Gammafunktion
$\mathrm{B}(z, w)$	Betafunktion
$\wp$	Weierstraß'sche $\wp$-Funktion
G_k	Eisensteinreihe vom Gewicht k
g_2, g_3	$g_2 = 60G_4,\quad g_3 = 140G_6$
$K(L)$	Körper der elliptischen Funktionen zum Gitter L
$\sigma(z)$	Weierstraß'sche σ-Funktion
$\vartheta(\tau, z),\ \vartheta(z, w)$	Jacobi'sche Thetafunktion
$j(\tau)$	Absolute Invariante
$\Delta(\tau)$	Diskriminante
$\mathrm{SL}(2, \mathbb{R})$	Gruppe der reellen 2×2-Matrizen mit Determinante 1.
$\Gamma = \mathrm{SL}(2, \mathbb{Z})$	elliptische Modulgruppe
$[\Gamma, k]$	Vektorrarim der Modulformen vom Gewicht k
$[\Gamma, k]_0$	Vektorrarim der Spitzenformen vom Gewicht k
$\mathcal{F}$	Fundamentalbereich der Modulgruppe
Γ_ϑ	Thetagruppe
$\mathcal{F}_\vartheta$	Fundamentalbereich der Thetagruppe
$\Gamma[q]$	Hauptkongruenzgruppe der Stufe q
$\Theta(x),\ \psi(x)$	Tschebyscheff-Funktionen
$\pi(x)$	Primzahlanzahlfunktion
$\mathrm{Li}(x)$	Integrallogarithmus
$\zeta(s)$	Riemann'sche Zetafunktion

Index

Druck und Bindung: Strauss GmbH, Mörlenbach